微电子与集成电路先进技术丛书

Sigma-Delta 模 / 数转换器：
实用设计指南

（原书第 2 版）

[西] 何塞·M. 德拉罗萨（José M. de la Rosa） 著

陈铖颖　黄渝斐　张　蕾　张宏怡　译

机械工业出版社

Sigma-Delta模/数转换器作为CMOS模/数转换器中最为经典的设计技术,自1962年面世以来,在高分辨率、低带宽的传感器接口电路、仪器仪表测量以及数字音频等系统中得到了广泛应用。Sigma-Delta模/数转换器有效结合了过采样和噪声整形技术,利用频率远高于奈奎斯特采样频率的时钟对输入信号进行采样,实现了极高的输出分辨率。

本书分10章详细讨论了Sigma-Delta模/数转换器的基本原理、基础结构、非理想误差和自顶向下(自底向上)的综合分析方法;并在此基础上,结合设计实例和SIMSIDES仿真工具,对Sigma-Delta模/数转换器的电路级、物理级设计进行了详尽的分析;最后介绍了近年来Sigma-Delta模/数转换器的发展趋势以及面临的挑战。

本书可作为高等学校微电子学与固体电子学、集成电路设计、电子信息工程等专业高年级本科生和研究生的相关教材,也可以作为半导体相关领域工程技术人员的参考用书。

图书在版编目(CIP)数据

Sigma-Delta 模/数转换器:实用设计指南:原书第2版/(西)何塞·M. 德拉罗萨著;陈铖颖等译.—北京:机械工业出版社,2022.1(2024.10重印)

(微电子与集成电路先进技术丛书)

书名原文:Sigma-Delta Converters : Practical Design Guide (Second edition)

ISBN 978-7-111-69662-9

Ⅰ.①S… Ⅱ.①何…②陈… Ⅲ.①CMOS 电路 Ⅳ.①TN432

中国版本图书馆 CIP 数据核字(2021)第 244832 号

机械工业出版社(北京市百万庄大街22号 邮政编码100037)
策划编辑:江婧婧   责任编辑:江婧婧 杨晓花
责任校对:陈 越 李 婷 封面设计:鞠 杨
责任印制:常天培
北京机工印刷厂有限公司印刷
2024 年 10 月第 1 版第 6 次印刷
169mm × 239mm · 33.5 印张 · 689 千字
标准书号:ISBN 978-7-111-69662-9
定价:189.00 元

电话服务 网络服务
客服电话:010-88361066   机 工 官 网:www.cmpbook.com
      010-88379833   机 工 官 博:weibo.com/cmp1952
      010-68326294   金 书 网:www.golden-book.com
封底无防伪标均为盗版   机工教育服务网:www.cmpedu.com

译者序 »

进入 21 世纪以来，Sigma-Delta 模 / 数转换器作为高分辨率模 / 数转换器的经典设计形式，在物联网、无线通信等场景中发挥了重要的作用。Sigma-Delta 模 / 数转换器通过远高于奈奎斯特频率的过采样率和噪声整形技术，克服了集成电路器件制造精度的限制，实现了极高的输出分辨率。

本书内容由浅及深，首先从 Sigma-Delta 模 / 数转换器的基础理论和电路结构入手，对电路中的误差及补偿技术进行了介绍。然后对 Sigma-Delta 模 / 数转换器的行为级建模、系统级和电路级设计进行了详细的分析、讨论。最后对 Sigma-Delta 模 / 数转换器的研究现状、发展趋势以及设计挑战进行了阐述。本书涵盖 Sigma-Delta 模 / 数转换器的基础理论、设计实例、仿真软件等方面，内容详实、案例丰富。

本书的翻译工作由厦门理工学院陈铖颖组织，张宏怡、黄渝斐和北京理工大学信息与电子学院张蕾共同翻译完成。其中，黄渝斐翻译了前言和第 1、2 章，张宏怡翻译了第 3 章，陈铖颖完成了第 4~8 章和附录的翻译，张蕾完成了第 9、10 章的翻译工作。同时，北京理工大学信息与电子学院王兴华，武夷学院林琪，厦门理工学院学生陈思婷、杨可、宋长坤和冯平参与了全书内容的资料查找和审校等工作。

本书受到厦门市青年创新基金项目（3502Z20206074）、福建省教育科学"十三五"规划课题（FJJKCG20-011）、福建省新工科研究与改革实践项目的资助。

本书虽经过仔细校审，但由于译者水平有限，书中难免存在不当或欠妥之处，恳请读者批评指正。

陈铖颖

2021 年 2 月

原书前言»

在 CMOS 技术中，Sigma-Delta 调制器已经成为实现集成电路系统中模 / 数转换的最好方法之一。相较于其他模 / 数转换器（ADC），在以分辨率和带宽为坐标单位的平面图中，Sigma-Delta 模 / 数转换器的应用范围最为宽广。Sigma-Delta 模 / 数转换器是对各种不同类型信号进行数字化的最有效方式，这些信号包括应用于高分辨率、低带宽数据转换的数字音频和传感器接口以及仪器仪表，超低功耗生物医学系统和中等分辨率、宽带宽的无线通信系统。应用场景的多样性、鲁棒性与简易性，使得 Sigma-Delta 模 / 数转换器成为越来越多工程师在项目研究和工业产品设计中的首选。

1962 年，Inose 等人在论文中第一次公开提出，Sigma-Delta 模 / 数转换器的结构，但其基本原理早已于 1960 年由 Cutler 进行了专利注册[1,2]。Sigma-Delta 模 / 数转换器的基本原理简单易懂，但分析过程较为复杂。Sigma-Delta 模 / 数转换器的基本原理是两大信号处理技术的结合，即过采样和量化噪声整形。过采样是以比奈奎斯特采样定律所规定速率更高的速率进行样本采集；采集的样本通常使用低分辨率量化器进行量化，量化过程存在较大误差，量化误差将在调制器的反馈环路中被消除；此外，再通过数字滤波器使得带宽外的大部分信号功率被消除，进而实现信号频谱整形。过采样与噪声整形的结合使得 Sigma-Delta 模 / 数转换器完成了利用低分辨率量化器实现高精度的数字化过程。因此，与其他需要高精度模拟电路的模 / 数转换器相比，Sigma-Delta 模 / 数转换器以牺牲模拟电路精度换取了数字信号运算速度的提升，从而进一步降低对电路误差的灵敏度，这个特点为 CMOS 技术向纳米级发展提供了可能。

基于以上优点以及消费电子产品尺寸缩小和行业趋势的推动，经过许多代 Sigma-Delta 模 / 数转换器的迭代，最初的噪声整形经过最近 50 年的不断优化，产生了许多电路结构、电路系统设计技术和若干集成电路（IC）芯片。这些新设计和新电路的产生促使 Sigma-Delta 模 / 数转换器不断优化，创造出更多创新性的设计和成功的工业产品。

所有上述技术发展和技术研究为该领域提供了大量的技术文献。事实上，自Candy[3, 4]、Boser与Wooley[5]那些被广泛引用的开创性文章发表以来，出版物的数量显著上升，其中包括数以百计项授权专利、成千上万篇研究论文、一些指导论文[6-8]、很多导论和专著[9-31]。然而，对于许多设计者，尤其是那些与众不同的设计者和专注于Sigma-Delta模/数转换器某些细分领域的有经验的设计者而言，面对如此海量的资料和已出版的技术文献常常会迷失方向。这一现象的出现，促使一些作者开始将这些碎片化的信息进行全面、系统的整合。

除了早期致力于对Sigma-Delta模/数转换器已出版文献进行分类的书籍[9]以外，一本旨在作为Sigma-Delta模/数转换器设计指南的书籍已于1997年由Norsworthy等人[10]编写出版，被业界称作"黄皮书"。这本书介绍了Sigma-Delta模/数转换器的许多重要组成，由许多行业专家共同撰写，但缺乏一定的条理和连续性。以这本书为基础，一些作者开始致力于撰写系统性的Sigma-Delta模/数转换器设计指导专著。

此外，由Schreier与Temes撰写、于2005年出版的书籍[21]通常被称作"绿皮书"，这本书已成为Sigma-Delta模/数转换器领域最受欢迎的书籍之一。这本书提供了一个优秀、全面的Sigma-Delta模/数转换器解决方案、基本原理和主要架构，还列举了一些设计结构，并利用MATLAB工具[32]加以实现。该书的修订版由Pavan、Schreier和Temes主编，于2017年出版[33]。第2版在不改变第1版的核心，即介绍Sigma-Delta模/数转换器的基本原理的基础上，扩展了关于连续时间（CT）电路实现和设计的部分。

还有其他一些具有划时代意义的书籍值得注意，其中包括Medeiro等人于1999年[13]撰写的关于开关电容Sigma-Delta模/数转换器的系统设计，以及2006年Ortmanns与Gerfers[22]出版的书籍，该书至今仍然是有关于连续时间Sigma-Delta模/数转换器的最完整专著之一。所有这些书籍，包括在其他技术文献中所提及的专著对Sigma-Delta模/数转换器的介绍都不完整，更多的是关注于设计的某一特定方面，或者是某种结构类型、电路技术或应用。

因此，本书的第2版在不改变第1版核心思想的前提下，通过对Sigma-Delta模/数转换器全系列进行综合性的、系统性的介绍以弥补一些知识漏洞，其中包括结构多样性、电路技术、分析与合成方法、CAD工具和一些实际设计中需要考量的因素。正如第1版提及的，本书的初衷是为本科生和研究生提供一本具有教育、参考价值的指导书。基于这个理念，以及作者使用本书第2版展开教学而得到的反馈和读者对第2版的反馈，第2版的内容已全面更新，进而可以展现给更广大的读者，无论是希望对Sigma-Delta模/数转换器获得更加深入了解和最新见解的资深设计者，还是渴望在这个热门话题上得到统一且独到见解的初出茅庐的设计者，都能从本书中获益。新的内容和素材使得第2版成为一本独特的专著，一本汇编和更新了在Sigma-Delta模/数转换器方面无数最新的技术和研究报告的书籍。为此本书将以教育教学和通俗易懂的汇编风格加以呈现。

本书的另外一个重要特质是可以作为一本实用的设计指南，书中着重阐述了涵盖下至技术参数、上至芯片实现和产品特性的整个 Sigma-Delta 模／数转换器设计流程中的多方折中。因此，本书采用了自顶向下的分析方法，以层级的形式进行呈现，即从理论基础出发，依次介绍系统级设计方程、行为级模型，再到电路、晶体管级设计和芯片实现，进而帮助读者理解和认知当前最先进的 Sigma-Delta 模／数转换器设计中的趋势和难题。

　　第 2 版重点讲解了两个关键内容，而在第 1 版中没有如此深入的讨论。首先，是关于通过连续时间电路实现 Sigma-Delta 模／数转换器的具体细节的补充，其中囊括了从系统级分析到实际电路限制的整个过程。其次，增加了更多的实例分析与应用，对 Sigma-Delta 模／数转换器设计中的综合方法和 CAD 工具使用进行了更详细的介绍。由于这些新内容的加入，第 1 版的目录已被重新编辑和扩充，由原来的五章加两个附录增加到第 2 版的十章加三个附录。

　　第 3 章和第 4 章在调制器设计层级中降低一个层级，主要分析电路误差机制、电路结构和时序非理想性带来的影响。其中对数学模型、分析过程和设计的指导部分能使读者充分学习影响 Sigma-Delta 模／数转换器性能的实际因素。第 3 章主要讨论了开关电容电路误差机制，而第 4 章则在第 1 版的基础上进行了内容的更新和拓展，主要讨论连续时间电路非理想特性和补充技术。附录 A 还补充了关于开关电容 Sigma-Delta 模／数转换器时钟抖动的状态空间分析。

　　前四章的知识架构使用了系统性的自顶向下或自底向上的综合分析方法，该方法论于第 5 章和第 6 章进行了详细阐述。第 5 章应用 Sigma-Delta 模／数转换器的综合分析方法，主要讨论了电路高阶行为级模型和仿真技术，并介绍了 SIMSIDES 仿真器。对于该仿真器的版本升级也在第 2 版中进行了介绍，并在本书的配套网站进行了发布。第 6 章主要介绍了优化技术，通过不同方法将仿真与优化相结合，以实现 Sigma-Delta 模／数转换器的高阶设计。附录 B 和附录 C 还对本章的内容进行了拓展和补充。附录 B 主要是关于 SIMSIDES 仿真器的使用指导，附录 C 则介绍了该仿真器所包含的行为级模型和元件库。

　　第 7 章和第 8 章是在第 1 版的基础上讨论了电路层级和物理层级的一些注意事项。这部分内容的更新和再编辑主要是由于第 1 版（在一章中阐述）内容太长，根据读者的反馈进而被分为了两章。这部分内容提供了许多 Sigma-Delta 模／数转换器设计中的建议和有用的实例，通过循序渐进的方法将一个系统层级的模型拆解到电路原理图层面，从宏观设计出发，最终以晶体管的形式加之版图设计和芯片实现，最终实现了完整的设计过程。本章通过许多示例、案例分析和仿真测试结果来说明设计中会遇到的实际问题和需要考虑的因素，这其中几乎涵盖了从电路分析到使用，如 SPICE 仿真器、版图设计注意要点、芯片成型和实验室测试的所有内容。第 9 章则对以上两章的内容做了进一步的完善，主要对实际芯片实现、案例分析和实验参数测试做了进一步的补充。

第 10 章作为全书的总结，对先进的 Sigma-Delta 模 / 数转换器进行了回顾，并对其性能与奈奎斯特速率模 / 数转换器进行了比较。总之，文中详细介绍和研究了超过 500 个当前最先进的 IC 设计范例，其中包括了 2017 年 8 月之前已刊登的论文。因此，本书从实用的角度出发，大量分析、比较各种类型先进的 Sigma-Delta 模 / 数转换器结构和电路技术，由统计数据中获得实际的、经验性的设计指南，尝试确定其发展方向、设计挑战以及前沿 Sigma-Delta 模 / 数转换器芯片的解决方案。

综上所述，本书内容的撰写和组织面向广大的读者，无论是经验丰富的设计者，还是刚开始从事 Sigma-Delta 模 / 数转换器领域的学生均适用。基于这一理念，本书的类型和主要目的是为本科生和研究生提供一本教学、参考教材。全书内容也确实是基于作者讲授的一些硕士生、博士生课程，特约演讲、IEEE 会议指南、杰出演讲和课程。本书采纳了所有这些素材并进行了更新，所以本书的大部分内容可以用于本科生和研究生课程学习。

然而，尽管本书内容已十分广博，但仍无法对成千上万的出版物中关于 Sigma-Delta 模 / 数转换器的话题进行一一讨论。相反，本书尝试讨论所有主要的子模块并提供大量的详细信息，以使读者对其他简要概述甚至忽略的模块进行融会贯通。为了弥补这些不可避免的缺点，每个章节末都提供了一份参考文献清单。总之，本书提供了一份参考文献清单以帮助读者更深入了解 Sigma-Delta 模 / 数转换器丰富的研究领域。

尽管作者已尽全力让本书涵盖许多 Sigma-Delta 模 / 数转换器领域最新、最热门的话题，仍然有部分内容在书中没有被详细介绍，或者已被忽略，这主要是为了保证本书能在合理的时间和页数范围内完结。

衷心希望读者能够理解本书的局限性，发掘第 2 版的价值和实用性，享受阅读（和使用）的过程，犹如我享受修订和撰写的过程一样。与第 1 版相同，你们的反馈至关重要，欢迎大家批评指正！

José M. de la Rosa

2018 年 1 月于塞维利亚

参考文献

[1] C. C. Cutler, "Transmission System Employing Quantization," *U.S. Patent No. 2,927,962*, 1960.

[2] H. Inose, Y. Yasuda, and J. Murakami, "A Telemetering System by Code Modulation $-\Delta - \Sigma$ Modulation," *IRE Trans. on Space Electronics and Telemetry*, vol. 8, pp. 204–209, September 1962.

[3] J. Candy and O. J. Benjamin, "The Structure of Quantization Noise from Sigma-Delta Modulation," *IEEE Transactions on Communications*, pp. 1316–1323, 1981.

[4] J. Candy, "A Use of Double Integration in Sigma-Delta Modulation," *IEEE Transactions on Communications*, vol. 33, pp. 249–258, March 1985.

[5] B. E. Boser and B. A. Wooley, "The Design of Sigma-Delta Modulation Analog-to-Digital Converters," *IEEE J. of Solid-State Circuits*, vol. 23, pp. 1298–1308, December 1988.

[6] P. M. Aziz *et al.*, "An Overview of Sigma-Delta Converters," *IEEE Signal Processing Magazine*, vol. 13, pp. 61–84, January 1996.

[7] I. Galton, "Delta-Sigma Data Conversion in Wireless Transceivers," *IEEE Trans. on Microwave Theory and Techniques*, vol. 50, pp. 302–315, January 2002.

[8] J. M. de la Rosa, "Sigma-Delta Modulators: Tutorial Overview, Design Guide, and State-of-the-Art Survey," *IEEE Transactions on Circuits and Systems I: Regular Papers*, vol. 58, pp. 1–21, January 2011.

[9] J. Candy and G. Temes, *Oversampling Delta-Sigma Data Converters: Theory, Design and Simulation*. IEEE Press, 1991.

[10] S. R. Norsworthy, R. Schreier, and G. C. Temes, *Delta-Sigma Data Converters: Theory, Design and Simulation*. IEEE Press, 1997.

[11] J. Cherry and W. Snelgrove, *Continuous-Time Delta-Sigma Modulators for High-Speed A/D Conversion*. Kluwer Academic Publishers, 1999.

[12] J. V. Engelen and R. van de Plassche, *BandPass Sigma-Delta Modulators: Stability Analysis, Performance and Design Aspects*. Kluwer Academic Publishers, 1999.

[13] F. Medeiro, B. Pérez-Verdú, and A. Rodríguez-Vázquez, *Top-Down Design of High-Performance Sigma-Delta Modulators*. Kluwer Academic Publishers, 1999.

[14] V. Peluso, M. Steyaert, and W. Sansen, *Design of Low-Voltage Low-Power CMOS Delta-Sigma A/D Converters*. Kluwer Academic Publishers, 1999.

[15] S. Rabii and B. A. Wooley, *The Design of Low-Voltage, Low-Power Sigma-Delta Modulators*. Kluwer Academic Publishers, 1999.

[16] L. Breems and J. H. Huijsing, *Continuous-Time Sigma-Delta Modulation for A/D Conversion in Radio Receivers*. Kluwer Academic Publishers, 2001.

[17] Y. Geerts, M. Steyaert, and W. Sansen, *Design of Multi-bit Delta-Sigma A/D Converters*. Kluwer Academic Publishers, 2002.

[18] J. M. de la Rosa, B. Pérez-Verdú, and A. Rodríguez-Vázquez, *Systematic Design of CMOS Switched-Current Bandpass Sigma-Delta Modulators for Digital Communication Chips*. Kluwer Academic Publishers, 2002.

[19] M. Kozak and I. Kale, *Oversampling Delta-Sigma Modulators*. Springer, 2003.

[20] O. Bajdechi and J. Huising, *Systematic Design of Sigma-Delta Analog-to-Digital Converters*. Kluwer Academic Publishers, 2004.

[21] R. Schreier and G. C. Temes, *Understanding Delta-Sigma Data Converters*. IEEE Press, 2005.

[22] M. Ortmanns and F. Gerfers, *Continuous-Time Sigma-Delta A/D Conversion: Fundamentals, Performance Limits and Robust Implementations*. Springer, 2006.

[23] K. Philips and A. H. M. van Roermund, *Sigma Delta A/D Conversion for Signal Conditioning*. Springer, 2006.

[24] R. del Río, F. Medeiro, B. Pérez-Verdú, J. M. de la Rosa, and A. Rodríguez-Vázquez, *CMOS Cascade ΣΔ Modulators for Sensors and Telecom: Error Analysis and Practical Design*. Springer, 2006.

[25] L. Yao, M. Steyaert, and W. Sansen, *Low-Power Low-Voltage Sigma-Delta Modulators in Nanometer CMOS*. Springer, 2006.

[26] P. G. R. Silva and J. H. Huijsing, *High Resolution IF-to-Baseband ΣΔ ADC for Car Radios*. Springer, 2008.

[27] R. H. van Veldhoven and A. H. M. van Roermund, *Robust Sigma Delta Converters*. Springer, 2011.

[28] A. Morgado, R. del Río, and J. M. de la Rosa, *Nanometer CMOS Sigma-Delta Modulators for Software Defined Radio*. Springer, 2012.

[29] E. Janssens and A. van Roermund, *Look-Ahead Based Sigma-Delta Modulation*. Springer, 2011.

[30] R. Gaggl, *Delta-Sigma A/D Converters: Practical Design for Communication Systems*. Springer, 2013.

[31] M. Bolatkale, L. Breems, and K. Makinwa, *High Speed and Wide Bandwidth Delta-Sigma ADCs*. Springer, 2015.

[32] R. Schreier, *The Delta-Sigma Toolbox*. [Online]. Available: http://www.mathworks.com/matlabcentral, 2017.

[33] S. Pavan, R. Schreier, and G. C. Temes, *Understanding Delta-Sigma Data Converters*. Wiley-IEEE Press, 2nd ed., 2017.

[34] B. Murmann, *ADC Performance Survey 1997–2018*. [Online]. Available: http://www.stanford.edu/~murmann/adcsurvey.html.

致谢 ≫

　　首先，我要向塞维利亚微电子研究所和塞维利亚大学电子与电磁系的同事们表示最深切的感谢，尤其特别感谢 Bélen Pérez-Verdú 教授和 Angel Rodríguez-Vázquez 教授在我的职业生涯中所给予的帮助，还要特别感谢我的朋友和同事——本书第 1 版的合著者 Rocío del Río 博士和 Fernando Medeiro 博士，我和他们一起在 Sigma-Delta 模/数转换器的迷人世界里迈出了第一步，同时也在众多研究和工业项目中并肩工作。

　　其次，我还要感谢我以前的学生，特别是 Jesús Ruíz-Amaya、Rafael Romay、Ramón Tortosa、Alonso Morgado、Edwin Becerra、Gerardo García、Gerardo Molina、Luis Guerrero-Linares、Mohammad Honarparvar 和 Sohail Asghar。编写本书所用的一些材料是根据他们的论文修改而成的。

　　同时，我要感谢 Wiley 出版社的工作人员，这是一个由 Peter Mitchell 先生领导的优秀编辑团队。在此，我也要感谢本书提案的匿名审稿人，他们提出了许多建设性和宝贵的意见和建议，这对我实现本书的第 2 版具有非常重要的帮助。我也很感谢这些年来与许多 Sigma-Delta 模/数转换器领域专家进行的讨论，他们是我在许多会议和技术会议上遇到的。其中大多数会议是由 IEEE 电路与系统协会（IEEE Circuits and Systems Society）和固态电路协会（Solid-State Circuits Society）组织的。我很荣幸与一些公认的模拟和 Sigma-Delta 集成电路设计专家合著论文，如 Shanthi Pavan 教授、Richard Schreier 博士、Maurits Ortmanns 教授和 Mohmad Sawan 教授。

　　除了这些杰出的人物之外，我的工作还得到了许多国内外研究和工业项目的支持。最近，我的研究工作主要由西班牙经济、工业和竞争力部（Spanish Ministry of Economy, Industry and Competitiveness）（在欧洲区域发展基金的支持下）资助（合同编号：TEC2016-75151-C3-3-R）。

　　最后，我非常感谢我的家人。没有他们的爱、耐心和支持，这一切都不可能实现。非常感谢你们所做的一切。

目 录 »

第①章 »

Sigma-Delta 调制器概述：
基本原理、基础结构与性能指标

本章首先介绍了 Sigma-Delta 数据转换器。为了提高低精度量化器的有效分辨率，Sigma-Delta 数据转换器的基本工作原理包括过采样、量化误差处理与负反馈。1.1 节将重点介绍以上基础概念，着重强调模/数转换过程中的两大处理过程，即采样和量化。然后将分析从连续时间到离散时间转换过程中出现的误差，以及如何结合过采样和噪声整形来减少误差的产生。基于以上要点，在对比奈奎斯特率转换器的基础上，本节还将说明在信号处理过程中，Sigma-Delta 数据转换器是如何权衡电路元件精度以获得同样的性能参数。1.2 节阐述了 Sigma-Delta 数据转换器的基本架构、理想特性和性能指标。1.3 节说明了实现以上基本架构的最简方式，即对一阶 Sigma-Delta 调制器进行了分析。通过分析一阶 Sigma-Delta 调制器，阐明了 Sigma-Delta 调制器的工作原理，并着重讨论了量化误差与输入信号之间相关性产生的主要缺陷。1.4 节主要讨论了系统级设计参数和设计策略在提高 Sigma-Delta 转换器性能方面的作用，以及不同类型的 Sigma-Delta 结构及其实现方式。1.5 节与 1.6 节对以上内容进行了整合，并对实现 Sigma-Delta 模/数转换器和数/模转换器所需的不同模块进行了详细讨论。

1.1 模/数转换器基础

模/数转换器是一个可以将时间连续、幅值连续的模拟信号转变为时间、幅值均离散的数字信号的电子系统。用于低通（low-pass，LP）信号转换的模/数转换器的总体框图如图 1.1a 所示，其中包括一个抗混叠滤波器（antialiasing filter，AAF）、一个采样器、一个量化器和一个编码器。

图 1.1b 阐述了信号处理的过程。首先，模拟信号 $x_a(t)$ 经过抗混叠滤波器即一个低通模拟滤波器，该滤波器可以防止连续采样过程中带外分量对信号带宽 B_w 的混叠。根据奈奎斯特抽样定律，信号的混叠会干扰输入信号。其次，输出的有限带宽信号 $x(t)$ 在采样保持电路中以频率 f_s 被采样，产生一个时间离散信号 $x_s(n) =$

$x(nT_s)$，其中 $T_s = 1/f_s$ 表示采样周期。使用 N 位量化器对幅值 $x_s(n)$ 进行量化，量化器的每个连续输入信号值可被映射到 2^N 范围的近似离散值，即覆盖了输入信号的全部幅值范围。最后，对每一位输出量化器的输出幅值赋予唯一的数字编码，一般使用二进制编码产生 N 位数字输出 $y_d(n)$。

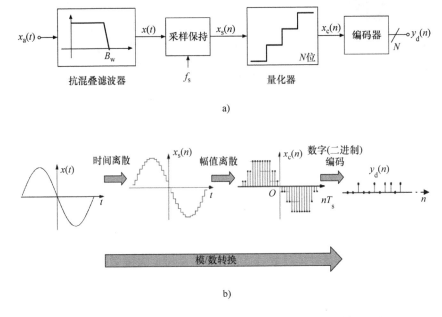

图 1.1　模／数转换器总体框图（假设为奈奎斯特速率转换器）
a）概念框图　b）信号处理

由图 1.1b 可知，对于模／数转换而言，采样和量化是两个基本数据处理过程。两者都使数据实现了从连续到离散的转变，采样使时间离散，量化使幅值离散。同时，这两个步骤也限制了模／数转换器的性能，定义了包括速度、精度在内的主要性能指标。其中，精度还可以表示为分辨率[⊖]，单位为 bit。因此，不同模／数转换器间的比较通常使用分辨率与速度为横、纵坐标进行对比，如图 1.2 所示。图中对当前技术水平下的不同数字化技术进行了描述，其中包括 Sigma-Delta、flash、两步式（two-step）、折叠式（folding）、流水线（pipeline）和逐次逼近（SAR）结构。由图 1.2 可知，Sigma-Delta 模／数转换器拥有最宽广的转换范围，这也是考虑应用 Sigma-Delta 技术实现模／数转换器的原因之一，但这不是 Sigma-Delta 技术的唯一优点。为了进一步理解 Sigma-Delta 模／数转换器的优点，首先需要对模／数转换过程中的采样和量化进行详细分析。

⊖　本书后文将会提到，模／数转换器的精度不仅与实际量化过程有关，还与电路和芯片制造过程中的一系列非理想因素有关。

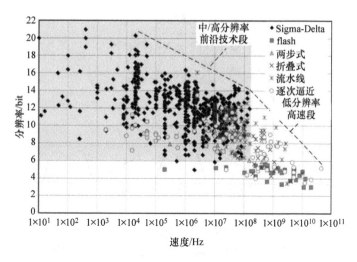

图 1.2　最先进模/数转换器可实现的分辨率（精度）与速度

1.1.1　采样 ★★★

如前文所述，采样过程使得输入信号时间离散，并限制了输入信号带宽。根据奈奎斯特定律，为了防止数据丢失，$x(t)$ 必须在最小频率 $f_N = 2B_w$ 被采样，该频率也被称为奈奎斯特频率。基于以上理论，模/数转换器中的模拟输入信号会在最小频率（$f_s = f_N$）被采样，该模/数转换器又称为奈奎斯特速率模/数转换器。相反，当采样频率 $f_s > f_N$ 时，则称为过采样模/数转换器。过采样率（oversampling ratio，OSR）定义为采样频率与 2 倍输入信号带宽（奈奎斯特频率）的比值，可表示为

$$OSR = \frac{f_s}{2B_w} \tag{1.1}$$

是否应用过采样技术对模/数转换器中抗混叠滤波器的选择具有重要的影响。由于在奈奎斯特速率模/数转换器中，输入信号带宽 $B_w = f_s/2$，当 $x_a(t)$（见图 1.1）包含大于 $f_s/2$ 的频率时就会产生混叠效应。因此，需要应用高阶模拟抗混叠滤波器产生陡峭的过渡带以滤除带外成分，同时使得信号频带内无明显的衰减，如图 1.3a 的低通信号所示。相反地，由于过采样模/数转换器 $f_s > 2 > B_w$，过采样过程中，输入信号频谱的复制信号之间的间距，要远大于奈奎斯特率转换器复制信号之间的间距。由图 1.3b 可知，当输入信号在范围为 $[B_w, f_s - B_w]$ 时不会与频带混叠，滤波器的过渡带将更平缓，这将极大地降低抗混叠滤波器的阶数，且简化了设计难度。

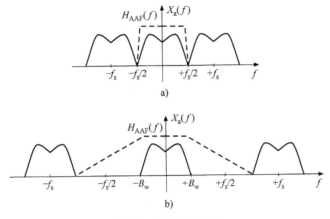

图 1.3　抗混叠滤波器

a）奈奎斯特速率模／数转换器　b）过采样模／数转换器

1.1.2　量化 ★★★

由于输入信号在幅值上由连续到离散转换的过程中会出现误差，因此，理想模／数转换器的量化过程同样存在一定的限制。这类误差就称为量化误差。量化器的基本原理如图 1.4 所示。

图 1.4c 为当 $N = 2$ 时量化器的输入 - 输出特性，该特性图也适用于一般 N 位量化器。满刻度摆幅 $[-X_{FS}/2，+X_{FS}/2]$ 内，输入幅值大约有 2^N 个输出电平，该输出电平通常以二进制数字表示。如果这些输出电平是等间距的，则认为量化器是均衡的，相邻的输出电平间的间距称作量化步长，可表示为

$$\Delta = \frac{Y_{FS}}{2^N - 1} \tag{1.2}$$

式中，Y_{FS} 为整个输出幅值范围。由于 X_{FS} 和 Y_{FS} 并不一定相同，量化器可能不是表现为单位增益，如图 1.4c 中斜率 k_q 所示。由图 1.4e 可知，量化器在量化过程中会产生固有的舍入误差，该舍入误差是输入 $q(n)$ 的非线性函数。需要注意的是，如果输入 $q(n)$ 在 $[-X_{FS}/2，+X_{FS}/2]$ 范围内，则量化误差 $e(n)$ 范围为 $[-\Delta/2，+\Delta/2]$。前者输入范围又称为量化器的非过载区，与 $|q(n)| > \Delta/2$ 范围相反，$e(n)$ 值单调递增。图 1.4 还显示了 1 位量化器（$N = 1$）的处理过程。由图 1.4d 可知，相比于多位量化器，1 位量化器的输出仅由输入信号决定，与其幅值无关。因此，斜率 k_q 是不确定的，并且可以进行任意取值。

上升 - 中点型量化器的量化特性见图 1.5a。所谓上升 - 中点型量化器是根据其输入 - 输出特性在零值附近的波形类似阶梯状而得名，且阶梯数常为偶数。此外，还有另外一种量化器称为水平 - 中点型量化器，其理想化输入 - 输出特性如图 1.5a 所示，

类似阶梯踏板区的零电平也可以认为是量化过程的有效值。通常可由全差分电路得出量化器的输入 - 输出特性，这时可以通过两条差分支路相减来获得零值。图 1.5b 为由两个单级量化器构成的三级模 / 数转换器，即比较器函数。下面讨论一般情况下的无损上升 - 中点型量化器。

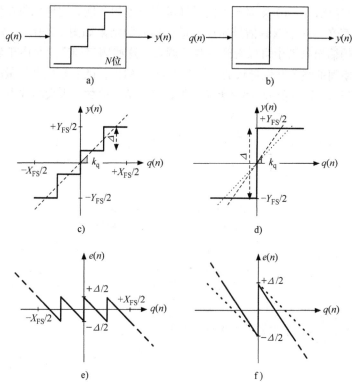

图 1.4 量化过程

a）多位量化器模块 b）1 位量化器模块 c）多位量化器的输入 - 输出特性
d）1 位量化器的输入 - 输出特性 e）多位量化误差 f）1 位量化误差

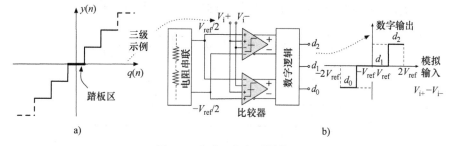

图 1.5 上升 - 中点型量化器

a）输入 - 输出特性 b）由两个单级量化器构成的三级模 / 数转换器（比较器）

1.1.3　量化白噪声模型 ★★★

实际中，如果先对量化误差的统计特性做出一些假设[1-3]，则如图 1.6a 所示的理想量化器通常可以利用图 1.6b 的线性方案进行建模。由图 1.4e 可知，量化误差 $e(n)$ 是由量化器的输入信号 $q(n)$ 决定。然而，假设 $q(n)$ 会随着不同的采样在 [$-\Delta/2$, $+\Delta/2$] 内随机变化，$e(n)$ 则对于不同采样呈现出非相关性。这种现象在量化器数量增加后仍然存在。一个双音信号通过该量化器后的结果如图 1.7 所示。需要注意的是，量化器的输出频谱中可以看到一些互调音。这些频率的产生是由于量化器输入与量化器误差间的强关联性导致的（见图 1.4e）。然而，随着量化器数量的增加（通过减小 Δ 实现），除了噪声功率显著减小外，这些信号的数量也大幅减小。

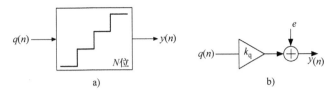

图 1.6　量化器的线性模型
a）多位量化器　b）引入白噪声的等效模型

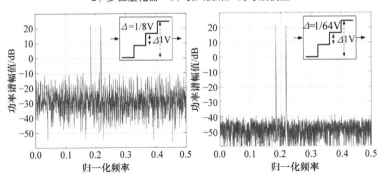

图 1.7　当量化器数量增加且输入双音信号时，验证量化器白噪声模型的正确性

在这些条件下，量化误差可看作是一个等概率分布的随机过程，分布范围为 [$-\Delta/2$, $+\Delta/2$]，如图 1.8a 所示。与量化误差有关的功率的计算公式为

$$\overline{e^2} = \sigma_e^2 = \int_{-\infty}^{+\infty} e^2 \mathrm{PDF}(e)\mathrm{d}e = \frac{1}{\Delta}\int_{-\Delta/2}^{+\Delta/2} e^2 \mathrm{d}e = \frac{\Delta^2}{12} \tag{1.3}$$

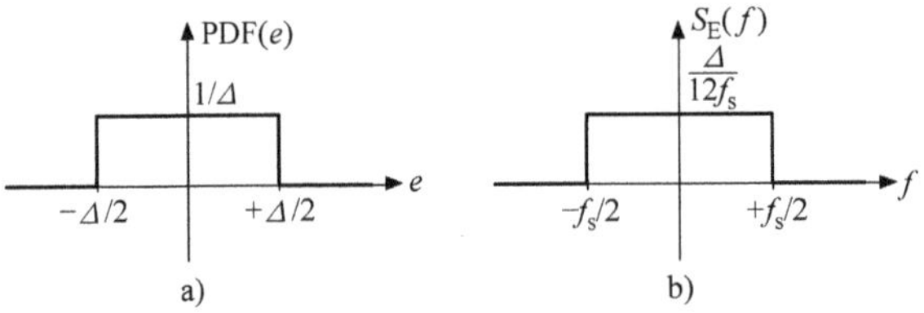

图 1.8　量化白噪声
a）概率密度函数（PDF）　b）功率谱密度（PSD）

前面的假设如图 1.8b，我们认为量化误差功率也会同样均等的分布在 $[-f_s/2, +f_s/2]$ 范围内，可以得出

$$\overline{e^2} = \int_{-\infty}^{+\infty} S_E(f)\mathrm{d}f = S_E\int_{-f_s/2}^{+f_s/2}\mathrm{d}f = \frac{\Delta^2}{12} \tag{1.4}$$

因此，量化误差的功率谱密度（PSD）在 $[-f_s/2, +f_s/2]$ 范围内为

$$S_E = \frac{\overline{e^2}}{f_s} = \frac{\Delta^2}{12f_s} \tag{1.5}$$

这些假设统称为量化误差的加性白噪声近似，且量化器性能与图 1.6a 的随机线性模型表现为非线性相关。其中 $y(n) = k_q q(n) + e(n)$，$e(n)$ 为量化噪声$^\ominus$。

当把量化误差近似为白噪声时，就可以轻松估算出理想模/数转换器的性能。当一个奈奎斯特率模/数转换器的 $f_s = 2B_w$ 时，所有量化噪声功率都将落在信号带内并作为输入信号的一部分通过模/数转换器输出，如图 1.9a 所示。相反，当 $f_s > 2B_w$ 时，如果一个过采样信号被量化，则仅有一部分的总量化噪声功率会落在信号带宽内，如图 1.9b 所示。因此，由理想过采样模/数转换器量化过程引起的带内噪声功率（in-band noise power，IBN）为

$$\mathrm{IBN} = \int_{-B_w}^{+B_w} S_E(f)\mathrm{d}f = \int_{-B_w}^{+B_w} \frac{\Delta^2}{12f_s}\mathrm{d}f = \frac{\Delta^2}{12\mathrm{OSR}} \tag{1.6}$$

其中，过采样率越大，IBN 越小$^\ominus$。

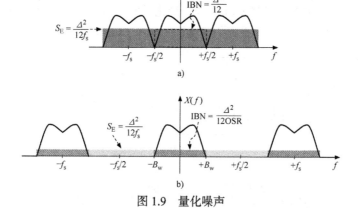

图 1.9　量化噪声

a）奈奎斯特速率模/数转换器　b）过采样模/数转换器

$\ominus$　尽管对于加性白噪声近似的假设条件在实际中很少得到满足，且严格意义来说是无效的，但该假设仍然被广泛应用于模/数转换器设计中。同时，量化器位数越多，得出的结果越好，如图 1.7 所示。虽然从严格意义上说该假设对独立的 1 位量化器无效，但仍然被应用于 1 位 Sigma-Delta 调制器的设计中 [4]。

$\ominus$　需要注意的是，式（1.6）中的带内噪声功率不仅适用于过采样模/数转换器，还适用于奈奎斯特率模/数转换器，只要令 OSR = 1，由式（1.6）推导出的公式同样成立。

理想模 / 数转换器的动态范围（dynamic range，DR）由最大幅值时输入正弦波频率对应的输出功率与带内量化噪声功率的比值决定，即

$$DR(dB) = 10\lg\left(\frac{P_{sig, out, max}}{IBN}\right) \qquad (1.7)$$

由图 1.4c 可知，N 位量化器非过载区的最大输入幅值为 $X_{FS}/2$，与其相关的输出功率可近似为[5]

$$P_{sig,out,max} \approx \frac{(2^N\Delta/2)^2}{2} = 2^{2N-3}\Delta^2 \qquad (1.8)$$

因此，结合式（1.6）与式（1.8），可得理想过采样模 / 数转换器的动态范围为

$$DR(dB) \approx 6.02N + 1.76 + 10\lg(OSR) \qquad (1.9)$$

需要注意的是，对于奈奎斯特模 / 数转换器而言，式（1.9）中 OSR = 1，即量化器每加 1 位，动态范围就增加近似 6dB。对于过采样模 / 数转换器而言，随着过采样率（OSR）的提高，动态范围会进一步增加约 3dB/ 倍频程，如一个过采样率为 4 的量化器相当于在 N 位量化器中额外多加 1 位。

1.1.4　噪声整形 ★★★

提高过采样模 / 数转换器精度的方法之一是对频域内的量化白噪声进行整形，即通过滤波使大部分噪声功率落在信号带宽以外。如图 1.10a 所示，从概念上来说，输出信号 $y(n)$ 减去输入信号 $q(n)$ 可得量化噪声。然后，该量化噪声又将通过一个滤波器传输函数，通常称为噪声传输函数（noise transfer function，NTF）。

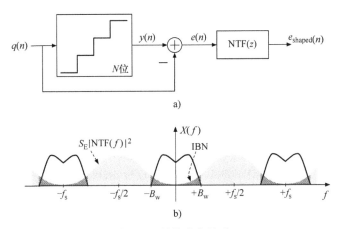

图 1.10　量化噪声整形

a）概念框图　b）过采样噪声整形模 / 数转换器对带内噪声的影响

对于工作在低通信号的量化器而言，噪声传输函数属于高通类型，可由一个微

分滤波器得到，Z 域的传输函数表示为

$$\mathrm{NTF}(z) = (1 - z^{-1})^L \tag{1.10}$$

式中，L 为滤波器阶数。考虑到 $z = \mathrm{e}^{sT_s} = \mathrm{e}^{\mathrm{j}2\pi f/f_s}$，式（1.10）中纯微分噪声传输函数的幅值可在低频范围近似为

$$|\mathrm{NTF}(f)| = \left| 1 - \mathrm{e}^{-\mathrm{j}2\pi f/f_s} \right|^L = \left[2\sin\left(\frac{\pi f}{f_s}\right) \right]^L \approx \left(\frac{2\pi f}{f_s} \right)^L \tag{1.11}$$

其中，$f \ll f_s$。因此，由量化噪声整形后的带内噪声功率为

$$\mathrm{IBN} = \int_{-B_w}^{+B_w} S_E(f) \left| \mathrm{NTF}(f) \right|^2 \mathrm{d}f \approx \frac{\Delta^2}{12} \frac{\pi^{2L}}{(2L+1)\mathrm{OSR}^{(2L+1)}} \tag{1.12}$$

结合式（1.8）和式（1.12），一个理想的过采样噪声整形模/数转换器的动态范围表示为

$$\mathrm{DR(dB)} \approx 6.02N + 1.76 + 10\lg\left(\frac{2L+1}{\pi^{2L}} \right) + (2L+1)10\lg(\mathrm{OSR}) \tag{1.13}$$

需要注意的是，与式（1.9）相比，如果过采样与噪声整形相结合，则动态范围（DR）会随着过采样率（OSR）的提高而提高约 3（2L+1）dB/ 倍频程。

1.2 Sigma-Delta 调制器

从控制角度来看，与之前讨论的开环模/数转换器相比，Sigma-Delta 模/数转换器通过反馈回路形成对量化误差的闭环控制。本节将详细阐述在实际中实现量化噪声整形的基本原理、基本电路结构、性能参数和过采样噪声整形模/数转换器的理想特性。

1.2.1 从噪声整形系统到 Sigma-Delta 调制器 ★★★

图 1.10 所示的概念框图仅处理了量化噪声。为了对信号进行数字化处理，采样输入信号 $x_s(n)$ 与量化噪声应同时进行信号处理。如图 1.11 所示，量化后的输入信号 $x_s(n)$ 通过信号传输函数（signal transfer function，STF），再与 $e_{\mathrm{shaped}}(n)$ 相加，可得数字化的输入信号 $y(n)$，其在 Z 域的表示为

$$Y(z) = \mathrm{STF}(z)X(z) + \mathrm{NTF}(z)E(z) \tag{1.14}$$

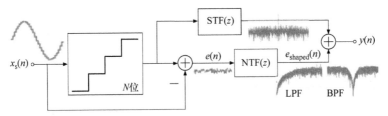

图 1.11 噪声整形模／数转换器的概念框图，当噪声传输函数是带通或低通滤波器时，
由图可得两种不同的整形噪声输出频谱

实际中，实现图 1.11 所示系统的方式多种多样。最简单的实现方法之一即采用所谓的 Sigma-Delta 调制器（ΣΔM），其包含有一个环路滤波器、一个 B 位的量化器以及一条反馈回路，如图 1.12a 所示 [6]。假设环路滤波器的增益在信号带宽内增大，在带宽外减小。由于负反馈的存在，输入的模拟信号 x 和模拟化的 Sigma-Delta 调制器输出 y 将在信号频带内重叠，如此，在这个闭环系统内的误差信号（$x-y$）在信号频带内将会非常小。由于 B 位量化器是相同的，Sigma-Delta 调制器的输入和输出间的大部分差值将被置于更高的频率，因此，量化噪声将在频域内被整形，而将其大部分的噪声功率排除在信号带宽以外。

将图 1.6b 的线性加性白噪声模型应用于嵌入式量化器，则图 1.12a 的 Sigma-Delta 调制器模型可以修改为双输入（x 和 e）单输出（y）线性系统，如图 1.12b 所示。这种变换通过式（1.14）对其在 z 域进行表示，其中信号传输函数（STF）和噪声传输函数（NTF）可表示为

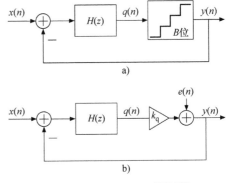

图 1.12 Sigma-Delta 调制器
a）框图 b）理想线性模型

$$\text{STF}(z) = \frac{k_{\mathrm{q}}H(z)}{1 + k_{\mathrm{q}}H(z)}, \ \text{NTF}(z) = \frac{1}{1 + k_{\mathrm{q}}H(z)} \qquad (1.15)$$

需要注意的是，如果环路滤波器在信号带宽内 $H(f) \gg 1$，则 $|\text{STF}(f)| \approx 1$ 且 $|\text{NTF}(f)| \ll 1$。换句话说，量化噪声被完全消除，且输入信号完全传输到输出端。

1.2.2 Sigma-Delta 调制器的性能参数 ★★★◀

相比于奈奎斯特速率模／数转换器主要通过静态性能参数——单调性、增益与失调误差、微分非线性（differential nonlinearity，DNL）和积分非线性（integral nonlinearity，INL）[5] 判断其性能，Sigma-Delta 模／数转换器的性能主要通过动态性能进行衡量，可通过时域数字输出序列的频域表示获得。因此，需要对具有特定窗函数的有限长度序列的输出序列进行快速傅里叶变换计算，具体内容将在第 5 章展开讨论。从功率谱表示的 Sigma-Delta 调制器输出序列中，可以直接测得各种频谱指

标，并导出其他噪声和功率指标。

当输入频率为 f_{in} 的正弦信号时，Sigma-Delta 调制器输出序列的经典频谱如图 1.13 所示。图中重点突出了频谱的主要特征，如快速傅里叶变换计算开始的数字序列的长度，与转换信号相对应的频率 f_{in} 的输出信号峰值等。正如将会在第 3 章和第 4 章展开讨论，由于 Sigma-Delta 调制器实际电路的非理想性，实际输出频谱与纯整形量化噪声不同。一方面，线性误差会产生一个本底噪声，也降低了整形阶数。另一方面，非线性误差产生的失真在大幅值输入信号中非常明显，在小幅值信号输入时会被淹没在本底噪声中。频谱指标中，如无杂散动态范围（spurious-free dynamic range，SFDR），即信号功率与最强杂波频谱的比值[5]，可以通过输出调制器频谱直接测得，如图 1.13 所示。

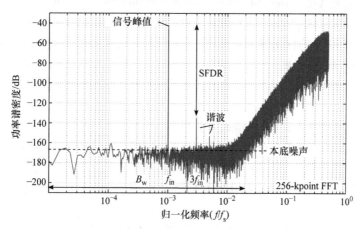

图 1.13　Sigma-Delta 调制器的典型实验输出频谱图和主要特性
（假设为低通 Sigma-Delta 调制器）

通过对 Sigma-Delta 调制器在带宽内的输出频谱积分，可得噪声和功率参数，且通常由单独的图表显示，如图 1.14 所示。这些参数是最重要的衡量标准，其中包括：

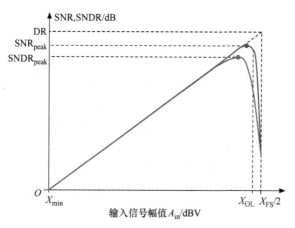

图 1.14　Sigma-Delta 调制器在典型信噪比曲线上的性能指标

（1）信噪比（signal-to-noise ratio，SNR）

SNR 是正弦波输入信号下的输出功率与不相关带内噪声功率的比值，即

$$SNR(dB) = 10\lg\left(\frac{P_{sig,out}}{IBN}\right) \tag{1.16}$$

式（1-16）说明了 Sigma-Delta 调制器的线性性能。在计算信噪比时，并没有把与输入信号谐波有关的带内功率计入带内噪声功率中。对于理想 Sigma-Delta 调制器，如果带内噪声功率的计算只考虑带内量化噪声，则 SNR 又可称为信号量化噪声比（signal-to-quantization-noise ratio，SQNR）。

（2）信噪失真比（Signal-to-noise-plus-distortion ratio，SNDR）

SNDR 是正弦波输入信号下的输出功率与带内噪声总功率的比值。它考虑了 Sigma-Delta 调制器的输出谐波。如图 1.14 所示，当输入信号幅值增大时，SNDR 曲线会与 SNR 曲线分离，产生明显失真。因此，当输入信号 $f_{in} \leq B_w/3$（对于低通 Sigma-Delta 调制器而言）时，可得 SNDR 的输出频谱，信号带宽内至少包含 2 次和 3 次谐波。

（3）动态范围（dynamic range，DR）

DR 是当输入信号为正弦波且幅值最大时的输出功率与信噪比 SNR = 0，即无法区分信号和噪声时最小幅值输入信号与输出功率的比值。理想情况下，最大幅值时的正弦输入信号会覆盖嵌入式量化器的满摆幅 Y_{FS} 正弦波输出，因此有

$$DR(dB) = 10\lg\left(\frac{P_{sig,out,max}}{IBN}\right) = 10\lg\left[\frac{\left(Y_{FS}/2\right)^2}{2IBN}\right] \tag{1.17}$$

（4）有效位（effective number of bits，ENOB）

由于理想 N 位奈奎斯特速率模／数转换器的动态范围可由式（1.9）当 OSR = 1 时得出，Sigma-Delta 调制器同样适用类似公式，即

$$ENOB(bit) = \frac{DR(dB) - 1.76}{6.02} \tag{1.18}$$

有效位可定义为：为实现与 Sigma-Delta 调制器相同动态范围所需的理想奈奎斯特速率模／数转换器的位数。过采样 Sigma-Delta 模／数转换器与奈奎斯特速率模／数转换器的性能可通过相同的方式进行比较[7]。与动态范围相比，式（1.18）中的动态范围也常用峰值信噪失真比代替，表示不同位数 Sigma-Delta 模／数转换器的模／数转换精度。

（5）过载电平（overload level，OL）

如图 1.14 所示，Sigma-Delta 调制器的信噪比随着输入信号幅值（A_{in}）的增大而增大，但当输入幅值接近嵌入式量化器输入总摆幅的一半（$X_{FS}/2$）时，信噪比急剧下降，这是由于过载和相关带内噪声功率增加所致。过载电平被定义为 Sigma-Delta 调制器能正常工作的最大输入幅值，可以任意取值，但通常取低于峰值信噪比 6dB

时的幅值[8]。

1.3　一阶 Sigma-Delta 调制器

对于低通信号转换，由式（1.15）定义的表示频率性能的最简单的环路滤波器 $H(z)$ 是一个积分器，在 Z 域的传输函数为

$$\text{ITF}(z) = \frac{1}{z-1} = \frac{z^{-1}}{1-z^{-1}} \qquad (1.19)$$

式（1.19）中的传输函数可以采用开关电容电路实现，如图 1.15 所示。该电路与嵌入式量化器相结合，可以实现一阶 Sigma-Delta 调制器。需要注意的是，量化器由一个前馈通路的模/数转换器和一个反馈通路的数/模转换器组成。图中，利用单个比较器实现 1 位模/数转换器，输出 Y 即为 Sigma-Delta 调制器的输出。输出信号控制着参考电平 $V_{\text{ref+}}$ 和 $V_{\text{ref-}}$，参考电平通过开关电容支路反馈回积分器，从而实现 1 位数/模转换器的反馈回路。在开关电容积分器中，调制器的输入与数/模转换器反馈信号均通过积分器中相同的采样电容 C。假设量化器具有线性模型，其中 $k_q = 1$，调制器的 Z 变换为

$$Y(z) = z^{-1}X(z) + (1-z^{-1})E(z) \qquad (1.20)$$

式（1.20）构成了一阶高通量化噪声整形公式，即式（1.10）。

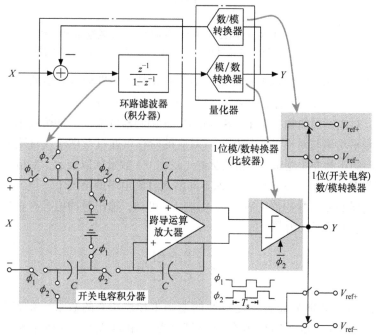

图 1.15　一阶 Sigma-Delta 调制器的结构框图与包含 1 位量化器的 Sigma-Delta 调制器的全差分开关电容电路

为了更好地进行阐述，图 1.16a 所示为当输入正弦波信号时，一个含有嵌入式 3 位（8 电平）量化器的一阶 Sigma-Delta 调制器的输出波形。需要注意的是，由于过采样和负反馈同时存在，调制器输出信号为脉冲密度调制（pulse-density modulated，PDM）信号，在相邻数字码转换过程中，其局部平均值跟踪输入信号进行变化。

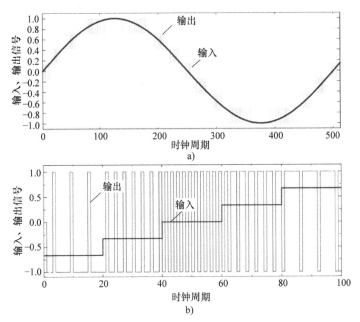

图 1.16　一阶 Sigma-Delta 调制器的脉冲密度调制输出信号

a）输入正弦波信号的 3 位量化器　b）输入阶梯波信号的 1 位量化器

图 1.16b 所示为输出脉冲流波形，通常指比特流，即当调制器的输入信号为阶梯信号时，含有 1 位（2 电平）量化器的一阶 Sigma-Delta 调制器的输出波形。需要注意的是，对应不同的输入电平，Sigma-Delta 调制器的输出脉冲密度不同，从而导致反馈信号平均值与对应的阶梯相同。对应的阶梯可通过考虑输入直流电平和计算调制器输出的正脉冲（逻辑 1）和负脉冲（逻辑 0）数量加以表示。对应量化器满摆幅的不同范围，即 0、1/3、2/3，考虑不同输入直流电平的情况下，包含 1 位量化器的一阶调制器的输出脉冲值见表 1.1。由表 1.1 可知，输出脉冲值具有重复特性。输入信号的数字表示形式为[9]

$$\overline{Y} = \frac{P_{+1} - P_{-1}}{P_{+1} + P_{-1}} Y_{\text{FS}} \qquad (1.21)$$

式中，P_{+1} 与 P_{-1} 分别为具有重复特性的逻辑 1 和逻辑 0 的数量（在表 1.1 中以粗体字显示）。这是 Sigma-Delta 调制器反馈回路作用的结果，致使输入、输出之差为零。

表 1.1　输入直流电平时 1 位量化器的 Sigma-Delta 调制器模型

n	$q(n), y(n)[x(n)=0]$	$q(n), y(n)[x(n)=1/3]$	$q(n), y(n)[x(n)=1/2]$
0	0, 1	0, 1	0, 1
1	−1, −1	−2/3, −1	−1/2, −1
2	0, 1	2/3, 1	1, 1
3	−1, −1	0, 1	1/2, 1
4	0, 1	−2/3, −1	0, 1
…	…	…	…

　　虽然式（1.21）较为简单，但对于一阶 Sigma-Delta 调制器而言，使用 1 位量化器将使量化误差的大小与输入信号有很大关系，这一现象也被称为噪声模式[10]。当过采样率（OSR）等于 64 时，带内量化误差功率与 Sigma-Delta 调制器输入为直流电平时的坐标图如图 1.17 所示。由图可知，强非线性曲线降低了线性模型的有效性，并在输出频谱中产生了许多离散信号，即所谓的闲音信号[9]，如图 1.18 所示。但当环路滤波器阶数 L 提高，又或者嵌入式量化器位数 B 增加时，闲音信号就会消失，且量化器的白噪声模型也会得到更好的近似效果。由图 1.18 可得一阶 Sigma-Delta 调制器在 $B=5$ 时的输出频谱图。由图可知，除了量化噪声功率降低以外，输出频谱信号也大幅降低。

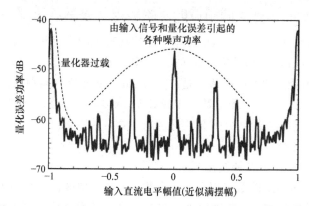

图 1.17　具有 1 位量化器的一阶 Sigma-Delta 调制器的噪声模型

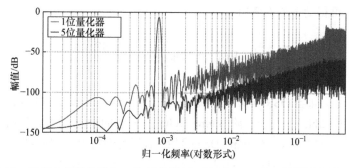

图 1.18　具有 1 位量化器和 5 位量化器的一阶 Sigma-Delta 调制器的输出频谱

1.4　Sigma-Delta 调制器的性能提升与分类

由式（1.14）可得，理想低通 L 阶 Sigma-Delta 调制器输出函数在 Z 域的表达式为

$$Y(z) = \mathrm{STF}(z)X(z) + \mathrm{NTF}(z)E(z) = z^{-L}X(z) + (1-z^{-1})^L E(z) \qquad （1.22）$$

其中，$|\mathrm{STF}(f)| = 1$，且噪声传输函数建立了一个嵌入式量化器的 L 阶高通量化噪声整形。假设代入 B 位量化器，则 Sigma-Delta 调制器的理想动态范围可由式（1.12）和式（1.17）推出，可得

$$\mathrm{DR(dB)} = 10\lg\left(\frac{P_{\mathrm{sig,out,max}}}{\mathrm{IBN}}\right) \approx 10\lg\left[\frac{3}{2}\left(2^B-1\right)^2\frac{(2L+1)\mathrm{OSR}^{(2L+1)}}{\pi^{2L}}\right] \qquad （1.23）$$

考虑到式（1.2）中 $Y_{\mathrm{FS}} = \left(2^B-1\right)\varDelta$，且设定量化噪声是影响带内噪声功率的唯一因素。

1.4.1　Sigma-Delta 调制器的系统级设计参数和策略 ★★★

由式（1.23）可知，Sigma-Delta 调制器的动态范围在理想情况下由调制器阶数（L）、过采样率（OSR）和量化位数（B）决定，因此，调制器阶数（L）、过采样率（OSR）和量化位数（B）也被认为是决定 Sigma-Delta 调制器顶层设计的三个重要指标。通过分别增大以上三个参数，实现对 Sigma-Delta 调制器动态范围的增大所带来的优缺点将在接下来的部分简要进行讨论，同时我们将在第 2 章中进行更详细的分析：

（1）高阶 Sigma-Delta 调制器

通过提高噪声整形阶数可以显著提升模／数转换精度，这是因为大部分的量化噪声功率都将被排除在信号带宽以外。图 1.19 所示为阶数由 1 到 5 变化时的理想噪声整形传输函数。图中 $L=0$ 即为无噪声整形。对于给定的过采样率，当 L 增加 1 时，由式（1.23）可得动态范围增加为

$$\Delta\mathrm{DR(dB)} \approx 10\lg\left[\frac{2L+3}{2L+1}\left(\frac{\mathrm{OSR}}{\pi}\right)^2\right] \qquad （1.24）$$

也就是说，如当 OSR $= 32$ 时，一个四阶 Sigma-Delta 调制器动态范围的理想值为 21.3dB（3.5bit），大于三阶 Sigma-Delta 调制器的动态范围。然而，使用高阶（$L>2$）环路滤波器会导致 Sigma-Delta 调制器的稳定性问题。尽管以上问题都可以规避，但实际高阶 Sigma-Delta 调制器的动态范围会比式（1.23）预计得要小。

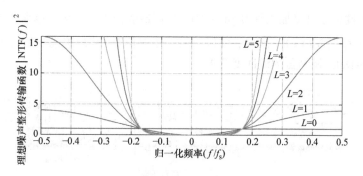

图 1.19　Sigma-Delta 调制器中量化噪声整形与频率的函数关系
（噪声传输函数由式（1.10）可得，其中 L 为滤波器阶数）

（2）高过采样率 Sigma-Delta 调制器

图 1.20 为噪声整形阶数由 0（无整形）到 5 且假设采用 1 位嵌入式量化器（$B=1$）时，对应的以过采样率为函数的理想动态范围。由图可知，当 OSR > 4 时，过采样与噪声整形相结合将大大提高 Sigma-Delta 调制器的性能。由式（1.23）可得理想 L 阶 Sigma-Delta 调制器的动态范围随着过采样率增加而增加 3（2L+1）dB/ 倍频程。然而，对于给定的转换带宽 B_w，过采样率不能任意增大，因为这会导致运行 Sigma-Delta 调制器电路时需要更高的采样频率 f_s。如果当前技术水平可实现如此高的采样频率，则会产生更大的功耗。

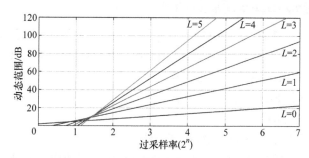

图 1.20　不同噪声整形阶数（L）时 Sigma-Delta 调制器的理想动态范围与过采样率的函数关系（假设采用一个 1 位嵌入式量化器（$B=1$））

（3）多位 Sigma-Delta 调制器

随着量化位数 B 的增大，量化间距 Δ 减小且量化噪声功率减小。在 Sigma-Delta 调制器的嵌入式量化器中，量化器每增加 1 位，动态范围通常增加 6dB[11]。

然而，一个多位嵌入式量化器需要一个多位数 / 模转换器来构建 Sigma-Delta 调制器的负反馈环路。相比于一个二级反馈数 / 模转换器（$B=1$）的固有线性特性，实际中一个多级数 / 模转换器在一定程度上是非线性的。由图 1.21 可知，数 / 模转

换器的非线性会被直接加入到 Sigma-Delta 调制器的输入端，从而也存在于输出，因此信号带宽内$|\mathrm{STF}(f) \approx 1|$。所以，实际中对一个多位数／模转换器的线性度要求等同于对 Sigma-Delta 调制器的线性度要求。

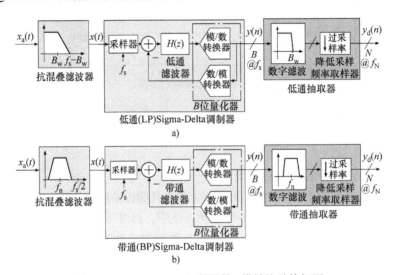

图 1.21　Sigma-Delta 调制器数／模转换总体框图
a）低通信号　b）带通信号

1.4.2　Sigma-Delta 调制器的分类 ★★★

以上讨论的关于提高 Sigma-Delta 调制器动态范围的方法有许多种，所以在此基础上进行的研究产生了大量不同结构的 Sigma-Delta 调制器。根据不同的分类标准，可将 Sigma-Delta 调制器分为以下主要几类[12]：

（1）1 位与多位 Sigma-Delta 调制器

由嵌入式量化器的位数决定。

（2）单环路与级联型 Sigma-Delta 调制器

由嵌入式量化器的数量决定。Sigma-Delta 调制器仅使用一个量化器，称为单环路结构；而使用多个量化器的结构称为级联型或多级噪声整形 Sigma-Delta 调制器。

（3）低通与带通 Sigma-Delta 调制器

由被转换信号的特点决定。低通信号的模／数转换在前面部分已讨论，带通（band-pass，BP）Sigma-Delta 调制器也同样成立。

（4）离散时间与连续时间 Sigma-Delta 调制器

由环路滤波器的动态特性决定。前面提到在 Sigma-Delta 调制器中使用离散时间（discrete-time，DT）环路滤波器，而连续时间（continuous-time，CT）Sigma-Delta 调制器在实际中也可加以应用。混合连续时间／离散时间 Sigma-Delta 调制器具有连续时间和离散时间 Sigma-Delta 调制器的双重优点。

根据以上分类标准，讨论所有 Sigma-Delta 调制器的可能结构已经超出了本书的范围。对它们具体结构的分析可以从海量的关于 Sigma-Delta 调制器的论文和书籍中获取 [4, 10, 11, 13-24]。本书将专注于 Sigma-Delta 调制器中最具代表性的系列，并在第 2 章中对它们的优缺点展开详细讨论。下面分析使用 Sigma-Delta 调制器实现模 / 数转换器和数 / 模转换器所需要的不同模块。

1.5　知识整合：从 Sigma-Delta 调制器到 Sigma-Delta 模 / 数转换器

为了通过应用 Sigma-Delta 调制器实现模 / 数转换器，需要添加一些额外的模块对输入信号进行滤波，去除带外量化噪声。Sigma-Delta 模 / 数转换器的基本框图见图 1.21，其中包含低通信号（见图 1.21a）和带通信号（见图 1.21b）。在两种情况中，实现 Sigma-Delta 模 / 数转换器都需要以下三个主要模块：

（1）抗混叠滤波器（AAF）

AAF 通过带宽限制模拟输入信号以防止连续采样过程中的混叠失真。如上所述，过采样可以极大地降低抗混叠滤波器的衰减要求，因此相比于奈奎斯特速率模 / 数转换器，抗混叠滤波器的过渡频带通常更加平滑。通常来说，低阶（即一阶或者二阶）滤波器应用广泛。此外，对于连续时间 Sigma-Delta 调制器，Sigma-Delta 调制器默认构成了一个抗混叠滤波器（本书后面部分会详细解释），这使得实际应用中模块得到极大简化。

（2）Sigma-Delta 调制器

Sigma-Delta 调制器是有限带宽模拟信号进行过采样和量化的部分。通过在量化器之前放置一个合适的环路滤波器 $H(z)$，并对两者设置一个负反馈回路，可以在频域内对嵌入式 B 位量化器的量化噪声进行整形。如上所述，采用低分辨率且量化器位数在 1~5 位范围内的量化器，已足够实现较小的带内噪声功率和高精度的模 / 数转换。

（3）抽样滤波器

抽样滤波器通过一个高选择性数字滤波器，可以大量去除 Sigma-Delta 调制器的输出带外频谱和大部分整形量化噪声。抽样滤波器也使传输速率从 f_s 减小到奈奎斯特频率，而使数据字长由 B 位增大到 N 位以保证分辨率。

Sigma-Delta 调制器是对模 / 数转换器性能影响最大的模块，本质上是因为 Sigma-Delta 调制器主要负责的采样和量化过程对模 / 数转换的精度有着最直接的影响。因此，Sigma-Delta 模 / 数转换器主要的设计工作都集中在 Sigma-Delta 调制器的设计。这部分内容也是本书讨论的重点。当然实现完整的 Sigma-Delta 模数转换器，还需要其他模块。

1.5.1 Sigma-Delta 抽样滤波器简介 ★★★

图 1.22 所示为 Sigma-Delta 抽样滤波器的信号处理过程，包括低通 Sigma-Delta 模 / 数转换器和带通 Sigma-Delta 模 / 数转换器。图中使用了一个单频输入信号作为测试信号，由于是有限带宽，抗混叠滤波器对输入信号没有任何影响。抽样滤波器的作用首先是移除了带外量化噪声，其次是将采样频率降低到奈奎斯特频率。需要注意的是，图 1.21b 所示的概念框图需要一个高选择性数字带通滤波器，来实现带通 Sigma-Delta 模 / 数转换器的抽样过程。这一问题可以通过将数字信号混合降低至基带加以解决，即使用一个低通抽样滤波器。

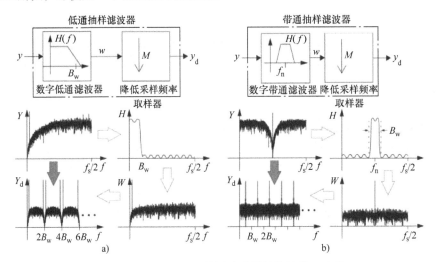

图 1.22 Sigma-Delta 抽样滤波器的信号处理过程

a）低通 Sigma-Delta 模 / 数转换器　b）带通 Sigma-Delta 模 / 数转换器

抽样滤波器将 Sigma-Delta 调制器的过采样频率降低到奈奎斯特频率，即 $f_s/2$，以实现更高效的数字信号处理。由图 1.23[4] 所示的级联积分梳状滤波器是以一种紧凑结构实现 Sigma-Delta 模 / 数转换器中的抽样滤波器，仅需要加法器和延迟组件即可实现[25]。

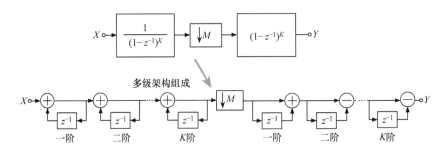

图 1.23　K 阶（sinc^K）级联积分梳状滤波器结构框图

在大多数情况下，为了获得 K 阶抽样滤波器，常使用多级架构实现滤波和抽样，见图 1.23[4]。在 Z 域的每一阶的传输函数可表示为

$$H_{\text{CIC}}(z) = \frac{1}{M} \frac{1-z^{-M}}{1-z^{-1}} \qquad (1.25)$$

也可作为正弦滤波器，其频率相应为

$$H_{\text{CIC}}(\text{e}^{\text{j}2\pi f}) = \frac{\text{sinc}(M\pi f)}{\text{sinc}(\pi f)} \qquad (1.26)$$

式中，M 为抽样因子，$\text{sinc}(x) = \text{sinc}(x)/x$ 为正弦函数。

　　式（1.26）可应用于设计的逻辑层，如图 1.24 所示。

　　由图 1.24 可知，K 阶级联积分梳状滤波器产生一个数字输出信号，其字长 b_{out} 可表示为

$$b_{\text{out}} = b_{\text{in}} + K\text{lb}M \qquad (1.27)$$

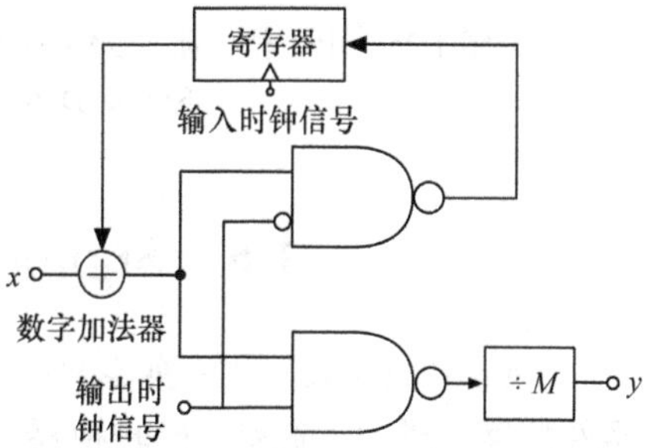

图 1.24　抽样滤波器的实现 [4]

式中，b_{in} 为抽样滤波器输入端的位数，即 Sigma-Delta 调制器的输出端。需要注意的是，假设 M 是 2 的幂次方，即 $M = 2^p$，那么 $b_{\text{out}} = b_{\text{in}}+pK$。如果一个二阶抽样滤波器（$K = 2$）与一个 1 位一阶 Sigma-Delta 调制器（$M = 32$）组合，则相应的 Sigma-Delta 模 / 数转换器会产生一个 11 位字长的数字输出信号。

　　需要着重强调的是，级联积分梳状滤波器会在信号带宽内引入衰减，进而导致 Sigma-Delta 模 / 数转换器的分辨率降低。当然，通过提高抽样滤波器阶数 K 可以获得更精确的响应，但前提是以提高电路复杂性和增加功耗为代价。一般来说，$K = L+1$ 已满足大多数实际应用 [19]。图 1.25 所示为由二阶 Sigma-Delta 调制器和三阶级联积分梳状滤波器（$M = \text{OSR} = 128$ 且 $B = 1$）构成的 Sigma-Delta 数 / 模转换器的时间响应，图中还计入一个半摆幅的输入正弦信号的影响。由图可知，尽管 Sigma-Delta 调制器的输出是脉冲密度调制（1 位）信号，但抽样滤波器的输出，即模 / 数转换器的输出，是一个多位、模拟输入信号的数字表示（此处为一个正弦波信号）。

　　除了级联积分梳状滤波器结构，其他抽样滤波器结构，如循环结构、多码率结构等都可用于降低硅片面积和功耗。对于高过采样率的情况更是如此，数字积分器是导致功耗增加的主要原因，这是由于此时加法器以最高采样速率和全位宽工作。关于不同抽样滤波器结构的详细分析已超出本书的讨论范围，感兴趣的读者可以查阅与此相关的文献资料 [26, 27]。

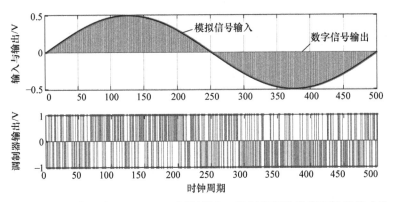

图 1.25　由 1 位二阶 Sigma-Delta 调制器和三阶级联积分梳状滤波器构成的
Sigma-Delta 模／数转换器的信号波形

1.6　Sigma-Delta 数／模转换器

Sigma-Delta 数／模转换器利用 Sigma-Delta 技术，通过数字信号处理提高模拟器件精度，进而提高数／模转换器性能。图 1.26 为 Sigma-Delta 数／模转换器框图，主要由四个模块组成：插值滤波器、数字 Sigma-Delta 调制器、数／模转换器和模拟重建滤波器。图中，Sigma-Delta 调制器完全应用于数字域中，并结合过采样和反馈机制降低由 N_{in} 位输入信号到 N_{out} 位输出信号（$N_{in} << N_{out}$）转换过程中的截断误差。Sigma-Delta 调制器的输入信号由插值滤波器提供，插值滤波器生成了当频率为 $OSR \cdot f_N$ 时的过采样 N_{in} 位数据序列。数据转换过程中的截断误差被 Sigma-Delta 调制器的反馈环路整形，大部分的截断误差功率被推至信号频带以外，通过低分辨率、高线性度（通常 $N_{in} = 1, 2$）的数／模转换器⊖，Sigma-Delta 调制器的数字输出信号被转换成模拟信号，再通过一个模拟滤波器可大幅减小带外截断噪声。

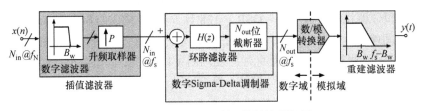

图 1.26　Sigma-Delta 数／模转换器框图

⊖　Sigma-Delta 数／模转换器中的数／模转换模块根据速度和分辨率的性能要求，一般采用电流舵或开关电容电路技术。如果对速度要求较高，电流舵电路通常是最佳选择，这部分内容将在第 8 章展开讨论。

1.6.1 Sigma-Delta 数 / 模转换器中的系统设计折中 ★★★◀
　　　 与信号处理

图 1.26 中，除了低分辨率数 / 模转换器和重建滤波器，大部分的 Sigma-Delta 数 / 模转换器是数字系统。然而，当过采样率很高且 $N_{out}=1$ 时，这些模块的设计可以被极大地简化。在这种情况下，过采样率的作用可以放宽对滤波器性能参数的要求，因此保障了数 / 模转换器的良好线性度，这与 Sigma-Delta 模 / 数转换器中的抗混叠滤波器情况类似。而且，存在一些设计折中，其中包括定义 Sigma-Delta 数 / 模转换器性能的系统级参数，即 N_{in}、N_{out}、过采样率（OSR）和 L，其中 L 指的是 Sigma-Delta 调制器的环路滤波器阶数。

另一方面，使用低值 N_{out}，如 $N_{out}=1$，可简化模 / 数转换器的电路设计，使其具有更好的线性度和鲁棒性。然而，1 位 Sigma-Delta 调制器的稳定性很难保证，特别是当 L 值较大时。此外，1 位 Sigma-Delta 数 / 模转换器输出（模拟）信号的高压摆率和大量的带外截断噪声，也导致模拟滤波器的设计更加复杂。这些设计问题可以通过使用多位 Sigma-Delta 调制器加以解决，代价是降低了数 / 模转换器电路的线性度[4]。

图 1.27 所示为 Sigma-Delta 数 / 模转换器信号处理过程，每个模块的数据处理通过输出信号加以显示。插值滤波器的作用与抽取滤波器相反：插值滤波器通过将频率 f_s 从 f_N 提高到 $OSR \cdot f_N$ 以实现过采样信号。插值信号的方法之一是在输入信号的每个采样点之间增加 $OSR-1$ 个零点。这种插值方法在离散时间域可表示为

$$y(n) \begin{cases} x(n/OSR) & n = m \cdot OSR \\ 0 & \text{其他} \end{cases} \tag{1.28}$$

式中，m 为整数。

式（1.28）采用 Z 变换可得

$$Y(z) = X(z^{OSR}) \tag{1.29}$$

上述插值方法使得输入频谱以 f_N 的倍数展开，必须通过插值滤波器进行抑制。最后，通过一种基于抽头的有限冲击响应滤波器完成滤波输出。根据基于抽头的有限冲击响应滤波器的结构特点，芯片面积与功耗会随着抽头的增加而增加。实现插值滤波器的一种更高效的方法是使用多级结构，与抽样滤波器类似，即插值因子 $P \equiv OSR$ 可被分解为多项，如 $P = P_1 P_2 P_3 \cdots$，其中 P_i 为 i 阶插值因子。

另一种实现插值滤波器的方法是以过采样率对信号重复采样，即不在两个连续输入信号间引入零点。这样，插值滤波器的离散时间响应可表示为

$$y(n) = x(n/P) \tag{1.30}$$

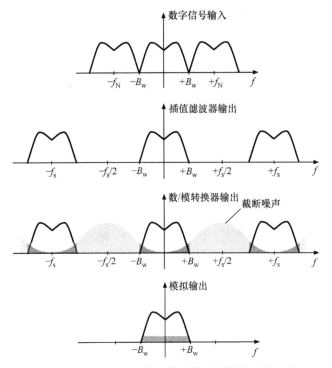

图 1.27　Sigma-Delta 数／模转换器的信号处理过程

可得其在频域的正弦函数为

$$\frac{Y(f)}{X(f)} = \frac{\sin c(\pi f)}{\sin c(\pi f / P)} \qquad (1.31)$$

式（1.31）插值滤波器的传输函数与抽样滤波器的传输函数（式（1.26））正好相反。实现插值滤波器的方法有许多种，读者可自行查阅其他参考文献[28]。

1.6.2　数／模转换器中数字 Sigma-Delta 调制器的实现 ★★★◀

通过 Sigma-Delta 调制器实现数／模转换器的方法与实现模／数转换器的方法类似，两者最主要的区别与电路结构本身有关。数／模转换器中的 Sigma-Delta 调制器完全工作在数字域，因此，所有反馈系统中的信号都是数字信号，不存在信号转换。尽管模／数转换器和数／模转换器的工作原理相同，且都可应用类似的理论结构和系统级策略，但数／模转换器允许使用环路滤波器，相比模／数转换器更能抵抗电路非线性的影响。环路滤波器由数字累加器（而不是模拟积分器）、数字加法器、延时器和乘法器组成。就硬件而言，如果环路滤波器的系数为整数，则其结构可以大大简化；如果环路滤波器的系数为 2 的幂次方时，其结构将在前者的基础上进一步简化。

图 1.28 所示为系统级高效数字 Sigma-Delta 调制器的结构框图。假设截断器是线性模型，则该数字 Sigma-Delta 调制器在 Z 域的输出传输函数可表示为

$$Y(z) = X(z) + [1 - H_e(z)] E(z) \tag{1.32}$$

式中，$H_e(z)$ 是环路滤波器的传输函数。

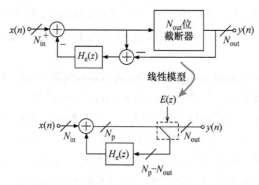

图 1.28 系统级高效数字 Sigma-Delta 调制器的结构框图

相比于模拟 Sigma-Delta 调制器，环路滤波器主要设置在调制器的反馈回路上。对于一阶 Sigma-Delta 调制器，$H_e(z) = z^{-1}$，所以有 $STF(z) = 1$ 且 $NTF(z) = 1 - z^{-1}$。图 1.29 为二阶数字 Sigma-Delta 调制器的结构框图。其中 $H_e(z) = 2z^{-1} - z^{-2}$，所以 $NTF(z) = (1 - z^{-1})^2$。如上所述，高阶数字 Sigma-Delta 调制器可使用与模拟系统相同的工作原理。此外，一些最先进的 Sigma-Delta 数 / 模转换器还利用时间交织技术以降低对工作速度的要求。这使得它们可以处理千兆赫兹范围内的信号，且同时保证较低的过采样率[29]。

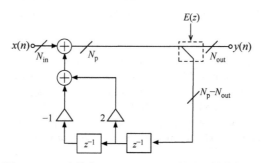

图 1.29 二阶数字 Sigma-Delta 调制器的结构框图

1.7 小结

本章对 Sigma-Delta 转换器进行了初步介绍。分析了信号数字化过程中过采样和量化噪声整形的优点，并与奈奎斯特速率模 / 数转换器的性能进行了比较。在所有构成 Sigma-Delta 模 / 数转换器的模块中，本章着重介绍了 Sigma-Delta 调制器，包括其总体结构、理想特性和性能参数。

本章还对 Sigma-Delta 调制器的最简结构，即基于一阶环路滤波器的 Sigma-Delta 调制器结构进行了详细分析，阐述了实现高精度、低分辨率嵌入式量化的 Sigma-Delta 技术的工作原理，讨论了由量化误差与输入信号之间强相关性导致的一阶 Sigma-Delta 调制器的主要缺陷，介绍了 Sigma-Delta 调制器的结构分类，并着重分析了当前提高 Sigma-Delta 调制器有效分辨率的主要方法，这部分内容在第 2 章还会详细展开。

本章最后介绍了如何利用 Sigma-Delta 调制器构建模 / 数转换器和数 / 模转换器。在这两种数据转换系统中，核心模块都是 Sigma-Delta 调制器，主要应用于模 / 数转换器的模拟域以及数 / 模转换器的数字域。大部分系统级策略对模拟和数字 Sigma-Delta 调制器均适用，这部分内容将在第 2 章展开讨论。然而，模拟 Sigma-Delta 调制器对非线性电路的影响更加敏感，因此需要更精细地设计，这也成为许多电路系统的主要设计瓶颈。本书后续章节主要讨论与模拟 Sigma-Delta 调制器相关的实际设计问题，下一章开始将分析其最具代表性的系统结构。

参考文献

[1] W. Bennett, "Spectra of Quantized Signals," *Bell System Technical J.*, vol. 27, pp. 446–472, July 1948.

[2] B. Widrow, "Statistical Analysis of Amplitude-Quantized Sampled-Data Systems," *Trans. AIEE - Part II: Applications and Industry*, pp. 555–568, January 1960.

[3] A. B. Sripad and D. L. Snyder, "A Necessary and Sufficient Condition for Quantization Errors to be Uniform and White," *IEEE Trans. on Acoustics, Speech and Signal Processing*, vol. 25, pp. 442–448, October 1977.

[4] S. R. Norsworthy, R. Schreier, and G. C. Temes, *Delta-Sigma Data Converters: Theory, Design and Simulation.* IEEE Press, 1997.

[5] R. van de Plassche, *CMOS Integrated Analog-to-Digital and Digital-to-Analog Converters.* Springer, 2003.

[6] H. Inose, Y. Yasuda, and J. Murakami, "A Telemetering System by Code Modulation – Δ − Σ Modulation," *IRE Trans. on Space Electronics and Telemetry*, vol. 8, pp. 204–209, September 1962.

[7] B. E. Boser and B. A. Wooley, "The Design of Sigma-Delta Modulation Analog-to-Digital Converters," *IEEE J. of Solid-State Circuits*, vol. 23, pp. 1298–1308, December 1988.

[8] A. Marques, V. Peluso, M. S. Steyaert, and W. M. Sansen, "Optimal Parameters for ΔΣ Modulator Topologies," *IEEE Trans. on Circuits and Systems II: Analog and Digital Signal Processing*, vol. 45, pp. 1232–1241, September 1998.

[9] J. Candy and O. J. Benjamin, "The Structure of Quantization Noise from Sigma-Delta Modulation," *IEEE Transactions on Communications*, pp. 1316–1323, 1981.

[10] J. Candy and G. Temes, *Oversampling Delta-Sigma Data Converters: Theory, Design and Simulation.* IEEE Press, 1991.

[11] Y. Geerts, M. Steyaert, and W. Sansen, *Design of Multi-bit Delta-Sigma A/D Converters.* Kluwer Academic Publishers, 2002.

[12] A. Rodríguez-Vázquez, F. Medeiro, J. M. de la Rosa, R. del Río, R. Tortosa, and B. Pérez-Verdú, "Sigma-Delta CMOS ADCs: An Overview of the State-of-the-Art," in *CMOS Telecom Data Converters* (A. Rodríguez-Vázquez, F. Medeiro, and E. Janssens, editors), Kluwer Academic Publishers, 2003.

[13] F. Medeiro, B. Pérez-Verdú, and A. Rodríguez-Vázquez, *Top-Down Design of High-Performance Sigma-Delta Modulators.* Kluwer Academic Publishers, 1999.

[14] J. Cherry and W. Snelgrove, *Continuous-Time Delta-Sigma Modulators for High-Speed A/D Conversion.* Kluwer Academic Publishers, 1999.

[15] V. Peluso, M. Steyaert, and W. Sansen, *Design of Low-Voltage Low-Power CMOS Delta-Sigma A/D Converters.* Kluwer Academic Publishers, 1999.

[16] S. Rabii and B. A. Wooley, *The Design of Low-Voltage, Low-Power Sigma-Delta Modulators.* Kluwer Academic Publishers, 1999.

[17] L. Breems and J. H. Huijsing, *Continuous-Time Sigma-Delta Modulation for A/D Conversion in Radio Receivers.* Kluwer Academic Publishers, 2001.

[18] J. M. de la Rosa, B. Pérez-Verdú, and A. Rodríguez-Vázquez, *Systematic Design of CMOS Switched-Current Bandpass Sigma-Delta Modulators for Digital Communication Chips.* Kluwer Academic Publishers, 2002.

[19] R. Schreier and G. C. Temes, *Understanding Delta-Sigma Data Converters.* IEEE Press, 2005.

[20] R. del Río, F. Medeiro, B. Pérez-Verdú, J. M. de la Rosa, and A. Rodríguez-Vázquez, *CMOS Cascade ΣΔ Modulators for Sensors and Telecom: Error Analysis and Practical Design.* Springer, 2006.

[21] M. Ortmanns and F. Gerfers, *Continuous-Time Sigma-Delta A/D Conversion: Fundamentals, Performance Limits and Robust Implementations.* Springer, 2006.

[22] L. Yao, M. Steyaert, and W. Sansen, *Low-Power Low-Voltage Sigma-Delta Modulators in Nanometer CMOS.* Springer, 2006.

[23] P. G. R. Silva and J. H. Huijsing, *High Resolution IF-to-Baseband ΣΔ ADC for Car Radios.* Springer, 2008.

[24] R. H. van Veldhoven and A. H. M. van Roermund, *Robust Sigma Delta Converters.* Springer, 2011.

[25] J. Candy, "A Use of Double Integration in Sigma-Delta Modulation," *IEEE Transactions on Communications*, vol. 33, pp. 249–258, March 1985.

[26] E. Hogenauer, "An Economical Class of Digital Filters for Decimation and Interpolation," *IEEE Trans. on Acoustic, Speech and Signal Processing*, vol. 29, pp. 155–162, 1981.

[27] H. Aboushady *et al.*, "Efficient Polyphase Decomposition of Comb Decimation Filters in ΣΔ Analog-to-Digital Converters," *IEEE Trans. on Circuits and Systems II: Analog and Digital Signal Processing*, vol. 48, pp. 898–903, 2001.

[28] S. Pavan, R. Schreier, and G. C. Temes, *Understanding Delta-Sigma Data Converters.* Wiley-IEEE Press, 2nd ed., 2017.

[29] A. Bhide and A. Alvandpour, "An 11 GS/s 1.1 GHz Bandwidth Interleaved ΔΣ DAC for 60 GHz Radio in 65nm CMOS," *IEEE J. of Solid-State Circuits*, vol. 50, pp. 2306–2318, 2015.

第2章 »

Sigma-Delta 调制器的结构分类

本章将对 Sigma-Delta 调制器的实用结构进行总体概述。根据调制器结构（单环或级联）、使用的电路技术（离散时间或连续时间）和被转换信号特性（低通或带通），对现有的各式各样的 Sigma-Delta 调制器实现方式进行分类，并从离散时间低通 1 位 Sigma-Delta 调制器开始，以循序渐进的方式对不同模块的含义进行阐述。

2.1 节主要讨论二阶 Sigma-Delta 调制器。2.2 节介绍了高阶单环 Sigma-Delta 调制器的结构，其中包含与实际应用相关的问题以及线性模型尚未解决的问题，如不稳定性问题。2.3 节主要讨论级联 Sigma-Delta 调制器的结构。2.4 节分析了多位嵌入式量化器 Sigma-Delta 调制器结构的优缺点，提出了可以规避其缺点的技术改进方案，如动态器件匹配或双量化技术。

2.5 节主要对带通信号转换进行了讨论，包括 Sigma-Delta 调制器在无线接收器中的应用。2.6 节重点研究了连续时间 Sigma-Delta 调制器的实现方法，讨论了其相比于离散时间 Sigma-Delta 调制器的优点，以及当前可实现环路滤波器和反馈的替代方案。本章最后在基于由离散到连续的时间转换（2.7 节）或连续时间 Sigma-Delta 调制器环路滤波器的直接综合方法（2.8 节），提出了设计连续时间 Sigma-Delta 调制器的主要综合方法。

2.1 二阶 Sigma-Delta 调制器

只含有一个嵌入式量化器的 Sigma-Delta 调制器常称为单环结构。为了熟悉它们的结构、性能、电路级实现方法和其他实际应用中的问题，首先引入二阶 Sigma-Delta 调制器。下面对高阶 Sigma-Delta 调制器的稳定性问题展开讨论，包括可以提高稳定性的不同结构方案。

图 2.1a 所示为一阶 Sigma-Delta 调制器的结构框图。图中，系数 a_1、a_2 表示环路滤波器积分器的比例或权系数。如果嵌入式量化器被一阶 Sigma-Delta 调制器取代，则可得到图 2.1b 的结构框图。此时的 Sigma-Delta 调制器结构通常称为二阶离

散时间 Sigma-Delta 调制器，可由级联的两个离散时间积分器组成[5]，其中每个积分器都与数/模转换器的加权反馈环路相连，并加入系数 a_1、a_2 以实现完整的电路。

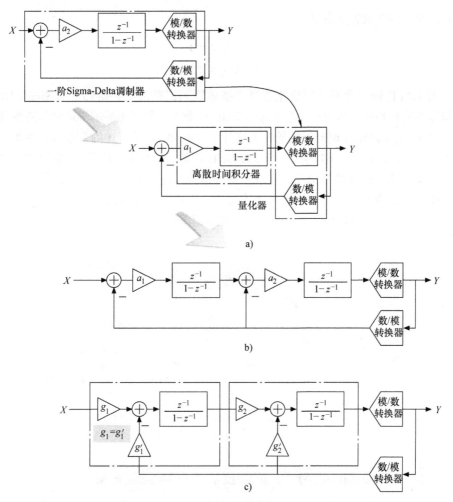

图 2.1 二阶 Sigma-Delta 调制器的结构框图和不同的表示方法

a）一阶 Sigma-Delta 调制器的结构框图 b）二阶离散时间 Sigma-Delta 调制器的结构框图[1, 2]

c）二阶离散时间 Sigma-Delta 调制器的另一种表示方法[3, 4]

基于线性分析，调制器在 Z 域的输出可表示为

$$Y(z) = \frac{k_q a_1 a_2 \dfrac{z^{-2}}{(1-z^{-1})^2} X(z) + E(z)}{1 + k_q a_1 a_2 \dfrac{z^{-2}}{(1-z^{-1})^2} + k_q a_2 \dfrac{z^{-1}}{1-z^{-1}}} \tag{2.1}$$

式中，k_q 为量化器增益。

对于纯二阶整形，式（2.1）可简化为

$$Y(z) = z^{-2}X(z) + (1-z^{-1})^2 E(z) \qquad (2.2)$$

因此，积分器系数需要满足：

$$
\begin{aligned}
k_q a_1 a_2 &= 1 \\
k_q a_2 &= 2
\end{aligned}
\qquad (2.3)
$$

图 2.2a 比较了含有 1 位量化器且半摆幅输入正弦波的一阶和二阶 Sigma-Delta 调制器的输出频谱。相比于一阶 Sigma-Delta 调制器，除了更好的噪声整形滤波效果外，二阶 Sigma-Delta 调制器的输出频谱几乎没有如 1.3 节所述的杂波信号现象。含有 1 位量化器且 OSR = 64 的二阶 Sigma-Delta 调制器的量化噪声模型如图 2.2b 所示。由图可知，除了输入信号幅度接近满摆幅的情况（此处 $\Delta = 1$），量化器线性（白噪声）模型可以更好地估算带内量化噪声功率。在这些幅度范围内，量化器过载功率和量化误差功率单调递增，而调制器信噪比急剧下降。

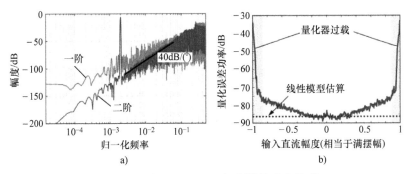

图 2.2　二阶 Sigma-Delta 调制器的噪声整形
a）半摆幅输出频谱　b）量化噪声模型

2.1.1　二阶 Sigma-Delta 调制器的另一种表示方法 ★★★

图 2.1c 所示为二阶 Sigma-Delta 调制器的另一种表示方法，通过系数符号[3, 4]可对每个积分器的前馈环路和反馈环路分配不同的权重，其系数分别表示为 g_i 和 g_i'。如图 2.3 所示，图 2.1b 和图 2.1c 中的符号可通过以下等式相关联：

$$
\begin{cases}
a_1 = \dfrac{g_1' g_2}{g_2'} \\
a_2 = g_2'
\end{cases}
\qquad (2.4)
$$

以上两个关于 Sigma-Delta 调制器的积分器比例系数的符号 g_i、g_i' 将在本书中一直沿用。参考文献 [1, 2] 中的二阶 Sigma-Delta 调制器表示方法近似在调制器结构层，而参考文献 [3, 4] 中的表示方法近似在实际电路层，通常采用具有多个开关电容输入端的积分器实现。因此，后者对准确解释实际 Sigma-Delta 调制器应用中的一些非理想特性很有帮助，这部分内容将在第 3 章展开讨论。

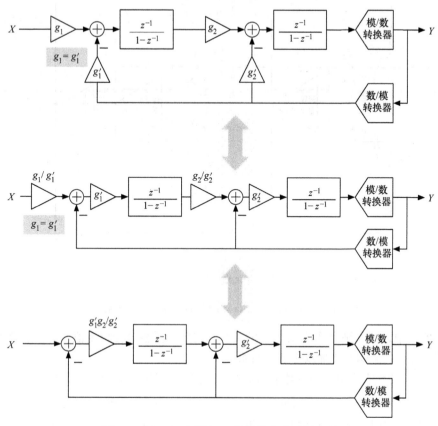

图 2.3 图 2.1b 和图 2.1c 的等效离散时间表示

对图 2.1 中的二阶 Sigma-Delta 调制器应用全差分开关电容电路，且假设其量化器为 1 位量化器，如图 2.4 所示。与图 1.15 的电路类似，调制器差分输入信号为 X，调制器数字输出 Y 控制着连接积分器参考电压 V_{ref+} 和 V_{ref-} 的反馈环路。因此，调制器满摆幅范围 $\Delta = 2V_{ref}$，其中 $V_{ref} = V_{ref+} - V_{ref-}$。由图 2.4 中第一个开关电容积分器可知，调制器输入信号和数 / 模转换器反馈信号两者都通过相同的采样电容 C_S。对于第二个开关电容积分器，第一个积分器的输出信号将同时通过 C_{S1} 和 C_{S2}，而数 / 模转换器的反馈信号仅通过 C_{S2}。因此，调制器比例系数定义为电容的比率，如图 2.1c 所示，即

$$\begin{cases} g_1 = g_1' = \dfrac{C_S}{C_{I1}} \\ g_2 = \dfrac{C_{S1} + C_{S2}}{C_{I2}}, g_2' = \dfrac{C_{S2}}{C_{I2}} \end{cases} \tag{2.5}$$

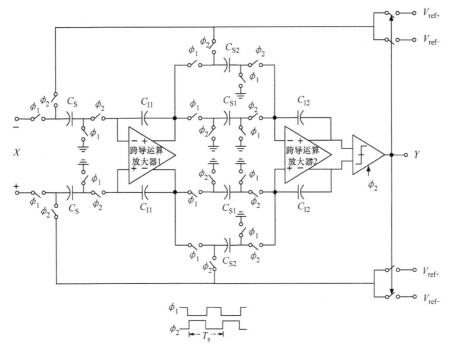

图 2.4　二阶 Sigma-Delta 调制器的全差分开关电容电路

实际中，为了满足式（2.3）中的关系，需要选择积分器权重值，对调制器性能的某些方面的影响也要加以考虑，例如：

1）保持状态变量（积分器输出）在一定范围内变化，确保调制器的稳定性。不考虑量化器增益 k_q，当 $g_2' > 1.25 g_1' g_2$ 且输入信号在 $[-0.9\Delta/2, +0.9\Delta/2]$ 范围内时，二阶 Sigma-Delta 调制器状态稳定 [5]。如果 $g_2' = 2 g_1' g_2$，则以上条件已满足，详见式（2.3）和式（2.4）。

2）保证调制器过载电平尽可能接近满摆幅，确保高峰值信噪比，详见式（1.14）。

3）在积分器输出端最小化所需信号范围；换句话说，积分器输出摆幅范围必须能在预设的电源电压下实现，而且为了减小功耗、简化电路设计，该电压值越小越好。

4）对单位电容比率的积分器权重的实际计算进行简化。

总而言之，对于 Sigma-Delta 调制器比例系数的选择需要从结构层、电路层和实际应用中的技术层这几个方面进行折中考虑；因此，对于某个特定应用的比例系数的最佳选择并不适用于所有电路。为了更好地说明，图 2.1 中二阶 1 位 Sigma-Delta 调制器的多组系数对照见表 2.1。每组数据都存在过载电平 $X_{OL} \approx -4\text{dBFS}$，即比满摆幅幅值 $V_{ref} = \Delta/2$ 低 −4dB）。这也包括了所需的积分器输出摆幅和单位电容的最小数量。同一个积分器中权重系数之间的电容分配问题也考虑在内。

表 2.1 多组二阶 1 位 Sigma-Delta 调制器的系数对照

参考文献	[6]	[7]	[8]	[9]
g_1, g_1'	1/2, 1/2	1/4, 1/4	1/2, 1/2	1/3, 1/3
g_2, g_2'	1/2, 1/2	1/2, 1/4	1, 1/2	3/5, 2/5
a_1, a_2	0.5, 0.5	0.5, 0.25	0.5, 0.5	0.5, 0.4
过载电平	−4dBFS	−4dBFS	−4dBFS	−4dBFS
积发器输出摆幅	± 1.5V_{ref}	± 0.75V_{ref}	± 1.25V_{ref}	± 1.0V_{ref}
单位电容（2× 全差分结构）	6（= 3+3）	11（= 5+6）	9（= 5+4）	12（= 4+8）

2.1.2 具有单位增益信号传输函数的二阶 Sigma-Delta 调制器 ★★★

图 2.5 所示为二阶 Sigma-Delta 调制器的替代结构，通过前馈环路实现所谓的单位增益信号传输函数[10, 11]。

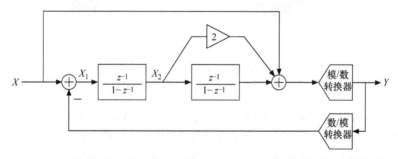

图 2.5 具有单位增益信号传输函数（USTF）的二阶 Sigma-Delta 调制器

通过线性分析，二阶 Sigma-Delta 调制器输出在 Z 域可表示为

$$Y(z) = X(z) + (1-z^{-1})^2 E(z) \tag{2.6}$$

因此 STF$(z) = 1$。换句话说，在所有频率下，二阶 Sigma-Delta 调制器的信号传输函数都等于 1，然而噪声传输函数不受影响。

具有单位增益信号传输函数（USTF）的二阶 Sigma-Delta 调制器的一个最显著特征是在理想情况下，积分器不需要处理输入信号。积分器输入在 Z 域可表示为

$$\begin{cases} X_1(z) = -(1-z^{-1})^2 E(z) \\ X_2(z) = -z^{-1}(1-z^{-1})E(z) \end{cases} \tag{2.7}$$

由式（2.7）可知，积分器输入仅与量化误差有关。图 2.6a 对比了图 2.5 中二阶 Sigma-Delta 调制器的积分器输出节点的幅度频谱和图 2.1b 中当 $a_1 = 1/2$ 且 $a_2 = 1/4$ 时的幅度频谱。所有情况下均考虑量化器为 3 位量化器。需要注意的是，具有单位增益信号传输函数的调制器仅仅对积分器输出端的量化噪声进行整形，因此降低了

该结构的输出摆幅，如图 2.6b 所示。

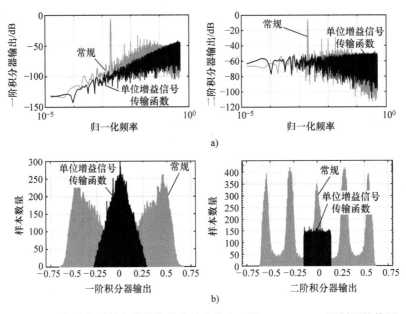

图 2.6　3 位量化下单位增益信号传输函数在二阶 Sigma-Delta 调制器的作用

a）积分器输出的幅度频谱　b）积分器输出摆幅

　　实际应用中，积分器输入端常常会存在一些调制器输入信号的残余分量，但一般都忽略不计。这就意味着，如果考虑到电路实现的非线性，图 2.5 中单位增益信号传输函数 Sigma-Delta 调制器产生的失真将会比图 2.1 中常规 Sigma-Delta 调制器产生的失真小得多。此外，该技术对任何过采样率均有效，这也使得单位增益信号传输函数 Sigma-Delta 调制器特别适用于需要低过采样率的宽带应用，以降低对电路缺陷的敏感性。

　　单位增益信号传输函数的概念可以拓宽到任意阶数的噪声整形。唯一要求是在理想情况下 $STF(z)=1$，即不改变调制器的噪声传输函数。近年来，在宽带和多模应用中，Sigma-Delta 调制器通常都采用单位增益信号传输函数进行实现。

2.2　高阶单环二阶 Sigma-Delta 调制器

　　扩展一个 Sigma-Delta 调制器到任意 L 阶整形的最简方法就是在量化器前设置 L 个积分器。对图 2.1a 中的二阶 Sigma-Delta 调制器进行扩展，其结构如图 2.7 所示。该结构被称为具有分布反馈的 L 阶单环 Sigma-Delta 调制器[17]⊖。理想情况下，由线性分析可得噪声传输函数，且噪声传输函数等于式（1.10），进而可得到一组积分器

　　⊖　图 2.7 中的离散时间滤波器 $H(z)$ 假设为满足式（1.19）中传输函数的积分器。

比例系数的关系，以获得一个纯微分器噪声整形，类似式（2.3）对二阶 Sigma-Delta 调制器所做的计算。因此，由式（1.12）和式（1.13）可分别得出理想情况下的带内量化噪声和调制器动态范围。

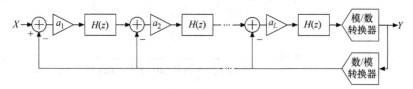

图 2.7　具有分布反馈的 L 阶单环 Sigma-Delta 调制器

然而，这种调制器性能在实际中是无法存在的。这是因为当 $L>2$ 时，具有纯微分器有限冲击响应噪声传输函数的 Sigma-Delta 调制器的稳定性较差，相比于线性分析的预估结果，表现出非束缚态和较差的信噪比。总之，调制器输出端存在大摆幅低频振荡，即表现出非稳定性，因此导致 +1 和 −1 交替的长比特流。这种非稳定性的表现可由以下理论进行解释[18]。对于一个稳定的 Sigma-Delta 调制器而言，量化器输入不允许太大。由于量化器输入可表示为（见图 2.7）

$$Q(z) = \text{STF}(z)X(z)+[\text{NTF}(z)-1]E(z) \tag{2.8}$$

其中，$\text{NTF}(z)-1$ 的增益或简单表示为 $\text{NTF}(z)$ 的增益一定不能太大。然而，由图 1.19 可知，当 $L>2$ 时，表示为 $(1-z^{-1})L$ 的有限冲击响应噪声传输函数的带外增益会迅速增大，在频率 $f=f_s/2$ 时可达最大值 $|\text{NTF}(f)|^2 = 2^{2L}$。因此，量化器开始过载，导致调制器信噪比急剧降低。

这种非稳定性问题可通过利用单环 Sigma-Delta 调制器加以解决，其无限冲击响应噪声传输函数为 $\text{NTF}(z)=(z-1)^L/D(z)$，其中 $D(z)$ 是一个多项式，由调制器比例系数决定。该方法可有效限制噪声传输函数的带外增益。需要注意的是，为了对噪声传输函数建立高通巴特沃斯或切比雪夫滤波器，可以对比例系数进行设定，使得截止频率落在信号带宽以外且通频带内增益平缓。因此，为了保证 Sigma-Delta 调制器性能稳定且信噪比最大，该增益必须进行调整。大量稳定高阶单环 Sigma-Delta 调制器设计的实际经验表明，噪声传输函数的最佳带外增益可表示为

$$\|\text{NTF}(z)\|_\infty = \max[\text{NTF}(z)] \approx 1.5 \tag{2.9}$$

式（2.9）作为近似稳定标准被广泛应用，且通常被称为（修正）李氏法则[19]。然而，与已确定可保证二阶 Sigma-Delta 调制器稳定性的条件不同[5]，保证高阶单环 Sigma-Delta 调制器稳定性的决定性条件仍然是个开放性话题。通过行为级仿真，高阶 Sigma-Delta 调制器在特定条件下是稳定的，即选取合适的比例系数，严格控制输入范围和确保一些状态变化的初始条件[1, 20]，可得稳定的高阶 Sigma-Delta 调制器。然而，尽管缺少一般的稳定条件，高阶 Sigma-Delta 调制器在 20 世纪 80 年代末就已被成功设计[19]。实际中，图 2.7 的电路结构已被广泛应用，相关文献提出了其最

佳系数[1]。在线性分析下，其信号传输函数（STF）和噪声传输函数（NTF）可表示为⊖

$$STF(z) = \frac{k_q \prod_{i=1}^{L} a_i H^L(z)}{1 + k_q \sum_{i=1}^{L}\left[\left(\prod_{j=i}^{L} a_j\right) H^{L-i+1}(z)\right]} \quad (2.11)$$

$$NTF(z) = \frac{1}{1 + k_q \sum_{i=1}^{L}\left[\left(\prod_{j=i}^{L} a_j\right) H^{L-i+1}(z)\right]} \quad (2.12)$$

如果式（1.19）中的积分器被用作滤波器，那么 $H(z) = ITF(z)$，其中 NTF 在低频范围可近似表示为[1]

$$|NTF| \approx \frac{|1 - z^{-1}|^L}{k_q \prod_{i=1}^{L} a_i} \quad (2.13)$$

其中，Sigma-Delta 调制器的最外层反馈支路的完整缩放比例决定了噪声整形的效果。

与式（1.11）和式（1.12）类似，具有分布反馈的 L 阶单环 Sigma-Delta 调制器的带内噪声功率可表示为

$$IBN_L \approx \frac{\Delta^2}{12} \frac{1}{\left(k_q \prod_{i=1}^{L} a_i\right)^2} \frac{\pi^{2L}}{(2L+1)OSR^{2L+1}} \quad (2.14)$$

因此，相比于理想 Sigma-Delta 调制器，带内噪声功率（IBN）增加了 $1\big/\left(k_q \prod_{i=1}^{L} a_i\right)^2$ 倍。

图 2.7 所示的环路滤波器的一个主要缺点是其积分器输出信号中含有大量输入信号[24]，因此要求积分器具备大摆幅能力或者较低的比例系数。利用图 2.8 所示的电路结构可以有效解决以上问题。该结构是一个具有前馈求和的积分器链[25]。通过线性分析，其相应的信号传输函数（STF）和噪声传输函数（NTF）可表示为

$$STF(z) = \frac{k_q \sum_{i=1}^{L} a_{L-i+1} H^{L-i+1}(z)}{1 + k_q \sum_{i=1}^{L} a_{L-i+1} H^{L-i+1}(z)} \quad (2.15)$$

⊖ 此处明确考虑了线性量化器模型下的量化器增益 k_q。在 1.1.2 节中，多位量化器增益已被清晰定义，如果量化器输入和输出的满摆幅范围相同（见图 1.6），则 $k_q = 1$，但 1 位量化器的增益 k_q 可任意取值。然而，为了定量分析 Sigma-Delta 调制器的性能，需要预估 k_q 的有效值。取得合适近似值的方法有许多种[1, 21, 22]。此处对具有分布反馈的 Sigma-Delta 调制器采用了 Ortmanns 和 Gerfers 的计算方法[23]，即

$$k_q = \begin{cases} 1/a_1 & \text{1位一阶Sigma-Delta调制器} \\ 2/a_L & \text{1位}L\text{阶Sigma-Delta调制器} \\ 1 & \text{多位Sigma-Delta调制器} \end{cases} \quad (2.10)$$

该计算方法简单且与仿真结果近似。

$$\mathrm{NTF}(z) = \frac{1}{1 + k_{\mathrm{q}} \sum_{i=1}^{L} a_{L-i+1} H^{L-i+1}(z)} \quad (2.16)$$

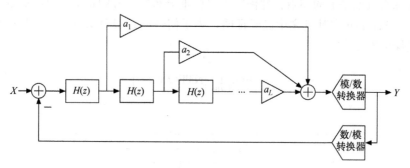

图 2.8　具有前馈求和的高阶单环 Sigma-Delta 调制器

需要注意的是，具有前馈求和的高阶单环 Sigma-Delta 调制器的噪声传输函数结构与式（2.12）相同，所以该 Sigma-Delta 调制器结构的带内噪声功率表达式与式（2.14）类似。

对于图 2.7 中的分布反馈结构和图 2.8 中的前馈求和结构，对比式（2.11）与式（2.12）、式（2.15）与式（2.16），可以发现信号传输函数与噪声传输函数的环路滤波器基本相同。这也说明，如果噪声传输函数是为期望的噪声整形步骤设计的，由于 $\mathrm{STF}(z) = 1 - \mathrm{NTF}(z)$，则以上两种结构都符合信号传输函数方程。此外，前馈求和结构的信号传输函数在高频段表现出几个峰值，在没有其他预防措施的情况下，这一现象的产生容易损坏调制器的稳定性。或者，也可以设计具有反切比雪夫滤波特性的噪声传输函数[24]。

如果在调制器噪声传输函数和信号传输函数的设计中存在一定自由度，可使用图 2.9 所示的电路结构。这是一个具有分布反馈和分布前馈输入路径的链式积分器[26]。在这个结构中，信号传输函数的零点可由系数 b_i 进行修复且不影响极点的配置，因此，信号传输函数与噪声传输函数可分别进行优化[24]。

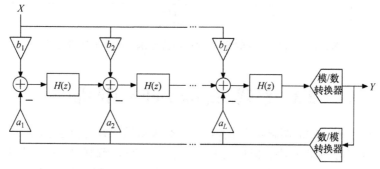

图 2.9　具有分布反馈和分布前馈输入路径的高阶单环 Sigma-Delta 调制器

如图 2.10 所示，对于具有前馈求和的高阶单环 Sigma-Delta 调制器，其局部反馈环路也包括图 2.8 和图 2.9 中的反馈环路。为了在噪声传输函数中产生陷波节点，需要移除直流电平上的零点，并使零点最佳地分布在信号频带上，以降低带内噪声功率 [27]。Schreier 在其论文中已经证明，为了使带内总误差功率最小，共轭复数零点的最佳位置为 [27]

$$\min\left[\int_0^{B_w} \left|\text{NTF}(f)\right|^2 df\right] \tag{2.17}$$

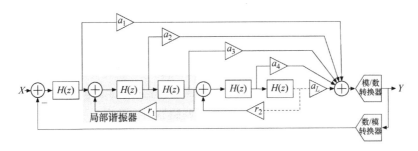

图 2.10 具有前馈求和与局部反馈环路的高阶单环 Sigma-Delta 调制器

图 2.11 所示为四阶单环 Sigma-Delta 调制器的替代方案。其中，信号频带内有两个陷波节点，分别对应当 OSR = 64 时，式（2.17）中产生的两个共轭复数零点。由图可知，相比使用无限冲击响应或有限冲击响应噪声传输函数，这个方法得到的噪声传输函数最小，且其零点在直流电平上。

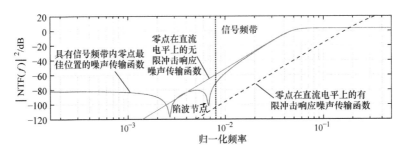

图 2.11 当 OSR = 64 时四阶噪声传输函数的不同实现方式

2.3 级联 Sigma-Delta 调制器

对单环 Sigma-Delta 调制器应用高阶噪声传输函数导致的稳定性问题，可通过引入适当的比例系数加以解决，但相比于理想 Sigma-Delta 调制器，这种方法又会导致动态范围大幅缩小。目前，另一种可以实现高阶噪声整形且能保证稳定性的方法是级联 Sigma-Delta 调制器，又称为多环 Sigma-Delta 调制器或多级噪声整形（MASH）

Sigma-Delta 调制器[28-31]。其结构框图如图 2.12 所示，其中包含 N 级 Sigma-Delta 调制器，每一级会重新调制由前级产生，但又经过缩放的量化误差。所有级联级输出 y_i 都可以在数字域中方便地进行处理，在总的 Sigma-Delta 调制器输出 y 处，所有级的量化误差都会被抵消。此外，级联输出端的后级量化误差被 L 阶整形，L 等于级联的总级数，即 $L = L_1 + L_2 + \cdots + L_N$。如果仅一阶和二阶 Sigma-Delta 调制器进行级联（$L_i \leqslant 2$），则可获得无条件稳定的高阶整形，这是由于所有反馈环路对低阶 Sigma-Delta 调制器都是局部的，且没有级间反馈。因此，多级 Sigma-Delta 调制器性能与理想高阶单环 Sigma-Delta 调制器类似，不存在稳定性问题⊖。

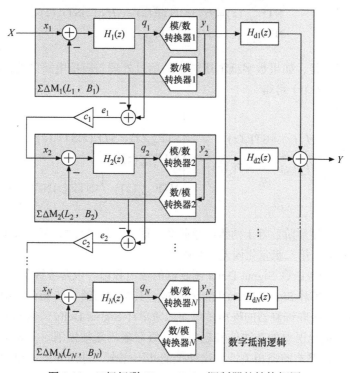

图 2.12　N 级级联 Sigma-Delta 调制器的结构框图

通过一个二级级联 Sigma-Delta 调制器示例，可以轻松理解级联 Sigma-Delta 调制器的工作原理。在线性分析下，在 Z 域的级联输出可表示为

$$
\begin{aligned}
Y_1(z) &= \mathrm{STF}_1(z)X_1(z) + \mathrm{NTF}_1(z)E_1(z) \\
Y_2(z) &= \mathrm{STF}_2(z)X_2(z) + \mathrm{NTF}_2(z)E_2(z)
\end{aligned}
\tag{2.18}
$$

式中，Sigma-Delta 调制器级的输入信号定义为 $X_1(z) = X(z)$ 和 $X_2(z) = -c_1 E_1(z)$，

⊖　理想情况下，级联 Sigma-Delta 调制器可扩展至任意级数。然而，由于电路的非理想性，通过级联大量 Sigma-Delta 调制器以实现任意高阶噪声整形的能力是受限的，这也导致调制器输出端中前端 Sigma-Delta 调制器的低阶整形量化误差无法抵消。这种现象称为噪声泄漏。

$E_1(z)$ 和 $E_2(z)$ 表示每一级的量化误差。数字抵消逻辑（DCL）后的总调制器输出可由式（2.18）推导得出，即

$$
\begin{aligned}
Y(z) &= H_{d1}(z)Y_1(z) + H_{d2}(z)Y_2(z) \\
&= \mathrm{STF}_{casc}(z)X(z) + \mathrm{NTF}_{1,casc}(z)E_1(z) + \mathrm{NTF}_{2,casc}(z)E_2(z)
\end{aligned}
\tag{2.19}
$$

式中，$\mathrm{STF}_{casc}(z)$、$\mathrm{NTF}_{1,\,casc}(z)$ 和 $\mathrm{NTF}_{2,\,casc}(z)$ 分别表示输入信号和量化误差的总级联传输函数，且

$$
\begin{aligned}
\mathrm{STF}_{casc}(z) &= H_{d1}(z)\mathrm{STF}_1(z) \\
\mathrm{NTF}_{1,casc}(z) &= H_{d1}(z)\mathrm{NTF}_1(z) - c_1 H_{d2}(z)\mathrm{STF}_2(z) \\
\mathrm{NTF}_{2,casc}(z) &= H_{d2}(z)\mathrm{NTF}_2(z)
\end{aligned}
\tag{2.20}
$$

需要注意的是，如果数字抵消逻辑中的信号处理与模拟电路区的部分信号处理相匹配，由式（2.20）可得

$$
\left.
\begin{aligned}
H_{d1}(z) &= \mathrm{STF}_2(z) \\
H_{d2}(z) &= \frac{1}{c_1}\mathrm{NTF}_1(z)
\end{aligned}
\right\}
\Rightarrow
\left\{
\begin{aligned}
\mathrm{STF}_{casc}(z) &= \mathrm{STF}_1(z)\mathrm{STF}_2(z) \\
\mathrm{NTF}_{1,casc}(z) &= 0 \\
\mathrm{NTF}_{2,casc}(z) &= \frac{1}{c_1}\mathrm{NTF}_1(z)\mathrm{NTF}_2(z)
\end{aligned}
\right.
\tag{2.21}
$$

因此，当调制器阶数等于两级的总阶数，即 $L = L_1 + L_2$ 时，第一级量化误差会在总输出端被抵消且第二级量化误差也会被衰减。

图 2.13 为两级级联 Sigma-Delta 调制器的输出频谱。该两级级联 Sigma-Delta 调制器由两个一阶单环 Sigma-Delta 调制器组成，其结构与图 1.15 相似，即 $L_1 = L_2 = 1$。需要注意的是，级联调制器的噪声整形与二阶单环 Sigma-Delta 调制器的噪声整形相同，而前端级量化误差的杂波信号现象会在级联输出端被抵消。实际中由于输入信号和前端级量化误差的强相关性，这种抵消并不完全，进而导致了更加非线性的输出频谱。

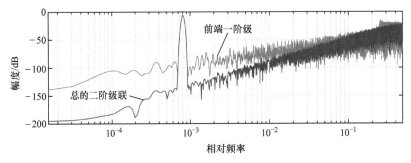

图 2.13　两级级联 Sigma-Delta 调制器的噪声整形波形（$L_1 = L_2 = 1$）

图 2.12 中，对于一般的 N 级级联 Sigma-Delta 调制器，假设在每一级中 $\mathrm{STF}_i(z)=z^{-L_i}$ 且 $\mathrm{NTF}_i(z)=(1-z^{-1})^{L_i}$，那么总调制器输出可表示为

$$Y(z)=z^{-L}X(z)+\frac{1}{\prod_{i=1}^{N-1}c_i}\left(1-z^{-1}\right)^L E_N(z) \tag{2.22}$$

其中，$L=\sum_{i=1}^{N}L_i$。

在 Sigma-Delta 调制器各级模拟信号处理和数字抵消逻辑（DCL）相匹配的约束条件下，带内级联量化噪声可表示为

$$\mathrm{IBN}_{\mathrm{casc}}=\frac{\varDelta_N^2}{12}\frac{1}{\prod_{i=1}^{N-1}c_i^2}\frac{\pi^{2L}}{(2L+1)\mathrm{OSR}^{2L+1}} \tag{2.23}$$

式中，$\varDelta_N$ 为最后 Sigma-Delta 调制器级的量化步长。

由式（2.23）可知，只有级间比例系数 c_i 虽然避免了后级的信号过载，但也使得级联结构的性能低于理想 L 阶。如果应用 1 位量化，$1/\prod_{i=1}^{N-1}c_i$ 的典型值一般为 2~4。这也导致理想情况下可达到的动态范围仅减小 6~12dB（1~2bit）。这些特点都是级联 Sigma-Delta 调制器的固有性能缺陷，但与优化后的高阶单环 Sigma-Delta 调制器相比，这些性能缺陷已微不足道。此外，这些性能缺陷与过采样率无关。

上述级联 Sigma-Delta 调制器的优点推动了大量不同结构形式的级联 Sigma-Delta 调制器的发展，主要包括：

1）2-1 Sigma-Delta 调制器。即三阶两级 Sigma-Delta 调制器，由一个二阶级和一个一阶级组成 [29]，也称为 SOFO 级联。

2）2-2 Sigma-Delta 调制器。表示四阶级联，由两个二阶级组成 [32, 33]。

3）2-1-1 Sigma-Delta 调制器。表示四阶三级级联 [7]。

4）2-2-1 Sigma-Delta 调制器 [34]。

5）2-1-1-1 Sigma-Delta 调制器 [35]。

6）2-2-2 Sigma-Delta 调制器 [36]。

7）其他。

由上可知，级联结构的第一级通常为二阶 Sigma-Delta 调制器，也就是说，在级联结构前端应避免使用一阶 Sigma-Delta 调制器 [31]。原因有两点：首先，第一级的量化误差应仅被一阶整形，且噪声泄漏值更大；其次，一阶第一级的杂波信号现象使级联 Sigma-Delta 调制器的性能变差。此外，虽然最常级联的是低阶 Sigma-Delta 调制器级，但也有相关文献对 3-1 和 3-2 Sigma-Delta 调制器在级联结构中的应用进行了讨论 [37, 38]。

图 2.14 所示为 2-1-1 Sigma-Delta 调制器级联结构框图，系数 a_i 表示环内积分器比例因子，系数 b_i 和 c_i 决定级间比例因子。

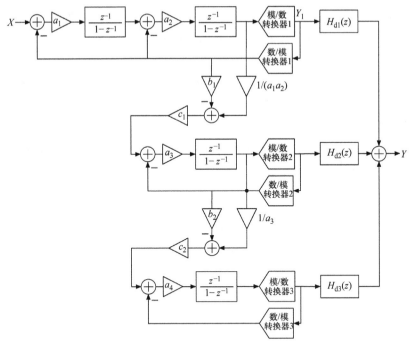

图 2.14　2-1-1 Sigma-Delta 调制器级联结构框图 [1, 2]

假设第一级性能与理想二阶 Sigma-Delta 调制器相同，且第二级和第三级与理想一阶 Sigma-Delta 调制器相同，则有

$$\begin{cases} k_{q1}a_1a_2 = 1, k_{q1}a_2 = 2 \\ k_{q2}a_3 = 1 \\ k_{q3}a_4 = 1 \end{cases} \tag{2.24}$$

式中，k_{qi} 为第 i 级 Sigma-Delta 调制器中的量化器增益。Sigma-Delta 调制器各级的信号处理与数字抵消逻辑中的数字信号处理必须匹配，由此可得

$$\begin{cases} H_{d1}(z) = z^{-2}[1+(b_1-1)(1-z^{-1})^2][1+(b_2-1)(1-z^{-1})^3] \\ H_{d2}(z) = \dfrac{1}{c_1} z^{-1}(1-z^{-1})^2[1+(b_2-1)(1-z^{-1})^3] \\ H_{d3}(z) = \dfrac{1}{c_1c_2}(1-z^{-1})^3 \end{cases} \tag{2.25}$$

为了使图 2.14 中的级联结构正常工作，式（2.24）和式（2.25）中的关系必须成立

由上可知，级联输出端就可以完全抵消第一级和第二级的量化误差。为了表述的完整性，图 2.15 所示为根据参考文献 [3，4] 中符号表示的 2-1-1 Sigma-Delta 调制器的替代结构。调制器系数（a_i，b_i，c_i）被映射到积分器输入系数（g_i，g_i'，g_i''）上，该系数更接近电路级应用，与图 2.3 中二阶 Sigma-Delta 调制器的表达方式类似，包含的两个参数可表示为

$$\begin{cases} a_1 = \dfrac{g_1'g_2}{g_2'}, a_2 = g_2', a_3 = g_3'', a_4 = g_4'' \\[2ex] b_1 = \dfrac{g_3'}{g_1'g_2g_3}, b_2 = \dfrac{g_4'}{g_3''g_4} \\[2ex] c_1 = \dfrac{g_1'g_2g_3}{g_3''}, c_2 = \dfrac{g_3''g_4}{g_4''} \end{cases} \tag{2.26}$$

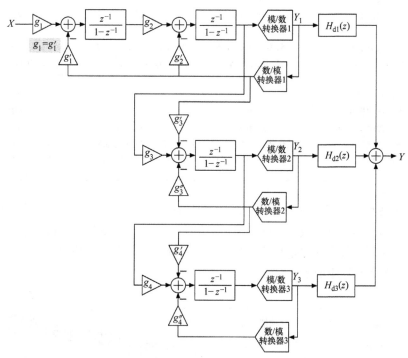

图 2.15　2-1-1 Sigma-Delta 调制器的替代结构 [3，4]

为了满足式（2.24），2-1-1 Sigma-Delta 调制器的模拟系数值需要进行选取，有许多不同取值均可满足条件。此外，实际中还需注意：

1）与理想 Sigma-Delta 调制器相比，应最小化由此产生的性能损失。

2）为了实现高峰值信噪比，应最大化调制器过载电平。

3）简化一系列模拟系数的电路级实现。对于开关电容 Sigma-Delta 调制器而言，

应用单元器件时应考虑实际电容比率，确保积分器间可共用电容，降低单元电容总数以节省面积等。

4）积分器输出摆幅要求最小，特别是在低电压供电的情况下。

5）最简化数字抵消逻辑的实现。为达到这个目的，式（2.25）中，b_1、b_2、$1/c_1$ 和 $1/c_1$ 的系数通常为二次幂形式，以确保仅使用移位寄存器。

表2.2为2-1-1 1位Sigma-Delta调制器的几组模拟系数以及对应的一些主要特征。其他级联电路结构的优化系数可查阅相关文献[1]。

表 2.2　2-1-1 1 位 Sigma-Delta 调制器的几组模拟系数及主要特征

参考文献	[39]	[7]	[9]
g_1, g_1'	1/4, 1/4	1/4, 1/4	1/3, 1/3
g_2, g_2'	1, 1/2	1/2, 1/4	3/5, 2/5
g_3, g_3', g_3''	1, 1/2, 1/2	1, 3/8, 2/8	5/6, 3/6, 2/6
g_4, g_4', g_4''	1, 1/2, 1/2	1, 1/4, 1/4	1, 1/3, 1/3
a_1, a_2, a_3, a_4	0.5, 0.5, 0.5, 0.5	0.5, 0.25, 0.25, 0.25	0.5, 0.4, 0.33, 0.033
b_1, c_1, b_2, c_2	2, 0.5, 1, 1	3, 0.5, 1, 1	3, 0.5, 1, 1
$1/(c_1 c_2)$	2	2	2
动态范围损失	−6dB	−6dB	−6dB
过载电平	−3dBFS	−2.5dBFS	−2dBFS
积分器摆幅	±（0.75, 1, 1, 1）V_{ref}	±（0.75, 0.7, 0.6, 0.6）V_{ref}	±（1, 1, 0.9, 0.8）V_{ref}
单元电容数（2×）	17（= 5+4+4+4）	35（= 5+6+16+8）	29（= 4+8+11+6）

图 2.16 所示为针对 del Rio 等人提出的优化系数[39]，对应于图 2.15 中不同级数的级联结构的噪声整形波形。除了最后一级含有一个 3 位量化器，级联结构的其他所有级都使用 1 位嵌入式量化器，从而进一步减小了带内噪声功率，这一部分内容将在 2.4 节展开详细讨论。

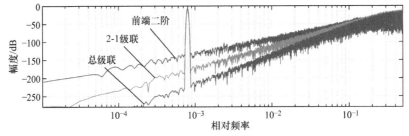

图 2.16　采用 del Rio 等人提出的环路滤波器系数[39]，
且后端级具有 3 位量化的 2-1-1 Sigma-Delta 调制器的噪声整形波形

2.3.1　级联 Sigma-Delta 调制器的结构 ★★★◀

相比单环结构，级联 Sigma-Delta 调制器的主要缺陷之一是其对失配问题的高度敏感性。这个局限性促使 Sigma-Delta 设计者们不断寻找级联 Sigma-Delta 调制器的替代方案，以降低噪声泄漏的敏感性。稳定多级噪声整形（SMASH）结构[40, 41]应运而生。该结构利用环路滤波积分器自身的模拟信号处理替代数字抵消逻辑，并附加一个额外的级间数字反馈回路。因此，调制器的输出可以通过级联中不同级输出的直接数字加（减）运算获得，无须传统级联结构的数字抵消逻辑，也不要求其后的模拟、数字滤波匹配。

图 2.17 为两级稳定多级噪声整形 Sigma-Delta 调制器的结构框图⊖。对嵌入式量化器进行线性模型分析，调制器输出在 Z 域可表示为[41]

$$Y(z) = \mathrm{STF}_1(z)X(z) + \mathrm{NTF}_1(z)\big[1 - \mathrm{STF}_2(z)\big]E_1(z) - \mathrm{NTF}_1(z)\mathrm{NTF}_2(z)E_2(z) \quad (2.27)$$

式中，NTF_i 和 STF_i 分别为级联结构的第 i 级噪声传输函数（NTF）和信号传输函数（STF）。需要注意的是，由于噪声传输函数滤除第二级量化误差 $E_2(z)$，级联调制器的总噪声传输函数与传统级联 Sigma-Delta 调制器相同。然而，第一级量化误差并未被完全抵消。相反，第一级量化误差会被 $\mathrm{NTF}_1(z)[1-\mathrm{STF}_2(z)]$ 滤除。

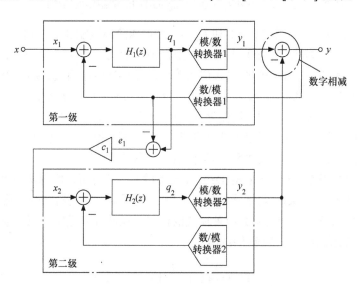

图 2.17　两级稳定多级噪声整形 Sigma-Delta 调制器的结构框图[40, 41]

图 2.18 所示为具有四阶 2-2 级联结构的稳定多级噪声整形 Sigma-Delta 调制器。该结构需要一个额外的反馈模/数转换器（图中模/数转换器 3），由第二级输出端到第一级输入端的直接反馈环路取代了数字抵消逻辑。通过线性模型分析图 2.18 中的

⊖　稳定多级噪声整形 Sigma-Delta 调制器的概念同样可应用于多级级联结构[42]。

嵌入式量化器，可得调制器输出的 Z 变换表示为

$$Y(z) = z^{-2}X(z) + (1-z^{-1})^4 E_1(z) - (1-z^{-1})^4 E_2(z) \qquad (2.28)$$

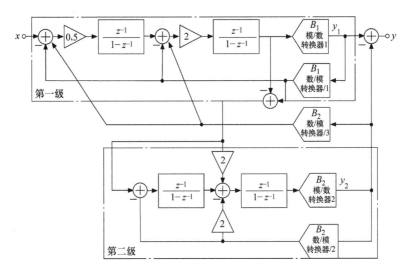

图 2.18　2-2 稳定多级噪声整形 Sigma-Delta 调制器的结构框图

由式（2.28）可知，由 $E_1(z)$ 和 $E_2(z)$ 可得四阶高通滤波。根据式（2.27）可得 $\mathrm{STF}_2(z) = 2z^{-1} - 2z^{-2}$，$E_1(z)$ 并未被完全抵消。然而，当 $\mathrm{STF}_2(z) = 1$ 时，即如果在稳定多级噪声整形结构的第二级应用单位增益信号传输函数，那么理想情况下 $E_1(z)$ 可以被完全抵消。的确，当调制器的所有级均使用单位增益信号传输函数时，稳定多级噪声整形 Sigma-Delta 调制器的性能会得到显著提升 [43]。应用单位增益信号传输函数的主要优点是可使积分器理想化地仅处理量化误差，进而减小输出摆幅，而对一些与信号相关的误差（如放大器非线性）的耐受性增加⊖。

扩展稳定多级噪声整形 Sigma-Delta 调制器的基本原理可以实现两级单位增益信号传输函数的 Sigma-Delta 调制器结构，如图 2.19 所示。该结构结合了稳定多级噪声整形和单位增益信号传输函数两种模式的优点，在低过采样率的宽带应用中分辨率更高。调制器输出的 Z 变换可表示为

$$Y(z) = X(z) - \frac{1}{d}(1-z^{-1})^4 E_2(z) \qquad (2.29)$$

与传统的稳定多级噪声整形 Sigma-Delta 调制器相反，两级单位增益信号传输函数的 Sigma-Delta 调制器前端级的量化误差会被完美抵消，进而避免了数字滤波。此外，应用比例因子 d（通常表示为 2 的幂）会进一步减小输出的第二级量化误差

⊖　在连续时间 Sigma-Delta 调制器中，应用单位增益信号传输函数可以减少这类 Sigma-Delta 调制器构成的隐式抗混叠滤波器，这部分内容将在 2.6 节展开讨论。

的带内噪声功率。而且，在调制器的两级均使用单位增益信号传输函数，可降低构建环路滤波积分器的放大器对输出摆幅和增益的要求，且相比简单稳定多级噪声整形结构和级联结构，其对失配具有更低的敏感性，代价是前端数/模转换器所占据的硅面积会大于级联结构的量化器（其中分辨率为 B_1 和 B_2），以计算各级的数字输出之和。在实际应用中，可以通过调节电容比值来调整电路中数字加法器的位置，这种方式有助于提高环路滤波器系数对失配影响的鲁棒性。当 $d = 4$，OSR = 16 且所有环路滤波器系数的标准偏差为 0.1% 时，对图 2.19 进行蒙特卡罗仿真，结果如图 2.20 所示。由图可知，相比图 2.17 中的传统稳定多级噪声整形 Sigma-Delta 调制器，图 2.18 的电路结构能更好地抵抗电路失配 [43]。

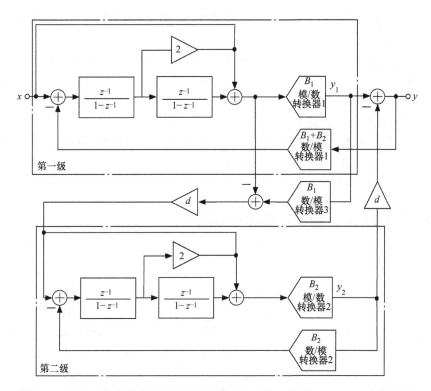

图 2.19 具有单位增益信号传输函数的稳定多级噪声整形 Sigma-Delta 调制器

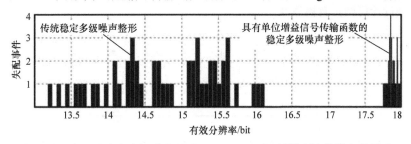

图 2.20 失配对稳定多级噪声整形 Sigma-Delta 调制器有效分辨率的影响

2.4 多位 Sigma-Delta 调制器

如果提高嵌入式量化器的分辨率，那么 Sigma-Delta 调制器的动态范围也会随之提高。应用多位 Sigma-Delta 调制器的主要优点如下：

1）由于量化步长 Δ 变小，嵌入式量化器每增加 1 位，带内量化噪声功率减小约 6dB。

2）相比 1 位 Sigma-Delta 调制器，多位 Sigma-Delta 调制器具有更弱的内部非线性。量化器性能更加符合 1.1.3 节中的加性白噪声模型，因此由非线性导致的失真将更加不明显。

3）对于给定阶数的环路滤波器，多位 Sigma-Delta 调制器的稳定性比 1 位 Sigma-Delta 调制器更好。

以上优点表明，对于 Sigma-Delta 调制器的预期表现，多位量化可用于噪声整形和过采样。事实上，多位 Sigma-Delta 调制器常见于宽带应用，以补偿过采样限制。多位量化器同时存在以下缺陷：

1）相比 1 位结构，需要更多模拟电路且设计难度增加。

2）相比 1 位量化器仅有两个电平用于量化导致的固有线性而言，多位量化器在实际应用中会表现出非线性的传输特性，这是由于器件失配引起的，将极大影响 Sigma-Delta 调制器性能。

2.4.1 多位数／模转换器误差的影响 ★★★

图 1.12b 多位 Sigma-Delta 调制器线性模型的增强版如图 2.21 所示。当前，量化误差 e 中已包含多位转换的相关误差，即包括模／数转换相关的误差 e_{ADC} 和用于重建模拟反馈信号且与后级数／模转换器相关的误差 e_{DAC}。需要注意的是，e_{ADC} 会被注入到与量化误差 e 相同的通路，因此 e_{ADC} 也会被信号带内的噪声整形所衰减。然而，数／模转换误差会被注入反馈回路中，而导致其直接加入到 Sigma-Delta 调制器的输入信号中，并作为输入信号的一部分到达 Sigma-Delta 调制器的输出端。综上所述，多位 Sigma-Delta 调制器的线性度不会优于多位嵌入式数／模转换器，且后者必须进行设计以保证整个 Sigma-Delta 调制器的模／数转换器的线性度，而在器件失配的作用下这种设计可能具有挑战性。

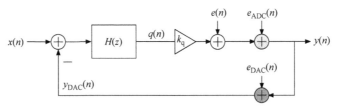

图 2.21 包含嵌入式模／数转换器和数／模转换器误差的多位 Sigma-Delta 调制器的线性模型

图 2.22 为包含多位量化器的 Sigma-Delta 调制器的典型并行结构，其中分辨率通常较低（$B \leq 5$）。B 位模数转换器包含一排 $2^B - 1$ 个比较器，使环路滤波器输出数字化为温度码，随后其又会被编码为二进制数。数 / 模转换器应用 $2^B - 1$ 个单位器件（电容、电阻、电流源等，取决于实际电路），通过 2^B 个电平（编号从 0 到 $M = 2^B - 1$）重建模拟反馈信号。通过激活第 i 个单元器件和添加其输出（电压或电流）产生第 i 个模拟输出电平。单位器件间的失配会导致数 / 模转换器误差，进而引起数 / 模转换器输出电平偏离标准值。假设每个单位器件的实际值符合高斯分布，数 / 模转换器输出 y_{DAC} 的最差情况相对误差可表示为

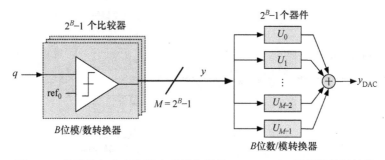

图 2.22　典型的包含多位嵌入式量化器的 Sigma-Delta 调制器并行结构

$$\sigma\left(\frac{\Delta y_{\mathrm{DAC}}}{y_{\mathrm{DAC}}}\right) \approx \frac{1}{2\sqrt{2^B}}\sigma\left(\frac{\Delta U}{U}\right) \qquad (2.30)$$

式中，$\sigma(\Delta U / U)$ 为单位器件值的相对误差。显然，由于电路的并行结构，数 / 模转换器精度会随着单位器件数量的增加而增加。然而，为了实现 16bit 线性度，对于具有 4 位嵌入式量化器的 Sigma-Delta 调制器而言，数 / 模转换器的单位器件匹配度最好要优于 0.01%（13bit）。大部分纳米级 CMOS 工艺可实现的器件匹配度一般为 0.1%（10bit），且只有通过并行连接许多器件（约 64 个）才可能达到要求的器件精度。这就意味着，在多比特 Sigma-Delta 调制器中，为了达到比 12bit 或 13bit 更好的线性度，仅通过标准器件的匹配方法会导致占用大量的版图面积。

　　一个提高标准器件匹配的直接方法是激光修调，该步骤可以在晶圆部分进行，但额外的制造和测试步骤又增加了生产成本。在模拟或数字域中都需要校准和修正方案[43]，但就系统设计复杂性、硬件需求和功耗方面，这些步骤通常费用昂贵。

　　在多年来为实现高线性度多位 Sigma-Delta 调制器而设计的不同方案中，由于其适当的器件匹配要求和较低的电路复杂性，有两种方法表现抢眼。这些方法将在下文展开讨论。

2.4.2　动态器件匹配技术 ★★★◀

　　如上所述，单位器件间的失配会导致数 / 模转换器非线性，进而引起 Sigma-

Delta 调制器谐波失真。对于图 2.22 所示的多位数／模转换器结构，温度计输入码（y）和其相对应的数／模转换器输出（y_{DAC}）之间存在一一对应关系，这是由于通常使用相同的单位器件以产生既定的数／模转换器输出电平。动态器件匹配（DEM）的工作原理，是随着时间变化而变化生成既定数／模转换器电平的器件集来打破这种直接对应关系，从而将其固定误差转变为时变误差。最后，如图 2.23 所示，该结构图含有一个数字模块。根据一种可以使每个数／模转换器电平的平均误差随着时间推移降为零的算法，数字模块控制着每个时钟周期的单位器件选择。这样，在低频范围的部分数／模转换器误差功率会被推至高频，然后被抽样滤波器消除。

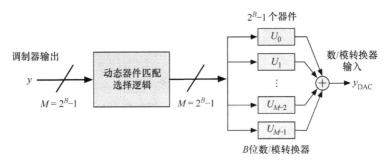

图 2.23　为了实现动态器件匹配，含有一个器件选择逻辑的多位数／模转换

多位 Sigma-Delta 调制器中应用的动态器件匹配技术可由面向数字的 CAD 工具进行设计，且动态器件匹配技术在现代 CMOS 工艺中仅占用很小的面积开销。这也解释了多年来在该领域研究出的大量算法。对于这些算法的具体细节可以在参考文献 [2, 45, 46] 中进行查阅。它们大致可以分为以下几类：

（1）随机化算法

根据伪随机配置网络（如蝶形结构）选择数／模转换器单位器件[47]。由数／模转换器引起的谐波失真被转换为白噪声，其带外功率将会被抽样滤波器去除。然而，信号频带内的数／模转换器误差功率则会增大 Sigma-Delta 调制器的本底噪声。

（2）旋转算法

数／模转换器单位器件被周期性地选择，以将谐波失真移出信号频带。Sigma-Delta 调制器的本底噪声不会增加，但信号处理过程可能会产生混频分量混叠至调制器通带。时钟平均（CLA）[48] 就是应用这类动态器件匹配技术的例子。

（3）失配整形算法

根据可将大部分失配误差功率推至更高频段的算法选择数／模转换器单位器件。失配整形阶数通常被限制在一阶或二阶。独立电平平均（ILA）[49] 和数据加权平均（DWA）及其许多修正版是这类算法的应用示例。

（4）矢量 - 量化器结构

矢量-量化器结构通过误差反馈结构的数字 Sigma-Delta 转换器实现高阶整形[51]。在众多不同的动态器件匹配设计中，数据加权平均[50] 或者数据加权平均的修正版是含有多位量化的高速高分辨率 Sigma-Delta 调制器的主流应用。在高速 Sigma-Delta 调制器中，动态器件匹配算法的复杂性成为研究焦点，这是由于在 Sigma-Delta 反馈环路中，动态器件匹配选择逻辑导致的延迟限制了时钟周期的最大值。由于这个原因，数据加权平均具有很高的实用性，特别在数 / 模转换器器件数量非常多的场景下[46]。

图 2.23 是一个输入码为 $y(n)$ 的 M 个器件数 / 模转换器。在传统的数据加权平均中[50]，从下一个可用的但未被使用的器件开始，在数 / 模转换器阵列中依次选择数 / 模转换器单位器件。索引指示符 ptr 存储数字寄存器的器件地址并控制旋转器件选择过程，因此，在 n 时刻的数 / 模转换器器件是对系数 M 在 $ptr(n)$~$[ptr(n)+y(n)-1]$ 范围内按递增顺序进行选择。在每个时钟周期，索引指示符通过数 / 模转换器输入代码 $y(n)$ 以系数 M 递增，即

$$ptr(n+1) = \left[ptr(n) + y(n)\right] \bmod M, 0 \leqslant ptr(n) \leqslant M-1 \qquad (2.31)$$

如图 2.24 所示，根据以上数据加权平均算法，4 位数 / 模转换器的选择过程可实现数 / 模转换器失配误差的一阶整形。

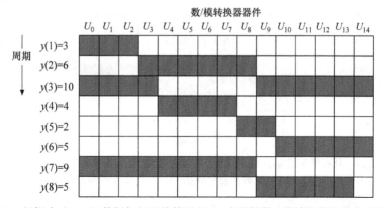

图 2.24　根据式（2.31）数据加权平均算法的 15 个器件数 / 模转换器的单位器件选择
（阴影方格表示产生与输入码 $y(n)$ 相对应的数 / 模转换器输出电平 $y_{DAC}(n)$ 相关的器件）

然而，如果 Sigma-Delta 调制器输入为直流电流或变化缓慢，且输入值与数 / 模转换器器件数量间存在合理关系，那么由于 Sigma-Delta 调制器输出波形调制，带外信号现象可能会折叠回信号频带[50]。为了削弱这一现象，提出了以下针对传统数据加权平均算法的修正方案：

1）旋转数据加权平均（R-DWA）[52]。

2）随机数据加权平均（Rn-DWA）[53]。

3）双向数据加权平均（Bi-DWA）[54]。

4）分区数据加权平均（P-DWA）[34]。

5）伪数据加权平均[55]。

其中，伪数据加权平均通过对数据加权平均算法进行小幅修改即可实现以上杂波信号功率的大幅减小。通过周期性地翻转 n_{inv} 可修改数据加权平均算法方案，其中，n_{inv} 指的是用于更新式（2.31）中索引指针的数／模转换器输入码 $y(n)$ 的最低有效位（LSB）。器件选择步骤与传统数据加权平均算法相同，除了在每个 n_{inv} 时钟周期，数／模转换器器件会被重新选中或跳过，这取决于之前的数／模转换器输入码分别是奇数还是偶数。以上对数据加权平均算法的修改打破了器件选择的周期性规律，也因此减小了杂波信号现象 [55]。然而，对于 n_{inv} 的选择是对线性度和分辨率的折中结果。对于传统数据加权平均算法，$n_{inv} = \infty$，如果 n_{inv} 太大，与信号相关的杂波信号现象就无法被完全消除。如果 n_{inv} 太小，不同的数／模转换器器件将以显著不同的速率工作，从而导致带内噪声提高。对 n_{inv} 最佳值提取一个分析表达式是非常复杂的，但可以通过简单的行为级仿真对给定的多位 Sigma-Delta 调制器找到一个合适值 [55]。

以一个具有单位增益信号传输函数和 4 位量化的二阶前馈 Sigma-Delta 调制器为例进行说明。假设调制器的反馈数／模转换器中没有应用数据加权平均算法，环路滤波器由开关电容电路构成，且存在 1%⊖ 的电容失配，那么调制器性能会被严重降低，如图 2.25 所示。

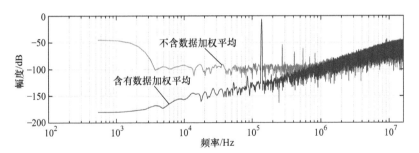

图 2.25 具有单位增益信号传输函数和 4 位量化，且 $f_s = 35.2\text{MHz}$ 的二阶前馈开关电容 Sigma-Delta 调制器中数据加权平均对噪声整形性能的影响

2.4.3 双量化 ★★★

与动态器件匹配技术通过减小注入多位 Sigma-Delta 调制器反馈环路的数／模转换器失配误差不同，双量化通常是在几个不同点注入数／模转换器失配误差。在这些点上，数／模转换器失配误差对总体 Sigma-Delta 调制器线性度的影响不大。双量化的工作原理是在 Sigma-Delta 调制器中同时应用 1 位和多位量化，两级量化可保证其固有的线性度，多位量化可减小误差功率。双量化的概念同样适用于单环和级联 Sigma-Delta 调制器。

2.4.3.1 双量化单环 Sigma-Delta 调制器

图 2.26 所示为具有双量化的三阶单环 Sigma-Delta 调制器 [56]。其中，前两个积

⊖ 在实际应用中这是一个夸大的取值，这里仅用作解释说明。

分器可得两级数 / 模转换器的反馈信号，而第三个积分器可得多位数 / 模转换器的反馈信号。相对应的模 / 数转换器的输出通过数字处理可以消除总输出中粗略的 1 位量化误差，即理想情况下仅存在精细的多位量化误差。由于数 / 模转换器的失配误差会被前两个积分器的增益抑制，又会被二阶高通整形，所以调制器的线性度将不受影响。由于后端积分器的多位反馈，三阶 Sigma-Delta 调制器的稳定性也得到了提高。然而，要注意的是这种结构需要数字抵消逻辑且存在噪声泄漏。

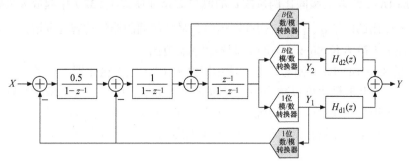

图 2.26　具有双量化的三阶单环 Sigma-Delta 调制器

图 2.26 中的概念可推广到高阶 Sigma-Delta 调制器设计中。当环路滤波器阶数增加时，含有多位反馈的后端积分器数量是强噪声整形（为了提高稳定性）和多位数 / 模转换器线性需求的折中。

2.4.3.2　双量化级联 Sigma-Delta 调制器

级联 Sigma-Delta 调制器已采用双量化方法 [57]。如 2.3 节所述，级联 Sigma-Delta 调制器输出在理想情况下只含有输入信号和最后一级的量化误差，而其他级的量化误差会被移入数字抵消逻辑。通过仅在后端级使用多位量化，Sigma-Delta 调制器的动态范围会很容易被增大。其余量化器可以是 1 位，以保证前端级的线性反馈。因此，最后的电路结构如图 2.12 所示，其中 $B_i = 1$（$i = 1, \cdots, N-1$）且 $B_N = B$。由此可知，多位数 / 模转换器的非线性会出现在总级联输出，其整形阶数等于前面 Sigma-Delta 调制级总阶数之和，所以式（2.22）可表示为

$$Y(z) = z^{-L}X(z) + \frac{1}{\prod_{i=1}^{N-1} c_i}\left(1 - z^{-1}\right)^L E_N(z) +$$

$$\frac{1}{\prod_{i=1}^{N-1} c_i}\left(1 - z^{-1}\right)^{(L-L_N)} E_{\mathrm{DAC}}(z) \tag{2.32}$$

其中，$L = \sum_{i=1}^{N} L_i$。线性分析已考虑了后端多位数 / 模转换器 $E_{\mathrm{DAC}}(z)$ 中的误差。许多级联 Sigma-Delta 集成电路使用双量化方法，详见参考文献 [58-60]。

许多级联 Sigma-Delta 调制器在所有级都采用多位量化 [34, 54]。需要注意的是，

在理想情况下，除了最后一级，其余级的量化误差会在总级联输出时被数字抵消逻辑消除。在这些级采用多位量化有以下两方面的原因：

1）多位量化可以降低实际应用中将泄漏到输出端的各量化误差功率。前端 Sigma-Delta 调制器级通过动态器件匹配技术可以实现既定的调制器线性度，而其余多位级通常仅依靠前级积分器的整形实现调制器线性度。

2）如图 2.12 所示，在避免过载的情况下，与 1 位结构相比，多位结构可以增加 Sigma-Delta 级联的级间比例系数 c_i 的值[54]，从而使式（2.32）中起放大最后一级量化误差作用的因子 $1/\prod_{i=1}^{N-1} c_i$ 减小到小于 1，最终使调制器的动态范围增大，并超过理想情况下 L 阶 B 位 Sigma-Delta 调制器的动态范围。

级联 Sigma-Delta 调制器还经常使用三电平（1.5 位）量化器。这是由于相比于 1 位量化，三电平量化可以减小 3dB 的量化误差功率。尽管三电平编码本质上不是线性的，但因为仅通过附加一个额外的开关就可以轻松实现高线性三电平数／模转换器，所以三电平量化器经常用于全差分开关电容 Sigma-Delta 调制器中。

2.5　带通 Sigma-Delta 调制器

低通 Sigma-Delta（LP-Sigma-Delta）调制器通过高通整形量化噪声实现在直流电流附近的噪声抑制，可以被扩展到更多一般量化噪声阻带滤波应用中，以实现带通 Sigma-Delta（BP-Sigma-Delta）调制器中非零频率附近的噪声抑制[62, 63]。许多无线接收系统的模／数转换中可以直接应用带通方法，如带通 Sigma-Delta 调制器应用于中频（IF）信号的数字化[60, 64]。带通 Sigma-Delta 调制器还可以应用于射频（RF）信号的直接数字化。射频 Sigma-Delta 模／数转换器最初采用 SiGe 工艺实现[65, 66]，现在采用 CMOS 技术实现[67-75]⊖。

在无线接收器的中频或射频数字化中，虽然宽频带奈奎斯特速率模／数转换器可以作为带通 Sigma-Delta 调制器的优先替代方案，但是，如图 2.27 所示，射频信号的带宽通常远小于载波频率，而且在整个奈奎斯特频带上的量化噪声整形效果很差。相反，如果使用带通 Sigma-Delta 调制器，量化噪声会被衰减到载波频率附近很窄的频带范围内，甚至在具有强干扰信号的条件下，利用高过采样率的优点可以实现高动态范围的要求。

带通 Sigma-Delta 调制器中数字接收器的中频到基带部分的典型结构框图如图 2.28 所示。由图可知，为了产生一个阻带噪声传输函数，带通 Sigma-Delta 调制器含有一个带通环路滤波器 $H(z)$。在非零频率处有零点的频率，通常称为陷波频率（f_n）。调制器的数字输出通过一个正交数字混频器与直流信号混合，再通过低频滤波和正交抽取滤波器抽取，以移除带外频谱分量和量化噪声。最后，产生的基带数字信号由数字信号处理器进行处理。

　　⊖　应用 Sigma-Delta 调制器实现射频到数字转换过程的具体内容详见 10.4 节。

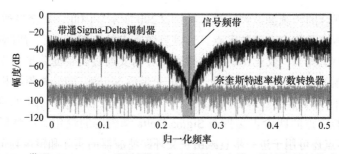

图 2.27 带通 Sigma-Delta 调制器和奈奎斯特速率模 / 数转换器的输出频谱

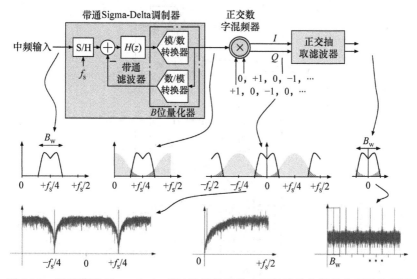

图 2.28 基于带通 Sigma-Delta 模 / 数转换器的中频转换接收器的典型结构框图
（假设输入中频频率 f_{IF} 为 $f_s/4$ 且带通 Sigma-Delta 调制器和正交数字混频器的陷波频率 $f_n = f_s/4$）

需要注意的是，低通 Sigma-Delta 调制器的噪声传输函数零点在靠近 $z = 1$ 附近（对应于直流信号），而带通 Sigma-Delta 调制器的噪声传输函数零点则位于单位圆的其他位置，如，$z = \mathrm{e}^{j2\pi f_n/f_s}$（对应于 f_n，且 $0 < f_n < f_s/2$）。因为噪声传输函数的零点出现在复数共轭对中，噪声传输函数的 L 个零点在带通 Sigma-Delta 调制器的通带中需要一个 $2L$ 阶带通环路滤波器来实现。换句话说，$2L$ 阶带通 Sigma-Delta 调制器的量化噪声整形效果与 L 阶低通 Sigma-Delta 调制器相同。

2.5.1 正交带通 Sigma-Delta 调制器 ★★★

图 2.28 中，无线接收器的早期中频 / 射频数字化还可以通过正交带通 Sigma-Delta 调制器[76, 77] 实现。正交带通 Sigma-Delta 模 / 数转换器可以直接对正交输入信号进行数字化，其结构框图如图 2.29a 所示。与传统带通 Sigma-Delta 调制器相比，正交带通 Sigma-Delta 调制器的主要区别在于环路中含有复数带通滤波器。该滤波

器可由交互耦合的传统滤波器构成，如图 2.29b 所示。因此，正交带通 Sigma-Delta 产生的噪声传输函数含有复数零点，且该复数零点的位置不一定与对应的直流信号对称。在这种情况下，仅正（或负）频率信号需要通过阻带滤除量化噪声。由于输入信号的负频率部分不会被数字化[60]，正交带通 Sigma-Delta 调制器相比于传统带通 Sigma-Delta 调制器的效率更高。图 2.30 为含有三个位于 $f_n = f_s/4$ 的零点和一个位于 $f_n = -f_s/4$ 的零点的四阶正交带通 Sigma-Delta 调制器的量化噪声整形波形。位于 $f_n = -f_s/4$ 的零点还可用于进一步衰减由正交环路滤波器的实际和镜像频带间失配引起的镜像信号部分。

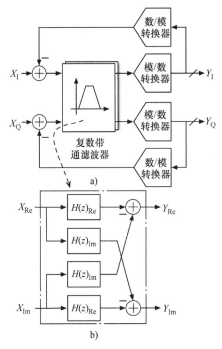

图 2.29 正交带通 Sigma-Delta 调制器

a）结构框图 b）复数带通滤波器举例

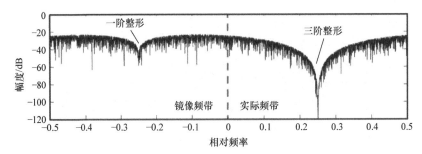

图 2.30 含有不对称噪声传输函数的四阶正交带通 Sigma-Delta 调制器的噪声整形图

2.5.2　$z \rightarrow -z^2$ 低通 - 带通变换 ★★★

正交带通 Sigma-Delta 调制器具有诸多优点，陷波频率一般选取 $f_n = f_s/4$，这是因为在这个位置调制器可以在数字无线接收器的抗混叠滤波和镜像抑制滤波间进行折中优化[64]。此外，图 2.28 中，由于一般数字余弦和正弦序列可（$e^{j2\pi n f_n/f_s}$）简化为 +1、0 和 −1 的正交数字序列，陷波频率的选取还使正交数字混频器简化到基带进行处理。更重要的是，由于 $f_s/4$ 带通 Sigma-Delta 调制器的噪声传输函数零点位于 $z = \pm j$，所以通过对原始低通模型进行变换，可以推导得出带通 Sigma-Delta 调制器的环路滤波器，即

$$z \xrightarrow[0-f_s/4]{\text{LP-BP}} -z^2 \qquad (2.33)$$

式（2.33）通常作为 Sigma-Delta 调制器 $z \rightarrow -z^2$ 的低通 - 带通变换表达式。

图 2.31 中，通过变换二阶低通 Sigma-Delta 调制器可以得到四阶 $f_s/4$ 带通 Sigma-Delta 调制器。其中谐振器代替了原来的积分器，产生的带通结构保留了所有原始低通特性，其中包括动态特性、稳定性、分辨率等。由图可知，$f_s/4$ 带通 Sigma-Delta 调制器的主要性能指标（带内噪声功率、信噪比、动态范围等）的表达式与低通结构相同。假设在式（1.22）的理想 L 阶低通 Sigma-Delta 调制器的噪声传输函数中应用 $z \rightarrow -z^2$ 变换，则理想 $2L$ 阶带通 Sigma-Delta 调制器的噪声传输函数可表示为

$$\text{NTF}(z) = (1 + z^{-2})^L \qquad (2.34)$$

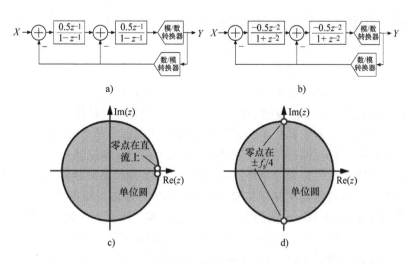

图 2.31　Sigma-Delta 调制器的 $z \rightarrow -z^2$ 低通 - 带通变换

a）二阶低通 Sigma-Delta 调制器结构框图　b）四阶 $f_s/4$ 带通 Sigma-Delta 调制器结构框图

c）低通 Sigma-Delta 调制器噪声传输函数的零 - 极点图　d）带通 Sigma-Delta 调制器噪声传输函数的零 - 极点图

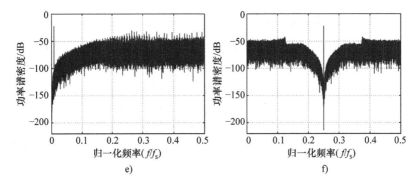

图 2.31 Sigma-Delta 调制器的 $z \rightarrow -z^2$ 低通 - 带通变换（续）

e）低通 Sigma-Delta 调制器 $f_\text{in} \approx f_\text{s}/128$ 的输出频谱 f）带通 Sigma-Delta 调制器 $f_\text{in} \approx f_\text{s}/4$ 的输出频谱

通过在信号频带上积分整形后的量化噪声，可以得到带内噪声功率为

$$\text{IBN} = \int_{f_\text{n}-\frac{B_\text{w}}{2}}^{f_\text{n}+\frac{B_\text{w}}{2}} S_\text{E}(f)\left|\text{NTF}(f)\right|^2 \, \mathrm{d}f \approx \frac{\Delta^2}{12}\frac{\pi^{2L}}{(2L+1)\text{OSR}^{(2L+1)}} \quad (2.35)$$

式（2.35）与式（1.12）的低通表达式相同。

以 $f_\text{s}/4$ 为信号频带中心点存在以下缺点：一方面，由于 Sigma-Delta 调制器模拟电路的非线性，在 $f_\text{s}/2$ 处的信号与输入信号混合所产生的互调失真信号会落在调制器通带内，导致信号信息损坏；另一方面，对于给定的中频信号，对时钟频率的要求相比 $f_\text{s}/4 \leqslant f_\text{n} \leqslant f_\text{s}/2^{\ominus}$ 的情况将更加严格。

2.5.3 具有最优化噪声传输函数的带通 Sigma-Delta 调制器 ★★★◀

在实际中，$z \rightarrow -z^2$ 变换已被广泛应用，但还有许多定制的环路滤波器设计。在这些环路滤波器中，通过选择合适的零点和极点位置，优化后的信号传输函数和噪声传输函数经过综合，可以直接加以应用[79-81]。特别是在当环路滤波器具有一些特殊特性时，如邻道抑制或者在 Sigma-Delta 调制器内部部分信号混合的情况下[82-84]。带通 Sigma-Delta 调制器结构的多样性与低通 Sigma-Delta 调制器一样，且不同结构间的折中也同样存在[60]。通过单环或级联结构可以实现带通调制器，且由于模拟电路的非线性，带通调制器同样存在稳定性提高和噪声泄漏灵敏度增强之间的折中。同样，采用低通 Sigma-Delta 调制器的任何类似结构，如图 2.7~ 图 2.9 所示的反馈、前馈和混合结构，都可以实现带通 Sigma-Delta 调制器的环路滤波器。

两种实现四阶带通 Sigma-Delta 调制器的结构框图如图 2.32 所示。两种结构均

$\ominus$ 假设输入信号频谱在 $f_\text{s}/2$ 点左右对称，则 $z \rightarrow -z^2$ 变换将使中频输入信号的中心频率由 $f_\text{s}/4$ 变为 $3f_\text{s}/4$。使 $f_\text{IF} = 3f_\text{s}/4$ 仍符合抗混叠滤波器的要求，镜像抑制滤波器的要求就可以被降低。此外，$z \rightarrow -z^2$ 变换还使得时钟频率降低到 1/3，或使得信号处理速度提高 3 倍。唯一的缺点是导致过采样率降低到原来的 1/3。

可对信号传输函数和噪声传输函数进行优化。图 2.32a 中的带通结构是基于图 2.7 中具有分布反馈的低通 Sigma-Delta 调制器综合得到的，而图 2.32b 的带通结构则是基于图 2.8 中具有前馈求和的低通 Sigma-Delta 调制器综合得到的。为了消除环路滤波器引起的输入信号成分且降低模拟电路的要求[11]，这两种带通结构都含有输入前馈。此外，如果设计合理，输入前馈可使信号传输函数展平为常数且没有峰值，这样可以防止对带外干扰信号的不必要放大。

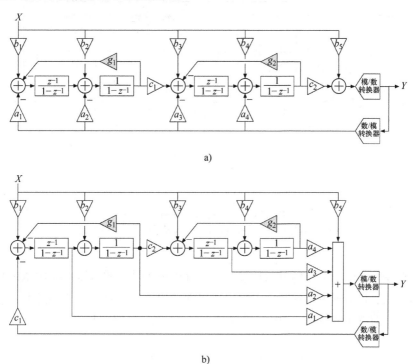

图 2.32　允许噪声传输优化的四阶带通 Sigma-Delta 调制器结构框图
a）具有分布反馈的谐振器级联　b）具有前馈求和的谐振器级联

由图 2.32 可知，通过在原始低通结构中添加内部反馈路径（系数 g_i）将极点从直流移动到非零频率上，可以获得带通环路滤波器。图 2.33a 所示为构成谐振器的无损离散积分器（LDI）环路⊖。无损离散积分器环路可以通过开关电容技术实现，如图 2.33b 所示。无损离散积分器谐振器的传输函数方程可表示为

$$RTF(z) = \frac{z^{-1}}{1 - (2 - g)z^{-1} + z^{-2}} \qquad (2.36)$$

⊖　离散时间积分器的分子有 z^{-1} 的延迟，而其他部分没有延迟。由于极点可以从（1，j0）点沿垂直方向移动，远离实轴，所以在谐振频率点的增益不会无限大。如果两个积分器均有 z^{-1} 的延迟，则谐振器效率会稍微降低[58]。

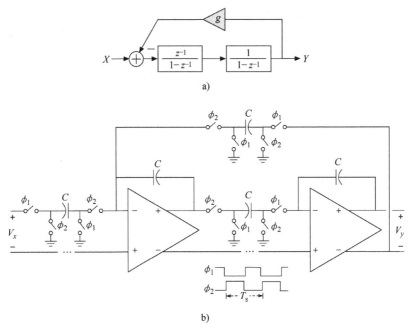

图 2.33　无损离散积分器谐振器

a）结构框图　b）开关电容电路（仅显示一半的差分电路）

所以，极点 $z_{\mathrm{p}} = \left(1 - g/2\right) \pm \mathrm{j}\sqrt{1 - \left(1 - g/2\right)^2}$。当 0<g<4 时，谐振器传输函数的极点位于单位圆内，所以谐振器的品质因数 Q 在理想情况下为无限大⊖。谐振器的谐振频率与某一频率时的带通 Sigma-Delta 调制器噪声传输函数的陷波频率相对应，即

$$\frac{2\pi f_{\mathrm{n}}}{f_{\mathrm{s}}} = \cos^{-1}\left(1 - \frac{g}{2}\right) \tag{2.37}$$

该频率根据 g 的取值（在开关电容电路中由电容比率确定，见图 2.33b），可落在 0~f_{s}/2 的任意位置。

因此，通过改变谐振器的谐振频率，可以改变带通 Sigma-Delta 调制器的中心频率[85]，如利用可调电容器组实现系数为 g_i 的开关电容电路。由于相同的可调带通 Sigma-Delta 调制器可用于不同中频／射频频率的数字化，所以以上特性在数字接收机中已被广泛应用⊖。

⊖　实际中，谐振器的品质因数 Q 受放大器的有限直流增益限制，但由于 $Q > 100$ 通常可以很容易实现，所以有限谐振器 Q 通常不是一个受限的非理想值。

⊖　这种方法仅适用于在很窄频率范围内改变调制器通带。为了保证带通 Sigma-Delta 调制器在一个大的可调范围内的稳定性和信噪比，除了谐振频率外，还需要通过调整更多调制器系数来控制其他参数，如噪声传输函数极点、信号传输函数和谐振信号摆幅。利用开关电容技术可以实现参数控制。

2.5.4　时间交织和多相位带通 Sigma-Delta 调制器 ★ ★ ★

除了通过调整 f_n 并降低 f_s 来提高带通 Sigma-Delta 调制器灵活性的方法以外，另一种方法是利用时间交织（TI）或 P 路径环路滤波器 [87]。这种方法需要将带通 Sigma-Delta 调制器在时钟等于 f_s 处分割为许多个时间交织带通 Sigma-Delta 调制器，每一个都工作在 f_s/P 频率，其中 P 为路径数量，如图 2.34 所示。因此，调制器传输函数可表示为

$$H(z) = H(z_p)\Big|_{z_p = z^P} \tag{2.38}$$

例如，谐振器传输函数可分为两个（$P = 2$）时间交织高通滤波器，每个滤波器都在 $f_s/2$ 频率处采样，即

$$\frac{z^{-2}}{1 + z^{-2}} = \frac{z_p^{-1}}{1 + z_p^{-1}}\Big|_{z_p = z^2} \tag{2.39}$$

由电路缺陷引起的补偿、增益和时间失配是时间交织带通 Sigma-Delta 调制器的主要问题，这些问题会导致输出频谱出现杂音，进而削弱噪声整形 [88]。

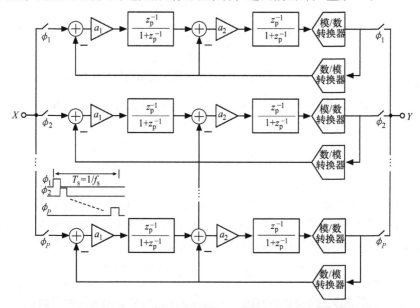

图 2.34　时间交织带通 Sigma-Delta 调制器的结构框图

基于带通 Sigma-Delta 调制器噪声传输函数的多相分解，可以构成时间交织带通 Sigma-Delta 调制器的另一种结构 [89]。在这种结构中，总的信号传输函数是一个 z^{-1} 到 z^{-P} 的延迟，具体取决于实际应用。噪声传输函数可表示为

$$\text{NTF}_{\text{PF}} = \sum_{0}^{P-1} z^{-j} N_j\left(z^P\right) \tag{2.40}$$

式中，$N_j(z^P)$ 为多相分解后的 j 路径调制器的传输函数，一般可表示为

$$N_j = \sum_{m=0}^{k} \alpha_{mP+j} z^{-Pj} \qquad (2.41)$$

式中，k 为一个整数，且满足 $0 \leqslant kP + j \leqslant L$，$L$ 为总的调制器阶数[89]。

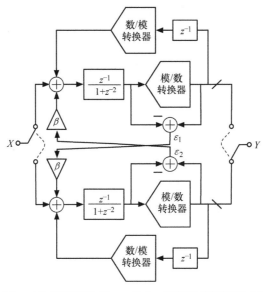

图 2.35   二阶多相带通 Sigma-Delta 调制器结构框图（$P = 2$）

图 2.35 为 $P = 2$ 的二阶多相带通 Sigma-Delta 调制器结构框图。其噪声传输函数的零点为 $z = \mathrm{e}^{\pm j\alpha}$，噪声传输函数可表示为

$$\mathrm{NTF}_{\mathrm{PF2}} = 1 + \beta z^{-1} + z^{-2} \qquad (2.42)$$

式（2.42）中，多相（$P = 2$）分解使得 $N_0(z^{-2}) = 1 + z^{-2}$ 和 $N_1(z^{-2}) = \beta$，其中 $\beta = -2\cos(\alpha)$ 是一个可调系数，当 β 由 -2 变化到 2 时，可以控制噪声传输函数的零点从 $z = 1$ 变化到 $z = -1$，如图 2.36 所示。图中，由路径失配导致的杂音在 f_s/P 频率处落到了信号带外，其中 P 表示多相分解中的路径数量[89]。

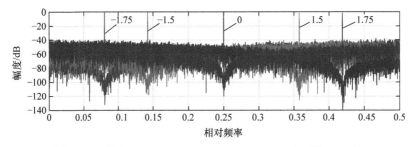

图 2.36   当 $\beta = -1.75$，-1.25，0.1，1.25，1.75 时，图 2.35 中
二阶多相带通 Sigma-Delta 调制器的输出频谱

2.6　连续时间 Sigma-Delta 调制器的结构和基本原理

近几年，大部分 Sigma-Delta 调制器是通过离散时间电路技术实现，其中主要基于开关电容电路。然而，在宽带通信系统中，对于更快模/数转换器的需求增长导致连续时间 Sigma-Delta 调制器的研究热度提高，这是由于连续时间 Sigma-Delta 调制器可以工作在更高的采样频率，且相比离散时间 Sigma-Delta 调制器功耗更低 [23, 65, 82]。

图 2.37 所示为低通输入信号下的连续时间 Sigma-Delta 调制器结构框图。为了便于与离散时间 Sigma-Delta 调制器结构进行直观的比较，图 2.37 采用了与图 1.21 相同的分解。

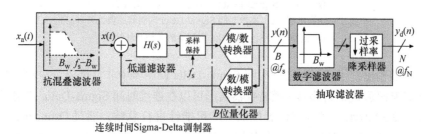

图 2.37　低通输入信号下的连续时间 Sigma-Delta 调制器结构框图

对比图 2.37 与图 1.21，离散时间和连续时间 Sigma-Delta 调制器的一些区别显而易见。最明显的区别在于采样的位置，从离散时间 Sigma-Delta 调制器输入端移到了连续时间 Sigma-Delta 调制器的量化器前端。因此环路滤波器可以通过连续时间电路技术实现，但是，如果调制器输出信号是离散时间信号，而调制器输入信号是连续时间信号，则在连续时间 Sigma-Delta 调制器中就需要进行离散时间 - 连续时间（DT-CT）转换以产生反馈信号。这一特点可通过比较结构框图中的信号处理过程直观看到，如图 2.38a 和 2.38b。

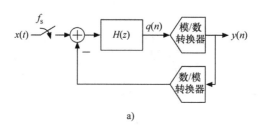

a)

图 2.38　Sigma-Delta 调制器结构框图

a）离散时间调制器

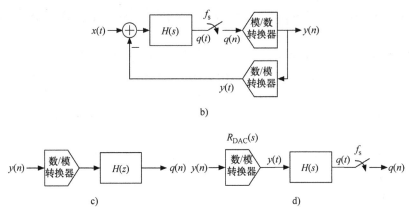

图 2.38 Sigma-Delta 调制器结构框图（续）

b）连续时间调制器 c）离散时间 Sigma-Delta 调制器的典型开环结构

d）连续时间 Sigma-Delta 调制器的典型开环结构

调制器输出信号重组在连续时间 Sigma-Delta 调制器中非常重要，并对整个调制器性能影响深远[90]。许多数／模转换器波形可以在连续时间 Sigma-Delta 调制器中使用。如图 2.39 所示，对具有代表性的一些可能性进行总结，通过 Ortmanns 和 Ger-fers 提出的方法对反馈波形进行命名[23]。最常见的数／模转换器包含三种主要类型的矩形反馈脉冲：

1）非归零（NRZ），如图 2.39a 所示。

2）归零（RZ），如图 2.39b 所示。

3）半延迟归零（HRZ），如图 2.39c 所示。

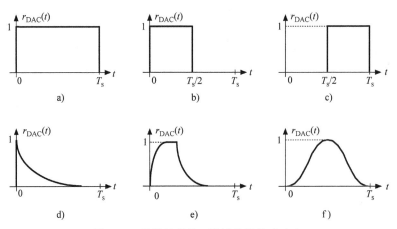

图 2.39 最常见的数／模转换器脉冲响应

a）非归零（NRZ） b）归零（RZ） c）半延迟归零（HRZ） d）开关电容（SC）

e）指数斜率 f）余弦

对应于这些矩形反馈脉冲的数 / 模转换器脉冲一般可表示为

$$r_{\text{DAC}}(t) = r_{(\alpha,\beta)}(t) = \begin{cases} 1 & \alpha T_s \leqslant t \leqslant \beta T_s \\ 0 & \text{其他} \end{cases} \qquad (2.43)$$

式中，(α, β) 对应非归零，归零和半延迟归零分别等于（0，1）、（0，1/2）和（1，2/1）。

式（2.43）的拉普拉斯变换的一般表达为

$$R_{\text{DAC}}(s) = \frac{e^{-s\alpha T_s} - e^{-s\beta T_s}}{s} \qquad (2.44)$$

连续时间 Sigma-Delta 调制器结合了离散时间和连续时间信号，一般认为图 2.38b 所示的调制器结构框图即为连续时间 Sigma-Delta 调制器。由于连续时间 Sigma-Delta 调制器结合了两种信号的动态特性，以及与量化器相关的固有非线性，因此对连续时间 Sigma-Delta 调制器的数学分析相比离散时间 Sigma-Delta 调制器要复杂得多 [23, 65, 81, 82, 90]。与离散时间 Sigma-Delta 调制器相比，连续时间 Sigma-Delta 调制器具有以下优点⊖：

1）可以避免使用单独的抗混叠滤波器（见图 2.37）。由于采样过程发生在量化过程之前，产生的信号传输函数会受 sinc（$\pi f / f_s$）函数的影响 [5]。sinc 特性会使信号频谱以采样频率的倍数衰减，进而使得在连续时间 Sigma-Delta 调制器中产生一个明显的抗混叠滤波器。

2）采样过程中误差对调制器性能的影响降低。由于采样步骤发生在量化之前，所以产生的误差与量化误差同样被衰减。

3）没有与环路滤波器电路相关的建立误差。由于完全建立需要无限的时间，离散时间电路中的信号必须在给定的精度下建立到稳定值。

4）运行速度更快。这是连续时间电路的固有特性。与离散时间电路动态参数由寄生参数主导不同，连续时间电路动态参数是设计的基本参数。

5）与开关电容 Sigma-Delta 调制器不同，连续时间电路不受 kT/C 噪声影响。

2.6.1　连续时间 Sigma-Delta 调制器的直观分析 ★★★ ◀

在分析数 / 模转换器波形影响和描述设计连续时间 Sigma-Delta 调制器的综合方法之前，首先需要对连续时间 Sigma-Delta 调制器有一个直观的了解。连续时间 Sigma-Delta 调制器的概念框图如图 2.40 所示。假设反馈数 / 模转换器是理想型，在信号频带内具有近似相同的增益。在这个前提下，考虑量化器为线性模型，则图 2.40a 的调制器可以被转换为如图 2.40b 所示的等效线性模型。

⊖　连续时间 Sigma-Delta 调制器相比离散时间 Sigma-Delta 调制器仍然存在一些缺点，如在实际中实现调制器系数时误差较大，对时钟抖动和环路延迟更敏感等。这些问题将在第 4 章展开讨论。

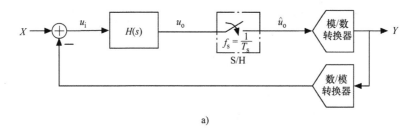

a)

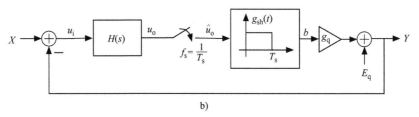

b)

图 2.40　直观分析下连续时间 Sigma-Delta 调制器的概念框图

a）非线性框图　b）等效线性模型

图 2.40b 中，对环路滤波器输入信号和调制器输出信号的频率转换分别可以表示为

$$U_i(f) = g_1 X(f) - g_1' Y(f)$$
$$Y(f) = E_q(f) + g_q B(f)$$

（2.45）

式中，$B(f)$ 为量化器输入信号 $b(t)$ 的傅里叶变换。

采样操作过程可表示为

$$b(t) = \hat{u}_o(t) * g_{sh}(t)$$

（2.46）

式中，符号 * 表示卷积算子；$\hat{u}_o(t)$ 为对积分器输出 $u_o(t)$ 采样后的表达式，可表示为

$$\hat{u}_o(t) = \sum_n u_o(nT_s)\,\delta(t - nT_s)$$

（2.47）

$g_{sh}(t)$ 为采样保持模块的脉冲响应，可表示为

$$g_{sh}(t) = \begin{cases} 1 & 0 \leqslant t \leqslant T_s \\ 0 & 其他 \end{cases}$$

（2.48）

对式（2.46）应用傅里叶变换可得

$$B(f) \approx \mathrm{sinc}(fT_s)\sum_n U_o(f - nf_s)$$

（2.49）

假设过采样率 OSR $\gg 1$，则 $\mathrm{sinc}(fT_s) \approx fT_s$，忽略频率大于 f_s 的频谱部分，调制器输出信号的傅里叶变换可表示为

$$Y(f) \approx \mathrm{STF}(f)X(f) + \mathrm{NTF}(f)E_q(f)$$

（2.50）

其中

$$\text{STF}(f) = \frac{g_1 g_q H(f)}{1 + g_1' g_q H(f)} \quad \text{且} \quad \text{NTF}(f) = \frac{1}{1 + g_1' g_q H(f)} \tag{2.51}$$

式（2.51）与离散时间 Sigma-Delta 调制器类似：如果在目标频带内 $H(f) \to \infty$，那么 $\text{STF} \to 1$ 且 $\text{NTF}(f) \to 0$。需要注意的是，满足这个条件的最简滤波器传输函数 $H(f)$ 是一个连续时间积分器传输函数，可表示为

$$H(f) = \frac{1}{2\pi \mathrm{j} f \tau} \tag{2.52}$$

式中，τ 为电路实现 $H(f)$ 的时间常数。这部分内容将在第 4 章详细介绍。

对于如图 2.41a 所示的二阶连续时间 Sigma-Delta 调制器，假设 $g_q = 1/(g_2 g_1')$ 且 $H(f)$ 由式（2.52）可得。图 2.42 所示为不同过采样率时，二阶连续时间 Sigma-Delta 调制器中的信噪比和 τ/T_s 的关系。由图可知，当 $\tau \approx T_s$ 时调制器的信噪比最大。考虑到这一点且假设量化器为线性模型，可得图 2.41a 中的调制器输出的傅里叶变换近似为

$$Y(f) \approx \frac{g_1}{g_1'} X(f) + (2\pi \mathrm{j} f \tau)^2 E_q(f) \tag{2.53}$$

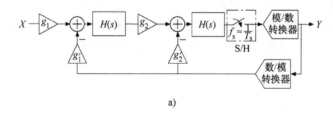

a)

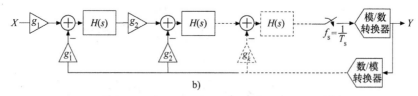

b)

图 2-41　单环连续时间 Sigma-Delta 调制器框图
a）二阶　b）L 阶

对于类似图 2.41b 所示的概念框图，一般情况下 L 阶单环连续时间 Sigma-Delta 调制器的输出可以理想近似为

$$Y(f) \approx \frac{g_1}{g_1'} X(f) + (2\pi \mathrm{j} f \tau)^L E_q(f) \tag{2.54}$$

式（2.53）、式（2.54）分别与二阶和 L 阶离散时间 Sigma-Delta 调制器具有的理

想噪声整形性能对应相同。

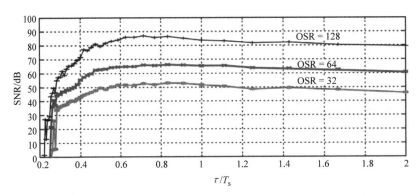

图 2.42　不同 OSR 值下二阶连续时间 Sigma-Delta 调制器中的信噪比和 τ/T_{s} 的关系

2.6.2　连续时间 Sigma-Delta 调制器中的混叠抑制简述 ★★★

如上所述，连续时间 Sigma-Delta 调制器的优点之一是可以提供一个隐形的抗混叠滤波器。为了分析这一特性，首先分析连续时间 Sigma-Delta 调制器的概念框图（见图 2.38）。图 2.38 可以被转换为如图 2.43a 所示的形式，其中环路滤波器和隐含的采样保持模块在输入加法器上重新分配，并放置在连续时间 Sigma-Delta 调制器和反馈环路滤波器之前。需要注意的是，对于产生的前馈滤波器 FF（s），没有要求必须与反馈环路滤波器 LF（s）相同。由此可以直接得出结论：在连续时间 Sigma-Delta 调制器中，输入信号是连续时间而输出信号是离散时间 [5, 23, 90]。

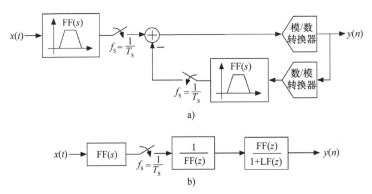

图 2.43　连续时间 Sigma-Delta 调制器中隐含的抗混叠滤波器
a）连续时间 Sigma-Delta 调制器等效系统结构框图　b）抗混叠滤波器结构框图

由图 2.43a 可知，正如前文所述，由于连续时间 Sigma-Delta 调制器的采样过程发生在反馈环路中，但存在额外的连续时间前馈滤波器 FF（s），所以连续时间 Sigma-Delta 调制器的表现类似离散时间 Sigma-Delta 调制器。由图 2.43b 的结构框图可得相应信号传输函数的频率响应。由图可知，抗混叠滤波器可近似表示为 [90]

$$F_{\text{AAF}}(\omega) = \frac{\text{FF}(j\omega)}{\text{FF}(e^{j\omega})} \tag{2.55}$$

式中，FF（$j\omega$）为连续时间 Sigma-Delta 调制器的前馈环路滤波器；FF（$e^{j\omega}$）为其离散时间等效。

以上公式说明，可以针对不同的环路滤波器特性，定义抗混叠滤波器性能为低通、带通等[23]。基于上述分析，L 阶低通连续时间 Sigma-Delta 调制器的抗混叠滤波器传输函数可表示为[23]

$$F_{\text{AAF}}(\omega) = \left| \frac{f_s(1-e^{j\omega})}{j\omega e^{-j\omega}} \right| \approx \left[\text{sinc}\left(\frac{\pi f}{f_s} \right) \right]^L \tag{2.56}$$

相比离散时间 Sigma-Delta 调制器的输出频谱，抗混叠滤波器在二阶连续时间 Sigma-Delta 调制器中的影响如图 2.44 所示。在这两种结构中，输入均为正弦波信号，区别是一个在频带内一个在频带外。在输入信号和混叠信号幅值相同的情况下，由于连续时间 Sigma-Delta 调制器中隐含抗混叠滤波器，相比离散时间 Sigma-Delta 调制器，其带外（混叠）噪声会被大幅衰减（大约 60dB）。

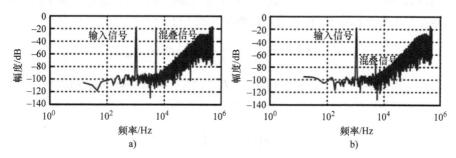

图 2.44　当输入信号为 1kHz 且混叠信号为 f_s-5kHz（f_s = 1MHz）时，
二阶连续时间 Sigma-Delta 调制器中的抗混叠滤波器
a）离散时间 Sigma-Delta 调制器输出频谱　b）连续时间 Sigma-Delta 调制器输出频谱

由式（2.56）可知，抗混叠滤波器的作用随着调制器阶数的增加而增强，当 $L > 3$ 时混叠信号可以被降低至本底噪声以下[23]。然而，在实际应用中，抗混叠滤波器特性还取决于数 / 模转换器波形；对于开关电容数 / 模转换器，除非应用电路补偿技术，否则混叠抑制完全失效。

2.7　离散时间 Sigma-Delta 调制器 - 连续时间 Sigma-Delta 调制器变换

在 2.6.1 节中，对连续时间 Sigma-Delta 调制器的分析是基于理想的数 / 模转换器脉冲响应展开的。尽管通过这种方法可以很直观地了解连续时间 Sigma-Delta 调制器的信号处理过程，但由于输出信号必须在反馈环路中由离散时间转换为连续时间，因此这种方法对于综合连续时间 Sigma-Delta 调制器并不精确。这种信号重建非常重要，对于调制器的整体性能影响深远[90]。如前文所述，大量有关离散时间 Sigma-Delta 调制器实现的研究成果已被应用于开发新的电路结构、精确的模型和对离散时间 Sigma-Delta 调制器进行设计和仿真的 CAD 工具。因此，一种连续时间 Sigma-Delta 调制器的直接设计方法是通过将一个等效离散时间环路滤波器作为起始点，设计满足性能要求的离散时间 Sigma-Delta 调制器，然后进行离散时间 - 连续时间转换。

2.7.1 脉冲不变变换 ★★★

由图 2.38a、图 2.38b 所示离散时间和连续时间 Sigma-Delta 调制器的结构框图和信号处理过程可知，离散时间 - 连续时间变换的基本原则是通过保证量化器输入信号在采样瞬间都相同，来实现两个调制器的等效转换，即

$$q(n) = q(t)\big|_{t=nT_s} \tag{2.57}$$

如果满足式（2.57）的条件，那么两个调制器的输出比特流和噪声特性都将相同。如图 2.38c 和图 2.38d 所示，式（2.57）中的条件可以被转换为两种 Sigma-Delta 调制器在开环条件下输入 - 输出信号处理的等效。可得

$$Z^{-1}\big[H(z)\big] \simeq L^{-1}\big[R_{DAC}(s)H(s)\big]\big|_{t=nT_s} \tag{2.58}$$

式中，$Z^{-1}[\cdot]$ 与 $L^{-1}[\cdot]$ 分别为 Z 和 L 逆变换；R_{DAC} 为数／模转换器的连续时间传输函数，详见以矩形波为例的式（2.44）。在时域中会产生：

$$h(n) = \big[r_{DAC}(t)*h(t)\big]\big|_{t=nT_s} = \int_{-\infty}^{+\infty} r_{DAC}(\tau)h(t-\tau)\mathrm{d}\tau\big|_{t=nT_s} \tag{2.59}$$

式中，$r_{DAC}(t)$ 为特定数／模转换器的脉冲响应，详见以矩形波为例的式（2.43）。

由于上述变换使得两种 Sigma-Delta 调制器的开环脉冲响应在采样瞬间相等，所以离散时间和连续时间域之间的这种变换被称为脉冲不变变换（IIT）。

基于式（2.58）的脉冲不变变换，设计连续时间 Sigma-Delta 调制器的最常见步骤包括：

1）将等效滤波器 $H(z)$ 与满足参数需求的参考离散时间环路滤波器匹配。

2）通过具体的数／模转换器响应，确定连续时间环路滤波器 $H(z)$ 的系数。

3）通过连续时间技术实现 $H(s)$，通常基于 Gm-C 或者有源 RC 技术⊖。

理论上，任何任意的 Sigma-Delta 调制器结构，即单环或级联结构，都可以通过以上步骤综合设计而成。

表 2.3 和表 2.4 为离散时间和连续时间域中直流处（$z=1$，$s=0$）低通环路滤波

⊖ 为了保证足够的自由度以实现参考离散时间环路滤波器，必须谨慎选择连续时间滤波器的结构[81]。

器极点的等效值，这对于以上方法的实现是有帮助的[23]。对于一般的极点，由参考文献 [92] 可得相似信息。这对带通连续时间 Sigma-Delta 调制器的设计同样有帮助。最后，有关等效极点的这些表格使用简单，可自动套用，还可拓展至数 / 模转换器脉冲响应，而不局限于矩形波[23]。

表 2.3　对于式（2.43）定义的矩形反馈数 / 模转换器脉冲，一阶到四阶离散时间低通环路滤波器极点的连续时间等效[23]

Z 域	当 $f_s (\mathrm{Hz}) = 1/T_s$ 时，S 域等效变换
$\dfrac{1}{z-1}$	$\dfrac{\omega_0}{s}$，$\omega_0 = \dfrac{f_s}{\beta - \alpha}$
$\dfrac{1}{(z-1)^2}$	$\dfrac{\omega_1 s + \omega_0}{s^2}$，$\omega_0 = \dfrac{f_s^2}{\beta - \alpha}$，$\omega_1 = \dfrac{f_s(\alpha + \beta - 2)}{2(\beta - \alpha)}$
$\dfrac{1}{(z-1)^3}$	$\dfrac{\omega_2 s^2 + \omega_1 s + \omega_0}{s^3}$，$\omega_0 = \dfrac{f_s^3}{\beta - \alpha}$，$\omega_1 = \dfrac{f_s^2(\alpha + \beta - 3)}{2(\beta - \alpha)}$，$\omega_2 = \dfrac{f_s\left[\beta(\beta - 9) + \alpha(\alpha - 9) + 4\alpha\beta + 12\right]}{12(\beta - \alpha)}$
$\dfrac{1}{(z-1)^4}$	$\dfrac{\omega_3 s^3 + \omega_2 s^2 + \omega_1 s + \omega_0}{s^4}$，$\omega_0 = \dfrac{f_s^4}{\beta - \alpha}$，$\omega_1 = \dfrac{f_s^3(\alpha + \beta - 4)}{2(\beta - \alpha)}$，$\omega_2 = \dfrac{f_s^2\left[(\beta - \alpha)^2 + 2\alpha\beta - 12(\alpha + \beta) + 22\right]}{12(\beta - \alpha)}$，$\omega_3 = \dfrac{f_s\left[\beta^2(\alpha - 2) + \alpha^2(\beta - 2) - 8\alpha\beta + 11(\alpha + \beta) - 12\right]}{12(\beta - \alpha)}$

表 2.4　对于式（2.43）定义的矩形反馈数 / 模转换器脉冲，一阶到四阶连续时间低通环路滤波器极点的离散时间等效[23]

S 域	当 $f_s (\mathrm{Hz}) = 1/T_s$ 时，Z 域等效变换
$\dfrac{f_s}{s}$	$\dfrac{\omega_0}{z-1}$，$\omega_0 = \beta - \alpha$
$\dfrac{f_s^2}{s^2}$	$\dfrac{\omega_1 z + \omega_0}{(z-1)^2}$，$\omega_0 = \dfrac{(\beta^2 - \alpha^2)}{2}$，$\omega_1 = \dfrac{\left[\beta(1 - \beta) - \alpha(1 - \alpha)\right]}{2}$
$\dfrac{f_s^3}{s^3}$	$\dfrac{\omega_2 z^2 + \omega_1 z + \omega_0}{(z-1)^3}$，$\omega_0 = \dfrac{(\beta^3 - \alpha^3)}{6}$，$\omega_1 = -\dfrac{(\beta^3 - \alpha^3)}{3} + \dfrac{(\beta^2 - \alpha^2)}{2} + \dfrac{(\beta - \alpha)}{2}$，$\omega_2 = -\dfrac{(\beta^3 - \alpha^3)}{6} - \dfrac{(\beta^2 - \alpha^2)}{2} + \dfrac{(\beta - \alpha)}{2}$

（续）

S 域	当 $f_s(\text{Hz})=1/T_s$ 时，Z 域等效变换
$\dfrac{f_s^4}{s^4}$	$\dfrac{\omega_3 z^3 + \omega_2 z^2 + \omega_1 z + \omega_0}{(z-1)^4}$，$\omega_0 = \dfrac{(\beta^4-\alpha^4)}{24}$， $\omega_1 = -\dfrac{(\beta^4-\alpha^4)}{8} + \dfrac{(\beta^3-\alpha^3)}{6} + \dfrac{(\beta^2-\alpha^2)}{4} + \dfrac{(\beta-\alpha)}{6}$， $\omega_2 = \dfrac{(\beta^4-\alpha^4)}{8} - \dfrac{(\beta^3-\alpha^3)}{3} + \dfrac{2(\beta-\alpha)}{3}$，$\omega_3 = -\dfrac{(\beta^4-\alpha^4)}{24} + \dfrac{(\beta^3-\alpha^3)}{6} - \dfrac{(\beta^2-\alpha^2)}{4} + \dfrac{(\beta-\alpha)}{6}$

2.7.2 二阶 Sigma-Delta 调制器的离散时间 - 连续时间变换 ★★★

图 2.45 所示为通过脉冲不变变换方法对图 2.1a 进行离散时间等效的二阶连续时间 Sigma-Delta 调制器。由上可知，具有式（1.19）中传输函数的离散时间积分器可以被转换为连续时间积分器，其无标度的传输函数为

$$\text{ITF}(s) = \frac{1}{sT_s} = \frac{f_s}{s} \tag{2.60}$$

连续时间 Sigma-Delta 调制器的比例系数 k_i 与反馈环路有关[23]。由于比例系数 k_i 的符号可以很容易地解释环路滤波器的非理想性，所以已被广泛应用，这部分内容将在第 4 章具体展开介绍。由图 2.45 可知，当采用不同于矩形非归零脉冲的数 / 模转换器反馈脉冲时，由信号比例系数 k_{sig} 和第一反馈比例系数 k_1 之间的区别可以看出反馈系数的变化[23]。因此，在不考虑使用特殊反馈波形的情况下，输入比例系数总是等于 $k_{1,\text{NRZ}}$。

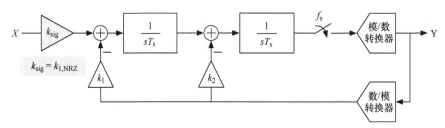

图 2.45　应用比例系数的二阶连续时间 Sigma-Delta 调制器结构框图[23]

通过简单计算，可以得出图 2.1a 中离散时间 Sigma-Delta 调制器的连续时间等效。一方面，对离散时间环路滤波器应用式（2.58）的脉冲不变变换，可得

$$H(z) = -\frac{a_1 a_2}{(z-1)^2} - \frac{a_2}{z-1} \xrightarrow[\text{NRZ}]{\text{DT-CT}} H(s) = -a_1 a_2 \frac{f_s^2}{s^2} - \left(a_2 - \frac{a_1 a_2}{2}\right)\frac{f_s}{s} \tag{2.61}$$

假设在连续时间等效反馈数 / 模转换器中的信号为非归零矩形波，应用表 2.3 中第一行和第二行的连续时间等效值，且 $(\alpha, \beta) = (0, 1)$，可得图 2.45 中的连续时间环路

滤波器的传输函数为

$$H(s) = -k_1 \frac{f_s^2}{s^2} - k_2 \frac{f_s}{s} \qquad (2.62)$$

使式（2.61）和式（2.62）的连续时间系数相等，可得二阶离散时间 Sigma-Delta 调制器系数和应用非归零数 / 模转换器的连续时间 Sigma-Delta 调制器系数的关系为

$$\begin{cases} k_{1,\mathrm{NRZ}} = a_1 a_2 \\ k_{2,\mathrm{NRZ}} = a_2 - \dfrac{a_1 a_2}{2} \end{cases} \qquad (2.63)$$

离散时间比例系数通常取（a_1，a_2）=（0.5，0.5）（详见表 2.1 和参考文献 [1] 中的最佳系数值），可得：$k_{1,\mathrm{NRZ}} = 0.25$，$k_{2,\mathrm{NRZ}} = 0.375$。

图 2.46 所示为应用有源 RC 积分器的二阶连续时间 Sigma-Delta 调制器电路结构。有源 RC 积分器的角频率 ω_1 由 1/（RC）值决定，所以，连续时间 Sigma-Delta 调制器的比例系数可表示为

$$\mathrm{ITF}_i(s) = \frac{\omega_{1i}}{s} = k_i \frac{f_s}{s} = \frac{1}{sRC} \ \Rightarrow\ k_i f_s = \omega_{1i} = \frac{1}{RC} \qquad (2.64)$$

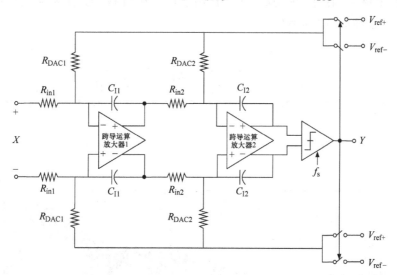

图 2.46　应用有源 RC 积分器的二阶连续时间 Sigma-Delta 调制器电路结构

对于图 2.45 和图 2.46 中的二阶连续时间 Sigma-Delta 调制器，为了得到正确的调制器系数，需要满足如下关系式：

$$R_{\mathrm{in}1} C_{I1} = \frac{1}{k_{\mathrm{sig}} f_s}, \quad R_{\mathrm{DAC}1} C_{I1} = \frac{1}{k_1 f_s}$$

$$R_{\mathrm{in}2} C_{I2} = \frac{1}{f_s}, \qquad R_{\mathrm{DAC}2} C_{I2} = \frac{1}{k_2 f_s} \qquad (2.65)$$

其中，考虑特殊的非归零数／模转换器应用，可得

$$R_{in1} = R_{DAC1}, \qquad R_{DAC1}C_{I1} = \frac{1}{0.25 f_s}$$

$$R_{in2} = 0.375R_{DAC2}, \quad R_{DAC2}C_{I2} = \frac{1}{0.375 f_s} \qquad (2.66)$$

2.8　连续时间 Sigma-Delta 调制器的直接综合法设计

设计连续时间环路滤波器的另一种方法是直接使用合适的 $NTF(f)$ 作为起始端，该方法与第 2.2 节中关于在离散时间 Sigma-Delta 调制器中综合优化噪声传输函数的方法相同，通常称为直接连续时间综合法。由于反切比雪夫分布在信噪比和稳定性方面具有的优势，考虑 $NTF(f)$ 零点的反切比雪夫分布，一旦选中合适的 $NTF(f)$，即可由线性模型导出环路滤波器[82]。如图 2.47a 所示为三阶单环连续时间 Sigma-Delta 调制器[23]，采用直接综合法进行综合。已知 $\{k_1, k_2, k_3, \gamma\} = \{0.51, 0.97, 1.95, 0.04/(k_2k_3)\}$，通过噪声传输函数零点的切比雪夫 II 型分布，可得比例系数 k_i 的值。相应的输出频谱如图 2.47b 所示，其中应用了 $f_s = 100MHz$ 的采样频率，以及非归零数／模转换器波形和 3 位量化器。

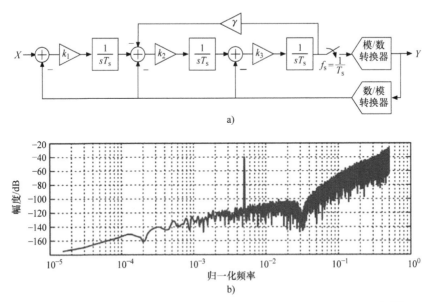

图 2.47　三阶连续时间 Sigma-Delta 调制器的切比雪夫环路滤波器近似[23]

a）结构框图　b）输出频谱

使用直接综合法的一个主要缺点是无法重复利用离散时间 Sigma-Delta 调制器的

结构特性，因此大多数连续时间 Sigma-Delta 调制器的设计都使用离散时间 - 连续时间变换法。然而，直接综合法有时可能会增加模拟电路的复杂性，以及对工艺参数变化的敏感性。这在连续时间 Sigma-Delta 调制器的级联结构中尤其重要，为了保证调制器工作正常且保持原有离散时间 Sigma-Delta 调制器的数字抵消逻辑，每个积分器和数 / 模转换器输出都必须与下一级的积分器输入相连 [23]。

　　为了得到更高效的电路结构，即从模拟电路复杂性和失配的鲁棒性来说，可以在连续时间域直接综合级联型连续时间 Sigma-Delta 调制器 [93]。为了阐明这一方法，首先考虑如图 2.48 所示的 m 级级联连续时间 Sigma-Delta 调制器的结构框图。总的调制器输出可表示为

$$y_\mathrm{o}(z) = \sum_{k=1}^{m} y_k(z)\mathrm{CL}_k(z) \tag{2.67}$$

式中，$y_k(z)$ 和 $\mathrm{CL}_k(z)$ 分别为 k 级输出和 k 级数字抵消逻辑传输函数。

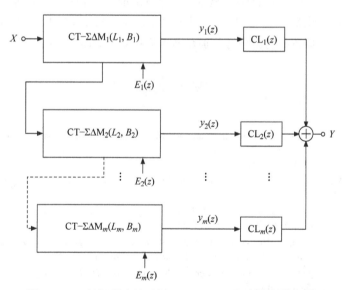

图 2.48　m 级级联连续时间 Sigma-Delta 调制器结构框图

可知当 $\mathrm{CL}_k(z)$ 表示如下时，第一个 $m-1$ 级的量化误差会被抵消：

$$\mathrm{CL}_k(z) = \frac{-Z\left\{L^{-1}\left[R_\mathrm{DAC}(s)F_{km}(s)\right]\big|_{t=nT_\mathrm{s}}\right\}}{1-Z\left\{L^{-1}\left[R_\mathrm{DAC}(s)F_{mm}(s)\right]\big|_{t=nT_\mathrm{s}}\right\}}\mathrm{CL}_m(z) \tag{2.68}$$

式中，$F_{km}(s)$ 为从 $y_k(s)$ 到最后 m 级量化器输入的传输函数；$\mathrm{CL}_m(z)$ 为最后一级的数字抵消逻辑传输函数。$\mathrm{CL}_m(z)$ 可以用保留了所需噪声整形的最简形式表示。

　　式（2.67）和式（2.68）不仅考虑了单级环路滤波器的传输函数，还考虑了级

间环路滤波器的传输函数。后者必须被纳入综合方法中，才能获得使用最少数量级间环路的调制器。综上所述，在连续时间域中，通过优化各级的噪声传输函数，再从式（2.68）中获取数字抵消逻辑传输函数，便可以直接综合得到级联连续时间 Sigma-Delta 调制器[93]。

2.9　小结

本章从系统级的角度概述了 Sigma-Delta 架构，对现有的提高 Sigma-Delta 调制器有效分辨率的方法进行了讨论，同时在考虑单环和级联结构的前提下，阐述了实现高阶噪声整形电路结构和多位量化的实用方法，重点分析了离散时间和连续时间 Sigma-Delta 调制器，及其实现低通到带通信号转换的应用。本章还以循序渐进的方式，即从最初的离散时间低通 1 位调制器到连续时间结构呈现了不同替代方案在架构级和电路级层面的影响。

上述讨论基于假设量化噪声是唯一限制 Sigma-Delta 调制器分辨率的误差来源而展开，实际调制器模块电路非理想因素对开关电容 Sigma-Delta 调制器和连续时间 Sigma-Delta 调制器造成的影响将分别在第 3 章和第 4 章详细介绍。

参考文献

[1] A. Marques, V. Peluso, M. S. Steyaert, and W. M. Sansen, "Optimal Parameters for ΔΣ Modulator Topologies," *IEEE Trans. on Circuits and Systems II: Analog and Digital Signal Processing*, vol. 45, pp. 1232–1241, September 1998.

[2] Y. Geerts, M. Steyaert, and W. Sansen, *Design of Multi-bit Delta-Sigma A/D Converters*. Kluwer Academic Publishers, 2002.

[3] F. Medeiro, B. Pérez-Verdú, and A. Rodríguez-Vázquez, *Top-Down Design of High-Performance Sigma-Delta Modulators*. Kluwer Academic Publishers, 1999.

[4] R. del Río, F. Medeiro, B. Pérez-Verdú, J. M. de la Rosa, and A. Rodríguez-Vázquez, *CMOS Cascade ΣΔ Modulators for Sensors and Telecom: Error Analysis and Practical Design*. Springer, 2006.

[5] J. Candy, "A Use of Double Integration in Sigma-Delta Modulation," *IEEE Transactions on Communications*, vol. 33, pp. 249–258, March 1985.

[6] B. E. Boser and B. A. Wooley, "The Design of Sigma-Delta Modulation Analog-to-Digital Converters," *IEEE J. of Solid-State Circuits*, vol. 23, pp. 1298–1308, December 1988.

[7] G. Yin and W. Sansen, "A High-Frequency and High-Resolution Fourth-Order ΣΔ A/D Converter in BiCMOS Technology," *IEEE J. of Solid-State Circuits*, vol. 29, pp. 857–865, August 1994.

[8] F. Medeiro, B. Pérez-Verdú, J. M. de la Rosa, and A. Rodríguez-Vázquez, "Multi-Bit Cascade ΣΔ Modulator for High-Speed A/D Conversion with Reduced Sensitivity to DAC Errors," *IET Electronics Letters*, vol. 34, pp. 422–424, March 1998.

[9] A. M. Marques, V. Peluso, M. S. J. Steyaert, and W. M. Sansen, "A 15-b Resolution 2 MHz Nyquist Rate ΔΣ ADC in a 1-μm CMOS Technology," *IEEE J. of Solid-State Circuits*, vol. 33, pp. 1065–1075, July 1998.

[10] P. Benabes, A. Gauthier, and D. Billet, "New Wideband Sigma-Delta Convertor," *IET Electronics Letters*, vol. 27, pp. 1575–1577, August 1993.

[11] J. Silva, U. Moon, J. Steensgaard, and G. C. Temes, "Wideband Low-Distortion Delta-Sigma ADC Topology," *IET Electronics Letters*, vol. 37, pp. 737–738, June 2001.

[12] R. Gaggl, M. Inversi, and A. Wiesbauer, "A Power Optimized 14-Bit SC ΔΣ Modulator for ADSL CO Applications," *IEEE ISSCC Digest of Technical Papers*, pp. 82–83, February 2004.

[13] K. Y. Nam, S. M. Lee, D. K. Su, and B. A. Wooley, "A Low-Voltage Low-Power Sigma-Delta Modulator for Broadband Analog-to-Digital Conversion," *IEEE J. of Solid-State Circuits*, vol. 40, pp. 1855–1864, September 2005.

[14] T. Christen, T. Burger, and Q. Huang, "A 0.13 μm CMOS EDGE/UMTS/WLAN Tri-Mode ΣΔ ADC with −92 dB THD," *IEEE ISSCC Digest of Technical Papers*, pp. 240–241, February 2007.

[15] T. Christen and Q. Huang, "A 0.13 μm CMOS 0.1-20 MHz Bandwidth 86–70 dB DR Multi-Mode DT ΔΣ ADC for IMT-Advanced," *Proc. of the IEEE European Solid-State Circuits Conf.*, pp. 414–417, September 2010.

[16] A. Morgado, R. del Río, J. M. de la Rosa, L. Bos, J. Ryckaert, and G. van der Plas, "A 100 kHz-10 MHz BW, 78-to-52 dB DR, 4.6-to-11 mW Flexible SC ΣΔ Modulator in 1.2-V 90-nm CMOS," *Proc. of the IEEE European Solid-State Circuits Conf.*, pp. 418–421, September 2010.

[17] R. W. Adams, P. F. Ferguson, A. Ganesan, S. Vincelette, A. Volpe, and R. Libert, "Theory and Practical Implementation of a Fifth-Order Sigma-Delta A/D Converter," *J. Audio Eng. Soc.*, vol. 39, pp. 515–528, July 1991.

[18] R. W. Adams and R. Schreier, "Stability Theory in ΣΔ Modulators," in *Delta-Sigma Data Converters: Theory, Design and Simulation* (S.R. Norsworthy, R. Schreier, and G.C. Temes, editors), IEEE Press, 1997.

[19] W. L. Lee and C. G. Sodini, "A Topology for Higher Order Interpolative Coders," *Proc. of the IEEE Intl. Symp. on Circuits and Systems*, pp. 459–462, May 1987.

[20] F. O. Eynde, *High-Performance Analog Interfaces for Digital Signal Processors*. Ph.D. Thesis, Katholieke Universiteit Leuven, 1990.

[21] S. H. Ardalan and J. J. Paulos, "An Analysis of Nonlinear Behavior in Delta-Sigma Modulators," *IEEE Trans. on Circuits and Systems*, vol. 34, pp. 593–603, June 1987.

[22] L. A. Williams and B. A. Wooley, "Third-Order Cascaded Sigma-Delta Modulators," *IEEE Trans. on Circuits and Systems*, vol. 38, pp. 489–498, May 1991.

[23] M. Ortmanns and F. Gerfers, *Continuous-Time Sigma-Delta A/D Conversion: Fundamentals, Performance Limits and Robust Implementations*. Springer, 2006.

[24] R. W. Adams, "The Design of High-Order Single-Bit ΣΔ ADCs," in *Delta-Sigma Data Converters: Theory, Design and Simulation* (S.R. Norsworthy, R. Schreier, and G.C. Temes, editors), IEEE Press, 1997.

[25] D. R. Welland, B. P. del Signore, E. J. Swanson, T. Tanaka, K. Hamashita, S. Hara, and K. Takasuka, "A Stereo 16-Bit Delta-Sigma A/D Converter for Digital Audio," *J. Audio Eng. Soc.*, vol. 37, pp. 476–486, July 1989.

[26] P. F. Ferguson, A. Ganesan, and R. W. Adams, "One Bit Higher Order Sigma-Delta A/D Converters," *Proc. of the IEEE Intl. Symp. on Circuits and Systems,* vol. 2, pp. 890–893, May 1990.

[27] R. Schreier, "An Empirical Study of Higher Order Single Bit Sigma Delta Modulators," *IEEE Trans. on Circuits and Systems – II: Analog and Digital Signal Processing,* vol. 40, pp. 461–466, August 1993.

[28] Y. Matsuya, K. Uchimura, A. Iwata, T. Kobayashi, M. Ishikawa, and T. Yoshitome, "A 16-bit Oversampling A-to-D Conversion Technology Using Triple-Integration Noise Shaping," *IEEE J. of Solid-State Circuits*, vol. 22, pp. 921–929, December 1987.

[29] L. Longo and M. Copeland, "A 13 bit ISDN-Band Oversampled ADC Using Two-Stage Third-Order Noise Shaping," *Proc. of the IEEE Custom Integrated Circuit Conf.*, pp. 21.2.1–4, 1988.

[30] W. Chou, P. Wong, and R. Gray, "Multi-Stage Sigma-Delta Modulation," *IEEE Trans. on Information Theory*, vol. 35, pp. 784–796, July 1989.

[31] M. Rebeschini, N. R. van Bavel, P. Rakers, R. Greene, J. Caldwell, and J. R. Haug, "A 16-b 160 kHz CMOS A/D Converter Using Sigma-Delta Modulation," *IEEE J. of Solid-State Circuits*, vol. 25, pp. 431–440, April 1990.

[32] T. Karema, T. Ritoniemi, and H. Tenhunen, "An Oversampled Sigma-Delta A/D Converter Circuit Using Two-Stage Fourth Order Modulator," *Proc. of the IEEE Intl. Symp. on Circuits and Systems*, vol. 4, pp. 3279–3282, 1990.

[33] H. Baher and E. Afifi, "Novel Fourth-Order Sigma-Delta Convertor," *IET Electronics Letters*, vol. 28, pp. 1437–1438, July 1992.

[34] K. Vleugels, S. Rabii, and B. Wooley, "A 2.5-V Sigma-Delta Modulator for Broadband Communications Applications," *IEEE J. of Solid-State Circuits*, vol. 36, pp. 1887–1899, December 2001.

[35] R. del Río, F. Medeiro, B. Pérez-Verdú, and A. Rodríguez-Vázquez, "High-Order Cascade Multibit $\Sigma\Delta$ Modulators for xDSL Applications," *Proc. of the IEEE Intl. Symp. on Circuits and Systems,* vol. 2, pp. 37–40, 2000.

[36] I. Dedic, "A Sixth-Order Triple-Loop $\Sigma\Delta$ CMOS ADC with 90 dB SNR and 100 kHz Bandwidth," *IEEE ISSCC Digest of Technical Papers*, pp. 188–189, 1994.

[37] K. Cornelissens and M. Steyaert, "A 1-V 84 dB DR 1 MHz Bandwidth Cascade 3–1 Delta-Sigma ADC in 65-nm CMOS," *Proc. of the IEEE European Solid-State Circuits Conf.*, pp. 332–335, 2009.

[38] R. Tortosa, A. Aceituno, J. M. de la Rosa, A. Rodríguez-Vázquez, and F. V. Fernández, "A 12-bit, 40MS/s Gm-C Cascade 3-2 Continuous-Time Sigma-Delta Modulator," *Proc. of the IEEE Intl. Symp. on Circuits and Systems*, pp. 1–4, 2007.

[39] R. del Río, F. Medeiro, J. M. de la Rosa, B. Pérez-Verdú, and A. Rodríguez-Vázquez, "Reliable Analysis of Settling Errors in SC Integrators: Application to $\Sigma\Delta$ Modulators," *IET Electronics Letters*, vol. 36, pp. 503–504, March 2000.

[40] P. Benabes, A. Gauthier, and R. Kielbasa, "New High-Order Universal $\Sigma\Delta$ Modulator," *IET Electronics Letters*, vol. 31, pp. 1575–1577, January 1995.

[41] N. Maghari *et al.*, "Sturdy MASH $\Delta\Sigma$ Modulator," *IET Electronics Letters.*, vol. 42, pp. 1269–1270, October 2006.

[42] N. Maghari *et al.*, "Multi-Loop Efficient Sturdy MASH Delta-Sigma Modulators," *Proc. of the IEEE Intl. Symp. on Circuits and Systems*, pp. 1216–1219, May 2008.

[43] A. Morgado, R. del Río, and J. M. de la Rosa, "A New Cascade $\Sigma\Delta$ Modulator for Low-voltage Wideband Applications," *IET Electronics Letters*, vol. 43, pp. 910–911, August 2007.

[44] T. Brooks, "Architecture Considerations for Multi-Bit $\Sigma\Delta$ ADCs," in *Analog Circuit Design – Structured Mixed-Mode Design, Multi-Bit Sigma-Delta Converters, Short Range RF Circuits* (M. Steyaert, A. H. M. van Roermund, and J. H. Huijsing, editors), Kluwer Academic Publishers, 2002.

[45] L. R. Carley, R. Schreier, and G. C. Temes, "Delta-Sigma ADCs with Multibit Internal Converters," in *Delta-Sigma Data Converters: Theory, Design and Simulation* (S. R. Norsworthy, R. Schreier, and G. C. Temes, editors), IEEE Press, 1997.

[46] A. A. Hamoui and K. W. Martin, "High-Order Multibit Modulators and Pseudo Data-Weighted-Averaging in Low-Oversampling $\Delta\Sigma$ ADCs for Broad-Band Applications," *IEEE Trans. on Circuits and Systems – I: Regular Papers*, pp. 72–85, January 2004.

[47] L. R. Carley and J. Kenney, "A 16-bit 4th Order Noise-Shaping D/A Converter," *Proc. of the IEEE Custom Integrated Circuits Conf.*, pp. 21.7.1–4, 1988.

[48] K. B. Klaasen, "Digitally Controlled Absolute Voltage Division," *IEEE Trans. on Instrumentation and Measurement*, vol. 24, pp. 106–112, June 1975.

[49] B. Leung and S. Sutarja, "Multibit $\Sigma-\Delta$ A/D Converter Incorporating a Novel Class of Dynamic Element Matching Techniques," *IEEE Trans. on Circuits and Systems – II: Analog and Digital Signal Processing*, vol. 39, pp. 35–51, January 1992.

[50] R. T. Baird and T. Fiez, "Linearity Enhancement of Multibit $\Delta\Sigma$ A/D and D/A Converters using Data Weighted Averaging," *IEEE Trans. on Circuits and Systems – II: Analog and Digital Signal Processing*, vol. 42, pp. 753–762, December 1995.

[51] R. Schreier and B. Zhang, "Noise-shaped multibit D/A converter employing unit elements," *IET Electronics Letters*, vol. 31, pp. 1712–1713, September 1995.

[52] R. E. Radke, A. Eshraghi, and T. S. Fiez, "A 14-bit Current-Mode ΣΔ DAC Based Upon Rotated Data Weighted Averaging," *IEEE J. of Solid-State Circuits*, vol. 35, pp. 1074–1084, August 2000.

[53] M. Vadipour, "Techniques for Preventing Tonal Behavior of Data Weighted Averaging Algorithm in Σ–Δ Modulators," *IEEE Trans. on Circuits and Systems – II: Analog and Digital Signal Processing*, vol. 47, pp. 1137–1144, November 2000.

[54] I. Fujimori, L. Longo, A. Hairapetian, K. Seiyama, S. Kosic, J. Cao, and S.-L. Chan, "A 90 dB SNR 2.5 MHz Output-Rate ADC Using Cascaded Multibit Delta-Sigma Modulation at 8× Oversampling Ratio," *IEEE J. Solid-State Circuits*, vol. 35, pp. 1820–1828, December 2000.

[55] A. A. Hamoui and K. Martin, "Linearity Enhancement of Multibit ΔΣ Modulators Using Pseudo Data-Weighted Averaging," *Proc. of the IEEE Intl. Symp. on Circuits and Systems*, pp. III.285–288, 2002.

[56] A. Hairapetian, G. C. Temes, and Z. X. Zhang, "Multibit sigma-delta modulator with reduced sensitivity to DAC nonlinearity," *IET Electronics Letters*, vol. 27, pp. 990–991, May 1991.

[57] B. P. Brandt and B. A. Wooley, "A 50 MHz Multibit Sigma-Delta Modulator for 12-b 2 MHz A/D Conversion," *IEEE J. of Solid-State Circuits*, vol. 26, pp. 1746–1756, December 1991.

[58] S. R. Norsworthy, R. Schreier, and G. C. Temes, *Delta-Sigma Data Converters: Theory, Design and Simulation.* IEEE Press, 1997.

[59] A. Rodríguez-Vázquez, F. Medeiro, J. M. de la Rosa, R. del Río, R. Tortosa, and B. Pérez-Verdú, "Sigma-Delta CMOS ADCs: An Overview of the State-of-the-Art," in *CMOS Telecom Data Converters* (A. Rodríguez-Vázquez, F. Medeiro, and E. Janssens, editors), Kluwer Academic Publishers, 2003.

[60] R. Schreier and G. C. Temes, *Understanding Delta-Sigma Data Converters.* IEEE Press, 2005.

[61] R. Reutemann, P. Balmelli, and Q. Huang, "A 33 mW 14b 2.5 MSample/s ΣΔ A/D Converter in 0.25 μm Digital CMOS," *IEEE ISSCC Digest of Technical Papers*, vol. 1, p. 316, 2002.

[62] R. Schreier and M. Snelgrove, "Bandpass Sigma-Delta Modulation," *IET Electronics Letters*, vol. 25, pp. 1560–1561, November 1989.

[63] P. H. Gailus, "Method and Arrangement for a Sigma Delta Converter for Bandpass Signals," *U.S. Patent 4,857,828, Aug. 1988, filed Jan. 28 1988, 1989.*

[64] J. M. de la Rosa, B. Pérez-Verdú, R. del Río, F. Medeiro, and A. Rodríguez-Vázquez, "Bandpass Sigma-Delta A/D Converters: Fundamentals, Architectures and Circuits," in *CMOS Telecom Data Converters* (A. Rodríguez-Vázquez, F. Medeiro, and E. Janssens, editors), Kluwer Academic Publishers, 2003.

[65] J. Cherry, W. Snelgrove, and W. Gao, "On the Design of a Fourth-Order Continuous-Time LC Delta-Sigma Modulator for UHF A/D Conversion," *IEEE Trans. on Circuits and Systems – II: Analog and Digital Signal Processing*, vol. 47, pp. 518–530, June 2000.

[66] B. Thandri and J. Silva-Martinez, "A 63 dB 75-mW Bandpass RF ADC at 950 MHz Using 3.8-GHz Clock in 0.25-μm SiGe BiCMOS Technology," *IEEE J. of Solid-State Circuits*, vol. 42, pp. 269–279, February 2007.

[67] J. Ryckaert, J. Borremans, B. Verbruggen, L. Bos, C. Armiento, J. Craninckx, and G. van der Plas, "A 2.4 GHz Low-Power Sixth-Order RF Bandpass ΔΣ Converter in CMOS," *IEEE J. of Solid-State Circuits*, vol. 44, pp. 2873–2880, November 2009.

[68] N. Beilleau, H. Aboushady, F. Montaudon, and A. Cathelin, "A 1.3V 26 mW 3.2 GS/s Undersampled LC Bandpass ΣΔ ADC for a SDR ISM-band Receiver in 130 nm CMOS," *Proc. of the IEEE Radio Frequency Integrated Circuits Symp.*, 2009.

[69] J. Ryckaert *et al.*, "A 6.1 GS/s 52.8 mW 43 dB DR 80 MHz Bandwidth 2.4 GHz RF Bandpass ΔΣ ADC in 40 nm CMOS," *Proc. of the IEEE Radio Frequency Integrated Circuits Symp.*, pp. 443–446, June 2010.

[70] K. Koli *et al.*, "A 900 MHz Direct Delta-Sigma Receiver in 65-nm CMOS," *IEEE J. of Solid-State Circuits*, pp. 2807–2818, Dec. 2010.

[71] E. Martens *et al.*, "RF-to-Baseband Digitization in 40 nm CMOS With RF Bandpass ΔΣ Modulator and Polyphase Decimation Filter," *IEEE J. of Solid-State Circuits*, vol. 47, pp. 990–1002, April 2012.

[72] H. Shibata et al., "A DC-to-1 GHz Tunable RF ΔΣ ADC Achieving DR=74 dB and BW=150 MHz at f_0 =450 MHz Using 550 mW," IEEE ISSCC Digest of Technical Papers, pp. 150–151, February 2012.

[73] S. Gupta et al., "A 0.8-2 GHz Fully-Integrated QPLL-Timed Direct-RF-Sampling Bandpass ΣΔ ADC in 0.13 μm CMOS," IEEE J. of Solid-State Circuits, vol. 47, pp. 1141–1153, May 2012.

[74] A. Ashry and H. Aboushady, "A 4th Order 3.6 GS/s RF ΣΔ ADC with a FoM of 1 pJ/bit," IEEE Trans. on Circuits and Systems – I: Regular Papers, vol. 60, pp. 2606–2617, October 2013.

[75] M. Englund et al., "A Programmable 0.7-2.7 GHz Direct ΔΣ Receiver in 40 nm CMOS," IEEE J. of Solid-State Circuits, pp. 644–655, March 2015.

[76] S. A. Jantzi et al., "Quadrature Bandpass ΔΣ Modulation for Digital Radio," IEEE J. of Solid-State Circuits, vol. 32, pp. 1935–1950, December 1997.

[77] T. Paulus, S. S. Somayajula, T. A. Miller, B. Trotter, C. Kyong, and D. A. Kerth, "A CMOS IF Transceiver with Reduced Analog Complexity," IEEE J. of Solid-State Circuits, vol. 33, pp. 2154–2159, December 1998.

[78] L. Louis, J. Abcarius, and G. W. Roberts, "An Eighth-Order Bandpass ΔΣ Modulator for A/D Conversion in Digital Radio," IEEE J. of Solid-State Circuits, vol. 34, pp. 423–431, April 1999.

[79] S. A. Jantzi and W. M. Snelgrove, "Bandpass Sigma-Delta Analog-to-Digital Conversion," IEEE Trans. on Circuits and Systems, vol. 38, pp. 1406–1409, November 1991.

[80] S. A. Jantzi, W. M. Snelgrove, and P. F. Ferguson, "A Fourth-Order Bandpass Sigma-Delta Modulator," IEEE J. of Solid-State Circuits, vol. 28, pp. 282–291, March 1993.

[81] J. V. Engelen and R. van de Plassche, BandPass Sigma-Delta Modulators: Stability Analysis, Performance and Design Aspects. Kluwer Academic Publishers, 1999.

[82] L. Breems and J. H. Huijsing, Continuous-Time Sigma-Delta Modulation for A/D Conversion in Radio Receivers. Kluwer Academic Publishers, 2001.

[83] P. G. R. Silva and J. H. Huijsing, High Resolution IF-to-Baseband ΣΔ ADC for Car Radios. Springer, 2008.

[84] R. H. van Veldhoven and A. H. M. van Roermund, Robust Sigma Delta Converters. Springer, 2011.

[85] R. F. Cormier, T. L. Sculley, and R. H. Bamberger, "A Fourth Order Bandpass Delta-Sigma Modulator with Digitally Programmable Pass-band Frequency," Analog Integrat. Circuits Signal Process., vol. 12, pp. 217–229, 1997.

[86] K. Yamamoto, A. C. Carusone, and F. P. Dawson, "A Delta-Sigma Modulator With a Widely Programmable Center Frequency and 82 dB Peak SNDR," IEEE J. of Solid-State Circuits, vol. 43, pp. 1772–1782, August 2008.

[87] A. K. Ong and B. A. Wooley, "A Two-Path Bandpass ΣΔ Modulator for Digital IF Extraction at 20 MHz," IEEE J. of Solid-State Circuits, vol. 32, pp. 1920–1934, December 1997.

[88] V. Ferragina et al., "Gain and Offset Mismatch Calibration in Time-Interleaved Multipath A/D Sigma-Delta Modulators," IEEE Trans. on Circuits and Systems – I: Regular Papers, vol. 51, pp. 2365–2373, December 2004.

[89] D. Feng et al., "Polyphase Decomposition for Tunable Band-Pass Sigma-Delta A/D Converters," IEEE J. on Emerging and Selected Topics in Circuits and Systems, vol. 5, pp. 537–547, December 2015.

[90] O. Shoaei, Continuous-Time Delta-Sigma A/D Converters for High Speed Applications. PhD. dissertation, Carleton University, 1995.

[91] S. Pavan, "The Inconvenient Truth about Alias Rejection in Continuous-Time ΔΣ Converters," Proc. of the IEEE Intl. Symp. on Circuits and Systems (ISCAS), pp. 526–529, May 2011.

[92] J. Cherry and W. Snelgrove, "Excess Loop Delay in Continuous-Time Delta–Sigma Modulators," IEEE Trans. on Circuits and Systems – II: Analog and Digital Signal Processing, vol. 46, pp. 376–389, April 1999.

[93] R. Tortosa, J. M. de la Rosa, F. V. Fernández, and A. Rodríguez-Vázquez, "A New High-Level Synthesis Methodology of Cascaded Continuous-Time ΣΔ Modulators," IEEE Trans. on Circuits and Systems – II: Express Briefs, vol. 53, pp. 739–743, August 2006.

第 3 章 »

开关电容 Sigma-Delta 调制器中的电路误差

与其他数据转换技术相比，在当前 CMOS 工艺的实际应用中，基于 Sigma-Delta 调制的模 / 数转换器具有一些关键性的优势。奈奎斯特数据转换器需要高精度的电路模块以获取整体的高精度，与奈奎斯特数据转换器不同，过采样和量化噪声整形允许以速度换取精度。基于过采样和量化噪声整形，可以在相关联的数字电路中以增加复杂度和速度为代价，获得对模拟电路中的误差相对不敏感的电路功能 [1]。

第 1 章介绍了 Sigma-Delta 调制器的基本原理。而第 2 章则分析了 Sigma-Delta 调制器的拓扑结构和应用技术（离散时间应用和连续时间应用）。然而，在考虑不同方案的可实现性能时，上述两章内容只考虑了量化误差。除了该误差（任何模 / 数转换技术固有的误差）外，在结构级比较 1 位量化和多位量化时，也只考虑了数 / 模转换器误差的影响。

本章主要分析了影响开关电容 Sigma-Delta 调制器性能的主要非理想因素。众所周知，在模拟电路中，相比于其他数据转换技术，Sigma-Delta 模 / 数转换器对非理想因素更不敏感。但随着对模 / 数转换器要求的提高，这些非理想因素的影响将越来越大。所以在调制器的早期设计阶段，设计者必须认真考虑这些误差对调制器性能的影响。本章着重对主要的误差进行讨论，目的在于让读者对该问题有充分的了解，并提出可应用于其他误差的分析机制。

本章首先针对对开关电容 Sigma-Delta 调制器性能影响较大的电路误差，如积分泄漏、电容失配、建立误差、kT/C 噪声进行分析，并对 Sigma-Delta 调制器中主要的失真来源进行讨论，并分析了每一个非理想因素影响下的系统级设计考虑、行为级模型和解析表达式。读者可以从中获得 Sigma-Delta 调制器有效的设计指南。最后，结合实际案例对上述调制器设计方法进行了讨论。

3.1 开关电容 Sigma-Delta 调制器中的非理想因素概述

许多电路的非理想因素和非线性都会降低模拟 Sigma-Delta 调制器的性能。这些非理想因素影响 Sigma-Delta 调制器性能的方式取决于许多方面：误差本身的性质，特定电路的影响，误差对调制器噪声传输函数的影响等。

在开关电容 Sigma-Delta 调制器的实现中，主要的非理想因素如图 3.1 所示。根据非理想因素所影响的 Sigma-Delta 调制器电路模块进行分类，可分为：

1）放大器：输出摆幅、有限增益、动态限制、电路噪声。

2）开关：导通电阻、热噪声、电荷注入、时钟馈通。

3）电容：失配和非线性。

4）多位模／数转换器和数／模转换器：失调误差、增益误差和非线性。

5）时钟：抖动。

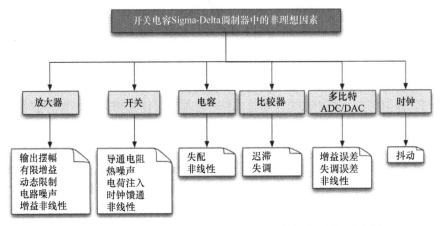

图 3.1　影响开关电容 Sigma-Delta 调制器性能的主要非理想因素

非理想因素对 Sigma-Delta 调制器性能的影响很大程度上取决于调制器中相应噪声源的位置。根据这一标准，上述非理想因素可分为两大类：

1）会改变调制器噪声传输函数的非理想因素。如有限放大器增益、增益带宽积和电容失配。这些非理想因素与调制器的拓扑结构密切相关。如相比于单环结构，级联 Sigma-Delta 调制器对电容失配和有限放大器增益更为敏感。这种情况也同样出现在具有优化零点的低通 Sigma-Delta 调制器和具有局部反馈的带通 Sigma-Delta 调制器中。

2）在调制器输入端可以建模为加性噪声源的非理想因素。这些非理想因素并不能通过噪声整形在带内进行衰减，其影响独立于调制器的拓扑结构。时钟抖动、电路噪声和由电路非线性引起的失真都属于这类非理想因素。

对于那些影响调制器噪声传输函数的非理想因素，用于分析调制器性能影响的一般流程如下 [2, 3]：

1）考虑到所研究的非理想因素，得到一个等效积分器电路。

2）分析非线性对积分器传输函数 ITF(z) 的影响，如 ITF(z) → ITF$_\varepsilon$(z)，其中 ε 为误差矢量，它包括前一步得到的等效积分器电路中涉及的所有非理想参数。

3）为了计算 ε 对 Sigma-Delta 调制器的影响，用 $\mathrm{ITF}_\varepsilon(z)$ 替换积分器传输函数，并通过一个线性量化器模型得到非线性的 $\mathrm{NTF}_\varepsilon(z)$。

4）在信号频带内对非线性噪声传输函数进行积分，以得到衰减的带内噪声功率 $\mathrm{IBN}(\varepsilon)$。通常，为了得到 ε 函数 $\mathrm{IBN}(\varepsilon)$ 的解析表达式，需要进行一些近似。

以上分析流程可以用公式表示为

$$\mathrm{ITF}(z) \rightarrow \mathrm{ITF}_\varepsilon(z) \rightarrow \mathrm{NTF}_\varepsilon(z) \rightarrow \mathrm{IBN}(\varepsilon) \tag{3.1}$$

式（3.1）适用于低通开关电容 Sigma-Delta 调制器。式（3.1）可简单概括为：

1）带通开关电容 Sigma-Delta 调制器——研究了谐振器传输函数 $\mathrm{RTF}(z)$。

2）连续时间 Sigma-Delta 调制器——研究了 S 域，这部分内容将在 3.2 节中讨论。

案例研究考虑了具有分布反馈的单环 Sigma-Delta 调制器（2.2 节）和级联 Sigma-Delta 调制器（2.3 节）的情况。对于这些调制器拓扑结构，参考文献 [4, 5] 分别针对 1 位和多位的情况讨论了二阶、三阶和四阶 Sigma-Delta 调制器的最优化系数。

本章展示了 1 位单环 Sigma-Delta 调制器结构的行为级仿真结果，以下调制器系数可以用于分布反馈拓扑结构中（见图 2.7）：

1）对于二阶 Sigma-Delta 调制器（SL2）：$(a_1, a_2) = (0.5, 0.5)$。

2）对于三阶 Sigma-Delta 调制器（SL3）：$(a_1, a_2, a_3) = (0.2, 0.5, 0.5)$。

3）对于四阶 Sigma-Delta 调制器（SL4）：$(a_1, a_2, a_3, a_4) = (0.2, 0.2, 0.5, 0.5)$。

1 位级联 Sigma-Delta 调制器的行为级仿真结果基于 2-1-1 结构，调制器系数如下：

$$(a_1, a_2, a_3, a_4, b_1, c_1, b_2, c_2) = (0.5, 0.5, 0.5, 0.5, 2, 0.5, 1, 1)$$

3.2 开关电容 Sigma-Delta 调制器中的有限放大器增益

上述章节从理想开关电容 - 前向欧拉（SC-FE）积分器的理想传输函数出发，推导了不同低通开关电容 Sigma-Delta 调制器的理想传输函数，即

$$\mathrm{ITF}(z) = \frac{z^{-1}}{1 - z^{-1}} \tag{3.2}$$

如果在开关电容 - 前向欧拉积分器的电荷转移中考虑了有限放大器增益 A_v 和放大器求和节点处的寄生电容 C_P，如图 3.2 所示，则差分方程可表示为 [3]

$$v_\mathrm{o}(nT_\mathrm{s}) = \frac{1 + \left(1 + \dfrac{C_\mathrm{P}}{C_\mathrm{I}}\right)\dfrac{1}{A_\mathrm{v}}}{1 + \left(1 + \dfrac{C_\mathrm{P}}{C_\mathrm{I}} + \sum_{i=1}^{N_i}\dfrac{C_{Si}}{C_\mathrm{I}}\right)\dfrac{1}{A_\mathrm{v}}} v_\mathrm{o}[(n-1)T_\mathrm{s}] + \frac{\sum_{i=1}^{N_i}\dfrac{C_{Si}}{C_\mathrm{I}}v_i[(n-1)T_\mathrm{s}]}{1 + \left(1 + \dfrac{C_\mathrm{P}}{C_\mathrm{I}} + \sum_{i=1}^{N_i}\dfrac{C_{Si}}{C_\mathrm{I}}\right)\dfrac{1}{A_\mathrm{v}}} \tag{3.3}$$

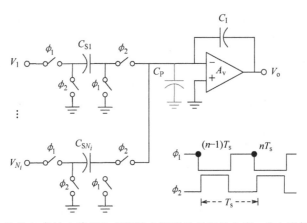

图 3.2　具有 N_i 条输入路径和有限放大器增益的开关电容 - 前向欧拉积分器

式（3.3）在 Z 域可表示为

$$v_o(z) = \mathrm{ITF}_{A_v}(z)\left[\sum_{i=1}^{N_i} \frac{C_{Si}}{C_I} v_i(z)\right] \tag{3.4}$$

当受到有限放大器增益影响时，积分器传输函数（即泄漏积分器的传输函数）可表示为

$$\mathrm{ITF}_{A_v}(z) = \frac{1}{1 + \left(1 + \dfrac{C_P}{C_I} + \sum_{i=1}^{N_i}\dfrac{C_{Si}}{C_I}\right)\dfrac{1}{A_v}} \frac{z^{-1}}{1 - z^{-1}\left[\dfrac{1 + \left(1 + \dfrac{C_P}{C_I}\right)\dfrac{1}{A_v}}{1 + \left(1 + \dfrac{C_P}{C_I} + \sum_{i=1}^{N_i}\dfrac{C_{Si}}{C_I}\right)\dfrac{1}{A_v}}\right]} \tag{3.5}$$

式（3.5）与式（3.2）中的理想情况相比，有限放大器增益在积分器传输函数中引入了增益误差，并且在直流（$z = 1$）时其极点从理想位置发生偏移。忽略增益误差，令 $\sum_{i=1}^{N_i}\frac{C_{Si}}{C_I} = \sum_{i=1}^{N_i} g_i$，式（3.5）可以表示为更紧凑的表达式，即

$$\mathrm{ITF}_{A_v}(z) \approx \frac{z^{-1}}{1 - z^{-1}\left(1 - \dfrac{\sum_{i=1}^{N_i} g_i}{A_v}\right)} \tag{3.6}$$

作为示例，考虑图 2.3 中修正积分器传输函数对二阶离散 Sigma-Delta 调制器的影响，假设调制器中对于两个积分器有 $\sum_{i=1}^{N_i} g_i \sim 1$，则可以很容易推导出受有限放大器增益影响的噪声传输函数 [3]。假定积分器传输函数的极点变成噪声传输函数的零点，则随着放大器增益的减小，噪声传输函数的两个零点都将远离直流点。图 3.3 所

示为不同增益 A_v 值时所得到的调制器量化误差的噪声功率谱密度，由图可见调制器在有限放大器增益影响下噪声整形的恶化。考虑积分器泄漏时，带内噪声可近似表示为 [3]

$$\mathrm{IBN}_2\left(A_v\right) \approx \frac{\Delta^2}{12} \frac{1}{\left(k_q a_1 a_2\right)^2}\left(\frac{1}{A_v^4 \mathrm{OSR}}+\frac{2\pi^2}{3 A_v^2 \mathrm{OSR}^3}+\frac{\pi^4}{5\mathrm{OSR}^5}\right) \qquad (3.7)$$

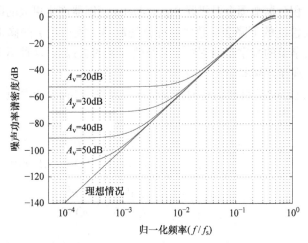

图 3.3　有限放大器增益下二阶开关电容 Sigma-Delta 调制器噪声整形的恶化

需要注意的是，放大器的直流增益应该在过采样率的变化范围内（$A_v \approx \mathrm{OSR}$），以便保持式（3.7）中每项都与 OSR^{-5} 成比例并保持理想的噪声整形。利用过采样率和放大器直流增益的常用值，式（3.7）可被进一步简化为

$$\mathrm{IBN}_2\left(A_v\right) \approx \frac{\Delta^2}{12} \frac{1}{\left(k_q a_1 a_2\right)^2}\left(\frac{2\pi^2}{3 A_v^2 \mathrm{OSR}^3}+\frac{\pi^4}{5\mathrm{OSR}^5}\right) \qquad (3.8)$$

利用类似的步骤可推导受积分器泄漏影响的修正后的 L 阶环路噪声传输函数，从而计算增加的带内噪声。对于具有分布式反馈的 L 阶开关电容 Sigma-Delta 调制器，带内噪声传输函数可表示为 [3]

$$\begin{aligned}
\mathrm{IBN}_L\left(A_v\right) &\approx \frac{\Delta^2}{12} \frac{1}{\left(k_q \prod_{i=1}^{L} a_i\right)^2} \times \\
&\left[\frac{1}{A_v^{2L}\mathrm{OSR}}+\sum_{i=1}^{L-1}\frac{L(L-1)\cdots(L-i+1)\pi^{2i}}{i!(2i+1)A_v^{2(L-i)}\mathrm{OSR}^{(2i+1)}}+\frac{\pi^{2L}}{(2L+1)\mathrm{OSR}^{2L+1}}\right]
\end{aligned} \qquad (3.9)$$

其中，放大器的直流增益必须在过采样（$A_v \approx \mathrm{OSR}$）范围内，以保证式（3.9）中每项都与 $\mathrm{OSR}^{-(2L+1)}$ 成比例，并保持理想的 L 阶噪声整形。

式（3.9）通常可以简化为 [3]

$$\text{IBN}_L(A_v) \approx \frac{\Delta^2}{12} \frac{1}{\left(k_q \prod_{i=1}^{L} a_i\right)^2} \times$$
$$\left[\frac{L\pi^{2(L-1)}}{(2L-1)A_v^2 \text{OSR}^{(2L-1)}} + \frac{\pi^{2L}}{(2L+1)\text{OSR}^{2L+1}}\right]$$

（3.10）

可以预见，积分器泄漏会对级联 Sigma-Delta 调制器产生更大的影响，因为积分器传输函数滤波性能的下降会导致级联环路滤波器（模拟端）的修正，但并不能通过抵消逻辑（数字端的数字抵消逻辑）来补偿（见图 2.12）。这种不平衡将导致级联级的量化误差出现在调制器的输出端。

对于 2-1-1 离散时间级联结构的特殊情况（见图 2.14），考虑积分器泄漏时，带内噪声传输函数可表示为

$$\text{IBN}_{211}(A_v) \approx \frac{\Delta_1^2}{12} \frac{1}{(k_q a_1 a_2)^2} \frac{4\pi^2}{3A_v^2 \text{OSR}^3} + \frac{\Delta_2^2}{12} \frac{1}{c_1^2} \frac{\pi^4}{5A_v^2 \text{OSR}^5} +$$
$$\frac{\Delta_3^2}{12} \frac{1}{(c_1 c_2)^2}\left(\frac{\pi^6}{7A_v^2 \text{OSR}^7} + \frac{\pi^8}{9\text{OSR}^9}\right)$$

（3.11）

需要注意的是，当放大器从级联的后端移动到级联的前端时，需要增加保持理想噪声整形所需的放大器的直流增益。因此，对于第三级放大器，$A_v \approx \text{OSR}$ 已足够。但对于第二级放大器，需要有 $A_v \approx \text{OSR}^2$；而对于第一级放大器，需要 $A_v \approx \text{OSR}^3$。并且，如果在级联的最后一级采用 B 位量化器，放大器增益需要进一步增加 $(2^B-1)^2$ 倍。

参考文献 [3] 中详细分析了积分器泄漏对通用级联以及特定级联结构开关电容 Sigma-Delta 调制器带内噪声的影响。考虑积分器泄漏时，对于 L 阶 N 级级联离散时间 Sigma-Delta 调制器（见图 2.12），其带内噪声传输函数可表示为 [3]

$$\text{IBN}_{\text{casc}}(A_v) \approx \frac{\Delta_1^2}{12} \frac{1}{\left(k_q \prod_{i=1}^{L_1} a_i\right)^2} \frac{a_1 \pi^{2(L_1-1)}}{(2L_1-1)A_v^2 \text{OSR}^{2L_1-1}} +$$
$$\frac{\Delta_2^2}{12} \frac{1}{c_1^2} \frac{\alpha_2 \pi^{2(L_1+L_2-1)}}{[2(L_1+L_2)-1]A_v^2 \text{OSR}^{2(L_1+L_2)-1}} +$$
$$\cdots + \frac{\Delta_N^2}{12} \frac{1}{\prod_{i=1}^{N-1} c_i^2} \times$$
$$\left[\frac{\alpha_N \pi^{2(L-1)}}{(2L-1)A_v^2 \text{OSR}^{2L-1}} + \frac{\pi^{2L}}{(2L+1)\text{OSR}^{2L+1}}\right]$$

（3.12）

式中，L_i 为级联结构中第 i 级的阶数，系数 α_i 的值取决于 L_i。

图 3.4 所示为有限放大器直流增益对单环和级联开关电容 Sigma-Delta 调制器的

影响。图中为二阶（SL2）、三阶（SL3）、四阶（SL4）单环和 2-1-1（211）的级联结构。

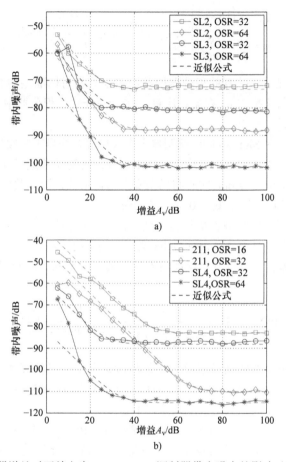

a）

b）

图 3.4　有限放大器增益对开关电容 Sigma-Delta 调制器带内噪声的影响（可从式（3.10）和式（3.11）获得近似的结果）

a）二阶和三阶单环结构　b）2-1-1 级联和四阶单环结构

图 3.4 中，所有条件下的带内噪声可根据式（3.5）中非近似积分器传输函数得到的噪声传输函数，以及式（3.10）和式（3.11）中的近似解析表达式进行计算。由图可知，两种方式计算结果均良好吻合。并且从图 3.4b 可以看出，级联 Sigma-Delta 调制器对积分器泄漏更加敏感，即更容易受到积分器泄漏的影响。

3.3　开关电容 Sigma-Delta 调制器中的电容失配

如图 2.4 所示，在开关电容 Sigma-Delta 调制器中，积分器的增益系数 g_i 由电容比 C_{Si}/C_I 实现。由于工艺参数的变化，实际值与标称值存在一定的偏差。对于由 m 和 n

个单位电容 C_u 的比值实现的增益系数 g，实际增益系数值 g_ε 存在增益误差 ε_g，可以估算为

$$\left. \begin{array}{l} g_\varepsilon = g\left(1 \pm \varepsilon_g\right) \\ g = \dfrac{C_S}{C_I} = \dfrac{mC_u}{nC_u} \end{array} \right\} \Rightarrow \varepsilon_g = 3\frac{\sigma_g}{g} = 3\sqrt{\frac{1}{m} + \frac{1}{n}}\frac{\sigma C_u}{C_u} \leqslant 3\sqrt{2}\sigma_C \qquad (3.13)$$

在最坏的情况下，估算的积分器增益误差是其相对标准差的 3 倍。这与所使用的单位电容的相对标准差 σ_C 有关。注意：在全差分开关积分器中，式（3.13）中的 ε_g 估算值应除以 $\sqrt{2}$。

如今，开关电容 Sigma-Delta 调制器大多采用混合信号工艺实现。混合信号工艺都包括了精确的电容，如 MIM 或者 MOM 电容，失配误差通常小于 0.1%。这意味着如果使用大量单位电容和共质心布局来实现增益系数，则开关电容 Sigma-Delta 调制器中积分器增益误差通常低于 0.3%，甚至更低。

由于积分器提供的滤波性能保持不变，因此可以预见，由于电容失配而导致的积分器系数的小偏差对单环 Sigma-Delta 调制器的带内噪声几乎没有影响。如果考虑积分器的增益误差，则具有分布反馈的 L 阶开关电容 Sigma-Delta 调制器的带内噪声可以估算为

$$\mathrm{IBN}_L\left(\varepsilon_g\right) \approx \frac{\Delta^2}{12} \frac{1}{\left(k_q \prod_{i=1}^{L} a_i\right)^2} \frac{\pi^{2L}}{(2L+1)\mathrm{OSR}^{2L+1}} \prod_{i=1}^{L}\left(1 + \varepsilon_{gi}\right)^2 \qquad (3.14)$$

式中，ε_{gi} 为 i 阶积分器的增益误差，在最坏的情况下，可估算为 $3\sigma_C$。从式（3.14）可以看出，要使二阶 Sigma-Delta 调制器的带内噪声增加 3dB，积分器增益误差应高达 20%。但实际上，这么大的失配误差并不会出现。

相反，电容失配对级联 Sigma-Delta 调制器影响很大。因为数字抵消逻辑的数字系数未能完全补偿积分器的增益误差。因此，级联的量化误差将泄漏至低阶噪声整形的调制器输出，从而大大增加了调制器带内噪声。

对于一般的 L 阶 N 级级联开关电容 Sigma-Delta 调制器，如果考虑积分器增益误差，则带内噪声可以近似表示为 [3]

$$\begin{aligned} \mathrm{IBN}_{\mathrm{casc}}\left(\varepsilon_g\right) \approx\ & \frac{\Delta_1^2}{12} \frac{1}{\left(k_q \prod_{i=1}^{L_1} a_i\right)^2} \frac{\pi^{2L_1}}{(2L_1+1)\mathrm{OSR}^{2L_1+1}}\left(\sum_{i=1}^{L_1}\varepsilon_{gi}\right)^2 + \\ & \frac{\Delta_2^2}{12} \frac{1}{c_1^2}\frac{\pi^{2(L_1+L_2)}}{\left[2(L_1+L_2)+1\right]\mathrm{OSR}^{2(L_1+L_2)+1}}\left(\sum_{i=L_1+1}^{L_1+L_2}\varepsilon_{gi}\right)^2 + \\ & \cdots + \frac{\Delta_N^2}{12}\frac{1}{\prod_{i=1}^{N-1}c_i^2}\frac{\pi^{2L}}{(2L+1)\mathrm{OSR}^{2L+1}}\left(1 + \sum_{i=L-L_N}^{L}\varepsilon_{gi}\right)^2 \end{aligned} \qquad (3.15)$$

对于 2-1-1 级联结构，由式（3.15）可得

$$\mathrm{IBN}_{211}\left(\varepsilon_g\right) \approx \frac{\varDelta_1^2}{12}\frac{1}{\left(k_q a_1 a_2\right)^2}\frac{\pi^4}{5\mathrm{OSR}^5}\left(\varepsilon_{g1}+\varepsilon_{g2}\right)^2+\frac{\varDelta_2^2}{12}\frac{1}{c_1^2}\frac{\pi^6}{7\mathrm{OSR}^7}\varepsilon_{g3}^2+$$

$$\frac{\varDelta_3^2}{12}\frac{1}{\left(c_1 c_2\right)^2}\frac{\pi^8}{9\mathrm{OSR}^9}\left(1+\varepsilon_{g4}\right)^2 \tag{3.16}$$

与 3.2 节中放大器直流增益的情况类似，从级联结构后端级到前端级，对保持理想噪声整形的积分器增益误差的要求也变得越来越严格。因此，对于级联的第二级积分器，$\varepsilon_{g3} \approx \mathrm{OSR}^{-1}$ 已足够，但对于第一级积分器而言，要求 ε_{g1}，$\varepsilon_{g2} \approx \mathrm{OSR}^{-2}$。此外，如果在级联结构的最后一级采用了 B 位量化，则上述要求需增加 $(2B-1)^2$ 倍。

图 3.5 为电容失配、过采样率和级联级数对 2-1-1 开关电容 Sigma-Delta 调制器带内噪声的影响。图中的结果是基于式（3.16）中带内噪声最坏情况的估计，其中 $\varepsilon_{gi}=3\sigma_C$。考虑到每个积分器的增益系数是单位电容的特定实现，更准确的估算需要对调制器的行为级模型进行蒙特卡罗仿真。

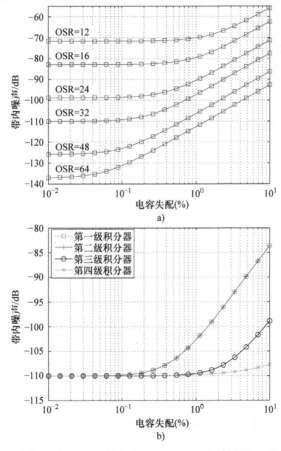

图 3.5　电容失配对 2-1-1 开关电容 Sigma-Delta 调制器带内噪声的影响
a）考虑相同的失配误差　b）OSR = 32 时失配误差对每级积分器的单独影响

3.4　开关电容 Sigma-Delta 调制器中的积分器建立误差

在开关电容积分器中，由于放大器有限动态响应引起的速度限制会导致在电荷转移中出现误差。随着频率的增加，积分器输出电压建立误差对调制器性能的影响将越来越大。为应对更大的转换带宽，随着开关电容 Sigma-Delta 调制器时钟频率的增加，积分器建立误差成为实际实现中的瓶颈之一。一方面，积分器操作时间缩短；另一方面，必须最大限度地降低放大器的动态要求以优化调制器功耗。因此，在有效的 Sigma-Delta 调制器设计中，必须充分理解降低开关电容积分器建立误差的机理，并准确量化产生的误差。

3.4.1　积分器建立的行为级模型 ★★★

开关电容 - 前向欧拉积分器瞬态响应的行为级模型[6]包括放大器动态限制（如有限增益带宽积（GB）和压摆率（SR））对积分和采样过程中电荷转移的影响。此外，还考虑了与放大器和开关相关的寄生电容以及积分器输出电容负载（从积分到采样变化）。为了准确地描述动态性能并确定积分器输出电压，在行为级模型中求解了如图 3.6 所示的等效电路。图中，所研究的开关电容积分器被认为具有 N_i 个输入，另一个开关电容积分器充当负载。也就是说，N_o 个输入支路连接到其输出。具有输出电流限制的放大器单环模型如图 3.7 所示，该模型具有单极动态特性（考虑有限带宽）和最大输出电流 I_o 的非线性特性（考虑有限压摆率）⊖。

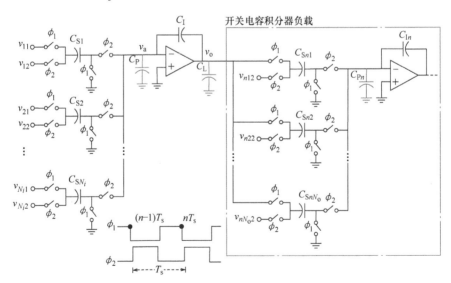

图 3.6　具有开关电容积分器负载的开关电容 - 前向欧拉积分器

⊖　图 3.7 中的 C_o 与图 3.6 中的 C_L 进行了合并。在图 3.7 中，r_o 包含在放大器模型中，以确保其完整性，但是在假设 $g_o \ll g_m$ 的情况下，图 3.6 中的积分器动态特性分析实际上忽略了其影响。

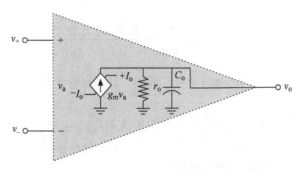

图 3.7　具有输出电流限制的放大器单环模型

对于不完全建立误差的模型分析，首先在采样（ϕ_1）和积分（ϕ_2）阶段计算放大器输出节点的等效电容负载，分别为

$$
\begin{cases}
C_{\text{eq},\phi_1} = C_P + \left(C_L + \sum_{i=1}^{N_o} C_{Sni} \right) \left(1 + \dfrac{C_P}{C_I} \right) \\[3mm]
C_{\text{eq},\phi_2} = C_P + \sum_{i=1}^{N_i} C_{Si} + C_L \left(1 + \dfrac{C_P + \sum_{i=1}^{N_i} C_{Si}}{C_I} \right)
\end{cases}
\tag{3.17}
$$

式中，C_{Si}为所研究的积分器的第 i 个开关电容输入的采样电容；C_{Sni}为负载积分器的第 i 个开关电容输入的采样电容；C_P为输入开关电容求和节点处的寄生电容；C_L为放大器的负载电容。

在一个完整的时钟周期内（两个时钟相位期间）分析建立模型，考虑放大器动态运行的各种可能性（即线性工作状态或受压摆限制的工作状态），并同时跟踪积分器输出电压v_o和放大器求和节点电压v_a。在一个采样 - 积分过程结束时，可以准确获得积分器输出电压的误差。

令$v_a\big[(n-1/2)T_s\big]$ 和$v_o\big[(n-1/2)T_s\big]$为前一个积分阶段结束时相应的放大器输入和输出电压。这些将作为初始条件，以在整个时钟周期内得出积分器的变化。在下一个采样阶段结束时，即在$t = nT_s$处，可以准确得到放大器求和节点上的电压为[6]

$$
v_a(nT_s) =
\begin{cases}
v_{a0,\phi_1} e^{\dfrac{g_m}{C_{\text{eq},\phi_1}}\frac{T_s}{2}} & |v_{a0,\phi_1}| \leqslant \dfrac{I_o}{g_m} \\[5mm]
\dfrac{I_o}{g_m}\,\text{sgn}\left(v_{a0,\phi_1}\right) e^{-\dfrac{g_m}{C_{\text{eq},\phi_1}}\left(\frac{T_s}{2}-t_{o,\phi_1}\right)} & |v_{a0,\phi_1}| > \dfrac{I_o}{g_m}, t_{o,\phi_1} \leqslant \dfrac{T_s}{2} \\[5mm]
v_{a0,\phi_1} - \dfrac{I_o}{C_{\text{eq},\phi_1}}\,\text{sgn}\left(v_{a0,\phi_1}\right)\dfrac{T_s}{2} & |v_{a0,\phi_1}| > \dfrac{I_o}{g_m}, t_{o,\phi_1} > \dfrac{T_s}{2}
\end{cases}
\tag{3.18}
$$

式中，t_{o,ϕ_1}为压摆率受限的积分器建立时间（相对于$T_s/2$），其计算公式为

$$t_{o,\phi_1} = \frac{C_{eq,\phi_1}}{g_m}\left(\frac{g_m\left|v_{a0,\phi_1}\right|}{I_o} - 1\right) \tag{3.19}$$

sgn（ ）为符号函数；v_{a0,ϕ_1}为采样开始时v_a的值，其计算公式为

$$v_{a0,\phi_1} = v_a\left[(n-1/2)T_s\right] - \sum_{i=1}^{N_o}\frac{C_{Sni}}{C_{eq,\phi_1}}\left\{v_o\left[(n-1/2)T_s\right] - v_{C_{Sni}}\left[(n-1/2)T_s\right]\right\} \tag{3.20}$$

式（3.20）中，$v_{C_{Sni}}$为电容C_{Sni}两端的电压$^{\ominus}$。

采样阶段结束时的积分器输出电压可表示为

$$v_o(nT_s) = v_o\left[(n-1/2)T_s\right] + \left(1+\frac{C_P}{C_I}\right)\left\{v_a(nT_s) - v_a\left[(n-1/2)T_s\right]\right\} \tag{3.21}$$

在理想情况下，式（3.21）中$v_o(nT_s) = v_o\left[(n-1/2)T_s\right]$。

由式（3.18）和式（3.21）可知，图 3.6 中积分器模型中，采样期间放大器的增益带宽积和输出压摆率可表示为

$$\begin{cases} GB_{\phi_1}(rad/s) = \dfrac{g_m}{C_{eq,\phi_1}} \\[3mm] SR_{\phi_1}(V/s) = \left(1+\dfrac{C_P}{C_I}\right)\dfrac{I_o}{C_{eq,\phi_1}} \end{cases} \tag{3.22}$$

在积分阶段，可以通过与采样阶段相似的方式评估不完全建立模型。因此，在随后的积分阶段结束，即当$t=(n+1/2)T_s$时，v_a的值为

$$v_a\left[(n+1/2)T_s\right] = \begin{cases} v_{a0,\phi_2}e^{-\frac{g_m}{C_{eq,\phi_2}}\frac{T_s}{2}} & \left|v_{a0,\phi_2}\right| \leqslant \dfrac{I_o}{g_m} \\[3mm] \dfrac{I_o}{g_m}sgn\left(v_{a0,\phi_2}\right)e^{-\frac{g_m}{C_{eq,\phi_2}}\left(\frac{T_s}{2}-t_{o,\phi_2}\right)} & \left|v_{a0,\phi_2}\right| > \dfrac{I_o}{g_m}, t_{o,\phi_2} \leqslant \dfrac{T_s}{2} \\[3mm] v_{a0,\phi_2} - \dfrac{I_o}{C_{eq,\phi_2}}sgn\left(v_{a0,\phi_2}\right)\dfrac{T_s}{2} & \left|v_{a0,\phi_2}\right| > \dfrac{I_o}{g_m}, t_{o,\phi_2} > \dfrac{T_s}{2} \end{cases} \tag{3.23}$$

式中，t_{o,ϕ_2}为压摆率受限的积分器建立时间（相对于$T_s/2$），其计算公式为

$$t_{o,\phi_2} = \frac{C_{eq,\phi_2}}{g_m}\left(\frac{g_m\left|v_{a0,\phi_2}\right|}{I_o} - 1\right) \tag{3.24}$$

$\ominus$ 由于$v_{C_{Sni}}\left[(n-1/2)T_s\right] = v_{ni2}\left[(n-1/2)T_s\right] - v_{an}\left[(n-1/2)T_s\right]$，行为级模型需跟踪负载积分器的求和节点电压$v_{an}$。

v_{a0,ϕ_2} 表示积分相开始时 v_a 的值，可表示为

$$v_{a0,\phi_2} = \frac{1}{C_{eq,\phi_2}}\left(1+\frac{C_L}{C_I}\right)\sum_{i=1}^{N_i} C_{Si}\left\{v_{i2}(nT_s)-v_{i1}\left[(n-1/2)T_s\right]\right\}+ \frac{C'}{C_{eq,\phi_2}}v_a(nT_s) \tag{3.25}$$

式（3.25）中，v_{i1}、v_{i2} 分别为在 ϕ_1、ϕ_2 期间第 i 个开关电容支路的输入电压，C' 可表示为

$$C' = C_P + C_L\left(1+\frac{C_P}{C_I}\right) \tag{3.26}$$

积分阶段结束时，积分器输出电压可表示为

$$v_o\left[(n+1/2)T_s\right] = v_o(nT_s)+\sum_{i=1}^{N_i}\frac{C_{Si}}{C_I}\left\{v_{i1}\left[(n+1/2)T_s\right]-v_{i2}(nT_s)\right\}- \left(1+\frac{C_P}{C_I}\right)v_a(nT_s)+ \left(1+\frac{C_P+\sum_{i=1}^{N_i}C_{Si}}{C_I}\right)v_a\left[(n+1/2)T_s\right] \tag{3.27}$$

式（3.27）与没有动态限制的理想积分过程相反。在理想积分过程中，式（3.27）中的后两项为 0。

积分阶段的放大器增益带宽积和输出压摆率可以通过类似于采样阶段的方式获得，即

$$\begin{cases} \mathrm{GB}_{\phi_1}(\mathrm{rad/s}) = \dfrac{g_m}{C_{eq,\phi_2}} \\ \mathrm{SR}_{\phi_1}(\mathrm{V/s}) = \left(1+\dfrac{C_P+\sum_{i=1}^{N_i}C_{Si}}{C_I}\right)\dfrac{I_o}{C_{eq,\phi_2}} \end{cases} \tag{3.28}$$

联立以上公式，可以准确跟踪整个时钟周期内开关电容积分器的总电压和输出电压，如图 3.8 所示。通常，这些公式可以很容易地集成到 CAD 工具中，以进行开关电容 Sigma-Delta 调制器或开关电容电路的行为级仿真。此外，先前的模型可以轻松地外推到其他工作条件下，包括具有不同持续时间的积分阶段和采样阶段、积分器输出端不同的开关负载、开关包含的寄生电容等。

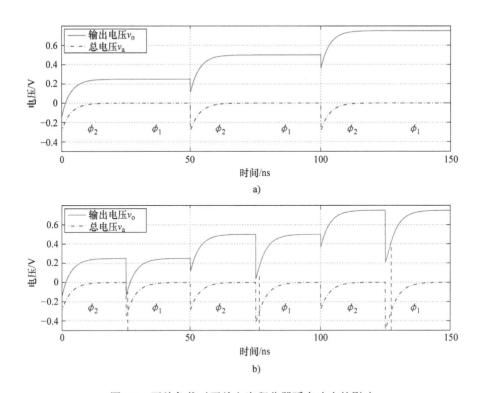

图 3.8　开关负载对开关电容积分器瞬态响应的影响

ａ）不考虑负载开关电容支路　ｂ）带有 0.5pF 电容的一路开关电容支路（垂直虚线处为 t_{o, ϕ_1} 的位置，此时积分器结束受压摆率限制的响应，开始线性响应）

图 3.8 积分器输出电压计算过程中的参数取值为：$v_{11} = 0$，$v_{12} = -1V$，$C_{S1} = 0.25pF$，$C_I = 1pF$，$C_P = 0.1pF$，$C_L = 1pF$，$g_m = 0.5mA/V$，开关电容积分器中 $I_o = 0.15mA$，开关电容积分器负载中 $v_{n12} = -1V$，$C_{Sn1} = 0.5pF$，$T_s = 50ns$，见图 3.6、图 3.7。

3.4.2　有限放大器增益的线性效应——增益带宽积 ★★★ ◀

上述开关电容积分器的瞬态响应模型可以轻松地合并到开关电容 Sigma-Delta 调制器的行为级仿真器中，从而可以准确地量化建立误差对调制器带内噪声增加和所产生失真的影响。在调制器早期设计阶段（高阶设计阶段），通常使用解析表达式，尽管解析表达式是行为级模型的粗略近似，但可以帮助设计者深入了解建立参数对不同调制器拓扑结构的影响。为此，本节假设建立误差仅由有限放大器的增益带宽积决定，而对压摆率没有限制，以此为基础研究开关电容积分电路的瞬态响应。

由式（3.18）、式（3.21）、式（3.23）和式（3.27）可获得开关电容 - 前向欧拉

积分电路的有限差分方程为

$$v_o\left[(n+1/2)T_s\right] \approx v_o\left[(n-1)T_s\right] + \frac{C_S}{C_I}(1-\varepsilon_{st})\left\{v_1\left[(n-1)T_s\right] - v_2\left[(n-1/2)T_s\right]\right\} \quad (3.29)$$

为了简化分析，只考虑一个输入的情况。与线性限制瞬态响应相关的建立误差由 ε_{st} 表示，包含 $e^{-GB_{\phi_1}T_s/2}$ 和 $e^{-GB_{\phi_2}T_s/2}$ 两部分，其中增益带宽积 GB 的单位为 rad/s。如果与积分相关的建立误差主导了整个误差的建立过程，而不是仅在采样阶段产生的误差，则线性建立误差可简化为

$$\varepsilon_{st} \approx e^{-GB_{\phi_2}\frac{T_s}{2}} = e^{-\pi\frac{GB_{\phi_2}(Hz)}{f_s}} \quad (3.30)$$

将式（3.29）转换到 Z 域，积分器的输出结果为

$$v_o(z) \approx \frac{C_S}{C_I}(1-\varepsilon_{st})\frac{z^{-1}v_1(z) - z^{-1/2}v_2(z)}{1-z^{-1}} \quad (3.31)$$

因此，基于以上假设，在理想的积分器传输函数中，建立误差会转换为增益误差，其对开关电容 Sigma-Delta 调制器带内噪声的影响，可以利用 3.3 节中与计算电容失配相似的方法进行计算。只需要用 ε_{st} 代替 ε_g，式（3.14）、式（3.15）依然适用于量化一阶线性误差建立的影响。

图 3.9 说明了有限放大器增益带宽积对单环和级联开关电容 Sigma-Delta 调制器的影响。利用 3.4.1 节中积分器建立的行为级模型和生成增益误差的近似解析表达式，可计算二阶和三阶单环以及 2-1-1 级联结构的带内噪声。在行为级仿真中，因为使用了较大的放大器输出电流，从而可以忽略压摆率限制的影响，因此仅需要考虑线性误差即可。需要注意的是，正如预期的那样，级联 Sigma-Delta 调制器对增益带宽积的限制比单环结构更加敏感。通常，放大器增益带宽积为（1~2）f_s 就足以使单环调制器实现全部性能，而随着过采样率的增加，级联 Sigma-Delta 调制器的增益带宽积要求增加至（3~10）f_s。

3.4.3　有限放大器压摆率的非线性效应 ★★★

与有限放大器增益带宽积引起的误差相反，由于有限输出电流能力而导致的有限放大器压摆率对 Sigma-Delta 调制器的性能具有非线性影响，不但产生失真，而且增加了本底噪声。

对于单环开关电容 Sigma-Delta 调制器，压摆率受限的积分器动态特性本质上会转化为失真。图 3.10 所示为有限放大器压摆率对具有 64 倍过采样率的 1 位量化三阶

Sigma-Delta 调制器的影响。在行为级仿真中，将具有 −6dBFS（$0.5V_{ref}$幅度）且频率等于$B_w/3$的输入信号输入到调制器中。从结果中注意到，根据放大器的增益带宽积，（4~8）$V_{ref}f_s$的压摆率足以将产生失真的功率降低到不影响带内噪声的程度。

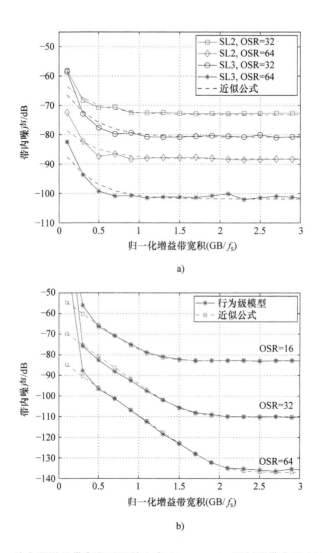

a)

b)

图 3.9　放大器增益带宽积对开关电容 Sigma-Delta 调制器带内噪声的影响

a）二阶和三阶单环结构　b）2-1-1 级联结构（近似公式表示的结果由式（3.14）、式（3.16）与

$$\varepsilon_{st} = e^{-\pi GB(Hz)/f_s}得出）$$

　　对于级联开关电容 Sigma-Delta 调制器，有限放大器压摆率会产生失真，并且由于噪声泄漏会增加本底噪声，如图 3.11 所示。因此要求压摆率比单环结构大，并且

压摆率通常取决于放大器的增益带宽积，范围一般为（4~10）$V_{\text{ref}}f_s$，即增益带宽积越大，要求的压摆率越小。

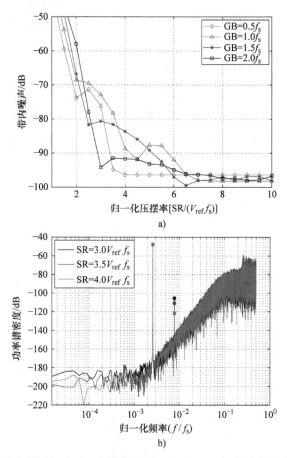

图 3.10　有限放大器压摆率对 1 位量化三阶 Sigma-Delta 调制器的影响（OSR = 64）

a）对带内噪声的影响　b）GB = f_s 时，对输出频谱的影响（输入信号P_{in} = −6dBFS，f_{in} = B_w/3，产生的失真包括在带内噪声计算中）

　　最后，压摆率受限的积分器动态特性是一种非线性的信号相关现象，它在调制器工作期间发生，其频率直接由积分器输入端的信号电平确定。因此，减小开关电容 Sigma-Delta 调制器压摆率要求的最终方法是进行多位内部量化。

3.4.4　有限开关导通电阻效应 ★★★

　　Sigma-Delta 调制器中开关电容的开关由单个 nMOS 管或 pMOS 管，或 CMOS 传输门的 MOSFET 实现。这些晶体管导通时工作在线性区，因此表现出非零的导通电阻。

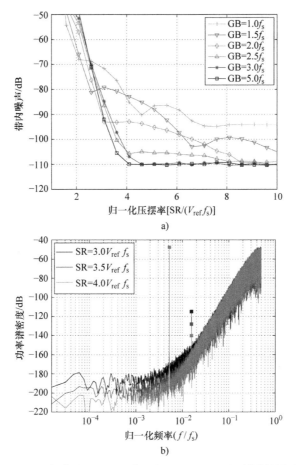

a)

b)

图 3.11　有限放大器压摆率对 2-1-1 开关电容 Sigma-Delta 调制器的影响（OSR = 32）

a）对带内噪声的影响　b）GB = $3f_s$ 时，对输出频谱的影响（输入信号 P_{in} = −6dBFS，f_{in} = $B_w/3$，产生的失真包括在带内噪声计算中）

如果开关的导通电阻是开关电容积分电路工作中唯一考虑的非理想因素，则显然开关电容电路中的 RC 时间常数将导致电荷传输的不完全。例如，考虑图 3.12 中的方案，积分器的输出电压可表示为 [3]

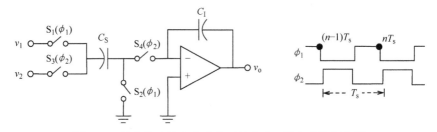

图 3.12　具有单个输入支路的开关电容 - 前向欧拉积分器

$$v_o(z) = \frac{C_S}{C_I}\left(1 - \varepsilon_{R_{on,\phi_2}}\right)\left[\frac{\left(1 - \varepsilon_{R_{on,\phi_1}}\right)z^{-1}v_1(z) - z^{-1/2}v_2(z)}{1 - z^{-1}}\right] \tag{3.32}$$

式中，$\varepsilon_{R_{on,\phi_1}}$ 为 ϕ_1 期间 C_S 的充电误差，该误差与开关 S_1 和 S_2 的导通电阻有关；$\varepsilon_{R_{on,\phi_2}}$ 为 ϕ_2 期间 C_S 到 C_I 的电荷转移误差，该误差与开关 S_3 和 S_4 的导通电阻有关。如果 R_{on} 为单个开关的导通电阻，假定所有开关的大小相同，并且两个时钟相位的持续时间相同，则有

$$\varepsilon_{R_{on,\phi_1}} = \varepsilon_{R_{on,\phi_2}} = e^{\frac{1}{2R_{on}C_S}\frac{T_s}{2}} = e^{-\pi\frac{f_{R_{on}(Hz)}}{f_s}} \tag{3.33}$$

因此，由于开关导通电阻引起的电荷转移误差转化为理想积分器传输函数中的增益误差，其对开关电容 Sigma-Delta 调制器中带内噪声的影响可以用与 3.3 或 3.4.2 节类似的方法计算。因此，有限开关导通电阻对 Sigma-Delta 单环结构的影响将比对级联结构的影响小得多。

除了将开关导通电阻作为独立非理想量，考虑其对开关电容积分电路的影响外，还可以结合有限放大器的动态特性来考虑这种影响，这为实际应用提供了理论依据。图 3.13 为电学仿真结果，说明了 R_{on} 对相同的开关电容积分电路瞬态响应的影响。这里仅显示一个时钟周期中 R_{on} 的影响。需要注意的是，线性放大器的响应随着导通电阻的增加而减缓，从而影响了采样阶段和积分阶段的积分器建立。为了将这种影响整合到行为级仿真中，两个时钟周期的有效放大器增益带宽积可以近似表示为 [3]

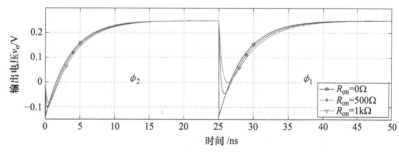

图 3.13　具有开关电容支路负载的开关电容积分器中；开关导通电阻对瞬态响应的影响（仿真参数同图 3.8）

$$\begin{aligned}&GB_{R_{on,\phi_1}}(Hz) \approx \frac{GB_{\phi_1}(Hz)}{1 + GB_{\phi_1}(Hz)/f_{R_{on,\phi_1}}}, \quad f_{R_{on,\phi_1}} = \frac{1}{2\pi \times 2R_{on}C_{Sn}}\\[2mm]&GB_{R_{on,\phi_2}}(Hz) \approx \frac{GB_{\phi_2}(Hz)}{1 + GB_{\phi_2}(Hz)/f_{R_{on,\phi_2}}}, \quad f_{R_{on,\phi_2}} = \frac{1}{2\pi \times 2R_{on}C_S}\end{aligned} \tag{3.34}$$

式中，$f_{R_{on,\phi_1}}$ 和 $f_{R_{on,\phi_2}}$ 分别为负载开关电容支路和输入开关电容支路的 RC 极点；GB_{ϕ_1} 和

GB_{ϕ_2}分别由式（3.22）和式（3.28）给出。

此外，3.4.2 节中给出的关于有限放大器增益带宽积对开关电容 Sigma-Delta 调制器中带内噪声的线性影响，可以通过将开关电阻R_{on}的减缓效应包含在内来进行改进。为此，可以在式（3.14）和式（3.15）中考虑以下增益误差，即

$$\varepsilon_{st,R_{on}} = e^{-\pi \frac{GB(Hz)}{1+GB(Hz)/f_{R_{on}}}} \tag{3.35}$$

图 3.14 所示为有限放大器增益带宽积和有限开关导通电阻组合对三阶单环和 2-1-1 级联开关电容 Sigma-Delta 调制器的线性影响。估算结果由式（3.14）和式（3.16）得出，其中$\varepsilon_{st,R_{on}} = e^{-\pi GB(Hz)/\left[1+GB(Hz)/f_{R_{on}}\right]}$。很明显，单环结构对这些误差具有更低的敏感度。同时，与有限放大器增益带宽积相结合，开关导通电阻$f_{R_{on}}$只要满足（4~5）f_s的条件，就足以实现完整的调制器性能。随着过采样率的增加，级联的 Sigma-Delta 调制器对$f_{R_{on}}$的要求通常会提高至（10~20）f_s。

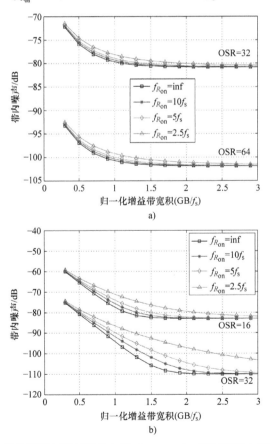

图 3.14　开关导通电阻对开关电容 Sigma-Delta 调制器带内噪声的影响
a）三阶单环结构　b）2-1-1 级联结构

3.5　开关电容 Sigma-Delta 调制器中的电路噪声

晶体管和电阻产生的电路噪声存在于任何电路中，并会最终限制模／数转换器的分辨率。但由于电路噪声的主要来源是白噪声，因此，电路噪声对采用开关电容技术的离散 Sigma-Delta 调制器的影响更大。在开关电容 Sigma-Delta 调制器中，这些宽带噪声与输入信号一起，在时钟频率下进行采样，因此它们会在调制器通带上发生折叠，并可能因混叠而导致调制器带内噪声显著增加。

如 3.1 节所述，非理想特性对 Sigma-Delta 调制器的带内噪声的影响主要取决于调制器中相应噪声源的位置。关于电路噪声，Sigma-Delta 调制器中所有的开关电容积分器都会在调制器通带中增加噪声，但前端积分器噪声占主导地位。当以调制器输入为参考时，其余积分器贡献的噪声将除以调制器通带中先前积分器的增益，因此当积分器从前端向后端移动时，噪声的影响会大大减小。相反，调制器的输入端没有进行整形，因此第一级积分器必须满足 Sigma-Delta 调制器完整的噪声和线性要求。

将图 3.15a 中的开关电容积分器视为开关电容 Sigma-Delta 调制器的前端积分器。考虑两个输入开关电容支路：假设包含电容 C_{S1} 的采样器对调制器输入信号（$v_1 = v_{in}$）进行采样，而包含电容 C_{S2} 的采样器则对 DAC 反馈信号（$v_2 = v_{fb}$）进行采样。开关电容积分器中电路噪声的主要来源（开关中产生的热噪声和放大器产生的噪声）已整合到图 3.15b 和 3.15c 每个时钟相位的等效模型中。同时考虑了热噪声和闪烁噪声$^{\ominus}$。

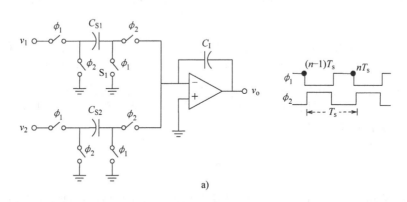

a)

图 3.15　开关电容积分器中的电路噪声分析
a）具有两个输入路径的开关电容 - 前向欧拉积分器（单端）

$\ominus$　为简单起见，此处未考虑与数／模转换器基准电压相关的噪声，但该噪声可以采用与放大器噪声
　　相似的计算方法 [3]。

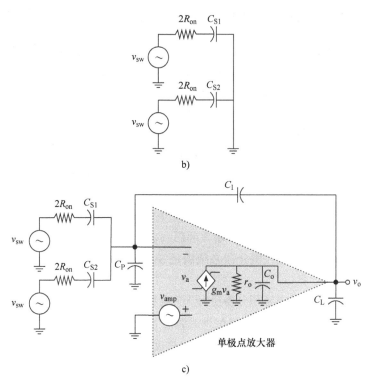

图 3.15　开关电容积分器中的电路噪声分析（续）
b）用于采样的等效电路模型（仅包括在ϕ_1期间由于开关开启而产生的噪声源）　c）用于积分的等效电路
模型（包括在ϕ_2期间开关开启以及放大器产生的噪声源）

　　由时钟相位ϕ_1控制开关引入的热噪声模型如图 3.15b 所示。对于两个开关电容支路，假设两个有源开关具有相同的导通电阻（R_{on}），并且与噪声电压源v_{sw}串联。这些噪声源的单边功率谱密度为$S_{sw} = 4kT(2R_{on})$，其中 k 为玻耳兹曼常数，T 为热力学温度。每个噪声源都会在相应的电容电压上进行采样和保持噪声分量，由于折叠效应所产生的kT/C噪声为[7-9]

$$S_{sw,C_{Si}}(f) \approx \frac{2kT}{C_{Si}f_s}\text{sinc}^2(\pi f/f_s) \tag{3.36}$$

　　由时钟相位 ϕ_2 控制开关引入的热噪声和放大器中的噪声模型如图 3.15c 所示。这些开关在相应的开关电容支路的电容电压中引入了一个额外的噪声分量，类似于式（3.36）。另一方面，假设放大器采用单极点模型，其等效输入噪声与正输入端的电压源v_{amp}等效。如图 3.16 所示，放大器的噪声主要由宽带热噪声和窄带闪烁噪声决定，因此有

$$S_{amp}(f) \approx S_{amp,th}(f) + S_{amp,1/f}(f) \approx S_{amp,th}\left(1 + \frac{f_{cr}}{f}\right) \tag{3.37}$$

式中，$S_{\text{amp,th}}$ 为以输入为参考的放大器热噪声功率谱密度；f_{cr} 为放大器的转角频率，在该频率处闪烁噪声等于热噪声$^{\ominus}$。放大器噪声在积分器采样电容中产生相关的采样保持噪声分量，计算公式为

$$S_{\text{amp},C_{Si}}(f) \approx S_{\text{amp,th}} \left(\frac{2B_{\text{w,noise}}}{f_s} + \frac{f_{\text{cr}}}{f} \right) \text{sinc}^2(\pi f / f_s) \tag{3.38}$$

在放大器噪声带宽为 $B_{\text{w,noise}}$ 的情况下，需要考虑热噪声的折叠效应。$B_{\text{w, noise}}$ 可以估算为 $B_{\text{w,noise}} \approx \text{GB}_{\phi_2} (\text{rad/s}) / 4^{[3]}$，$\text{GB}_{\phi_2}$ 的计算由式（3.28）给出。

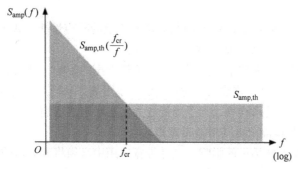

图 3.16　放大器闪烁噪声和热噪声贡献的功率谱密度

将这些电路噪声分量加到开关电容积分器中，总的输入参考$^{\ominus}$噪声功率谱密度为 [3]

$$S_{\text{noise,in}}(f) \approx 2 \left[2S_{\text{sw},C_{S1}}(f) + 2S_{\text{sw},C_{S2}}(f) \frac{C_{S2}^2}{C_{S1}^2} \right] + S_{\text{amp},C_{Si}}(f) \left(1 + \frac{C_{S2}}{C_{S1}} \right)^2 \tag{3.39}$$

其中，$2S_{\text{sw},C_{Si}}$ 表示在时钟相位 ϕ_1 和 ϕ_2 控制开关的噪声贡献，而方括号前的因子 2 表示开关电容积分器差分实现的情况。与图 3.15 中的单端方案相比，开关电容支路的数量因为开关增加了 1 倍。将式（3.36）和式（3.38）代入式（3.39）中，开关电容 Sigma-Delta 调制器前端积分器总的输入参考噪声功率谱密度为

$$S_{\text{noise,in}}(f) \approx \frac{8kT}{C_{S1}f_s} \left(1 + \frac{C_{S2}}{C_{S1}} \right) + S_{\text{amp,th}} \left(\frac{\text{GB}_{\phi_2}}{2f_s} + \frac{f_{\text{cr}}}{f} \right) \left(1 + \frac{C_{S2}}{C_{S1}} \right)^2 \tag{3.40}$$

$\ominus$　对于单级放大器来说，热噪声分量可近似为 $S_{\text{amp,th}} \approx \frac{8kT}{3g_m} 2(1+n_{\text{th}})$，其中 g_m 为放大器输入晶体管的跨导，n_{th} 为放大器中其他晶体管贡献的噪声系数，因子 2 表示全差分放大器。放大器的转角频率取决于输入晶体管的大小、类型和工艺，因此很难用解析式的形式来准确地估计它。但可以很容易地通过电学仿真来表征两个噪声参数。

$\ominus$　采样调制器的输入信号即为参考电容 C_{S1} 两端的电压。

为简单起见，当 $f \ll f_s$ 时，可近似认为 $\mathrm{sinc}^2(\pi f / f_s) \approx 1$。

对式（3.40）的输入信号带宽表达式进行积分，可得由电路噪声产生的开关电容 Sigma-Delta 调制器的输入参考带内噪声为

$$\mathrm{IBN}_{\mathrm{noise}} = \int_0^{B_{\mathrm{w}}} S_{\mathrm{noise,in}}(f)\mathrm{d}f \approx \frac{4kT}{C_{S1}\mathrm{OSR}}\left(1 + \frac{C_{S2}}{C_{S1}}\right) +$$
$$S_{\mathrm{amp,th}}\left[\frac{GB_{\phi_2}}{4\mathrm{OSR}} + f_{\mathrm{cr}}\ln\left(\frac{B_{\mathrm{w}}}{f_0}\right)\right]\left(1 + \frac{C_{S2}}{C_{S1}}\right)^2$$

（3.41）

其中，由于噪声分量 $1/f$ 具有对数性质，排除了直流信号的影响，从频率 $f_0 > 0$ 开始积分。

为了使开关电容 Sigma-Delta 调制器达到给定的噪声性能，式（3.41）中所有三个分量的总和必须满足所需的本底噪声。注意：

1）对于给定的过采样率，为了减少开关热噪声的影响，必须增加调制器输入端采样电容的尺寸，这会导致放大器对速度的要求更高，从而产生更高的功耗。

2）对于给定的过采样率，为了降低放大器热噪声的影响，必须在积分器建立要求允许的范围内尽可能降低其增益带宽积。

3）为了减小闪烁噪声的影响，在低带宽应用中必须将放大器的转角频率保持在较低的水平，通常需要使用相关双采样（CDS）或斩波等消除技术来进一步降低 $1/f$ 分量[10]。

3.6　开关电容 Sigma-Delta 调制器中的抖动

实际上，开关电容 Sigma-Delta 调制器会受到控制开关电容工作的时钟相位中时序不确定性的影响。然而，由于开关电容 Sigma-Delta 调制器的过采样率降低了抖动灵敏度，因此它们比奈奎斯特速率转换器具有更大的时钟抖动容限。

开关电容 Sigma-Delta 调制器中时钟抖动的影响主要取决于调制器输入信号的采样时间不确定性。积分阶段的时序不确定性只会导致积分器的建立误差增加一个额外误差，其影响实际上可以忽略，而噪声整形会降低前端积分器以外的其他积分器的噪声贡献。因此，不同的开关电容 Sigma-Delta 调制器对时钟抖动表现出相似的灵敏度[13]。

采样时间不确定性会导致调制器输入信号的采样不均匀，从而导致带内误差功率的增加。通常通过假设时钟抖动的随机统计特性来估计开关电容 Sigma-Delta 调制器的增加幅度[12]。调制器输入正弦波 $v_{\mathrm{in}}(t) = A_{\mathrm{in}}\sin(2\pi f_{\mathrm{in}}t)$ 时，如图 3.17 所示，采样时间 Δt 的不确定性会导致采样信号产生误差，可表示为

⊖　这种效应是每个时钟产生电路（晶体振荡器、基于锁相环的振荡器等）所固有的，主要由热噪声、相位噪声和杂散信号引起。这些噪声和杂散信号会降低时钟信号的频谱纯度[11]。

$$\varepsilon_j = v_{in}\left(nT_s + \Delta t\right) + v_{in}\left(nT_s\right) \approx \left.\frac{dv_{in}(t)}{dt}\right|_{nT_s} \Delta t = (2\pi f_{in})A_{in}\Delta t \cos(2\pi f_{in}nT_s) \quad (3.42)$$

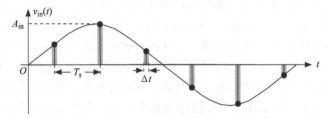

图 3.17　时钟抖动导致的信号不均匀采样示意图（阴影区域表示采样时间不确定性）

在白抖动的假设下，此调制误差的功率均匀分布，因此只有一小部分位于 Sigma-Delta 调制器通带内。因此，可以很容易地获得由于时钟抖动引起的带内噪声为

$$IBN_j = \int_{-B_w}^{+B_w} \frac{A_{in}^2}{2}\frac{(2\pi f_{in}\sigma_j)^2}{f_s}df = \frac{A_{in}^2}{2}\frac{(2\pi f_{in}\sigma_j)^2}{OSR} \quad (3.43)$$

式中，σ_j 为时序不确定性的标准偏差。考虑到 $A_{in} \le \Delta/2$ 和 $f_{in} \le f_s/(2OSR)$，式（3.43）的上限计算式为

$$IBN_j \le \frac{\Delta^2}{8}\frac{(\pi f_s \sigma_j)^2}{OSR^3} \quad (3.44)$$

式（3.44）表明开关电容 Sigma-Delta 调制器对时钟抖动的灵敏度降低至 OSR^{-3} 量级。然而，在数字无线接收机等应用中，时钟抖动可能是一个很大的限制因素，在这些应用中，开关电容 Sigma-Delta 调制器用于数字化具有高采样频率的射频信号，通常为 $f_s = 4f_{in}$，其中 f_{in} 为输入信号频率。图 3.18 所示为时钟抖动对四阶开关电容带通 Sigma-Delta 调制器的影响。由图可知，通过增加 f_s，调制器的性能会因时钟抖动引起的带内噪声增加而下降。

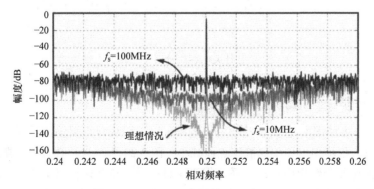

图 3.18　时钟抖动 $(\sigma_j = 0.1)$ 对四阶开关电容带通 Sigma-Delta 调制器的影响

3.7 开关电容 Sigma-Delta 调制器中的失真源

用于实现 Sigma-Delta 调制器的模拟器件实际上都会表现出一定的非线性。这些非线性会产生失真，从而限制了高输入幅度时可达到的峰值信噪失真比。但是，对于 Sigma-Delta 调制器中产生的失真，推导出其解析表达式通常比分析线性误差的影响要困难得多。因此，为了处理调制器的非线性问题，通常会进行一些简化。首先，只考虑 Sigma-Delta 调制器中与前端积分器相关的失真源，因为它们不加衰减地直接加到调制器信号上，所以在整个调制器的非线性中起主要作用。当以调制器输入作为参考时，后续积分器中产生的失真被不断增加的噪声整形所抑制，因此，实际上它们的噪声贡献可以忽略不计。其次，每个非线性源都被认为是与理想线性性能的微小偏差（即具有弱非线性），并以累加的方式影响调制器性能。

图 3.19 说明了开关电容积分器中失真的主要来源，其中假定采用全差分拓扑结构来抑制偶次谐波。在开关电容 Sigma-Delta 调制器中，线性度本质上受到电容、开关导通电阻和放大器增益的电压相关性以及压摆率受限积分器动态特性的限制（见 3.4.3 节所述）。如果采用延迟下降沿的时钟相位，则可以忽略由于开关中的电荷注入而引起的失真[14]。此外，考虑到现代混合技术工艺所提供的高度线性电容，如 MiM 和 MoM 电容，此处将不再考虑电容带来的影响。下面讨论开关非线性和放大器增益的影响。

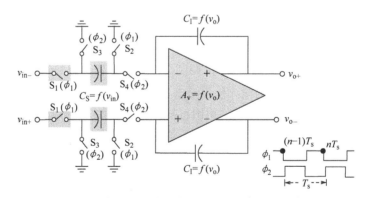

图 3.19　全差分开关电容积分器中失真的主要来源

3.7.1　非线性放大器增益 ★★★

实际上，放大器的直流增益取决于电压，这是因为放大器输出晶体管的输出电阻会随着放大器输出电压偏离静态点而减小。图 3.20 所示为折叠共源共栅放大器的放大器直流增益与输出电压的关系。需要注意的是，在共模输出电压下，放大器直流增益约为 8500（78.5dB），但会随着输出电压的增加而降低，并在放大器饱和区附近突然下降。

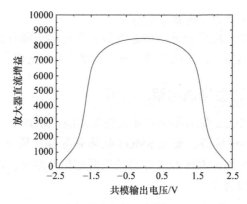

图 3.20　放大器直流增益与输出电压的关系

放大器增益非线性的影响可以很容易地合并到 3.2 节的泄漏积分器模型中，因此式（3.3）又可以表示为 [3]

$$v_o(nT_s) = \frac{1+\left(1+\dfrac{C_P}{C_I}\right)\dfrac{1}{A_v\left(v_{o,n-1}\right)}}{1+\left(1+\dfrac{C_P}{C_I}+\sum_{i=1}^{N_i}\dfrac{C_{Si}}{C_I}\right)\dfrac{1}{A_v\left(v_{o,n}\right)}}v_o[(n-1)T_s]+$$

$$\frac{\sum_{i=1}^{N_i}\dfrac{C_{Si}}{C_I}v_i[(n-1)T_s]}{1+\left(1+\dfrac{C_P}{C_I}+\sum_{i=1}^{N_i}\dfrac{C_{Si}}{C_I}\right)\dfrac{1}{A_v\left(v_{o,n}\right)}} \tag{3.45}$$

式中，$A_v(v_{o,n-1})$ 为对应于时钟周期 $(n-1)T_s$ 输出电压下的有效放大器增益；$A_v(v_{o,n})$ 为对应于时钟周期 nT_s 输出电压下的有效放大器增益。如 5.3 节所示，以迭代方式求解该差分方程，结合放大器增益的查表功能，无论是弱非线性还是强非线性，都可以在瞬态仿真中精确地计算放大器增益的电压相关性。

对于弱非线性，可以使用多项式近似来模拟静态点附近的电压相关性，并获得所产生失真的粗略估计。假设开关电容 Sigma-Delta 调制器中前端积分器的放大器如图 3.19 所示，其放大器增益可表示为

$$A_v(v_o) = A_v\left(1+c_{nL1}v_o+c_{nL2}v_o^2+\cdots\right) \tag{3.46}$$

式中，c_{nLi} 代表放大器直流增益的第 i 阶电压增益系数。如果调制器输入端施加幅度为 A_{in} 的正弦波，则 3 次谐波的输入参考失真可估算为 [3, 15]

$$HD_3 \approx \frac{c_{nL2}}{4}\frac{\left(1+\dfrac{C_P}{C_I}+\dfrac{C_S}{C_I}\right)}{A_v}\left(\frac{C_S}{C_I}\right)^2 A_{in}^2 \tag{3.47}$$

式中，C_p 为放大器输入节点处的寄生电容。

由式（3.47）可知，降低积分器增益系数显然有助于降低失真。然而，降低放大器增益非线性影响的最直接方法是增加放大器增益本身的值 [3, 13]。

3.7.2 非线性开关导通电阻 ★★★

开关电容 Sigma-Delta 调制器中的开关通常使用 CMOS 传输门实现。因此，对于要传输的给定的电压等级，要么 nMOS 晶体管导通，要么 pMOS 晶体管导通。图 3.21a 所示为 nMOS 和 pMOS 开关导通状态时的仿真结果，假设它们在晶体管区表现出的电阻可以近似为 [3, 16]

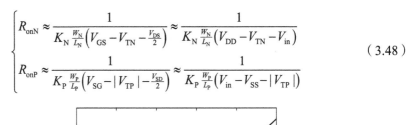

$$\begin{cases} R_{\mathrm{onN}} \approx \dfrac{1}{K_{\mathrm{N}}\frac{W_{\mathrm{N}}}{L_{\mathrm{N}}}\left(V_{\mathrm{GS}}-V_{\mathrm{TN}}-\frac{V_{\mathrm{DS}}}{2}\right)} \approx \dfrac{1}{K_{\mathrm{N}}\frac{W_{\mathrm{N}}}{L_{\mathrm{N}}}\left(V_{\mathrm{DD}}-V_{\mathrm{TN}}-V_{\mathrm{in}}\right)} \\ R_{\mathrm{onP}} \approx \dfrac{1}{K_{\mathrm{P}}\frac{W_{\mathrm{P}}}{L_{\mathrm{P}}}\left(V_{\mathrm{SG}}-|V_{\mathrm{TP}}|-\frac{V_{\mathrm{SD}}}{2}\right)} \approx \dfrac{1}{K_{\mathrm{P}}\frac{W_{\mathrm{P}}}{L_{\mathrm{P}}}\left(V_{\mathrm{in}}-V_{\mathrm{SS}}-|V_{\mathrm{TP}}|\right)} \end{cases} \quad (3.48)$$

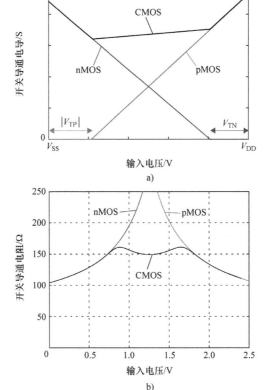

图 3.21　nMOS 和 pMOS 开关导通状态时的仿真结果

a）导通电导与输入电压的关系　b）2.5V、0.25μm CMOS 工艺下导通电阻与输入电压之间的关系

式中，V_{in} 为开关输入电压，即漏极和源极端的共模电压，$V_{in} = (V_{DD} + V_{SS})/2$。

由式（3.48）可得 CMOS 传输门的导通电阻为 $R_{on} = R_{onP} /\!/ R_{onN}$，只要 $V_{DD} - V_{SS} > V_{TN} + |V_{TP}|$，即可保证开关的轨到轨操作[⊖]。图 3.21b 所示为 CMOS 传输门的仿真结果，其中开关导通电阻的电压相关性清晰可见。

下面利用图 3.19 中的原理图分析开关电容 Sigma-Delta 调制器前端积分器中不同开关对产生的失真的相对影响。在 ϕ_1 期间，调制器输入信号通过开关 S_1 和 S_2 在电容 C_S 上采样。由于开关 S_1 连接调制器输入，因此其导通电阻直接取决于调制器输入电压，这也是失真的主要来源。开关 S_2 的一端连接一个随时间保持近似恒定的共模电压，其电压不会在时钟周期内发生很大变化^[5]。因此开关 S_2 引入的失真将大大低于开关 S_1 引入的失真。同样的推理也适用于 ϕ_2 期间的开关 S_3 和 S_4：开关 S_3 的一端连接固定的共模电压或数/模转换器的反馈电压，开关 S_4 连接放大器的虚拟地。因此，它们对产生的失真的影响实际上可以忽略。

开关电容 Sigma-Delta 调制器中开关非线性采样产生的失真可以通过图 3.22 中等效电路的晶体管级仿真来精确计算。在差分输入端施加一个大幅度的单音信号，并以时钟速率收集存储在电容 C_S 中的差分电压，计算其快速傅立叶变换，并测量总谐波失真（THD）。

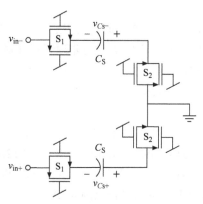

图 3.22　评估由于开关非线性采样而引起的失真的等效电路

最后，通过使开关尽可能地保持线性，以及减小导通电阻本身的值，可以减小开关非线性产生的失真。图 3.23 所示为在 2.5V、0.25μmCMOS 工艺下，不同尺寸开关晶体管的开关导通电阻非线性示意图。如果开关尺寸补偿了 nMOS 和 pMOS 晶体管跨导参数的差异，即 $K_N W_N = K_P W_P$，则导通电阻的非线性较

⊖　如果 $V_{DD} - V_{SS} < V_{TN} + |V_{TP}|$，如图 3.21a 所示，在中间范围将出现一个间隙，这是因为 nMOS 开关和 pMOS 此时都不会导通。在低压环境下，通常可以使用时钟自举技术^[17, 18]或者低阈值晶体管来解决这个问题。

低 [3]，但其平均值大于参考文献 [5] 中所用的 $W_N = W_P$。在后一种情况下，开关面积及其寄生电容会增加，但开关电阻 R_{on} 对积分器建立的减速影响将降低，如 3.4.4 节所述。根据开关电容 Sigma-Delta 调制器的特定线性度和速度要求，以及调制器输入范围与电源电压的关系，可以在相反方向上解决上述设计折中的问题。

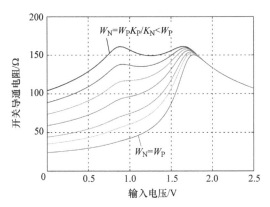

图 3.23　在 2.5V、0.25μm CMOS 工艺下，不同尺寸晶体管的开关导通电阻非线性示意图

3.8　Sigma-Delta 调制器的高阶选型设计实例分析

为了便于说明，本节通过以上推导的解析表达式和行为级模型来设计一组满足给定规格的 Sigma-Delta 调制器。不同电路的非理想特性对 Sigma-Delta 调制器性能的影响将以累积的方式进行考虑，通过自上而下的设计方法将调制器设计参数映射到其主要模块的电学要求上。该设计过程通常称为 Sigma-Delta 调制器的高阶选型设计。

下面以工作在 100MHz 时钟频率下的 2-1-1 级联开关电容 Sigma-Delta 调制器为例，要求在 4MHz 带宽低通信号的 A / D 转换中实现约 12bit 的有效分辨率。为此，需要考虑图 2.15 所示的 2-1-1 离散时间级联的 Z 域框图，以及表 2.2[6] 第一栏中的调制器缩放系数。同时假设调制器的满量程范围为 2V。

3.8.1　理想调制器性能 ★★★◀

2-1-1 级联 Sigma-Delta 调制器的理想带内量化误差可由式（2.23）得出，即

$$\text{IBN}_Q = \frac{\Delta_3^2}{12} \frac{1}{(c_1 c_2)^2} \frac{\pi^8}{90 \text{SR}^9} \qquad (3.49)$$

如果在三个级联级中使用 1 位量化，即 $B_1 = B_2 = B_3 = 1$，则 $\Delta_3 = 2$（由于 $B_3 = 1$）和 OSR = 12.5（因为 $f_s = 100\text{MHz}$ 和 $B_w = 4\text{MHz}$）时的 IBN_Q 为 −67.2dB。因此，12.5 的过采样率仅结合级联的四阶整形来实现所需的带内噪声显然是不够的。如由式（1.17）

和式（1.18）获得的有效位数（ENOB）为 13 时，对应的带内噪声为 −83dB。

利用级联 Sigma-Delta 调制器中双重量化方案的易用性（参阅 2.4.3 节），可以在最后一级采用多位量化器来轻松降低 IBN_Q。对于 $B_3 = 3$，最后一级量化步长降至 $\Delta_3 = 2/(2^3 - 1)$，因此 IBN_Q 的值为 −84.1dB。图 3.24 所示为 1.33MHz（$f_{in} = B_w/3$）频率、−6dBFS 正弦波输入下的级联 Sigma-Delta 调制器频谱。该图比较了四阶多位量化级联（标记为 211mb）的总输出频谱与其部分二阶和三阶 1 位量化输出（分别标记为 SL2 和 21）的频谱。三个 Sigma-Delta 级中的量化噪声被认为是唯一的误差来源。从频谱的斜率来看，整形阶数的增加很明显，而对于多位量化情况，在高频区域量化误差功率的降低很明显。

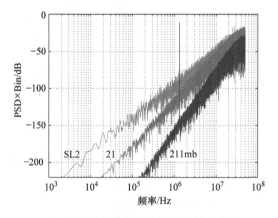

图 3.24　在 2-1-1 Sigma-Delta 调制器中进行四阶整形（输入信号 $P_{in} = -6$dBFS，$f_{in} = B_w/3$）

图 3.25 所示为使用全差分开关电容技术实现 2-1-1 多位量化 Sigma-Delta 调制器。需要注意的是，图中仅显示级联的混合信号部分，省略了数字抵销逻辑（见图 2.15）。2-1-1 级联调制器在 $V_{ref} = V_{ref+} = V_{ref-} = 1$V 的差分参考电压下工作，以获得 2V 差分满量程范围。图 3.25 中的采样和积分电容的值表示为单位电容 C_u 的倍数，其比率实现了表 2.2[6] 第一栏中的调制器比例系数。为了适应最后一级的多位量化操作，相应的系数要进行加倍（在多位量化情况下：$g_4 = 2, g_4' = g_4'' = 1$）。

3.8.2　噪声泄漏 ★★★

如 2.4.1 节所述，多位数/模转换器的误差主要由其单位器件之间的不匹配决定，这些单位器件是图 3.25 中开关电容 Sigma-Delta 调制器的电阻。根据式（2.30），可以估计最坏情况下 3 位数/模转换器（DAC）输出误差为

$$\varepsilon_{DAC} \approx \frac{1}{2\sqrt{2^{B_3}}}(3\sigma_R) \tag{3.50}$$

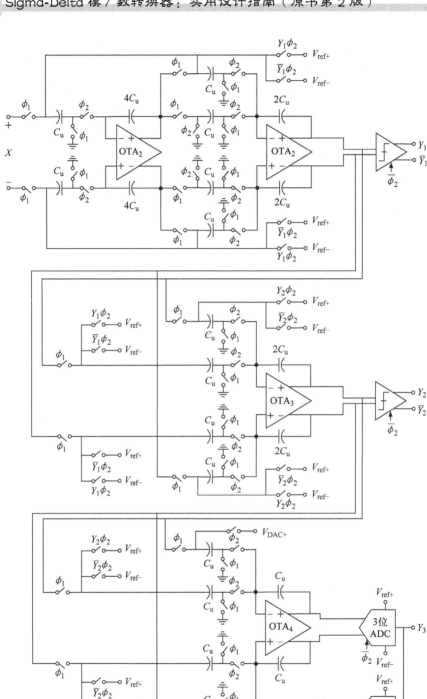

图 3.25   通过全差分开关电容技术实现 2-1-1 多位量化 Sigma-Delta 调制器

式中，σ_R 为考虑三个 Sigma 的情况下单位电阻值的相对误差。由于采用了双量化方案，ε_{DAC} 被注入最后一级输入端，并在调制器输出端进行三阶整形。ε_{DAC} 对总的带内噪声的贡献可以通过式（2.32）估算为

$$\text{IBN}_{DAC} \approx \varepsilon_{DAC}^2 \frac{1}{(c_1 c_2)^2} \frac{\pi^6}{7\text{OSR}^7} \tag{3.51}$$

假设单位电阻的标准偏差为 0.1%（在当今的混合信号 CMOS 工艺中这是一个合理的值），则 $\text{IBN}_{DAC} = -113.6\text{dB}$；换句话说，与 $\text{IBN}_Q = -84.1\text{dB}$ 相比，IBN_{DAC} 可以忽略不计。

级联 Sigma-Delta 调制器对于电路层面非理想性引发的低阶量化误差泄漏特别敏感。对于开关电容 Sigma-Delta 级联结构，最关键的误差机制是放大器的有限增益和用于实现调制器系数的单位电容之间的失配。图 3.26 所示为当放大器的直流增益为 65dB、电容失配为 0.1%，以及存在多位数/模转换器误差的情况下，噪声泄漏对 2-1-1 多位量化 Sigma-Delta 调制器输出频谱的影响。将图 3.26 结果与仅考虑量化误差的纯理想情况下的仿真（见图 3.24）进行比较，其中包括积分误差功率与频率的关系。可见，尽管由于噪声泄漏导致整形性能下降，但在 4MHz 带宽中总的误差功率（−82.6dB）仅略大于仿真的 $\text{IBN}_Q = -84.1\text{dB}$。两种误差机制的影响可分别由式（1.17）和式（1.18）估算为

$$\text{IBN}_{A_v} \approx \frac{\Delta_1^2}{12} \frac{1}{(k_q a_1 a_2)^2} \frac{4\pi^2}{3A_v^2\text{OSR}^3} + \frac{\Delta_2^2}{12} \frac{1}{c_1^2} \frac{\pi^4}{5A_v^2\text{OSR}^5} + \frac{\Delta_3^2}{12} \frac{1}{(c_1 c_2)^2} \frac{\pi^6}{7A_v^2\text{OSR}^7} \tag{3.52}$$

$$\text{IBN}_{\sigma_C} \approx \frac{\Delta_1^2}{12} \frac{1}{(k_q a_1 a_2)^2} \frac{\pi^4}{5\text{OSR}^5}(2\times 3\sigma_C)^2 + \frac{\Delta_2^2}{12} \frac{1}{c_1^2} \frac{\pi^6}{7\text{OSR}^7}(3\sigma_C)^2 \tag{3.53}$$

因此，当 $A_v = 65\text{dB}$ 时，由积分器泄漏引起的调制器带内噪声的增加可以估算为 −91.3dB，而当 $\sigma_C = 0.1\%$ 时，由于电容失配导致的调制器带内噪声增加为 −91.0dB[⊖]。

式（3.52）也可用于评估不同时钟速率和不同多位量化下噪声泄漏对 2-1-1 Sigma-Delta 调制器性能的影响。当过采样率变化时，Sigma-Delta 级联结构中，不同 B_3（最后一级的量化位数）值时的输出有效分辨率如图 3.27 所示。当存在非理想情况时，ENOB 曲线趋于饱和，从而限制了多位量化的实际作用。然而，对于非理想参数 A_v、σ_C 和 σ_R 的假设值，初始选择 OSR = 12.5、$B_3 = 3$ 为实现目标调制器性能提供了良好的折中考量[⊜]。

⊖ 式（3.51）、式（3.52）和式（3.56）中的解析表达式提供了调制器带内噪声增加的精确估计，这是因为从 $\text{IBN}_Q + \text{IBN}_{DAC} + \text{IBN}_{A_v} + \text{IBN}_{\sigma_C}$（−84.1dB −113.6dB −91.3dB −91.0dB = −82.7dB）获得的结果与图 3.26 中的行为级仿真结果（−82.6dB）非常一致。

⊜ 在同样的非线性效应影响下，选择 $B_3 = 2$ 和 OSR = 14（$f_s = 112\text{MHz}$）也可以得到同样的调制器有效位数。

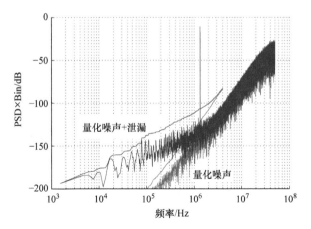

图 3.26 噪声泄漏对调制器输出频谱的影响（$A_{\mathrm{v}} = 65\mathrm{dB}$, $\sigma_{\mathrm{C}} = 0.1\%$, $\sigma_{\mathrm{R}} = 0.1\%$；输入信号 $P_{\mathrm{in}} = -6\mathrm{dBFS}$, $f_{\mathrm{in}} = B_{\mathrm{w}}/3$）

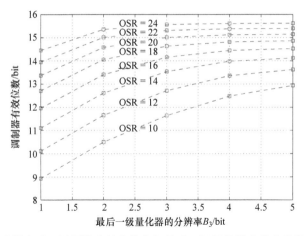

图 3.27 不同过采样率时，调制器有效分辨率与最后一级量化器中量化位数的关系（考虑所有噪声泄漏，$A_{\mathrm{v}} = 65\mathrm{dB}$, $\sigma_{\mathrm{C}} = 0.1\%$, $\sigma_{\mathrm{R}} = 0.1\%$）

3.8.3 电路噪声 ★★★

电路噪声对整体带内噪声的贡献主要由前端积分器决定。在 2-1-1 开关电容 Sigma-Delta 调制器多级结构中，仅考虑 kT/C 噪声和放大器热噪声。

一方面，由 kT/C 噪声预算可以确定要使用的采样电容 C_{S} 的最小值。而选择一个较小的 C_{S} 值可减小积分器的容性负载，从而降低其建立要求。由式（3.41）估算 kT/C 噪声对带内噪声的贡献为

$$\mathrm{IBN}_{kT/C} \approx \frac{4kT}{C_{\mathrm{S}}\mathrm{OSR}} \qquad (3.54)$$

对于前端积分器中 $C_{\mathrm{S}} = C_{\mathrm{u}} = 0.4\mathrm{pF}$（见图 3.25），$\mathrm{IBN}_{kT/C} = -84.8\mathrm{dB}$。也就是说，$kT/C$ 产生的带内噪声贡献类似于理想量化噪声的带内噪声贡献[一]。

另一方面，放大器热噪声的带内噪声贡献可由式（3.41）估算为

$$\mathrm{IBN}_{\mathrm{amp,th}} \approx S_{\mathrm{amp,th}} \frac{\mathrm{GB}_{\phi_2}}{4\mathrm{OSR}} \tag{3.55}$$

由式（3.55）可知，需要首先知道放大器的增益带宽积 GB_{ϕ_2}，以量化折叠效应。GB_{ϕ_2} 可以通过将积分器的建立误差视为线性增益误差来算，如 3.4.2 节所述。因此，由于有限的线性动态性能[二] 产生的带内噪声可以计算为

$$\mathrm{IBN}_{\mathrm{st}} \approx \frac{\Delta_1^2}{12} \frac{1}{(k_{\mathrm{q}} a_1 a_2)^2} \frac{\pi^4}{5\mathrm{OSR}^5} (2\varepsilon_{\mathrm{st}})^2 + \frac{\Delta_2^2}{12} \frac{1}{c_1^2} \frac{\pi^6}{7\mathrm{OSR}^7} (\varepsilon_{\mathrm{st}})^2 \tag{3.56}$$

式中，$\varepsilon_{\mathrm{st}}$ 为增益误差，其计算公式为

$$\varepsilon_{\mathrm{st}} = \mathrm{e}^{-\pi \frac{\mathrm{GB}_{\phi_2}(\mathrm{Hz})}{f_{\mathrm{s}}}} \tag{3.57}$$

对于 $\mathrm{GB}_{\phi_2} \approx 2.1 f_{\mathrm{s}}$（约 200MHz）的情况，$\mathrm{IBN}_{\mathrm{st}} = -96.8\mathrm{dB}$。该值比 $\mathrm{IBN}_{\mathrm{Q}}$ 和 $\mathrm{IBN}_{kT/C}$ 小得多，因此，需要在噪声预算中留有一定的裕量，以便在接下来的步骤中分配更精确的建立误差估计。

考虑到建立时间，可以根据 GB_{ϕ_2} 的值来估算在给定噪声预算的情况下放大器折合到输入端的热噪声。对于 $S_{\mathrm{amp,th}} = \left(6nV / \sqrt{\mathrm{Hz}}\right)^2$，$\mathrm{IBN}_{\mathrm{amp,th}} = -90.3\mathrm{dB}$。带内总的白噪声将以 kT/C 噪声为主，且 $\mathrm{IBN}_{kT/C} = -83.7\mathrm{dB}$。

3.8.4　建立误差 ★★★

假设放大器输入和输出节点处的寄生电容分别为 $C_{\mathrm{P}} = 0.1\mathrm{pF}$ 和 $C_{\mathrm{L}} = 0.5\mathrm{pF}$，则积分期间放大器输出端的等效负载可以由式（3.17）求得，即

$$C_{\mathrm{eq},\phi_2} = C_{\mathrm{P}} + C_{\mathrm{S}} + C_{\mathrm{L}} \left(1 + \frac{C_{\mathrm{P}} + C_{\mathrm{S}}}{C_{\mathrm{I}}}\right) \tag{3.58}$$

该值大约为 1.2pF。已知在仅考虑线性建立误差的情况下，所需放大器增益带宽积估算值为 $\mathrm{GB}_{\phi_2} \approx 2.1 f_{\mathrm{s}}$。根据式（3.28），可得具有主极点模型的放大器跨导约为 1.5mA / V。

图 3.28 为考虑噪声泄漏和热噪声的 2-1-1 级联结构 Sigma-Delta 调制器的仿真结果。该仿真使用了 3.4.1 节中给出的开关电容积分器瞬态响应的行为级模型，准确地考虑了线性和非线性积分器动态特性。图 3.28a 所示为不同放大器输出电流下放大器

〇　为了优化开关电容 Sigma-Delta 调制器的功耗，通常也为 $\mathrm{IBN}_{\mathrm{Q}}$ 和 $\mathrm{IBN}_{kT/C}$ 分配类似的预算。

〇　假设此时具有非受限的非线性建立，即具有无限大的压摆率。

跨导与带内噪声的关系。需要注意的是，对于$g_m = 1.5\text{mA}/\text{V}$的情况，调制器性能不受非线性积分器动态特性的限制，直至$I_o \geq 250\mu\text{A}$。根据式（3.28），所需放大器压摆率估算为

$$\text{SR}_{\phi_2}\left(\text{V/s}\right) = \left(1 + \frac{C_P + C_I}{C_I}\right)\frac{I_o}{C_{\text{eq},\phi_2}} \qquad (3.59)$$

该值大约为$275\text{V}/\mu\text{A}$。

图 3.28b 所示放大器在输入为 $-6\text{dBFS}@1.33\text{MHz}$情况下受限输出电流对调制器输出频谱的影响。对于$I_o \leq 250\mu\text{A}$的情况，受限的放大器压摆率会明显降低调制器的整形性能。

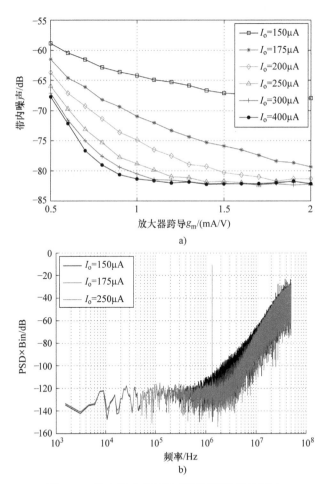

a)

b)

图 3.28 放大器动态特性对调制器性能的影响

a）不同放大器输出电流下放大器跨导与带内噪声的关系 b）受限输出电流对调制器输出频谱的影响（输入信号$P_{\text{in}} = -6\text{dBFS}$，$f_{\text{in}} = B_w/3$，$g_m = 1.5\text{mA}/\text{V}$）

3.8.5　整体高阶选型设计和噪声预算 ★★★

在 2-1-1 级联结构开关电容 Sigma-Delta 调制器高阶选型设计中，主要调制器模块的电学设计参数见表 3.1。相应地，表 3.2 列出了 4MHz 转换带宽下，实现 12bit 目标分辨率而选择的噪声预算。根据所用的解析表达式，总的带内噪声为 −80.1dB，进而可得动态范围为 77.1dB（12.5bit）。

请注意，从表 3.1 中得出的要求适用于前端积分器，而其余积分器的要求通常可以在一定程度上放宽。为此，通常会进行大量的行为级仿真来进行验证。

表 3.1　2-1-1 级联结构开关电容 Sigma-Delta 调制器的高阶选型设计

参数		说明
调制器	拓扑结构	2-1-1
	双量化，B_1，B_2，B_3	1 位，1 位，3 位
	信号带宽 B_w/MHz	4
	时钟频率 f_s/MHz	100
	过采样率 OSR	12.5
	参考电压 V_{ref}/V	1
前端积分器	单位电容 C_u/pF	0.4
	电容标准偏差 σ_C（%）	0.1
	采样电容 C_s/pF	0.4
	积分电容 C_I/pF	1.6
前端放大器	直流增益 A_v/dB	65
	输入电容 C_p/pF	0.1
	输出电容 C_L/pF	0.5
	等效输出负载 C_{eq,ϕ_2}/pF	1.2
	跨导 g_m/(mA/V)	1.5
	增益带宽积 GB_{ϕ_2}/MHz	206.5（$=2.1f_s$）
	压摆率 SR_{ϕ_2}（V/μs）	275（$=2.7V_{ref}f_s$）
	输入参考热噪声 $S_{amp,th}$	$(6nV/\sqrt{Hz})^2$
	输出摆幅 V_{ref}	$\pm V_{ref}$
末级量化器	电阻标准偏差 σ_R（%）	0.1

表 3.2　表 3.1 中 2-1-1 级联结构开关电容 Sigma-Delta 调制器高阶选型设计对应的噪声预算

（单位：dB）

噪声类型		噪声预算
量化噪声		−84.1
	多位 DAC 误差	−113.6
	积分器泄漏	−91.3
	电容失配	−91.0
总噪声泄漏		−88.1
建立误差（线性）		−96.8
	kT/C 噪声	−84.8
	放大器热噪声	−90.3
总热噪声		−83.7
总带内噪声		−80.1

需要注意的是，设计过程中所产生的失真没有经过严格评估，因此前端放大器的增益和压摆率的导出值可能会增加，这取决于所涉及的非线性情况，以免降低调制器信噪失真比。

无论如何，对调制器模块的要求可以作为其电气设计的起点。然后，通过采用自下而上的设计方法，以确保满足目标调制器的参数指标。

3.9　小结

本章分析了影响开关电容 Sigma-Delta 调制器性能的主要误差机制。这些误差由非理想因素引起，会影响调制器模拟模块的电路实现，并产生额外的误差分量。这些误差会增加带内量化误差噪声，并可能严重限制调制器性能。因此本章对引起误差的非理想因素进行了详细研究，提出了行为级模型，并提供了实用的解析表达式来估算非线性因素对 Sigma-Delta 调制器工作状态的影响。

本章还分析了影响开关电容 Sigma-Delta 调制器噪声传输函数的误差，包括有限放大器增益、电容失配和积分器建立。单环调制器拓扑结构对这些误差的敏感度不如级联结构，级联结构还会受到噪声泄漏的影响。本章还将非理想特性影响建模为调制器输入端加性噪声源进行了研究，如电路噪声和时钟抖动，并且解决了失真的主要来源。第 4 章将重点讨论主电路误差对连续时间 Sigma-Delta 调制器的影响。

参考文献

[1] S. R. Norsworthy, R. Schreier, and G. C. Temes, *Delta-Sigma Data Converters: Theory, Design and Simulation*. IEEE Press, 1997.

[2] M. Ortmanns and F. Gerfers, *Continuous-Time Sigma-Delta A/D Conversion: Fundamentals, Performance Limits and Robust Implementations*. Springer, 2006.

[3] R. del Río, F. Medeiro, B. Pérez-Verdú, J. M. de la Rosa, and A. Rodríguez-Vázquez, *CMOS Cascade ΣΔ Modulators for Sensors and Telecom: Error Analysis and Practical Design*. Springer, 2006.

[4] A. Marques, V. Peluso, M. S. Steyaert, and W. M. Sansen, "Optimal Parameters for ΔΣ Modulator Topologies," *IEEE Trans. on Circuits and Systems II: Analog and Digital Signal Processing*, vol. 45, pp. 1232–1241, September 1998.

[5] Y. Geerts, M. Steyaert, and W. Sansen, *Design of Multi-bit Delta-Sigma A/D Converters*. Kluwer Academic Publishers, 2002.

[6] R. del Río, F. Medeiro, J. M. de la Rosa, B. Pérez-Verdú, and A. Rodríguez-Vázquez, "Reliable Analysis of Settling Errors in SC Integrators: Application to ΣΔ Modulators," *IET Electronics Letters*, vol. 36, pp. 503–504, March 2000.

[7] J. Fischer, "Noise Sources and Calculation Techniques for Switched Capacitor Filters," *IEEE J. of Solid-State Circuits*, vol. 17, pp. 742–752, August 1982.

[8] C.-A. Gobet and A. Knob, "Noise Analysis of Switched Capacitor Networks," *IEEE Trans. on Circuits and Systems*, vol. CAS-30, pp. 37–43, January 1983.

[9] R. Gregorian and G. C. Temes, *Analog MOS Integrated Circuits for Signal Processing*. John Wiley & Sons, 1986.

[10] C. C. Enz and G. C. Temes, "Circuit Techniques for Reducing the Effects of Op-Amp Imperfections: Autozeroing, Correlated Double Sampling, and Chopper Stabilization," *Proceedings of the IEEE*, vol. 84, pp. 1584–1614, November 1996.

[11] T. H. Lee, *The Design of CMOS Radio-Frequency Integrated Circuits*. Cambridge University Press, 2004.

[12] B. E. Boser and B. A. Wooley, "The Design of Sigma-Delta Modulation Analog-to-Digital Converters," *IEEE J. of Solid-State Circuits*, vol. 23, pp. 1298–1308, December 1988.

[13] B. Brandt, P. Ferguson, and M. Rebeschini, "Analog Circuit Design of ΣΔ ADCs," in *Delta-Sigma Data Converters: Theory, Design and Simulation* (S.R. Norsworthy, R. Schreier, and G.C. Temes, editors), IEEE Press, 1997.

[14] D. Haigh and B. Singh, "A Switching Scheme for Switched Capacitor Filters which Reduces the Effect of Parasitic Capacitances Associated with Switch Control Terminals," *Proc. of the IEEE Intl. Symp. on Circuits and Systems*, pp. 586–589, 1983.

[15] G. Yin and W. Sansen, "A High-Frequency and High-Resolution Fourth-Order ΣΔ A/D Converter in BiCMOS Technology," *IEEE J. of Solid-State Circuits*, vol. 29, pp. 857–865, August 1994.

[16] K. R. Laker and W. M. C. Sansen, *Design of Analog Integrated Circuits and Systems*. McGraw-Hill, 1994.

[17] J.-T. Wu and K.-L. Chang, "MOS Charge Pumps for Low-Voltage Operation," *IEEE J. of Solid-State Circuits*, vol. 33, pp. 592–597, April 1998.

[18] K. Bult, "Analog Design in Deep Sub-Micron CMOS," *Proc. of the IEEE European Solid-State Circuits Conf.*, pp. 11–17, 2000.

[19] J. Cherry and W. Snelgrove, "Clock Jitter and Quantizer Metastability in Continuous-Time Delta–Sigma Modulators," *IEEE Trans. on Circuits and Systems – II: Analog and Digital Signal Processing*, vol. 46, pp. 661–676, June 1999.

[20] S. Luschas and H. S. Lee, "High-Speed ΣΔ Modulators with Reduced Timing Jitter Sensitivity," *IEEE Trans. on Circuits and Systems – II: Analog and Digital Signal Processing*, vol. 49, pp. 712–720, November 2002.

[21] O. Oliaei, "Design of Continuous-Time Sigma-Delta Modulators with Arbitrary Feedback Waveform," *IEEE Trans. on Circuits and Systems – II: Analog and Digital Signal Processing*, vol. 50, pp. 437–444, August 2003.

[22] O. Oliaei, "Sigma-Delta Modulator with Spectrally Shaped Feedback," *IEEE Trans. on Circuits and Systems II: Analog and Digital Signal Processing*, vol. 50, pp. 518–530, September 2003.

[23] L. Hernández, A. Wiesbauer, S. Patón, and A. DiGiandomenico, "Modelling and Optimization of Low Pass Continuous-Time Sigma-Delta Modulators for Clock Jitter Noise Reduction," *Proc. of the IEEE Intl. Symp. on Circuits and Systems*, pp. 1072–1075, 2004.

[24] L. Hernández, P. Rombouts, E. Prefasi, S. Patón, and C. L. M. García, "A Jitter Insensitive Continuous-Time ΣΔ Modulator Using Transmission Lines," *Proc. of the IEEE Intl. Conf. on Electronics, Circuits and Systems*, pp. 109–112, 2004.

[25] R. H. van Veldhoven and A. H. M. van Roermund, *Robust Sigma Delta Converters*. Springer, 2011.

[26] P. G. R. Silva and J. H. Huijsing, *High Resolution IF-to-Baseband ΣΔ ADC for Car Radios*. Springer, 2008.

[27] J. Cherry and W. Snelgrove, "Excess Loop Delay in Continuous-Time Delta–Sigma Modulators," *IEEE Trans. on Circuits and Systems – II: Analog and Digital Signal Processing*, vol. 46, pp. 376–389, April 1999.

[28] J. F. Jensen, G. Raghavan, A. E. Cosand, and R. H. Walden, "A 3.2-GHz Second-Order Delta-Sigma Modulator Implemented in InP HBT Technology," *IEEE J. of Solid-State Circuits*, vol. 30, pp. 1119–1127, October 1995.

[29] J. van Engelen, R. J. van de Plassche, E. Stikvoort, and A. G. Venes, "A Sixth-Order Continuous-Time Bandpass Sigma-Delta Modulator for Digital IF Radio," *IEEE J. of Solid-State Circuits*, vol. 34, pp. 1753–1764, December 1999.

[30] S. Yan and E. Sánchez-Sinencio, "A Continuous-Time ΣΔ Modulator With 88-dB Dynamic Range and 1.1-MHz Signal Bandwidth," *IEEE J. of Solid-State Circuits*, vol. 39, pp. 75–86, January 2004.

[31] P. Benabes, M. Keramat, and R. Kielbasa, "A Methodology for Designing Continuous-Time Sigma-Delta Modulators," *Proc. of the IEEE European Design and Test Conf.*, pp. 46–50, 1997.

[32] P. Fontaine, A. N. Mohieldin, and A. Bellaouar, "A Low-Noise Low-Voltage CT ΔΣ Modulator with Digital Compensation of Excess Loop Delay," *IEEE ISSCC Digest of Technical Papers*, pp. 498–499, 2005.

[33] G. Mitteregger, C. Ebner, S. Mechnig, T. Blon, C. Holuigue, and E. Romani, "A 20-mW 640-MHz CMOS Continuous-Time ΣΔ ADC With 20-MHz Signal Bandwidth, 80-dB Dynamic Range and 12-bit ENOB," *IEEE J. of Solid-State Circuits*, vol. 41, pp. 2641–2649, December 2006.

[34] S. Pavan, N. Krishnapura, R. Pandarinathan, and P. Sankar, "A Power Optimized Continuous-Time ΔΣ ADC for Audio Applications," *IEEE J. of Solid-State Circuits*, vol. 43, pp. 351–360, February 2008.

[35] M. Keller, A. Buhmann, J. Sauerbrey, M. Ortmanns, and Y. Manoli, "A Comparative Study on Excess-Loop-Delay Compensation Techniques for Continuous-Time Sigma–Delta Modulators," *IEEE Trans. on Circuits and Systems – I: Regular Papers*, vol. 55, pp. 3480–3487, December 2008.

[36] F. Gerfers, M. Ortmanns, and Y. Manoli, "A 1.5-V 12-bit Power-Efficient Continuous-Time Third-Order ΣΔ Modulator," *IEEE J. of Solid-State Circuits*, vol. 38, pp. 1343–1352, August 2003.

[37] S. Patón, A. di Giandomenico, L. Hernández, A. Wiesbauer, T. Poetscher, and M. Clara, "A 70-mW 300-MHz CMOS Continuous-Time ΣΔ ADC With 15-MHz Bandwidth and 11 Bits of Resolution," *IEEE J. of Solid-State Circuits*, vol. 39, pp. 1056–1063, July 2004.

[38] L. Breems, R. Rutten, R. van Veldhoven, and G. van der Weide, "A 56 mW Continuous-Time Quadrature Cascaded ΣΔ Modulator With 77 dB DR in a Near Zero-IF 20 MHz Band," *IEEE J. of Solid-State Circuits*, vol. 42, pp. 2696–2705, December 2007.

[39] P. Kiss, J. Silva, A. Wiesbauer, T. Sun, U.-K. Moon, J. T. Stonick, and G. C. Temes, "Adaptive Digital Correction of Analog Errors in MASH ADCs – Part II: Correction Using Test-Signal Injection," *IEEE Trans. on Circuits and Systems – II: Analog and Digital Signal Processing*, vol. 47, pp. 629–638, July 2000.

[40] L. Breems, R. Rutten, and G. Wetzker, "A Cascaded Continuous-Time ΣΔ Modulator with 67-dB Dynamic Range in 10-MHz Bandwidth," *IEEE J. of Solid-State Circuits*, vol. 39, pp. 2152–2160, December 2004.

[41] Y.-S. Shu, J. Kamiishi, K. Tomioka, K. Hamashita, and B.-S. Song, "LMS-Based Noise Leakage Calibration of Cascaded Continuous-Time $\Sigma\Delta$ Modulators," *IEEE J. of Solid-State Circuits*, vol. 45, pp. 368–379, February 2010.

[42] M. Ortmanns, F. Gerfers, and Y. Manoli, "Compensation of Finite Gain-Bandwidth Induced Errors in Continuous-Time Sigma–Delta Modulators," *IEEE Trans. on Circuits and Systems – I: Regular Papers*, vol. 51, pp. 1088–1099, June 2004.

[43] L. Breems and J. H. Huijsing, *Continuous-Time Sigma-Delta Modulation for A/D Conversion in Radio Receivers*. Kluwer Academic Publishers, 2001.

[44] J. Cherry and W. Snelgrove, *Continuous-Time Delta-Sigma Modulators for High-Speed A/D Conversion*. Kluwer Academic Publishers, 1999.

第 4 章 »»

连续时间 Sigma-Delta 调制器中的电路误差和补偿技术

在第 3 章对开关电容 Sigma-Delta 调制器的非理想因素进行分析之后,本章将重点研究主电路和系统对连续时间 Sigma-Delta 调制器工作状态的影响。首先研究由连续时间 Sigma-Delta 调制器子模块,特别是积分器和谐振器引起的非理想性能,包括有限直流增益、时间常数变化、瞬态响应、非线性谐波失真和电路噪声。然后介绍了连续时间 Sigma-Delta 调制器中所谓的结构时序误差的主要来源,即时钟抖动、过量环路延迟和量化器亚稳态。

4.1 连续时间 Sigma-Delta 调制器的非线性概述

如 2.6 节所述,连续时间 Sigma-Delta 调制器的工作频率要比开关电容结构快。因此当需要电路在更高频率工作时,工程师会采用更为宽松的设计(即放宽在功耗方面的要求)。此外,连续时间 Sigma-Delta 调制器不会受 kT/C 噪声的影响。然而,因为开关电容结构的大多数电路参数由电容器比率来定义,开关电容结构本质上具有较小的参数变化,而连续时间 Sigma-Delta 调制器的电路参数由绝对参数值定义。

连续时间 Sigma-Delta 调制器中的电路误差可以划分为两大类,如图 4.1 所示。

1)模块误差。模块误差是调制器环路滤波器产生的非理想效应,类似于开关电容结构中的情况,包括有限放大器增益(在有源 RC 结构中出现)、时间常数误差、电路噪声、非线性等。

2)结构时序误差。结构时序误差包括时钟抖动、过量环路延迟和量化器亚稳态。

模块误差对连续时间 Sigma-Delta 调制器性能的影响与对开关电容结构的影响相似。因此,模块误差也可以根据其降低调制器性能的方式进行分类,如导致噪声传输函数发生偏差或者在调制器输入端附加噪声分量。分析模块误差影响的流程与第 3 章中的步骤类似。所以,式(3.1)可以转换为适用于连续时间 Sigma-Delta 调制器的形式,即

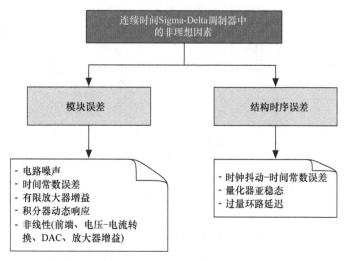

图 4.1　影响连续时间 Sigma-Delta 调制器性能的主要非理想因素

$$\mathrm{ITF}(s) \to \mathrm{ITF}_{\varepsilon}(s) \to \mathrm{NTF}_{\varepsilon}(z) \to \mathrm{IBN}(\varepsilon) \qquad (4.1)$$

下面基于式（4.1）讨论连续时间 Sigma-Delta 调制器的主要非理想效应，并把讨论重点放在最主要的设计问题上。因为连续时间积分器和谐振器是连续时间 Sigma-Delta 调制器环路滤波器的主要组成模块，首先来回顾一下它们的基本概念。

4.2　连续时间积分器和谐振器

连续时间积分器是低通连续时间 Sigma-Delta 调制器环路滤波器的基本组成模块，它可以用于设计谐振器，实现带通 Sigma-Delta 调制器环路滤波器。连续时间积分器有三种主要的拓扑结构，如图 4.2 所示。所有这些拓扑结构都具有同样理想的传输函数，即

$$\mathrm{ITF}_i(s) = \frac{1}{s\tau} \qquad (4.2)$$

式中，τ 为积分器时间常数，它是连续时间积分器中电阻和电容值的乘积。

实际中，连续时间积分器的操作涉及许多设计折中，这部分内容将在本书后续的章节中进行讨论。因此，有源 RC 电路具有更好的线性度和更大的输出摆幅，而 Gm-C 积分器作为一种先验的拓扑结构，具有更高的工作频率，并且易于调谐，因此更适合可重构应用。

如图 4.3 所示，通过将 Gm-C 积分器连接在一个回路中，可以很容易地构建一个谐振器。如第 2 章所述，这些电路都是组成带通连续时间 Sigma-Delta 调制器的基本模块。分析图 4.3a 中的电路可知，谐振频率反过来对应于陷波频率，f_n 可以表示为

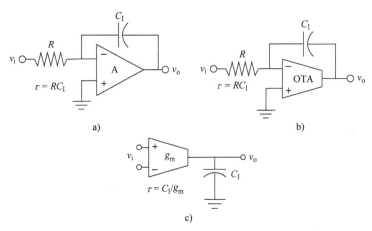

图 4.2 连续时间积分器的拓扑结构

a）有源 RC b）OTA-RC c）Gm-C

$$f_n = \frac{1}{2\pi} \sqrt{\frac{g_{m2}g_{mR}}{C_1 C_2}} \qquad (4.3)$$

可见，f_n 可以通过调整反馈跨导进行调节[1]。谐振器也可以使用具有一个运放的有源 RC 电路实现，如图 4.3b 所示。该电路采用无源网络实现正反馈，从而获得更高的品质因数[2]。

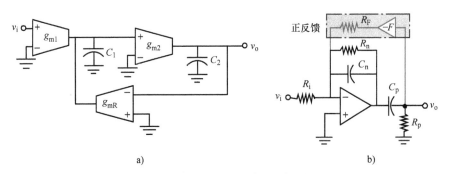

图 4.3 连续时间谐振器的电路示例

a）采用 Gm-C 积分器结构 b）采用单运放的有源 RC 积分器结构

Gm-C 电路的主要局限是由于其具有较强的非线性，这与电压／电流转换有关。可以使用诸如源退化[3]等电路线性化策略削弱 Gm-C 电路的非线性效应，但这些线性化策略通常会增大电路的功耗。或者，可以将环路滤波器前端的连续时间积分器替换为有源 RC 积分器、环路中其余的积分器采用 Gm-C 积分器进行实现。这样，在有源 RC 积分器中实现的虚接地就可以最大程度地削弱 Gm-C 电路的非线性效应。

部分因为虚拟地的存在，有源 RC 积分器一般比 Gm-C 积分器更稳定。这些电路通常是解决线性度、速度、功耗和热噪声之间折中的最佳设计选择。此外，使用辅助运算放大器[4]或多级前馈补偿运算放大器[5]等电路技术，通常可以获得更高效的节能解决方案。由于这个原因，虽然本书也将分析 Gm-C 结构电路以展示一些非理想现象，但主要集中讨论有源 RC 结构的电路实现。

4.3　连续时间 Sigma-Delta 调制器中的有限放大器增益

与 3.2 节讨论的对开关电容 Sigma-Delta 调制器的影响类似，有限放大器直流增益也以同样的方式作用于连续时间 Sigma-Delta 调制器。一个理想的有源 RC 积分器，其第 i 个输入路径到输出的传输函数为

$$\mathrm{ITF}_i(s) = \frac{-1}{sR_iC_\mathrm{I}} = \frac{-k_if_\mathrm{s}}{s} \tag{4.4}$$

如果在连续时间积分器中考虑了有限放大器增益 A_v，如图 4.4 所示，则第 i 个输入路径到输出的传输函数为[6]

$$\mathrm{ITF}_{i,A_\mathrm{v}}(s) = \frac{-k_if_\mathrm{s}}{s(1+\dfrac{1}{A_\mathrm{v}})+\dfrac{1}{A_\mathrm{v}}\sum_{i=1}^{N_i}k_if_\mathrm{s}} \approx \frac{-k_if_\mathrm{s}}{s+\dfrac{1}{A_\mathrm{v}}\sum_{i=1}^{N_i}k_if_\mathrm{s}} \tag{4.5}$$

式（4.5）作为一个单极点传输函数，其直流增益为 $A_\mathrm{v}k_i/\sum_{i=1}^{N_i}k_i$，极点为 $f_\mathrm{s}\sum_{i=1}^{N_i}k_i/A_\mathrm{v}$，且极点位置离开了理想的直流点。

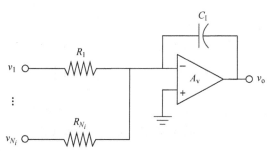

图 4.4　具有 N_i 条输入路径和有限放大器增益的有源 RC 积分器

对于具有多个输入分支的 Gm-C 积分器，如图 4.5 所示，可以导出类似的表达式，即

$$\mathrm{ITF}_{i,A_{(\mathrm{v},g)}}(s) = \frac{k_{i,g}f_\mathrm{s}}{s+\dfrac{1}{A_{(\mathrm{v},g)}}k_{i,g}f_\mathrm{s}} \tag{4.6}$$

式中，$k_{i,g} \equiv g_{\mathrm{m}i}/C_\mathrm{I}$，$A_{(\mathrm{v},g)} \equiv g_{\mathrm{m}i}R_{\mathrm{out}}$。其中 $R_{\mathrm{out}} = 1/(\sum_{i=1}^{N_i}g_{\mathrm{out},i})$ 为跨导器的输出电阻，其中 $g_{\mathrm{out},i}$ 为第 i 条支路的输出电导。

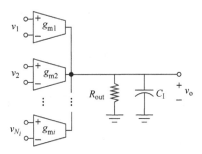

图 4.5　具有 N_i 条输入路径和有限放大器增益的 Gm-C 积分器

在不失通用性的情况下，考虑有源 RC 积分器。假设在连续时间 Sigma-Delta 调制器中，对于所有的积分器有 $\sum_{i=1}^{N_i} k_i \sim 1$。利用与 3.2 节中离散时间 Sigma-Delta 调制器相同的推导过程，可得有限放大器增益衰减后的噪声传输函数 NTF。与图 2.45 类似，可得二阶连续时间 Sigma-Delta 调制器的带内噪声为

$$\text{IBN}_2(A_v) \approx \frac{\Delta^2}{12} \frac{1}{(k_q k_{1,\text{NRZ}})^2} \left(\frac{2\pi^2}{3A_v^2 \text{OSR}^3} + \frac{\pi^4}{5\text{OSR}^5} \right) \tag{4.7}$$

参考式（2.63）$^{\ominus}$，当考虑离散时间 - 连续时间等效变换时，有 $k_{1,\text{NRZ}} = a_1 a_2$。式（4.7）与离散时间域的式（3.8）相一致。

同样地，在具有泄漏的积分器影响下，具有分布反馈的连续时间 Sigma-Delta 调制器的带内噪声为

$$\text{IBN}_L(A_v) \approx \frac{\Delta^2}{12} \frac{1}{(k_q k_{1,\text{NRZ}})^2} \left[\frac{L\pi^{2(L-1)}}{(2L-1)A_v^2 \text{OSR}^{(2L-1)}} + \frac{\pi^{2L}}{(2L+1)\text{OSR}^{2L+1}} \right] \tag{4.8}$$

在离散时间 - 连续时间等效变换时，如果 $k_{1,\text{NRZ}} = \prod_{i=1}^{L} a_i$，那么式（4.8）就与式（3.10）相一致。

有限放大器增益对级联连续时间 Sigma-Delta 调制器的影响类似于对开关电容结构的影响。例如，对于 2-1-1 级联连续时间 Sigma-Delta 调制器，在 A_v 影响下的带内噪声为

$$\text{IBN}_{211}(A_v) \approx \frac{\Delta_1^2}{12} \frac{1}{(k_q k_{1,\text{NRZ}})^2} \frac{4\pi^2}{3A_v^2 \text{OSR}^3} + \frac{\Delta_2^2}{12} \frac{1}{c_1^2} \frac{\pi^4}{5A_v^2 \text{OSR}^5} +$$
$$\frac{\Delta_3^2}{12} \frac{1}{(c_1 c_2)^2} \left(\frac{\pi^6}{7A_v^2 \text{OSR}^7} + \frac{\pi^8}{9\text{OSR}^9} \right) \tag{4.9}$$

式（4.9）也与离散时间 Sigma-Delta 调制器中的式（3.11）相一致。

图 4.6 所示为不同 OSR 值时，A_v 对单环连续时间 Sigma-Delta 调制器 SNR 的

$\ominus$　参考文献 [6] 中给出并在第 2 章（见图 2.45）中采用的关于分布反馈系数 k_i 的表示法，有助于等效表达在离散时间和连续时间域中环路滤波器非理想性的影响。

影响。需要注意的是，3.2 节中关于有限放大器增益对单环或级联拓扑结构开关电容 Sigma-Delta 调制器性能影响的结论，也直接适用于连续时间 Sigma-Delta 调制器[6]。

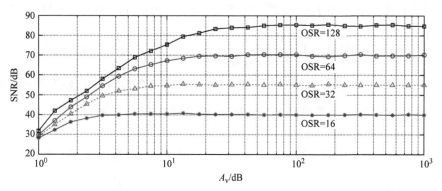

图 4.6　二阶 1 位量化连续时间 Sigma-Delta 调制器中，A_v 对 SNR 的影响

4.4　连续时间 Sigma-Delta 调制器中的时间常数误差

如 3.3 节所述，由于工艺参数的变化，积分器增益系数与其标称值的偏差会以不同方式影响 Sigma-Delta 调制器的性能，具体情况取决于调制器的结构。单环拓扑结构性能稳定，鲁棒性强，可以抵消积分器增益的变化，而级联结构则容易受到低阶量化噪声泄漏的影响。然而，非理想因素在开关电容 Sigma-Delta 调制器中的影响并不严重，这是因为在开关电容结构中积分器增益通过电容的比值实现，而且在现代 CMOS 工艺中，通常都会使用匹配度优于 0.1% 的器件。

相反，连续时间 Sigma-Delta 调制器中的积分器增益映射到 $1/(RC)$ 或 g_m/C 值上。所以，积分器增益会涉及器件的绝对值。在现代 CMOS 工艺中，随着工艺和温度的变化，器件通常会产生 10%~20% 的公差。因此积分器增益的变化可能高达 30% 以上。尽管非理想因素本质上与开关电容 Sigma-Delta 调制器相同，即都表现为积分器增益误差，但连续时间 Sigma-Delta 调制器受到的影响明显要大得多。

将连续时间 Sigma-Delta 调制器积分器增益的公差用 ε_τ 表示。考虑公差的连续时间积分器的传输函数偏离理想值，可表示为

$$\mathrm{ITF}_{i,\varepsilon_\tau}(s) = \frac{1}{s\tau(1+\varepsilon_\tau)} \tag{4.10}$$

所以，如果在有源 RC 积分器的时间常数中考虑了公差 ε_{RC}，则第 i 个输入路径到输出的传输函数修正为

$$\mathrm{ITF}_{i,\varepsilon_{RC}}(s) = \frac{1}{sR_iC_I(1+\varepsilon_{RC})} = \frac{k_i}{(1+\varepsilon_{RC})}\frac{f_s}{s} \tag{4.11}$$

假设调制器为线性模型，式（4.11）可用于重新计算在积分器增益误差这种非理想因素影响下的特定的连续时间 Sigma-Delta 调制器结构的噪声传输函数和带内噪声。

对于具有分布反馈的 L 阶连续时间 Sigma-Delta 调制器，带内噪声可以估算为

$$\text{IBN}_L(\varepsilon_{\text{RC}}) \approx \frac{\Delta^2}{12} \frac{1}{(k_q k_{1,\text{NRZ}})^2} \frac{\pi^{2L}}{(2L+1)\text{OSR}^{(2L+1)}} \prod_{i=1}^{L}(1+\varepsilon_{\text{RC}i})^2 \qquad (4.12)$$

式中，$\varepsilon_{\text{RC}i}$ 为第 i 个积分器的时间常数误差。考虑到离散时间 - 连续时间变换中 $k_{1,\text{NRZ}} = \prod_{i=1}^{L}a_i$，对于开关电容 Sigma-Delta 调制器中积分器增益误差的影响，式（4.12）与式（3.14）相一致。

对于 2-1-1 连续时间级联结构，受到时间常数误差的影响，带内噪声可表示为

$$\text{IBN}_{211}(\varepsilon_{\text{RC}}) \approx \frac{\Delta_1^2}{12} \frac{1}{(k_q k_{1,\text{NRZ}})^2} \frac{\pi^4}{5\text{OSR}^5}(\varepsilon_{\text{RC}1} + \varepsilon_{\text{RC}2})^2 + \frac{\Delta_2^2}{12} \frac{1}{c_1^2} \frac{\pi^6}{7\text{OSR}^7}\varepsilon_{\text{RC}3}^2 +$$

$$\frac{\Delta_3^2}{12} \frac{1}{(c_1 c_2)^2} \frac{\pi^8}{9\text{OSR}^9}(1+\varepsilon_{\text{RC}4})^2 \qquad (4.13)$$

对于等效的开关电容 Sigma-Delta 调制器，式（4.13）与式（3.16）相一致[6]。

图 4.7 所示为时间常数误差对单环和级联连续时间 Sigma-Delta 调制器性能影响的仿真结果，并与式（4.12）和式（4.13）中的近似表达式进行了比较⊖。从仿真结果可以看出，单环调制器受时间常数误差的影响有以下两种不同的方式：

1）对于正公差（$\varepsilon_{\text{RC}} > 0$），式（4.11）中积分器增益系数 k_i 减小，或类似地，等效于离散时间 Sigma-Delta 调制器中的系数 a_i。这种方式只会导致不充分的噪声整形，从而导致带内噪声增加。

2）对于负公差（$\varepsilon_{\text{RC}} < 0$），积分器增益系数 k_i 增加，从而导致过度的噪声整形。所以，在带内噪声短暂下降后，负时间常数误差会降低调制器过载水平并危及其稳定性，如图 4.7b 中的三阶环路所示。

从图 4.7c 可以看出，连续时间 Sigma-Delta 调制器对器件公差更为敏感。当时间常数误差为 20%、OSR=32 时，2-1-1 级联结构的带内噪声功率增加了近 30dB。

由此可得以下结论：高阶单环连续时间 Sigma-Delta 调制器的设计实际上更多地受到其不稳定性的限制（对于 $\varepsilon_{\text{RC}} < 0$），而不是带内噪声下降的影响（对于 $\varepsilon_{\text{RC}} > 0$）。所以，如果没有针对积分器增益误差的影响采取对策，则必须使用调制器性能方面次优的一组比例系数来实现更弱的噪声整形，从而可以保证调制器在所有可能的 ε_{RC}

⊖ 为了在较大增益误差下实现分析结果与仿真结果的精确匹配，必须将式（2.10）中 1 位量化 Sigma-Delta 调制器的有效量化器增益修定为[6]

$$k_q = \begin{cases} (1+\varepsilon_1)/a_1 & \text{一阶 1 位 Sigma-Delta 调制器} \\ 2(1+\varepsilon_L)/a_L & L\text{阶 1 位 Sigma-Delta 调制器} \end{cases} \qquad (4.14)$$

式中，ε_L 为上一级积分器的增益误差。

变化中保持稳定性 [7, 8]。或者，通过使用可编程电容阵列 [9] 或电阻阵列 [10] 调整无源器件的绝对值，从而减少连续时间 Sigma-Delta 调制器中的时间常数误差⊖。

与调谐模拟滤波器相比，级联结构还提供了数字校正误差抵消逻辑的可能性，以降低泄漏到调制器输出的低阶整形量化噪声 [11]。目前，数字校正技术已成功应用于降低连续时间 Sigma-Delta 调制器中时间常数误差的影响 [12, 13]。

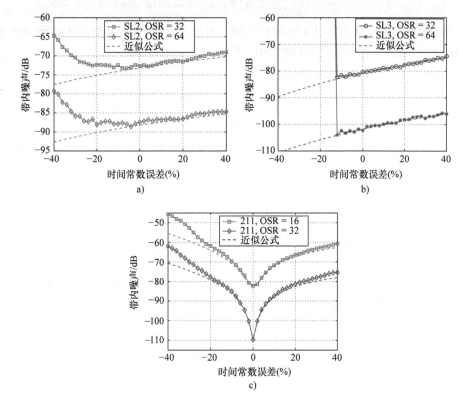

图 4.7　受时间常数误差影响的连续时间 Sigma-Delta 调制器带内噪声的仿真结果
a）二阶单环结构　b）三阶单环结构　c）2-1-1 级联结构

图 4.7 为输入 P_{in} = −20dBFS、f_{in} = B_w/3 非归零矩形反馈时的仿真结果。由式（4.12）和式（4.13）可得到图 4.7 中的近似结果。

4.5　连续时间 Sigma-Delta 调制器中的有限积分器动态性能

当连续时间 Sigma-Delta 调制器环路滤波器电路工作在连续时间域时，其瞬态响应并不是严格限制在一个有限的时隙内（通常为时钟信号周期的一半），这种情况

⊖　Gm-C 滤波器中的跨导调谐和 MOSFET-C 中的 MOSFET 调谐广泛应用于连续时间模拟滤波器设计中。然而，这些技术在连续时间 Sigma-Delta 调制器中并不常见，原因是与有源器件相关的非线性大大限制了调制器的性能 [9]。

和开关电容 Sigma-Delta 调制器类似。所以，一般来说，有限积分器的动态性能并不严，但必须加以考虑，以避免积分器瞬态响应的高频极点降低调制器的性能。特别是在数字化高频信号的应用中，必须考虑各种各样的设计折中，包括稳定性、速度和功耗等。

4.5.1 有限增益带宽积对连续时间 Sigma-Delta 调制器的影响 ★★★◀

用单极点模型代替图 4.4 中的放大器，可以很容易地将有限放大器增益带宽（GB）的影响纳入到连续时间调制器中，即

$$A(s) = \frac{A_v}{1 + \dfrac{s}{\omega_A}}, \quad GB = A_v \omega_A \tag{4.15}$$

式中，ω_A 为积分器内部放大器的主极点。积分器第 i 条输入路径到输出的传输函数修正为[6]

$$\mathrm{ITF}_{i,\mathrm{GB}}(s) \approx \frac{k_i f_s}{s} \frac{\dfrac{\mathrm{GB}}{\mathrm{GB} + \sum_{i=1}^{N_i} |k_i f_s|}}{1 + \dfrac{s}{\mathrm{GB} + \sum_{i=1}^{N_i} |k_i f_s|}} \tag{4.16}$$

其中，有限放大器增益带宽和第二极点引起积分器增益误差增加。为了清楚起见，修正后的传输函数可以改写为

$$\mathrm{ITF}_{i,\mathrm{GB}}(s) \approx \frac{k_i}{(1 + \varepsilon_{\mathrm{GB}})} \frac{f_s}{s} \frac{1}{1 + \dfrac{s}{\omega_p}}, \quad 其中 \begin{cases} \varepsilon_{\mathrm{GB}} = \sum_{i=1}^{N_i} \omega_{Ii} / \mathrm{GB} \\ \omega_p = \mathrm{GB} + \sum_{i=1}^{N_i} \omega_{Ii} \end{cases} \tag{4.17}$$

式中，$\omega_{Ii} = |k_i f_s|$。

对于式（4.17），常常忽略积分器第二极点的影响，进而推导出有限放大器增益带宽对连续时间 Sigma-Delta 调制器影响的解析表达式。有限放大器增益带宽引起的带内噪声的表达式可以从由时间常数变化引起的增益误差的相应表达式——式（4.12）和式（4.13）近似得到，只需将 $\varepsilon_{\mathrm{RC}}$ 替换为式（4.17）中的 $\varepsilon_{\mathrm{GB}}$ 即可。4.4 节中关于单环和级联结构不同灵敏度以及可能的数字校正技术的分析，也适用于本节讨论。

在放大器增益带宽不是很小（$\mathrm{GB} \geqslant f_s$）的情况下，上述近似得到的结果与非归零连续时间 Sigma-Delta 调制器的仿真结果一致。然而，在设计中为了优化功耗和速度，必须考虑高频极点的影响，尤其是在千兆赫兹范围的应用中，这一点将会变得更加重要。尽管数学分析将因此变得更加复杂，而且并不总能得到精确的设计公式。

此时解决这个问题就需要使用本书之后介绍的仿真技术。

Ortmanns 等人对高频极点的影响进行了直观分析[14]，他们将增益带宽对连续时间 Sigma-Delta 调制器的影响建模为两种不同的非理想误差，即积分器增益误差和附加环路延迟⊖。如图 4.8 所示。

图 4.8 所示为单环二阶连续时间 Sigma-Delta 调制器的增益带宽模型，其中附加环路延迟 τ_i 计算公式为

$$\tau_1 = \frac{1 - e^{-\omega_{p,2}/f_s}}{\omega_{p,2}}, \quad \tau_2 = \frac{\left(1 - e^{-\omega_{p,2}/f_s}\right)\omega_{p,1}^2 - \omega_{p,2}^2\left(1 - e^{-\omega_{p,1}/f_s}\right)}{\omega_{p,1}\omega_{p,2}\left(\omega_{p,1} - \omega_{p,2}\right)} \quad (4.18)$$

式中，$\omega_{p,i}$ 为第 i 个积分器的第二极点[14]。该模型的一个优点是，它允许使用与补偿过量环路延迟相同的技术来减少有限增益带宽的影响。

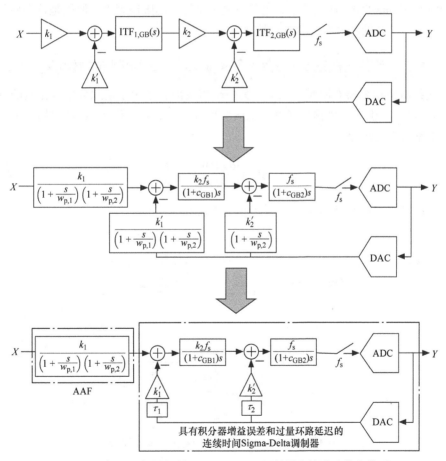

图 4.8 单环二阶连续时间 Sigma-Delta 调制器中的增益带宽模型

⊖ 这些附加环路延迟可以反过来建模为过量环路延迟，并按照 4.9 节的分析方法进行补偿。

然而，有限放大器增益带宽是 Sigma-Delta 调制器动态特性中常见的非理想因素，因此可以通过改变反馈脉冲的波形和动态行为，改变其对调制器性能的影响[6]。相反，很少有公开的研究成果将式（4.15）中的基本单极点模型进行拓展，或将其应用于不同的反馈脉冲形式[14]。对有限放大器压摆率对连续时间 Sigma-Delta 调制器性能影响的研究成果更是少之又少，因此大多数设计都依赖于仿真结果进行观察。究其原因，一般来说，相比于开关电容结构，连续时间 Sigma-Delta 调制器可以采用更小的有限放大器增益带宽和压摆率（见 3.4.2 节和 3.4.3 节），主要是因为连续时间 Sigma-Delta 调制器没有高电流峰值的影响，而开关电容结构受高电流峰值的影响。事实上，最先进的连续时间 Sigma-Delta 调制器的时钟频率在千兆赫兹范围内，这时就需要使用节能型运算放大器拓扑结构，如多级前馈补偿运算放大器等。在这种情况下，设置主极点变得更加困难，并且通常积分器需要较长的建立时间。然而，在连续时间 Sigma-Delta 调制器中，这并不是一个特别的限制因素，原因是整个积分器输出波形由其余的环路滤波器进行处理。

4.5.2　有限压摆率对连续时间 Sigma-Delta 调制器的影响 ★★★

　　连续时间积分器有限瞬态响应的另一个组成部分是用于给积分电容充电的有限（输出）电流产生的最大输出速率。从概念理解，如图 4.9 所示。设计时用于估算最大压摆率的表达式为

$$\text{SR} \equiv \left| \frac{\mathrm{d}v_{\mathrm{o}}(t)}{\mathrm{d}t} \right|_{\max} = \frac{I_{\mathrm{o}}}{C_{\mathrm{eq}}} \qquad (4.19)$$

式中，I_{o} 和 C_{eq} 分别为积分器输出端的最大电流和等效电容。

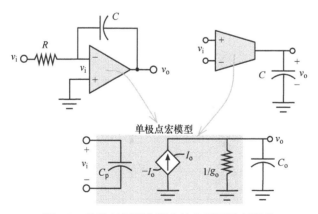

图 4.9　连续时间积分器中的有限压摆率模型

　　与有限增益带宽的情况类似，即使采用 1 位量化结构，压摆率对连续时间 Sigma-Delta 调制器的影响也要小于对离散时间 Sigma-Delta 调制器的影响。事实上，多位量化降低了积分器输入／输出摆幅，从而降低了压摆率的影响。然而，由于压摆率

强烈依赖于连续时间 Sigma-Delta 调制器动态性能中涉及的各种信号的精确波形，因此，压摆率的分析在数学上变得过于复杂。设计时通常依赖仿真来获得所需的压摆率参数。

压摆率对二阶 Gm-C 1 位量化连续时间 Sigma-Delta 调制器的影响如图 4.10 所示。由图可见，除了增加带内本底噪声外，由于压摆率引入的强非线性，调制器的输出频谱中也会出现谐波失真。在连续时间 Sigma-Delta 调制器中，还有其他引起谐波失真的非线性源，这部分内容将在 4.6 节进行讨论。

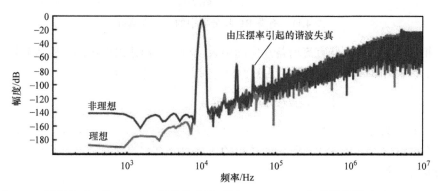

图 4.10　压摆率对二阶 Gm-C 1 位量化连续时间 Sigma-Delta 调制器的影响（f_s = 20MHz，SR = 45V/μs）

4.6　连续时间 Sigma-Delta 调制器中的失真源

除了压摆率的影响，连续时间 Sigma-Delta 调制器的线性度最终受到输入级的线性度和反馈 DAC 产生的信号相关误差的限制。下面简要讨论这两种失真源。

4.6.1　前端积分器中的非线性 ★★★◀

如 3.7 节所述，Sigma-Delta 调制器的线性度最终受到与前端积分器相关联的非线性的限制。所以，对于中等、高分辨率连续时间 Sigma-Delta 调制器，因为实际中使用电阻比使用有源器件可以获得更线性的电压 - 电流转换，所以通常在调制器前端采用有源 RC 积分器，而不是 Gm-C 积分器[6, 15, 16]。

与图 3.19 中的开关电容结构类似，图 4.11 所示为有源 RC 积分器中的主要失真源。这些误差是 CMOS 集成器件（晶体管、电阻和电容）非线性特性的直接结果。然而，由于现代纳米工艺中无源器件具有高线性度，放大模块——有源 RC 积分器中的放大器和 Gm-C 积分器中的跨导器通常起着主导作用。此外，有限直流增益也加剧了放大器差分输入对的非线性。

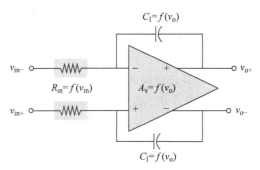

$$C_1 = f(v_o)$$

$$v_{in-} \quad R_{in} = f(v_{in}) \qquad A_v = f(v_o) \qquad v_{o+}$$

$$v_{in+} \qquad\qquad\qquad v_{o-}$$

$$C_1 = f(v_o)$$

图 4.11　有源 RC 积分器中的主要失真源

相比之下，放大器直流增益在实际中表现出对共模输出电压的高度依赖性，这是由于其输出阻抗降低引起的（见图 3.20），其数学表达式为

$$A_v(v_o) = f(v_o) \simeq A_{v_{nom}}(1 + A_{v1}v_o + A_{v2}v_o^2 + A_{v3}v_o^3 + \cdots) \tag{4.20}$$

式中，$A_{v_{nom}}$ 为标称直流增益；A_{vi} 为第 i 个非线性系数。Breems 和 Huijsing[15] 已经证明在有限增益影响下输入差分对中较小的残余差分电压的调制机理，并且推导了三阶谐波失真为

$$HD_3 \approx \frac{1}{64 g_m R_{in}^3 I_B^2}(1 + \frac{R_{in}}{R_{DAC}})A_{in}^2 \tag{4.21}$$

式中，R_{in} 为输入电阻；R_{DAC} 为反馈电阻；g_m 为跨导；I_B 为放大器输入晶体管的偏置电流。

由式（4.21）可知，只要热噪声的限制允许，调制器的线性度可以通过增加 R_{in} 来得到显著改善。虽然效率较低，但较大的放大器输入跨导有利于提高线性度，同时有助于降低热噪声，如 4.7 节所述。

对于 Gm-C 积分器，非线性的主要来源与非线性跨导进行的电压 - 电流（V/I）转换有关，由文献 [15] 可得

$$g_m(v_i) = f(v_i) \simeq g_{m_{nom}}v_i + g_{m2}v_i^2 + g_{m3}v_i^3 + \cdots \tag{4.22}$$

式中，$g_{m_{nom}}$ 为标称跨导；g_{mi} 为第 i 个非线性系数。在全差分电路实现中，可以看出，由于非线性 V/I 转换，连续时间 Sigma-Delta 调制器输出级的 3 次谐波失真可表示为

$$HD_3 \approx \frac{g_{m3}}{g_{m1}}A_{in}^2 \tag{4.23}$$

式（4.23）可用于近似预测谐波失真，尽管很难以设计目标所需的精度进行建模，但谐波失真仍然是连续时间 Sigma-Delta 调制器线性度的最终限制因素。为了更准确地量化连续时间 Sigma-Delta 调制器中非线性误差的影响，许多设计者依然依赖于仿真进行分析。为了解决这个问题，Sankar 和 Pavan 提出了连续时间积分器非线

性的直观分析模型[17]。图 4.12 所示为 Gm-C 和有源 RC 积分器的模型。

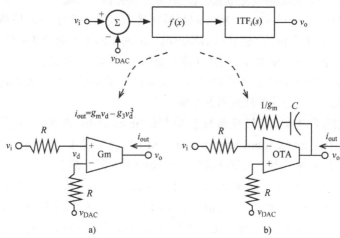

图 4.12　连续时间积分器中的非线性行为级模型[17]
a) Gm-C 积分器　b) 有源 RC 积分器

从本质上讲，图 4.12 中的模型将连续时间积分器的理想传输函数替换为

$$ITF(s)_{NL} = f(x)ITF_i(s) \tag{4.24}$$

其中 $f(x)$ 为非线性函数，表示为

$$f(x) = \begin{cases} x - \dfrac{g_3}{4g_m}x^3 & \text{Gm-C} \\ x - \left[\dfrac{2g_3}{g_m}(2+g_m R^3)\right]x^3 & \text{有源RC} \end{cases} \tag{4.25}$$

文献 [17] 利用该模型证明了非线性连续时间积分器不仅会引起谐波失真，而且还会增加带内噪声。图 4.13 所示为非线性对五阶前馈求和单环连续时间积分器的影响，图中考虑了 1 和多位量化两种情况。需要注意的是，在后一种情况下，本底噪声与非线性积分器引起的三阶谐波失真会一起增加。

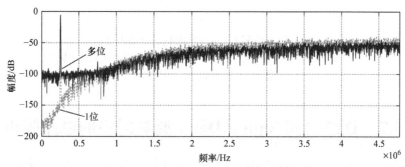

图 4.13　非线性对五阶前馈求和单环 1 位和多位量化连续时间 Sigma-Delta 调制器的影响（采用 5 位量化 10^{-3} 三阶非线性系数）

4.6.2 反馈数／模转换器中的码间干扰 ★★★

在实际的连续时间 Sigma-Delta 调制器实现中，除了由于过量环路延迟（将在 4.9 节中讨论）和由多位数／模转换器输出电压之间不匹配引起的非线性（2.4 节中讨论）产生的时序误差，反馈数／模转换器还受限于压摆率，并具有不同的上升和下降时间。这些非理想性会产生额外的误差。除非这些误差足够小，否则将直接添加至调制器的输入，并且会降低调制器的性能。

对于采用非归零数／模转换器的连续时间 Sigma-Delta 调制器，这些非理想性还会引入码间干扰（intersymbol interference，ISI）[18]，如图 4.14a 所示。对数／模转换器压摆率的任何限制或其上升和下降时间之间的不匹配，都会使得一个"1"符号的面积不同于两个连续"1"符号面积的一半。因此，反馈电荷中产生的误差取决于调制器的输出序列，从而产生一个与信号相关的失真，最终限制调制器的性能。

防止码间干扰最常见的方法是利用归零反馈脉冲。尽管数／模转换器响应的上升和下降时间不同，但误差在每个时钟周期内保持不变，并且与输出序列无关，如图 4.14b 所示，从而可以通过调整调制器比例系数来补偿产生的误差[6]。这与 4.9 节将讨论的过量环路延迟补偿方法类似。

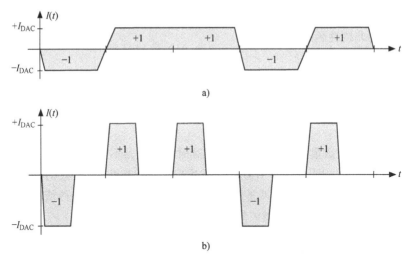

图 4.14　数／模转换器压摆率限制对反馈电荷的影响
a）非归零数／模转换器，产生与信号相关的电荷误差（码间干扰）
b）归零数／模转换器，产生恒定电荷误差

4.7　连续时间 Sigma-Delta 调制器中的电路噪声

如 3.5 节所述，由于与调制器输入信号一起采样的宽带噪声分量的混叠，电路噪声对连续时间 Sigma-Delta 调制器的带内噪声有很大影响。相反，在连续时间 Sigma-

Delta 调制器中没有采用采样电容，因此不存在 kT/C 噪声，这是连续时间 Sigma-Delta 调制器的一个明显优势。宽带噪声分量在到达采样器之前完成滤波。所以，可以通过调制器噪声整形来衰减混叠效应[6]。

4.7.1 考虑非归零反馈数/模转换器时的噪声分析 ★★★◀

下面分析将图 4.15 中的有源 RC 积分器作为连续时间 Sigma-Delta 调制器前端积分器的情况⊖。图中有两条输入支路：一条支路用于调制器的输入信号（v_{in}）；另一条支路用于数/模转换器的反馈信号（v_{fb}）。电阻热噪声和放大器噪声已包含在图 4.15 的方案中⊜。另一方面，每一个电阻串联一个噪声电压源，其单边噪声功率谱密度可以表示为

$$S_{R_i} = 4kTR_i \tag{4.26}$$

式中，k 为玻耳兹曼常数；T 为热力学温度。另一方面，电压源 v_{amp} 表示放大器输入噪声（见图 3.16）。该噪声基本上由宽带热噪声分量和窄带 $1/f$ 噪声分量决定⊜，因此 $S_{amp}(f)$ 可由式（3.37）给出。

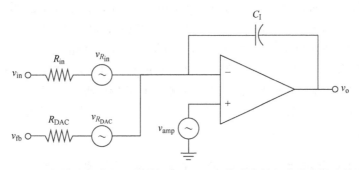

图 4.15 具有两条输入支路的连续时间有源 RC 积分器中的电路噪声源（单端电路）

将连续时间积分器中前端的电路噪声分量相加，可以得到总输入参考噪声功率谱密度为[16, 19]：

$$S_{noise,in}(f) \approx 2(S_{R_{in}} + S_{R_{DAC}}\frac{R_{in}^2}{R_{DAC}^2}) + S_{amp}(f)\left[(2\pi fR_{in}C_I)^2 + \left(1 + \frac{R_{in}}{R_{DAC}}\right)^2\right] \tag{4.27}$$

⊖ 在不失一般性的前提下，此处进行的分析是基于实际实现中最常见的情况，即为了提高线性度和低噪声，使用有源 RC 而不是 Gm-C 技术来实现连续时间 Sigma-Delta 调制器的前端积分器。类似的噪声研究可以通过考虑 Gm-C 积分器而不是有源 RC 积分器来进行。

⊜ 为了简单起见，此处不考虑与 DAC 参考电压相关的噪声，但可以以类似于放大器噪声的方式将其并入进行统一分析[16, 19]。

⊜ 与开关电容 Sigma-Delta 调制器的情况类似，闪烁（$1/f$）噪声的影响可以通过设计或使用斩波器技术来解决[20]。后者已被证明在低频应用中有效[21]，但在宽带应用中必须仔细分析。在这种情况下，由于斩波积分器引起的频率平移，带外干扰信号的影响会降低调制器的性能[22]。

其中，括号前的系数"2"表示实际的连续时间积分器全差分电路中的噪声。与图 4.15 中的单端方案相比，电阻的数量增加了 1 倍。将式（3.37）和式（4.26）代入式（4.27）中，连续时间 Sigma-Delta 调制器前端积分器总输入参考噪声的功率谱密度可近似为

$$S_{\text{noise,in}}(f) \approx 8kT(R_{\text{in}} + R_{\text{DAC}} \frac{R_{\text{in}}^2}{R_{\text{DAC}}^2}) + S_{\text{amp,th}}(1 + \frac{f_{\text{cr}}}{f})\left[(2\pi f R_{\text{in}} C_1)^2 + \left(1 + \frac{R_{\text{in}}}{R_{\text{DAC}}}\right)^2\right] \quad (4.28)$$

由电路噪声引起的连续时间 Sigma-Delta 调制器的输入参考带内噪声可以通过在输入信号带宽上对式（4.28）积分得到，即

$$\text{IBN}_{\text{noise}} = \int_0^{B_{\text{w}}} S_{\text{noise,in}}(f)\mathrm{d}f \approx 8kTR_{\text{in}}B_{\text{w}}\left(1 + \frac{R_{\text{in}}}{R_{\text{DAC}}}\right) +$$
$$S_{\text{amp,th}}\left[B_{\text{w}} + f_{\text{cr}}\ln\left(\frac{B_{\text{w}}}{f_0}\right)\right]\left(1 + \frac{R_{\text{in}}}{R_{\text{DAC}}}\right)^2 \quad (4.29)$$

其中，$1/f$ 噪声分量从频率 $f_0 > 0$ 处开始积分，以排除直流频率的影响。考虑到 $R_{\text{in}}C_1 = 1/f_{\text{s}} = 1/(2B_{\text{w}}\text{OSR})$，最终计算中忽略了与 OSR^{-2} 成比例的结果项[6]。

为了使连续时间 Sigma-Delta 调制器达到给定的噪声性能，式（4.29）中三个分量的总和必须满足所需的噪声下限。需要注意的是，因为 $f_{\text{s}} = 1/(R_{\text{in}}C_1)$，为了减少电阻热噪声的影响，必须减小调制器输入端的积分器电阻，这将产生更大的功耗。同时，为了降低放大器的噪声，可以增加其跨导（对于白噪声分量），并且可以增大输入晶体管的尺寸（对于闪烁分量）。

4.7.2 考虑开关电容反馈数/模转换器时的噪声分析 ★★★

上述噪声分析假设采用矩形非归零反馈数/模转换器。这就产生了一个时不变环路滤波器，可以直接进行分析。然而，数/模转换器波形将直接作用于调制器的动态特性，从而影响不同的噪声源，导致调制器性能降低。开关电容、归零开路和归零数/模转换器结构就是这种情况，它们的噪声源通过由非交叠时钟相位控制的开关注入调制器的输入节点中，如图 4.16 所示[23]。

在这种情况下，连续时间 Sigma-Delta 调制器的环路滤波器表现为一个时变系统。除了其他限制（如对抗混叠滤波器的影响[24]）外，时变环路滤波器会导致带外频率的噪声混叠，从而增加由热噪声引起带内噪声，其方式与开关电容连续时间 Sigma-Delta 调制器中发生的情况类似，如 3.5 节所述。

在考虑开关电容/归零开路反馈数/模转换器时，假设连续时间 Sigma-Delta 调制器环路滤波器具有时变特性，文献[23]对这一现象进行了详细研究，得到由给定噪声源引起的连续时间 Sigma-Delta 调制器的输入参考功率谱密度为[23]

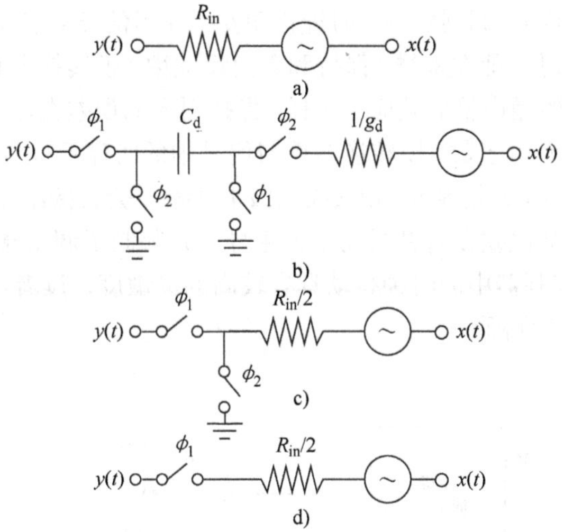

图 4.16 连续时间 Sigma-Delta 调制器中不同反馈 DAC 的噪声源模型

a）非归零结构 b）开关电容结构 c）归零结构 d）归零开路结构 [23]

$$S_{\text{noise},l}(f) = \sum_{m=-\infty}^{\infty} \left| \boldsymbol{J}_1(2\pi f + 2m\pi f_s) \right|^2 S_{nl}(2\pi f + 2m\pi) \tag{4.30}$$

式中，m 为整数；S_{nl} 为与给定电路器件（如输入电阻、数/模转换器、放大器等）相关联的第 i 个噪声源的功率谱密度；$\boldsymbol{J}_1(f)$ 为 1×1 矢量，其第 r 个元素为从第 r 个噪声源到调制器输出的传输函数。如考虑由单级运算跨导放大器（OTA）构成的有源 RC 积分器，可以证明由热噪声引起的信号频带中的输入参考功率谱密度可近似表示为

$$S_{\text{noise,in}}(0)\big|_{\text{SC-DAC}} \simeq 4kTR_{\text{in}}(1 + |\boldsymbol{J}_1(0)|)^2 + \frac{2kTg_d}{g_m(g_m + g_d)} + \frac{12kTg_m}{(g_m + g_d)^2} \tag{4.31}$$

式中，g_m 为 OTA 的跨导；g_d 为导通电导。$\boldsymbol{J}_1(0)$ 可表示为

$$\boldsymbol{J}_1(0) \simeq \frac{g_m R_{\text{in}}}{1 + g_m R_{\text{in}}} + \exp\left[\frac{-T_s g_m g_d}{2(g_m + g_d)} \right] \tag{4.32}$$

与在计算中不考虑混叠分量的情况相比，式（4.32）给出了更精确的带内噪声估计值 [23]。

4.8 连续时间 Sigma-Delta 调制器中的时钟抖动

连续时间 Sigma-Delta 调制器受时钟信号边缘时序不确定性（也称为时钟抖动）的影响比其对应的离散时间结构更为严重 [25]。与离散时间 Sigma-Delta 调制器不同，在连续时间 Sigma-Delta 调制器中，时钟抖动发生在当信号从连续时间域变换到离散时间域或相反转换时，即在采样／保持和重建反馈数／模转换器路径上，如图 4.17a 所示。由于调制器的噪声整形效应，采样／保持引入的误差在信号频带内会被衰减，因此可忽略不计。而由于数／模转换器反馈信号中的时序不确定性产生的误差，如图 4.17b 中 1 位非归零和归零数／模转换器波形所示，会直接添加到调制器输入，而不受抑制。因此这类误差在时钟抖动中占主导，并限制了调制器的整体性能。连续时间 Sigma-Delta 调制器中的时钟抖动具有较高的灵敏度，读者可自行参阅文献 [6，16，26-33] 中的详细分析。

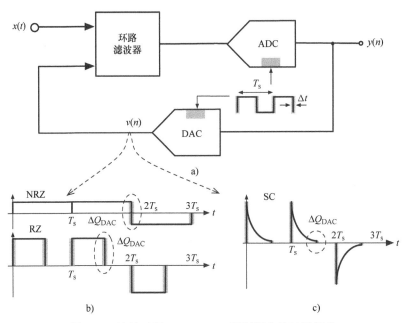

图 4.17 连续时间 Sigma-Delta 调制器中的时钟抖动

a）主要误差源 b）抖动矩形（非归零、归零）数／模转换器波形 c）抖动离散数／模转换器波形

时钟抖动引起的误差大小取决于数／模转换器反馈信号的脉冲波形，以及时钟抖动的统计特性。事实上，连续时间 Sigma-Delta 调制器比离散时间 Sigma-Delta 调制器对时钟抖动更敏感的原因是反馈数／模转换器中进行了连续时间 - 离散时间波形转换。如图 4.17c 所示，在离散时间数／模转换器波形中，大部分电荷转移发生在时钟周期的开始，因此由于时序误差而损失的电荷量相对较小。相比之下，在矩形数／模转换器中，电荷在时钟周期内以恒定速率传输，因此来自同一时序误差的电荷损失占总数的绝大部分 [34]。4.8.1~4.8.3 节重新讨论了常用数／模转换器脉冲波形的影响。首先通过假设随机抖动对其影响进行总体的概述，然后讨论了环路滤波器的影响。

4.8.1 归零数 / 模转换器中的抖动 ★★★

图 4.18 所示为时钟抖动对 1 位量化连续时间 Sigma-Delta 调制器中矩形数 / 模转换器反馈信号的影响。为了便于比较，对开关电流数 / 模转换器中常见的归零和非归零方案进行了分析。

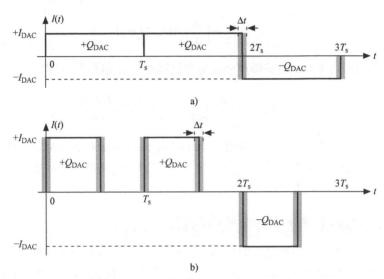

图 4.18　1 位量化连续时间 Sigma-Delta 调制器中抖动对反馈信号的影响

a）非归零数 / 模转换器　b）归零数 / 模转换器

（灰色阴影区域表示时序不确定性，图中脉冲序列为（+1，+1，−1））

如果考虑归零脉冲一侧的时序不确定性，一个时钟周期内抖动将在反馈信号 $\varepsilon_{Q_{DAC}}$ 上引起的电荷误差可表示为

$$\varepsilon_Q = I_{DAC}\Delta t \qquad (4.33)$$

式中，I_{DAC} 为归零数 / 模转换器脉冲的幅度；Δt 为时序不确定性。假设为随机抖动，并且考虑归零脉冲的两侧（见图 4.18b），则每个时钟周期抖动引起的电荷误差的方差为

$$\sigma_{Q,RZ}^2 = 2I_{DAC}^2\sigma_j^2 \qquad (4.34)$$

式中，σ_j^2 为时序不确定性的方差；因子 "2" 来自于假设两个抖动侧的瞬间在统计上是独立的。

将式（4.34）与时间联系起来，电荷误差的方差可以转化为电流误差的方差，即

$$\sigma_{I,RZ}^2 = \frac{\sigma_{Q,RZ}^2}{T_s^2} = 2I_{DAC}^2(f_s\sigma_j)^2 \qquad (4.35)$$

归零数／模转换器脉冲 I_{DAC} 的振幅由反馈比例系数和数／模转换器步长宽度 Δ 决定。对于 1 位量化连续时间 Sigma-Delta 调制器的第一个积分器，由文献 [6] 可得

$$I_{DAC} = k_{1,RZ}\Delta / 2 \qquad (4.36)$$

所以

$$\sigma_{I,RZ}^2 = \left(\frac{\Delta}{2}\right)^2 2k_{1,RZ}^2 (f_s\sigma_j)^2 \qquad (4.37)$$

为了得到带内噪声，将该噪声分量与调制器输入相关联 [6]，可得

$$IBN_{j,RZ} \approx \frac{\sigma_{I,RZ}^2}{k_{1,NRZ}^2 OSR} = \left(\frac{\Delta}{2}\right)^2 \frac{k_{1,RZ}^2}{k_{1,NRZ}^2} \frac{2(f_s\sigma_j)^2}{OSR} \qquad (4.38)$$

式（4.38）表明带有归零反馈的连续时间 Sigma-Delta 调制器对时钟抖动的灵敏度仅降低了 OSR^{-1}，与离散时间 Sigma-Delta 调制器相比具有一些劣势。后者的抑制比例达到了 OSR^{-3}，见式（3.44）。

4.8.2　非归零数／模转换器中的抖动 ★★★

非归零反馈数／模转换器中时钟抖动的影响，可以采用 4.8.1 节中与归零数／模转换器类似的方式进行分析。然而，与归零反馈脉冲相比，只有当反馈信号改变其状态时，抖动才会影响反馈电荷（见图 4.18a）。所以，非归零数／模转换器每个时钟周期抖动引起的电荷误差的方差，实际上小于归零数／模转换器对应值（见式（4.34））的一半，这是因为非归零反馈数／模转换器在每个周期中并不一定发生状态转换。对于大输入信号和 1 位量化，近似可得 [6, 26]

$$\sigma_{Q,NRZ}^2 \approx 0.7 I_{DAC}^2 \sigma_j^2 \qquad (4.39)$$

另一方面，如果转换状态发生在归零数／模转换器中，则阶跃的振幅是 Δ 而不是式（4.36）中的 $\Delta/2$，因此有

$$I_{DAC} = k_{1,NRZ}\Delta \qquad (4.40)$$

所以，在采用非归零反馈数／模转换器的 1 位量化连续时间 Sigma-Delta 调制器中，带内噪声可以估算为

$$IBN_{j,NRZ} \approx \frac{\sigma_{I,NRZ}^2}{k_{1,NRZ}^2 OSR} = \Delta^2 \frac{0.7(f_s\sigma_j)^2}{OSR} \qquad (4.41)$$

考虑到 $k_{1,RZ}$ 通常是 $k_{1,NRZ}$ 值的 2 倍，即归零脉冲的持续时间通常为 $T_s/2$，利用式（4.38）和式（4.54），两种矩形反馈数／模转换器对时钟抖动的灵敏度之间的比较可表示为

$$\frac{\text{IBN}_{j,\text{NRZ}}}{\text{IBN}_{j,\text{RZ}}} \approx \frac{0.7}{2} \approx -4.5\text{dB} \tag{4.42}$$

式（4.42）表明，非归零反馈比归零反馈结构对时钟抖动更不敏感 [6, 16]。

降低连续时间 Sigma-Delta 调制器对时钟抖动灵敏度的常用方法是采用多位量化。采用多位非归零数 / 模转换器反馈信号的示意图如图 4.19a 所示。每个时钟周期反馈信号的状态转换次数从 0.7（1 位情况）增加到接近 1 的值（多位情况），但是两个相邻非归零脉冲通常只相差 1LSB，所以与式（4.39）相比，每个时钟周期抖动引起的电荷误差减小。因此，每增加 1 位量化，由于非归零连续时间 Sigma-Delta 调制器时钟抖动产生的带内噪声大约减少 6dB[6]。由图 4.19b 可知，与多位非归零结构相比，因为反馈信号在每个时钟周期中的变化通常超过了 1LSB，通过采用多位归零结构来降低抖动噪声的效果非常有限。

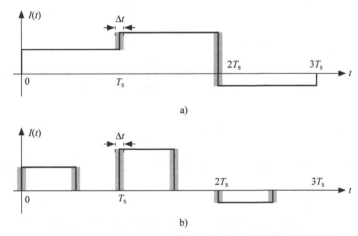

图 4.19　抖动对多位量化连续时间 Sigma-Delta 调制器反馈信号的影响
a）非归零数 / 模转换器　b）归零数 / 模转换器
（灰色区域表示时序不确定性）

4.8.3　开关电容数 / 模转换器中的抖动 ★★★

另一种常用的降低连续时间 Sigma-Delta 调制器对时钟抖动灵敏度的方法是在反馈数 / 模转换器中使用整形脉冲。开关电容数 / 模转换器中的典型反馈信号如图 4.20 所示，其中归零方案使用指数衰减波形。如果考虑开关电容归零脉冲一侧的时序不确定性，则在一个时钟周期内由抖动引起的反馈信号 $\varepsilon_{Q_{\text{DAC}}}$ 上的电荷误差为

$$\varepsilon_{\text{Q}} \approx I_{\text{DAC}} e^{\frac{T_s}{2\tau_{\text{DAC}}}} \Delta t \tag{4.43}$$

其中，$\tau_{DAC} = R_{DAC}C_{DAC}$ 为数／模转换器指数电流的时间常数[⊖]。

假设式（4.43）中归零区间的持续时间为 $T_s/2$。考虑两个抖动侧（见图 4.20），并假设两抖动侧时序不相关，则开关电容归零数／模转换器每个时钟周期抖动引起的电荷误差的方差可以近似表示为

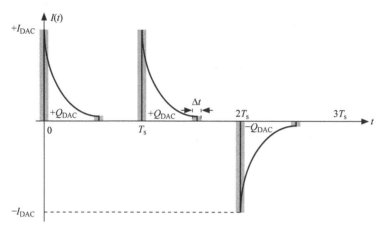

图 4.20　采用开关电容数／模转换器的连续时间 Sigma-Delta 调制器反馈信号的抖动效应
（灰色阴影区域表示时序不确定性，图中脉冲序列为（+1，+1，−1））

$$\sigma_{Q,SC}^2 = 2(I_{DAC}e^{-\frac{T_s}{2\tau_{DAC}}})^2 \sigma_j^2 \tag{4.44}$$

按照与 4.8.1 节开关电流 - 归零反馈数／模转换器类似的分析流程，可得带内噪声为 [6]

$$\text{IBN}_{j,SC} \approx \frac{\sigma_{I,SC}^2}{k_{1,NRZ}^2 \text{OSR}} = \left(\frac{\Delta}{2}\right)^2 \frac{k_{1,SC}^2}{k_{1,NRZ}^2}\left(e^{-\frac{T_s}{2\tau_{DAC}}}\right)^2 \frac{2(f_s\sigma_j)^2}{\text{OSR}} \tag{4.45}$$

需要注意的是，与开关电流 - 归零反馈相比，开关电容 - 归零反馈中抖动引起的噪声呈指数下降，见式（4.38）。

4.8.4　时钟抖动误差的残余效应 ★★★

在上述分析中，假设由时钟抖动误差引起的噪声频谱是平坦的；换句话说，时钟抖动误差表现为一个白噪声源。尽管该假设可用于一些设计中的粗略估计，但更精确的分析表明，时钟抖动对连续时间 Sigma-Delta 调制器的输出频谱会造成严重的残余影响，其中包括白色谱和整形的频谱分量 [35]。为了分析残余效应的影响，考虑

⊖　数／模转换器电容 C_{DAC} 通过 R_{DAC} 放电，R_{DAC} 通常由数／模转换器开关电阻和反馈结构中积分器的输入阻抗共同决定 [19]。

多位量化非归零数/模转换器结构的连续时间 Sigma-Delta 调制器[○]，在这种情况下，时钟抖动错误序列[○] $\varepsilon_Q(n)$ 可以表示为与调制器输出信号 $y(n)$ 相关的形式[36]，即

$$\varepsilon_Q(n) = \left[y(n) - y(n-1)\right]\frac{\Delta t(n)}{T_s} \tag{4.46}$$

式中，$\Delta t(n)$ 为时间 nT_s 时的抖动脉冲宽度。假设 $\Delta t(n)$ 对应于平均值为零且方差为 σ_j 的平稳过程，则时钟抖动误差的总功率可表示为

$$P_{\varepsilon_Q} = \frac{\sigma_j^2}{T_s^2}\varepsilon\left\{\left[y(n) - y(n-1)\right]^2\right\} \tag{4.47}$$

式中，$\varepsilon\{\bullet\}$ 为期望运算符[37]。

假设 $x(n)$ 为输入信号序列和单位信号传输函数（STF），则调制器输出序列可以表示为

$$y(n) = x(n) + q(n) \tag{4.48}$$

式中，$q(n)$ 为包含整形量化误差和时钟抖动误差分量的误差信号。

由式（4.48），同时假设 $x(n)$ 和 $q(n)$ 不相关，则 $\varepsilon\left\{\left[y(n) - y(n-1)\right]^2\right\}$ 可以近似表示为

$$\varepsilon\left\{\left[y(n) - y(n-1)\right]^2\right\} \simeq \varepsilon\left\{\Delta x_n^2\right\} + \varepsilon\left\{\Delta q_n^2\right\} \tag{4.49}$$

其中，$\Delta x_n \equiv x(n) - x(n-1)$，$\Delta q_n \equiv q(n) - q(n-1)$。假设正弦波输入信号幅度为 A_{in}，频率为 f_{in}，则 $\varepsilon\left\{\Delta x_n^2\right\}$ 和 $\varepsilon\left\{\Delta q_n^2\right\}$ 可以表示为[38][○]

$$\varepsilon\left\{\Delta x_n^2\right\} \simeq 2(\pi A_{in}f_{in}T_s)^2 \tag{4.50}$$

$$\varepsilon\left\{\Delta q_n^2\right\} \simeq \frac{X_{FS}^2}{12\pi(2^B-1)^2}\int_0^{\pi}\left|(1 - e^{-j2\pi f})\mathrm{NTF}(e^{-j2\pi f})\right|^2 df \tag{4.51}$$

结合式（4.47）~式（4.51），时钟抖动的整体功率可以表示为

$$P_{\varepsilon_Q} \simeq \frac{\sigma_j^2}{T_s^2}\left[2(\pi A_{in}f_{in}T_s)^2 + \frac{X_{FS}^2}{12\pi(2^B-1)^2}\int_0^{\pi}\left|(1 - e^{-j2\pi f})\mathrm{NTF}(e^{-j2\pi f})\right|^2 df\right] \tag{4.52}$$

式（4.52）包含了表示时钟抖动误差功率对输入信号的依赖性以及由连续时间 Sigma-Delta 调制器实现的噪声整形项。根据实际的连续时间 Sigma-Delta 调制器拓扑结构，以及 $\mathrm{NTF}(e^{-j2\pi f})$ 的精确表达式，式（4.52）第二项中的积分项可能会或多

○ 感兴趣的读者可以参阅文献[35]中有关归零数/模转换器中时钟抖动残余效应的详细分析。

○ 具有时钟抖动的数/模转换器输出波形可以建模为无抖动波形加上由于时钟抖动误差而产生的脉冲流的总和，通常称为抖动误差序列[25]。

○ 关于这种推导的详细分析可参阅文献[39]。

或少地包括在其中。

另一种方法是使用状态空间公式（state-space formulation）来推导 $\varepsilon\{\Delta q_n^2\}$。状态空间公式为研究任意连续时间 Sigma-Delta 调制器提供了一个很好的数学框架。最重要的是，该方法允许在时域研究抖动引起的噪声，并提取噪声的自相关函数[35]。基于状态空间公式（在附录 A 中有更详细的分析），可以得出由于时钟抖动引起的带内噪声可以表示为

$$\text{IBN}_{\varepsilon_Q} = \sigma_j^2 B_w \left[\frac{(2\pi A_{\text{in}} f_{\text{in}})^2}{f_s} + \frac{f_s X_{\text{FS}}^2}{3(2^B-1)^2} \overline{\psi}(\overline{\lambda}, L) \right] \qquad (4.53)$$

式中，$\overline{\psi}(\overline{\lambda}, L)$ 为由调制器的状态空间表示中导出的矩阵函数，其中 $\overline{\lambda}$ 是状态矩阵[38]（见附录 A）。式（4.53）中，抖动放大系数由主要时间不确定度误差项 σ_j^2 与两个不同的因子相乘，再相加组成。这两项分别为：

1）与信号有关的项（the signal-dependent term，SDT）。该项与输入信号有关。

2）与调制器相关的项（the modulator-dependent term，MDT）。该项与调制器结构相关。

需要注意的是，在式（4.53）中，与调制器相关的项随着 f_s 的增加而增加，而与信号有关的项随着 f_s 的增加而减小。根据这个模型，在给定连续时间 Sigma-Delta 调制器结构的情况下[38]，可以找到一个使抖动放大系数最小的 f_s 的最佳值。图 4.21 所示为带前馈求和的三阶单环连续时间 Sigma-Delta 调制器中与信号有关的项和与调制器相关的项与 f_s 的关系，其中 $B_w = 20\text{MHz}$，$B = 5$。在这种情况中，当 $f_s = 170\text{MHz}$ 时，可以得到最小抖动放大系数，也就是 $\text{IBN}_{\varepsilon_Q}$ 的最小值。同时，f_s 的值也受到其他设计折中的限制，涉及架构和电路的非理想性等方面。

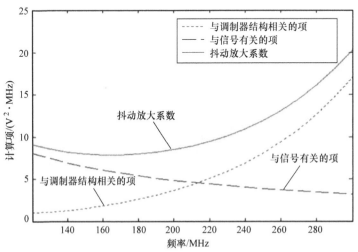

图 4.21　5 位三阶连续时间 Sigma-Delta 调制器中采样频率对时钟抖动引起的带内噪声的各项的影响[38]

由图 4.22 可知，随着 L 和 / 或 B 的增加，与信号有关的项成为对 $IBN_{\varepsilon Q}$ 的主要影响。图 4.22 显示了 f_{in} 和 B 为不同值时，三阶单环连续时间 Sigma-Delta 调制器的输出频谱。需要注意的是，在图 4.22a 中，对应于 $B = 2$，因为时钟抖动误差主要由与调制器相关的项决定，所以带内噪声没有随着 f_s 的增加而变化。然而，当 B 从 2 增加到 5 时，与调制器相关的项开始减小，因此带内噪声由与信号有关的项决定，如图 4.22b 所示。

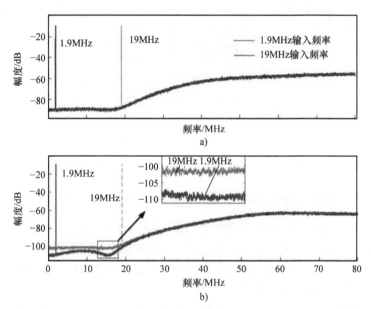

图 4.22　三阶连续时间 Sigma-Delta 调制器中，由于时钟抖动产生的信号频率对带内噪声的影响（$f_s = 160\text{MHz}$）

a）$B = 2$　b）$B = 5$[38]

4.8.5　利用有限长单位冲激响应滤波器（FIR）和正弦 ★★★ ◀ 整形数 / 模转换器降低时钟抖动效应

如 4.8.2 节所述，因为调制器反馈信号的跃迁随着位数的增加而减少，所以多位量化和非归零反馈数 / 模转换器组合可以减轻时钟抖动的影响。然而，如 2.4 节所述，使用多位量化会在电路复杂度、面积 / 功耗以及反馈数 / 模转换器器件失配引起的固有非线性等方面带来许多不利影响。

另一种解决 1 位连续时间 Sigma-Delta 调制器对时钟抖动灵敏度的方法是使用有限脉冲响应（FIR）滤波器对数 / 模转换器波形进行滤波或整形[40-44]。该方法最初由 Oliaei[29] 提出，在图 4.23 进行了说明。其原理是 1 位量化输出经过滤波后进行反馈，由于 FIR 滤波器的高频衰减作用，数 / 模转换器输出为一个多层级的波形。两级电平调制器输出序列 $y(n)$ 被 N 抽头低通 FIR 滤波器滤波，因此 DAC 输出跃迁的幅度

可以减小为 $X_{FS}/N=\Delta/N$，这意味着 $\text{IBN}_{\varepsilon_Q}$ 降低了 $20\lg N\text{dB}$。通过这种方法，使用 1 位模 / 数转换器和 FIR-DAC 就可以实现多位 Sigma-Delta 调制器的低抖动灵敏度和高线性度，同时保持 1 位 Sigma-Delta 调制器的简单性和鲁棒性[45]。

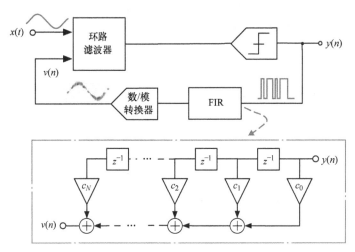

图 4.23　基于 FIR-DAC 的 1 位连续时间 Sigma-Delta 调制器

需要注意的是，FIR-DAC 在调制器环路滤波器中引入了额外的延迟，必须适当控制该延迟，以稳定系统并保证其性能准确。解决这个问题可以采用矩量法。矩量法能够完美地补偿 FIR-DAC 的延迟[46]。另外，通过优化 FIR 滤波器中的抽头数可以最大化调制器的性能和效率[44]。

类似降低数 / 模转换器灵敏度的策略如图 4.24 所示。数 / 模转换器输出波形为正弦波形[27]。该正弦波形是通过将数 / 模转换器输出与升余弦载波信号混合获得，所以，反馈到调制器输入信号中的时钟抖动几乎被消除[47]。以上分析表明，在具有正弦反馈数 / 模转换器的连续时间 Sigma-Delta 调制器中，由于时钟抖动而衰减的带内噪声可以近似表示为[48]

$$\text{IBN}_{j,sine} \approx \text{IBN}_{j,NRZ} \frac{2\pi^2}{9}(f_s\sigma_j)^4 \tag{4.54}$$

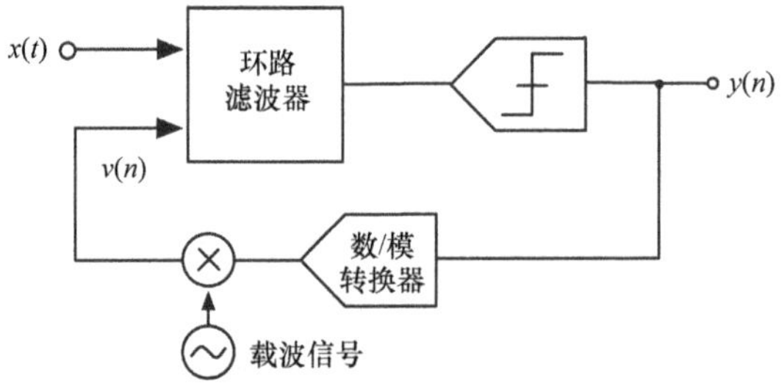

图 4.24　用于衰减时钟抖动误差的影响的正弦反馈[49]

假设 $f_s\sigma_j \ll 1$，当采用矩形 DAC 波形时，信噪比（SNR）将会得到显著提高。反馈 FIR 滤波器和升余弦数 / 模转换器已被证明更适合于带通连续时间 Sigma-Delta 调制器（该结构使用欠采样 [50] 将射频信号进行数字化 [47, 51]）中，其中噪声传输函数因嵌入谐振器的品质因数而严重衰减。缓解这个问题可以使用升余弦 FIR-DAC[52]，与非归零 DAC 相比，升余弦 FIR-DAC 具有更好的频率响应。然而，在实际中正弦型数 / 模转换器可能会受到与载波信号相关联的相位噪声的严重限制，这在实际应用中必须加以考虑 [49]。

在更一般的情况中，与实际连续时间 Sigma-Delta 调制器中产生时钟信号源相关的相位噪声的影响可能成为时钟抖动衰减的最终限制因素 [45]。时钟相位噪声和调制器输入信号之间的混合过程会产生"彩色"抖动误差，这会严重降低连续时间 Sigma-Delta 调制器的信噪比 [53, 54]。如 4.8.4 节所述，因为时钟抖动带内噪声由与信号有关的项控制，这种效应既不依赖于数 / 模转换器波形，也不依赖于调制器拓扑结构。

4.9　连续时间 Sigma-Delta 调制器中的过量环路延迟

过量环路延迟（ELD）是一种时序误差，它对连续时间 Sigma-Delta 调制器的性能有很大影响。过量环路延迟可以定义为量化器采样边沿和反馈数 / 模转换器脉冲相应边沿之间的恒定延迟，最终由量化器和 DAC 电路中晶体管的非零开关时间产生 [55] ⊖。过量环路延迟可以表示为采样周期的一部分，即

$$t_d = \tau_d T_s \tag{4.55}$$

或者通常表示为在数 / 模转换器之前插入明显的延迟，如图 4.25b 所示。

过量环路延迟的主要影响之一是引入额外的极点，增加信号传输函数和噪声传输函数的阶数，这可能会导致连续时间 Sigma-Delta 调制器的不稳定。过量环路延迟的分析特别依赖于反馈数 / 模转换器波形。如果考虑具有任意数 / 模转换器波形的通用 L 阶连续时间 Sigma-Delta 调制器，则过量环路延迟的数学分析可能会变得非常复杂。由于过量环路延迟的存在，研究人员尝试采用各种方法来获得过量环路延迟影响下的稳定条件的解析表达式。所开展的研究一些是基于对等效离散系统的分析，另一些则采用直接连续时间分析方法。本书首先在连续时间域对调制器应用稳态条件来直观地分析误差。然后，再基于脉冲不变的离散时间 - 连续时间变换进行更精确和通用的研究 [55, 58, 59]。

4.9.1　过量环路延迟的直观分析 ★★★

考虑图 2.41a 中的通用连续时间 Sigma-Delta 调制器架构，但环路滤波器具有如

⊖　还可以在量化器时钟边沿和随后的锁存器之间故意引入延迟，以增加量化器决策的可用时隙，并减轻量化器亚稳定性的影响 [9, 26, 56, 57]。这部分内容将在 4.10 节中讨论。

图 4.25 所示的过量环路延迟。按照 2.6.1 节中所述的相同分析流程，可以证明噪声传输函数因为过量环路延迟的影响而发生退化，可表示为

$$\text{NTF}_{\text{ELD}}(f) = \frac{1}{1 + g_i' g_q H(f) e^{-2\pi f \tau_d}} \qquad (4.56)$$

假设 $f\tau_d \ll 1$，式（4.56）可以简化为

$$\text{NTF}_{\text{ELD}}(f) \simeq \frac{1}{1 + g_i' g_q H(f)(1 - 2\pi j f \tau_d)} \qquad (4.57)$$

其中利用了 $e^{-2\pi f \tau_d} \simeq 1 - 2\pi j f \tau_d$ 的近似。

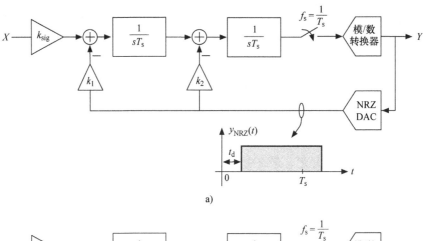

a)

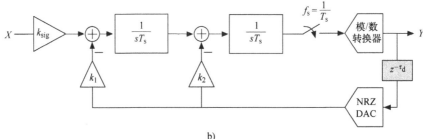

b)

图 4.25　二阶连续时间 Sigma-Delta 调制器中的过量环路延迟对非归零数／模转换器（NRZ DAC）脉冲的影响

a）对非归零数／模转换器脉冲的影响　b）模／数转换器和数／模转换器之间具有明显延迟的等效图

因此，对于一阶连续时间 Sigma-Delta 调制器，式（4.57）可以转化为

$$\text{NTF}_{\text{ELD,1st}}(f) \simeq \frac{2\pi j f \tau_d}{g_i' g_q + 2\pi j f (1 - t_d g_i' g_q)} \qquad (4.58)$$

根据以上简单、直观的分析可知，如果量化器增益为 $g_q = 1/(t_d g_i')$，则可以保证调制器的稳定性。然而，这在实际中很难实现，因为没有对量化器增益的鲁棒控制，

特别是在量化器增益不确定的 1 位量化中。这个问题随着调制器阶数的增加而加剧。如采用与二阶单环连续时间 Sigma-Delta 调制器相同的分析方法，由过量环路延迟修正的噪声传输函数近似为

$$\mathrm{NTF}_{\mathrm{ELD,2nd}}(f) \simeq \frac{(2\pi f \tau_d)^2}{(2\pi f \tau_d)^2 - g_1' g_2 g_q (1 - 2\pi \mathrm{j} f \tau_d) - g_2' g_q 2\pi f \tau_d (1 - 2\pi \mathrm{j} f \tau_d)} \quad (4.59)$$

式（4.59）中，假设 $\mathrm{OSR} \gg 1$ 并应用 Ruth-Hurwitz 稳定性准则，可以证明二阶连续时间 Sigma-Delta 调制器是稳定的，前提是满足以下条件[⊖]：

$$\tau_d \leqslant \frac{g_2'}{2 g_1' g_2} \quad (4.60)$$

式（4.60）的有效性如图 4.26 所示，图中所示为不同 τ_d 值时 1 位量化二阶连续时间 Sigma-Delta 调制器的仿真结果。需要注意的是，当 τ_d 增加到 $\tau_d > 1$（本例中的条件限制）时，前端积分器的输出随时间而增加，可能会产生不稳定的工作状态。在其他具有任意数 / 模转换器波形的连续时间 Sigma-Delta 调制器拓扑结构中，过量环路延迟也会产生类似的作用。具有多反馈数 / 模转换器路径的四阶 1 位带通连续时间 Sigma-Delta 调制器图 4.27 所示[18]。与低通连续时间 Sigma-Delta 调制器类似，谐振器的输出随 τ_d 增加而增加，从而导致不稳定的工作状态，并使调制器的输出频谱衰减。

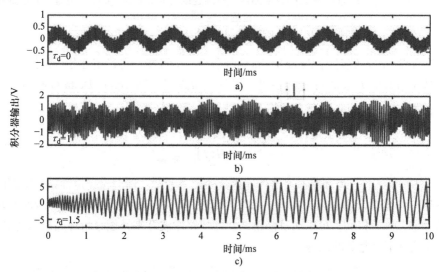

图 4.26　1 位量化二阶低通连续时间 Sigma-Delta 调制器中，前端积分器由于过量环路延迟而产生的不稳定工作状态

a）$\tau_d = 0$（理想状态）　b）$\tau_d = 1$（稳定条件限制）　c）$\tau_d = 1.5$（不稳定状态）

⊖ 基于量化器线性模型分析可以得到稳定条件为 $\tau_d \leqslant \dfrac{g_2'}{g_1' g_2}$，但考虑量化器的非线性模型，并基于仿真分析可以得到稳定条件为式（4.60）。

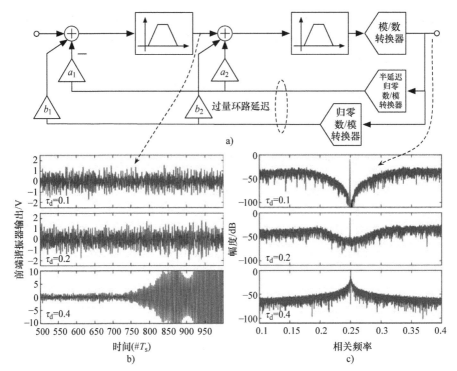

图 4.27　具有多位反馈数 / 模转换器通路四阶带通连续时间 Sigma-Delta 调制器中的过量环路
延迟效应[25]

a）调制器框图　b）前端谐振器的瞬态响应　c）调制器输出频谱

　　在任意L阶连续时间 Sigma-Delta 调制器中，不可能获得稳定性分析条件。或者，一些基于仿真的方法证明[55]，在更一般的L阶连续时间 Sigma-Delta 调制器中，保持调制器稳定的过量环路延迟的临界值$\tau_d|_{crit}$可表示为

$$\tau_d|_{crit} \leqslant \frac{1}{\left| H(f) \right|_{out-of-band}} \tag{4.61}$$

式中，$\left| H(f) \right|_{out-of-band}$为环路滤波器传输函数的带外增益。然而，稳定性条件限制的使用不具有鲁棒性，这是因为在大多数实际情况下，稳定性条件限制并不能保证调制器的稳定工作。相反，可以通过修正调制器环路滤波器来补偿过量环路延迟的影响，以适应这种不可避免的误差。

4.9.2　基于脉冲不变离散时间 - 连续时间变换的过量 ★★★◀
环路延迟分析

　　为了更精确地分析过量环路延迟，需要考虑环路滤波器中的采样操作以及反馈数 / 模转换器的波形，以便应用脉冲不变离散时间 - 连续时间变换。由图 4.25a 可知，如果反馈数 / 模转换器中使用非归零脉冲波形，过量环路延迟将部分反馈脉冲转移到

下一个时钟周期。这实际上会导致数 / 模转换器脉冲响应理想表达式由式（4.62）变为（4.63），即

$$r_{\mathrm{DAC}}(t) = r_{(0,1)}(t) = \begin{cases} 1 & 0 \le t < T_{\mathrm{s}} \\ 0 & \text{其他} \end{cases} \tag{4.62}$$

$$r_{\mathrm{DAC}}^{*}(t) = r_{(\tau_{\mathrm{d}},1+\tau_{\mathrm{d}})}(t) = \begin{cases} 1 & t_{\mathrm{d}} \le t < T_{\mathrm{s}} + t_{\mathrm{d}} \\ 0 & \text{其他} \end{cases} \tag{4.63}$$

式（4.63）可表示为从 τ_{d} 到 1 的 DAC 脉冲和从 0 到 τ_{d} 的单采样延迟数 / 模转换器脉冲的线性组合[57]

$$r_{\mathrm{DAC}}^{*}(t) = r_{(\tau_{\mathrm{d}},1+\tau_{\mathrm{d}})}(t) = r_{(\tau_{\mathrm{d}},1)}(t) + r_{(0,\tau_{\mathrm{d}})}(t-1) \tag{4.64}$$

考虑这两个反馈脉冲，由式（2.58）和表 2.4 可推导出受过量环路延迟影响的实际连续时间 Sigma-Delta 调制器的离散时间等效值，即

$$H(z,\tau_{\mathrm{d}}) = Z\left\{ L^{-1}[R_{\mathrm{DAC}}^{*}(s)H(s)]\big|_{t=nT_{\mathrm{s}}} \right\} \tag{4.65}$$

式（4.65）说明等效离散时间 Sigma-Delta 调制器的实际阶数增加，降低了最大稳定输入幅度，也降低了噪声整形性能[57]。

下面分析推导过量环路延迟对二阶连续时间 Sigma-Delta 调制器的影响。图 4.25a[6, 57] 中，传输函数 $H(s)$ 的第一和第二支路的等效离散时间环路滤波器为（$f_{\mathrm{s}} = 1$）

$$\text{连续时间 - 离散时间变换 } \frac{-k_1}{s^2} \rightarrow \frac{-k_1(1-\tau_{\mathrm{d}})^2 z - k_1(1-\tau_{\mathrm{d}}^2)}{2(z-1)^2} + z^{-1}\frac{-k_1\tau_{\mathrm{d}}(2-\tau_{\mathrm{d}})z - k_1\tau_{\mathrm{d}}^2}{2(z-1)^2}$$

$$\text{连续时间 - 离散时间变换 } \frac{-k_2}{s} \rightarrow \frac{-k_2(1-\tau_{\mathrm{d}})}{z-1} + z^{-1}\frac{-k_2\tau_{\mathrm{d}}}{z-1} \tag{4.66}$$

其中，第二项中的 z^{-1} 表示由于过量环路延迟导致的一个采样偏移。将式（4.66）中两个调制器支路的等效离散时间项相加可得

$$H(z,\tau_{\mathrm{d}}) = \frac{\alpha_2 z^2 + \alpha_1 z + \alpha_0}{2z(z-1)^2}$$

其中

$$\begin{cases} \alpha_2 = -k_1(1-\tau_{\mathrm{d}})^2 - 2k_2(1-\tau_{\mathrm{d}}) \\ \alpha_1 = -k_1(1+2\tau_{\mathrm{d}}-2\tau_{\mathrm{d}}^2) + 2k_2(1-2\tau_{\mathrm{d}}) \\ \alpha_0 = -k_1\tau_{\mathrm{d}}^2 + 2k_2\tau_{\mathrm{d}} \end{cases} \tag{4.67}$$

注意：当 $\tau_{\mathrm{d}} = 0$ 时，式（4.67）变为二阶调制器的理想离散时间环路滤波器 $H(z)$，见图 2.1a、式（2.63）。相反，当 $\tau_{\mathrm{d}} \ne 0$ 时，离散时间传输函数的阶数增加

1，因此式（2.58）中的等价性不能用原始系数（k_1 和 k_2）来实现。

过量环路延迟对调制器稳定性和动态范围的不利影响可以通过调节环路滤波器系数来克服[57]。然而，在过量环路延迟的影响下，恢复与理想离散时间环路滤波器的实际等效性需要在连续时间框图中多引入一个自由度，即多引入一个系数◯。最简单的实现方法是插入一个按 k_c^* [60] 缩放的附加反馈路径。图 4.28 所示为二阶连续时间 Sigma-Delta 调制器的示例。此时连续时间环路过滤器修正为

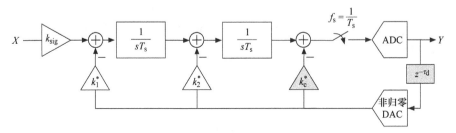

图 4.28　二阶连续时间 Sigma-Delta 调制器中经典的过量环路延迟补偿方法

$$H_m(s) = -\frac{k_1^*}{s^2} - \frac{k_2^*}{s} - k_c^* \tag{4.68}$$

所以，修正后的环路滤波器的 Z 变换为

$$H_m(z, \tau_d) = Z\left\{L^{-1}\left[R_{DAC}^*(s)H_m(s)\right]\Big|_{t=nT_s}\right\} \tag{4.69}$$

式（4.69）可以映射到理想环路滤波器的 Z 变换上，从而求出系数 k_i^* 的值，即

$$H(z) = Z\left\{L^{-1}[R_{DAC}(s)H(s)]\Big|_{t=nT_s}\right\} \tag{4.70}$$

对于图 4.28 中的二阶连续时间 Sigma-Delta 调制器，过量环路延迟补偿的系数为[6]

$$k_1^* = k_1, \quad k_2^* = k_1\tau_d + k_2, \quad k_c^* = \frac{k_1\tau_d^2}{2} + k_2\tau_d \tag{4.71}$$

◯　如果在连续时间 Sigma-Delta 调制器中采用归零数／模转换器，只有当延迟 t_d 超过脉冲结束和采样结束之间的时隙时，过量环路延迟才会将反馈脉冲的一部分转移到下一个时钟周期，如 $t_d > T_s/2$。否则，等效离散时间环路滤波器的阶数没有增加，但过量环路延迟会导致实际调制器系数偏离期望的原始值；也就是说，缩放失配会增加带内噪声。然而，在高速连续时间 Sigma-Delta 调制器中，过量环路延迟可能变得非常重要，甚至归零脉冲都会转移到下一个时钟周期，因此需要额外的自由度来补偿这种影响[6]。

4.9.3　替代的过量环路延迟补偿技术 ★★★

需要注意的是，图 4.28 中的过量环路延迟补偿方法需要在 ADC 之前增加一个数/模转换器和一个求和放大器。文献 [9, 57, 61-63] 也提出了一些替代方法，这些方法都有相同的基本原则，即提供一个额外的自由度。感兴趣的读者可以参阅相关文献，比较过量环路延迟补偿技术及其在级联连续时间 Sigma-Delta 调制器中的扩展应用[58]。一些可供选择的过量环路延迟补偿技术如图 4.29 所示。

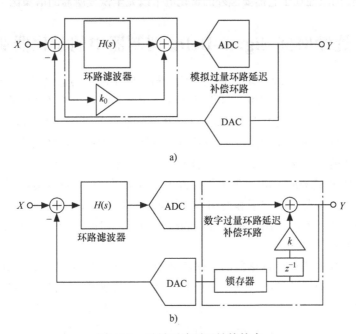

图 4.29　过量环路延迟补偿技术
a）Pavan[59] 提出　b）Fontaine 等[61] 提出

图 4.29a 所示为一种基于在调制器环路滤波器周围增加前馈系数 k_0 的过量环路延迟补偿技术[59]，这种简单、有效的方法与 4.9.2 节中讨论的直接合成方法类似。考虑到过量环路延迟影响的环路滤波器可以建模为

$$H(f)\big|_{ELD} = H(f)e^{-2j\pi f\tau_d} \tag{4.72}$$

假设 $H(f)$ 可以表示为环路滤波器系数 k_i 的函数，即

$$H(f) = \frac{k_1}{s} + \frac{k_2}{s^2} + \cdots + \frac{k_N}{s^N} \tag{4.73}$$

如果 k_0 由文献 [59] 给出，则非归零 DAC 中的过量环路延迟可以得到补偿，即

$$k_0 = k_1\tau_d + k_2\frac{\tau_d^2}{2!} + \cdots + k_N\frac{\tau_d^N}{N!} \tag{4.74}$$

上述策略补偿了连续时间 Sigma-Delta 调制器模拟部分的过量环路延迟，也有其他文献提出了数字域补偿过量环路延迟的方法。数字域补偿的实例如图 4.29b 所示 [61]，在内部量化器之后插入数字反馈环路，并修正模拟系数以产生几乎等同于理想无延迟环路滤波器的噪声传输函数。半时钟延迟锁存器也可以用于缓解比较器的瞬态响应，从而更好地将量化器与反馈 DAC 隔离。Yan 和 Sánchez Sinencio[9] 提出的补偿技术与图 4.29b 相似，区别是将补偿从调制器环路滤波器的模拟部分转移到了数字部分。这种技术的主要局限性在于它需要额外的量化电平以完全恢复所需的信噪比 [58]。

4.10 连续时间 Sigma-Delta 调制器中的量化器亚稳态

以上对连续时间 Sigma-Delta 调制器的分析，除了固有的量化误差，均假设量化器是理想的。但在实际应用中，量化器通常使用奈奎斯特速率模 / 数转换器（通常为 Flash ADC）实现⊖。其中非理想效应主要由比较器误差引起，即失调和迟滞。与离散时间 Sigma-Delta 调制器类似，比较器误差的影响会被调制器环路滤波器的增益衰减，因此与其他电路误差相比，可以忽略不计 [64]。然而，尽管比较器失调和迟滞相比其他连续时间 Sigma-Delta 调制器误差并不那么重要，但在高性能应用中必须予以考虑，特别是在需要高分辨率和使用多位量化时。因此，设计调制器时需要在静态分辨率（受失调和迟滞限制）和比较器的瞬态响应之间进行折中，而后者与调制器采样率直接相关 [6]。

除了失调和迟滞外，量化器的工作还受到两个时序误差的影响，即时钟抖动和比较器亚稳态。4.8 节讨论了连续时间 Sigma-Delta 调制器对随机时钟抖动的灵敏度及其对反馈电荷变化的影响。即使在没有时序不确定性的理想采样时钟的情况下，量化器亚稳态仍然可以在反馈电荷中引入统计变化。由于实际量化器包含具有有限再生增益的再生级，解析量化器接近零幅度的输入将比解析大幅度的输入需要花费更长的时间 [26]。因此，假设比较器通过再生锁存器实现⊖，可以证明比较器延迟 τ_{dms} 取决于其输入电压 v_q [45, 65]，即

$$\tau_{dms} = \tau_{latch} \ln(\frac{V_H}{k_c v_q}) \qquad (4.75)$$

式中，V_H 为逻辑"1"代表的电压值；k_c 为比较器增益；$\tau = C_{latch}/g_{mlatch}$ 为再生锁存器的时间常数，其中 C_{latch}、g_{mlatch} 分别为锁存器的寄生电容和跨导。基于瞬态仿真结果，式（4.75）中导出的信号相关延迟可近似表示为 [66]

⊖ 嵌入 Sigma-Delta 调制器中的模 / 数转换器替代电路的实现是基于时间编码，而不是幅度编码，如 10.8 节所述。

⊖ 再生锁存比较器将在第 8 章中讨论。

$$\tau_{\mathrm{dms}} = d_0 + \frac{d_1}{|v_{\mathrm{q}}|^{\alpha}} \tag{4.76}$$

式中，d_0 为固定比较延时；α 为可调参数。当 $d_0 = 0$、d_1 和 α 取不同值时，τ_{dms} 和 v_{q} 的关系如图 4.30 所示。这种非理想效应通常被称为信号相关延迟，与 4.9 节中讨论的由信号传播引起的恒定过量延迟相对应。实际量化器中不同延迟分量可以表示为输入信号幅度 v_{q} 函数，如图 4.31 所示[⊖]。

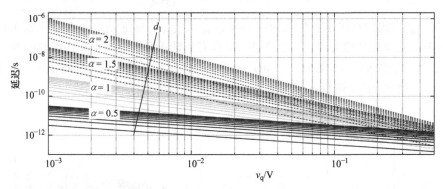

图 4.30　考虑文献 [66] 中的模型，当 $d_0 = 0$、d_1 在（0.1~1）psV^{α} 之间变化时，再生锁存比较器中的信号相关延迟

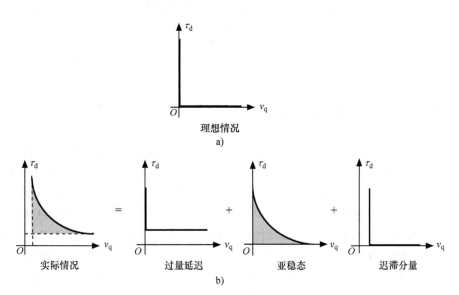

图 4.31　量化器延时与输入电压的关系
a）理想情况　b）实际情况与过量延迟、亚稳态和迟滞分量的关系

⊖ 在实际应用中，迟滞分量意味着当量化器应当做出改变输出位的决策时，却没有做出该决策。这里不再进一步考虑这种非理想性，因为它对 Sigma-Delta 调制器性能的影响几乎可以忽略不计 [64]。

比较时间随量化器输入信号电平的变化以类似于时钟抖动的方式影响连续时间 Sigma-Delta 调制器的性能。在理想情况下，由于 Sigma-Delta 调制器中量化器输入信号与调制器输入不相关，量化器输入接近零或具有较大幅度的时间在任意时间点随机出现[26]，导致反馈电荷从一个时钟周期到另一个时钟周期产生随机分量，从而导致调制器带内噪声增加，在非归零反馈 DAC 的情况下，可以表示为[26]⊖

$$\mathrm{IBN}_{ms,NRZ} \approx p_{ms}\Delta^2 \frac{(f_s\sigma_{ms})^2}{OSR} \qquad (4.77)$$

式中，p_{ms} 为比较器输出发生转换的概率；σ_{ms} 为 τ_{dms} 的标准差。图 4.32 比较了比较器固定延迟和信号相关延迟（亚稳态）对具有前馈求和的五阶单环连续时间 Sigma-Delta 调制器输出频谱的影响[67]。可以看出，与固定比较器延迟的影响相比，量化器的亚稳态效应会严重降低连续时间 Sigma-Delta 调制器的性能。

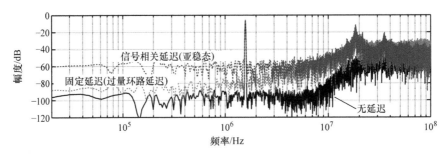

图 4.32　量化器亚稳态效应对具有前馈求和的五阶单环连续时间 Sigma-Delta 调制器的影响

然而，尽管量化器亚稳态对调制器性能的影响类似于随机时钟抖动，解决后者的补偿技术也可应用于前者，但避免量化器亚稳态的方法实际上更接近于 4.9 节中对过量环路延迟的分析。事实上，最简单的替代方案是在量化器和反馈 DAC 之间插入一个锁存级，该锁存级与量化器的时钟不同，以便为其提供一个恒定的处理时间[26, 56]。Cherry 和 Snelgrove[26] 提出的方法如图 4.33b 所示，该方法通过引入一个恒定的过量环路延迟 $\tau_d = 1/2$ 来减缓信号相关的延迟。因此，可以通过调整环路滤波器系数，以减少这种固定延迟对调制器稳定性和分辨率的不利影响。图 4.33c 所示为 Yan 和 Sánchez Sinencio[9] 提出的结构性解决方案，其中在主回路 DAC 之前引入一个全延迟，而半延迟和一个额外的 DAC 构成一个辅助回路以调整过量环路延迟。这种方法类似于图 4.28 中的方法。需要注意的是，上述结构性解决方案提供了足够的自由度来修正连续时间环路滤波器，并将实际等效性恢复到图 4.33a 中的理想离散时间结构，以便在实践中补偿非零过量环路延迟和信号相关延迟。

⊖　如文献 [26] 所述，量化器亚稳态也会导致小输入电平幅度时，调制器信噪失真比显著降低。

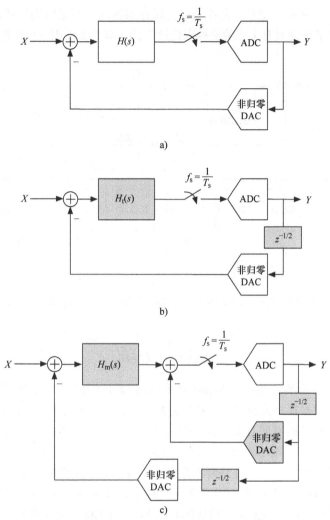

图 4.33 关于连续时间 Sigma-Delta 调制器时序误差的结构补偿

a）存在信号相关延迟的传统结构　b）具有额外半时钟延迟和环路系数调谐的替代结构[26]

c）用于补偿过量环路延迟和量化器亚稳态效应的替代结构[9]

　　因此，通过在量化器和反馈 DAC 之间加入锁存可以避免亚稳态效应的影响。在与前一级相反的时钟相位上对每个锁存级进行时钟调整，可以使前一级有足够的时间进行建立，缺点是反馈回路中会引入额外延迟[25]。实际上，随着时钟频率的增加和时序误差的限制，亚稳态的影响会成为一个关键问题。然而，即使是在 kMHz 采样频率范围内，多锁存器的使用已经被证明是非常有效的方法。成功实现这一想法的最初尝试之一是使用 2GHz 时钟信号的连续时间 Sigma-Delta 调制器[68]。如图 4.34 所示，量化器中使用了附加锁存器，以使最后一个锁存器的输出转换与采样时钟时间同步。这些附加的锁存器可以降低比较器的亚稳态。锁存器的数量取决于许多实际因素。因此，对于典型的工艺参数，三锁存器解决方案足以满足亚稳态的设计指标。然而，为了满足所有工艺的亚稳态设计指标，有必要使用五锁存比较器结构[68]。

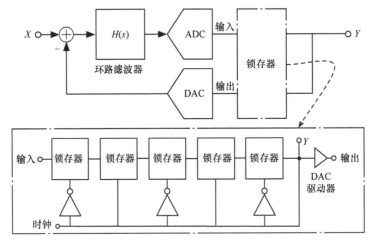

图 4.34　在二阶连续时间 Sigma-Delta 调制器量化器中加入锁存器，以降低亚稳态效应

4.11　小结

本章分析了影响连续时间 Sigma-Delta 调制器性能的主要非理想因素。这些非理想因素可以根据其相关的误差机制分为两大类：模块（或电路）误差和结构误差。第一类包括放大器的有限直流增益、时间常数变化、积分器的不完全稳定响应、谐波失真和电路噪声。第二类涉及实现连续时间 Sigma-Delta 调制器所固有的时序效应，即时钟抖动误差、过量环路延迟和量化器亚稳态。由电路电平误差引起的连续时间 Sigma-Delta 调制器的噪声整形退化与离散时间 Sigma-Delta 调制器的噪声整形退化相似。其中，时序误差是影响连续时间 Sigma-Delta 调制器性能的最重要的限制因素。

本章描述了各类非理想因素直观的分析流程，以深入了解所有误差机制的原因和影响，并回顾了参考文献中一些常见的电路和系统补偿技术。基于本章分析所获得的知识，接下来的几章将完成 Sigma-Delta 调制器的系统和优化设计。

参考文献

[1] G. Raghavan *et al.*, "Architecture, Design, and Test of Continuous-Time Tunable Intermediate-Frequency Bandpass Delta-Sigma Modulators," *IEEE J. of Solid-State Circuits*, vol. 36, pp. 5–13, January 2001.

[2] H. Chae *et al.*, "A 12 mW Low Power Continuous-Time Bandpass ΔΣ Modulator With 58 dB SNDR and 24 MHz Bandwidth at 200 MHz IF," *IEEE J. of Solid-State Circuits*, vol. 49, pp. 405–415, February 2014.

[3] Y. Tsividis, "Integrated Continuous-Time Filter Design – An Overview," *IEEE J. of Solid-State Circuits*, vol. 29, pp. 166–176, March 1994.

[4] S. Pavan and P. Sankar, "Power Reduction in Continuous-Time Delta-Sigma Modulators Using the Assisted Opamp Technique," *IEEE J. of Solid-State Circuits*, vol. 45, pp. 1365–1379, July 2010.

[5] H. Shibata *et al.*, "A DC-to-1GHz Tunable RF $\Delta\Sigma$ ADC Achieving DR = 74dB and BW = 150MHz at f_0 = 450 MHz Using 550 mW," *IEEE J. of Solid-State Circuits*, vol. 47, pp. 2888–2897, December 2012.

[6] M. Ortmanns and F. Gerfers, *Continuous-Time Sigma-Delta A/D Conversion: Fundamentals, Performance Limits and Robust Implementations*. Springer, 2006.

[7] F. Gerfers, M. Ortmanns, and Y. Manoli, "A 1.5-V 12-bit Power-Efficient Continuous-Time Third-Order $\Sigma\Delta$ Modulator," *IEEE J. of Solid-State Circuits*, vol. 38, pp. 1343–1352, August 2003.

[8] S. Patón, A. di Giandomenico, L. Hernández, A. Wiesbauer, T. Poetscher, and M. Clara, "A 70-mW 300-MHz CMOS Continuous-Time $\Sigma\Delta$ ADC With 15-MHz Bandwidth and 11 Bits of Resolution," *IEEE J. of Solid-State Circuits*, vol. 39, pp. 1056–1063, July 2004.

[9] S. Yan and E. Sánchez-Sinencio, "A Continuous-Time $\Sigma\Delta$ Modulator With 88-dB Dynamic Range and 1.1-MHz Signal Bandwidth," *IEEE J. of Solid-State Circuits*, vol. 39, pp. 75–86, January 2004.

[10] L. Breems, R. Rutten, R. van Veldhoven, and G. van der Weide, "A 56 mW Continuous-Time Quadrature Cascaded $\Sigma\Delta$ Modulator With 77 dB DR in a Near Zero-IF 20 MHz Band," *IEEE J. of Solid-State Circuits*, vol. 42, pp. 2696–2705, December 2007.

[11] P. Kiss, J. Silva, A. Wiesbauer, T. Sun, U.-K. Moon, J. T. Stonick, and G. C. Temes, "Adaptive Digital Correction of Analog Errors in MASH ADCÕs – Part II: Correction Using Test-Signal Injection," *IEEE Trans. on Circuits and Systems – II: Analog and Digital Signal Processing*, vol. 47, pp. 629–638, July 2000.

[12] L. Breems, R. Rutten, and G. Wetzker, "A Cascaded Continuous-Time $\Sigma\Delta$ Modulator with 67-dB Dynamic Range in 10-MHz Bandwidth," *IEEE J. of Solid-State Circuits*, vol. 39, pp. 2152–2160, December 2004.

[13] Y.-S. Shu, J. Kamiishi, K. Tomioka, K. Hamashita, and B.-S. Song, "LMS-Based Noise Leakage Calibration of Cascaded Continuous-Time $\Sigma\Delta$ Modulators," *IEEE J. of Solid-State Circuits*, vol. 45, pp. 368–379, February 2010.

[14] M. Ortmanns, F. Gerfers, and Y. Manoli, "Compensation of Finite Gain-Bandwidth Induced Errors in Continuous-Time Sigma–Delta Modulators," *IEEE Trans. on Circuits and Systems – I: Regular Papers*, vol. 51, pp. 1088–1099, June 2004.

[15] L. Breems and J. H. Huijsing, *Continuous-Time Sigma-Delta Modulation for A/D Conversion in Radio Receivers*. Kluwer Academic Publishers, 2001.

[16] R. H. van Veldhoven and A. H. M. van Roermund, *Robust Sigma Delta Converters*. Springer, 2011.

[17] P. Sankar and S. Pavan, "Analysis of Integrator Nonlinearity in a Class of Continuous-Time Delta–Sigma Modulators," *IEEE Transactions on Circuits and Systems II: Express Briefs*, vol. 54, pp. 1125–1129, December 2007.

[18] J. Cherry and W. Snelgrove, *Continuous-Time Delta-Sigma Modulators for High-Speed A/D Conversion*. Kluwer Academic Publishers, 1999.

[19] P. G. R. Silva and J. H. Huijsing, *High Resolution IF-to-Baseband $\Sigma\Delta$ ADC for Car Radios*. Springer, 2008.

[20] C. C. Enz and G. C. Temes, "Circuit Techniques for Reducing the Effects of Op-Amp Imperfections: Autozeroing, Correlated Double Sampling, and Chopper Stabilization," *Proceedings of the IEEE*, vol. 84, pp. 1584–1614, November 1996.

[21] S. Billa, A. Sukumaran, and S. Pavan, "A 280μW 24kHz-BW 98.5dB-SNDR Chopped Single-Bit CT $\Delta\Sigma$M Achieving <10Hz 1/f Noise Corner Without Chopping Artifacts," *IEEE ISSCC Digest of Technical Papers*, pp. 276–277, February 2016.

[22] S. Pavan, "Analysis of Chopped Integrators, and its Application to Continuous-Time Delta-Sigma Modulator Design," *IEEE Transactions on Circuits and Systems I – Regular Papers*, vol. 64, pp. 1953–1965, August 2017.

[23] R. S. Rajan and S. Pavan, "Device Noise in Continuous-Time Oversampling Converters," *IEEE Transactions on Circuits and Systems –I: Regular Papers*, vol. 59, pp. 1829–1839, September 2012.

[24] S. Pavan, "The Inconvenient Truth about Alias Rejection in Continuous-Time $\Delta\Sigma$ Converters," *Proc. of the IEEE Intl. Symp. on Circuits and Systems (ISCAS)*, pp. 526–529, May 2011.

[25] J. Cherry, W. Snelgrove, and W. Gao, "On the Design of a Fourth-Order Continuous-Time LC Delta-Sigma Modulator for UHF A/D Conversion," *IEEE Trans. on Circuits and Systems – II: Analog and Digital Signal Processing*, vol. 47, pp. 518–530, June 2000.

[26] J. Cherry and W. Snelgrove, "Clock Jitter and Quantizer Metastability in Continuous-Time Delta–Sigma Modulators," *IEEE Trans. on Circuits and Systems – II: Analog and Digital Signal Processing*, vol. 46, pp. 661–676, June 1999.

[27] S. Luschas and H. S. Lee, "High-Speed $\Sigma\Delta$ Modulators with Reduced Timing Jitter Sensitivity," *IEEE Trans. on Circuits and Systems – II: Analog and Digital Signal Processing*, vol. 49, pp. 712–720, November 2002.

[28] O. Oliaei, "Design of Continuous-Time Sigma-Delta Modulators with Arbitrary Feedback Waveform," *IEEE Trans. on Circuits and Systems – II: Analog and Digital Signal Processing*, vol. 50, pp. 437–444, August 2003.

[29] O. Oliaei, "Sigma-Delta Modulator With Spectrally Shaped Feedback," *IEEE Trans. on Circuits and Systems II: Analog and Digital Signal Processing*, vol. 50, pp. 518–530, January 2003.

[30] L. Hernández, A. Wiesbauer, S. Patón, and A. DiGiandomenico, "Modelling and Optimization of Low Pass Continuous-Time Sigma-Delta Modulators for Clock Jitter Noise Reduction," *Proc. of the IEEE Intl. Symp. on Circuits and Systems*, pp. 1072–1075, 2004.

[31] L. Hernández, P. Rombouts, E. Prefasi, S. Patón, and C. L. M. García, "A Jitter Insensitive Continuous-Time $\Sigma\Delta$ Modulator Using Transmission Lines," *Proc. of the IEEE Intl. Conf. on Electronics, Circuits and Systems*, pp. 109–112, 2004.

[32] K. Reddy and S. Pavan, "Fundamental Limitations of Continuous-Time Delta-Sigma Modulators Due to Clock Jitter," *IEEE Transactions on Circuits and Systems - I: Regular Papers*, vol. 54, pp. 2184–2194, October 2007.

[33] V. Vasudevan, "Analysis of Clock Jitter in Continuous-Time Sigma-Delta Modulators," *IEEE Transactions on Circuits and Systems - I: Regular Papers*, vol. 56, pp. 519–528, October 2009.

[34] R. van Veldhoven, "A Triple-mode Continuous-time $\Sigma\Delta$ Modulator with Switched-capacitor Feedback DAC for a GSM-EDGE/CDMA2000/UMTS Receiver," *IEEE J. of Solid-State Circuits*, vol. 38, pp. 2069–2076, December 2003.

[35] O. Oliaei, "State-Space Analysis of Clock Jitter in Continuous-Time Oversampling Data Converters," *IEEE Trans. on Circuits and Systems II: Analog and Digital Signal Processing*, vol. 50, pp. 31–37, January 2003.

[36] L. Risbo, $\Sigma\Delta$ *Modulators: Stability and Design Optimization*. PhD dissertation, Technical University of Denmark, 1994.

[37] J. G. Proakis and D. G. Manolakis, *Digital Signal Processing. Principles, Algorithmics and Applications*. Prentice-Hall, 1998.

[38] R. Tortosa *et al.*, "Analysis of Clock Jitter Error in Multibit Continuous-Time $\Sigma\Delta$ Modulators with NRZ Feedback Waveform," *Proc. of the IEEE Intl. Symp. on Circuits and Systems*, pp. 3103–3106, May 2005.

[39] R. Tortosa, J. M. de la Rosa, F. V. Fernández, and A. Rodríguez-Vázquez, "Clock Jitter in Multi-bit Continuous-time $\Sigma\Delta$ Modulators with Non-Return-to-Zero Feedback Waveform," *Elsevier Microelectronics Journal*, vol. 39, pp. 137–151, January 2008.

[40] B. Putter, "$\Sigma\Delta$ ADC with Finite Impulse Response Feedback DAC," *IEEE ISSCC Digest of Technical Papers*, February 2004.

[41] N. Beilleau, H. Aboushady, and M. Loureat, "Using Finite Impulse Response Feedback DACs to design $\Sigma\Delta$ Modulators based on LC Filters," *Proc. of the IEEE Intl. Midwest Symp. on Circuits and Systems (MWSCAS)*, pp. 696–699, August 2005.

[42] P. Shettigar and S. Pavan, "Design Techniques for Wideband Single-Bit Continuous-Time $\Delta\Sigma$ Modulators

With FIR Feedback DACs," *IEEE J. of Solid-State Circuits*, vol. 47, pp. 2865–2879, December 2012.

[43] V. Srinivasan *et al.*, "A 20mW 61dB SNDR (60MHz BW) 1b 3rd-Order Continuous-Time Delta-Sigma Modulator Clocked at 6GHz in 45nm CMOS," *IEEE ISSCC Dig. of Tech. Papers*, pp. 158–159, February 2012.

[44] A. Sukumaran and S. Pavan, "Low Power Design Techniques for Single-Bit Audio Continuous-Time Delta Sigma ADCs Using FIR Feedback," *IEEE J. of Solid-State Circuits*, vol. 49, pp. 2515–2525, November 2014.

[45] S. Pavan, R. Schreier, and G. C. Temes, *Understanding Delta-Sigma Data Converters*. Wiley-IEEE Press, 2nd ed., 2017.

[46] S. Pavan, "Continuous-Time Delta-Sigma Modulator Design Using the Method of Moments," *IEEE Transactions on Circuits and Systems I – Regular Papers*, vol. 61, pp. 1629–1637, June 2014.

[47] N. Beilleau, H. Aboushady, F. Montaudon, and A. Cathelin, "A 1.3V 26mW 3.2GS/s Undersampled LC Bandpass ΣΔ ADC for a SDR ISM-band Receiver in 130 nm CMOS," *Proc. of the IEEE Radio Frequency Integrated Circuits Symp.*, 2009.

[48] A. Ashry and H. Aboushady, "Jitter Analysis of Bandpass Continuous-Time ΣΔMs for Different Feedback DAC Shapes," *Proc. of the IEEE Intl. Symp. on Circuits and Systems (ISCAS)*, pp. 3997–4000, May 2010.

[49] A. Ashry, D. Belfort, and H. Aboushady, "Phase Noise Effect on Sine-Shaped Feedback DAC Used in Continuous-Time ΣΔ ADCs," *IEEE Transactions on Circuits and Systems I: Regular Papers*, vol. 62, pp. 717–724, March 2015.

[50] A. I. Hussein and W. Kuhn, "Bandpass ΣΔ Modulator Employing Undersampling of RF Signals for Wireless Communications," *IEEE Trans. on Circuits and Systems II: Analog and Digital Signal Processing*, vol. 47, pp. 614–620, July 2000.

[51] S. Gupta *et al.*, "A 0.8-2GHz Fully-Integrated QPLL-Timed Direct-RF-Sampling Bandpass ΣΔ ADC in 0.13μm CMOS," *IEEE J. of Solid-State Circuits*, vol. 47, pp. 1141–1153, May 2012.

[52] S. Asghar, R. del Rio, and J. M. de la Rosa, "Undersampling RF-to-Digital CT ΣΔ Modulator with Tunable Notch Frequency and Simplified Raised-Cosine FIR Feedback DAC," *Proc. of the IEEE Intl. Symp. on Circuits and Systems (ISCAS)*, pp. 1994–1997, May 2013.

[53] A. Edward and J. Silva-Martinez, "General Analysis of Feedback DACÕs Clock Jitter in Continuous-Time Sigma-Delta Modulators," *IEEE Transactions on Circuits and Systems II: Express Briefs*, vol. 61, pp. 506–510, July 2014.

[54] Jiazuo *et al.*, "Phase Noise vs. Jitter Analysis in Continuous-Time LP and BP ΣΔ Modulators with Interferers," *Proc. of the IEEE Intl. Conf. on Electronics, Circuits and Systems (ICECS)*, December 2016.

[55] J. Cherry and W. Snelgrove, "Excess Loop Delay in Continuous-Time Delta–Sigma Modulators," *IEEE Trans. on Circuits and Systems – II: Analog and Digital Signal Processing*, vol. 46, pp. 376–389, April 1999.

[56] J. F. Jensen, G. Raghavan, A. E. Cosand, and R. H. Walden, "A 3.2-GHz Second-Order Delta-Sigma Modulator Implemented in InP HBT Technology," *IEEE J. of Solid-State Circuits*, vol. 30, pp. 1119–1127, October 1995.

[57] J. van Engelen, R. J. van de Plassche, E. Stikvoort, and A. G. Venes, "A Sixth-Order Continuous-Time Bandpass Sigma-Delta Modulator for Digital IF Radio," *IEEE J. of Solid-State Circuits*, vol. 34, pp. 1753–1764, December 1999.

[58] M. Keller, A. Buhmann, J. Sauerbrey, M. Ortmanns, and Y. Manoli, "A Comparative Study on Excess-Loop-Delay Compensation Techniques for Continuous-Time Sigma–Delta Modulators," *IEEE Trans. on Circuits and Systems – I: Regular Papers*, vol. 55, pp. 3480–3487, December 2008.

[59] S. Pavan, "Excess Loop Delay Compensation in Continuous-Time Delta-Sigma Modulators," *IEEE Transactions on Circuits and Systems II: Express Briefs*, vol. 55, pp. 1119–1123, November 2008.

[60] P. Benabes, M. Keramat, and R. Kielbasa, "A Methodology for Designing Continuous-Time Sigma-Delta Modulators," *Proc. of the IEEE European Design and Test Conf.*, pp. 46–50, 1997.

[61] P. Fontaine, A. N. Mohieldin, and A. Bellaouar, "A Low-Noise Low-Voltage CT ΔΣ Modulator with Digital Compensation of Excess Loop Delay," *IEEE ISSCC Digest of Technical Papers*, pp. 498–499, 2005.

[62] G. Mitteregger, C. Ebner, S. Mechnig, T. Blon, C. Holuigue, and E. Romani, "A 20-mW 640-MHz CMOS Continuous-Time ΣΔ ADC With 20-MHz Signal Bandwidth, 80-dB Dynamic Range and 12-bit ENOB," *IEEE J. of Solid-State Circuits*, vol. 41, pp. 2641–2649, December 2006.

[63] S. Pavan, N. Krishnapura, R. Pandarinathan, and P. Sankar, "A Power Optimized Continuous-Time ΔΣ ADC for Audio Applications," *IEEE J. of Solid-State Circuits*, vol. 43, pp. 351–360, February 2008.

[64] B. E. Boser and B. A. Wooley, "The Design of Sigma-Delta Modulation Analog-to-Digital Converters," *IEEE J. of Solid-State Circuits*, vol. 23, pp. 1298–1308, December 1988.

[65] A. Rodríguez-Vázquez *et al.*, "Comparator Circuits," in *Wiley Encyclopedia of Electrical and Electronics Engineering*, pp. 577–600, John Wiley & Sons, 1999.

[66] J. Cherry, W. Snelgrove, and P. Schvan, "Signal-dependent Timing Jitter in Continuous-time ΣΔ Modulators," *Electronics Letters*, vol. 33, pp. 1118–1119, June 1997.

[67] J. Ruiz-Amaya *et al.*, "High-Level Synthesis of Switched-Capacitor, Switched-Current and Continuous-Time ΣΔ Modulators Using SIMULINK-based Time-Domain Behavioral Models," *IEEE Trans. on Circuits and Systems – I: Regular Papers*, pp. 1795–1810, Sep. 2005.

[68] E. H. Dagher *et al.*, "A 2-GHz Analog-to-Digital Delta-Sigma Modulator for CDMA Receivers With 79-dB Signal-to-Noise Ratio in 1.23-MHz Bandwidth," *IEEE J. of Solid-State Circuits*, vol. 38, pp. 1819–1828, November 2004.

第 **5** 章 》

行为级建模和高阶仿真

根据第 3 章和第 4 章中的非理想因素分析，可以推导出精确的等效电路和不同的 Sigma-Delta 调制器模块模型。本章详细阐述了该模型在系统级仿真中提升精度和运算效率的仿真方法。这些仿真方法构成了 Sigma-Delta 调制器系统设计的基本工具。

本章的章节内容安排如下。5.1 节描述了在 Sigma-Delta 调制器设计中通常采用的系统性的自顶向下 / 自底向上的综合方法。5.2 节将用于 Sigma-Delta 调制器评估的不同仿真方法进行了比较，并且强调了行为级仿真技术的优势。5.3 节的重点在于分析行为级建模方法，而 5.4 节则阐述了在 Simulink 中实现 Sigma-Delta 调制器模块模型的一种有效方法。5.5 节主要对 SIMSIDES 及其基于行为级建模的技术进行了描述，SIMSIDES 是一个在 MATLAB/Simulink 环境下运行的时域行为级仿真器。最后，5.6 节分析了两个案例，阐明了 SIMSIDES 对于高阶选型设计和连续时间及开关电容 Sigma-Delta 调制器仿真的作用。

5.1　Sigma-Delta 调制器系统级设计方法

最常见的高性能 Sigma-Delta 调制器系统级设计方法是自顶向下 / 自底向上的分层综合方法。图 5.1[1] 概念性地阐明了分层综合方法。在这种方法中，给定的系统被划分为几个层次结构级别，因此在系统层次结构的每个抽象级别上都会产生一个设计（或选型设计）过程，从而以层次结构的方式将系统参数指标从顶层传递（或映射）到底层。图 5.1 中的反向路径与系统性能的层次化自底向上验证过程相对应 [2,3]。

5.1.1　系统划分和抽象级别 ★★★ ◀

图 5.1 中，Sigma-Delta 调制器划分为以下层级 [2-6]：

1）架构或拓扑级别：单环或级联 Sigma-Delta 调制器，1 位或多位量化，低通或带通，离散时间或连续时间实现等。

2）电路或模块级：放大器、跨导、比较器、电容、电阻、开关等。

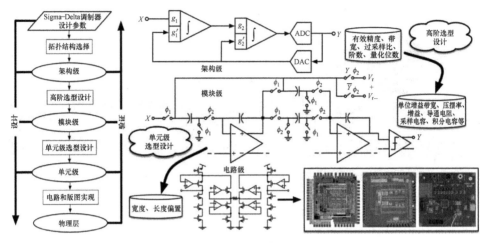

图 5.1　分层综合方法

3）单元级：给定模块的电路拓扑结构，如折叠式共源共栅或套筒共源共栅跨导运算放大器、开关电容或电流舵 DAC、nMOS 或 CMOS 开关等。

4）物理层：从晶体管层电路图到版图和芯片实现。

Sigma-Delta 调制器的设计过程始于系统级参数；换句话说，就是有效位数（ENOB）和信号带宽（B_w）。完成设计的首要目标是找到能够以最小的功耗满足这些参数指标的调制器拓扑结构。最初的噪声传输函数和带内噪声的设计方程是基于嵌入量化器的线性模型，如第 1 章所述，它们主要用于计算 Sigma-Delta 调制器参数的近似值，即过采样率、阶数和量化位数。一旦这些参数已知，架构拓扑结构便可以综合运用于更精确的非线性模型方程。为此，Schreier 的 MATLAB Delta-Sigma 工具箱[7, 8]在 Sigma-Delta 领域中得到了广泛运用。通常有几种拓扑结构自身就满足给定的一组调制器设计参数。

为了确定最佳的 Sigma-Delta 调制器架构，通常采用评估不同的 Sigma-Delta 调制器拓扑结构功耗的分析方法[9]。这些分析方法基于带内噪声功率的紧凑表达式（见第 3 章），我们需要考虑体系结构和技术特性，包括关键电路误差的影响，如热噪声、有限跨导运算放大器直流增益（或等效）、不完全建立（增益带宽积和压摆率）。最近的研究成果表明，非线性可以有效地纳入 Schreier 的工具箱，从而可以精调调制器架构的搜索过程[10]。

基于系统级功耗的评估，可以确定不同 Sigma-Delta 调制器架构的等级，从而决定最合适的拓扑结构。在该步骤中更重要的标准是电路器件容差和失配的敏感性（在连续时间级联拓扑结构中尤其重要）、调制器环路滤波器的稳定性（在高阶单环拓扑结构中尤为关键）、和／或在多位量化 Sigma-Delta 调制器中非线性 DAC 反馈的影响。

5.1.2　选型设计过程 ★★★

一旦选择了调制器架构，下一步就是将调制器级的设计参数（有效位和信号带宽）映射到模块参数指标上，即放大器的有限直流增益、输出摆幅、增益带宽积、压摆率等。在这个通常被称为高阶选型设计的系统级设计过程中，设计参数是不同 Sigma-Delta 调制器子电路的电学参数。这些子电路包括放大器、跨导（在连续时间 Sigma-Delta 调制器中）、比较器、开关和无源元件，如电容、电阻及带通 Sigma-Delta 调制器中的电感[11]。

这种多维的设计空间探索的结果是电学性能或单元级选型设计过程的起点，在此过程中，需要为每一条 Sigma-Delta 调制器分支电路选择一个合适的拓扑结构，便可得到相应的晶体管尺寸和偏置电流。

Sigma-Delta 调制器的设计方法论基本上可以分为两个主要的选型设计过程（见图 5.1）：高阶选型设计和单元级选型设计。这两个任务都需要大量的重新设计迭代，直到设计参数满足每个层级的设计参数指标[12]。图 5.2 概念性地描述了这个过程[6]。在每次迭代中，都要在设计空间的给定点上对电路的性能进行评估，对设计参数进行相应的修正，然后再将这个过程重复一遍。需要注意的是，尽管这一过程在高阶选型设计和单元级选型设计中都是相同的，但在这两种选型设计中的设计问题和公式是不同的。高阶选型设计是一个系统级的综合过程，其输入变量是系统级（调制器）参数，输出变量是模块的电学参数（设计参数），而后者是单元级选型设计过程的输入变量。

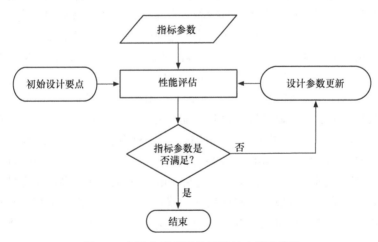

图 5.2　高阶和单元级选型设计中的迭代法

图 5.2 中的设计参数选择可手动进行，即通过考虑所有可能的设计参数组合来搜索整个设计空间。在这种情况下，一旦完全搜索和检查了整个设计空间，就能从那些具有最低（估算）功耗和面积的指标参数要求中选择最好的设计。然而，就计

算资源和CPU时间而言[⊖]，这种"暴力"搜索方法效率非常低，甚至在很多情况下都不可行。因此，通常使用优化引擎指导设计空间的搜索。如模拟退火[13]法或遗传算法[5]等。通常，类似的优化方法有基于以设计为导向的成本函数公式化和最小化，可同时应用于高阶选型设计和单元级选型设计两个选型设计任务中[4]。

图 5.2 展示了不同的性能评估策略。从本质上来说，成本函数可以通过公式或仿真来计算[3]。虽然公式计算比仿真快得多，但其结果的准确性在很大程度上取决于拓扑结构，即 Sigma-Delta 调制器架构（高阶选型设计）和电路示意图（单元级选型设计）。因此，在 Sigma-Delta 调制器领域中，仿真普遍用于 Sigma-Delta 调制器的性能评估[4-6, 14-20]。然而，与在两个选型设计任务中都使用的优化方法相反，仿真需要使用不同的仿真方法来评估整个（系统级）调制器或单个模块的性能，如放大器或比较器（单元级）的性能。后者可以使用具有高精确度和计算效率的电学（类似于集成电路模型规范）仿真器进行分析；而系统级（调制器）性能的评估可以使用不同的仿真方法进行。

5.2　Sigma-Delta 调制器高阶评估的仿真方法

上述高阶综合方法需要进行大量的仿真。根据设计和所需的指标参数，可能需要数百甚至数千次的迭代。因此，为了使这部分设计可行，仿真需要尽可能消耗少的 CPU 时间。由于 Sigma-Delta 调制器采样数据的非线性特性，这一点对它来说至关重要。因此，为了以足够高的数值精度计算 Sigma-Delta 调制器输出处的带内噪声，通常需要至少 2^{16} 个的瞬态仿真时钟周期[⊖]。因此，使用晶体管级（类似于集成电路模型规范）电路仿真进行 Sigma-Delta 调制器瞬态分析，无论它是使用手动参数搜索还是优化引擎都很难进行有效的空间探索。如在 HSPICE 中，2^{16} 点瞬态分析的级联 2-1 开关电容 Sigma-Delta 调制器包括时钟相位发生器和其他辅助子电路，这些子电路在一台 2.2GHz、4GB 内存的核心机器上占用超过 85h 的 CPU 时间。这意味着以这种绩效评价方法为基础的综合过程将需要几个月甚至几年的时间！因此，晶体管级仿真显然在计算上不可能用于综合目的，通常只用于最终的设计验证[20]。

除了仿真晶体管级 Sigma-Delta 调制器需要大量的 CPU 时间，与这种仿真方法相关的另一个实际问题也与 HSPICE[22]或 Spectre[23]等电学仿真器中常见的收敛问题有关。此外，因为设计参数，如器件尺寸、偏置，与系统级别指标相差甚远，所以晶体管级仿真并不适合高阶选型设计过程。因为给定的晶体管宽度或长度会直接影

⊖　本章最后介绍了基于仿真的高阶综合方法，并将其应用于实例研究。这种综合方法不使用任何优化器，而是以参数仿真为基础，检验不同模块误差的单独效应和累积效应，实现 Sigma-Delta 调制器性能的评估。对于 CPU 时间来说，综合方法十分高效，而且可以通过优化过程再次调整 CPU 时间。这部分内容将在第 6 章中详细介绍。

⊖　FFT 算法通常用于获得 ADC 的输出频谱，特别是在 Sigma-Delta 调制器中，如果数据序列中点数为 2 的幂次方，则计算效率更高[21]。因此，如果分别考虑 2^{15} 或 2^{16} 个时钟周期，则点的数目通常表示为 32k 点或 64k 点。

响许多不同性能指标的 Sigma-Delta 调制器模块，如跨导运算放大器的输入差分对晶体管的尺寸会影响有限直流增益、非线性、输入寄生电容和增益带宽积等，因此，设计者也很难通过运行基于晶体管级模型的仿真来了解系统级的情况。

5.2.1 晶体管级仿真的替代方案 ★★★

上述因素表明，增加仿真的抽象级别既能加快仿真，又能使工作设计参数更接近系统级参数指标。然而，提高抽象级别（因此提高了仿真速度）会导致精度下降。这一问题促使设计者探索不同的仿真方法，以优化 CPU 时间和精度之间的平衡。图 5.3 概念性地说明了这一点。

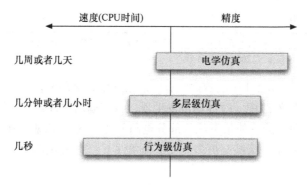

图 5.3 对于 CPU 时间和精度的几种仿真方法的比较

在电学仿真器上运行时，也可以使用电路宏模型替代晶体管级仿真方法。这些宏模型通常以基于理想电压和电流控制源的等效电路的方式实现，它可以仿真主要的非理想效应。这种方法的优点是它可以结合晶体管级示意图来使用相同的（电学）仿真器。因此，系统的关键部分可以在晶体管级别上建模，而其余部分可以用宏模型进行不那么精确的建模，这就形成了通常所说的多层级仿真[2]。显然，多层级仿真的 CPU 时间将随着在晶体管级别上建模器件数量的增加而增加。因此，在大多数实际情况下，这种仿真方法的使用与全晶体管级仿真相比并没有显著的改进⊖。

表 5.1 对比了在 Cadence Spectre 电路仿真器上仿真四阶单环 Sigma-Delta 调制器所需的 CPU 时间，并在中等设定值下进行了 2^{15} 点瞬态分析。调制器拓扑结构由具有前馈求和的级联谐振器组成（见图 2.32b）。Sigma-Delta 调制器架构需要五个放大器来实现四个环路滤波器积分器和有源加法器。基于开关和数字模块（包括时钟相位发生器）的理想宏模型，对该结构进行仿真。从表 5.1 可以看出，在考虑晶体管级的实现时，每附加一个放大器进行仿真，CPU 时间大约增加 30~40min。当在晶体管级上实现所有放大器时，用宏模型仿真整个系统所需的总 CPU 时间从 45min 增加到

⊖ 如第 7 章所述，使用宏模型也可能是搭建系统级和电学级之间所需桥梁的一种较优的策略。

4h。如果采用保守模式进行仿真，CPU 时间将增加 1 倍以上，即完成仿真需要超过 8h。

表 5.1　在不同情况下用多层级方法仿真四阶单环 Sigma-Delta 调制器所需的 CPU 时间

仿真方法	CPU 时间（理想预期）	CPU 时间（保守预期）
所有放大器为宏模型	45min	2h
1 个晶体管级放大器	1h20min	4h
2 个晶体管级放大器	2h	5h30min
5 个晶体管级放大器	4h	8h20min

注：表中仿真数据来自一台有着 4GB RAM 和 2.2GHz 双核 AMD Opteron CPU、运行 64 位 Linux 操作系统的 SUN Fire X2200 M2 服务器。

需要注意的是，表 5.1 中的数据没有考虑系统中数字部分仿真所消耗的时间，如 DAC 反馈、动态器件匹配、时钟相位发生器、数字输出缓冲器等，因为这些部分在仿真中被认为是理想的。如果考虑这部分电路晶体管级的实现，则保守仿真模式的总 CPU 时间将增加至一天甚至更多。在这种条件下，2^{16} 点的瞬态仿真将花费超过三天的 CPU 时间！

5.2.2　事件驱动的行为级仿真技术 ★★★

图 5.3 中，事件驱动的行为级仿真技术实现了精度和速度之间的最佳平衡[15]。如图 5.4 所示，在行为级仿真方法中，调制器被分割成一组具有独立功能的子电路，通常称为基础电路或模块[3, 13]。在 Sigma-Delta 调制器中，最重要的组成部分是积分器和谐振器$^{\ominus}$，还有由 ADC 和 DAC 组成的嵌入量化器。因此，行为级仿真技术需要用一个模型来描述每一个构建模块，这个模型通常被称为行为级模型或行为级定律，它模拟了这些模块的实际操作，并且考虑了第 3 章和第 4 章中描述的主要非理想电路误差机制的影响。

严格地说，上述行为级模型的定义并不一定意味着模型是使用方程来实现的。实际上，还有一种使用所谓的查表模型的替代方法[24, 25]。这些模型背后的思想是从电学仿真中提取给定模块的输入 - 输出特征，然后将提取的信息映射到表中，用来对该模块的功能进行建模。这些表可以替代原来的晶体管级电路，并且可以以高精度加速仿真。由于这些表依赖于电路拓扑结构，因此查表法失去了模型通用性和复用性。实际上，在修正架构本身或任何电路参数时都必须生成新的表。因此，查表

$\ominus$　在低通 Sigma-Delta 调制器中，积分器是环路滤波器的基本组成部分。如第 1 章所述，为了实现带通 Sigma-Delta 调制器，这些电路可以组合实现谐振器。

法更适合自底向上的验证，而不是高阶综合。

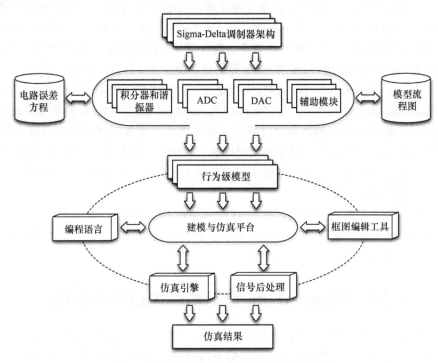

图 5.4　行为级建模和仿真过程的概念框图

最常用的行为级建模方法基于有限差分方程。有限差分方程用内部状态变量和输入信号表示模块的输出信号，描述模块功能。因此，行为级仿真的精度严重依赖于有限差分方程对相应 Sigma-Delta 调制器分支电路的实际行为 [6, 16, 20] 描述的准确性。

5.2.3　编程语言与行为级建模平台 ★★★

行为级建模和相应的仿真引擎（见图 5.4）可以在许多平台上通过使用不同的编程 / 建模语言（包括 C 语言）来编程和实现。C 语言是一种通用的编程语言，它在描述行为级建模方面具有很高的灵活性，并且允许在许多不同的操作系统和平台上实现行为级仿真工具。对 Sigma-Delta 调制器进行行为级仿真的早期方法完全是用 C 语言编译的，它被证明非常适合于 Sigma-Delta 调制器的快速仿真和高阶综合 [13]。

采用 C 语言进行行为级建模和仿真的主要缺点是可以建模和仿真的模块模型数量有限，这些模型包含在相应的（先前编程的）库中，从而减少了可以进行仿真的 Sigma-Delta 调制器结构的种类。从这个角度来看，采用 C 语言进行行为级建模和仿真的方法是不灵活的，这是因为进行模块模型修正并不简单，对新模块和架构的拓展会受到仿真引擎功能以及设计者在 C 语言编程方面能力的限制。这也是大多数基于 C 语言行为级仿真器的文献都是用于仿真开关电容 Sigma-Delta 调制器 [5, 13] 的原因。

为了解决上述所有问题，可以采用几种实现行为级模型的替代方法。其中一种方法在 Sigma-Delta 调制器设计者基于标准硬件描述语言（HDL）的使用中已经得到普及，如 VHDL [26] 及其类似的扩展 [27]，Verilog 和 Verilog AMS[20]。基于 VHDL 的行为级模型描述可以与其他模拟、数字、混合信号电路的 HDL 模型相结合，并可以集成到如 Cadence design FrameWork Ⅱ 等的商业设计环境的设计流程中 [28]。

另一种在 Sigma-Delta 调制器行为级建模与仿真中广泛使用的替代方法是 MAT-LAB/Simulink 仿真平台 [29, 30]。目前，MATLAB/Simulink 软件已在科学和工程领域构成了一个标准的计算机辅助设计平台，并在用户界面友好方面呈现出很多优势。如可以灵活地扩展模块库；对于离散时间或连续时间系统仿真，可以保持精度和仿真速度之间的良好平衡；可以直接访问非常强大的信号后处理工具，在硬件描述语言建模中接口良好 [6, 16]。

本章剩余内容将致力于描述在 MATLAB/Simulink 环境中 Sigma-Delta 调制器的行为级建模和仿真，阐释 Sigma-Delta 调制器模块建模的不同方法以及如何使用这些模型对 Sigma-Delta 调制器进行有效的仿真。

5.3 Sigma-Delta 调制器行为级模型实现

在 Sigma-Delta 调制器的误差机制分析中，设计者可以从中获得一组解析表达式，该表达式说明了在调制器层次结构的不同级别上由电路级电学参数引起的衰减。一方面，为了获得 Sigma-Delta 调制器的性能指标，即带内噪声和信噪失真比，采用第 3 章和第 4 章中描述的分析程序将误差的影响从模块（积分器或谐振器）传输函数传递到调制器噪声传输函数。5.1 节中简化后的架构参数（阶数 L，过采样率 OSR，量化位数 B）和电路级误差的方程，非常适用于功耗的初始系统级估计和初步的结构选择。另一方面，构建精准行为级模型的基础是将模块功能用误差参数函数的精确方程描述出来。为此，这些方程必须转换成可以用编程语言实现的计算流程图。下面阐述这一过程的两个基本模块：开关电容前向欧拉（FE）积分器和 Gm-C 积分器。它们分别是开关电容 Sigma-Delta 调制器和连续时间 Sigma-Delta 调制器的基本模块⊖。

5.3.1 从电路分析到计算机算法 ★★★

图 5.5 所示为开关电容，FE 积分器和 Gm-C 积分器。图 5.5 中，考虑理想电路元件的输出电压 v_o，有限差分方程可表示为

$$v_o n T_s = \frac{C_S}{C_I} v_i \left[(n-1) T_s \right] + v_o \left[(n-1) T_s \right] \tag{5.1}$$

⊖ 此处所描述的过程着重于先考虑理想行为，即只在开关电容积分器中加入非线性有限放大器增益效应、在 Gm-C 积分器中加入有限跨导运算放大器增益效应的行为级模型。对于更完整的行为级模型描述，以及它在 MATLAB/Simulink 环境中的实现，将在 5.4 节中详细说明。

式中，v_i 为输入电压；C_S 为采样电容，C_I 为积分电容；nT_s 为第 n 个采样时间瞬间；T_s 为采样周期。

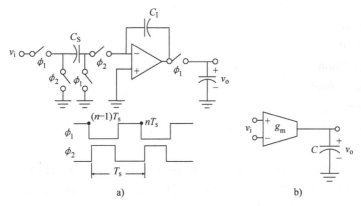

图 5.5　开关电容前向欧拉积分器和 Gm-C 积分器

a）开关电容 FE 积分器　b）Gm-C 积分器

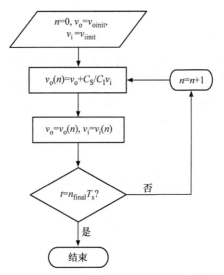

图 5.6　由行为级方程式（5.1）计算的流程图

式（5.1）易于用数值求解，因为在给定的时间瞬间，nT_s 输出电压可以通过将前一个采样周期 $(n-1)T_s$ 的输出电压值与 $(n-1)T_s$ 的输入电压值乘以 C_S/C_I 来计算。这个操作的流程图如图 5.6 所示，可以用计算模型表示如下：

```
vinit=0；
Cs=1e-12；
Ci=1e-12;
n=1;
nfinal=10;
vi（1：10）=1;
vo（1）=vinit;
while n<=nfinal
    n=n+1;
    vo（n）=vo（n-1）+Cs/Ci*vi（n-1）;
end;
```

其中，vinit 表示初始条件，nfinal 表示最后一个采样时刻，并假设 $C_S = C_I = 1\text{pF}$ [⊖]。除了上面使用的 while 语句，也可以使用其他的迭代语句，如 if 语句和 for 语句。

图 5.5b 的理想功能可以用数学形式表示为

$$g_m v_i(t) = C \frac{\mathrm{d}v_o(t)}{\mathrm{d}t} \tag{5.2}$$

式中，g_m 为跨导；C 为积分电容。

式（5.2）可以非常有效地集成到 MATLAB/Simulink 求解器中 [29]。

如图 5.7 所示，在频域中使用 Simulink 基本库模块可以很容易地实现上述在时域中用于开关电容和连续时间积分器的理想模型。分别对式（5.1）和式（5.2）进行 Z 变换和 S 变换，相应的传输函数为

$$\begin{cases} v_o(z) = \dfrac{C_S / C_I z^{-1}}{\left(1 - z^{-1}\right)} v_i(z) \\[3mm] v_o(s) = \dfrac{g_m}{sC} v_i(s) \end{cases} \tag{5.3}$$

式中，$v_o(z)$ 和 $v_i(z)$ 分别为图 5.5a 中经过 Z 变换的 $v_o(nT_s)$ 和 $v_i(nT_s)$；$v_o(s)$ 和 $v_i(s)$ 则分别为图 5.5b 中经过 S 变换的 $v_o(t)$ 和 $v_i(t)$。利用 Simulink 提供的离散时间和连续时间求解器，可以非常有效地计算这两个模型。

⊖ 本例中使用的 MATLAB 代码可以很容易地转换为其他编程语言，如 C、Verilog-A 或 VHDL-AMS。

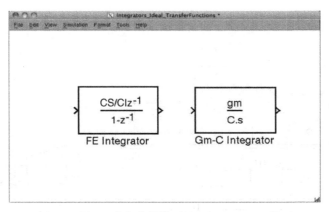

图 5.7　图 5.5 中积分器模型的理想 Simulink 模型

5.3.2　时域行为级模型与频域行为级模型 ★★★

上述理想行为级模型在时域可以用式（5.1）、式（5.2）表示，在频域可以用式（5.3）表示。这两种表达方式完全相同，产生的结果也相同。事实上，如果 Sigma-Delta 调制器模块可以被视为线性时不变系统，那么对其行为级建模的最方便、最简单的方法就是使用频域传输函数。然而，这在大多数实际情况下是行不通的，因为如第 3 章和第 4 章所述，Sigma-Delta 调制器性能会受电路级误差的影响而降低。如果行为级模型在时域中建立而不是在频域中建立，那么大部分电路误差都可以用更准确的方法建模。

考虑图 5.5 中跨导运算放大器有限直流增益对积分器的影响，图 5.8 为这种影响的建模。其中，A_v 为开关电容 - 前向欧拉积分器中运算放大器的有限直流电压增益，g_o 为 Gm-C 积分器中跨导的有限输出电导，有限直流增益由 g_m/g_o 来计算。图 5.8 中描述积分器行为的时域方程为

$$\begin{cases} v_o\left(nT_s\right)=\dfrac{1+\mu}{1+\left(1+g\right)\mu}v_o\left[\left(n-1\right)T_s\right]+\dfrac{g}{1+\left(1+g\right)\mu}v_i\left[\left(n-1\right)T_s\right] \\ g_m v_i\left(t\right)=C\dfrac{dv_o\left(t\right)}{dt}+g_o v_o\left(t\right) \end{cases} \quad (5.4)$$

其中，$\mu \equiv 1/A_v$，$g = C_s/C_I$。需要注意的是，有限直流增益开关电容积分器的行为级模型可以使用类似于图 5.6 所示的理想流程图进行计算，只需要根据式（5.4）修正相应的倍增因数 v_o 和 v_i 即可。对于连续时间积分器，其微分方程可以用 C 语言或 MATLAB 编程进行数值求解⊖。

⊖　感兴趣的读者可以在 MATLAB 中找到与连续时间和离散时间状态流图实现相关的详细文档[31]。

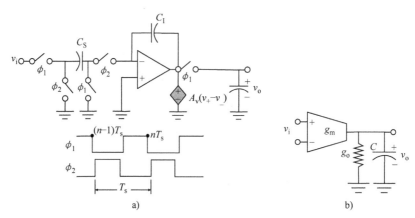

图 5.8　运算跨导放大器有限直流增益的建模

a）开关电容 FE 积分器　b）Gm-C 积分器

采用与 5.3.1 节相似的分析方式，可以得到图 5.8 中两个电路的（频域）传输函数为

$$\begin{cases} v_o(z) = \dfrac{gz^{-1}}{1+(1+g)\mu-(1+\mu)z^{-1}} v_i(z) \\ v_o(s) = \dfrac{g_m/g_o}{1+sC/g_o} v_i(s) \end{cases} \quad (5.5)$$

如图 5.9 所示，使用 Simulink 库的基本模块可以很容易地对上述传输函数进行建模。然而，当考虑非理想和非线性效应时，频域模型将不能再使用[⊖]。相反，在不同时钟相位下操作的时域模型包含各种电路级现象，是一种更准确的建模方法。为了说明这一点，下面分析图 5.8a 中时钟相位 ϕ_1 和 ϕ_2 的电路。

在 $(n-1)T_s$ 周期的时钟相位 ϕ_1（采样相位）结束时，采样电容 C_S 和积分电容 C_I 的充电电压分别为

$$\begin{cases} v_{C_S,\phi_1} = -v_i\big[(n-1)T_s\big] \\ v_{C_I,\phi_1} = -(1+\mu)v_{o1}\big[(n-1)T_s\big] = -(1+\mu)v_{o1}\big[(n-3/2)T_s\big] \end{cases} \quad (5.6)$$

式中，$v_{o1}(nT_s)$ 为图 5.8a 中运算放大器输出端的电压。

⊖　由于在时域进行非线性误差的数学处理非常复杂，一些设计者提出了在开关电容 Sigma-Delta 调制器中结合 MATLAB 函数和线性 Simulink 模型对弱非线性效应建模的替代方法，或者通过修正 Schreier 的 Sigma-Delta 工具箱来仿真离散时间下的连续时间 Sigma-Delta 调制器。

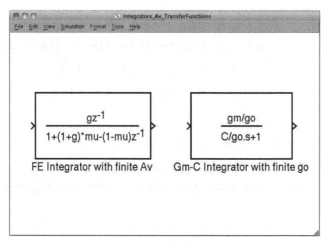

图 5.9   Simulink 中针对有限直流增益对积分器传输函数影响进行的仿真

在 $(n-1/2)T_s$ 周期的时钟相位 ϕ_2（积分相位）结束时，通过采样电容 C_S 和积分电容 C_I 的电压分别为

$$\begin{cases} v_{C_S,\phi_2} = -\mu v_{o1}\big[(n-1/2)T_s\big] \\ v_{C_I,\phi_2} = -(1+\mu)v_{o1}\big[(n-1/2)T_s\big] \end{cases} \tag{5.7}$$

图 5.8a 中运算放大器负输入节点处的电荷平衡方程为

$$C_S(v_{C_S,\phi_2} - v_{C_S,\phi_1}) + C_I(v_{C_I,\phi_2} - v_{C_I,\phi_1}) = 0 \tag{5.8}$$

将式（5.6）、式（5.7）代入式（5.8），可得

$$\big[1+(1+g)\mu\big]v_{o1}\big[(n-1/2)T_s\big] = gv_i\big[(n-1)T_s\big] + (1+\mu)v_{o1}\big[(n-3/2)T_s\big] \tag{5.9}$$

考虑到 $v_o(nT_s) = v_{o1}[(n-1/2)T_s]$，式（5.9）转换为式（5.4）的开关电容部分，进行 Z 变换后，得到式（5.5）。

注意：式（5.6）～式（5.8）中描述的电荷平衡分析比使用 Z 域传输函数建模，如简单模块的理想行为和 / 或线性误差的影响（如有限直流增益）等简单现象要复杂得多。然而，随着模型越来越精确，其所包括的非理想电路误差和 / 或非线性的影响将越来越多，电荷平衡模型成为实现行为级仿真最合适的途径。为了进一步说明，假设在开关电容 FE 积分器中有有限直流增益电压相关性[⊖]。这种非线性效应可以通过将图 5.8 a 中的电压线性增益 A_v 参数替换为输出电压的非线性函数来建模，即 $A_v(v_o) \simeq A_v(1 + \mathrm{avnl}_1 v_o + \mathrm{avnl}_2 v_o^2 + \cdots)$，其中，$\mathrm{avnl}_i$ 为 i 阶非线性电压增益系数 [32]。考虑到上述非线性效应，电荷平衡方程转化为

⊖   包括主电路效应在内的连续时间 Sigma-Delta 调制器的精确时域行为模型将在 5.4 节中描述。

$$\begin{cases} v_{C_S,\phi_1} = -v_i\big[(n-1)T_s\big] \\ v_{C_I,\phi_1} = -\big(1+A_{v(n-3/2)}\big)v_{o1}\big[(n-1)T_s\big] = -(1+\mu)v_{o1}\big[(n-3/2)T_s\big] \\ v_{C_S,\phi_2} = -\big[A_{v(n-1/2)}\big]v_{o1}\big[(n-1/2)T_s\big] \\ v_{C_I,\phi_2} = -\big[1+A_{v(n-1/2)}\big]v_{o1}\big[(n-1/2)T_s\big] \end{cases} \tag{5.10}$$

其中，$A_{v(n-1/2)} = A_v\big(v_{o1}\big[(n-1/2)T_s\big]\big)$，$A_{v(n-3/2)} = A_v\big(v_{o1}\big[(n-3/2)T_s\big]\big)$。

由式（5.9）、式（5.10）可知，描述积分器行为的非线性有限差分方程为

$$\left(1+\frac{1+g}{A_{v(n-1/2)}}\right)v_{o1}\big[(n-1/2)T_s\big] = gv_i\big[(n-1)T_s\big] + \left(1+\frac{1}{A_{v(n-3/2)}}\right)v_{o1}\big[(n-3/2)T_s\big] \tag{5.11}$$

需要注意的是，因为运算放大器的输出电压 $v_{o1}(nT_s)$ 取决于放大器的非线性增益，而非线性增益又随着 $v_{o1}(nT_s)$ 的变化而变化，因此，计算式（5.11）中的行为级模型需要迭代过程。

5.3.3　MATLAB 中时域行为级模型的实现 ★★★

由方程描述的行为级模型可以用 M 文件 [29] 和如图 5.10 所示的 MATLAB 代码进行编程。其中，C1 和 C2 分别为采样电容（C_S）和积分电容（C_I），count 为决定时钟相位的参数，count=0 对应采样相位，count=1 对应积分相位。因此，如图 5.11 所示，可以选择图 5.8a 或互补的时钟相位方案，即在 ϕ_2 相位对输入开关进行时钟控制。输入信号由 u（1）和 u（2）两个矢量组成的矩阵来建模，而输出存储在变量 y 中，yold 对存储在前一个时钟相位中的输出样本进行建模，ytemp 则作为时间状态变量直到收敛。

在迭代过程中使用的收敛准则是

AVVAR=abs[（AVOLD-AVNEW）/AVNEW]<thrs

式中，thrs 为建模的收敛阈值，通常选择 thrs=0.01；abs（x）为 x 的绝对值；AVOLD 和 AVNEW 分别为需要求解的旧值参数和新值参数，此处即为 A_v。在此条件下，通常需要 3 次或 4 次迭代便能达到收敛，所以 CPU 时间不会太长 [6]。

图 5.12 所示为具有非线性直流增益的开关电容 - 前向欧拉积分器（见图 5.8a）的 Simulink 模型。基于图 5.10 中的 MATLAB 代码，通过 Simulink 中的 MATLAB Fcn 函数模块实现建模。图 5.12b 所示为本例中使用的 MATLAB Fcn intfescavnl，它将图 5.10 中的 M 文件应用于模块输入。如图 5.12c 所示，MATLAB 函数（如 AV、AVNL1、AVNL2、…、C1、C2、PHI）的输入参数包含在 Function Block Parameters 对话窗口中，并由用户配置。需要注意的是，图 5.12b 中的两个附加模块用于在正确的采样瞬间对输出信号进行适当的采样。其中一个模块是 Unit Delay 模块，它增加

了额外的 $T_s/2$ 延时；另一个模块是 Simulink S-function 模块，这部分内容将在 5.4 节中进行介绍。

```
function y = intfeavnl(u,AV,AVNL1,AVNL2,AVNL3,AVNL4,C1,C2,PHI)
persistent VC1 VC2 VC1OLD count yold
if (isempty(VC1))
    VC1=0;
    VC2=0;
    VC1OLD=0;
    count=0;
    yold=0;
end
        if (PHI==1)
            if (count==0)
                VC1 =u(1);
                VC2 =yold;
                y=yold;
                count=count+1;
            else
                VC1OLD = VC1;
                VC1 = u(2);
                AVNEW = AV;
                ITER = 0;
                AVVAR=1;
                while (AVVAR>0.01&ITER<50),
                    ytemp = ((C1/C2)*(VC1OLD-VC1)*(AVNEW/(1+AVNEW+(C1/C2)))) + (VC2*((AVNEW+1)/(1+AVNEW+(C1/C2))));
                    AVOLD = AVNEW;
                    VO2 = ytemp^2;
                    VO3 = ytemp^3;
                    VO4 = ytemp^4;
                    AVNEW = AV*(1+(AVNL1*ytemp)+(AVNL2*VO2)+(AVNL3*VO3)+(AVNL4*VO4));
                    AVVAR = abs((AVOLD-AVNEW)/AVNEW);
                    ITER = ITER + 1;
                end
                y = ytemp;
                yold=y;
                count=0;
            end
        elseif (count==0)
                VC1OLD = VC1;
                VC1 = u(2);
                AVNEW = AV;
                ITER = 0;
                AVVAR=1;
                while (AVVAR>0.01&ITER<50),
                    ytemp = ((C1/C2)*(VC1OLD-VC1)*(AVNEW/(1+AVNEW+(C1/C2)))) + (VC2*((AVNEW+1)/(1+AVNEW+(C1/C2))));
                    AVOLD = AVNEW;
                    VO2 = ytemp^2;
                    VO3 = ytemp^3;
                    VO4 = ytemp^4;
                    AVNEW = AV*(1+(AVNL1*ytemp)+(AVNL2*VO2)+(AVNL3*VO3)+(AVNL4*VO4));
                    AVVAR = abs((AVOLD-AVNEW)/AVNEW);
                    ITER = ITER + 1;
                end
                y = ytemp;
                yold=y;
                count=count+1;
        else
                VC1 = u(1);
                VC2 = yold;
                y=yold;
                count=0;
        end
```

图 5.10　图 5.8a 中的开关电容 - 前向欧拉积分器行为级模型的 MATLAB 代码（包括放大器增益非线性的影响）

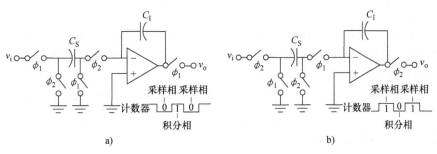

a)　　　　　　　　　　　　　　b)

图 5.11　开关电容 - 前向欧拉积分器行为级模型中计数的含义

a）输入开关时钟相位为 ϕ_1　　b）输入开关时钟相位为 ϕ_2

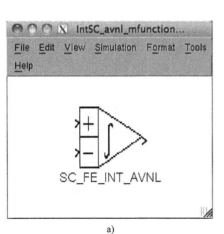

a)

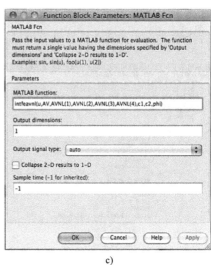

c)

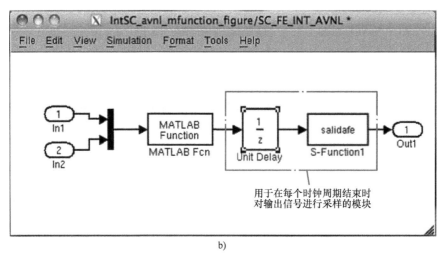

b)

图 5.12　图 5.8a 中开关电容 - 前向欧拉积分器的 Simulink 模型

a）Simulink 掩码　b）包括 MATLAB 函数的 Simulink 图表　c）相关对话窗口

　　使用 M 文件的一个问题是 MATLAB 解析器在每个时间步长都会被调用，从而减慢了仿真过程[29]。随着模型复杂度的增加，这个问题也会加剧。例如，假设一个级联 2-1-1 开关电容 Sigma-Delta 调制器除了非线性直流增益外所有模块都是理想的，且该调制器使用 M 文件的建模见图 5.10。图 5.13 所示为该调制器的 Simulink 模块图表，并重点显示了其主要模块。该调制器在 2.4GHz 内核和 4GB RAM 中进行 2^{16} 个时钟周期仿真需要 148s ⊖。

⊖　仿真使用了 Simulink 中的正常模式。无论采用何种建模策略，使用 Simulink 中可用的加速器模式都会加速仿真。然而，加速器模式不能用于某些类型的 M 文件，如这些文件使用的参数有多个维度时就不能使用加速器模式，这在 Sigma-Delta 调制器模块建模时很常见。

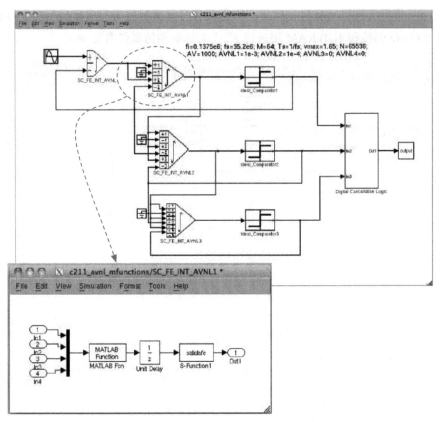

图 5.13 图 5.10 中级联 2-1-1 开关电容 Sigma-Delta 调制器的 Simulink 模型中非线性直流增益
建模使用的 M 文件

另一种基于 MATLAB 函数的 Sigma-Delta 调制器仿真[16, 33]方法是使用 Simulink 工具箱。工具箱中包含的模型基于 Simulink 标准库模块之间的互联，这些模型对于系统级评估非常直观且有效。然而，模块库仅限于开关电容电路，并且使用了相对简单的模型，没有考虑诸如与跨导运算放大器直流增益和电容相关的非线性等限制。因此，尽管这些模型非常直观，但每个模块的实现都需要使用 MATLAB 函数来实现几组基本的 Simulink 模块，从而会在计算时间上造成一定的损失。如前所述，计算时间对于基于优化的综合过程是至关重要。此外，工具箱中的大部分模型是在 Z 域实现的，因此在不同的时钟相位中的电路行为并没有考虑，这可能导致与积分器瞬态响应相关的误差建模相当不精确。

图 5.14 所示为采用 Brigati 等人开发的 Simulink 工具箱建模的级联 2-1-1 开关电容 Sigma-Delta 调制器的 Simulink 模块图表[34]。所建立的积分器行为级模型包括有限开环运算放大直流增益、不完全建立误差、失真、失配电容比误差和热噪声。此外，在原模型上加入了主要的非线性效应，即非线性采样开关导通电阻、非线性电容和非线性开环运算放大直流增益。开环运算放大直流增益的 M 函数建模见

图 5.10，图 5.14 所示为该模块图表的主要部分以及调制器仿真所需的参数。该调制器在 2.4GHz 内核和 4GB RAM 中进行 2^{16} 个时钟周期仿真仅需 80s。

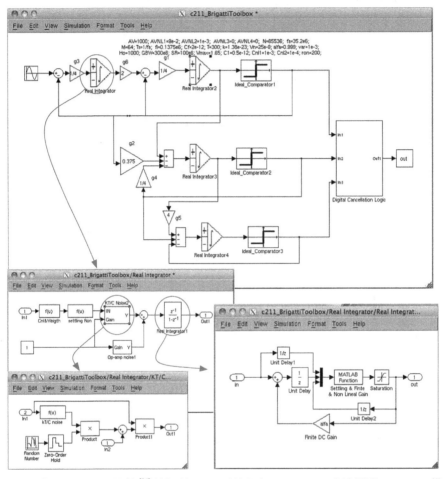

图 5.14　使用 Brigati 工具箱[34]的级联 2-1-1 开关电容 Sigma-Delta 调制器的 Simulink 模型

　　如果在 Sigma-Delta 调制器模块行为级模型 C 语言实现中使用了 Simulink 仿真软件的 S function，则 CPU 时间可以减少到 8s[35]。system function 或 S function 是对 Simulink 模块的计算机语言描述，可以用 MATLAB 代码、Ada、Fortran 或 C 代码编写[35]。S function 是有特殊用途的源文件，允许在 Simulink 模型中使用 C 语言编写计算算法。与使用 MATLAB 函数或 M 文件编写行为级模型相比，这种方法加速了仿真，甚至在某些情况下可加速至 50 倍，即使在与使用加速器模式相比也是如此。除了 CPU 时间方面的优势外，Sigma-Delta 调制器使用 S function 进行行为级仿真还允许设计者以更精确的方式建模电路级的误差机制，这部分内容将在本章的其余部分进行说明。

5.3.4　利用 Simulink C-MEX S 函数建立时域行为级模型 ★★★

图 5.15a 所示为在 Simulink 环境中使用 C 编码的 S 函数逐步实现 Sigma-Delta 调制器模块行为级建模的过程。主要步骤如下 [6]⊖：

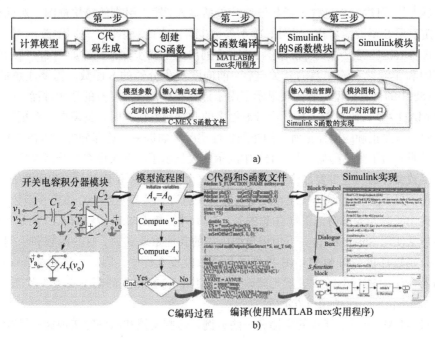

a)

b)

图 5.15　使用 C-MEX S 函数将行为级模型合并到 MATLAB/Simulink 环境

a）逐步概念流程图　b）有限非线性直流增益的开关电容 - 前向欧拉积分器的创建过程

1）计算模型的定义。对于一个给定的包含一组非理想特性的 Sigma-Delta 调制器模块，定义一个计算模型，该计算模型允许将输出作为输入和内部状态（如果有的话）的函数进行计算。

2）生成与前一步对应的定义计算模型的 C 代码。

3）用 C-MEX S 函数实现计算模型。为此，Simulink 提供了各种 S 函数模板文件，这些文件可以适应在前一步中生成的 C 编码计算模型。对于连续时间和离散时间模块都可以进行建模。S 函数模板文件由几个称为回调方法的子部分组成，这些子部分在每个仿真阶段执行不同的任务。这些任务包括变量初始化、输出变量的计算和状态变量的更新 [35]。

4）S 函数的编译。S 函数的编译通过使用 MATLAB 中提供的 mex 实用程序来实现 [35]。通过输入 mex filename.c，可以从 MATLAB 命令提示符窗口运行该实用程

⊖　最新版本的 MATLAB 允许根据用户使用的图形用户界面（GUI）所提供的规范和代码片段自动构建 C 编码的 S 函数。本书中阐述的过程允许从头开始编写 C-MEX S 函数，从而让设计者完全控制要构建的行为级模型。

序。而 filename.c 既可以是一个单独的 C 编码的 S 函数文件，也可以是不同 C 语言源文件的组合⊖。当给定的仿真需要时，产生的目标文件将在 Simulink 中动态编译和连接。

5）将模型合并到 Simulink 环境中。这可以通过使用 Simulink 库的 S 函数模块来完成 [35]。创建一个包含 S 函数模块并包括输入／输出引脚的模块框图，对话框用于指定底层 S 函数的名称。此外，模型参数也可以在此对话框中进行更改。

图 5.15b 举例说明如何根据图 5.15a 中列出的主要步骤来创建如图 5.8 所示的具有有限和非线性直流增益的开关电容 - 前向欧拉积分器的 S 函数。需要注意的是，图 5.15b 中的计算模型流程图仅显示了用于计算非线性直流增益的迭代过程，全部相关的 MATLAB 代码见图 5.10。当考虑更多的非理想性情况时，就需要一个更复杂的计算模型按照正确的顺序把所有的非理想性情况考虑进去，这部分内容将在 5.4 节中详细说明。为了简单起见，图 5.15b 中的示例仅显示了与开关电容积分器模型相关联的 S 函数文件的一些重要部分，以及如何将这个 S 函数应用于 Simulink 环境中。

图 5.16 是具有有限非线性直流增益的开关电容积分器的整个 C 编码 S 函数文件，并且突出了其主要部分。需要注意的是，除了计算模型本身，如图 5.17 所示，S 函数还包括使用 Simulink 仿真行为级模型所需的其他重要函数。这些函数和示例中的大部分函数都包含在 MATLAB 提供的 S 函数模板文件中。因此，仿真 Sigma-Delta 调制器模块的最简单的方法就是修改模板文件，包括相应的模型参数、状态变量、输入／输出信号，时钟相位方案等⊖。

MATLAB 提供了详细的文档和一些示例，这些文档和示例对实现这一目标非常有效 [35]。例如，图 5.16 中的 S 函数文件由以下部分和函数组成：

1）S-function 和定义。S 函数的这个部分用于定义模块模型的名称及其相应的参数。图 5.16 中，模型参数为 phi、ts、c1、c2、av、avnl、cp、opspos 和 opsneg，后者是放大器输出摆幅的正、负极限。

2）mdlInitializeSizes。该函数指定了输入、输出和内部数据的数量。需要注意的是，在 Simulink 中使用的模块可能有输入向量、输出向量和状态向量。这些向量的维数在 S 函数的 mdlInitializeSizes 部分也有规定。本例中，mdlInitializeSizes 定义了两个输入端口、零状态变量和一个输出，它们的大小都为 1。采样率（或采样时间）的数值也在 mdlInitializeSizes 函数中指定，在本例中则为 1。

⊖ MATLAB mex 实用程序可用于编译一个或多个 C/C++ 或 Fortran 源文件。本书重点关注 C/C++ 源文件。

⊖ 虽然本节所描述的过程可以通过使用 MATLAB 提供的 S 函数模板很容易地实现，但要注意的是，Simulink 中的 S 函数生成器模块可以根据用户提供的规范和 C 代码构建 S 函数。

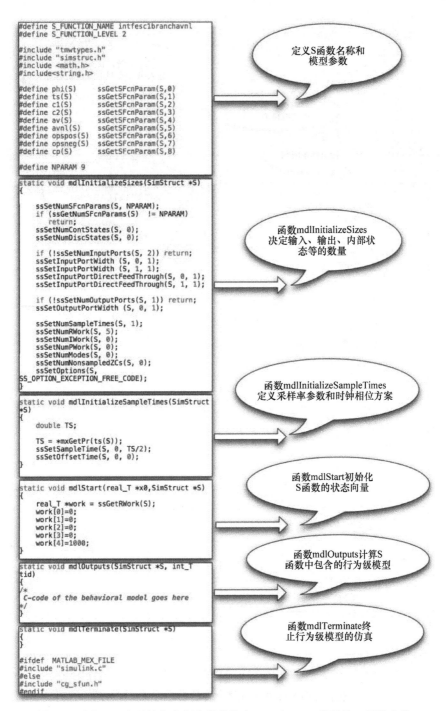

图 5.16 图 5.10 中开关电容积分器的整个 MATLAB C 编码的 S 函数文件

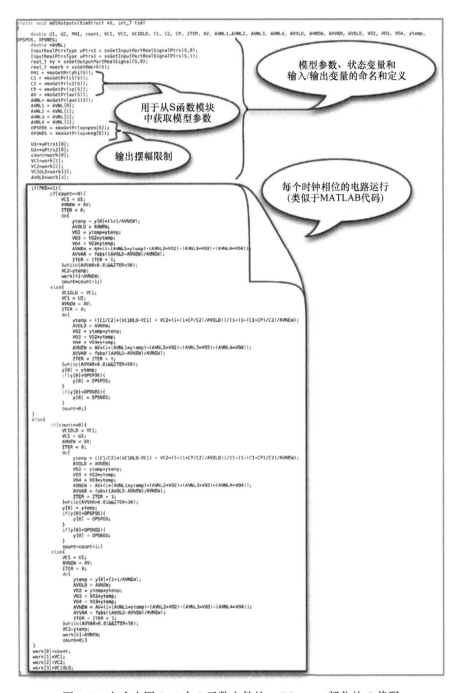

图 5.17　包含在图 5.16 中 S 函数文件的 mdlOutputs 部分的 C 代码

3）mdlInitialize Sample Times。该函数定义了采样时间和时钟相位方案。mdlInitialize Sample Time 函数用来定义单一速率、多速率或连续时间电路模块。时钟相位的数目、每一个时钟相位的定时周期以及它们之间的延迟（在 S 函数中称为偏移量）也在 mdlInitialize Sample Time 函数中指定。本例中考虑了具有 50% 占空比的非交叠两相时钟。

4）mdlStart。该函数执行 S 函数的初始化，建立所需模型参数和内部变量状态的初始值。

5）mdlOutputs。该函数是 S 函数的主要部分，因为本节将介绍行为级模型的 C 代码。mdlOutputs 函数计算模型并在输出数组中存储相应的结果。

6）mdlTerminate。mdlTerminate 是一个必须包含在 S 函数文件中的规范，以便保持所需的模板结构，因为 Simulink 会在仿真结束时调用它。在更普遍的情况下，mdlTerminate 函数用于执行模拟结束时所需的任何操作，如释放内存。在本例中，mdlTerminate 函数未被使用，因此为空。

如上所述，一旦生成了用 C 语言编写的 S 函数源文件（intfesc1branchavnl.c），就必须对其进行编译，使其在 MATLAB 中可执行。在本例中，编译是通过在 MATLAB 命令窗口中运行 mex intfesc1branchavnl.c 完成的。编译后的结果是生成一个名为 MEX 的文件，术语 MEX 来自于"MATLAB 可执行文件"[29]。

使用用户定义函数 Simulink 库中可用的 S 函数模块，将已编译的 MEX S 函数合并到 Simulink 模型中。图 5.18 为与图 5.16 中 S 函数相关联的 Simulink 模块，显示了主对话窗口。将 S 函数名称和模型参数输入模块参数对话框，模块名称以及模型参数与图 5.16 中源文件包含的相同，这一点非常重要。输入 / 输出终端端口连接到 Simulink 框图中的 S 函数模块。

注意：图 5.18 的框图中包含了一个名为 FeIntSampling 的附加 S 函数模块。该模块用于在正确的时间点对积分器输出进行采样，该模块 C 编码的 S 函数源文件如图 5.16 所示。附加 S 函数与半延迟的 Simulink 模块相结合，可以更精确地控制积分器输出的时钟相位，并且每个时钟周期只采集一个输出样本。

创建块掩码可以使 S 函数在更复杂的系统中易于使用，可以使用一个特定的掩码图标来代替 Simulink 子系统的标准图标，因为它可以识别给定系统（如 Sigma-Delta 调制器）中的不同模块。掩码也有一个对话框，允许设计者以一种简单的方式改变模型参数。这些模型参数会传递给 S 函数，并在仿真过程中需要它们实时动态地链接到 Simulink 中。

为了创建不同 Sigma-Delta 调制器模块的行为级模型，必须遵循本节中描述的过程。下一节详细阐述一些非常重要的模块模型，以及它们在 MATLAB/Simulink 环境中使用 C 编码的 S 函数的实现。

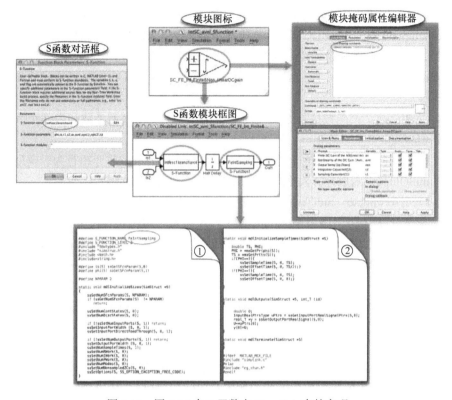

图 5.18　图 5.16 中 S 函数在 Simulink 中的实现

5.4　利用 C-MEX S 函数建立 Sigma-Delta 调制器模块的有效行为级模型

　　可以使用上一节中描述的方法，利用 C-MEX S 函数对所有 Sigma-Delta 调制器模块进行建模。这样，任何 Sigma-Delta 调制器体系结构都可以在系统级别上高效地进行仿真，包括精度和 CPU 时间。图 5.19 为使用开关电容积分器和 Gm-C 积分器实现的二阶 Sigma-Delta 调制器的 Simulink 框图。这些框图包含 S 函数模块，即模型积分器、量化器和反馈 DAC。其他辅助子电路，如 Gm-C 积分器（由 R_o 和 C 组成）的输出阻抗和数字锁存器，也包含在模型中。

　　图 5.19 中的每个模块都可以使用不同的电路拓扑结构来实现，每个拓扑结构都会受到较多电路误差机制的影响。对于 Sigma-Delta 调制器模块行为级模型及其相应 S 函数的详细解释超出了本书讨论的范围。与之相反，本节主要描述的是 Sigma-Delta 调制器最基本要素的模型，考虑了最重要的非理想效应，并特别强调了使用 C-MEX S 函数实现该模型的相关内容。

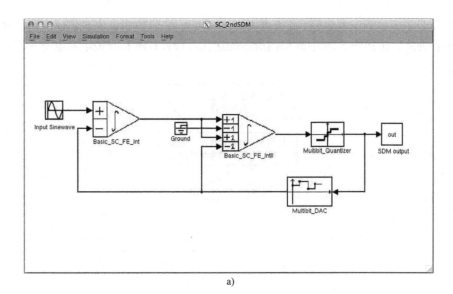

a)

b)

图 5.19 用 S 函数说明二阶 Sigma-Delta 调制器的行为级模型

a）开关电容的实现 b）Gm-C 的实现

5.4.1 利用 S 函数进行开关电容积分器建模 ★★★◀

再次考虑图 5.8a 开关电容 - 前向欧拉积分器的概念示意图（为了简单起见，这里给出的是单端原理图）。接描述的行为级模型考虑了全差分拓扑结构。其理想行为由式（5.1）所示的有限差分方程描述。在 5.3 节中考虑了有限跨导运算放大器直流增益的影响，同时考虑了线性和非线性的影响。然而，在实践中，如第 3 章和第 4 章所述，开关电容积分器的性能因为存在较多的误差机制而降低。一个准确的行为级模型必须考虑到主要电路误差的影响，以及它们在时钟相位中对建模电路性能的影响。为此，按照图 5.20 中流程图所示的迭代过程计算所有开关电容电路非理想性的影响[6]。

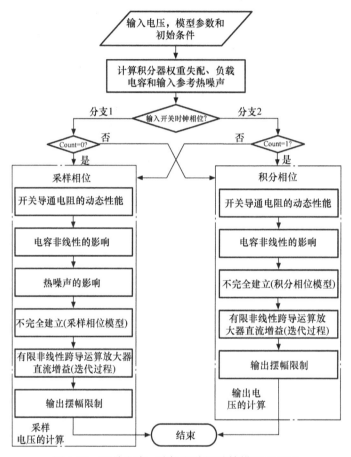

图 5.20　开关电容 - 欧拉积分器计算模型流程图

模型首先加载所需模型参数的值、输入信号和初始条件，即在前一个时钟周期内存储的积分器的内部电压（包括存储在采样电容和积分电容上的值）。这些通常在仿真开始时设置为零。在开始计算行为级模型之前，需要进行一些初始计算：等效输入相关噪声；因电容失配造成的积分器权重的实际值，以及采样和积分时钟相位期间积分器不同节点的寄生电容和负载电容。

图 5.20 中，两个主要分支对应两个不同的积分器时钟相位。如图 5.11 所示，根据时钟相位计数器（count）的值和输入开关相位，两个积分器时钟相位选择为 ϕ_1 或者 ϕ_2。在每个时钟相位，考虑主要开关电容电路非理想性的影响，主要有有限（线性和非线性）开关导通电阻、电容非线性、热噪声、不完全建立、有限（线性和非线性）跨导运算放大器直流增益（模型如 5.3 节所述）和输出摆幅限制。这些误差

的行为级模型基于第 3 章提出的非理想方程。这些方程可以用 C 语言编写并合并到 S 函数中，如图 5.21~ 图 5.23 所示。

```
#define S_FUNCTION_NAME intfesc1branch_allerrors
#define S_FUNCTION_LEVEL 2
...
#define phi(S)          ssGetSFcnParam(S,0)    /* Input switch clock phase */
#define ts(S)           ssGetSFcnParam(S,1)    /* Sampling time */
#define c(S)            ssGetSFcnParam(S,2)    /* Capacitor values and non-linear coefficients */
#define var(S)          ssGetSFcnParam(S,3)    /* Integrator weight's variance, eq. vrms input and temperature */
#define ops(S)          ssGetSFcnParam(S,4)    /* Output swing limits */
#define ao(S)           ssGetSFcnParam(S,5)    /* OTA Finite DC gain, transconductance and maximum output current */
#define setnoise(S)     ssGetSFcnParam(S,6)    /* Flag that activates the effect of thermal noise */
#define avnl(S)         ssGetSFcnParam(S,7)    /* Non-linear coefficients of the finite DC gain */
#define cp(S)           ssGetSFcnParam(S,8)    /* OTA parasitic capacitances and load capacitances */
#define settlingon(S)   ssGetSFcnParam(S,9)    /* Flag that activates incomplete settling model */
#define setin(S)        ssGetSFcnParam(S,10)   /* Integrator identifier used in the incomplete settling model */
#define idown(S)        ssGetSFcnParam(S,11)   /* Integrator identifier */
#define idnext(S)       ssGetSFcnParam(S,12)   /* Identifier of the Integrator connected at the Integrator output */
#define setloads(S)     ssGetSFcnParam(S,13)   /* Flag that activates additional load capacitances */
#define CLOAD_S(S)      ssGetSFcnParam(S,14)   /* Additional load capacitance in the sampling phase */
#define CLOAD_I(S)      ssGetSFcnParam(S,15)   /* Additional load capacitance in the integration phase */
#define setphases(S)    ssGetSFcnParam(S,16)   /* Flag that activates the reduction of the clock phase switch-on time */
#define phases_reduction(S)  ssGetSFcnParam(S,17) /* Duty cycle, reduction of the integration and sampling time */
#define BW(S)           ssGetSFcnParam(S,18)   /* SIGNAL BANDWIDTH */
#define numid(S)        ssGetSFcnParam(S,19)   /* Integrator identification number, i.e. int1, int2, int3... */
#define NPARAM 20

static void mdlInitializeSizes(SimStruct *S)
{...
        ssSetInputPortWidth (S, 3, DYNAMICALLY_SIZED); /* Input port where the "From" block is connected */
...}

static void mdlInitializeSampleTimes(SimStruct *S) /* Clock-phase definition (the same as for ideal SC Integ. */
{...}

static void mdlStart(real_T *x0,SimStruct *S)  /*Initial conditions (similar to ideal SC integrator */

static void mdlOutputs(SimStruct *S, int_T tid)
{       /* Declaration of model variables and parameters */
        double U1, U2, PHI, cont, VC1, VC2, VC1ANT
...
        InputRealPtrsType uPtrs1 = ssGetInputPortRealSignalPtrs(S,0);
...
        InputRealPtrsType uPtrs4 = ssGetInputPortRealSignalPtrs(S,3);
        real_T *y = ssGetOutputPortRealSignal(S,0);
...
        /* DEFINITION OF MODEL PARAMETERS */
        PHI = *mxGetPr(phi(S)); /* Input switch clock phase */
        setloads = *mxGetPr(setloads(S)); /* Additional load capacitances during the sampling (S) and integration phase (I) */
        if (setloads) { CLOAD_S = *mxGetPr(CLOAD_S(S)); CLOAD_I = *mxGetPr(CLOAD_I(S));}
        else {CLOAD_S = 0; CLOAD_I = 0;}

        setphases = *mxGetPr(setphases(S)); /* Duration of Sampling/Integration clock-phase */
        if (setphases==1){
            phases_reduction = mxGetPr(phases_reduction(S)); duty_cycle=phases_reduction[0];
            int_red=phases_reduction[1];samp_red=phases_reduction[2];}
        else{duty_cycle=50; int_red=0; samp_red=0;}

        p = mxGetPr(c(S)); /* Capacitor values and non-linear coefficients */
        C1 = p[0]; C2 = p[1]; CNL1 = p[2]; CNL2 = p[3];
        p = mxGetPr(ao(S)); /* OTA Finite DC gain (AV), transconductance (GM) and maximum output current (IO) */
        AV = p[0]; GM = p[1]; IO = p[2];
        p = mxGetPr(avnl(S)); /* Non-Linear coefficients of the finite DC gain */
        AVNL1 = p[0]; AVNL2 = p[1]; AVNL3 = p[2]; AVNL4 = p[3];
        p = mxGetPr(var(S)); /* Integrator weight's variance, eq. vrms input and temperature */
        VARIANCE = p[0]; INPSD = p[1]; TEMP = p[2]; RON = p[3];
        p = mxGetPr(cp(S)); /* OTA Input parasitic capacitances and load capacitance */
        CP1 = p[0]; CP2 = p[1]; CLOAD = p[2];
        TS = *mxGetPr(ts(S)); /* Sampling time */
        FS = 1/TS; /* Sampling frequency */
        p = mxGetPr(ops(S)); /* Output swing limits */
        OPSPOS = p[0]; OPSNEG = p[1];
        SETTLINGON = *mxGetPr(settlingon(S)); /* Settling flag that activates incomplete settling model */
        SETIN = *mxGetPr(setin(S)); /* Integrator identifier to be used in the incomplete settling error computation */
        U1=*uPtrs1[0]; /* Value of signal connected to input branch #1 */
        U2=*uPtrs2[0]; /* Value of signal connected to input branch #2 */
        UNOISE=*uPtrs3[0]; /* Value of noise source connected at the input */
        N=*uPtrs4[0]; /* Number of input branches */
        contwork[0]; /* Counter used to determine clock phase: sampling phase / integration phase */

/*      Initial values of VC1(n), VC1(n-1)... */
        VC1=work[1]; VC2=work[2]; VC1ANT=work[3]; VAN=work[4]; VAN1MED=work[5]; VAINII=work[6]; VAINIS=work[7]; AV_OLD=work[8];

/*      Reduction of clock-phase duration */
        TINT=TS*(duty_cycle/100)-int_red; /* Integration phase duration */
        TSAMP=TS*(1-duty_cycle/100)-samp_red; /* Sampling phase duration */

/*      Mismatch Parameters and calculation of integrator's weight      */
        MEAN = C1/C2; /* Nominal value of the integrator weight */
        SEMILLA = 1; /* Gaussian random number generator */
        a=16807; m=2147483647; zno=seed; zn=(a*zno)%m;noise_int=zn/m;
        zno=zn; zn=(a*zno)%m; seed=zn;noise_int2=zn/m;
        weight=MEAN+(VARIANCE*sqrt(-2*log(noise_int))*cos(2*3.1416*noise_int2));
```

图 5.21　开关电容 - 前向欧拉积分器的 MATLAB C 编码 S 函数摘录第 1 部分（包括所有的电路误差，即模型参数、时钟相位时序的定义、包括失配因素在内的积分器权重计算）

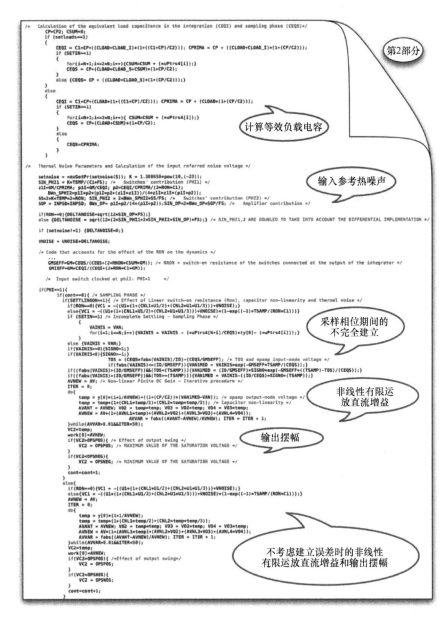

图 5.22　开关电容 - 前向欧拉积分器的 MATLAB C 编码 S 函数摘录第 2 部分（包括所有的电路误差，即计算等效负载电容、输入参考热噪声、电容非线性、采样相位不完全建立、非线性有限运放直流增益和输出摆幅）

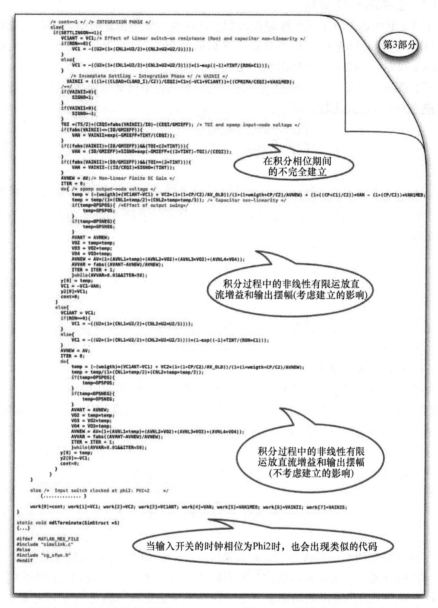

图 5.23　开关电容 - 前向欧拉积分器的 MATLAB C 编码 S 函数摘录第 3 部分（包括所有的电路误差，即积分相位期间的不完全建立、电容非线性、非线性有限运放增益和输出摆幅）

　　S 函数文件遵循与图 5.16 所示相同的结构，但是在行为级模型中包含了关于电路误差更详细的信息。为了简单起见，图 5.21~ 图 5.23 只显示了 S 函数文件中最重要的部分。在 C 代码中包含了额外的注释，下面通过 C 代码和不同开关电容电路的非理想性设计方程之间的联系来解释 S 函数的主要部分。

5.4.1.1 电容失配和非线性

如 3.3 节所述，将电容失配建模为积分器权重与标称值 g 的随机偏差。在 C 代码 [37] 中，这种随机变化呈正态分布（或高斯分布），均值为 g（图 5.21 中表示为 MEAN）和方差（模型参数 VARIANCE）。

积分器电容的另一个非理想效应是其电容对其上电压降的非线性依赖，此处将它建模为一个多项式函数，即

$$C_{S,I}(v) = C_{S,I_{(nominal)}}(1 + CNL_1 v + CNL_2 v^2) \tag{5.12}$$

式中，$C_{S,I_{(nominal)}}$ 为采样电容 C_S 或积分电容 C_I 的标称值；$CNL_{1,2}$ 分别为图 5.22 模型中 $CNL_{1,2}$ 所代表的一阶非线性电压系数和二阶非线性电压系数。这样，存储在电容中的电荷计算公式为 [38]

$$Q_{S,I}(v) = \int_0^v C_{S,I}(v) dv = C_{S,I_{(nominal)}}\left(v + \frac{CNL_1}{2}v^2 + \frac{CNL_2}{3}v^3\right) \tag{5.13}$$

式（5.13）可以看作是存储在一个标称线性电容 C_S 中的电荷，其电压由（$v + CNL_1 v^2/2 + CNL_2 v^3/3$）给定。

5.4.1.2 输入参考热噪声

电路噪声模型考虑了开关和运放产生的热噪声 [32]。因为假定闪烁（或 1/f）噪声在晶体管级通过适当的电学设计被抵消，所以在系统级行为模型中不考虑闪烁噪声。而另外一些噪声的影响，如与 Sigma-Delta 调制器参考电压相关的热噪声和闪烁噪声源，通常在电学（晶体管级）设计过程中考虑。根据 3.5 节的分析，模型中包含的输入参考热噪声（图 5.22 中的 VNOISE）的方均根值近似为

$$v_{th} = UNOISE\sqrt{12 f_s \left(2 S_{in\phi_1} + 2 S_{in\phi_2} + S_{op}\right)} \tag{5.14}$$

式中，UNOISE 为 Simulink 中 Uniform Random Number 模块生成的范围为（−0.5，+0.5）的随机数；S_{op} 为运放产生的热噪声的功率谱密度；$S_{in\phi_{1,2}}$ 分别为开关在时钟相位 $\phi_{1,2}$ 时产生的热噪声的功率谱密度。这些功率谱密度函数是将不同电学参数代入 3.5 节分析的热噪声模型的计算得到，在图 5.22 的 C 代码中分别表示为 SIN_OP、SIN_PHI1、SIN_PHI2。这些参数包括开关导通电阻 R_{on}（在图 5.22 的 C 代码中表示为 RON）、与开关相关的噪声在时钟相位 ϕ_2 期间的等效噪声带宽（在图 5.22 表示为 BWn_SPHI2）和放大器热噪声的等效带宽（在图 5.22 表示为 BWn_OP）。注意：如果此处开关为理想开关（$R_{on} = 0$），则仅放大器对热噪声模型有影响。

5.4.1.3　开关导通电阻的动态性能

在两个时钟相位都考虑了有限开关导通电阻 R_{on} 的影响。例如，图 5.21~ 图 5.23 的 C 代码中，考虑电容非线性、热噪声和 R_{on} 产生的线性采样过程的影响，C_S 采样电压值为

$$v_{C_S} = -\left[\left(v_i + \frac{CNL_1}{2}v_i^2 + \frac{CNL_2}{3}v_i^3\right) + v_{th}\right]\left(1 - e^{\frac{T_s}{R_{on}C_S}}\right) \tag{5.15}$$

式中，v_i 为采样阶段结束时输入信号的值，在 C 代码中表示为 U1。

如 3.7.2 节所述，开关通常采用 CMOS 传输门实现，R_{on} 的值则严重依赖于开关节点上电压降的值。这种非线性现象会导致谐波失真，且谐波失真随着输入频率和采样频率[39] 比值的增大，在宽频带应用中尤为重要。

为了在 CMOS 开关中模拟非线性 R_{on} 的影响，下面对图 3.22 中的电路进行进一步分析。如图 5.24 所示，该电路模拟了一个全微分开关电容 - 前向欧拉积分器在采样阶段的采样操作。注意：只需要考虑 ϕ_1（图 5.24 中的采样阶段）期间连接到 C_S 上的输入 CMOS 开关。行为级模型假设 MOS 晶体管在线性（欧姆）区域实现开关操作，其漏电流 $I_{D(N,P)}$ 可表示为

$$\begin{cases} I_{DN} = \beta_N\left[V_{DS}(V_{GS} - V_{TN}) - \dfrac{V_{DS}^2}{2}\right] \\[3mm] I_{DP} = \beta_P\left[V_{SD}(V_{SG} - |V_{TP}|) - \dfrac{V_{SD}^2}{2}\right] \end{cases} \tag{5.16}$$

式中，$V_{T(N,P)}$ 分别为 nMOS 和 pMOS 晶体管的阈值电压；V_{DS} 和 V_{GS} 分别为 nMOS 的漏源电压和栅源电压；V_{SD} 和 V_{SG} 分别为 pMOS 的源级 - 漏级电压和源级 - 栅级电压。

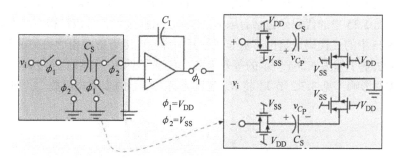

图 5.24　在采样阶段的全差分开关电容积分器的前端部分

由式（5.16）可知，图 5.24 正支路和负支路通过采样电容的电流分别为

$$\begin{cases} I_{C_P} = C_S \dfrac{\mathrm{d}v_{C_P}}{\mathrm{d}t} = g_{on}\left(+\dfrac{v_i}{2} - v_{C_P}\right) + \Delta\beta\left(\dfrac{v_{C_P}^2}{2} - \dfrac{v_i^2}{8}\right) \\[3mm] I_{C_N} = C_S \dfrac{\mathrm{d}v_{C_N}}{\mathrm{d}t} = g_{on}\left(-\dfrac{v_i}{2} - v_{C_N}\right) + \Delta\beta\left(\dfrac{v_{C_N}^2}{2} - \dfrac{v_i^2}{8}\right) \end{cases} \quad (5.17)$$

式中，$\Delta\beta = \beta_N - \beta_P$；$g_{on} \equiv 1/R_{on} = [\beta_N(V_{DD} - V_{TN}) + \beta_P(-V_{SS} - |V_{TP}|)]$ 为开关导通（见式（3.48））的操作点；$v_{C_S} = v_{C_P} - v_{C_N}$ 为在 C_S 上采样的差分电压。

为了将 CMOS 开关引起的非线性采样效应纳入离散时间行为级模型中，可以将式（5.17）离散化并进行数值求解。例如，若将采样阶段分为若干（$j = 1, \cdots, N_s$）时间间隔 δt，采用有限差分近似对式（5.17）进行积分，则图 5.24 的采样电压可表示为

$$\begin{cases} v_{C_P}(t) \simeq \dfrac{C_S + g_{on}\delta t - \sqrt{(C_S + g_{on}\delta t)^2 + \beta\delta t\left\{\delta t v_i(t)\left[\beta\dfrac{v_i(t)}{4} - g_{on}\right] - 2C_S v_{C_P}(t - \delta t)\right\}}}{\beta\delta t} \\[6mm] v_{C_N}(t) \simeq \dfrac{C_S + g_{on}\delta t - \sqrt{(C_S + g_{on}\delta t)^2 + \beta\delta t\left\{\delta t v_i(t)\left[\beta\dfrac{v_i(t)}{4} + g_{on}\right] - 2C_S v_{C_N}(t - \delta t)\right\}}}{\beta\delta t} \end{cases} \quad (5.18)$$

式中，$t = j\delta t$；$\delta t = T_s/2N_s$；$v_{C_S}(t - \delta t) \equiv v_{C_P}(t - \delta t) - v_{C_N}(t - \delta t)$ 为 $t - \delta t$ 时的微分采样电压。

如图 5.25 所示，可以在 C-MEX S 函数中使用 C 代码对非线性 R_{on} 的影响进行建模。图 5.25 基于式（5.18）所给出的解决方案，其中 VC1（p，n）为 $v_{C(P,N)}(t)$，VC1OLD（p，n）为 $v_{C(P,N)}(t - \delta t)$。输入信号考虑了正弦波形和一般波形两种不同的情况。在这两种情况下，用户可以通过 Simulink S 函数获取输入波形数据。为了完整起见，图 5.25 中的代码还包括有限 R_{on} 的线性采样过程，且该过程不考虑非线性。

图 5.25 中的 C 代码还给出了对非线性开关导通电阻效应建模的另一种替代方法。该替代方法基于如图 5.26a 所示的等效电路。在该模型中，忽略了连接到共模电压节点的开关的影响（见 3.7.2 节），将 R_{on} 建模为输入信号的多项式函数[6]，即

$$R_{on}(v_i) \simeq \sum_{j=1}^{N_s} p_j v_i^j(j\delta t) \quad (5.19)$$

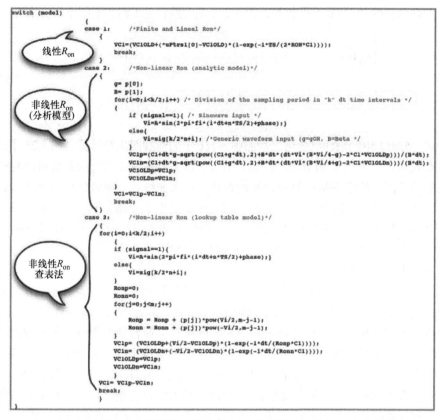

图 5.25　包括有限（非线性）开关导通电阻模型的 C 编码的 S 函数文件摘录

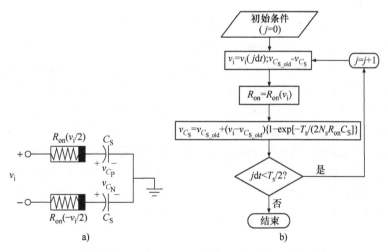

图 5.26　将非线性开关导通电阻建模为输入信号的多项式函数
a）等效电路　b）流程图

考虑到上述 R_{on} 的非线性特性，图 5.26a 正支路和负支路的采样电压分别为

$$
\begin{cases}
v_{C_{\text{P}}}(t) \simeq v_{C_{\text{P}}}(t-\delta t) + \left[+\dfrac{v_{\text{i}}(t-\delta t)}{2} - v_{C_{\text{P}}}(t-\delta t) \right]\left(1 - e^{\frac{T_{\text{s}}}{R_{\text{on}}[+v_{\text{i}}(t)]C_{\text{S}}}} \right) \\[4mm]
v_{C_{\text{N}}}(t) \simeq v_{C_{\text{N}}}(t-\delta t) + \left[-\dfrac{v_{\text{i}}(t-\delta t)}{2} - v_{C_{\text{N}}}(t-\delta t) \right]\left(1 - e^{\frac{T_{\text{s}}}{R_{\text{on}}[-v_{\text{i}}(t)]C_{\text{S}}}} \right)
\end{cases}
\tag{5.20}
$$

式（5.20）中的采样电压可以按照图 5.26b 中的流程图进行计算。图 5.25 中，对应的 C 代码已被并入 S 函数中。注意：式（5.19）中多项式函数的系数可以在合成过程中用于评估给定一组参数指标所能容忍的最大非线性，或者使用查表法验证给定的设计。在后一种情况下，可以通过 CMOS 开关电学（晶体管级）仿真中获得非线性 R_{on} 的特性，再对该特性进行曲线拟合得到多项式函数系数 p_j。利用 MATLAB 提供的多边拟合程序，可以很容易地进行曲线拟合[29]。

5.4.1.4　不完全建立误差

图 5.21~ 图 5.23 中的开关电容 - 前向欧拉积分器瞬态响应行为模型基于 Río 等人的分析[40]，（已在 3.4 节中进行了讨论）。该模型包括运算放大器的动态性能限制，如增益带宽积和压摆率，以及在采样和积分阶段对电荷转移的影响。运算放大器和 CMOS 开关相关的寄生电容，以及积分器输出处的负载电容（从采样阶段到积分阶段的变化）也被考虑在内。为此，对图 3.6 所示的等效电路方案在行为级模型中进行了求解。在图 3.6 所示，假设模型有 N_{i} 个输入开关电容支路，每个支路由相应的采样电容和开关组成，另一个有 N_{o} 条输入开关电容支路的开关电容积分器（作为负载）连接到积分器的输出节点。如图 3.7 所示，用于放大器的该模型具有单极点动态和非线性特性，最大输出电流为 I_{o}（C 代码中表示为 I0）⊖。

如第 3.4 节所述，对不完全建立误差模型的评估是从计算积分阶段和采样阶段运算放大器输出节点的等效负载电容开始的。式（3.17）包含在图 5.22 的模型中，式中负载积分器第 i 个输入开关电容支路的采样电容记为 uPtrs4[N+i]，与输入开关电容支路求和节点相关的寄生电容记为 CP，负载电容记为 CLOAD。需要注意的是，图 5.22 中的模型可能在积分和采样阶段包含不同的 C_{L} 值。因此，可使用两个不同的模型参数，分别命名为 CLOAD_I、CLOAD_S。这样，可分别由 CLOAD+CLOAD_I 和 CLOAD+CLOAD_S 给出积分阶段和采样阶段的负载电容值。

完成等效负载电容计算之后，通过考虑运放在线性或信号转换操作的不同可能性，对建立模型在两个时钟相位进行评估。这样，在周期为 nT_{s} 的采样阶段结束时，运算放大器输入节点处的电压（图 5.22 中表示为 VAN 表示）计算公式为[40]

⊖　在图 5.21~ 图 5.23 描述的 S 函数模型中，一个开关电容 - 前向欧拉积分器只对应一个输入开关电容支路。但此处提出的模型可以扩展到具有 N_{i} 个输入开关电容支路的开关电容积分器。

$$
v_{\mathrm{a}}\left(nT_{\mathrm{s}}\right)=\begin{cases} v_{\mathrm{ai,s}}\mathrm{e}^{\frac{g_{\mathrm{msef}}T_{\mathrm{s}}}{2C_{\mathrm{eq,s}}}} & \left|v_{\mathrm{ai,s}}\right|\leqslant\dfrac{I_{\mathrm{o}}}{g_{\mathrm{msef}}} \\[2ex] \dfrac{I_{\mathrm{o}}}{g_{\mathrm{msef}}}\mathrm{sgn}\left(v_{\mathrm{ai,s}}\right)\mathrm{e}^{-\frac{g_{\mathrm{msef}}\left(T_{\mathrm{s}}/2-t_{\mathrm{o,s}}\right)}{C_{\mathrm{eq,s}}}} & \left|v_{\mathrm{ai,s}}\right|>\dfrac{I_{\mathrm{o}}}{g_{\mathrm{msef}}},t_{\mathrm{o,s}}<\dfrac{T_{\mathrm{s}}}{2} \\[2ex] v_{\mathrm{ai,s}}-\dfrac{I_{\mathrm{o}}}{C_{\mathrm{eq,s}}}\mathrm{sgn}\left(v_{\mathrm{ai,s}}\right)\dfrac{T_{\mathrm{s}}}{2} & \left|v_{\mathrm{ai,s}}\right|>\dfrac{I_{\mathrm{o}}}{g_{\mathrm{msef}}},t_{\mathrm{o,s}}\geqslant\dfrac{T_{\mathrm{s}}}{2} \end{cases}\quad（5.21）
$$

其中

$$
t_{\mathrm{o,s}}=\frac{C_{\mathrm{eq,s}}}{I_{\mathrm{o}}}\left|v_{\mathrm{ai,s}}\right|-\frac{C_{\mathrm{eq,s}}}{g_{\mathrm{msef}}}\qquad（5.22）
$$

且 $\mathrm{sgn}\left(v_{\mathrm{ai,s}}\right)$ 是 $v_{\mathrm{ai,s}}$ 的符号函数（图 5.22 中表示为 VAINIS），表示在采样阶段开始时 v_{a} 的值。$v_{\mathrm{ai,s}}$ 的计算公式为

$$
v_{\mathrm{ai,s}}=v_{\mathrm{a}}\left[\left(n-1/2\right)T_{\mathrm{s}}\right]-\sum_{i=1}^{N_{\mathrm{o}}}\frac{C_{Sni}}{C_{\mathrm{eq,s}}}\left\{v_{\mathrm{o}}\left[\left(n-1/2\right)T_{\mathrm{s}}\right]-v_{C_{Sni}}\left[\left(n-1/2\right)T_{\mathrm{s}}\right]\right\}\quad（5.23）
$$

式中，$v_{C_{Sni}}$ 为电容 C_{Sni} 两端的电压，分别由图 5.22 中的参数 uPtrs4[N+i] 和 uPtrs4[i] 表示。

需要注意的是，式（5.21）和式（5.22）本质上是式（3.18）和式（3.19），只是用一个参数 g_{msef}（图 5.22 中表示为 GMSEFF）代替了跨导运算放大器的跨导 g_{m}。如 3.4.4 节所述，这个参数代表了用于建模采样阶段的跨导，该跨导为由于开关导通电阻而导致增益带宽积退化的运算放大器的有效跨导 [32]。

因此，一旦计算出 $v_{\mathrm{a}}(nT_{\mathrm{s}})$，则运算放大器输出节点的电压为

$$
v_{\mathrm{o}}\left(nT_{\mathrm{s}}\right)=v_{\mathrm{o}}\left(\left(n-1/2\right)T_{\mathrm{s}}\right)+\left[1+\frac{1}{A_{\mathrm{v}}v_{\mathrm{o}}\left(nT_{\mathrm{s}}\right)}\right]\left(1+\frac{C_{\mathrm{P}}}{C_{\mathrm{I}}}\right)\left[v_{\mathrm{a}}\left(nT_{\mathrm{s}}\right)-v_{\mathrm{a}}\left(\left(n-1/2\right)T_{\mathrm{s}}\right)\right]\quad（5.24）
$$

式（5.24）考虑了非线性有限跨导运算放大器直流增益的影响。按照 5.3 节描述的迭代过程可求解式（5.24）。需要注意的是，图 5.22 的行为级模型中考虑了电容的非线性，从而得到更准确的 $v_{\mathrm{o}}(nT_{\mathrm{s}})$ 值。但为了简单起见，式（5.24）中并未考虑电容的非线性。

在积分阶段对不完全建立模型进行评估，评估方法与采样阶段时类似（见 3.4 节）。因此，周期为 $(n+1/2)T_{\mathrm{s}}$ 的积分相位结束时的 v_{a} 值为

$$v_a\left((n+1/2)T_s\right)=\begin{cases}v_{ai,i}e^{\frac{g_{mief}T_s}{2C_{eq,i}}} & |v_{ai,i}|\leqslant\dfrac{I_o}{g_{mief}}\\[3mm]\dfrac{I_o}{g_{mief}}\mathrm{sgn}\left(v_{ai,i}\right)e^{\frac{g_{mief}\left(T_s-t_{o,i}\right)}{C_{eq,i}}} & |v_{ai,i}|>\dfrac{I_o}{g_{mief}},t_{o,i}<T_s\\[3mm]v_{ai,i}-\dfrac{I_o}{C_{eq,i}}\mathrm{sgn}\left(v_{ai,i}\right)\dfrac{T_s}{2} & |v_{ai,i}|>\dfrac{I_o}{g_{mief}},t_{o,i}\geqslant T_s\end{cases}\quad(5.25)$$

式中，g_{mief}（图 5.23 中表示为 GMIEFF）为积分阶段跨导运算放大器的有效跨导，且

$$\begin{cases}t_{o,i}=\dfrac{T_s}{2}+\dfrac{C_{eq,i}}{I_o}|v_{ai,i}|-\dfrac{C_{eq,i}}{g_{mief}}\\[3mm]v_{ai,i}=\dfrac{1}{C_{eq,i}}\left(1+\dfrac{C_L}{C_I}\right)\sum_{i=1}^{N_i}C_{S_i}\left[v_{i2}\left(nT_s\right)-v_i\left((n-1/2)T_s\right)\right]+\dfrac{C'}{C_{eq,i}}v_a\left(nT_s\right)\end{cases}\quad(5.26)$$

式中，v_{ij} 为第 i 个输入开关电容支路的第 j 个输入节点电压；C_{S_i} 为第 i 个输入开关电容支路的采样电容。C'（C 代码中的 CPRIMA）计算公式为

$$C'=C_P+C_L\left(1+\dfrac{C_P}{C_I}\right)\quad(5.27)$$

在计算 $v_a\left((n+1/2)T_s\right)$ 之后，考虑非线性跨导运算放大器直流增益和电容非线性的影响，对运算放大器输出节点的值进行迭代求解（见图 5.23）。这种迭代过程通常在几次迭代后收敛，并提供非常精确的结果，与晶体管级仿真的结果接近。

在一般的编程平台中，特别是在 MATLAB/Simulink 环境中，还需要考虑与不完全建立误差模型实现相关的实际问题。为了实现不完全建立误差建模，仅仅提供关于模块本身的信息是不够的（如要建模的开关电容积分器），还需要提供与输出连接的那些模块的信息。如式（5.23）中，就需要 $(n-1/2)T_s$ 处的 $v_{C_{Sni}}$ 值来计算 nT_s 处的 v_a。因此，一个准确的行为级模型必须包含之前时钟周期中的计算数据，这些数据与连接在积分器输出的模块对应。这可以在 Simulink 环境中通过使用 From 和 Goto 模块来实现，From 和 Goto 模块由信号通路 Simulink 库提供[30]。

图 5.27 说明了 Simulink 中开关电容 - 前向欧拉积分器行为级模型的 From 和 Goto 模块的使用。本例中将两个开关电容 - 前向欧拉积分器连接起来形成一个二阶 Sigma-Delta 调制器。为了在相应的行为级模型中区分这两个模块，使用了两个不同的标识符 int3 和 int4。由对应的 S 函数图可见，From 和 Goto 模块允许无须实际连接这两个积分器就可以在两个开关电容积分器之间传递所需的信息。这在不修改模型代码的情况下，极大地简化了对任意 Sigma-Delta 调制器的实现。

在图 5.27 的示例中，后端积分器（int4）提供的信息通过 From 模块连接到前端积分器的输入端口，并把该信息包含在前端积分器（int3）模型中。类似地，前端

积分器使用 Goto 模块将其存储的数据提供给另一个模块。存储的信息基本上由一个数据阵列组成，其中包含采样电容的值和给定积分器输入开关电容支路的采样电压。模型采用动态调整输入读取该数据，如图 5.21C 代码中的 uPtrs4 数组。

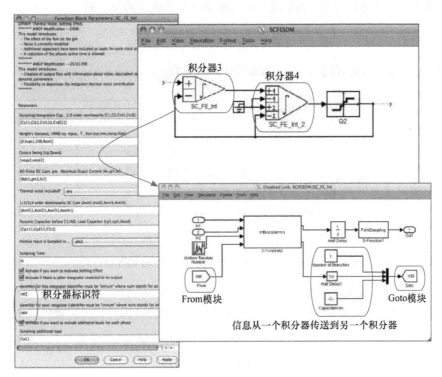

图 5.27   利用 From 和 Goto Simulink 模块在二阶 Sigma-Delta 调制器两个开关电容 - 前向欧拉
积分器模型之间进行信息传输

5.4.2   利用 S 函数进行连续时间积分器建模 ★★★

连续时间积分器是连续时间 Sigma-Delta 调制器的重要组成部分。如第 4 章所述，这些模块可以使用不同的电路拓扑结构来实现，如有源 RC、Gm-C、MOSFET-RC、Gm-MC 等。所有这些拓扑结构都可能具有相同的理想特性，尽管涉及许多设计折中和误差限制，但仍可以使用 C-MEX S 函数来建模。本节着重介绍考虑最重要限制因素的 Gm-C 电路的 S 函数行为级建模。附录 B 和 C 中还分析了其他连续时间积分器拓扑结构的行为级模型。

Gm-C 积分器（见图 5.5b）的理想行为由式（5.2）表示。事实上，这种理想行为会因以下电路误差而退化：输入参考热噪声、电路元件公差和失配、输入 / 输出电压饱和、跨导非线性、有限跨导运算放大器直流增益、瞬态响应（包括跨导运算放大器的单极点或双极点模型）等 [41]。下面介绍几种使用 S 函数对这些效应进行建模的方法。

5.4.2.1　单极点 Gm-C 模型

图 5.28 所示为具有单极点动态特性的 Gm-C 积分器等效电路。该模型包括以下非理想效应：输入参考热噪声、输入／输出电压饱和、时间常数误差、有限直流增益（建模为有限输出电导）和取决于输入电压 v_i 的非线性跨导，即

$$g_m \simeq g_{mo}\left(1 + g_{m1}v_i + g_{m2}v_i^2\right) \qquad (5.28)$$

式中，g_{mo} 为跨导的标称值；$g_{m(1,2)}$ 为非线性跨导系数。

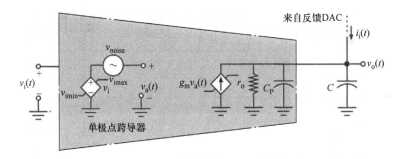

图 5.28　具有单极点动态特性的 Gm-C 积分器等效电路

图 5.28 中的电路误差是按照图 5.29 流程图中描述的迭代过程计算的。该计算模型可以包含在 C-MEX S 函数中，如图 5.30 所示，并在图 5.31 中的 S 函数模块中实现。

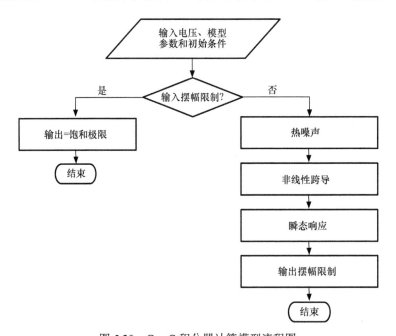

图 5.29　Gm-C 积分器计算模型流程图

图 5.30　具有单极点动态特性的 Gm-C 积分器的 C 编码 S 函数文件

C-MEX S 函数文件与前几节描述的 S 函数文件都由相同的部分组成，即首先是模型参数和状态变量初始化，然后根据图 5.29 流程计算不同的误差。两者主要的区别在于与时间有关的模型部分。因此，电路的连续时间性质在 mdInitializeSampleTimes 结构中有规定，其中，采样时间被定义为 CONTINUOUS_SAMPLE_TIME，表示这个 S 函数与一个连续时间模块对应[35]。

输出电压使用 mdlDerivatives 程序计算，它可以通过求解以下微分方程得到：

$$\frac{dv_o(t)}{dt} = \frac{1}{C+C_P}\Big[g_m v_i(t) - g_o v_o(t) + i_i(t)\Big] \qquad (5.29)$$

式中，g_o 为有限输出电导（在图 5.30 中用 go 表示）；C_P 为模拟积分时间常数误差的寄生电容（在图 5.30 中用 Cp 表示）；$i_i(t)$ 为电流模式输入，在连续时间 Sigma-Delta 调制器中，可用于建模由反馈电流控制的 DAC 中的电流（见图 5.31）。

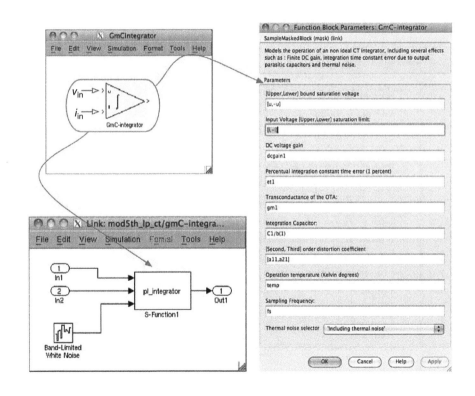

图 5.31　举例说明 Gm-C 积分器 S 函数在 Simulink 中的实现

5.4.2.2　双极点动态模型

利用图 5.32 所示的等效电路，Gm-C 积分器模型中可以包括双极点瞬态响应。

该模型可以合并到 S 函数中，如图 5.33 所示，并且这个模型只显示了与 mdlDerivatives 对应的 C-MEX 文件的一个部分。在这种情况下，输出电压通过求解以下微分方程组进行计算：

$$\begin{cases} \dfrac{dv_a(t)}{dt} = \dfrac{1}{C_a}\left[\dfrac{v_a(t)}{r_a} - g_{ma}v_i(t)\right] \\[3mm] \dfrac{dv_a(t)}{dt} = \dfrac{1}{C+C_p}\left[g_m v_a(t) - g_o v_o(t) + i_i(t)\right] \end{cases} \tag{5.30}$$

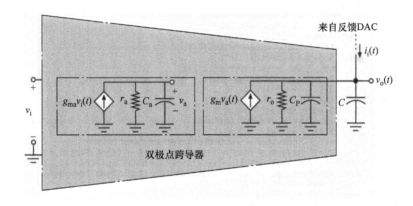

图 5.32　具有双极点动态特性的 Gm-C 积分器等效电路[6]

图 5.33 中，v_a 和 v_o 表示两个状态变量，分别命名为 x[0] 和 x[1]。

5.4.2.3　跨导器的 S 函数建模

如图 5.34a 所示，Gm-C 积分器模型也可以用两个模块的级联来实现，即由输出电阻 $r_o \equiv 1/g_o$、积分电容 C 和寄生电容 C_p 并联组成的跨导器和输出阻抗电路实现。图 5.34b 为图 5.34a 在 Simulink 中的实现。

跨导器 S 函数模块包括了输入参考噪声、输入和输出节点的饱和电压，且跨导是输入电压的非线性函数，即

$$g_m \simeq g_{mo}\left(1 - \dfrac{4g_{mo}}{3\times 10^{\frac{\text{IIP3}}{10}}}v_i^2\right) \tag{5.31}$$

作为模型参数，IIP3 为与输入有关的三阶截止点。

```
static void mdlOutputs (SimStruct *S, int_T tid)
{
    real_T  *y    = ssGetOutputPortRealSignal (S, 0);
    real_T  *x    = ssGetContStates (S);
    real_T ub = *mxGetPr(ub(S));
    real_T lb = *mxGetPr(lb(S));

    if(x[1]<=lb)
        {x[1]=lb;}
    if(x[1]>=ub)
        {x[1]=ub;}

        y[0] = x[1] ;
}

#define MDL_DERIVATIVES

static void mdlDerivatives(SimStruct *S)
{
    real_T *dx  = ssGetdX(S);
    real_T *x = ssGetContStates (S);
    real_T ub = *mxGetPr(ub(S));
    real_T lb = *mxGetPr(lb(S));
    real_T iub = *mxGetPr(iub(S));
    real_T ilb = *mxGetPr(ilb(S));
    real_T gm1 = *mxGetPr(gm1(S));
    real_T gm2 = *mxGetPr(gm2(S));
    real_T fp = *mxGetPr(fp(S));          /* fp= 1/(ra Ca) */
    real_T C = *mxGetPr(C(S));
    real_T gm = *mxGetPr(gm(S));
    real_T et = *mxGetPr(et(S));
    real_T Av = *mxGetPr(Av(S));
    real_T  selector = *mxGetPr(selector_param(S));
    InputRealPtrsType uPtrs0 = ssGetInputPortRealSignalPtrs(S,0);
    InputRealPtrsType uPtrs1 = ssGetInputPortRealSignalPtrs(S,1);
    InputRealPtrsType uPtrs2 = ssGetInputPortRealSignalPtrs(S,2);
    real_T vin = *uPtrs0[0];
    real_T iin = *uPtrs1[0];
    real_T noise = *uPtrs2[0];
    real_T input;
    real_T go;
    C=C*(1+et);
    go=gm/Av;

        if (selector ==1)
                {input=vin;}
        else
                {input=vin+noise;}

    /*Non lineal transconductance*/
    input=input+gm1*pow(entrada,2)+gm2*pow(entrada,3);

    /*Output Saturation*/
    if(x[1]<=lb)
        {x[1]=lb;}
    if(x[1]>=ub)
        {x[1]=ub;}

    /*Input Saturation*/
    if(input<=ilb)
        {input=ilb;}
    if(input>=iub)
        {input=iub;}

    dx[0]=fp*(input-gm*x[0]);
    dx[1]=-go/C*x[1]+gm/C*x[0]+1/C*iin;
}
```

微分方程
$(x[0]=v_a; x[1]=v_o)$

图 5.33 具有双极点模型的 Gm-C 积分器的 S 函数摘录

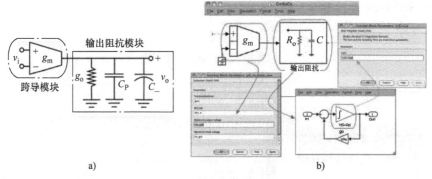

a)　　　　　　　　　　　　　b)

图 5.34　由跨导器和输出阻抗电路实现的 Gm-C 积分器

a）概念原理图　b）在 Simulink 中的实现

5.4.3　利用 S 函数进行量化器行为级建模 ★★★

量化器也是 Sigma-Delta 调制器的基本组成模块。量化器模块由嵌入在 Sigma-Delta 调制器环路中的 ADC 和 DAC 组成，前者在前馈路径中，后者在反馈路径中⊖。与积分器一样，Sigma-Delta 调制器中也嵌入了许多不同的 ADC 和 DAC 拓扑结构。这种选择取决于许多因素，如环路滤波器的电路性质、量化过程的位数（或电平）、电路拓扑等。它们都可以用 S 函数建模，与积分器遵循的原理相同。本节以示例的方式介绍了两个常用的模块。其他类型的 ADC 和 DAC 建模见附录 C。

5.4.3.1　多级 ADC 的 S 函数建模

如前几章所述，Sigma-Delta 调制器中嵌入的量化器通常是由多位的 flash ADC 实现的。这些电路由一组比较器（或 1 位量化器）和一组分压电阻组成，受到许多电路误差的影响，这些误差对 Sigma-Delta 调制器性能的影响由于调制环路滤波器的作用而大大减弱。然而，为了获得高效和准确的设计，必须将这些误差考虑到行为级模型中去。这些误差包括比较器失调和迟滞、积分非线性（INL）和增益误差。遵循本节描述的方法，这些误差可以很容易地用 S 函数进行建模。

图 5.35a 所示为用于建模多级 ADC 的 S 功能模块的主要部分。该模块可用于在离散时间或连续时间 Sigma-Delta 调制器中实现任意数值量化级数的量化器。通过这种方法，如果设置了奇数量化级数，则可以实现中平（midtreat）量化特性；而当设置为偶数量化级数时，则计算得到中升（midrise）量化器。该模型包括以下非理想电路效应：积分非线性（INL）、增益误差和失调误差。所有这些都用最低有效位（LSB）表示。其他模型参数包括输入和输出全摆幅（FS）范围、输入采样时的时钟

⊖　如第 1 章所述，严格来说，除了输出幅度被离散成多个模拟电平，量化器是一个输入和输出都是模拟量的模拟模块。因此，量化器由 ADC 和 DAC 级联而成。然而，嵌入 Sigma-Delta 调制器的 ADC 通常由量化器符号表示。尽管它不是严格正确的，虽然量化器在反馈回路中被连接到 DAC 来完成量化过程，但这种图形和概念的表示在许多论文和书籍中很常见。

相位和采样时间。

a)   b)

图 5.35   多级 ADC 的行为级模型

a）S 函数模块   b）C 代码摘录

图 5.35b 所示为实现多位 ADC 模型的 S 函数文件的主要部分，其概念框图见图

5.36a。该模型基于 Medeiro 等人 [13] 提出的模型基础上，已应用于多位量化器。本质上，该模型由一个加法器模块（包括失调误差）、一个线性增益模块、一个非线性传输函数和一个理想的多位 ADC 级联组成。这些模块的计算顺序见图 5.35b，可构成以下公式，即

$$y_a = (1-\varepsilon_0)w_a + \frac{\varepsilon_0}{A^2}w_a^3, \text{其中} \begin{cases} W_a = \gamma(x_a + v_{off}) \\ \varepsilon_0 = \frac{\sqrt{27}}{N_L - 2}\text{INL} \\ A = (N_L - 1)\varDelta \end{cases} \quad (5.32)$$

式中，N 为量化位数（图 5.35b 中命名为 n_levels）；$\varDelta$ 为量化步长（图 5.35b 中命名为 Xlsb）；v_{off} 为量化器失调（图 5.35b 中命名为 off）。

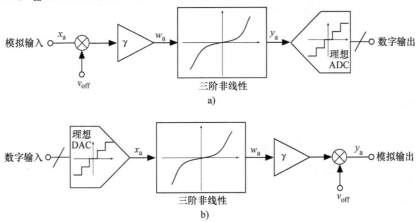

图 5.36　嵌入 Sigma-Delta 调制器中量化器行为级模型概念框图 [13]
a）ADC　b）DAC

5.4.3.2　多级 DAC 的 S 函数建模

　　嵌入式反馈 DAC 必须在系统级上进行精确建模，以便从设计之初就考虑到电路误差，因为这些误差会严重降低 Sigma-Delta 调制器的性能。在多位（或多级）DAC 情况下，用于重建模拟反馈信号的单元电路元件（电容、电阻、电流源等）之间的失配会导致非线性输入/输出特性，从而产生谐波失真。这个问题在连续时间 Sigma-Delta 调制器中更加严重，其中反馈 DAC 将调制器输出信号从离散时间域转换到连续时间域。如第 4 章所述，这种信号重构至关重要，并且会受到限制误差的影响，如时钟抖动误差和瞬态响应延迟，这些误差对 Sigma-Delta 调制器的总体性能有显著影响。因此，所有这些影响都必须在行为级模型中考虑，也可以在 MATLAB S 函数中实现。

　　例如，图 5.37a 所示为在连续时间 Sigma-Delta 调制器中使用多位 DAC 的 S 函数。该模型允许实现三种最常用的 DAC 波形，即非归零（NRZ）、归零（RZ）和半延迟

归零（HRZ），并包括最重要的误差，如增益误差、失调量、积分非线性（INL）、瞬态响应延迟和时钟抖动。

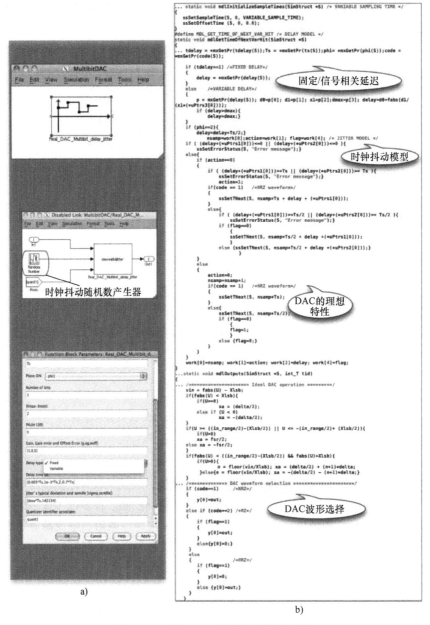

图 5.37　多位 DAC 的行为级模型示例

a）S 函数模块　b）C 代码摘录（包括 DAC 模型的瞬态响应延迟、时钟抖动和波形选择）

图 5.37b 所示为 S 函数的 C 代码，并突出显示了主要部分。从本质上讲，行为级模型是基于与多位 ADC 相同的概念，但采用了双重实现方式。如图 5.36b 所示，

该行为级模型从一个理想的 D/A 转换开始，然后加入了非线性、增益误差和失调的影响。注意：DAC 模型使用位数作为模型参数，而不是级数，尽管级数也可以包括在模型中，见附录 C。

对于 DAC 延迟，考虑两种不同的情况（见图 5.37b 中的 delay），即一个与输入电压无关的固定延迟和一个与信号相关的延迟，其模型如第 4 章所述 [42]，即

$$\text{delay}(v_i) = d_0 + \frac{d_1}{x_1 |v_i|} \tag{5.33}$$

式中，d_0 为固定延迟（图 5.37b 中表示为 d0）；d_1 和 x_1（图 5.37b 中表示为 d1 和 x1）为曲线拟合参数，既可以从电学（晶体管级）仿真中提取，也可以用于高级综合。

在图 5.37 中考虑了另一个重要误差——时钟抖动。该误差建模为采样时间瞬时不确定性，表达式为

$$t_n = nT_s + \beta_n \tag{5.34}$$

式中，$n = 1，2，\cdots$；t_n 为瞬时时间；β_n 为时间不确定性。作为模型参数，它们在模型中实现为均值和标准差为零的随机高斯噪声源（见图 5.37a）。该噪声源被并入 S 功能模块中，作为输入端口，并通过 *uPtrs2[0] 包含在 C 代码中（见图 5.37b）。

建模时钟抖动的 C 代码与 DAC 波形十分相关，如第 4 章所述，这是因为可能会出现不同数量的时钟信号沿。因此，式（5.34）对非归零（NRZ）DAC 有效，而归零（RZ）DAC 或半延迟归零（HRZ）DAC 时钟沿的时间不确定性建模为

$$\begin{cases} t_{n1} = nT_s + \beta_{n1} \\ t_{n2} = nT_s + \dfrac{T_s}{2} + \beta_{n2} \end{cases} \tag{5.35}$$

式中，t_{n1} 和 t_{n2} 分别为第一和第二时钟边沿的时间瞬态值；β_{n1} 和 β_{n2} 分别为相应时钟沿的时间不确定性。注意：图 5.37b 中使用了一个可变的采样时间（由 VARIABLE_SAMPLE_TIME 参数建模），以考虑时钟抖动对采样时间瞬间的影响。

5.5 一种面向 Sigma-Delta 调制器的基于 Simulink 的行为级仿真器——SIMSIDES

所有 Sigma-Delta 调制器模块及其相关误差机制，都能以前几节描述的方法建模为 C-MEX S 函数。基于这一理念，可以在 MATLAB/Simulink 环境下开发一个完整的工具箱，用于 Sigma-Delta 调制器的时域行为仿真，如 SIMSIDES。这是一个基于 Simulink 的 Sigma-Delta 仿真器，它利用了 MATLAB 的优势，即用户便捷界面、扩展新模型和模块的高灵活性以及一组强大的信号处理流程 [6]。

鉴于离散时间电路、连续时间电路或两者混合电路的实现，SIMSIDES 可用于仿真任意的 Sigma-Delta 调制器拓扑结构，也就是所谓的混合连续时间 / 离散时间

Sigma-Delta 调制器。在离散时间 Sigma-Delta 调制器中，SIMSIDES 的行为级模型常常采用开关电容或开关电流 [43] 电路技术，但 SIMSIDES 的大多数模型都涉及开关电容电路，因为这是最常用的离散时间电路技术。就连续时间 Sigma-Delta 调制器来说，SIMSIDES 中的 S 函数包含了主要的积分器电路拓扑结构，即 Gm-C、active-RC 和 Gm-MC。SIMSIDES 工具箱中有超过 150 个 S 函数和 250 个行为级模型。附录 C 中列出了其中最重要的模型，并对不同模型及其主要的函数性能和给定参数进行了简要描述。本节将总结 SIMSIDES 最重要的特性，介绍它的模型库、一般结构和用户界面。

5.5.1　SIMSIDES 中的模型库 ★★★

在 SIMSIDES 中，可以根据不同的分类标准把建模的模块分组到各个 Simulink 库和子库中，如图 5.38 所示。第一个分类标准与放置给定模块的调制器系统层次级别有关。根据这一标准，可以将 Sigma-Delta 调制器模块分组到积分器和谐振器（Sigma-Delta 调制器中的基本模块）、量化器、数模转换器和辅助模块库中。后者包括模拟和数字混频器、DEM 算法、锁存模型等，这些也都是仿真特定 Sigma-Delta 调制器架构所必需的。第二个分类标准涉及用于实现 Sigma-Delta 调制器模块的电路技术。因此包含了前向欧拉和无损直接积分器、Gm-C 和 active-RC 积分器等子库。

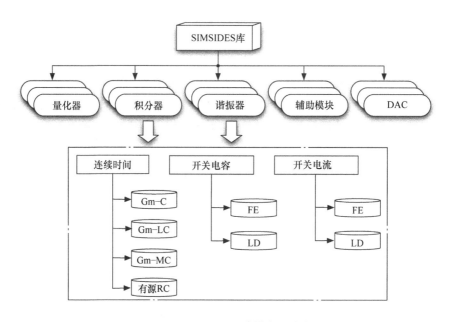

图 5.38　SIMSIDES 建模库的分类

所有 SIMSIDES 模型库可分为两大类（为了简单起见，图 5.38 中并没有显示）：理想库和真实库。按照上述标准分类，前者只包含不同模块理想模型的 S 函数。相反，真实库包含行为级模型，其中包括会降低 Sigma-Delta 调制器性能最重要的误差机制。表 5.2 总结了在 SIMSIDES 中建模的所有模块，以及在 S 函数行为级模型中包含的误差机制。

表 5.2　SIMSIDES 建模的电路技术和误差机制

电路技术	模块	误差机制
开关电容	放大器	有限非线性直流增益、不完全建立误差、输出摆幅限制和热噪声
	开关	热噪声、有限非线性开关导通电阻
	电容	失配、非线性、寄生参数
开关电流	存储单元和积分器	线性和非线性增益误差、热噪声、不完全建立误差、有限输出 - 输入电导比误差、电荷注入误差
连续时间	积分器	有限非线性直流增益、非线性跨导、热噪声、输出摆幅限制、瞬态响应
	时钟发生器	时钟抖动
所有电路技术	比较器	迟滞和失调
	量化器 /DAC	非线性、增益误差、延时、失调

图 5.39 所示为 SIMSIDES 一些代表性的库和子库，包括积分器、谐振器、量化器和数 / 模转换器。如图 5.40 所示，存在多种不同的开关电容积分器 S 函数模块，它们的模型中包含不同数量的输入支路和非理想效应，以及从理想模型到包含所有电路非理想性的最精确模型。这种方法有双重好处。一方面，它允许以一种非常简便的方式评估独立电路误差机制的影响，而不需要处理模型参数，特别适用于高阶选型设计过程，在这一过程中可以将不同的误差参数作为设计变量。另一方面，从最简单的理想近似演变为最精确和最复杂的近似，尤其是对于不熟悉在最精确行为级模型中使用一些电路级参数的新手设计者来说，是有很大帮助的。

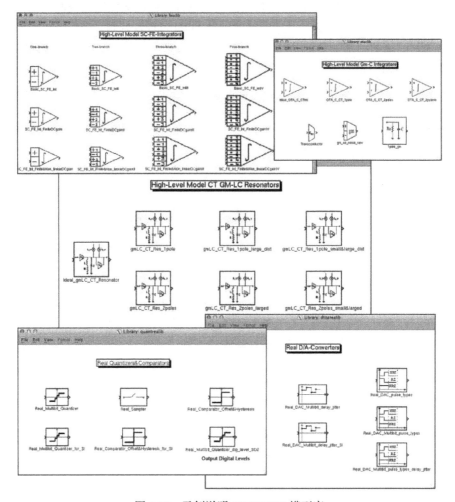

图 5.39　示例说明 SIMSIDES 模型库

除了这些包含独立 Sigma-Delta 调制器模块的库，SIMSIDES 也包括了一些常用于 Sigma-Delta 调制器架构的附加库，并且考虑了低通和带通两种拓扑结构、单环和级联架构、1 位和多位嵌入量化器，以及各种电路技术（离散时间、连续时间及混合离散时间／连续时间）等。

5.5.2　SIMSIDES 的结构和用户界面 ★★★

图 5.41 所示为 SIMSIDES 的总体结构。首先，如前所述，可以通过适当的方式连接包含在 SIMSIDES 库中的模块来定义调制器架构。在创建了调制器框图之后，

设计者可以通过工具箱设置模型参数和仿真选项来进行仿真。然后，可以开始进行常规的分析，包括通过时域仿真得到输出频谱和信噪比/信噪失真比与输入曲线、考虑给定模型参数变化的参数仿真、蒙特卡罗仿真等。仿真器产生的输出数据由时域序列组成，经过进一步处理可以得到典型的性能数据。

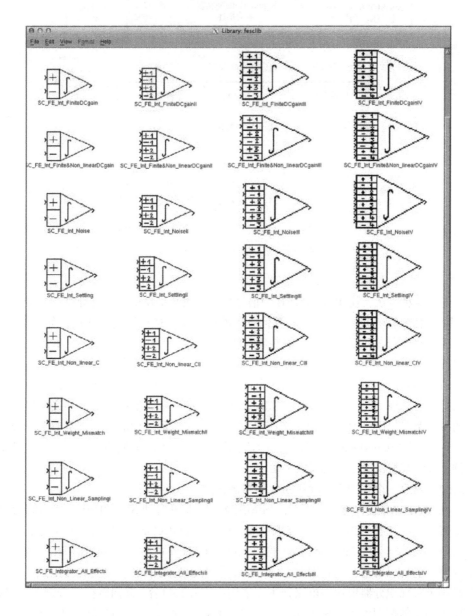

图 5.40　SIMSIDES 库中包含的不同开关电容 - 前向欧拉积分器模型

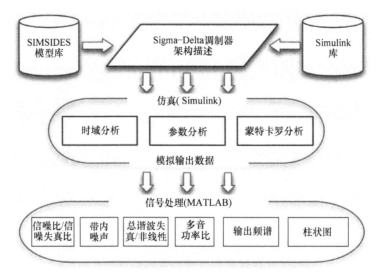

图 5.41　SIMSIDES 的总体结构

　　通过这种方法，使用 MATLAB 中信号处理工具箱提供的示例可计算积分器输入／输出柱状图和／或输出频谱[29]。其他典型的性能指标也可以进行评估，如信噪比／信噪失真比或谐波和互调失真。这些数据使用专门为 SIMSIDES 开发的 MATLAB 程序进行计算[6]。

　　SIMSIDES 包含了一个 GUI，它允许设计人员浏览仿真的所有步骤，并对仿真结果进行后处理。图 5.42 所示为 SIMSIDES GUI 的一些重要的部分，并突出显示了它的一些菜单。附录 B 中给出了关于 SIMSIDES GUI 更详细的解释，本节基于级联2-1 开关电容 Sigma-Delta 调制器的行为级模型进行了不同类型的分析，并通过简单的例子说明 SIMSIDES 仿真器的用法。

5.5.2.1　建立一个新的 Sigma-Delta 调制器框图

　　在 MATLAB 命令窗口中输入 "SIMSIDES" 即可启动 SIMSIDES，然后将会显示主窗口。在选择弹出菜单的 "File" 和 "New Architecture"（见图 5.42）之后，将显示一个新（空）的 Simulink 模型窗口。图 5.43 对级联 2-1 开关电容拓扑结构进行了说明。它可以通过 "Edit" → "Add Block" 弹出的菜单中添加模块来创建，然后选择用于实现积分器模块的电路技术（本例中为开关电容 - 前向欧拉积分器）。之后将显示相应的模型库（见图 5.40，本例中为 fesclib 库），并且通过拖放相应的模块，可以使合适的积分器模块包含在新模型中。

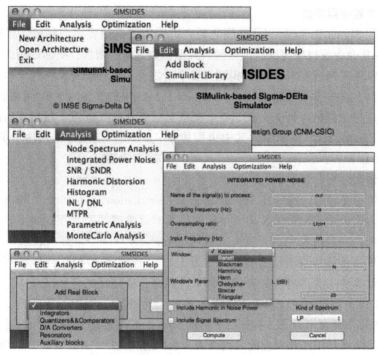

图 5.42　SIMSIDES GUI 的一些重要部分

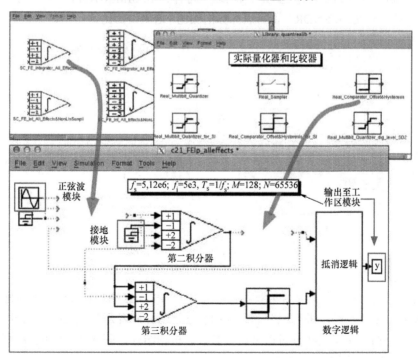

图 5.43　在 SIMSIDES 中创建级联 2-1 开关电容 Sigma-Delta 调制器框图

5.5.2.2　设置模型参数

定义了 Sigma-Delta 调制器框图之后，下一步就是设置模型参数。尽管这可以在 MATLAB 命令窗口中完成，但是随着模型参数数量的增加，更加适用的方法是将它们的值保存在 M 文件中。除了模型参数本身之外，还必须定义一些全局参数，以便进行仿真。这些参数是输入信号频率（即图 5.43 中的 fi）、采样时间和频率（Ts、fs）、仿真时钟周期数（即 N = 65536）。后者必须包含在 Simulink 模型窗口的 "Configuration Parameters" 菜单中，其中也配置了 "solver" 选项（本例中为 Fixed-step 和 discrete）。

5.5.2.3　仿真分析

设置模型参数后，通常在 Simulink 中从 "Simulation" → "Start" 弹出的菜单里启动仿真。这也是 SIMSIDES 运行单样本仿真时通常遵循的过程，如用于计算输出频谱。因此，一旦仿真完成，就可以通过 "Analysis" → "Node Spectrum Analysis" 弹出的菜单去计算和绘制输出频谱（见图 5.42）。选择此选项将会显示一个新窗口，用于设置计算输出频谱所需的参数，如采样频率、要处理的信号以及用于快速傅里叶变换（FFT）计算的窗口相关的参数。图 5.44a 示例中，使用了具有 N 个点和 Beta 值为 30 的 Kaiser 窗口。图 5.44b 所示为图 5.43 中调制器的带内输出频谱，以及与 OSR（过采样率）=128 相对应的带内噪声。数据通过选择 "Analysis" → "Integrated Power Noise" 弹出的菜单选项中得到。同样，在 SIMSIDES 的主窗口中选择 "Analysis" → "SNR/SNDR" 也可以计算信噪比/信噪失真比。

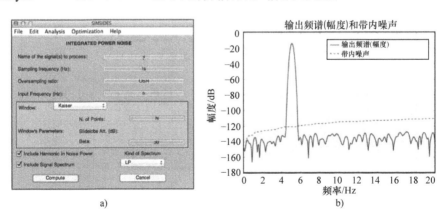

a)　　　　　　　　　　　　　　　　　b)

图 5.44　用 SIMSIDES 计算带内噪声

a）用户窗口　b）带内输出频谱

除了仿真分析外，其他性能指标也可以在 SIMSIDES 中进行评估，如线性指标。在 SIMSIDES 中也可以进行积分非线性的静态评估，或者是总谐波失真或多音功率比的动态评估。所有这些分析都可以与参数分析相结合，以评估给定模型参数的影响。这种分析对于高阶选型设计用处很大。

为此，如图 5.45a 所示，从"Analysis"→"Parametric Analysis"弹出的菜单选项中进行选择，将会显示一个新窗口，可以选择单参数分析或双参数分析。本例选择单参数分析，并定义了输入信号的幅值范围。下一步定义计算信噪失真比所需的参数。一旦定义了所有的参数，参数仿真就可以开始了。仿真进程窗口将以图形方式显示。图 5.45b 所示为仿真结果，即一个典型的信噪比与输入值的对比图。

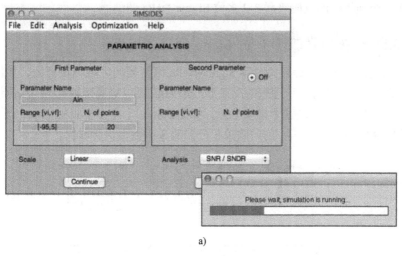

a)

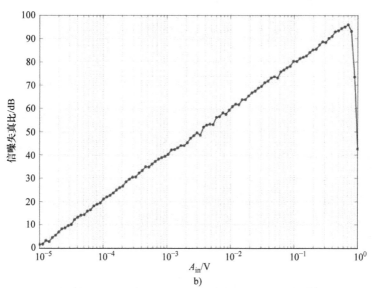

b)

图 5.45　在 SIMSIDES 中计算信噪失真比与输入摆幅的关系
a）用户窗口　b）信噪失真比（SNDR）与输入摆幅（A_{in}）的关系

5.6 利用 SIMSIDES 进行 Sigma-Delta 调制器的高阶选型设计和验证

本节举例说明 SIMSIDES 在 Sigma-Delta 调制器高阶选型设计和验证中的使用。以下是两种不同 Sigma-Delta 调制器架构和电路技术的案例研究：

1）一个开关电容二阶单环 1 位 Sigma-Delta 调制器。

2）一个连续时间五阶级联 3-2 多位 Sigma-Delta 调制器。

5.6.1 开关电容二阶 1 位 Sigma-Delta 调制器 ★★★

接下来分析一个二阶开关电容 Sigma-Delta 调制器的 Z 域模块框图，如图 5.46a 所示。假设该框图具有一个理想的反馈数／模转换器和 1V 满摆幅范围的 1 位量化器。可以在 SIMSIDES 中实现这个模块框图，如图 5.46b 所示。而如图 5.46c 所示，其中 Z 域传输函数已被开关电容 - 前向欧拉积分器的 S 函数模块所取代。

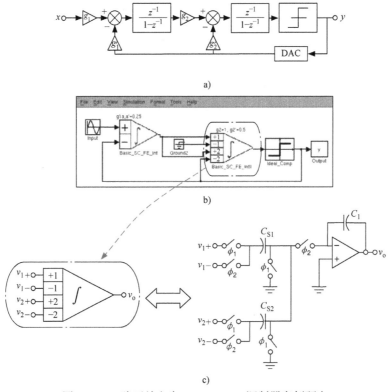

图 5.46　二阶开关电容 Sigma-Delta 调制器案例研究

a）Z 域模块框图　b）SIMSIDES 的实现　c）SIMSIDES 中双支路开关电容积分器的符号及其等效电路

图 5.47 所示为 OSR（过采样率）=128 时，调制器的理想输出频谱和带内噪声，并且考虑了采样频率 f_s = 2.56MHz 和半摆幅（0.5V）时的输入。整形后的量化噪声

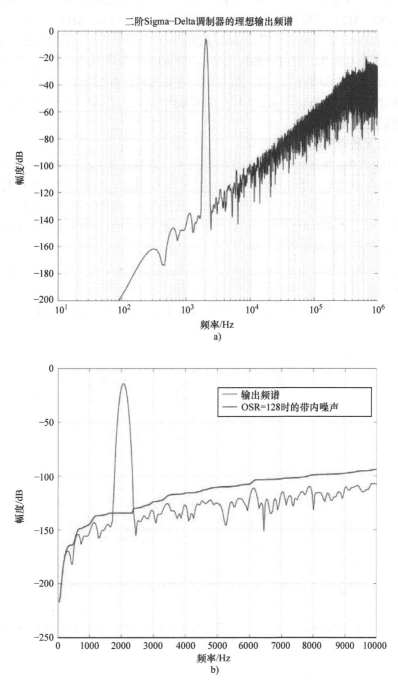

图 5.47　OSR = 128 时调制器的理想输出频谱和带内噪声

a）图 5.46 调制器的理想输出频谱　b）OSR = 128 时的带内噪声

以 15dB/ 倍频程的速率增加，这与理论预测一致。通过 SIMSIDES 计算的理想信噪比为 87dB（≃ 14bit）、103dB（≃ 16.8bit）和 119 dB（≃ 19.4bit），对应的 OSR 分别为 128、256、512，对应的信号带宽 B_w 分别为 10.5kHz 和 2.5kHz。另外，如果 $f_s =$ 2.56MHz、5.12MHz 和 10.24MHz，同样的理想有效分辨率可以得到信号带宽 B_w 为 10kHz。在实际应用中，这种理想性能会由于电路误差的影响而降低。本例将评估运放有限直流增益、热噪声和不完全瞬态响应非理想性因素的影响。对于每个非理想性因素来说，为了将调制器级参数映射到模块参数上，必须找到允许实现理想有效分辨率的误差边界。

5.6.1.1 放大器有限直流增益效应

在 SIMSIDES 中分析给定误差影响有两种可能的方法：要么使用一个只包含孤立效应的行为级模型；要么使用一个完整的行为级模型，其中，除了那些与将要评估的非理想性相关的参数，其他所有误差参数都设置为理想。本例将采用第一种方法。因此，为了仿真有限直流增益 A_v 的影响，在 SIMSIDES 中可使用相应的开关电容 - 前向欧拉积分器的 S 函数模型。

在 SIMSIDES 中进行参数分析时，可获得达到理想分辨率所需的 A_v 的最小值（或临界值），可用 $A_{v_{crit}}$ 表示。如图 5.48 所示，将信噪失真比与过采样率为 128、256 和 512 时的 A_v 值进行了对比，结果分别为 $A_{v_{crit}}$ 大于 100、200 和 400[⊖]。

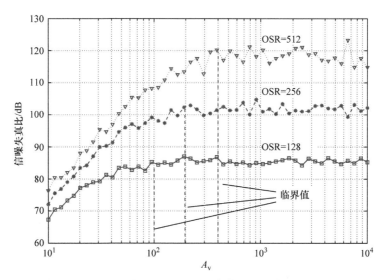

图 5.48　图 5.46 中 Sigma-Delta 调制器不同过采样率值对应的信噪失真比（SNDR）和 A_v 的关系

⊖　考虑 10kHz 和 20kHz 带宽及其对应的 f_s 值，即过采样率为 128、256 和 512，对 A_v 变化进行参数分析。由于非理想性是静态的，所以从图 5.48 也能看出 B_w 的绝对值对所得结果没有任何影响。

5.6.1.2　热噪声效应

参照上一节相同的步骤,可以仿真电路(热)噪声的影响。考虑两种主要的热噪声源,即运算放大器的输入噪声 V_n 和 kT/C 噪声,通过改变采样电容 C_S 的值进行评估。本例只考虑了前端积分器的贡献⊖。

图 5.49 所示为过采样率(OSR)为 128、256 和 512 时的信噪比与 V_n 和 C_S 的对比。根据式(5.14),除 V_n 和 C_S 外,其他模型参数均为理想值。从图 5.49 中可以看出,$V_{n_{\mathrm{crit}}} < 1\mathrm{nV}/\sqrt{\mathrm{Hz}}$ 的临界值在所有情况下都是可接受的,而过采样率(OSR)为 128、256 和 512 时,则需要 $C_{S_{\mathrm{crit}}} > 2\mathrm{pF}$、$7\mathrm{pF}$ 和 $10\mathrm{pF}$。C_S 需要如此大的值是高分辨率、低调制器滤波器阶数和 1 位嵌入量化器导致的直接结果。在可承受的功耗范围内,为了降低输出信号不完全建立产生的影响,这些电容值可能会导致数字化信号带宽 B_w 降低。

5.6.1.3　不完全建立误差效应

为了评估不完全建立误差的影响,考虑两个模型参数:即跨导运算放大器跨导 g_m 和跨导运算放大器最大输出电流 I_o。前者根据增益带宽积确定最低要求,而后者限制了等效负载电容给定值(如 5.4 节所述,由 SIMSIDES 模型自动计算)所能达到的最大压摆率。与先前的误差一样,为了便于说明,这里只考虑前端积分器的影响。

图 5.50 所示为不同过采样率值下 g_m 和 I_o 对调制器性能的影响。在这种情况下,因为不完全建立影响着积分器的动态响应,因此 f_{in} 和 B_w 的绝对值非常重要。在本例中,输入为 $f_{in} = B_w/5$,则 $B_w = 10\mathrm{kHz}$。图 5.50a 为当 $C_S = 10\mathrm{pF}$ 和 $I_o = 5\mathrm{mA}$ 时,信噪失真比与 g_m 的关系。在这些仿真条件下,可以忽略压摆率的影响。图 5.50b 为 $g_m = 5\mathrm{mA/V}$ 时,信噪失真比与 I_o 的关系,其中只评估了压摆率的影响,而忽略了增益带宽积的影响。图中突出显示了不同情况下 g_m 和 I_o 的临界值。

5.6.1.4　所有误差的累积效应

前面通过仿真分析了限制图 5.46 Sigma-Delta 调制器性能所示的最重要的一些电路误差的独立影响。然而,由于不同误差共同作用的累积效应,Sigma-Delta 调制器性能可能会进一步降低。实际情况也是如此。为了说明这一影响,图 5.51 为考虑该参数的独立效应(即理想模型参数)和累积效应(即其他非理想模型参数)的情况下,调制器信噪失真比与 I_o 的关系。在后一种情况下,需要更高的 I_o 值来实现指定的分辨率。

图 5.52 所示为调制器输出频谱,该频谱考虑了所有的电路误差及过采样率(OSR)=512 时所得到的误差模型参数临界值。图 5.53 所示为信噪失真比与输入信号电平在不同过采样率和信号带宽情况下的折线图。需要注意的是,它们所达到的有效分辨率与参数指标是一致的。

⊖　需要注意的是,第二积分器的噪声源在信号频带内被前端积分器的增益所衰减。

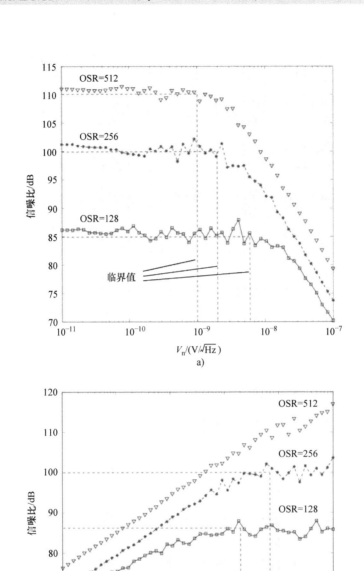

图 5.49　热噪声源对图 5.46 中 Sigma-Delta 调制器的影响

a）信噪比（SNR）与 V_n 的关系　b）信噪比（SNR）与 C_S 的关系

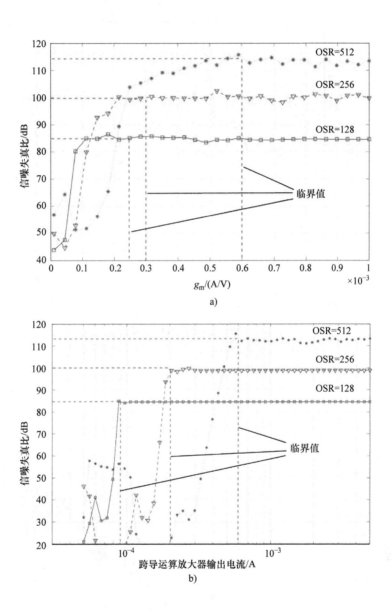

图 5.50　图 5.46 中 B_w=10kHz 时，Sigma-Delta 调制器不完全建立的影响

a）信噪失真比（SNDR）与 g_m 的关系（I_o=5mA）　b）信噪失真比（SNDR）与 I_o 的关系（g_m=5mA/V）

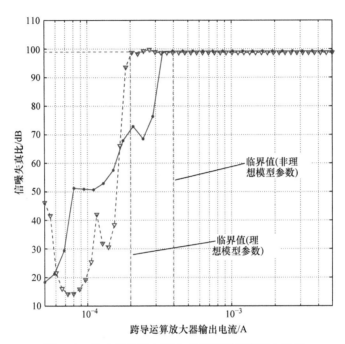

图 5.51　放大器输出电流 I_o 的累积效应和独立效应

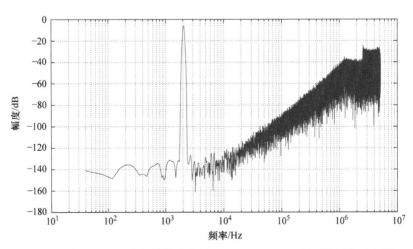

图 5.52　考虑所有电路误差影响的图 5.46 Sigma-Delta 调制器的输出频谱

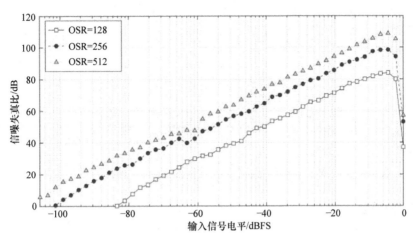

图 5.53 考虑所有电路误差及 B_w=10kHz 时，信噪失真比与输入信号电平的关系

表 5.3 为图 5.46 中二阶开关电容 Sigma-Delta 调制器的高阶选型设计结果。表中系统级（调制器）参数指标被映射至模块（积分器）参数指标。为了完整起见，表中还包含了所需的增益带宽积和压摆率值。需要注意的是，该数据还包括了本例中考虑的不同电路误差的相互作用，因此该数据可能比上述独立分析得出的数据的限制性更强。在这种情况下，为了简单起见，没有考虑 5.4.1 节中所述的开关导通电阻对跨导运算放大器跨导和增益带宽积的影响。但在实际情况中必须考虑这种影响，这将导致对积分器动态参数指标的要求更高。为了进一步说明，图 5.54 显示了相应 SIMSIDES 积分器模型在考虑上述因素时，得到的仿真结果。在其他数据中，该模型提供了在每个时钟相位时等效负载电容、增益带宽积及压摆率的有效值。将这些模型参数考虑在内，OSR =128 且半摆幅输入时的信噪失真比为 78.3dB，即大约比理想值低 9dB。

表 5.3 图 5.46 中二阶开关电容 Sigma-Delta 调制器的高阶选型设计（ C_{eq}=2.6pF ）

模型参数	单位	OSR 值		
		128	256	512
A_v		100	400	400
V_n	$nV/\sqrt{Hz}$	6	2	1
C_S	pF	2	7	10
g_m	mA/V	0.25	0.3	0.6
I_o	mA	0.09	0.5	1
增益带宽积（GB）	MHz	100	120	240
压摆率（SR）	V/μs	46	200	400

图 5.54 在瞬态响应中考虑开关导通电阻的影响时，SIMSIDES 开关
电容 - 前向欧拉积分器模型提供的信息

5.6.2 连续时间五阶级联 3-2 多位 Sigma-Delta 调制器 ★★★

第二个案例研究的是连续时间两级级联 Sigma-Delta 调制器，包括三阶前级和二阶后级。图 5.55a 所示为该调制器的概念模块原理图；图 5.55b[44] 为其在 SIMSIDES 中的实现。前级由积分器和谐振器组成，而后级环路滤波器本质上是谐振器。两级均采用多位（4 位）量化和非归零反馈数 / 模转换器，并采用动态器件匹配技术来降低数 / 模转换器失配对调制器线性度的影响。如 4.9 节所述，在两个级中，由一个数 / 模转换器和一个 D 锁存器组成的额外反馈支路从量化器的输出端连接到输入端，以补偿环路中过量延迟的影响[45]。

两级中的环路滤波器都采用 Gm-C 积分器实现，在反馈环路中则使用电流模式 DAC。调制器在连续时间域中按照 Tortosa 等人所述的方法进行综合，谐振器极点被放置在最佳位置，以使信号带宽内的噪声传输函数值最小。与任何其他级联 Sigma-Delta 调制器相类似，在所有调制器输出端通过消除调制器第一级输出的量化误差，可以从两级的信号传输函数和噪声传输函数中推导出每级的数字抵消逻辑函数（DCL）（为了简单起见，图 5.55 中 $DCL_{1,2}$ 并没有详细表示）[46]。

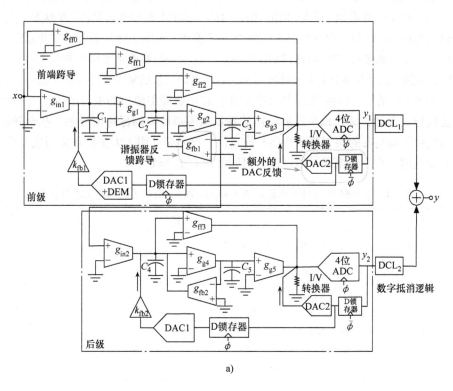

a)

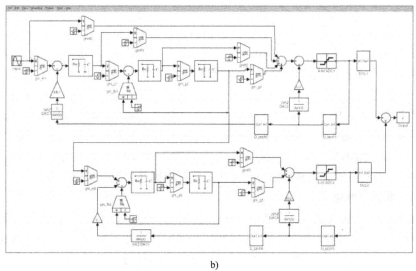

b)

图 5.55 两级 4 位量化 Gm-C 五阶级联 3-2 Sigma-Delta 调制器

a）概念模块原理图 b）SIMSIDES 的实现

由图 5.55b 可知，在 SIMSIDES 中 Gm-C 积分器是使用 5.4.2.3 节中描述的模型实现（见图 5.34），即类似于跨导和输出阻抗电路（输出电阻和电容并联）的级联。另外，Gm-C 积分器也可以在 SIMSIDES 中建模为单个模块（见图 5.31）。这种方法更适合那些具有更少环路滤波系数的 Sigma-Delta 调制器，这些调制器通常采用跨导来实现。与此相反，本例中的调制器具有若干前馈系数，这些前馈系数通常也采用跨导实现。

表 5.4 总结了环路滤波器中的跨导值 g_i 和调制器中使用的电容值 C_I。这些值通过迭代仿真得到，该过程从选取噪声传输函数零点所需的标称值开始，在全摆幅范围内优化了调制器的动态范围性能和稳定性。单元跨导用于大多数环路滤波器跨导。当 C 变化时，可以调整跨导值以保持时间常数 C/g_m 恒定。

表 5.4 图 5.55 中连续时间级联 3-2 Sigma-Delta 调制器的环路滤波器系数

系数	值
单元电路元件	$C_u = 3.65\,\text{pF}$, $g_u = 190\,\mu\text{A/V}$
电容	$C_1 = C_2 = C_3 = C_u$, $C_4 = C_5 = 2C_u$
前馈跨导	$g_{in1} = \dfrac{852\,\mu\text{A}}{\text{V}}$, $g_{ff0} = g_{ff2} = 2g_u$, $g_{ff1} = 4g_u$, $g_{in2} = g_{ff3} = 5g_u$, $g_{g1} = g_{g5} = 3g_u$, $g_{g2} = 5g_u$, $g_{g2} = g_u$, $g_{g4} = 7g_u$
反馈跨导	$g_{fb1} = g_{fb2} = g_u$, $k_{fb1} = 730\,\mu\text{A/V}$, $k_{fb2} = 6g_u$

图 5.56a 为采样时钟 $f_s = 240\text{MHz}$、输入信号频率为 1.49MHz、输入幅度为 –20dBFS 时的理想输出频谱。需要注意的是，整形后的量化噪声在 11.5MHz 和 18.5MHz 频率处出现两个陷波。这两个陷波在目标信号带宽（$B_w = 20\text{MHz}$）中将带内噪声最小化。理想的有效分辨率可以通过如图 5.56b 所示的调制器实现，它描述了过采样率（OSR）=6 时的信噪失真比与输入信号电平的关系，图中对应的 $f_s = 240\text{MHz}$，$B_w = 20\text{MHz}$。在这些条件下，最大有效分辨率可以达到大约 13bit。然而，通过下面的分析可知，这种性能在实际中会由于电路非理想性效应而降低。

5.6.2.1 非线性效应

SIMSIDES 中跨导的行为级模型考虑了几种非理想电路效应[⊖]，包括有限直流增益、输出饱和电压和参考输入的三阶截止点 IIP3。为了进行说明，图 5.57 所示为 $f_s = 240\text{MHz}$、OSR = 6、12、24 时，环路滤波器跨导有限直流增益对信噪失真比的影响。可以看出，随着过采样率的增加，该误差的影响减弱，这与 3.2 节中理论分析所预测的结果一致。对于 $B_w = 20\text{MHz}$（OSR = 6）的信号带宽来说，有限直流增益必须大于 50dB。

⊖ 关于 SIMSIDES 模块模型中包含的非理想电路效应和电学参数的更详细解释见附录 C。

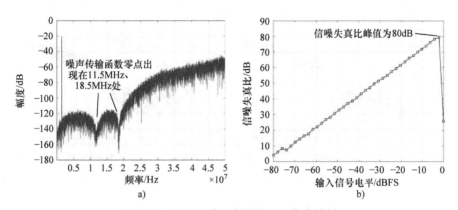

图 5.56　图 5.55 中调制器的理想仿真结果
a）输出频谱　b）OSR=6（B_w = 20MHz，f_s=240MHz）、考虑全摆幅参考值为 0.5V 时，
信噪失真比与输入信号电平的关系

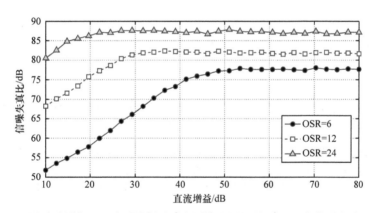

图 5.57　不同过采样率下环路滤波器跨导有限直流增益对图 5.55 中信噪失真比的影响

　　图 5.58 举例说明了 IIP3 对调制器性能的影响，并比较了由不同跨导所引起的衰减，如前端跨导（图 5.55 中的 g_{in1}）、输入前馈跨导（g_{ff0}）和其余环路滤波器跨导。当输入频率为 1.49MHz 和 2.02MHz、输入信号幅度为 −10dBFS 时，调制器的输出频谱如图 5.58a 和 5.58b 所示。图 5.58a 中的输出频谱假设所有环路滤波器跨导中 IIP3=20dBm，且 g_{in1} 和 g_{ff0} 为理想。相比之下，图 5.58b 则假设除了前端跨导且其 IIP3=20dBm 外，所有的跨导均为理想。正如预期的那样，前端跨导严重降低了调制器的线性度，导致信号频带出现大量互调产物。图 5.58c 很好地说明了不同跨导的非线性对调制器分辨率的影响，它代表了调制器中不同类型跨导中 IIP3 与信噪失真比的关系。需要注意的是，如果在前端跨导中 IIP3 > 28dBm，有效分辨率就不会降低。对于其余跨导来说，这个参数指标可以放宽，只要 IIP3 > 5dBm 就足以实现理想的信噪失真比。

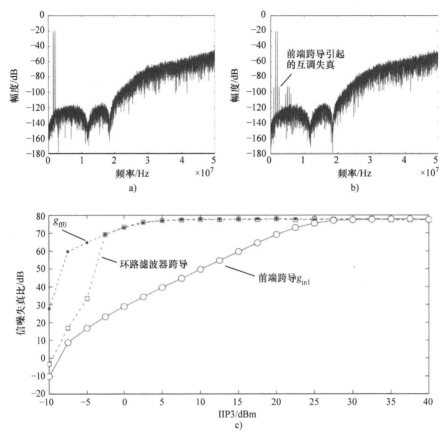

图 5.58　图 5.55 中跨导非线性对连续时间 Sigma-Delta 调制器性能的影响

a）假设 g_{in1} 和 g_{ff0} 理想且所有环路滤波器跨导中 IIP3=20dBm 时的输出频谱　b）除 g_{in1} 中 IIP3=20dBm 外，其他所有跨导都是理想值时的输出频谱　c）不同跨导值时信噪失真比与 IIP3 的关系

　　除了上述非理想性的影响，电路器件公差和器件失配的影响在级联连续时间 Sigma-Delta 调制器的设计中尤为关键。绝对公差可以通过调整时间常数来控制（同本设计案例）。然而，失配误差的影响仍然存在，必须在设计的早期阶段加以考虑。使用 SIMSIDES 中的行为级仿真可以实现此目的。因此，为了评估失配误差对图 5.55 中调制器性能的影响，在 130nm CMOS 工艺中对失配最大值进行估算，分析结果如图 5.59 所示。信噪比表示为跨导和电容值标准差（分别为 σ_{gm} 和 σ_C）的函数。表面的每个点都进行了 150 次的蒙特卡罗仿真分析。图中信噪比的值对应蒙特卡罗仿真中 90% 以上每个 σ_{gm} 和 σ_C 的仿真值。即使在最差失配的情况下，有效分辨率也可以达到 12bit 以上。

5.6.2.2　高阶综合和验证

　　假设图 5.55 研究案例中的调制器设计满足以下参数：在 20MHz 信号带宽[46] 以内，有效分辨率为 12bit。如前几节所述，通过进行基于参数的分析，可以将这些参数映射到调制器模块参数中。或者可以遵循一个基于优化的过程，使用优化引擎进行设计参数选择及使用行为级仿真（在本例中为 SIMSIDES）进行性能评估 [6]。为了说明后一种方法，下面在图 5.55 中结合统计优化器和 SIMSIDES 进行 Sigma-Delta 调制器的高阶选型设计。

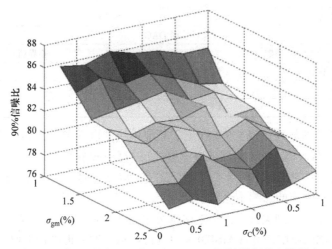

图 5.59　失配对图 5.55 中 Sigma-Delta 调制器信噪比的影响

表 5.5 对图 5.55 中连续时间级联 Sigma-Delta 调制器的高阶选型设计进行了总结，列出了电路中电学性能参数的临界值（最大值 / 最小值）。这些参数可以满足调制器性能的必须要求。如上所述，前端跨导的参数比其他跨导的参数要求更高，尤其是对于有限直流增益和三阶非线性参数的要求。由于这个原因，实际中常用不同的电路拓扑结构实现前端跨导以及 Gm-C Sigma-Delta 调制器中的环路滤波器跨导，这部分内容将在第 8 章进行讨论。

表 5.5　图 5.55 中连续时间级联 Sigma-Delta 调制器的高阶选型设计

前端跨导	
参数	临界值
有限直流增益	$\geqslant 70\text{dB}$
线性输入摆幅	$\leqslant 0.3\text{V}$
线性输出摆幅	$\leqslant 0.3\text{V}$
三阶非线性系数	$\leqslant -86\text{dB}$
环路滤波器跨导	
参数	临界值
有限直流增益	$\geqslant 50\text{dB}$
线性输入摆幅	$\leqslant 0.3\text{V}$
线性输出摆幅	$\leqslant 0.3\text{V}$
三阶非线性系数	$\leqslant -56\text{dB}$

（续）

多位嵌入式 ADC	
参数	临界值
比较器偏移	≤ 20mV
比较器磁滞	≤ 20mV
比较器解析时间	≤ 1ns
反馈 DAC	
参数	临界值
单位电流标准偏差	≤ 0.15%LSB
有限输出电阻	≥ 12MΩ
建立时间	≤ 0.5ns

除了跨导的参数外，表5.5还列出了其他模块的电学参数，如在比较器中使用的嵌入式多位 flash 模/数转换器或电流模式反馈数/模转换器。这些模块的行为级模型及其相关参数的描述见附录 C。除了表5.5列出的参数要求外，调制器模块的设计必须保证其热噪声的影响不会影响调制器的分辨率。这对于第一级中的前端跨导和反馈 DAC1 来说特别关键，因为这两部分电路与调制器输入直接连接。因此，这些模块中噪声源的影响应在 SIMSIDES 中进行评估，然后再进行类似于5.6.1.2节中所述的参数分析。

图5.60 所示为图5.55中调制器在考虑所有非理想效应时的信噪失真比曲线。由图可知，信噪失真比的峰值为76.8 dB(12.5bit)，这符合预期的目标参数指标。因此，一旦考虑到主电路误差机制的影响，就可以通过行为级仿真验证调制器的性能。表5.5中模块的电学参数可以作为晶体管级调制器子电路的初始设计参数指标。它们在晶体管级设计中的含义将在第7章和第8章中讨论。

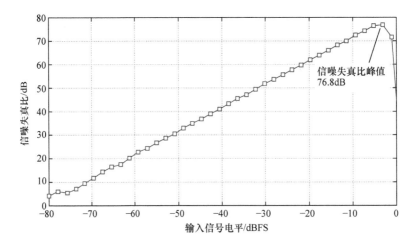

图 5.60　图 5.55 中考虑所有非理想影响的信噪失真比与输入信号电平的关系

5.7 小结

本章讨论了行为级建模和仿真技术在 Sigma-Delta 调制器的高阶选型设计和综合中的应用。在研究了 Sigma-Delta 调制器晶体管级电学仿真的不同方法和替代技术后，可以看出，用 MATLAB C-MEX S 函数实现的时域行为级模型是一种非常有效的技术，在精确性、CPU 仿真时间及灵活性方面展现了其优越的性能。而且该模型也可以补充新的电路效应，并用于其他模块模型的仿真。本章还详细描述了实现精确 Sigma-Delta 调制器行为级模型的过程，并且将其应用于基本的 Sigma-Delta 调制器模块，即积分器、量化器和嵌入式数 / 模转换器。在此基础上，本章还介绍了一种基于 Simulink 的 Sigma-Delta 调制器的时域行为级仿真器，即 SIMSIDES，并通过实例说明了该仿真器在 Sigma-Delta 调制器高阶选型设计和验证中的应用。从本章学习过程中得到的结果，将作为本书后续讨论的 Sigma-Delta 调制器电学（晶体管级）设计和验证的起点。

参考文献

[1] J. M. de la Rosa, "Design Guidelines of ΣΔ Modulators: From System to Chip and Application to Reconfigurable ADCs," *Proc. of the IEEE Intl. Conf. on Electron Devices and Solid-State Circuits (EDSSC)*, pp. 144–148, August 2017.

[2] V. F. Dias *et al.*, "Design Tools for Oversampling Data Converters: Needs and Solutions," *Microelectronics Journal*, vol. 23, pp. 641–650, 1992.

[3] G. Gielen and J. Franca, "CAD Tools for Data Converter Design: An Overview," *IEEE Trans. on Circuits and Systems II: Analog and Digital Signal Processing*, vol. 43, pp. 77–89, February 1996.

[4] F. Medeiro *et al.*, "A Vertically Integrated Tool for Automated Design of ΣΔ Modulators," *IEEE J. of Solid-State Circuits*, vol. 30, pp. 762–772, July 1995.

[5] K. Francken *et al.*, "A high-level simulation and synthesis environment for delta-sigma modulators," *IEEE Trans. on Computer-Aided Design of Integrated Circuits and Systems*, vol. 22, pp. 1049–1061, August 2003.

[6] J. Ruiz-Amaya *et al.*, "High-Level Synthesis of Switched-Capacitor, Switched-Current and Continuous-Time ΣΔ Modulators Using SIMULINK-based Time-Domain Behavioral Models," *IEEE Trans. on Circuits and Systems – I: Regular Papers*, pp. 1795–1810, Sep. 2005.

[7] R. Schreier and G. C. Temes, *Understanding Delta-Sigma Data Converters*. IEEE Press, 2005.

[8] R. Schreier, *The Delta-Sigma Toolbox*. [Online]. Available: http://www.mathworks.com/matlabcentral, 2017.

[9] J. M. de la Rosa *et al.*, "A CMOS 110-dB@40-kS/s Programmable-Gain Chopper-Stabilized Third-Order 2-1 Cascade Sigma-Delta Modulator for Low-Power High-Linearity Automotive Sensor ASICs," *IEEE J. of Solid-State Circuits*, vol. 40, pp. 2246–2264, November 2005.

[10] S. Pavan, "Efficient Simulation of Weak Nonlinearities in Continuous Time Oversampling Converters," *IEEE Transactions on Circuits and Systems I – Regular Papers*, vol. 57, pp. 1925–1934, August 2010.

[11] J. Ryckaert, J. Borremans, B. Verbruggen, L. Bos, C. Armiento, J. Craninckx, and G. van der Plas, "A 2.4 GHz Low-Power Sixth-Order RF Bandpass ΔΣ Converter in CMOS," *IEEE J. of Solid-State Circuits*, vol. 44, pp. 2873–2880, November 2009.

[12] F. V. Fernandez *et al.*, "Design Methodologies for Sigma-Delta Converters," in *CMOS Telecom Data Converters* (A. Rodríguez-Vázquez, F. Medeiro and E. Janssens, editors), Kluwer Academic Publishers, 2003.

[13] F. Medeiro, B. Pérez-Verdú, and A. Rodríguez-Vázquez, *Top-Down Design of High-Performance Sigma-Delta Modulators*. Kluwer Academic Publishers, 1999.

[14] C. H. Wolff and L. Carley, "Simulation of Δ-Σ Modulators using Behavioral Models," *Proc. of the IEEE Intl. Symp. on Circuits and Systems*, pp. 376–379, May 1990.

[15] V. Liberali *et al.*, "TOSCA: A Simulator for Switched-capacitor Noise-shaping A/D Converters," *IEEE Trans.Comput.-Aided Des. Integr. Circuits Syst.*, vol. 12, pp. 1376–1386, September 1993.

[16] P. Malcovati *et al.*, "Behavioral Modeling of Switched-capacitor Sigma-Delta Modulators," *IEEE Trans. on Circuits and Systems – I: Regular Papers*, vol. 50, pp. 352–364, March 2003.

[17] G. Gielen *et al.*, "An Analytical Integration Method for the Simulation of Continuous-Time $\Delta\Sigma$ Modulators," *IEEE Trans. on Computer-Aided Design of Integrated Circuits and Systems*, vol. 23, pp. 389–399, March 2004.

[18] H. Zare-Hoseini, I. Kale, and O. Shoaei, "Modeling of Switched-Capacitor Delta-Sigma Modulators in SIMULINK," *IEEE Transactions on Instrumentation and Measurement*, vol. 54, pp. 1646–1654, August 2006.

[19] M. Keller *et al.*, "A Method for the Discrete-Time Simulation of Continuous-Time Sigma-Delta Modulators," *Proc. of the IEEE Intl. Symposium on Circuits and Systems*, pp. 241–244, May 2007.

[20] G. Suárez, M. Jiménez, and F. O. Fernández, "Behavioral Modeling Methods for Switched-Capacitor $\Sigma\Delta$ Modulators," *IEEE Transactions on Circuits and Systems - I: Regular Papers*, vol. 54, pp. 1236–1244, June 2007.

[21] A. V. Oppenheim and R. W. Schafer, *Discrete-Time Signal Processing*. Prentice Hall, 3rd ed., 2009.

[22] Synopsys, "HSPICE Simulation and Analysis User Guide," *Synopsys Inc.*, 2006.

[23] Cadence, "Spectre Circuit Simulator User Guide," *Cadence Design Systems Inc.*, 2002.

[24] R. Bishop *et al.*, "Table-based Simulation of Delta-Sigma Modulators," *IEEE Trans. on Circuits and Systems – I*, vol. 37, pp. 447–451, March 1990.

[25] G. Brauns *et al.*, "Table-based Modeling of Delta-Sigma Modulators using ZSIM," *IEEE Trans. on Computer-Aided Design of Integrated Circuits and Systems*, vol. 9, pp. 142–150, February 1990.

[26] IEEE-Standards, "IEEE VHDL Language Reference Manual," *IEEE Std 1076-2002*, 2002.

[27] IEEE-Standards, "IEEE VHDL 1076.1 Language Reference Manual," *IEEE Std 1076.1-1999*, 2002.

[28] Cadence, "Cadence Design Framework II," Cadence Design Systems Inc., 2010.

[29] Mathworks, "Using MATLAB Version 6," The Mathworks Inc., 2002.

[30] Mathworks, "Using SIMULINK Version 5," The Mathworks Inc., 2002.

[31] Mathworks, "Stateflow 7.7," The Mathworks Inc., 2002.

[32] R. del Río, F. Medeiro, B. Pérez-Verdú, J. M. de la Rosa, and A. Rodríguez-Vázquez, *CMOS Cascade $\Sigma\Delta$ Modulators for Sensors and Telecom: Error Analysis and Practical Design*. Springer, 2006.

[33] S. Brigati *et al.*, "Modeling Sigma-Delta Modulator Nonidealities in SIMULINK," *Proc. of the IEEE Intl. Symp. on Circuits and Systems*, pp. 2384–2387, May 1999.

[34] S. Brigati, *SD Toolbox*. [Online]. Available: http://www.mathworks.com/matlabcentral, 2002.

[35] Mathworks, "Writing S-Functions Version 5," The Mathworks Inc., 2002.

[36] Mathworks, "Simulink: Developing S-Functions," The Mathworks Inc., 2016.

[37] W. Press *et al.*, *Numerical Recipes in C. The Art of Scientific Computing*. Cambridge University Press, 2nd ed., 1992.

[38] B. Razavi, *Principles of Data Conversion System Design*. IEEE Press, 1995.

[39] W. Yu, S. Sen, and B. Leung, "Distortion Analysis of MOS Track-and-hold Sampling Mixers using Time-varying Volterra Series," *IEEE Trans. on Circuits and Systems – II: Analog and Digital Signal Processing*, vol. 46, pp. 101–113, February 1999.

[40] R. del Río, F. Medeiro, J. M. de la Rosa, B. Pérez-Verdú, and A. Rodríguez-Vázquez, "Reliable Analysis of Settling Errors in SC Integrators: Application to ΣΔ Modulators," *IET Electronics Letters*, vol. 36, pp. 503–504, March 2000.

[41] M. Ortmanns and F. Gerfers, *Continuous-Time Sigma-Delta A/D Conversion: Fundamentals, Performance Limits and Robust Implementations*. Springer, 2006.

[42] J. Cherry and W. Snelgrove, "Excess Loop Delay in Continuous-Time Delta–Sigma Modulators," *IEEE Trans. on Circuits and Systems – II: Analog and Digital Signal Processing*, vol. 46, pp. 376–389, April 1999.

[43] J. M. de la Rosa, B. Pérez-Verdú, and A. Rodríguez-Vázquez, *Systematic Design of CMOS Switched-Current Bandpass Sigma-Delta Modulators for Digital Communication Chips*. Kluwer Academic Publishers, 2002.

[44] R. Tortosa, A. Aceituno, J. M. de la Rosa, A. Rodríguez-Vázquez, and F. V. Fernández, "A 12-bit, 40MS/s Gm-C Cascade 3-2 Continuous-Time Sigma-Delta Modulator," *Proc. of the IEEE Intl. Symp. on Circuits and Systems*, pp. 1–4, 2007.

[45] S. Yan and E. Sánchez-Sinencio, "A Continuous-Time ΣΔ Modulator With 88-dB Dynamic Range and 1.1-MHz Signal Bandwidth," *IEEE J. of Solid-State Circuits*, vol. 39, pp. 75–86, January 2004.

[46] R. Tortosa, J. M. de la Rosa, F. V. Fernández, and A. Rodríguez-Vázquez, "A New High-Level Synthesis Methodology of Cascaded Continuous-Time ΣΔ Modulators," *IEEE Trans. on Circuits and Systems – II: Express Briefs*, vol. 53, pp. 739–743, August 2006.

第6章 »

Sigma-Delta 调制器的
自动化设计和优化

如第 5 章所述，Sigma-Delta 调制器的设计涉及多个抽象级别的任务，通常遵循自顶向下／自底向上的系统级方法，从设计指标到晶圆级进行实现。在这样一个迭代过程中，设计人员将花费大量的精力优化晶体管级电路的设计。在尽可能减少功耗的同时，保持目标设计参数所需的电学特性是一种常见的做法。然而在大多数实际情况下，设计瓶颈并不在电路级或器件级，而是在系统级。正确地选择调制器的结构、环路滤波器的拓扑结构及其系数等有助于更有效、更具鲁棒性的设计，同时也有助于对电路级中最为关键的指标进行设计裕度的拓宽。

本章讨论了一些相关的设计方法和 CAD 工具的使用，旨在解决 Sigma-Delta 调制器自动化设计的高层次综合和优化问题，考虑如何将它们结合起来，以帮助设计人员为给定的一组需求找到最佳的 Sigma-Delta 调制器设计。但详细描述所有论文中的设计方法已超出了本书的范围。相反，本章的重点集中在设计所需的 CAD 工具，它们浓缩了最先进的综合方法和优化技术。在学习了 CAD 工具的使用之后，还需要思考如何将其应用到高层次综合中最为关键的阶段。

在此基础上，6.1 节从架构选择的问题开始，介绍了如何使用 Schreier 的 Delta-Sigma 工具箱来解决这个问题。采用不同的优化引擎和作为性能评估器的 SIM-SIDES，6.2 节描述了如何将行为级仿真和优化结合起来，使高阶选型设计流程自动化。在 6.3 节中，使用所谓的提升方法和硬件仿真对连续时间 Sigma-Delta 调制器进行了仿真加速，并对其性能进行优化。最后，6.4 节介绍了如何将多目标进化算法应用于 Sigma-Delta 调制器的高阶自动化设计中。

6.1　架构探索和选择——Schreier 工具箱

Sigma-Delta 调制器设计人员面临的第一个问题是找到能满足给定应用所需设计参数的拓扑结构，即最小功耗下的有效位数和带宽。一般来说，对阶数、过采样率和带宽进行不同的组合，可以获取备选的 Sigma-Delta 调制器拓扑结构，并将其作为一个先验来满足不同组合下的需求。

为了进行这一架构探索，Sigma-Delta 调制器设计界广泛使用 Schreier 的 MAT-LAB Delta-Sigma 的工具箱 [1]。该工具箱使用非线性模型自动综合 Sigma-Delta 调制器环路滤波器，在保持系统稳定性的同时提供所需的量化噪声传输函数。无论 Sigma-Delta 调制器是用开关电容电路还是连续时间电路实现，使用 Schreier 工具箱获得的环路滤波器和噪声传输函数都是设计的起点。不过，易于微调的环路滤波器在抽象层级上需要通过启发式的探索和专业知识的迭代来实现，并最大限度地提高 Sigma-Delta 调制器电路的性能、动态范围和工艺变化引起的鲁棒性下降。后者在连续时间 Sigma-Delta 调制器中十分关键，其性能依赖于电路元件的绝对值，如电阻或电容，而不像开关电容 Sigma-Delta 调制器那样依赖于电容比 [2, 3]。

对 Schreier 工具箱中包含的所有功能的完整描述已超出本书的范围，感兴趣的读者可以在用户指南中找到更为详细的信息及其演示和教程。这里将列举一些 Schreier 工具箱中最有用的脚本和使用流程。

6.1.1　Schreier Delta-Sigma 工具箱的基本功能 ★★★

Schreier 的 Delta-Sigma 工 具 箱 可 以 从 www.mathworks.com/matlabcentral/fileexchange/19-delta-sigma-toolbox 进行下载。工具箱被压缩在一个名为 delsig.zip 的文件中，该文件必须在硬盘中解压，并添加到 MATLAB 的路径中。文件中有一些 C 编码文件，如 SimulateDSM.c 和 SimulateMS.c，这些文件应该使用第 5 章中描述的 mex 实用程序编译，以便加快仿真的速度。如上所述，工具箱提供了大量的教程文档，以及不同的功能示例。这些示例对于读者了解工具箱的功能十分有帮助。本节将重点讨论最具代表性的功能和工具，并通过一些实例说明它们的使用情况，而不是讨论程序和脚本的内容。工具箱的一个关键功能是噪声传输函数综合功能⊖，即针对给定的阶数、过采样率和带外增益（OBG），用给定的噪声传输函数进行综合。该函数的语法如下：

ntf = synthesizeNTF（order, OSR, opt, H_inf, f0）

其中，order 为 Sigma-Delta 调制器环路滤波器的阶数（噪声传输函数的阶数）；opt 为用来设置噪声传输函数零点位置的标志；H_inf 为最大的带外增益；f0 为 Sigma-Delta 调制器的中心频率，对于低通 Sigma-Delta 调制器来说，f0=0。

另一个重要的函数是 realizeNTF，它将综合的噪声传输函数转换为特定调制器拓扑结构的一组系数。该函数的语法如下：

[a, g, b, c]=realizeNTF（ntf, form, stf）

其中，stf 和 ntf 分别为 Sigma-Delta 调制器的信号传输函数和噪声传输函数，并以零极点的形式给出；form 为指定调制器拓扑结构，包括反馈型级联谐振器（CRFB）、

⊖　有一些替代函数可以用于综合噪声传输函数，如 synthesizeChebyshev 噪声传输函数（使用 Chebyshev 近似），或 clans，它基于参考文献 [5] 提出的噪声整形方法的闭环分析。

前馈型级联谐振器（CRFF）、反馈型级联积分器（CIFB）、反馈型级联积分器（CIFF）[1]。

应用 realizeNTF 函数后，可得到系数矩阵 [a，g，b，c]，其中 a 为量化器反馈／前馈系数对应的 $1 \times n$ 向量（n 为调制器的阶数）；g 为谐振器系数的 $1 \times n/2$ 向量；b 为调制器输入到每个积分器输入端的馈入系数的 $1 \times (n+1)$ 向量；g 为积分器权重的 $1 \times n$ 向量，这些都是 Sigma-Delta 调制器中无标度的量[4]。图 6.1 为前馈型级联谐振器 Sigma-Delta 调制器框图，其中包含工具箱中使用的系数名称。该调制器结构对应于具有前馈求和和局部反馈回路的高阶单环 Sigma-Delta 调制器（见图 2.10）。

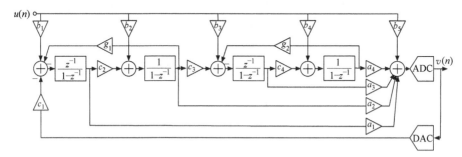

图 6.1 MATLAB 工具箱[1]中前馈型级联谐振器（CRFF）Sigma-Delta 调制器的框图及环路滤波器系数

工具箱中包含的另一个强大的脚本是 stuffABCD，它给出了任意 Sigma-Delta 调制器环路滤波器的状态空间表示，其概念上如图 6.2 所示，并使用如下语法：

ABCD=stuffABCD（a，g，b，c，form）

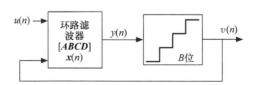

图 6.2 Sigma-Delta 调制器[1]的状态空间表示

其中，ABCD 包含工具箱中所使用的 Sigma-Delta 调制器环路滤波器的状态空间表示。用于更新环路滤波器状态 $x(n)$。计算环路滤波器 $y(n)$ 输出的状态空间方程为

$$\begin{cases} x(n+1)=Ax(n)+B\begin{bmatrix} u(n) \\ v(n) \end{bmatrix} \\ y(n)=Cx(n)+D\begin{bmatrix} u(n) \\ v(n) \end{bmatrix} \end{cases} \quad (6.1)$$

式中，$u(n)$ 和 $v(n)$ 分别为 Sigma-Delta 调制器的输入和输出（见图 6.2）；A、B、C 和

D 分别为由 stuffABCD 函数得到的子矩阵，其形式为

$$[A\ B\ C\ D] = \begin{bmatrix} A & B \\ C & D \end{bmatrix} \tag{6.2}$$

利用 mapABCD 函数可以进行反变换，二式如下：

$$[a, g, b, c] = mapABCD(ABCD, form)$$

对于给定的 Sigma-Delta 调制器拓扑结构，上式给出了由矩阵 ABCD 定义的状态空间表示的环路滤波器系数矩阵 [a, g, b, c]。

　　一旦噪声传输函数在给定的 Sigma-Delta 调制器结构中进行综合和实现，环路滤波器系数就可以进行缩放，以便使它们的内部节点（即状态）的幅度低于特定的极限值从而保证了其稳定性并优化了动态范围和功耗。这个缩放步骤可以采用函数 scaleABCD 来完成，语法如下：

$$[ABCDs, umax] = scaleABCD(ABCD, nlev, f, xlim, ymax, umax, N)$$

其中，nlev 为量化器电平的数目；f 为输入频率（归一化为 f_s）；xlim 为在状态上设置的限制；ymax 为用来保持 Sigma-Delta 调制器稳定的阈值，如果量化器输入超过此值，则不能保证其稳定性[4]。

　　工具箱中包含的其他有用函数有 calculateTF 和 simulateDSM，它们分别被用于计算噪声传输函数和信号传输函数，并对综合的 Sigma-Delta 调制器进行仿真。下面说明这些函数和程序的使用情况。

6.1.2　具有可调陷波的四阶 CRFF- 低通 / 带通开关电容 Sigma-Delta 调制器综合 ★★★◀

　　下面以具有 5 级量化器和前馈型级联谐振器环路滤波器拓扑结构的四阶 Sigma-Delta 调制器为例进行分析，见图 6.1。将 Sigma-Delta 调制器作为一个应用于无线射频接收器的模 / 数转换器，它有恒定的 f_s 和一个变量 f_n。调制器使用开关电容电路实现，将调制器进行综合，以便使陷波频率 f_n 的工作范围从直流到 $f_s/4$，从而使噪声传输函数作为低通或带通 Sigma-Delta 模 / 数转换器重新进行配置。为此，考虑 1MHz 的频率步进[6]，必须对环路滤波器系数 [a, g, b, c] 的矩阵进行编程，以生成从直流频率到 25MHz 范围内的变量 f_n。

　　图 6.3 为使用 Schreier 工具箱对可重构低通 / 带通 Sigma-Delta 调制器中环路滤波器进行综合的 MATLAB 脚本。脚本的第一部分定义了主要参数（过采样率、阶数、带外增益等），这些参数需要用综合噪声传输函数来定义。在这种情况下，由于陷波频率可编程，环路滤波器以及相应的信号传输函数和噪声传输函数需要进行重新配置。实现该功能可使用一个 for 循环，该循环为不同的 f_n 值生成一个带一组环路滤波器电路的矩阵 H（i）（本例中共生成 48 个滤波器）。

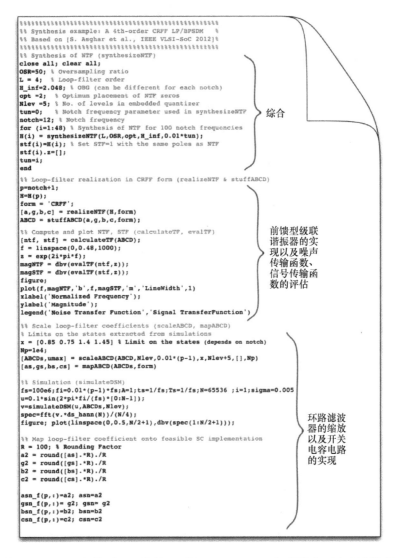

图 6.3　使用 Schreier 工具箱对可重构低通／带通 Sigma-Delta 调制器中环路滤波器进行综合的
MATLAB 脚本

一旦综合了一组环路滤波器，脚本的下一节使用 realizeNTF 给出与前馈型级联谐振器拓扑结构对应的矩阵 [a，g，b，c]，并使用 stuffABCD 生成该拓扑结构的状态空间表示（ABCD）。在综合过程的这一阶段，设计仍然处在一个理想的、更为高阶的抽象层面，也就是说用特定的调制器拓扑结构来更清楚地表示信号传输函数和噪声传输函数（本例中的前馈型级联谐振器）。这可以使用函数 calculateTF 和 evalTF 来完成，不同陷波频率范围内综合的噪声传输函数如图 6.4 所示。

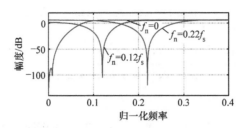

图 6.4　利用图 6.3 中脚本综合的基于前馈型级联谐振器的重构低通 / 带通
Sigma-Delta 调制器理想噪声传输函数（$f_n = 0, f_n = 0.12f_s, f_n = 0.22f_s$）

图 6.3 脚本中的下一步是减小导出系数 [a，g，b，c]，以便最大限度地提高积分器的输出摆幅，从而使运算放大器输出摆幅增加，并使得电学设计在功耗和动态范围内可以变得更加有效。在这种情况下，输出摆幅是最大化的（低于满摆幅参考电压的 20%）。根据 simulateDSM 的仿真结果，可以确定每个陷波频率的状态极限。

随之产生的缩放系数可用矩阵 [as，gs，bs，cs] 表示，用脚本 round 对系数四舍五入以获得可行的电容比的系数值。这个过程产生了图 6.3 脚本中的最后一组系数 [asn、gsn、bsn、csn]。作为示例，得到的直流状态下的噪声传输函数和环路滤波器矩阵如图 6.5 所示。这组系数实现了简单二进制加权开关电容调制器，其概念电路的实现如图 6.6 所示。相应的仿真输出波形如图 6.7 所示，它表示了不同陷波频率时正确的噪声整形功能⊖。综合后的调制器构成了高阶综合的起点，其中调制器设计参数被映射到电路级当中，这部分内容将在本章后面讨论。

6.1.3　具有可调陷波的四阶带通连续时间 Sigma-Delta ★★★ ◀ 调制器综合

Schreier 工具箱还具有综合连续时间 Sigma-Delta 调制器噪声传输函数的功能，其程序与离散时间 Sigma-Delta 调制器的程序相似。其中一个函数是 realizeNTF_ct，它允许具有连续时间环路滤波器的噪声传输函数通过为给定的调制器拓扑结构提供相应的状态空间描述（无论反馈还是前馈形式），进而为反馈数 / 模转换器选择时序[4]。

如前所述，可以采用一种包括综合离散时间的滤波器和应用连续时间到离散时间变换替代的综合方法，来获得所需的连续时间 Sigma-Delta 调制器。为此，考虑到离散时间系统可转换为连续时间系统，Schreier 工具箱提供的功能可以用于探索初始架构。本节以可大范围调谐陷波频率的带通连续时间 Sigma-Delta 调制器为例来说明这一过程，该 Sigma-Delta 调制器旨在实现无线接收机中射频到数字的转换[7]。

⊖　感兴趣的读者可以在 MATLAB 中运行图 6.3 的脚本，生成不同的环路滤波器系数集，并尝试进行不同的替代实现。

```
>> ntf

           (z-1)^2 (z^2 - 1.997z + 1)
   ---------------------------------------------------
   (z^2 - 1.186z + 0.3664) (z^2 - 1.409z + 0.6498)

>> ABCD

   1.0000        0        0        0    1.0000   -1.0000
   1.0000   1.0000        0        0        0        0
   1.0000   1.0000   0.9972  -0.0028        0        0
        0        0   1.0000   1.0000        0        0
   1.4022   0.6403   0.2552   0.0417   1.0000        0

>> ABCDs

   1.0000        0        0        0    0.2648   -0.2648
   0.7177   1.0000        0        0        0        0
   0.3210   0.4472   0.9972  -0.0100        0        0
        0        0   0.2831   1.0000        0        0
   5.2954   3.3690   3.0027   1.7309   1.0000        0

>> [as gs bs cs]

   2.8774   3.3690   2.5126   1.7309
        0   0.0100
   0.2648        0        0        0   1.0000
   0.2648   0.7177   0.4472   0.2831

>> [asn gsn bsn csn]

   2.8800   3.3700   2.5100   1.7300
        0   0.0100
   0.2600        0        0        0   1.0000
   0.2600   0.7200   0.4500   0.2800
```

图 6.5　噪声传输函数和前馈型级联谐振器（CRFF）低通 / 带通 Sigma-Delta 调制器的环路滤波器系数（$f_n=0$）

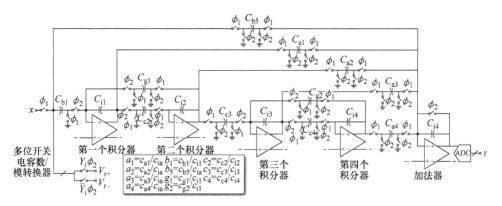

图 6.6　综合后的前馈型级联谐振器低通 / 带通开关电容 Sigma-Delta 调制器的概念原理图

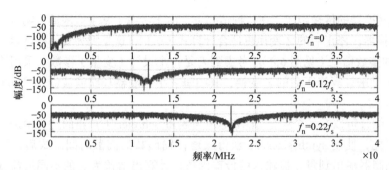

图 6.7　综合后的前馈型级联谐振器低通 / 带通开关电容 Sigma-Delta 调制器的理想输出频谱

图 6.8 为具有可调谐陷波的四阶带通连续时间 Sigma-Delta 调制器的框图。它由具有 4 位量化器的四阶带通连续时间 Sigma-Delta 调制器和由两个具有传输函数 $R(s) = \omega s / (s^2 + \omega^2)$ 的谐振器组成的环路滤波器构成。根据 f_s 来考虑 s 和的 ω 的归一化值，其中 $s = 2\pi f / f_s$ 且 $\omega \equiv 2\pi f_n / f_s$。信号增益系数 $k = 1/(2\omega)^2$，可用于在陷波频率调谐范围[7]内均衡信号传输函数。反馈路径由一个非归零数 / 模转换器和一个具有缩放系数 c_i 和 c_{id} 的两个半延迟有限冲击响应滤波器组成，在应用连续时间到离散时间变换等效电路时，其在噪声传输函数综合中提供了必要的自由度。具有缩放增益的附加反馈路径 c_{0j} 被包含在内，用于补偿过量环路延迟误差[8]。

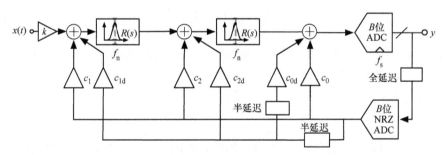

图 6.8　具有可调谐陷波的四阶带通连续时间 Sigma-Delta 调制器框图[7]

考虑置于可编程陷波频率上的输入信号，图 6.8 中的调制器通过将连续时间到离散时间变换应用于具有所需噪声传输函数的带通离散时间 Sigma-Delta 调制器进行综合。如图 6.9 中的 MATLAB 脚本所示，该调制器的高阶综合使用的是 Schreier 工具箱。脚本第一步是使用 synthesizeNTF 来获得满足设计参数要求（过采样率、带外增益、频率）的噪声传输函数离散时间版本。

从脉冲不变传输方程中可以导出所需带通连续时间 Sigma-Delta 调制器的环路滤波器传输函数 $H(s)$，它的连续时间形式为

$$H(z) \equiv Z\left\{L^{-1}\left[H(s)H_{\text{FIR-DAC}}(s)\right]\right\} \tag{6.3}$$

式中，$Z(\cdot)$ 和 $L(\cdot)$ 分别为 Z 变换和 L 变换的符号；$H_{\text{FIR-DAC}}(s)$ 为基于有限冲击响应

的数／模转换器的传输函数。在这种情况下，由于考虑了基于有限冲击响应的非归零数／模转换器，修正后的 Z 变换更适合计算式（6.3），这是因为有一些延迟不是采样周期 T_s 的整数倍 [9]（见图 6.8）。考虑到 f_n 是一个设计（变量）参数，采用陷波感知综合方法 [7] 来计算修正后的 Z 变换，其中每一个调制器环路滤波器路径都要进行 Z 变换计算。

整个综合可以在一个结合 MATLAB 函数和 Schreier 工具箱的过程中进行自动化设计。因此，使用 synthesizeNTF 获得噪声传输函数的离散时间形式后，下一步是获得从调制器输出到量化器输入的传输函数，计算出增益为 c_i 的不同反馈分支（见图 6.8），其中传输函数为

$$H_{c_i}(s,v) = c_i \mathrm{e}^{-sp} \cdot \left[\frac{\left(\frac{\pi}{v}\right)s}{s^2 + \left(\frac{\pi}{v}\right)^2} \right]^{\left\lfloor \frac{i}{2} \right\rfloor} H_{\mathrm{NRZ\text{-}DAC}}(s) \qquad (6.4)$$

（当 i=1 时，p=2；当 i=0，2，3，4，5 时，p=1）

式中，$\lfloor \cdot \rfloor$ 表示向下取整运算；$H_{\mathrm{NRZ\text{-}DAC}}(s)$ 为非归零数／模转换器的传输函数，其公式为

$$H_{\mathrm{NRZ\text{-}DAC}}(s) = T_s \frac{1 - \mathrm{e}^{s/2}}{s} \qquad (6.5)$$

$v \equiv f_s / (2f_n) = \pi / \omega$ 作为综合脚本中使用的设计参数，用于说明 f_s 相对于 f_n 的变化。

在图 6.9 的脚本中，因为使用了非归零数／模转换器，可以利用 MATLAB 中控制工具箱（Control Toolbox）的 c2d 函数，对式（6.5）进行连续时间到离散时间的变换，从而得到 $H_{c_i}(z,v)$ 的表达式，只要反馈类型为非归零型，公式（6.5）就可以将任意延迟模拟形式转换成数字形式。因此，导出 $H_{c_i}(z,v)$ 所需的所有转换和环路滤波器系数 c_i 的表达式，都可以通过应用残差定理和 c2d 函数得到。因此，整个高阶综合过程可以通过运行图 6.9 中的脚本来实现自动化设计。

随之产生的调制器环路滤波器可以使用任意连续时间电路技术来实现，即有源 RC 或 Gm-LC。其中 Gm-LC 电路如图 6.10 所示，该电路的实现提高了环路滤波器系数的可编程性，这些系数为单位跨导 g_{mu} 的不同倍数值（这部分内容将在本书后续进行详述）。可以看出，如果满足以下关系，图 6.8 和 6.10 中的框图等价：

$$\begin{cases} g_{\mathrm{m1,2}} = k_{1,2} C \omega f_s, \quad g_{\mathrm{m3}} = k_3 / R_{\mathrm{gain}} \\ I_{c_0,c_{0d}} = (c_0, c_{0d}) V_{\mathrm{FS}} \\ I_{c_1,c_{1d}} = (c_1, c_{1d}) g_{\mathrm{m1}} V_{\mathrm{FS}} \\ I_{c_2,c_{2d}} = (c_2, c_{2d}) g_{\mathrm{m2}} V_{\mathrm{FS}} / s_{\mathrm{r1}} \end{cases} \qquad (6.6)$$

```
%%%%%%%%%%%%%%%%%%%%%%%%%%%%%%%%%%%%%%%%%%%%%%%%%%%%%%%%%%
% Calculation of the coefficients of a LC-based 4th-order BP CT-SDM  %
% with variable notch frequency, [Molina et al., IEEE TCAS-I, 2014] %
%%%%%%%%%%%%%%%%%%%%%%%%%%%%%%%%%%%%%%%%%%%%%%%%%%%%%%%%%%
clear;
fs=4e9;                              %Modulator's Sampling frequency.
fi=1e9;                              %Input/carrier frequency.
Ts=1/fs;                             %Sampling period.
notch= fi/fs;                        %Relative notch frequency.
OSR=128;                             %Oversampling Ratio.
H = synthesizeNTF(4,OSR,0,1.5,notch); %Synthesis of DT version of NTF
y=tf(1-1/H);
[num,den] = tfdata(y,'v');           %DT Loop Filter in Vector Form.
v=1/(2*notch);                       %For calculation of Hci(z).
w=pi/v;                              %Normalized freq. of the LC-filter.
k=0.25/w^2;                          %Equalization factor.

%% Computation of H_ci(s,v) and H_ci(z,v) by using 'c2d' function

Hc2_s = tf([w 0], [1 0 w^2]);
Hc3_s = tf([w 0], [1 0 w^2], 'inputdelay', 0.5);
Hc4_s = tf([w^2 0 0], [1 0 2*w^2 0 w^4]);
Hc5_s = tf([w^2 0 0], [1 0 2*w^2 0 w^4], 'inputdelay', 0.5);

Hc2_z = c2d(Hc2_s, 1); %Discretisation of Hc2_s
Hc3_z = c2d(Hc3_s, 1); %Discretisation of Hc3_s
Hc4_z = c2d(Hc4_s, 1); %Discretisation of Hc4_s
Hc5_z = c2d(Hc5_s, 1); %Discretisation of Hc5_s

[numc2,denc2] = tfdata(Hc2_z,'v'); %Vector form of Hc2_z
[numc3,denc3] = tfdata(Hc3_z,'v'); %Vector form of Hc3_z
[numc4,denc4] = tfdata(Hc4_z,'v'); %Vector form of Hc4_z
[numc5,denc5] = tfdata(Hc5_z,'v'); %Vector form of Hc5_z

H4=[numc4(2) numc4(3) numc4(4) numc4(5)];
H5=[numc5(1) numc5(2) numc5(3) numc5(4) numc5(5)];
H2=conv(numc2,denc2);
H3=conv(numc3,denc3);

%% Partial fraction expansion of H_ci(z,v) (Residues method)

[r2,p2,k2] = residue(H2,[den 0 ]);
[a2,b2] = residue(r2(1:4),p2(1:4), k2);
[r3,p3,k3] = residue(H3,[den 0 0 ]);
[a3,b3] = residue(r3(1:4),p3(1:4), k3);
[r4,p4,k4] = residue(H4,[den 0]);
[a4,b4] = residue(r4(1:4),p4(1:4), k4);
[r5,p5,k5] = residue(H5,[den 0 0 ]);
[a5,b5] = residue(r5(1:4),p5(1:4), k5);

%% Solving the CT-to-DT equivalence and loop-filter coefficients

matrix_coeff=real([a2(1) a3(1) a4(1) a5(1);
    a2(2) a3(2) a4(2) a5(2);
    a2(3) a3(3) a4(3) a5(3) ;
    a2(4) a3(4) a4(4) a5(4)]); % ELD and notch Compensation
dt=[num(2);num(3);num(4);num(5)];
ci=matrix_coeff\dt;    %Coefficients Determination
c2=ci(1); % c2
c3=ci(2); % c2d
c4=ci(3); % c1
c5=ci(4); % c1d
c0=-(r2(5)*c2 + r3(5)*c3 + r4(5)*c4 + r5(5)*c5); % c0
c1=-(r3(6)*c3 + r5(6)*c5); % c0d
```

离散时间噪声
传输函数的综合

$H_{c_i}(s,v)$的综合

留数法

环路滤波器系数

图 6.9　用于带通连续时间 Sigma-Delta 调制器环路滤波器综合的 Schreier
工具箱函数的 MATLAB 脚本 [7]

式中，V_{FS} 为全摆幅参考电压；$k_{1,2}=k/s_{r1,2}$ 和 $k_3=1/(s_{r1}s_{r2})$ 为可调的前馈系数，$s_{r1,2}$ 为调整谐振器增益的权重系数，其中 $R_{gain}=\omega s$。如在第 9 章中将要讨论到的，我们需要额外的反馈跨导 $g_{kq1,2}$ 来提升 Gm-LC 谐振器的品质因数 Q。为了最大化调制器的性能，需要校准这些系数。调制器环路由一个 4 位量化器搭建，该量化器由一个前馈环路中的 flash 模 / 数转换器和一个反馈环路中的具有非归零电流控制的有限冲击响应的数／模转换器组成。需要注意的是，迄今为止，综合的 Sigma-Delta 调制器结构只考虑理想的模块。然而，正如本书前面所述，Sigma-Delta 调制器的噪声整形性能在实际电路中会被其非理想效应降低。因此，任何 Sigma-Delta 调制器综合过程中的下一步是通过考虑其主电路的局限性来优化其性能。通过适当地结合优化和行为级建模，在一定程度上使设计过程自动化。

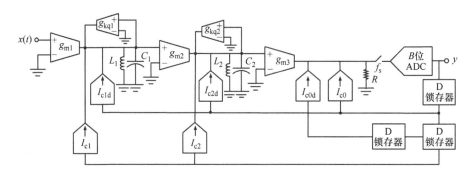

图 6.10　综合后的基于 Gm-LC 结构的带通连续时间 -Sigma-Delta 调制器[8]

6.2　基于优化的高级 Sigma-Delta 调制器综合

如第 5 章所述，选择 Sigma-Delta 调制器结构后的下一步是将系统级设计参数传输或者映射到电路级需求，以确定 Sigma-Delta 调制器模块必须满足的电学特性，从而最大限度地提高调制器的性能。这一过程通常被称为高阶综合或高阶选型，可以采用 SIMSIDES 行为级模拟器来搜索设计空间。

然而，5.6 节中解释的高阶选型程序是手动进行的，换句话说是通过参数分析进行的，以确定 Sigma-Delta 调制器子电路的电学要求，如运放直流增益、不完全建立、热噪声等。可以通过组合一个优化引擎来实现这样一个过程的自动化和性能提升设计，该引擎通过设计空间来引导仿真器。本节将解释如何执行此过程。虽然这里介绍的方法集中在 SIMSIDES 的使用上，但根据图 6.11 中的优化流程，它可以扩展到任何其他可以用作性能评估器的仿真器中去。

6.2.1　行为级仿真与优化相结合 ★★★

图 6.11 所示为基于优化的高阶综合 Sigma-Delta 调制器流程图。该流程结合了作为性能评估的行为级仿真器（如 SIMSIDES）和一个搜索设计空间裕度的优化器，通过寻找最优的模块电学参数，以最小的功耗和硅面积来获得最大的调制器性能。该设计流程的起点是调制器的拓扑结构，可以使用 Schreier 的 Delta-Sigma 工具箱进行综合，这和上一节所讨论的一样。在这里，设计参数是模块的设计规范；也就是

说，用非理想参数来对主要的误差机制进行建模。正如第 3 章和第 4 章所述，这些误差机制决定了 Sigma-Delta 调制器的性能，并定义了其子电路的电学参数，如积分器、比较器、数 / 模转换器等。

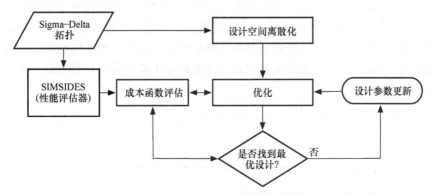

图 6.11　基于优化的 Sigma-Delta 调制器[11]综合流程图

　　考虑到图 6.11 中的任意初始条件，优化器会产生一组设计参数的扰动。本书采用新的参数，使用合适的仿真来评估调制器性能，并以迭代的方式重复该过程，直到基于性能度量的成本函数得到优化为止。

　　扰动的类型和值以及迭代验收或弃用的标准取决于优化方法的类型。因此，根据算法的性质，无论它是确定性的还是统计性的，优化的结果或多或少地取决于初始条件，即 Sigma-Delta 调制器子电路的电学参数设定的初始值。因此确定性的算法通常需要关于成本函数⊖及其导数的信息，以便于仅允许那些有利于改善成本函数的设计参数值进行变化。因此，优化过程可能很快就会局限在成本函数的局部最小值中，所以该过程对于微调次优设计更有用，其中好的初始设计点是已知的。相反，所谓的统计性技术不需要关于成本函数导数的信息。这时，设计参数会被随机改变，从而避免了成本函数局部极小值的限制，可以得到全局极小值。这样，最好的选择是使用优化算法进行初始化、设计空间裕度搜索，并获得后期细微调整中的决定性技术。而这类优化算法通常都是基于统计技术实现的。模拟退火和进化算法是一种先验的可用于 Sigma-Delta 调制器的高阶综合过程的优良技术[11-13]。

　　SIMSIDES 可以与 MATLAB 提供的任何优化方法相结合[14]。或者，其他优化引擎也可以嵌入其中，以实现图 6.11 的高阶综合方法。下面通过一些设计案例来介绍不同的可能性。

6.2.2　使用模拟退火作为优化引擎 ★★★

自动化综合过程的第一步是对给定结构的 SIMSIDES 中的优化问题进行公式

⊖　有时将成本函数用于优化程序，以量化与设计目标的符合程度，同时也对设计变量施加限制。通常必须将这些函数定义为最小化，才能得到最佳的设计方案[12]。

化。例如，以图 6.12 为例研究具有 1 位量化器的级联 2-1 开关电容 Sigma-Delta 调制器。其中，仅考虑有限的直流增益和不完全建立，同样的放大器设计将用于第二和第三个积分器。基于这个假设并考虑第 5 章所描述的行为级建模，设计参数有 ao1，gm1，io1 和 ao2，gm2，io2，分别代表有限的直流增益、有限跨导以及第一个和后级（第二和第三个）积分器的最大输出电流。本例中，调制器的过采样率为 128，f_s=5.12MHz，设计目标是获得大于 100dB 的信噪比。高阶选型的问题是设计人员需要找到最佳的设计参数，并能实现用设计变量的最小值对信噪比进行最大化，从而使电路功耗最小。

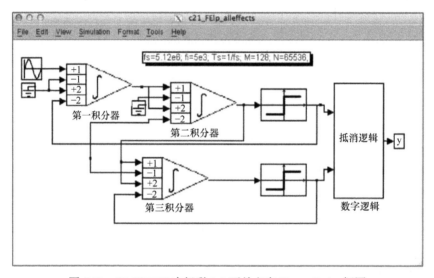

图 6.12　SIMSIDES 中级联 2-1 开关电容 Sigma-Delta 框图

如图 6.13 所示，在开始优化前，所有需要在 SIMSIDES 中进行仿真的参数已在 MATLAB 的脚本中进行了定义。除了在优化中用作设计变量之外，脚本还设定了所有建模参数的值。优化中并没有考虑设计参数的理想值，如输入参考热噪声，（图 6.13 中的 inoise）。下一步需要定义设计变量的范围，确定设计目标以及找到优化中的数值处理方法。本例中使用了以激发模拟退火为优化核心的更新版本，即 FRIDGE。

运行优化所要求的信息通过 SIMSIDES 的用户界面来提供，如图 6.14 所示。建模的名称以及仿真参数在菜单窗口中进行定义，如图 6.14a、b 所示；而设计变量和范围在另一个窗口菜单中进行定义，如图 6.14c 所示。设计变量的范围可以用不同的方式确定，本例中说明如下：

gm1=[6m，50%] [nominal value，percentage variation around the nominal value]

gm2=[6m，100u，6m] [initial value，minimum，maximum]

io1=[1m，50%]

io2=[1m, 100u, 5m]

ao1=[2500, 50%]

ao2[2500, 100u, 2500]

```
%%%%%%%%%%%%%%%%%%%%%%%%%%%%%%%%%%%%%%%%%%%%%%%%%%%%%%%%%%
% Model parameters for the simulation of 2-1 SC-SDM
%%%%%%%%%%%%%%%%%%%%%%%%%%%%%%%%%%%%%%%%%%%%%%%%%%%%%%%%%%
fs=5.12e6; fi=5e3; Ts=1/fs; OSR=128; N=65536;
kt=0.026*1.6e-19;

%% Model parameters of the first integrator
Cint1=24e-12; % integration capacitor For gain=1
Cs11=6e-12; % sampling capacitor (branch 1)
Cs21=6e-12; % sampling capacitor (branch 2)
innoise1=0; % rms input noise value
ao1=2.63e3; % open-loop DC gain
gm1=4.5e-3; % transconductance
io1=0.977e-3; % maximum output current
ron1=60; % sampling switch-on resistance

%% Model parameters of the second and third integrators
Cint2=3e-12;
Cs12=1.5e-12;
Cs22=1.5e-12;
innoise2=0;
ao2=1.38e3;
gm2=0.87e-3;
io2=0.25e-3;
ron2=650;

%% Common parameters
temp=175; % temperature
osp=2.7; % output swing
cnl1=0; % capacitor first-order non-linear coef.
cnl2=25e-6; % capacitor second-order non-linear coef.
avnl1=0; % DC gain first-order non-linear coef.
avnl2=15e-2; % DC gain second-order non-linear coef.
avnl3=0; % DC gain third-order non-linear coef.
avnl4=0; % DC gain fourth-order non-linear coef.
cpar1=0.6e-12; % parasitic (opamp) input capacitance
cpar2=0.6e-12;
cload=2.28e-12; % opamp (intrinsic) load capacitance

%% Model parameters of comparators
vref=2; % DAC reference voltage
hys=30e-3; % comparator hysteresis
```

图 6.13　用于定义图 6.12 仿真所需的建模参数的 MATLAB 脚本

　　一旦定义设计变量和范围，下一步就是确定设计目标。设计目标不同的可能性取决于优化指标的性能，如信噪比、带内噪声、总谐波失真等，这些指标通常被定义为强目标。除了设计目标之外，还可以定义一组设计约束（通常作为弱目标），并且可以根据设计者的标准选择性地对其加权，如图 6.14d 所示。这些权重用于优先

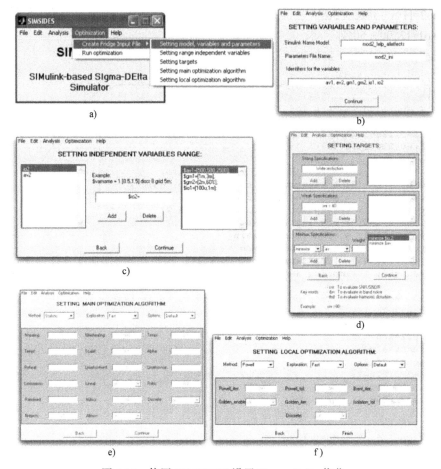

图 6.14 使用 SIMSIDES 设置 Sigma-Delta 优化
a）启动优化菜单 b）设置变量及建模参数 c）设置设计变量 d）优化目标和对象
e）设置主要（全局）优化算法 f）设置局部优化算法

实现相关的弱约束，因此权重越高，给定需求的优先级就越高[⊖]。

在优化过程的不同阶段，选择统计性方法或确定性方法，如图 6.14e、f 所示。对于 FRIDGE 优化器而言，优化过程可分为两个阶段。首先是搜索设计空间的全局优化，即将设计空间划分为一个多维网格，从而形成一个超立方体。为了避免出现局部极小值，采用了统计性方法。一旦实现了最佳的超立方体，在超立方体内部将进行更精细的（局部）优化。在这一步中通常采用确定性方法来计算设计参数的扰动值，扰动值包含成本函数及其导数的信息 [12]。

最后，如图 6.15 所示，用户所提供的所有信息都由 SIMSIDES 以文本文件的形式

⊖ 在 FRIDGE 优化器中，强约束是设计人员重点考虑的设计参数约束。相反，设计者可以容忍弱约束在一定程度上不满足设计约束。感兴趣的读者可以在文献 [12] 中找到关于 FRIDGE 优化器更为详细的描述。

生成，其中突出显示了不同的功能块。该文件被优化器用作输入网表。在这种情况下，虽然它们占据了不同的权重，但是所有的设计目标都被定义成弱目标。主要（全局）优化选择统计算法。同时，选择了一种确定性方法（功耗方法的变体）进行最终优化。

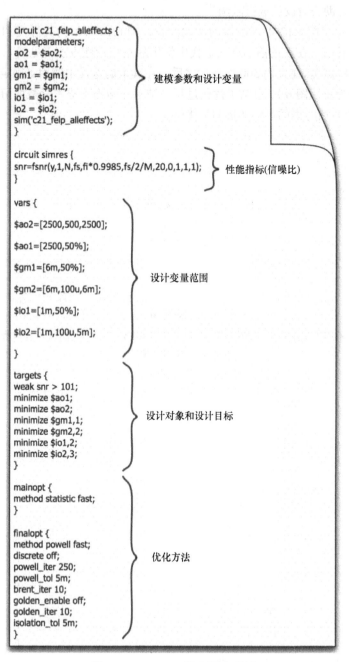

```
circuit c21_felp_alleffects {
modelparameters;
ao2 = $ao2;
ao1 = $ao1;
gm1 = $gm1;
gm2 = $gm2;
io1 = $io1;
io2 = $io2;
sim('c21_felp_alleffects');
}
```
建模参数和设计变量

```
circuit simres {
snr=fsnr(y,1,N,fs,fi*0.9985,fs/2/M,20,0,1,1,1);
}
```
性能指标(信噪比)

```
vars {

$ao2=[2500,500,2500];

$ao1=[2500,50%];

$gm1=[6m,50%];

$gm2=[6m,100u,6m];

$io1=[1m,50%];

$io2=[1m,100u,5m];

}
```
设计变量范围

```
targets {
weak snr > 101;
minimize $ao1;
minimize $ao2;
minimize $gm1,1;
minimize $gm2,2;
minimize $io1,2;
minimize $io2,3;
}
```
设计对象和设计目标

```
mainopt {
method statistic fast;
}
```
优化方法

```
finalopt {
method powell fast;
discrete off;
powell_iter 250;
powell_tol 5m;
brent_iter 10;
golden_enable off;
golden_iter 10;
isolation_tol 5m;
}
```

图 6.15　FRIDGE 输入网表示例

优化过程由称为温度（temperature）的参数所控制，该过程基于激发模拟退火算法的固态物理现象类似的方法。与固体退火相似，当温度较高时，设计变量的较大变化将对设计空间进行广泛的搜索。然后，随着温度的降低，设计变量的变化也在减小，这有助于对设计进行微调[12]。

例如，对于图 6.12 中调制器的优化而言，图 6.16 所示为其温度和成本函数的演变。可以看出，在大约前 300 次迭代中使用的是统计性方法（见图 6.16 中温度函数停止的那些点）。在大约 500 次迭代之后，在其余的迭代中使用了确定性方法，直到达到收敛为止。图 6.17 总结了优化过程的结果，给出了成本函数的值和设计目标（信噪比）以及所考虑的设计变量的最优值。

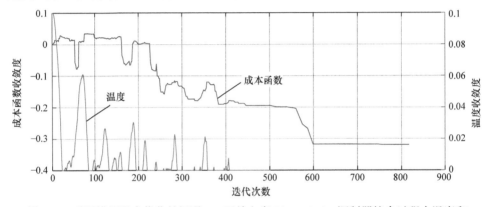

图 6.16　采用模拟退火优化的级联 2-1 开关电容 Sigma-Delta 调制器综合过程中温度和成本函数的演变[11]

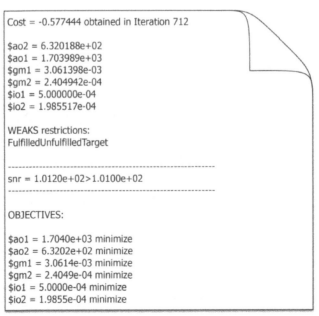

图 6.17　结合模拟退火和 SIMSIDES 的级联 2-1 开关电容 Sigma-Delta 调制器高阶综合结果

上述程序可以以一种最佳的方式综合任意的 Sigma-Delta 调制器，无论是连续时间还是开关电容 Sigma-Delta 调制器都可以进行综合。例如，表 6.1 列出了基于优化的 Sigma-Delta 调制器的高阶综合结果，该调制器是具有 3 位量化器的级联 2-1-1 开关电容 Sigma-Delta 调制器[11]。表 6.1 考虑了主要的电路局限性，表征这些局限的电学设计参数即为调制器晶体管级设计的起点。图 6.18 所示的芯片实现了根据表 6.1 综合的电路示例，这表明实验结果与行为级仿真的性能之间有良好的一致性。

表 6.1　具有 3 位量化器的级联 2-1-1 开关电容 Sigma-Delta 调制器的高阶综合结果

建模参数	第一积分器	第二积分器	第三、四积分器
输出摆幅 /V	± 1.8	± 1.8	± 1.8
A_v/dB	≥ 81	≥ 65	≥ 54
I_o/mA	≥ 1.5	≥ 2.2	≥ 1.6
g_m/(mA/V)	≥ 6.4	≥ 7	≥ 3.4

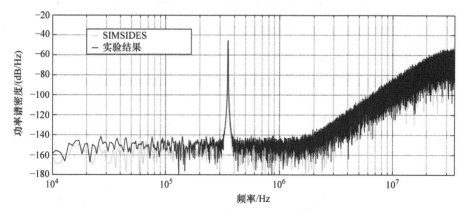

图 6.18　表 6.1 中综合的级联 2-1-1 开关电容 Sigma-Delta 调制器的输出频谱（实验测试结果与基于优化的综合过程中所获得的行为级仿真结果相匹配[11]）

6.2.3　将 MATLAB 优化器与 SIMSIDES 相结合 ★★★

为了利用 MATLAB 中的各种优化算法，更新版本的 SIMSIDES 包括一个优化菜单，该菜单指导设计者完成设置和优化的主要步骤，如图 6.19 所示。如图 6.19a 所示，从优化主菜单开始，设计者可以选择不同的方式对给定的 Sigma-Delta 调制器的高阶综合进行自动化设计。因为在此之前已经使用 SIMSIDES 建立了调制器的行为级模型，因此最为直接的选择是直接启动 Simulink 设计优化工具，如图 6.19b、c 所示，设计者可以从中定义优化问题（设计变量、范围、目标、约束等）、选择优化算法、运行优化并分析结果。

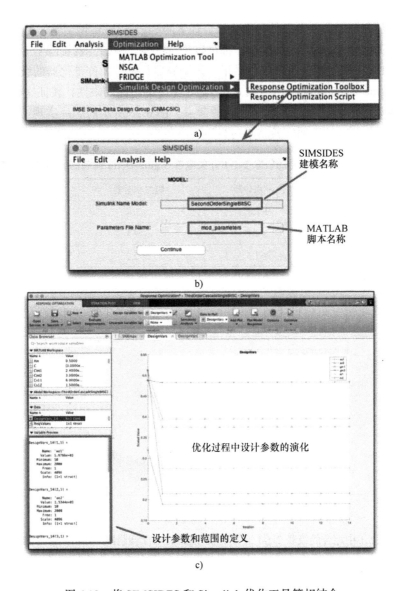

图 6.19　将 SIMSIDES 和 Simulink 优化工具箱相结合

a）SIMSIDES 优化主菜单　b）从 SIMSIDES 模型中打开 Simulink 优化工具箱　c）优化工具箱主窗口

　　图 6.20 所示为在 SIMSIDES 中设置和运行基于优化综合的另一种方法。此优化菜单允许设计人员通过定义所有需要的信息块来定制优化问题，如 SIMSIDES 模型的名称、MATLAB 脚本和主要仿真参数、设计变量的数量、变量的初始值和范围以及优化方法。在 MATLAB 中可用的所有主要搜索方法都可以使用，如 Gradient Descent、Simplex Search、Pattern 法等，以及 Neider-Mead、Genetic 等各种优化算法。

　　感兴趣的读者可以在 MATLAB 文档[15]中找到所有这些设计搜索方法和优化算法的详细描述。考虑同 6.2.2 节中相同的优化案例研究，但这里使用级联 2-1 开关电容 Sigma-Delta 调制器进行演示，并使用遗传算法来优化 MATLAB 中可用的引擎，该引擎与 SIMSIDES 相结合用于高阶选型。我们考虑了两个不同的设计目标，图 6.21 显示了这个优化示例的结果，第一个目标是达到最大信噪比如图 6.21a 所示；而第二个目标是使信噪比大于 100dB，如图 6.21b 所示。在这两种情况下，基于优化的高阶选型过程旨在将模块电学需求降到最低，但在一般情况下，图 6.21b 包含了要求较低的电路需求。

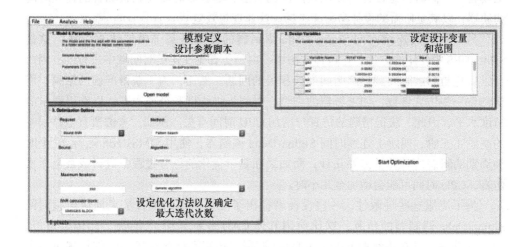

图 6.20　SIMSIDES 优化界面

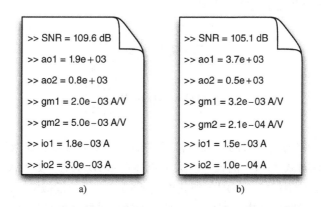

图 6.21　结合 SIMSIDES 和 MATLAB 中可用的遗传算法的级联 2-1 开关电容 Sigma-Delta 调制器的高阶综合结果（考虑了两个主要的设计目标）

a）最大化信噪比　b）信噪比大于 100dB

6.3 通过提升方法和硬件加速来优化连续时间 Sigma-Delta 调制器

本书所讨论的连续时间 Sigma-Delta 调制器系统级仿真技术基于两种主要的方法。其中一种方法包括分析连续时间 Sigma-Delta 调制器的离散时间形式，并将离散时间到连续时间的变换应用于环路滤波器。该方法主要用于 Schreier 的 Delta-Sigma 工具箱中，同时也是设计者使用最广泛的方法，尽管有时需要调整综合的连续时间滤波器，以满足所需的设计参数或包括一些非理想效应[16]。

另一种仿真连续时间 Sigma-Delta 调制器的方法是基于模拟仿真方法，这是 SIMSIDES 中使用的方法。在这种方法中，由于仿真是在连续时间域中进行的，因此可以避免与离散时间到连续时间变换相关的问题。然而，为了获得准确的结果，需要调整一些仿真参数，如求解器的类型、时间步进长度和公差水平，以获得要求的精度水平。因此，获得精确的仿真与增加 CPU 时间有关。例如，考虑所有电路误差的高阶（三阶、四阶）连续时间 Sigma-Delta 调制器，使用 SIMSIDES 运行 2^{16} 个时钟周期的瞬态仿真通常需要几秒，而如果在基于优化的综合过程中进行成百上千次仿真，CPU 时间可能会增加至几小时。

为了克服这些局限性，一些设计者提出了使用所谓的提升法来加快连续时间 Sigma-Delta 调制器的仿真，这比使用其他 CAD 分析方法[17]加快了几个数量级。关于提升法及其在连续时间 Sigma-Delta 调制器仿真和优化应用的详细描述可参考文献 [17–19]。这里总结了提升法最重要的特点，以显示这种高效 CAD 工具在连续时间 Sigma-Delta 调制器设计自动化中的优势。

图 6.22 所示的连续时间 Sigma-Delta 调制器概念图中，状态空间的表示用于对连续时间环路滤波器进行建模，其微分方程为

$$\begin{cases} \dfrac{\mathrm{d}x}{\mathrm{d}t} = Ax(t) + B\begin{bmatrix} u(t) \\ v(t) \end{bmatrix} \\[2mm] y(t) = Cx(t) + D\begin{bmatrix} u(t) \\ v(t) \end{bmatrix} \end{cases} \tag{6.7}$$

为了仿真等效的离散时间系统，将式（6.7）的微分方程转换成有限差分方程。转换方法同前面对式（6.1）的处理。大多数商业 CAD 工具，如 MATLAB，通过在输入信号上施加零阶保持（ZOH）来获得式（6.7）方程的近似解。这意味着图 6.22 中的 $u(t)$ 在一个时钟周期内是恒定的，对于大的过采样率值来说这是一种很好的近似，但 $u(t)$ 也会随着过采样率值降低开始偏离真实值，如在宽频带的应用中就会出现类似的情况。

可以看出，与每个离散状态变量 $x(n)$ 有关的修正项 $\Delta x(n+1)$ 可以表示为[17]

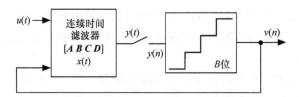

图 6.22　连续时间 Sigma-Delta 调制器的连续时间状态空间表示

$$\Delta x(n+1) = \int_0^1 e^{(1-\zeta)} \boldsymbol{B}\left[u(n+\zeta) - u(n)\right]d\zeta \qquad (6.8)$$

为不失其普遍适应性，这里假设归一化采样频率 $f_s=1$。

基于这种方法，可以通过具有离散时间（ZOH）求解器的原始状态空间表示来计算连续时间滤波器的 ZOH 近似值，然后再添加修正项，从而实现任何连续时间 Sigma-Delta 调制器的仿真。其概念图如 6.23 所示，基于这种模型，连续时间 Sigma-Delta 调制器空间状态表示的离散时间版本为

$$\begin{cases} x(n+1) = \boldsymbol{A}_{DT}x(n) + \boldsymbol{B}_{DT}\begin{bmatrix} u(n) \\ v(n) \end{bmatrix} + \Delta x(n) \\ y(n) = \boldsymbol{C}_{DT}x(n) + \boldsymbol{D}_{DT}\begin{bmatrix} u(n) \\ v(n) \end{bmatrix} \end{cases} \qquad (6.9)$$

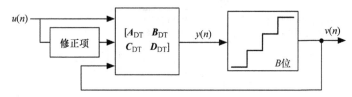

图 6.23　具有提升方法 [17] 的连续时间 Sigma-Delta 调制器的离散时间状态空间表示

式中，$[\boldsymbol{A}_{DT}\ \boldsymbol{B}_{DT}\ \boldsymbol{C}_{DT}\ \boldsymbol{D}_{DT}]$ 表示和连续时间 Sigma-Delta 调制器环路滤波器的离散时间形式相关的状态空间矩阵。可见，提升法和 $\Delta x(n)$ 的计算具有同样的精度，因此得到的离散时间系统接近原始的连续时间 Sigma-Delta 调制器。

上述公式考虑了如环路滤波器误差和过量环路延迟这种电路非理想效应带来的影响 [17]。在处理非理想效应时，$\Delta x(n)$ 的计算成为一种挑战。然而，使用提升法可加速连续时间 Sigma-Delta 调制器的仿真过程，这得益于在保持模拟仿真方法精确度的同时，又实现了离散时间仿真的速度。一些设计者通过仿真将这些特性运用到基于优化的高阶综合过程中，而不是对连续时间 Sigma-Delta 调制器的硬件仿真中。

6.3.1　基于 FPGA 的连续时间 Sigma-Delta 调制器硬件仿真 ★★★

基于提升法的连续时间 Sigma-Delta 调制器的离散时间表示使得模块可以在硬件

中进行仿真。例如，离散时间积分器可以用反馈环路中的数字寄存器来实现，也就是说，这种数字的表示方式可以在现场可编程门阵列（FPGA）中进行实现，其概念图如图 6.24 所示。

通常可以使用 FPGA 来仿真 Sigma-Delta 调制器中的一些模块，如多位量化器等。因此在原则上，可以在硬件系统中仿真任意一种连续时间 Sigma-Delta 调制器的拓扑结构。Bruckner 等人在仿真中只考虑了理想的连续时间 Sigma-Delta 调制器，虽然根据提升法加入了其他电路限制 [17]，但未考虑过量环路延迟误差 [18]。使用传统 MATLAB 中连续时间 Sigma-Delta 调制器的仿真方法，可以实现一个 10^5 量级的骤变的加速因子。此外，如图 6.24 所示，在不同的连续时间 Sigma-Delta 调制器设计中，可以对不同的子模块进行并行仿真，以提高仿真速度。所以，可以在几秒钟内对数百万个连续时间 Sigma-Delta 调制器设计进行仿真。这种基于优化的综合方法的计算效率非常高，应用这种方法，可以评估大量的设计方案，从而找到满足设计参数集的最佳解决方案。

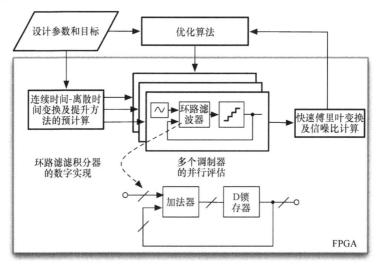

图 6.24　为了进行综合，在 FPGA 上进行连续时间 Sigma-Delta 调制器的仿真 [18]

是否使用 FPGA 来仿真连续时间 Sigma-Delta 调制器以及在高阶综合中将其作为性能评估器，主要取决于 FPGA 的存储器限制以及从接口到外部器件的传输速度。在设计初期最开始时，像 FPGA 这类额外硬件的使用非常必要，然而许多设计者根本接触不到这些硬件。另外，如果想从这种方法中获益，还需要听取相关专家的意见。

6.3.2　连续时间 Sigma-Delta 调制器的 GPU 加速计算 ★★★

根据同样的理论，Bruckner 等人提出了另一种强有力的方法来综合高阶连续时间 Sigma-Delta 调制器。这种方法基于图像处理单元（graphics processing unit，GPU）的快速仿真，并不像传统的方法那样在一个 CPU 上进行。这种方法每秒钟可运行数十次甚至上百次仿真，因此在不到 1min 的时间里就可以搜索百万种设计的设计空间。

因为具有平行计算能力，由 GPU 实现的仿真加速可以进一步得到提升，这种计算允许同时并行评估多个仿真。这在基于遗传算法的优化综合过程中十分有益。在这个过程中需要对具有不同环路滤波器系数的连续时间 Sigma-Delta 调制器结构同时进行评估。基于将提升法和 GPU 计算相结合的方法，Ortmanns 教授的团队开发了一种对连续时间 Sigma-Delta 调制器来说十分有力且利于用户使用的综合工具[20]——Uni Ulm Sigma-Delta Synthesis Tool。它是一个基于网页的应用程序，用户可以在 www.sigma-delta.de 中免费下载。

　　图 6.25 所示为该工具在前端网页的一张截屏图像。从最初的说明和基本调制器参数开始，设计者可以定义设计对象、变量、约束等，还可以利用工具来优化不同环路滤波器拓扑结构（CIFB，CIFF 等）的高阶（可达四阶）单环连续时间 Sigma-Delta 调制器的高阶综合过程，以及 1 位或多位量化器。该工具支持多种反馈数/模转换器波形（非归零、归零、上升余弦等）输出，其中过量环路延迟也包含在其中。利用该工具可以计算低通和带通连续时间 Sigma-Delta 调制器，并在必要时启用或禁用环路滤波器系数。其中滤波器系数的电路特性可选择阻性或者容性。该工具可以进行环路滤波器传输函数的综合，同时也可以以自动化的方式综合信号传输函数的工程特性。这些工程特性包括最小带内增益、最大总增益、带外衰减等。考虑有源 RC 电路的实现，对于环路滤波积分器的不同建模等级，可从理想化模型跨越至带 Π 形补偿的单极点模

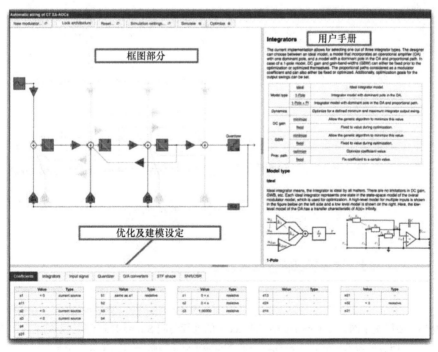

图 6.25　Ortmanns 团队开发的连续时间 Sigma-Delta 调制器综合工具的基于网页的用户界面
（www.sigma-delta.de）[20]

型。其中电路主要的非理想效应，包括输出摆幅、有限直流增益和单位增益带宽。

综合工具的详细解释超出了本书范围，感兴趣的读者可以在文献 [19] 中找到详细的描述，也可以在该工具的网站 www.sigma-delta.de 中获得相关的文件。此列举一个简单的例子对该 CAD 工具的能力进行讨论。下面以具有带前馈型级联谐振器的四阶连续时间 Sigma-Delta 调制器为例介绍该 CAD 工具的功能。该调制器还包括用于过量环路延迟补偿的反馈数／模转换器，其中 B=4bit，f_s=1GHz，过采样率为 20。

目标是最大化信噪比，假设过量环路延迟为 $0.1T_s$，同时考虑以下对环路滤波积分器的限制：

1）单极点动态模型。

2）输出摆幅 OS < 1FS。

3）有限直流增益 $A_v \in (100,1000)$。

4）有限增益带宽积 GBW $\in (0.5,5)f_s$。

图 6.26 为优化过程的结果，展示了综合的环路滤波器系数、输出频谱以及信噪比与输入幅度之间的关系。环路滤波器系数可以采用有源 RC 电路实现。该优化工具也给出了适应度函数控制优化过程的进度信息。在这种情况下，该工具不到 1min 就进行了 200 万次的仿真。

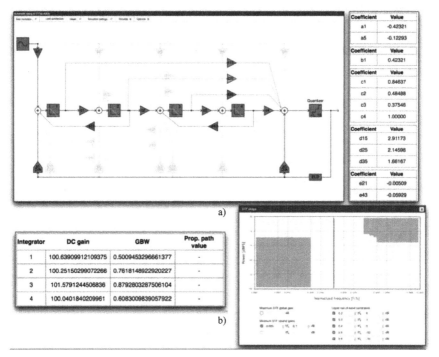

图 6.26　使用基于网页（www.sigma-delta.de）的连续时间 Sigma-Delta 调制器的综合工具对四阶前馈型级联谐振器连续时间 Sigma-Delta 调制器的优化过程结果 [20]
a）模块图和综合后的环路滤波器系数　b）增益、增益带宽积和信号传输函数的优化值

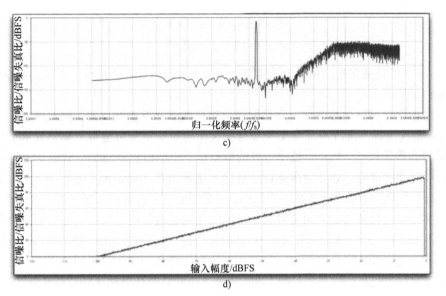

图 6.26　使用基于网页（www.sigma-delta.de）的连续时间 Sigma-Delta 调制器的综合工具对四阶前馈型级联谐振器连续时间 Sigma-Delta 调制器的优化过程结果 [20]（续）
c）输出频谱　d）信噪比与输入信号幅度的关系

6.4　利用多目标进化算法优化 Sigma-Delta 调制器

在大多数情况下，如前面几节所述，基于优化综合过程的结果导致了设计空间中的单个最优解，即在所需分辨率、信号带宽和功耗方面的最佳设计。然而，这样的最优解并不总是最权威的结果，因为在系统级无法考虑大量的设计约束，因此为了得到最终的设计需要在结构级和电路级中进行多次迭代，有时最终的设计与系统级得到的初始优化设计相差甚远。这个问题在一些种类 Sigma-Delta 调制器中更为严重，像高阶或者高速连续时间应用中，调制器对于环路滤波系数的变化非常敏感 [3]。

为了解决以上提到的限制，一些设计者提出采用多目标进化算法（multi-objective evolutionary algorithms，MOEAs）来找到一套合适的解，而不是像采用传统提升方法那样只能得到单一解 [13]。为此，综合过程可公式化为一个多目标优化问题（MOOP），采用多目标进化算法与精准行为级仿真结合来搜索设计空间，从而得到熟悉的设计的 Pareto 最优边界（Pareto-optimal front，PoF）[21]。这样设计者在保证鲁棒性和功耗的同时，可更加灵活地选择满足特定要求的最优设计。

更一般的情况下，任何电路或者系统的优化过程可以作为多目标优化问题进行公式化。在多目标优化问题中，受一些约束的影响，必须将冲突函数作为优化目标，其优化过程如下：

$$\begin{cases} \max/\min \boldsymbol{y} = f_i(\boldsymbol{x}), i = 1, 2, \cdots, b \\ \text{s.t.} g_j(\boldsymbol{x}) \geqslant 0, j = 1, 2, \cdots, k \end{cases} \tag{6.10}$$

式中，$\boldsymbol{x}$ 为设计变量的向量（如晶体管尺寸）；b 为设计对象的数量（电路性能）；k 为约束的数量。

由于设计目标的冲突性，多目标优化问题的解并不是唯一的，但却形成了一个 Pareto 最优边界，可以将其定义为多目标优化问题的一套可能解。该解表示了设计目标间的最优权衡。Pareto 最优边界的解遵循了 Pareto 占优准则。这是为 a 和 b 两个解所确立的准则。若 a 的所有设计目标不比 b 的差，则称 a 占优 b（$a < b$），即 a 的设计目标至少有一个比 b 的好。同样，如果没有别的占优解，则 a 为非占优解。

多目标进化算法的使用是解决多目标优化问题的有效方式[21]。多目标进化算法基于拥有 N 个个体（即不同设计）种群的多代进化。在自然选择的过程中，通过多代变异和交叉操作产生新的解。当使用竞争和选择机制时，只得到最优解。这里使用了多目标进化算法的其中一种，即改进非支配排序遗传算法（NSGA-Ⅱ）[22]。使用这种多目标进化算法，母代的设计目标在每一代都得到了改进。如图 6.27 所示，其中锁定了两个设计目标。可以看出，每一代的个体是如何到达更优的性能空间范围，并在 100 代后到达 Pareto 最优边界。

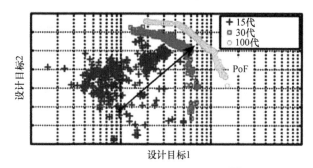

图 6.27　Pareto 最优边界演化[13]

6.4.1　将多目标进化算法与 SIMSIDES 相结合 ★★★

这里描述的方法基于进化算法（EA）的使用，它充当优化器并嵌入到 SIMSIDES 中。这种方法不是分步进行优化，同时还搜索了不同的解（所有设计参数的不同组合）。因此最终解并不是单一解而是一组不同的最优解，这组最优解实现了在信噪失真比和功耗之间可达到的最佳折中。进化算法的设计空间搜索能力有助于发现更优的解，但由于时间约束或是扫描范围和精度选择错误，设计者基本上会错过这些更优的解。如上所述，调制器设计参数的优化可以看作是多目标优化问题，因

㊀　第二代非支配排序遗传算法是一种多目标遗传优化算法。可从 MATLAB 文件网站 http://www.mathworks.com/matlabcentral/fileexchange 下载 MATLAB 代码。

此可以使用 MOEA、NSGA-Ⅱ来解决。这种优化方法的概念图如图 6.28 所示，其中 N 为种群规模；M 为进化过程的代数。

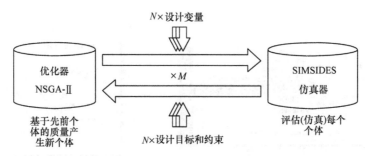

图 6.28 基于 MOEA 的 Sigma-Delta 调制器优化概念图

图 6.29 说明了 MOEA 优化嵌入到 SIMSIDES 中的方法。如图 6.29a 所示，优化是从优化菜单中启动，用户可以在其中打开一个 MATLAB 脚本模板来设置优化过程，如图 6.29b 所示。一旦脚本完成了所需的信息，如图 6.29c 所示，优化就会启动，进度条用来指示优化的状态，如图 6.29e 所示。或者，在 MATLAB 命令窗口中可以显示有关优化结果的中间信息，如图 6.29d 所示。最后的结果可以从 SIMSIDES 菜单中输出，如图 6.29f 所示。

6.4.2 利用多目标进化算法与 SIMSIDES 进行连续时间 ★★★◀ Sigma-Delta 调制器综合

下面在不失普遍适应性的情况下，研究基于 LC 的四阶带通连续时间 Sigma-Delta 调制器的高阶优化（见图 6.10）。设计目标是将具有最大信噪失真比和最小功耗 P 的 40MHz 信号进行数字化，考虑三种不同的操作模式，即 B_w=40MHz 的信号位于 450MHz（模式 1）、700MHz（模式 2）和 950MHz（模式 3）处。

图 6.30 和图 6.31 所示为使用 NSGA-Ⅱ在 SIMSIDES 中进行优化的 MATLAB 脚本摘录，并突出显示了其主要部分。正如本章前面所述，综合过程的第一步是定义设计变量及其设计范围、设计目标和设计约束，无须定义扫描步长，这是因为 NSGA-Ⅱ可有效地进行全局搜索。一些由遗传算法编译的额外参数（如种群数量和代数）需要在优化过程开始时进行定义。根据生物学上的类比，染色体定义为变量、目标和范围的函数。这些染色体相互交叉，以便通过不同种群的进化，选择处于主导地位的个体。

优化的设计变量为一组参数，可以在设计过程中调整该组参数。本例中，设计参数包括 OBG、R_{gain}、$SfR_{1,2}$ 和 $g_{kq1,2}$。设计目标包括信噪失真比最大化和功耗最小化。个体进化按以下方式完成。信噪失真比的值由 SIMSIDES 计算得出。功耗 P 近似计算为谐振器功耗 P_{RES}、加法器功耗 P_{ADD} 以及嵌入式量化器功耗（模/数转换器和数/模转换器功耗的主要来源）的总和。功耗可以以先前的设计版本，从晶体管级仿真中进行估算，其中 P_{RES} 和 P_{ADD} 分别表示为

Sigma-Delta 模／数转换器：实用设计指南（原书第 2 版）

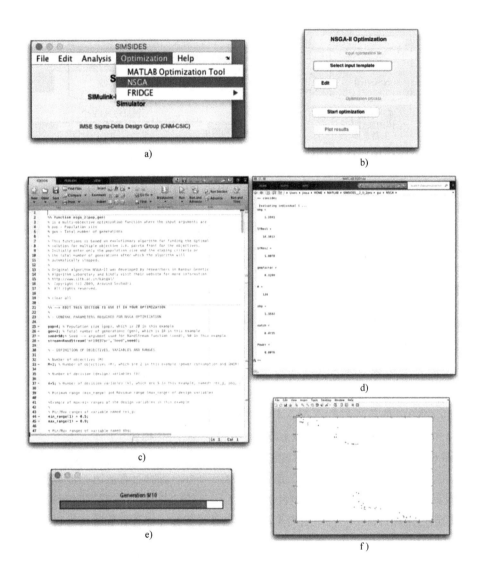

图 6.29　NSGA-Ⅱ优化引擎在 SIMSIDES 中的使用说明

a）启动优化菜单　b）选择优化脚本　c）优化脚本示例　d）在 MATLAB 工作区显示优化过程的中间结果
e）显示优化状态的进度条　f）Pareto 最优边界的最终结果

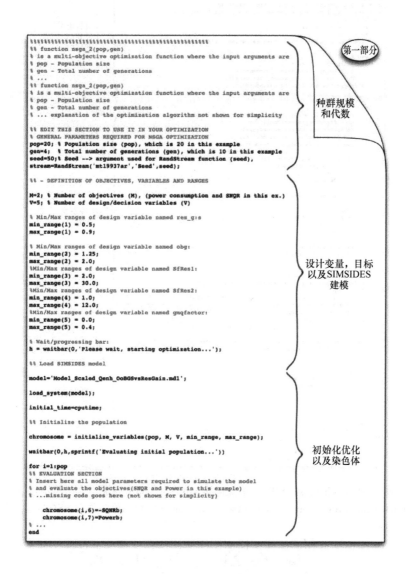

```
%%%%%%%%%%%%%%%%%%%%%%%%%%%%%%%%%%%%%%%%%%%%
%% function nsga_2(pop,gen)
% is a multi-objective optimization function where the input arguments are
% pop - Population size
% gen - Total number of generations
% ...
%% function nsga_2(pop,gen)
% is a multi-objective optimization function where the input arguments are
% pop - Population size
% gen - Total number of generations
% ... explanation of the optimization algorithm not shown for simplicity

%% EDIT THIS SECTION TO USE IT IN YOUR OPTIMIZATION
% GENERAL PARAMETERS REQUIRED FOR NSGA OPTIMIZATION
pop=20; % Population size (pop), which is 20 in this example
gen=4;  % Total number of generations (gen), which is 10 in this example
seed=50;% Seed --> argument used for RandStream function (seed),
stream=RandStream('mt19937ar','Seed',seed);

%% - DEFINITION OF OBJECTIVES, VARIABLES AND RANGES

M=2; % Number of objectives (M), (power consumption and SNQR in this ex.)
V=5; % Number of design/decision variables (V)

% Min/Max ranges of design variable named res_g:s
min_range(1) = 0.5;
max_range(1) = 0.9;

% Min/Max ranges of design variable named obg:
min_range(2) = 1.25;
max_range(2) = 2.0;
%Min/Max ranges of design variable named SfRes1:
min_range(3) = 2.0;
max_range(3) = 30.0;
%Min/Max ranges of design variable named SfRes2:
min_range(4) = 1.0;
max_range(4) = 12.0;
%Min/Max ranges of design variable named gmqfactor:
min_range(5) = 0.0;
max_range(5) = 0.4;

% Wait/progressing bar:
h = waitbar(0,'Please wait, starting optimization...');

%% Load SIMSIDES model

model='Model_Scaled_Qenh_OoBGSvsResGain.mdl';

load_system(model);

initial_time=cputime;

%% Initialize the population

chromosome = initialize_variables(pop, M, V, min_range, max_range);

waitbar(0,h,sprintf('Evaluating initial population...'))

for i=1:pop
%% EVALUATION SECTION
% Insert here all model parameters required to simulate the model
% and evaluate the objectives(SNQR and Power in this example)
% ...missing code goes here (not shown for simplicity)

    chromosome(i,6)=-SQNRb;
    chromosome(i,7)=Powerb;
% ...
end
```

第一部分

种群规模
和代数

设计变量，目标
以及SIMSIDES
建模

初始化优化
以及染色体

图 6.30　使用 NSGA-Ⅱ 在 SIMSIDES 中优化的 MATLAB 脚本摘录（第一部分）
（感兴趣的读者可在 www.mathworks.com/matlabcentral/fileexchange 中找到更多关于
NSGA-Ⅱ 代码详情）

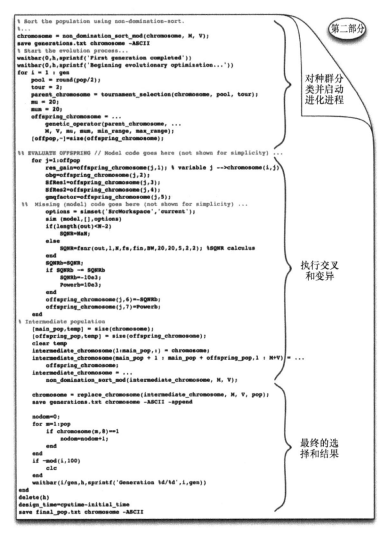

图 6.31　使用 NSGA-Ⅱ在 SIMSIDES 中优化的 MATLAB 脚本摘录（第二部分）（感兴趣的读者可在 www.mathworks.com/matlabcentral/fileexchange 中找到更多关于 NSGA-Ⅱ代码详情）

$$\begin{cases} P_{RES} = V_{DD} \left[\sum_{i=1}^{3} \left(I_{c_i} + I_{c_i d} \right) + \dfrac{1}{g_{mID}} \left(g_{m1} + g_{m2} \right) \right] \\[2ex] P_{ADD} = V_{DD} \left[\dfrac{g_{m3}}{g_{mID}} + \dfrac{c_0 + c_{0d}}{R} \right] \end{cases} \quad (6.11)$$

式中，V_{DD} 为电源电压；g_{mID} 为跨导到电流的转换效率。本例中，假设调制器环路滤波器（见图 6.10）中的谐振器具有同样的负载电容、电感以及增强型品质因数增益。在该优化过程中，另一个重要的问题是正确选择种群规模。本例中假设为 50 个个体和 50 代的种群规模。

在调制器运行过程中，在上述调制器工作模式中施加不同的频率约束。图 6.32 所示为三种模式下每一种 Sigma-Delta 调制器多目标优化（作为 Pareto 最优边界）的结果。图中展示了信噪失真比和功耗的折中。图中的每一点对应于一个调制器的高阶设计，根据前面章节所述的方法，本例需要进行 7500 次仿真。这些 Pareto 最优边界是在具有 2.2GHz AMD CPU 和 16GB RAM 的 64 位 Linux 服务器上生成，需要平均 8h 的 CPU 运行时间。

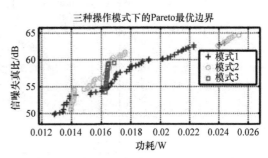

图 6.32　图 6.10 三种不同操作模式下获得的 Pareto 最优边界

将基于 MOEA 的优化方法得到的解与第 5 章所述的基于设计空间内多重参数分析的综合过程得到的解进行比较，每种模式下两种方案得到的解的结果如图 6.33 所示。基于 MOEA 的优化算法得到的解（在功耗和信噪失真比方面）都比通过传统设计过程获得的解更优。这是由于与传统的设计过程相比，基于 MOEA 的优化算法进行了更有效的搜索。

关于 CPU 时间，传统过程消耗的 CPU 时间较少，因为它没有实现对设计空间的穷举搜索。此外，传统的（手动）综合方法只得到一个单一解，并且该解比使用基于 MOEA 优化方法所获得的任意解更差。

如果不使用 MOEA，要获得符合 Sigma-Delta 调制器设计的 Pareto 最优边界需要多长时间呢？通过对所有可能的 Sigma-Delta 调制器设计进行详尽的评估，根据其指定的变量网格扫描每个设计变量，有可能估算出符合 Sigma-Delta 调制器设计的 Pareto 最优边界所需的时间。各操作模式下的穷举搜索结果见图 6.33。需要注意的是，虽然对设计变量的所有可能组合进行了评估，但由于变量网格被定义，因此 Sigma-Delta 调制器设计空间的某些区域并没有被评估。换句话说，不可能通过穷举搜索获得最优边界。相反，基于 MOEA 的优化方法未使用预定义的网格，从而可以根据评估设计的质量进行设计空间的搜索，相应地调整搜索网格，从而将搜索收敛到 Sigma-Delta 调制器性能最优的区域中。此外，穷举搜索法需要使用多达 40h 的 CPU 时间，而基于 MOEA 的优化方法只需要 8h。

图 6.34 为模式 1 下使用传统综合过程获得的调制器半摆幅输出频谱与基于 MOEA 从 Pareto 最优边界获得的设计结果比较。两种情况下都获得了正确的噪声整形，其中基于 MOEA 建立的设计解决方案得到了更优的信号噪声失真比和功耗（见图 6.33）。图 6.35 更好地说明了采用基于 MOEA 综合的优势，图中将信噪失真比与输入信号幅度的关系与传统优化过程所获得的设计结果进行了比较。

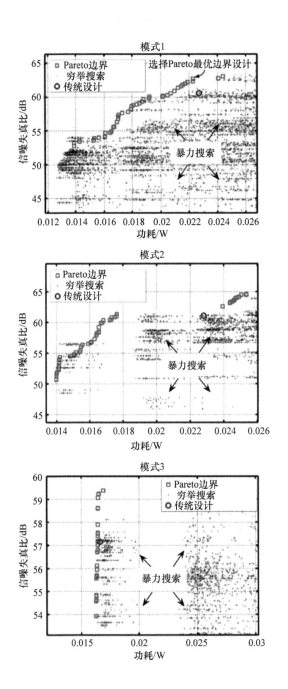

图 6.33　三种操作模式下基于 MOEA 优化方法与传统设计过程、穷举搜索算法的比较[13]

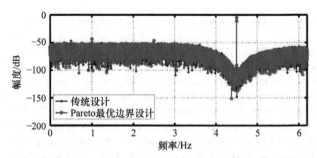

图 6.34   图 6.10 调制器在模式 1 Pareto 最优边界图中，传统设计的和所选定设计的输出频谱

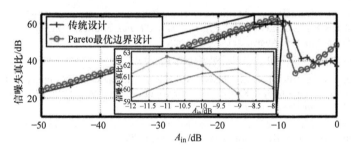

图 6.35   图 6.10 调制器在模式 1 Pareto 最优边界图中，传统方法和所选设计两种情况下，
信噪失真比与输入信号幅度的关系

6.5　小结

　　本章对一些代表性的 CAD 工具和 Sigma-Delta 调制器设计自动化方法进行了讨论，重点分析了系统级的优化。这些工具允许设计者根据一套给定的设计参数来搜索和选择最优的 Sigma-Delta 调制器拓扑结构。同时，这些工具还可以在信噪比方面实现最高效的环路滤波器电路，并放宽了对 Sigma-Delta 调制器子模块的电路要求。在大多数情况下，正如最先进的 Sigma-Delta 转换器所证明的那样，这些设计参数约束构成了实际的设计瓶颈。一旦调制器在结构级进行了综合以及优化，将利于设计者开始电路设计和实现。这部分内容将在后面几章进行详细讨论。

参考文献

[1] R. Schreier, *The Delta-Sigma Toolbox*. [Online]. Available: http://www.mathworks.com/matlabcentral, 2017.

[2] K. Francken *et al*., "A high-level simulation and synthesis environment for delta-sigma modulators," *IEEE Trans. Computer-Aided Design of Integrated Circuits and Systems*, vol. 22, pp. 1049–1061, August 2003.

[3] S. Pavan, "Systematic Design Centering of Continuous Time Oversampling Converters," *IEEE Trans. on Circuits and Systems II: Express Briefs*, vol. 57, pp. 158–162, March 2010.

[4] S. Pavan, R. Schreier, and G. C. Temes, *Understanding Delta-Sigma Data Converters*. Wiley-IEEE Press, 2nd ed., 2017.

[5] J. G. Kenney and L. R. Carley, "Design of Multibit Noise-shaping Data Converters," *Analog Integrated Circuits Signal Processing J.*, vol. 3, pp. 259–272, 1993.

[6] S. Asghar, R. del Rio, and J. M. de la Rosa, "A 0.2-to-2MHz BW, 50-to-86dB SNDR, 16-to-22mW Flexible 4th-Order ΣΔ Modulator with DC-to-44MHz Tunable Center Frequency in 1.2-V 90-nm CMOS," *Proc. of the IEEE Intl. Conference on VLSI and System-on-Chip (VLSI-SoC)*, pp. 47–52, October 2012.

[7] G. Molina *et al.*, "LC-Based Bandpass Continuous-Time Sigma-Delta Modulators with Widely Tunable Notch Frequency," *IEEE Trans. on Circuits and Systems – I: Regular Papers*, pp. 1442–1455, May 2014.

[8] A. Morgado, R. del Río, and J. M. de la Rosa, "Design of a Power-efficient Widely-programmable Gm-LC Band-pass Sigma-Delta Modulator for SDR," *Proc. of the IEEE Intl. Symp. on Circuits and Systems (ISCAS)*, May 2016.

[9] N. Beilleau, H. Aboushady, and M. Loureat, "Using Finite Impulse Response Feedback DACs to design ΣΔ Modulators based on LC Filters," *Proc. of the IEEE Intl. Midwest Symp. on Circuits and Systems (MWSCAS)*, pp. 696–699, August 2005.

[10] Mathworks, "MATLAB R2012b," The Mathworks Inc., 2012.

[11] J. Ruiz-Amaya *et al.*, "High-Level Synthesis of Switched-Capacitor, Switched-Current and Continuous-Time ΣΔ Modulators Using SIMULINK-based Time-Domain Behavioral Models," *IEEE Trans. on Circuits and Systems – I: Regular Papers*, pp. 1795–1810, Sep. 2005.

[12] F. Medeiro, B. Pérez-Verdú, and A. Rodríguez-Vázquez, *Top-Down Design of High-Performance Sigma-Delta Modulators*. Kluwer Academic Publishers, 1999.

[13] M. Velasco, R. Castro-Lopez, and J. M. de la Rosa, "High-Level Optimization of ΣΔ Modulators Using Multi-Objetive Evolutionary Algorithms," *Proc. of the IEEE Intl. Symp. on Circuits and Systems (ISCAS)*, pp. 1494–1497, May 2016.

[14] Mathworks, "Optimization Toolbox User's Guide," The Mathworks Inc., 2016.

[15] Mathworks, "Simulink: Developing S-Functions," The Mathworks Inc., 2016.

[16] S. Pavan, "Efficient Simulation of Weak Nonlinearities in Continuous Time Oversampling Converters," *IEEE Trans. on Circuits and Systems I – Regular Papers*, vol. 57, pp. 1925–1934, August 2010.

[17] M. Keller *et al.*, "A Method for the Discrete-Time Simulation of Continuous-Time Sigma-Delta Modulators," *Proc. of the IEEE Intl. Symposium on Circuits and Systems*, pp. 241–244, May 2007.

[18] T. Bruckner *et al.*, "Hardware-Accelerated Simulation Environment for CT Sigma-Delta Modulators Using an FPGA," *IEEE Trans. on Circuits and Systems – II: Express Briefs*, vol. 59, pp. 471–475, August 2012.

[19] T. Bruckner *et al.*, "A GPU-Accelerated Web-based Synthesis Tool for CT Sigma-Delta Modulators," *IEEE Trans. on Circuits and Systems – I: Regular Papers*, vol. 61, pp. 1429–1441, May 2014.

[20] T. Bruckner *et al.*, *Uni Ulm Sigma-Delta Synthesis Tool*. [Online]. Available: http://www.sigma-delta.de, 2017.

[21] K. Deb, *Multi-Objective Optimization Using Evolutionary Algorithms*. Wiley, 2001.

[22] K. Deb *et al.*, "A Fast and Elitist Multiobjective Genetic Algorithm: NSGA-II," *IEEE Trans. on Evolutionary Computation*, vol. 6, pp. 182–197, April 2002.

第7章 »

Sigma-Delta 调制器的电学设计：从系统到电路

Sigma-Delta 调制器的高阶综合和验证需要采用第 5 章和第 6 章中描述的建模、仿真和优化技术，以便将调制器级的性能指标有效地映射到模块（电路级）参数指标上。因此，在设计周期的这一阶段，调制器仍然是在系统级实现的，但是所有 Sigma-Delta 调制器电路模块（开关、电容、放大器、跨导器、比较器等）的电学性能参数已经在高阶选型设计过程中被确定。这些参数又是电路级参数，它们是调制器电学（晶体管级）和物理设计的起点。如图 7.1 所示，这一过程包括很多后续步骤，首先将调制器的初始（系统级）行为级模型转换为宏模型，进而使用晶体管实现电路原理图，之后将其转换为版图，最后完成芯片实现，并在实验室中进行测试。

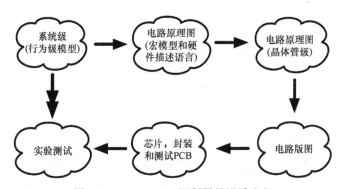

图 7.1　Sigma-Delta 调制器的设计流程

本章根据图 7.1 的设计流程，展示了 Sigma-Delta 调制器从系统级表示到电路级实现两者之间的桥梁。从 7.1 节和 7.2 节开始讨论与电学设计初始步骤相关的一些实际考虑，其中 Sigma-Delta 调制器宏模型的实现是将行为级模型与电路级描述相关联的重要设计阶段。本章第一部分详细描述了如何使用类似于 SPICE 的宏模型和 / 或诸如 Verilog-A 的硬件描述语言来表示主要的 Sigma-Delta 调制器模块，并列举了开关电容和连续时间结构实现的示例，来说明所提出的宏模型的使用方法。

本章第二部分讨论了从电学设计开始阶段就必须涉及的两个重要实际考虑。7.3 节描述了如何将电路噪声纳入 Sigma-Delta 调制器的电路级仿真中；7.4 节描述了如何在类似 SPICE 的仿真器中处理来自电路仿真中提取的调制器输出数据，以正确反映 Cadence®IC 设计环境中 Sigma-Delta 调制器的仿真性能。

7.1 Sigma-Delta 调制器的宏模型

从行为级描述到电路原理图（见图 7.1）的转换分几个步骤进行。因此，在设计的早期阶段，使用硬件描述语言（如 Verilog-A[1]）和宏模型来表示不同的调制器模块。这些模型包括源自系统级行为级模型（如在 SIMSIDES 中实现）的主电路误差约束。随着不同的 Sigma-Delta 调制器模块设计，这些模型逐渐被晶体管级实现所取代。通过将已经在晶体管级设计完成的子电路和还没有确定尺寸的子电路的影响相结合，可以在设计周期的不同阶段分析和检验调制器的性能。

本节解释了如何使用宏模型在电学仿真器中实现电路级 Sigma-Delta 调制器，并推导了一些最重要的模块电路，然后通过一些示例来说明其用法。

7.1.1 开关电容积分器宏模型 ★★★

图 7.2 为一个单端等效电路，常用于仿真具有宏模型的开关电容 - 前向欧拉积分器。图 7.3 为相应的全差分实现宏模型[2]。这两个等效电路均使用了理想电容，而开关和跨导运算放大器包含非理想电路效应。

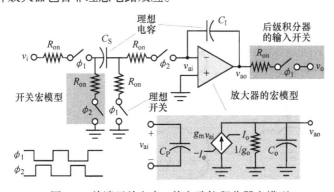

图 7.2　单端开关电容 - 前向欧拉积分器宏模型

7.1.1.1　开关宏模型

如图 7.2 所示，开关通常建模为线性开关导通电阻 R_{on} 和理想开关的串联，并由相应的时钟相位 ϕ_1 或 ϕ_2 控制。需要注意的是，类似于 SPICE 仿真器中的开关模型中包含一个高度非线性电阻，其阻值取决于控制时钟相位电压 v_ϕ，即

$$R_{switch} = \begin{cases} R_{on} & v_\phi \geq v_{TS} \\ R_{off} & v_\phi < v_{TS} \end{cases} \qquad (7.1)$$

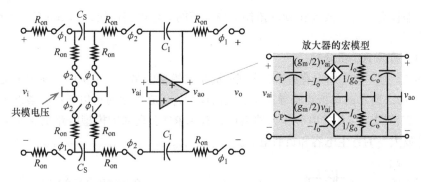

图 7.3　全差分开关电容 - 前向欧拉积分器宏模型

式中，R_{off} 为开关关断电阻，理想情况下 $R_{off} \to \infty$；v_{TS} 为阈值电压，决定开关是否关闭（打开）或打开（关闭）。事实上，通过将 R_{on} 和 R_{off} 设置得足够高或足够低，以至于相对于其他电路元件可以忽略不计，就可以在电学仿真器中对几乎理想的开关进行建模[3]。如 R_{on} 的典型值选择微欧姆级电阻，而 R_{off} 值则通常选择千兆欧姆级电阻 $^\ominus$。

　　可以使用更接近晶体管级拓扑结构的宏模型来代替简单的模型。例如，图 3.22 采样电路中的 CMOS 开关，该开关由 pMOS 开关和 nMOS 开关并联而成。图 7.4 为其等效电路，其中包括两个 MOST 开关的导通电阻及其相关的寄生电容 C_{PS}。这个宏模型保持了基于 MOST 的原始电路的对称性。

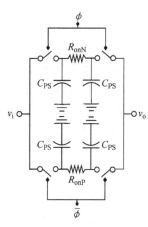

7.1.1.2　跨导运算放大器宏模型

　　跨导运算放大器电路由熟悉的单级放大器建模，其中 g_m、g_o 和 C_o 分别表示跨导、输出电导和输出电容。此外，用于模拟跨导运算放大器跨导的压控电流源有两个饱和极限值（$-I_o$，$+I_o$）。这些约束模拟了跨导运算放大器提供的最小和最大输出电流。以这种方式，等效电路考虑了跨导运算放大器的直流增益、增益带宽积和压摆率限制，分别表示为

图 7.4　CMOS 开关的宏模型

$$A_v \equiv \frac{g_m}{g_o}, \quad \text{GB} \equiv \frac{g_m}{C_o}, \quad \text{SR} \equiv \frac{I_o}{C_o} \tag{7.2}$$

　　由于底板寄生电容（图 7.3 中的 C_P）以及积分器输出端连接的开关电容网络引起的电容性负载的影响，增益带宽和压摆率的真实值实际上会偏离上述表达式。

7.1.2　连续时间积分器宏模型 ★★★

　　连续时间积分器宏建模通常采用的等效电路是基于单极点（或双极点）跨导运

　$\ominus$ 　R_{off} 和 R_{on} 的准理想值会在电学仿真中引起公差和收敛问题。通过在仿真选项中对相应的数值公差进行适当设置可以控制此问题[4]。

算放大器模型，外加实现积分器拓扑结构所需的其他电路模块，如 Gm-C、有源 RC 结构等[5]。

7.1.2.1 有源 RC 积分器

图 7.5 为一个常用于有源 RC 实现的简单宏模型电路。在本例中，使用了类似于图 7.2 和 7.3 所示的单极点跨导运算放大器模型，但在必要时可以通过调整以实现更高的动态范围。与开关电容积分器类似，有源 RC 实现的宏模型电路也需要考虑跨导运算放大器的寄生电容和负载电容。

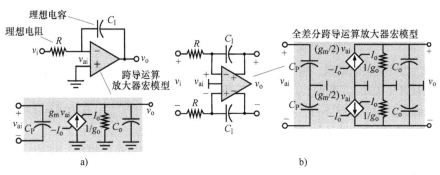

图 7.5 有源 RC 积分器宏模型

a）单端原理图 b）全差分原理图

7.1.2.2 Gm-C 积分器

基于相同的跨导运算放大器宏模型电路，Gm-C 积分器可以用图 7.6a 所示的等效电路进行建模，该等效电路包括由时间常数 $R_\mathrm{p}C_\mathrm{p}$ 建模的第二极点。在这种情况下，积分器的 S 域传输函数表示为

$$\frac{v_\mathrm{o}(s)}{v_\mathrm{i}(s)} = \frac{-g_\mathrm{m}/g_\mathrm{o}}{(1+sC/g_\mathrm{o})(1+sR_\mathrm{p}C_\mathrm{p})} \tag{7.3}$$

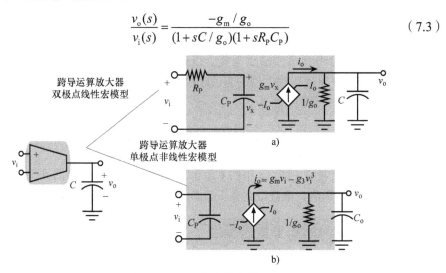

图 7.6 GM-C 积分器宏模型

a）双极点线性模型 b）单极点弱非线性模型

7.1.3　非线性跨导运算放大器的跨导 ★★★

在前几节中，跨导运算放大器宏模型假设跨导 g_m 考虑了输出饱和电流 I_o，于是采用了线性模型。事实上，跨导运算放大器的跨导被假定为是弱非线性的，因此其静态输出电流 I_o 与跨导运算放大器的输入电压 v_i 有关[6]，可表示为

$$i_o = \begin{cases} g_m v_i - g_3 v_i^3 & |v_i| \leqslant \dfrac{\text{IIP3}}{2} \\ \text{sgn}(v_i)I_o & |v_i| > \dfrac{\text{IIP3}}{2} \end{cases} \quad (7.4)$$

式中，sgn（x）表示 x 的符号函数；g_3 为跨导器的第三阶非线性系数；IIP3 为输入参考的三阶截止点；I_o 为跨导器提供的最大输出电流。从式（7.4）可以看出，IIP3、I_o 与 g_m 和 g_3 有关，即

$$\text{IIP3} = 2\sqrt{\frac{g_m}{3g_3}} \quad (7.5)$$

$$I_o = \frac{2g_m}{3}\sqrt{\frac{g_m}{3g_3}} \quad (7.6)$$

图 7.6b 为跨导运算放大器宏模型的等效电路，该电路含有若干非线性跨导元件。值得一提的是，在类似 SPICE 的仿真器中，这种等效电路可以很容易地使用非线性压控电流源建模[3]。此外，通过使用与信号相关的电压源或者电流源，还可以将与电压相关的集成电阻和电容以及其他非线性源也包括在积分器宏模型中。但是，当电路在器件级建模时，则需要更准确地考虑这些非线性效应，即需要考虑到晶圆代工厂提供的器件模型，如无硅化多晶硅电阻或 MiM 电容。

7.1.4　嵌入式 flash ADC 宏模型 ★★★

嵌入在 Sigma-Delta 调制器中的量化器所需的多位或多级模 / 数转换器，通常使用众所周知的 flash 架构来实现。这种模 / 数转换器由一组比较器组成，比较器将量化器的输入信号（如连接在量化器的积分器的输出）与在分压电阻中产生的一组参考电压作对比[7]。这些参考电压对应于不同相邻量化间隔之间的过渡点[8]。

例如，图 7.7a 为一个三电平 flash 全差分模 / 数转换器原理图，该模 / 数转换器由两个比较器和一组分压电阻组成。后者由四个单元电阻 R_u 组成，它们串联在负参考电压 $V_{ref-} = -v_{ref}$ 和正参考电压 $V_{ref+} = v_{ref}$ 之间。本例中，图 7.7b 所示的量化器差分特性中有两个过渡点：$-v_{ref}$ 和 $+v_{ref}$，分别对应于图 7.7a 中分压电阻的差分值。因此，将量化器的输入 $v_i \equiv v_{i+} - v_{i-}$ 与 $V_{R+} - V_{R-}$、$V_{R-} - V_{R+}$ 分别在第一个比较器和第二个比较器中进行比较，使用三个与门将比较器输出处生成的温度计码转换成三个数字码（$d_{0\sim2}$）中的其中一个数字码。

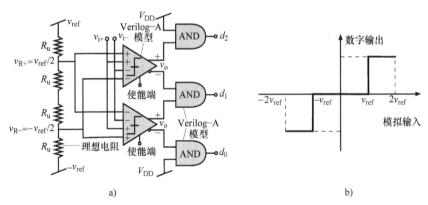

图 7.7　多级 flash ADC 宏模型

a）三级 flash ADC 的电路原理图　b）静态差分传输特性

图 7.7a 电路可以用于仿真 Sigma-Delta 调制器的宏模型。因此，电阻被认为是理想的电路元件[⊖]，而比较器和与门用 Verilog-A 模型实现。图 7.8 为用于仿真图 7.7 中比较器的 Verilog-A 代码。该模型基于 Open Verilog International（OVI）语言参考手册 [10, 11]，不仅非常简单，并且包含输入失调。只有当使能端（enable）的时钟信号处于高电位时，电路才能进行比较。静态输入 - 输出传输特性使用双曲线正切函数（tanh）计算，该函数由一个名为 comp_slope 的参数进行缩放。comp-slope 参数可由 sigin_offset 参数进行建模，它通过改变输入失调电压周围的电压增益来确定比较器的静态分辨率。

7.1.5　反馈数／模转换器宏模型 ★★★

在 Sigma-Delta 调制器中使用的反馈数／模转换器电路本质上有两种：开关电容数／模转换器和电流模式数／模转换器，后者也称为电流舵（current-steering，CS）数／模转换器 [12]。虽然开关电容数／模转换器也用于一些连续时间 Sigma-Delta 调制器，特别是那些采用有源 RC 积分器实现的低频应用 [13]，但它主要用于开关电容 Sigma-Delta 调制器。相反，开关电流[⊖]或电流舵反馈数／模转换器通常用于宽频带连续时间 Sigma-Delta 调制器，尤其是（但不仅限于）那些基于 Gm-C 环路滤波器实现的数／模转换器。

以开关电容数／模转换器为例，回顾图 7.7a 所示的三级模／数转换器，其宏模型如图 7.9 所示。图中用三个与门将三个数字编码输出（d_0、d_1、d_2）中的一个输出反馈到 Sigma-Delta 调制器的环路滤波器开关电容积分器。在这种情况下，数／模转换器的宏模型只是简单的基于与门以及 7.1.1.1 节中描述的用于开关的宏模型电路的 Verilog-A 模型。

⊖　这些电阻通常使用非硅化的 p+ 多晶硅层实现 [9]。

⊖　电流舵反馈数／模转换器也用在开关电流（SI）Sigma-Delta 调制器中，这是直流电流 Sigma-Delta 调制器的一种特例。其中，环路滤波器处理电流模式信号，并由开关电流积分器代替开关电容积分器实现 [14]。8.5 节将讨论开关电流单元和电流舵数／模转换器之间的区别。

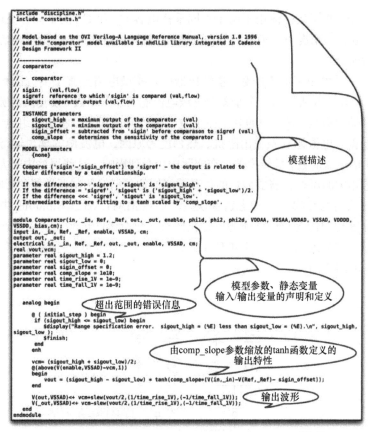

图 7.8　量化器宏模型中比较器的 Verilog-A 代码 [10, 11]

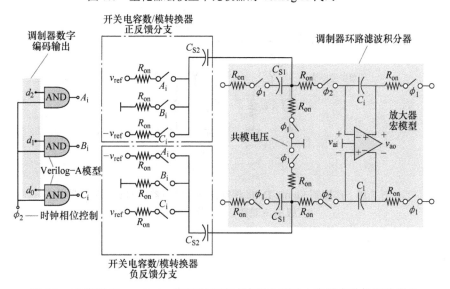

图 7.9　连接到 Sigma-Delta 调制器环路滤波器内开关电容前向欧拉积分器的
三级开关电容数 / 模转换器宏模型

注意：图 7.9 模型中使用了两个不同采样电容 C_{S1} 和 C_{S2} 的不同开关电容分支。但实际上，在许多情况下，输入信号和反馈数/模转换器共享一个开关电容分支，这将在本章后面介绍。

同理，一种可用于电流舵数/模转换器的宏模型电路是基于电流源和开关的简单宏模型[一]。图 7.10 所示为一个全差分三级电流舵的非归零数/模转换器宏模型。它由三个数字编码数据（d_i）中的其中一个数字编码通过开关控制的一组电流源组成。由于失配误差、电流源有限输出阻抗、热梯度等原因，电流源的理想运行状态以及因此而产生的电流舵数/模转换器，在实际中会受到影响。这些误差中的大多数，如失配和工艺相关的误差，需要大量的仿真才能评估它们对调制器性能的影响。因此，通常在系统级行为级模型中考虑这些误差，如在 MATLAB 或 Simulink 中实现的模型。其他非理想的情况，如电流源的输出阻抗，也会影响调制器环路滤波器的动态运行，可以很容易地通过在每个单位（或参考）电流源并联一个输出电阻来简单进行宏建模（见图 7.10）。

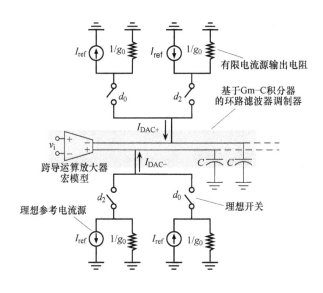

图 7.10   连接到 Sigma-Delta 调制器环路滤波器内 Gm-C 积分器的
三级电流舵数/模转换器宏模型[一]

[一]   另外，一个更理想的宏模型可以简单地基于压控电流源实现，这将在本章后面介绍。

7.2　Sigma-Delta 调制器宏模型实例

本节通过两个实例来说明如何使用宏模型实现 Sigma-Delta 调制器。其中，第一个例子是基于开关电容电路；第二个例子是基于有源 RC 电路。在这两个例子中，考虑到三级嵌入式量化器，所以采用了熟悉的单环二阶 Sigma-Delta 调制器进行演示。

7.2.1　开关电容二阶 Sigma-Delta 调制器实例 ★★★

图 7.11 为开关电容二阶 Sigma-Delta 调制器的概念原理图，其中包括三级嵌入式量化器。图中突出显示了所用电容的值。该调制器中的电路元件，如开关、放大器、flash（三级）模 / 数转换器和开关电容（三级）数 / 模转换器，可以使用前面所描述的宏模型来实现。

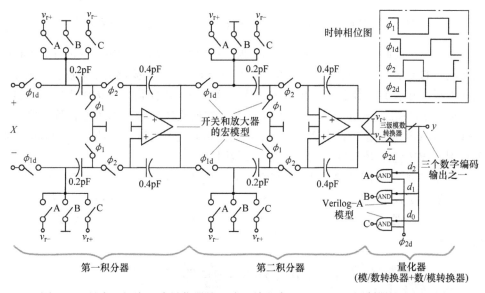

图 7.11　具有三级嵌入式量化器的二阶开关电容 Sigma-Delta 调制器概念原理图

图 7.12 为在 Cadence IC Design 中使用 Cadence Virtuoso Schematic 实现的图 7.11 调制器的原理图。在这个例子中，为了简单起见，使用了理想时钟相位（用理想电压源实现）。这在设计的初级阶段是很常见的，因为使用时钟相位发生器电路会不可避免地减慢仿真速度。这部分内容将在本章后面进行讨论。

请注意：图 7.12 中的每个调制器模块都使用了适当的原理图符号。这在实际中，对于清楚地识别调制器的不同部分并且在调制器中建立适当的分层分区非常有用。使用自顶向下 / 自底向上的方法可以使设计系统化。这样，设计者就可以根据要分析的电路部分，使用最方便的原理图遍历调制器的层次结构。例如，图 7.13 为图 7.12 中第一个积分器的宏模型。图中开关、电容和运算放大器的符号都可以清楚地识别出来。

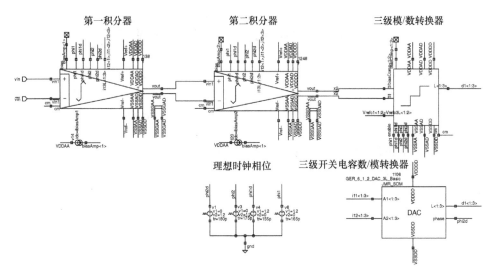

图 7.12　使用 Cadence Virtuoso Schematics 实现图 7.11 中的调制器

正如本章前面提到的，使用理想的宏模型可使设计者清楚地定义 Sigma-Delta 调制器电路的电学表示，其中包括所有的节点和分支。由于需要确定不同模块的大小，这些宏模型正被其晶体管级实现逐步替代。这在一些电路设计环境中很容易做到，如 Cadence Design Framework。图 7.14 显示了如何更改实现类型（通常称为视图，view）。需要注意的是，在本例中有四个不同的单元视图名称：符号（这是最高的抽象级别）、宏模型、原理图（晶体管级）和版图。

图 7.15 所示为图 7.13 中开关电容积分器不同部分的宏模型。图 7.15a 为全差分放大器的宏模型；图 7.15b 为 CMOS 开关的宏模型。在这两种情况下，如第 5 章所述，可以根据从行为级仿真得到的模块设计参数来设置不同的模型参数，如使用 SIMSIDES。

7.2.2　二阶有源 RC Sigma-Delta 调制器 ★★★

图 7.16 为二阶有源 RC Sigma-Delta 调制器的概念原理图，该调制器带有三级嵌入式量化器。为了简单起见，调制器不包括任何多余的环路延迟消除技术。图中显示电阻、电容和反馈数／模转换器电流的值以及表达式，其中 V_{ref} 为调制器的满摆幅参考电压。

使用前面章节中描述的宏模型电路，可以非常容易地对图 7.16 所示的电路建模。图 7.17 突出显示了在 Cadence Virtuoso Schematic 编辑器中实现的电路的主要部分。如图 7.17b 所示，有源 RC 模型中包含的运算放大器使用了图 7.5b 中描述的宏模型。图 7.18 为本例中使用的三级量化的宏模型。其中图 7.18a 中描述的模／数转换器的建模参见图 7.7b。而为了简单起见，图 7.18b 所示的电流舵数／模转换器建模为两个理想的压控电流源，用来仿真与参考电流串联的理想开关（见图 7.10）。

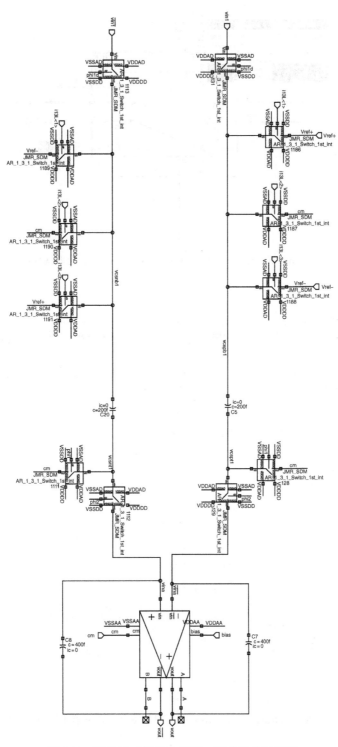

图 7.13 图 7.12 中开关电容第一积分器的示意图

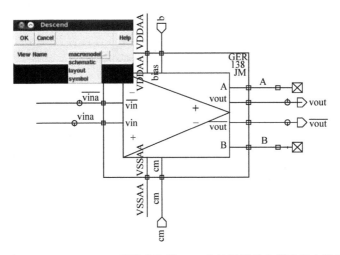

图 7.14　在 Cadence IC Design 环境中为图 7.13 中的运算放大器选择电路视图名称

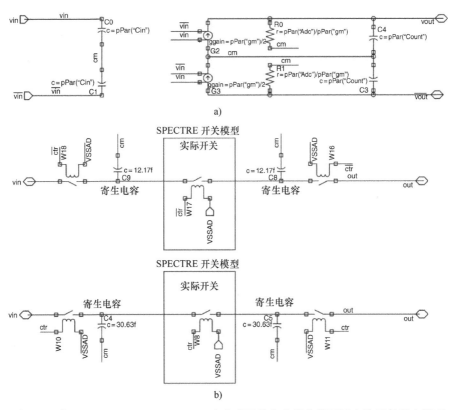

图 7.15　在 Cadence Design Framework 中实现开关电容积分器不同电路元件的宏模型
a）全差分放大器　b）开关

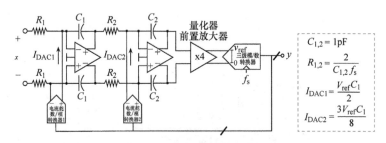

图 7.16　具有三级嵌入式量化器和电流舵反馈数 / 模转换器的二阶有源 RC Sigma-Delta
调制器概念原理图

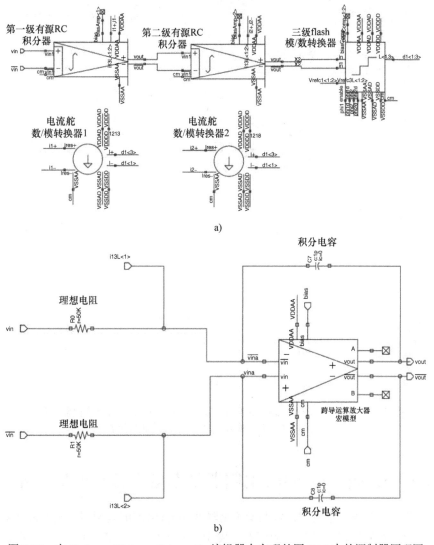

图 7.17　在 Cadence Virtuoso Schematic 编辑器中实现的图 7.16 中的调制器原理图
a）调制器　b）有源 RC 积分器

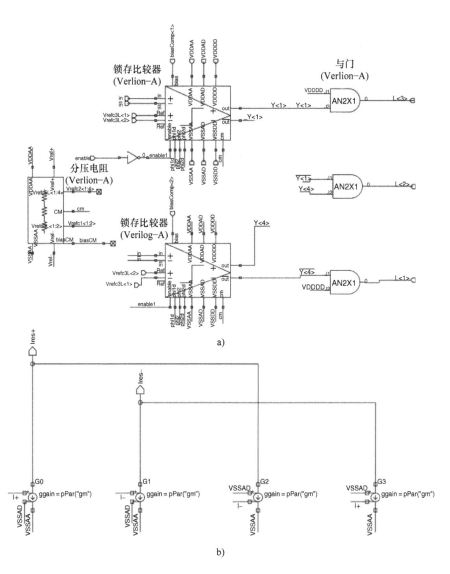

图 7.18　在 Cadence Virtuoso Schematic 编辑器中实现的三级量化器宏模型
a）flash 模／数转换器　b）电流舵数／模转换器

7.3　在 Sigma-Delta 调制器瞬态电学仿真中加入噪声

　　如第 3 章和第 4 章所述，电路噪声是降低 Sigma-Delta 调制器性能的最终限制因素。因此，在调制器设计流程的所有步骤中都必须要考虑到噪声的影响。在系统级建模时，第 3 章中描述的准确模型可以并入到行为级仿真中，如使用 SIMSIDES 进行仿真（详见第 5 章）。但是，在电学级仿真中，大多数类似 SPICE 的仿真器在瞬态分析时并没有包括噪声源[⊖]，这使得噪声分析在晶体管级变得更加复杂。

本节介绍一种电学（晶体管级）仿真方法，它允许设计人员创建包含噪声源在内的 Sigma-Delta 调制器电学（晶体管级）仿真。该方法基于在 MATLAB 中生成一个噪声数据序列，然后将该数据序列注入电学仿真中，可用于大多数类似 SPICE 的仿真器，如 PSPICE 和 HSPICE[4, 16]。

7.3.1 在 HSPICE 中产生和注入噪声数据序列 ★★★

分析图 7.19a 所示的简单开关电容电路，其中，噪声电压源 v_{ni} 由理想开关 S_1 采样并存储在电容 C_S 上。使用图 7.19b 所示的 HSPICE 网表对该电路进行仿真。本例中 C_S=1pF，理想开关模型中使用的开关关断电阻和开关导通电阻分别为 R_{off}=10^{15}Ω 和 R_{on}=100Ω，时钟频率 f_s=100MHz。需要注意的是，需要使用 .DATA 语句将噪声数据序列注入 HSPICE 瞬态仿真中[16]。此命令允许包含外部生成的数据。本例中加载了一个名为 noisedata 的两列（时间、电压）格式文件，并且瞬态分析使用 noisedata 文件中第一列提供的时间数据作为扫描输入参数。

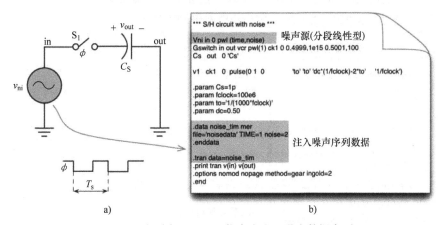

图 7.19 在瞬态 HSPICE 仿真中注入噪声数据序列
a）采样电路 b）HSPICE 网表

为了计算电学仿真中使用的噪声数据，假设 $v_{ni}(t)$ 为一个随机信号，其瞬时值未知。它可以描述为零均值和幅度均匀分布在（$-v_{ni}/2$，$+v_{ni}/2$）范围内的随机过程，其中 V_{ni} 表示 $v_{ni}(t)$ 的方均根值。在这种情况下，v_{ni} 的均方值表示为[17]

⊖ 本书中的其他一些实例使用的是 Synopsis®HSPICE®。但是，某些类似 SPICE 仿真器的最新版本，如 Cadence Spectre[15]，却有可能在瞬态分析中包含噪声源。不过，本节中介绍的方法可以分离给定噪声源的影响，而不必像在 Cadence Spectre 中进行常规噪声分析时那样需要考虑所有噪声源的共同作用。此外，本书中介绍的方法是众所周知的方法，可以应用于大多数类似 SPICE 的模拟器，包括 Spectre。

$$\overline{v_{ni}^2} = \frac{1}{V_{ni}} \int_{-V_{ni}/2}^{+V_{ni}/2} v_{ni}^2 \mathrm{d}v_{ni} = \frac{V_{ni}^2}{12} \tag{7.7}$$

假设 v_{ni} 为一个带限噪声源，v_{ni} 的功率谱密度可以表示为

$$S_{v_{ni}} \cong \frac{\overline{v_{ni}^2}}{B_{wni}} = \frac{V_{ni}^2}{12 B_{wni}} \tag{7.8}$$

式中，B_{wni} 为 v_{ni} 的等效噪声带宽。因此，如果 $v_{ni}(t)$ 在 f_{sn} 处采样，那么在瞬时 nT_{sn} 处 v_{ni} 的值可以计算为

$$v_{ni}(nT_s) = \mathrm{rnd}(\sqrt{12 f_{sn} S_{v_{ni}}}) \tag{7.9}$$

式中，rnd(x) 表示范围在（$-x/2$，$+x/2$）和 $T_{sn} \equiv 1/f_{sn}$ 的随机数[18]。

图 7.20 中的 MATLAB 代码可用于生成从式（7.9）得出的 N 点数据序列。数据序列被保存为两列文件，其中第一列为时间序列（即 0，T_s，$2T_s$，…），第二列是使用式（7.9）生成的噪声数据序列。

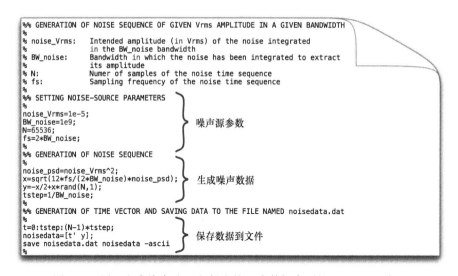

图 7.20　用于生成从式（7.9）得出的 N 点数据序列的 MATLAB 代码

图 7.21 为考虑不同 f_s 值时采样并存储在图 7.19a 电容中的噪声功率谱密度。本例中，取 v_{ni}=10μVrms，B_{wni}=1GHz，f_{sn}=2B_{wni} 来模拟无限频带噪声源。在这种情况下，两个连续采样之间的时间间隔足够短（本例中为 1ns），因此，可以将噪声源建模为连续时间信号源[19]，该噪声源由 R_{on} 和 C_s 组成的电路进行滤波，并由 R_{on} 作为开关导通电阻。由此可得等效采样噪声带宽为 $1/(4R_{on}C_s)$。因为 $f_s < 1/(4R_{on}C_s)$，图 7.21 中出现了频谱混叠。造成的结果是，噪声功率在奈奎斯特频率内增加，即从直流到频率 f_s。

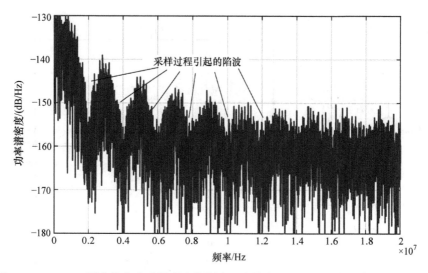

图 7.21　HSPICE 瞬态仿真中采样噪声的影响（存储在图 7.19a C_S 中的输出电压频谱，仿真数据为：R_{on}=50 Ω，C=0.5pF，f_s=1MHz）

7.3.2　在开关电容积分器中分析主要噪声源的影响 ★★★

上述仿真技术可以用于通过瞬态 SPICE 仿真来验证最关键的噪声源对 Sigma-Delta 调制器主模块性能的影响，这在开关电容电路中尤为重要，因为这涉及数据采样，并且对它们的噪声源会产生影响。

以图 5.5a 中的开关电容-前向欧拉积分器为例，如第 3 章所述，主要的电路噪声源是在开关和放大器中产生的。图 7.22 给出的电路原理图可用于评估这些噪声源对开关电容积分器的影响，图 7.23 给出了相应的 HSPICE 网表。需要注意的是，所有电路都是用开关和放大器的简单宏模型构建，以隔离不同误差带来的影响。其中，图 7.22a 电路原理图用来仿真由时钟相位 ϕ_1 控制的开关所引入的热噪声，图 7.22b 测试激励示意图用于仿真由时钟相位 ϕ_2 控制的开关产生的热噪声。放大器中用于产生噪声源的测试电路如图 7.22c 所示。在后一种情况下，需要同时产生热噪声分量和闪烁噪声分量。这部分内容将在下一节中详细介绍。

7.3.3　在电学仿真中产生和注入闪烁噪声源 ★★★

假设 7.3.1 节所述过程为白噪声源。但是，Sigma-Delta 调制器中的一些噪声源还包括闪烁噪声（$1/f$）分量，这可能是低带宽应用的关键，如传感器、仪器和生物医学应用。

在 MATLAB 中，通过具有以下传输函数的滤波器对白噪声进行滤波，可以产生闪烁噪声作为有色噪声序列[20]：

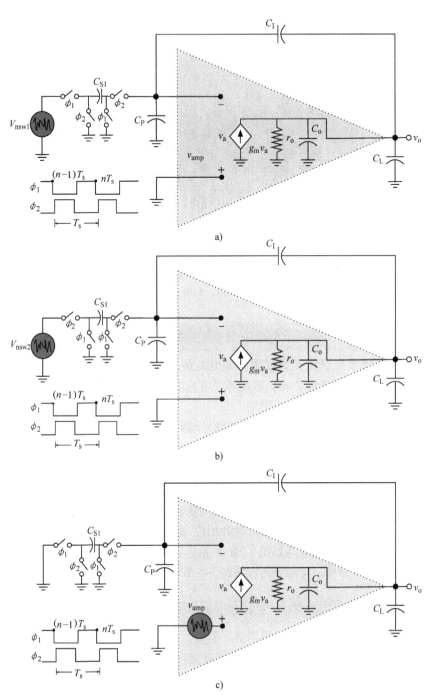

图 7.22　用于仿真开关电容积分器中主要噪声源影响的等效单端电路
a）由 ϕ_1 控制的开关产生的噪声　b）由 ϕ_2 控制的开关产生的噪声　c）放大器产生的噪声

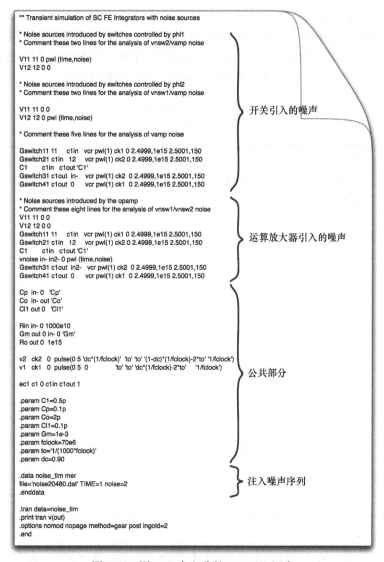

```
** Transient simulation of SC FE Integrators with noise sources

* Noise sources introduced by switches controlled by phi1
* Comment these two lines for the analysis of vnsw2/vamp noise

V11 11 0 pwl (time,noise)
V12 12 0 0

* Noise sources introduced by switches controlled by phi2
* Comment these two lines for the analysis of vnsw1/vamp noise

V11 11 0 0
V12 12 0 pwl (time,noise)

* Comment these five lines for the analysis of vamp noise

Gswitch11 11    c1in   vcr pwl(1) ck1 0 2.4999,1e15 2.5001,150
Gswitch21 c1in   12    vcr pwl(1) ck2 0 2.4999,1e15 2.5001,150
C1       c1in   c1out 'C1'
Gswitch31 c1out in-    vcr pwl(1) ck2 0 2.4999,1e15 2.5001,150
Gswitch41 c1out 0      vcr pwl(1) ck1 0 2.4999,1e15 2.5001,150

* Noise sources introduced by the opamp
* Comment these eight lines for the analysis of vnsw1/vnsw2 noise
V11 11 0 0
V12 12 0 0
Gswitch11 11    c1in   vcr pwl(1) ck1 0 2.4999,1e15 2.5001,150
Gswitch21 c1in   12    vcr pwl(1) ck2 0 2.4999,1e15 2.5001,150
C1       c1in   c1out 'C1'
vnoise in- in2- 0 pwl (time,noise)
Gswitch31 c1out in2-   vcr pwl(1) ck2 0 2.4999,1e15 2.5001,150
Gswitch41 c1out 0      vcr pwl(1) ck1 0 2.4999,1e15 2.5001,150

Cp in- 0  'Cp'
Co in- out 'Co'
Cl1 out 0  'Cl1'

Rin in- 0 1000e10
Gm out 0 in- 0 'Gm'
Ro out 0 1e15

v2  ck2  0 pulse(0 5 'dc*(1/fclock)' 'to' 'to' '(1-dc)*(1/fclock)-2*to' '1/fclock')
v1  ck1  0 pulse(0 5 0        'to' 'to' 'dc*(1/fclock)-2*to'   '1/fclock')

ec1 c1 0 c1in c1out 1

.param C1=0.5p
.param Cp=0.1p
.param Co=2p
.param Cl1=0.1p
.param Gm=1e-3
.param fclock=70e6
.param to='1/(1000*fclock)'
.param dc=0.90

.data noise_tim mer
file='noise20480.dat' TIME=1 noise=2
.enddata

.tran data=noise_tim
.print tran v(out)
.options nomod nopage method=gear post ingold=2
.end
```

开关引入的噪声

运算放大器引入的噪声

公共部分

注入噪声序列

图 7.23   图 7.22 中电路的 HSPICE 网表

$$H_f(z) = \frac{1}{(1 - z^{-1})^\alpha} \qquad (7.10)$$

式中，α 为 $0 \sim 2$ 之间的实数。

由此，可以使用与前面章节中描述的相同的方法，在 HSPICE 瞬态仿真中注入相应的噪声数据序列。也可以通过在 SPICE 中使用 .NOISE 语句分析提取相应噪声源的功率谱密度数据，然后在 MATLAB 中得到等效于该噪声的时间序列，从而生成包括 $1/f$ 和白色噪声分量的有色噪声数据序列。捕获的功率谱密度数据，可以使用 .DATA 语句在瞬态仿真中注入。

图 7.24 中的 MATLAB 代码用于根据从 HSPICE 的 .NOISE 仿真捕获的电子数据

生成对应的时间数据序列。本例中，由 HSPICE 中噪声分析得到的仿真输出数据存储在名为 psd_eq_preamp_1f_white_RRF.dat 的文件中，该文件中的数据单位以 V^2/Hz 表示，即与功率谱密度曲线对应。此外，还需要识别和计算 1/*f* 和白噪声分量的功率谱密度以及方均根值，并使用式（7.9）生成相应的时间数据序列。

```
%% GENERATION OF COLORED NOISE SEQUENCE EXTRACTING DATA FROM HSPICE
%
% The PSD curve must contain a 1/f and a white component
% The PSD curve must have been obtained from 0 to fs/2
%
clear; clf;
rand('state',0) % Return RAND to its default initial state
%                 Helps to add repeatability to the results
%N=2^18;         % Length of noise time sequences to be generated
N=2^25;          % N must be >> 1 to plot noise PSD at low frequencies
%
%% Loads and plots PSD curve obtained by electrical SPICE simulation
%
data_in=load('psd_eq_ref_1f_white_RRF.dat'); % Input data is assumed to be expressed in V^2 (PSD)
f_p=data_in(:,1);
noise_psd_p=data_in(:,2);

%
%% Estimation of 1/f and white components

% Flicker (1/f) noise
Sf=noise_psd_p(1)*f_p(1);
noise_psd_1f_p=Sf./f_p;
% Thermal (white) noise
Sw=noise_psd_p(length(f_p));
noise_psd_white_p=Sw*ones(length(f_p),1);

%
%% Generation of white noise sequence
fs=2*max(f_p);
noisew_power=Sw*fs/2;
xw=sqrt(12*noisew_power);
yw=-xw/2+xw*rand(N,1);

%% Generation of 1/f noise sequence
% [1] Generation of an initial white noise sequence
fs=2*max(f_p);
noisewi_power=fs/2;
xwi=sqrt(12*noisewi_power);
ywi=-xwi/2+xwi*rand(N,1);
% [2] Computation of its FFT
ywi_freq=fft(ywi); % MATLAB FFT (double-sided spectrum)
% [3] Filtering of the white noise power with the desired H(f)
% Equivalently, the noise % amplitude is filtered with sqrt(H(f)
freq=(fs/N:fs/N:fs)'; % Double-sided frequency vector
H2_freq=freq./freq; % To validate with H(f)=1
H2_freq=Sf./freq;
yf_freq=sqrt(H2_freq).*(ywi_freq);
yf=real(ifft(yf_freq)); % MATLAB IFFT is used for simplicity

%% Addition of white and 1/f noise sequences
y=yw+yf; % Generated noise sequence including both white and 1/f components
```

根据电学数据估算的噪声分量

产生白噪声序列

产生1/*f*噪声序列

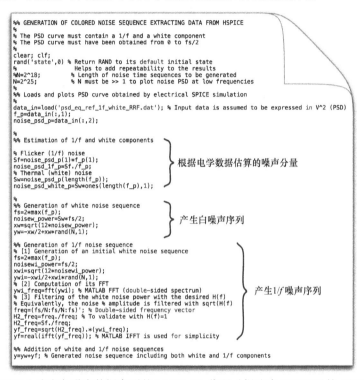

图 7.24　用于生成有色噪声数据序列的 MATLAB 代码（提取自 HSPICE 的 .NOISE 仿真）

图 7.25 为图 7.24 中 MATLAB 程序生成的输出频谱。注意：需要大量的点（本例中 $N=2^{25}$）才能产生低频快速傅里叶变换，以及查看闪烁噪声的转角频率。

7.3.4　在 Sigma-Delta 调制器仿真的测试激励中加入噪声 ★★★

在设计的最后阶段，必须对整个 Sigma-Delta 调制器进行晶体管级仿真，以便检查电学性能是否与系统级行为级仿真及目标设计参数相符合。在这种情况下，需要在 SPICE 瞬态仿真中注入噪声源。为此，可以按照前面各节中描述的方法，生成包含采样效果的总输入参考噪声源，并注入调制器的输入节点。

图 7.26a 举例说明如何使用 Cadence Virtuoso Schematic 编辑器 [21] 和 Cadence Spectre 仿真器 [15] 在瞬态仿真中注入噪声。通过输入节点处的分段线性（PWL）电压源，将输入参考噪声注入调制器中（本例中为四阶级联 2-2 开关电容结构）。如图 7.26b 所示，噪声数据序列是从文件中加载的。在这种情况下，使用图 7.27 中的 MATLAB 代码生成噪声数据序列，其中噪声源的标准偏差计算为

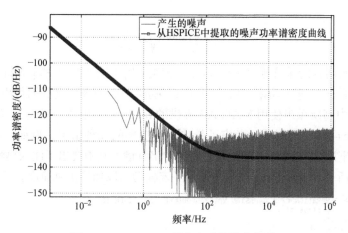

图 7.25　MATLAB 程序生成的输出频谱

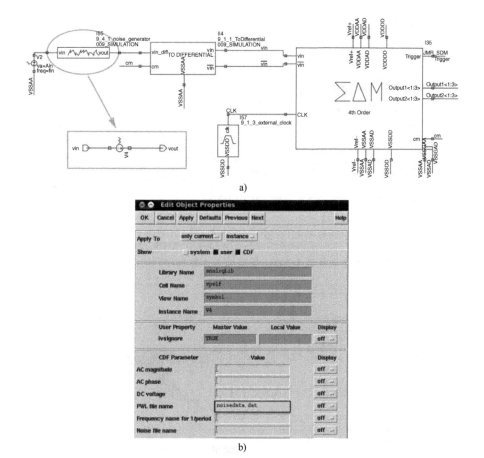

图 7.26　使用 Cadence Spectre 仿真器在 Sigma-Delta 调制器瞬态仿真测试激励中注入噪声
a）Virtuoso 编辑器环境中的示意图　b）对象属性窗口（重点介绍如何加载噪声数据序列文件）

$$v_{\mathrm{ni}} = \mathrm{rand}n\left(\sqrt{f_s \frac{P_{\mathrm{ni}}}{2B_{\mathrm{w}}}}\right) \tag{7.11}$$

式中，f_s 为调制器的采样频率；B_{w} 为信号带宽；P_{ni}（图 7.27 中的 power_IBN）为归因于噪声源的带内噪声功率，由 SIMSIDES 提供的行为级仿真数据得出。需要注意的是，本例中高斯噪声使用 MATLAB 提供的 randn 函数生成。对应于多标准应用的可重构 Sigma-Delta 调制器，考虑了带内噪声功率的几种情况。例如，图 7.28 为四阶级联 2-2 开关电容 Sigma-Delta 调制器的输出频谱，其中突出了注入热噪声的影响。本例中已在所有 Sigma-Delta 模块中使用了宏模型，以加快仿真速度。

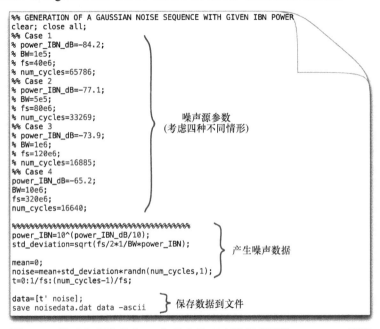

图 7.27　用于生成从式（7.11）导出的 N 点数据序列的 MATLAB 代码

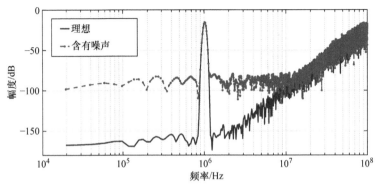

图 7.28　四阶级联 2-2 开关电容 Sigma-Delta 调制器的输出频谱
（考虑了所有模块的宏模型，并注入了以输入为参考的噪声源，在 Cadence Spectre 中
进行了仿真，见图 7.26 所示）

7.4　Sigma-Delta 调制器电学仿真的输出结果处理

从电学仿真中获得的 Sigma-Delta 调制器输出比特流需要进行适当的处理，以表征主要的参数，即输出频谱、带内噪声、信噪比或信噪失真比、总谐波失真等。处理步骤如下[一]：

1）在比较器输出稳定的时钟相位期间，每个时钟周期仅采集一个样本，以收集 Sigma-Delta 调制器的输出比特流。

2）将输出数据保存为合适的文件格式，以便使用信号处理软件（如 MATLAB）正确地加载输出数据并对其进行后期处理。最方便、最常用的文件格式是多列文本文件，其中每一列对应于 Sigma-Delta 调制器的一个输出比特流。在级联拓扑结构中，必须保存每级调制器的比特流。

3）将数据加载到 MATLAB 中，然后组合成相应比特流的数字输出。如在具有 3 位量化器的 Sigma-Delta 调制器中，数字输出（由三个二进制输出组成）被转换为等效的 0 ~ 7 的数字码，而相关的模拟电平由满量程参考电压确定。

4）如果 Sigma-Delta 调制器是级联拓扑结构，那么需要由数字抵消逻辑来处理不同级的输出，以组成整个调制器的输出。因此，如果数字抵消逻辑不是由硬件实现的，可以使用 Simulink 正确仿真数字抵消逻辑框图来轻松实现此过程。

5）使用相应的例程，如使用 MATLAB 信号处理工具箱或 SIMSIDES 后处理工具，计算不同的参数（FFT、IBN、SNR / SNDR，THD 等）。

图 7.29 为上述分步处理过程的概念图。图中用 Cadence Spectre 进行了电学仿真，并使用 SIMSIDES 进行结果处理。以在两个阶段都具有三级量化的四阶级联 2-2 开关电容 Sigma-Delta 调制器为例，图 7.30a 显示了 Cadence 中用来仿真调制器的测试激励原理图。考虑到图 7.7 中的 3 选 1 数字编码，调制器的前端和后端输出分别命名

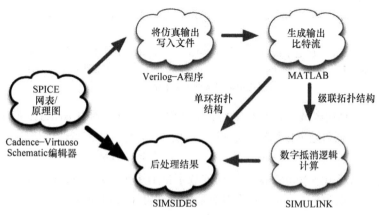

图 7.29　逐步处理电学仿真输出的过程

［一］　本节描述的处理流程可以在实验室测试数据时使用，这将在本章后续内容中进行讨论。

为 Output1 <1 : 3> 和 Output2 <1 : 3>，其中 Output j <i> 表示第 j 级量化器的第 i 个输出比特。总之，一个文本文件中收集并存储了 6 个比特流。该任务由名为 WRITE OUTPUT 的模块实现，该模块实现了图 7.30b 所示的 Verilog-A 代码。输出数据（由 Out1、Out2、Out3 三个比特流组成）以每个时钟周期一个样本的速率收集并存储在文本文件中，如图 7.30c 所示。本例中收集数据的事件由触发信号 trigger 控制。该触发信号对应于比较器中输出的稳定时钟相位，在本例中为时钟相位 ϕ_2。

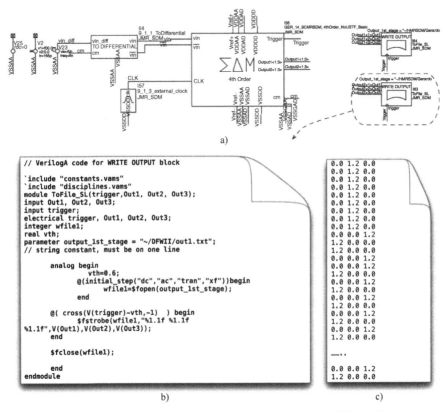

图 7.30　在电学仿真中收集和存储 Sigma-Delta 调制器的输出比特流

a）Cadence Design Framework 中的测试激励原理图　b）捕获仿真输出结果的 Verilog-A 代码

c）生成输出文件（文本格式）摘录

一旦将仿真输出数据存储在多列文本文件中，就可以使用图 7.31a 所示的 MAT-LAB 程序来加载和处理模拟输出数据。需要注意的是，两个阶段的比特流都从电源电压（1.2 V）的值降低到 1 V，并且 3 选 1 的数字编码被转换为 1 位输出格式。两个输出比特流都由在 Simulink 中实现的数字抵消逻辑处理，如图 7.31b 所示。一旦该数字抵消逻辑图仿真完成，整个调制器输出就将保存到 MATLAB 工作区中，并可以使用 SIMSIDES 后处理工具对输出结果进行处理。例如，使用本节中描述的处理过程和程序可得图 7.28 所示的输出频谱。

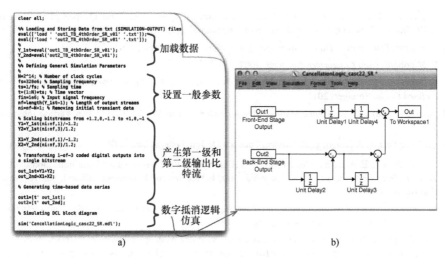

图 7.31　用于处理电学仿真中 Sigma-Delta 调制器输出的 MATLAB 程序
a）MATLAB 代码　b）在 Simulink 中实现的数字抵消逻辑框图

7.5　小结

　　本章主要介绍了 Sigma-Delta 调制器的设计指南，其中包括在 Sigma-Delta 调制器电学设计初级阶段要考虑的实用方法。在设计流程中，从系统级到电路实现的第一步是使用宏模型来表示调制器的主要部分。考虑到这一点，本章对主要模块经常使用的宏模型进行了完整的描述，并举例说明了如何在开关电容和连续时间 Sigma-Delta 调制器中使用它们。除了电学实现本身，还有一些与 Sigma-Delta 调制器电学特性有关的实际问题，如在瞬态电学仿真中注入噪声源，以及对仿真结果的后处理，本章也进行了讨论。

　　设计流程的下一步是在晶体管级设计不同的 Sigma-Delta 调制器模块。这是最重要的设计任务之一，需要遵循系统级的设计方法，这些内容将在下一章进行介绍。

参考文献

[1] K. Kundert and O. Zinke, *The Designer's Guide to Verilog-AMS*. Kluwer Academic Publishers, 2004.

[2] G. Suárez, M. Jiménez, and F. O. Fernández, "Behavioral Modeling Methods for Switched-Capacitor ΣΔ Modulators," *IEEE Transactions on Circuits and Systems – I: Regular Papers*, vol. 54, pp. 1236–1244, June 2007.

[3] J. M. Rabaey, *SPICE 3 User Guide*. [Online]. Available: http://bwrc.eecs.berkeley.edu/classes/icbook/spice/.

[4] A. Vladimirescu, *The SPICE Book*. John Wiley ç Sons, 1994.

[5] Y. Tsividis, "Integrated Continuous-Time Filter Design – An Overview," *IEEE J. of Solid-State Circuits*, vol. 29, pp. 166–176, March 1994.

[6] S. Pavan, "Efficient Simulation of Weak Nonlinearities in Continuous Time Oversampling Converters," *IEEE Transactions on Circuits and Systems I – Regular Papers*, vol. 57, pp. 1925–1934, August 2010.

[7] B. Razavi, *Principles of Data Conversion System Design*. IEEE Press, 1995.

[8] F. Maloberti, *Data Converters*. Springer, 2007.

[9] A. Morgado, R. del Río, and J. M. de la Rosa, *Nanometer CMOS Sigma-Delta Modulators for Software Defined Radio*. Springer, 2011.

[10] *Verilog-A Language Reference Manual: Analog Extensions to Verilog HDL*. Open Verilog International, 1996.

[11] *Cadence Verilog-A Language Reference*. Cadence Design Systems Inc., 2006.

[12] J. Gonzálex and E. Alarcón, "Current-Steering High-Speed D/A Converters for Communications," in *CMOS Telecom Data Converters* (A. Rodríguez-Vázquez, F Medeiro and E Janssens, editors), Kluwer Academic Publishers, 2003.

[13] M. Ortmanns and F. Gerfers, *Continuous-Time Sigma-Delta A/D Conversion: Fundamentals, Performance Limits and Robust Implementations*. Springer, 2006.

[14] J. M. de la Rosa, B. Pérez-Verdú, and A. Rodríguez-Vázquez, *Systematic Design of CMOS Switched-Current Bandpass Sigma-Delta Modulators for Digital Communication Chips*. Kluwer Academic Publishers, 2002.

[15] *Virtuoso® Spectre® Circuit Simulator User Guide*. Cadence Design Systems Inc., 2010.

[16] *The HSPICE Documentation Set*. Synopsys Inc., 2005.

[17] W. Bennett, "Spectra of Quantized Signals," *Bell System Technical J.*, vol. 27, pp. 446–472, July 1948.

[18] F. Medeiro, B. Pérez-Verdú, and A. Rodríguez-Vázquez, *Top-Down Design of High-Performance Sigma-Delta Modulators*. Kluwer Academic Publishers, 1999.

[19] Y. Dong and A. Opal, "Time-Domain Thermal Noise Simulation of Switched Capacitor Circuits and Delta-Sigma Modulators," *IEEE Transactions on Computer Aided Design of Integrated Circuits and Systems*, vol. 19, pp. 473–481, April 2000.

[20] J. Kasdin, "Discrete Simulation of Colored Noise and Stochastic Processes and $1/f^\alpha$: Power Law Noise Generation," *Proceedings of the IEEE*, vol. 83, pp. 802–827, February 1995.

[21] *Virtuoso® Schematic Editor L User Guide*. Cadence Design Systems Inc., 2008.

第8章 »

Sigma-Delta 调制器子电路的设计考虑

　　调制器使用宏模型完成验证以及进行性能评估的同时，考虑了主要的非理想电路和物理效应（包括电路噪声）。下一步就是进行 Sigma-Delta 调制器模块和电路器件的电学晶体管级设计。本章将继续讨论 Sigma-Delta 调制器的晶体管级实现，重点介绍构成 Sigma-Delta 调制器主要模块的子电路。本章还描述了与这些电路有关的设计注意事项，以及常用于表征其主要电学性能指标的实用仿真测试。其中这些性能指标是从系统的行为级仿真得出的。

　　本书中对两种不同类别的 Sigma-Delta 调制器模块或子电路进行了区分讨论。第一类为基本模块，包括环路滤波器（本质上是基于积分器和谐振器）和嵌入式量化器，它们由模 / 数转换器（通常为由一组比较器组成的快闪型模 / 数转换器）和数 / 模转换器组成。第二类为包括多种实现 Sigma-Delta 调制器集成电路所需的辅助模块。其中最重要的辅助模块是时钟相位发生器、主偏置产生器、参考电压产生器以及缓冲和信号处理数字电路。本章将重点介绍第一类 Sigma-Delta 调制器子电路，这些子电路构成了基本模块，如 CMOS 开关（8.1 节）、运算放大器（8.2 节）、跨导（8.3 节）、比较器（8.4 节）和数 / 模转换器（8.5 节）。实现 Sigma-Delta 调制器芯片所需的其余（辅助）电路将在第 9 章中讨论。

8.1　CMOS 开关的设计考虑

　　开关电容 Sigma-Delta 调制器中使用的所有开关几乎都是 CMOS 型，即基于 pMOS 和 nMOS 晶体管的并联，如图 8.1 所示$^{\ominus}$。如第 3 章和第 5 章所述，CMOS 开关最重要的设计参数是开关导通电阻 R_{on}。开关导通电阻的值主要受动态性能因素的影响，这些因素会影响积分器的瞬态响应，进而影响调制器的有效分辨率[1]。

　　$\ominus$　在某些 Sigma-Delta 调制器子电路中，如某些类型的开关电容共模反馈（CMFB）电路或某些比较器中使用的锁存器，可能使用 nMOS 或 pMOS 开关。但是，在开关电容 Sigma-Delta 调制器中，绝大多数开关都是用 CMOS 传输门来实现。

图 8.1 中 CMOS 开关在已导通的情况下，有 $\phi = V_{DD}$，$\bar{\phi} = V_{SS}$。假设 nMOS 和 pMOS 晶体管工作在欧姆区域，则它们的导通电阻可通过式（3.48）进行估算，而 CMOS 开关的总导通电阻是电阻 R_{onN} 和 R_{onP} 并联的结果。

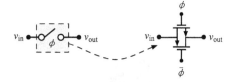

图 8.1　开关符号及其等效 CMOS 电路

8.1.1　R_{on} 和 CMOS 开关漏极／源极寄生电容的设计折中 ★★★

如第 3 章所述，可以通过增加 CMOS 开关中两个晶体管的宽长比（W/L）来减小 R_{on} 的值。但是，这会增加晶体管的面积，并因此增大其相关的漏极／源极寄生电容，从而对瞬态响应和积分器的动态性能造成不利影响。因此，在允许范围内 R_{on} 的最大值（通过第 5 章的行为级仿真确定）和与 CMOS 开关相关的漏极／源极寄生电容之间要进行折中，而这又取决于开关电容支路中使用的电容的值。按照这种方法，可以在调制器链中按比例缩小开关晶体管的尺寸，方法是在前端开关中使用较大尺寸的晶体管（根据对热噪声的考虑选择较大的电容），而后端积分器允许使用较小尺寸的晶体管（通常使用较小的电容，因此可以减小开关寄生电容的影响）。

8.1.2　R_{on} 非线性行为描述 ★★★

根据式（3.48），R_{onN} 和 R_{onP} 的值取决于开关共模电压，$v_{CM} \equiv (v_{in} + v_{out})/2$，也就是说取决于 nMOS 和 pMOS 晶体管的漏极和源极电压（图 8.1 中用 v_{in} 和 v_{out} 表示）。如第 3 章和第 5 章所述，R_{on} 的值成为传输电压的非线性函数，从而产生谐波失真。

图 8.2a 所示电路可以用来评估 CMOS 开关中 R_{on} 的非线性特性。nMOS 晶体管的栅极连接到 V_{DD}，pMOS 晶体管的栅极连接到 V_{SS}，两个晶体管都处于导通状态。在 CMOS 开关之间施加一个很小的不平衡电压，通常大约为 10 ~ 20mV，以确保 nMOS 和 pMOS 都被正确偏置并在线性区域内工作。直流共模电压源连接到开关的输入节点。为了评估其对 R_{on} 变化的影响，在直流分析中对该电压进行了扫描。

图 8.2b 为用于图 8.2a 电路仿真的 HSPICE 网表。本例中，在开关两端施加了 10mV 的电压 v_d，并使用 HSPICE 中的 .DC 分析扫描了共模电压（图 8.2a 中的 vin）。在 HSPICE 中，可以通过定义名为 PAR（1/（lx8（mp）+lx8（mn）））的参数从 .DC 分析中的每个操作点提取 R_{on} 的值，其中，lx8（mp, n）是 HSPICE 中使用的别名参数，表示 MOS 晶体管的直流漏 - 源电导（图 8.2a 中的 G_N 和 G_P）。因此，可分别从 1/lx8（mn）和 1/lx8（mp）中提取 R_{onN} 和 R_{onP} 的值[2]。可以在 Cadence Spectre 中使用与图 8.2a 类似的电路测试，其中 MOS 晶体管的漏 - 源电导可以从直流仿真中提取为 1/(getData（"M.m1:gds"?result "dc"）。

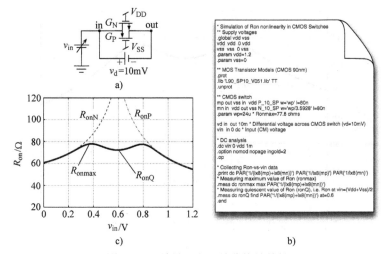

图 8.2 开关导通电阻的非线性特性

a）测试电路 b）HSPICE 网表 c）90nm CMOS 工艺、1.2V 电源电压时 R_{on} 和 v_{in} 的关系

图 8.2c 将 R_{on} 表示为 v_{in} 的函数，从而产生类似于图 3.21b 所示的函数。图 8.2c 还描绘了与 R_{onN} 和 R_{onP} 相对应的曲线，描述了每个晶体管对总开关导通电阻的单独贡献。R_{on} 的最大值表示为 ronmax，R_{on} 的静态值表示为 ronQ，也可以使用 .meas 命令 [2] 从 HSPICE 仿真中提取。

根据式（3.48），由于 $W_P K_P = W_N K_N$，可以获得如图 8.2c 所示的 R_{on} 与 v_{in} 特性，图中给出的函数图形几乎对称。另一种方法是将 W_N 增加到与 W_P 相等（见图 3.23）。为了完整起见，采用 90nm CMOS 工艺和 1.2V 的电源电压在图 8.3 中描绘了一个相似的图形。可以注意到，随着 W_N 的增加，虽然开关导通电阻的平均值减小，但是其非线性度随之增加。因此，如 3.7.2 节所述，如果 CMOS 开关中 nMOS 和 pMOS 晶体管的尺寸能够补偿其跨导参数的差异，则开关导通电阻的非线性会降低，但平均导通电阻会比使用相同尺寸（$W_N = W_P$）的情况更大。将 W_N 增加到与 W_P 相等，尽管有限开关导通电阻对稳定性能的总体影响降低，但面积也随之增加，因此漏 / 源极的寄生电容值也随之增加 [3]。因此，存在涉及开关导通电阻非线性及其平均值的设计折中。在调制器级，这转化为速度（受不完全建立的限制）与线性（受非线性开关导通电阻的限制）之间的模拟设计折中 [1]。尽管如此，在大多数最新的开关电容 Sigma-Delta 调制器中，还是将 CMOS 开关设计为保持 R_{on} 具有足够低的平均值，同时保持对称的 R_{on} 与 v_{in} 特性（见图 8.2c）。

8.1.3 工艺尺寸缩减对开关设计的影响 ★★★

根据式（3.48），由 CMOS 工艺尺寸缩减引起的电源电压降低将导致 R_{on} 增大。但是，这种效应可以通过在较小工艺尺寸中使用较短的沟道长度来补偿。如图 8.4 所示，考虑 250 ~ 90nm 之间不同的 CMOS 工艺，其中 R_{on} 与 W_P 的关系为 $W_P K_P = W_N K_N$。

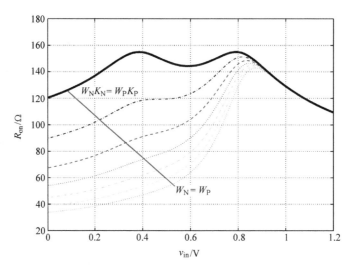

图 8.3　最小沟道长度条件下，$W_{N,P}$ 不同值时 R_{on} 与 v_{in} 的关系
（采用 90nm CMOS 工艺、1.2V 电源电压）

一般来说，开关的设计得益于工艺尺寸缩减，因为对于相同（甚至更小）的开关尺寸，可以获得较低的 R_{on} 值，在硅面积和抗寄生电容的鲁棒性方面具有后续优势。由图 8.4 可见，从 180nm 迁移到 130nm 对 R_{on} 没有影响，因为 MOS 晶体管尺寸的减小可以通过降低电源电压来补偿。但是，将 130nm 与 90nm 进行比较（两者均使用 1.2V 电源电压），缩减尺寸工艺将变得更有益。

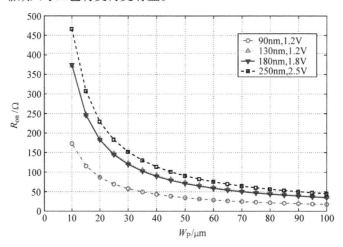

图 8.4　工艺尺寸缩减对 R_{on} 的影响

8.1.4　评估由于 CMOS 开关产生的谐波失真 ★★★◀

图 8.5a 所示等效电路用于评估由于有限开关导通电阻引起的非线性采样过程产生的谐波失真。该测试电路实质上包含图 3.23 所示的等效电路，它与开关电容 Sigma-Delta 调制器中典型前端积分器输入开关电容支路的全差分实现相对应，其概念在图 8.5a 中进行了说明。如 3.7.2 节所述，由于开关 $S_{1P,N}$ 直接连接至输入节点，因此其非线性导通电阻在采样期间可能变化很大，从而产生相当大的谐波失真。相反，开关 $S_{2P,N}$ 的一个端口连接到固定电压（模拟共模电压），从而使开关 $S_{2P,N}$ 两端的电压在整个时钟周期内保持大致恒定。图 8.5a 中，S_2 输入节点处的电压变化远低于 S_1 的变化。实际上可以忽略 S_2 的作用。实际在大多数情况下，图 8.5b 所示的测试电路与图 8.5a 中电路的结果基本相同。

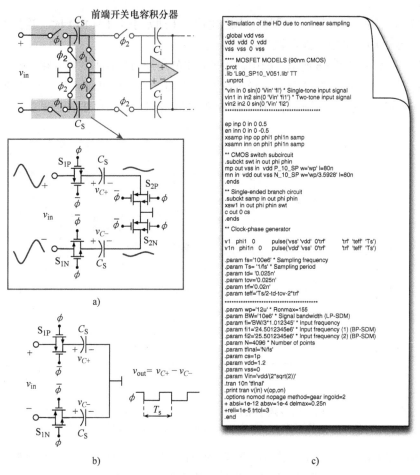

图 8.5　非线性采样产生的谐波失真特性

a）测试等效电路　b）实际（简化）测试电路　c）HSPICE 网表（也可以使用 $\phi = V_{DD}$ 和 $\bar{\phi} = V_{SS}$ 的测试电路）

相应的 HSPICE 网表如图 8.5c 所示。考虑不同情况的输入信号（单音信号、双音信号等）并进行瞬态分析。为此，使用电压控制源将单端信号源转换为差分输入信号，同时使用一些子电路来表示测试中包括的开关和采样支路。.TRAN 分析使用定义为采样周期的打印时间步长（本例中为 10ns）进行，停止时间由 N/f_s 给出，其

中 N 为仿真时钟周期数（本例中为 4096），f_s 为采样频率（本例中为 100MHz）。

如上所述，谐波失真主要是由直接连接到输入的开关（$S_{1P,N}$）引起。假设其余输入 / 输出节点上的电压在整个时钟周期内保持大致恒定，则 R_{on} 在采样阶段时间内近似恒定。同理可用于以下情况的开关：

1）开关连接到在采样周期内电压保持恒定的节点。

2）连接到开关电容电路输出的开关。如后端开关电容积分器的所有开关，即除前端积分器以外的所有积分器。在所有这些开关中，其终端的电压在时钟周期内保持恒定。

3）每当输入信号频率与采样频率之比较小（通常小于 1 ~ 10）时，连接到开关电容 Sigma-Delta 调制器输入节点的采样开关。

后一种情况如图 8.6 所示，图中描述了在采样周期内具有不同输入频率 f_{in} 值的正弦波输入信号，其中，$T_s = 1 / f_s$，采样频率 $f_s = 100$MHz。注意：随着 f_{in} 和 f_s 比率的增加，整个采样周期内 v_{in} 的变化较大，这意味着 R_{on} 的变化较大，从而增加了谐波失真。

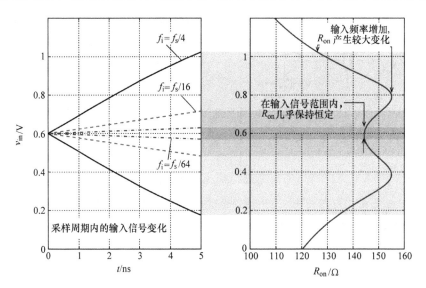

图 8.6　在采样周期内，输入信号频率增加对 R_{on} 变化的影响（输入信号 f_{in} 为全差分正弦波输入信号，采样频率 $f_s = 100$MHz。图中显示了正向和负向的信号）

使用 Volterra 级数方法 [4,5] 对由非线性采样过程产生的谐波失真进行分析，结果表明，由这种动态非线性引起的三阶谐波失真可近似表示为 [6]

$$HD_3 \simeq \frac{\pi f_{in} C_S R_{on}}{2(V_{ON} - V_T)^2} A_{in}^2 \qquad (8.1)$$

式中，A_{in} 为输入信号幅度；V_{ON} 为导通电压（V_{DD} 或 V_{SS}）；V_T 为 V_{TN} 和 $|V_{TP}|$ 最大（最坏情况）值。

式（8.1）表达式与图 8.6 中突出显示部分的结果一致，表明了 HD_3 与 f_{in} 的直接相关性。图 8.7 所示为图 8.5b 电路在 f_{in} 处于不同值时的几个输出频谱，其中 A_{in}=2。这些输出频谱已根据 Kaiser FFT 窗口使用 SIMSIDES 进行处理。实际情况下，选择 f_{in} 的值 $f_{in}=B_w/3$，其中 B_w 为信号带宽。这样，三阶谐波分量落入信号带宽内。对于带通 Sigma-Delta 调制器却不是这种情况，其中陷波频率（即中心信号频率）通常位于 $f_s/4$ 处。在这种情况下，需要使用其他失真度量，如三阶互调失真 IM_3。因此，在这种情况下，图 8.5b 测试电路中使用了双音输入信号。图 8.8 所示为图 8.5b 的输出频谱，其中考虑了两个信号，这两个信号振幅 V_{DD} 分别位于 f_{in1}=24.5MHz 和 f_{in2}=25.5MHz 处，其中采样频率 f_s=100MHz $^{\ominus}$。

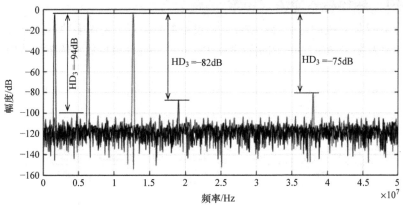

图 8.7　由非线性采样过程导致的输入信号频率增加对谐波失真的影响（考虑三种输入信号的情况：$f_{in}=f_s/64$，$f_{in}=f_s/16$ 和 $f_{in}=f_s/8$，其中 $f_s=100MHz$）

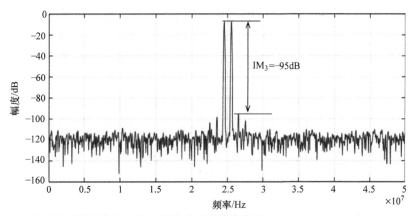

图 8.8　非线性采样操作产生的互调失真（仿真条件为：90nm CMOS 工艺，V_{DD}=12V，W_P=12μm，W_N=3.34μm，$L_P=L_N$=80nm，R_{onQ}=155Ω）

$\ominus$　输入正弦波频率 f_{in} 应该精确地放置在 FFT 仓中，以防止信号功率扩散到相邻仓中 [7]。为此，仿真时间内输入信号的周期数 N_p（N/f_s，其中 N 为 FFT 中的点数，f_s 为采样频率）必须为整数。为了满足此约束条件，可以根据下式调整输入频率的值：

$$f_{in} \leftarrow N_p \frac{f_s}{N}，\text{其中} N_p = N\left\lfloor \frac{f_{in}}{f_s} \right\rfloor \qquad (8.2)$$

8.2 运算放大器的设计考虑

电压放大器是组成开关电容 Sigma-Delta 调制器的基本电路，用于构建开关电容积分器和谐振器。电压放大器还可以用于在连续时间 Sigma-Delta 调制器中实现有源 RC 积分器。如第 3 ~ 5 章所述，放大器的主要电学要求可以通过解析表达式和行为级仿真来确定，这些要求通常包括直流增益、输出摆幅、动态性能行为和输入参考噪声等参数指标。

8.2.1 典型放大器拓扑结构 ★★★

为了在晶体管级满足所得到的放大器设计参数，可以考虑多种不同的拓扑结构。图 8.9 所示为在 Sigma-Delta 调制器设计中使用的一些代表性放大器拓扑结构：

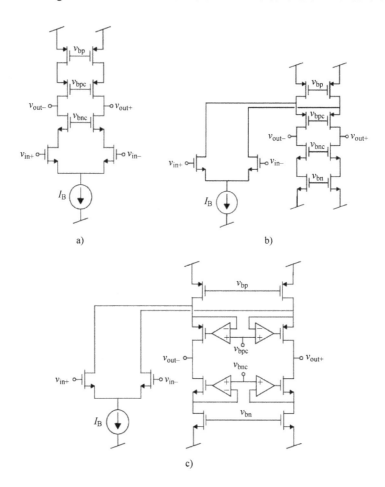

图 8.9 Sigma-Delta 调制器中常用的放大器结构

a）套筒式放大器 b）折叠共源共栅放大器 c）增益自举折叠共源共栅放大器

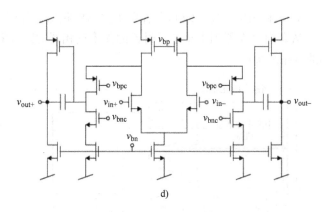

d)

图 8.9　Sigma-Delta 调制器中常用的放大器结构（续）

d）密勒补偿两级放大器

1）套筒式放大器（见图 8.9a）。由于采用了单个电流支路，因此这种单级拓扑结构能够提供适度的直流增益和出色的动态性能，同时具有非常高的功耗效率。但是，该拓扑结构需要五个晶体管组成，这会降低输出摆幅并使实现低压 Sigma-Delta 调制器的设计复杂化（甚至阻止其使用）。不过，如果不需要高直流增益和高输出摆幅，则可以将套筒式放大器视为最佳选择。

2）折叠共源共栅放大器（见图 8.9b）。这种单级拓扑结构（只需要四个晶体管）的输出摆幅大于套筒式放大器的摆幅，但由于需要两个电流支路，因此功耗增加了一倍。尽管其第一个非主极点（即相位裕度）比套筒式放大器要低一些，但它提供了非常好的稳定特性。如果在中低压电源 Sigma-Delta 调制器中需要适度的直流增益，则通常使用折叠共源共栅放大器。

3）增益自举折叠共源共栅放大器（见图 8.9c）。这种拓扑结构通过调节共源共栅晶体管来增加其输出电阻，从而提供了比图 8.9b 中传统折叠共源共栅放大器更大的直流增益。辅助放大器通常设计得尽可能简单，以使它们的额外功耗不会增加整个放大器的功耗。增益自举技术通常用于单级放大器，以使内部反馈环路不会降低放大器的频率响应，同时使其在以闭环形式工作时保持稳定。

4）密勒补偿两级放大器（见图 8.9d）。因为电压增益是通过两个放大级而不是通过级联获得，因此两级放大器能够提供高直流增益以及大输出摆幅，但是，因为内部补偿引入了额外的零极点，它们的建立行为比单级放大器更复杂，并且通常会产生更高的功耗。

除了这些运算放大器拓扑结构之外，多级多路径前馈放大器因其结构可以在高频下实现高增益，同时又可以保持稳定性和高功耗效率[8-11]，广泛用于宽带连续时间 Sigma-Delta 调制器。多级多路径前馈放大器的工作原理是将它们的输出相加（图 8.10 对三阶结构进行了概念性描述），从而得到单级放大器的宽带宽与多级放大器的高增益[9]。这样，高阶路径提供了所需的增益，而低阶路径提供了中频增益并确定了所需的单位增益频率和相位裕度。级间电容用于控制中频增益和闭环稳定性[12]。根据总增益需求，从套筒放大器到本章稍后讨论的基于反相器的跨导器，每个增益级可以使用不同的电路来实现。

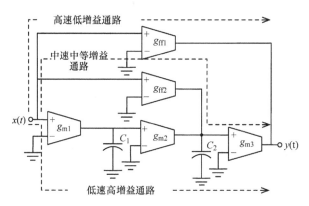

图 8.10　宽带连续时间 Sigma-Delta 调制器中采用的三级前馈放大器电路概念原理图[9]

8.2.2　共模反馈网络 ★★★

　　Sigma-Delta 调制器的单端实现很少见，与大多数模拟电路一样，已知的绝大多数 Sigma-Delta 调制器都采用全差分电路，因为这样可以降低电路对偶数阶谐波的灵敏度，而且电源抑制比更好。在开关电容 Sigma-Delta 调制器中，差分结构实现还有利于降低功耗，因为在相同 kT/C 噪声的影响下，与单端情况相比，因为输入信号范围加倍，采样电容的值可以减半。此外，开关的时钟馈通和电荷注入会被抵消，成为共模信号。

　　上述原因导致使用全差分放大器拓扑结构时（如前图 8.9 所述），需要额外电路将输出电压的共模分量设置到适当的水平，即共模反馈网络。这些网络通过感测输出电压的共模电平，将其与所需的共模电平 V_{CM} 进行比较，并通过负反馈来适应放大器的偏置条件，从而使得 $(v_{out+} + v_{out-})/2 \approx V_{CM}$。这些功能可以在连续时间域实现，也可以在离散时间域实现，分别对应连续时间共模反馈网络和开关电容共模反馈网络。

　　例如，图 8.11 为图 8.9b 中折叠共源共栅放大器的另一种连接方式，它使用了 pMOS 差分输入对及其偏置电路。图 8.12a 和 8.12b 分别为离散时间和连续时间备选电路，用于实现相应的共模反馈网络。由图 8.12a 的开关电容共模反馈网络可知，电路检测放大器节点的共模电压 v_{out+} 和 v_{out-}，并通过电容将其与 V_{CM} 比较。电容的开关时序由开关电容 Sigma-Delta 调制器的非交叠时钟相位 ϕ_1 和 ϕ_2 控制。对于连续时间共模反馈网络，如图 8.12b 所示，通过电阻检测共模输出电压，并使用差分对将其与 V_{CM} 进行比较。

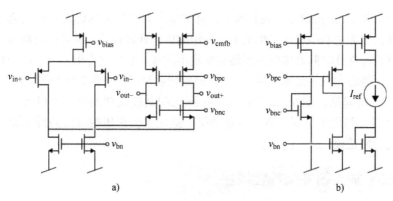

图 8.11 折叠共源共栅放大器

a）核心电路 b）偏置电路

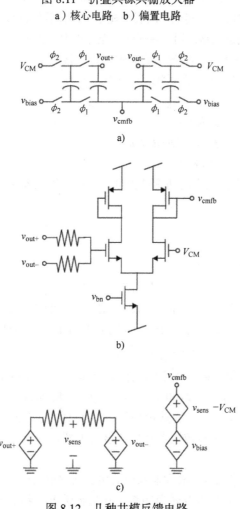

图 8.12 几种共模反馈电路

a）开关电容电路 b）连续时间电路 c）理想的共模反馈网络

在开关电容 Sigma-Delta 调制器中，开关电容共模反馈网络通常比连续时间电路更受青睐，因为它们的设计简单明了，占用的面积开销很小，并且没有静态功耗。相反，尽管设计连续时间共模反馈网络通常也不困难，但是它会引起额外的功耗，而且它涉及一个静态的内部反馈环路，这个环路的增益足以影响整个放大器的动态响应。

为了完整起见，图 8.12c 所示为一个理想的共模反馈网络，可以将其与图 8.11 中的放大器一起用于仿真。需要注意的是，这里仅使用压控源对共模反馈网络的工作原理进行宏建模。

8.2.3 放大器交流特性描述 ★★★

图 8.13 为图 8.11 中折叠共源共栅放大器的 HSPICE 网表。开关电容 Sigma-Delta 调制器采用 130 nm CMOS 工艺实现，网表中显示了晶体管级的放大器尺寸。该网表包括图 8.14a 所示的仿真测试电路，用于在开环交流分析中对放大器性能进行电学表征。

1）放大器的频率响应。从频率响应中可以直接确定以下性能：

① 直流增益（在网表末尾的测试部分中表示为 A_v）。

② 3dB 衰减频率（表示为 f_{3dB}）。

③ 增益带宽积（表示为 GB）。

④ 单位增益带宽（表示为 UGBW）。

⑤ 相位裕度（表示为 PM）。

2）输入参考放大器噪声的功率谱密度。可以从输入参考放大器噪声的功率谱密度中提取以下特征：

① $1/f$ 噪声成分。

② 热噪声成分。

③ 噪声转角频率。

为此，将交流差分输入信号应用于放大器，并计算其差分输出电压（v_{out+} - v_{out-}）。测试激励电路包括一个理想共模反馈网络（见图 8.12c），以及在放大器输出节点处加载的电容 C_L。C_L 的值（图 8.13 网表中为 1.4pF）对应于积分阶段等效放大器负载的估算值，即式（3.17）中的 C_{eq,ϕ_2}。

图 8.14b 为放大器增益的频率响应仿真结果，其中显示了 A_v、f_{3dB} 和 UGBW 的结果，其测试值分别为 A_v = 2100 = 66.4dB，f_{3dB} = 81.5kHz，UGBW = 170MHz。放大器增益带宽积可以由 $A_v f_{3dB}$ 的乘积获得，为 171MHz；换句话说，GB ≈ UGBW，这是具有明显主极点的单级放大器特性，该放大器可以获得较大的相位裕度（在这种情况下，PM = 82.6°）。

图 8.14c 所示为输入参考放大器噪声的仿真功率谱密度，从图中可以清楚地识别出闪烁噪声和白噪声分量以及转角频率（在这种情况下约为 600kHz）。需要注意的是，如 7.3 节所述，获得的功率谱密度曲线也可用于生成有色噪声数据序列。该序列可以获得放大器的噪声频率响应，并可注入 Sigma-Delta 调制器的瞬态电学仿真中。

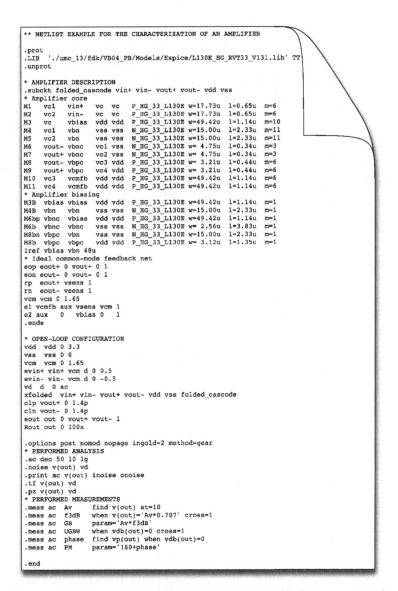

```
** NETLIST EXAMPLE FOR THE CHARACTERIZATION OF AN AMPLIFIER

.prot
.LIB  './umc_13/fdk/VB04_PB/Models/Espice/L130E_HG_RVT33_V131.lib' TT
.unprot

* AMPLIFIER DESCRIPTION
.subckt folded_cascode vin+ vin- vout+ vout- vdd vss
* Amplifier core
M1   vc1   vin+   vc  vc   P_HG_33_L130E w=17.73u  l=0.65u  m=6
M2   vc2   vin-   vc  vc   P_HG_33_L130E w=17.73u  l=0.65u  m=6
M3   vc    vbias  vdd vdd  P_HG_33_L130E w=49.42u  l=1.14u  m=10
M4   vc1   vbn    vss vss  N_HG_33_L130E w=15.00u  l=2.33u  m=11
M5   vc2   vbn    vss vss  N_HG_33_L130E w=15.00u  l=2.33u  m=11
M6   vout- vbnc   vc1 vss  N_HG_33_L130E w= 4.75u  l=0.34u  m=3
M7   vout+ vbnc   vc2 vss  N_HG_33_L130E w= 4.75u  l=0.34u  m=3
M8   vout- vbpc   vc3 vdd  P_HG_33_L130E w= 3.21u  l=0.44u  m=6
M9   vout+ vbpc   vc4 vdd  P_HG_33_L130E w= 3.21u  l=0.44u  m=6
M10  vc3   vcmfb  vdd vdd  P_HG_33_L130E w=49.42u  l=1.14u  m=6
M11  vc4   vcmfb  vdd vdd  P_HG_33_L130E w=49.42u  l=1.14u  m=6
* Amplifier biasing
M3B  vbias vbias  vdd vdd  P_HG_33_L130E w=49.42u  l=1.14u  m=1
M4B  vbn   vbn    vss vss  N_HG_33_L130E w=15.00u  l=2.33u  m=1
M6bp vbnc  vbias  vdd vdd  P_HG_33_L130E w=49.42u  l=1.14u  m=1
M6b  vbnc  vbnc   vss vss  N_HG_33_L130E w= 2.56u  l=3.83u  m=1
M8bn vbpc  vbn    vss vss  N_HG_33_L130E w=15.00u  l=2.33u  m=1
M8b  vbpc  vbpc   vdd vdd  P_HG_33_L130E w= 3.12u  l=1.35u  m=1
Iref vbias vbn 48u
* Ideal common-mode feedback net
eop eout+ 0 vout+ 0 1
eon eout- 0 vout- 0 1
rp  eout+ vsens 1
rn  eout- vsens 1
vcm vcm 0 1.65
e1 vcmfb aux vsens vcm 1
e2 aux   0 vbias 0  1
.ends

* OPEN-LOOP CONFIGURATION
vdd  vdd 0 3.3
vss  vss 0 0
vcm  vcm 0 1.65
evin+ vin+ vcm d 0 0.5
evin- vin- vcm d 0 -0.5
vd  d 0 ac
xfolded  vin+ vin- vout+ vout- vdd vss folded_cascode
clp vout+ 0 1.4p
cln vout- 0 1.4p
eout out 0 vout+ vout- 1
Rout 0 100x

.options post nomod nopage ingold=2 method=gear
* PERFORMED ANALYSIS
.ac dec 50 10 1g
.noise v(out) vd
.print ac v(out) inoise onoise
.tf v(out) vd
.pz v(out) vd
* PERFORMED MEASUREMENTS
.meas ac  Av     find v(out) at=10
.meas ac  f3dB   when v(out)='Av*0.707' cross=1
.meas ac  GB     param='Av*f3dB'
.meas ac  UGBW   when vdb(out)=0 cross=1
.meas ac  phase  find vp(out) when vdb(out)=0
.meas ac  PM     param='180+phase'

.end
```

图 8.13　用于图 8.11 中折叠共源共栅放大器交流特性仿真的 HSPICE 网表

8.2.4　放大器直流特性描述 ★★★

图 8.15a 为一个仿真测试电路，通过该电路可以获取放大器的 I-V 传输特性，并提取放大器的跨导 g_m 和最大输出电流 I_o。为此，在放大器输入端施加 $-2(V_{DD} - V_{SS}) \sim +2(V_{DD} - V_{SS})$ 的直流差分信号，而其输出节点通过电压源固定为共模电平，该电压源的电流已通过测试得到。

Sigma-Delta 模／数转换器：实用设计指南（原书第 2 版）

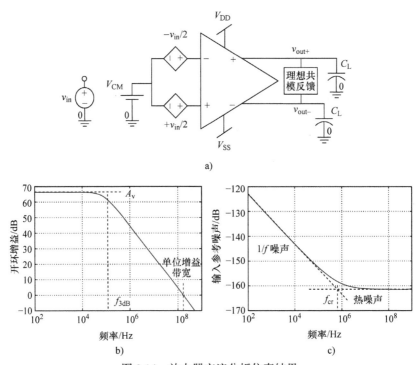

图 8.14　放大器交流分析仿真结果

a）测试电路　b）开环放大器频率响应　c）输入噪声功率谱密度

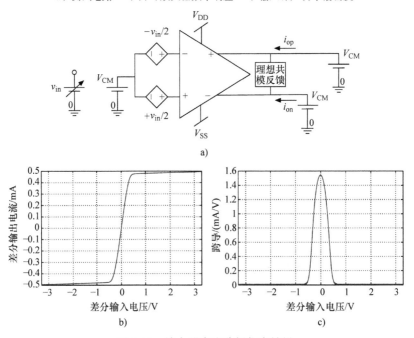

图 8.15　放大器直流分析仿真结果

a）测试电路　b）I-V 传输曲线　c）跨导与差分输入电压的关系

图 8.15b 为图 8.13 中折叠共源共栅放大器的仿真差分输出电流（$i_{out} = i_{op} - i_{ou}$）与差分输入电压 v_{in} 的关系。据此，可以测量出放大器的最大输出电流（在这种情况下为 $\pm I_o = \pm 0.49\text{mA}$）。

图 8.15b 中，通过简单计算 di_{out} / dv_{in}，从 I-V 曲线的斜率便可以很容易地获得放大器跨导的直流特性，所产生的曲线如图 8.15c 所示，从中可以得出静态点处的放大器跨导 g_m（本例中 $g_m = 1.54\text{mA/V}$）$^{\ominus}$。

8.2.5　放大器增益非线性描述 ★★★

图 8.16a 为放大器直流仿真测试电路，可用于提取放大器的电压传输特性。由图 8.16a 电路可以很容易得到放大器输出摆幅 OS 和放大器增益非线性。为此，放大器输入端再次施加 $-2(V_{DD} - V_{SS}) \sim +2(V_{DD} - V_{SS})$ 的直流差分信号，但在其输出节点上没有添加负载。

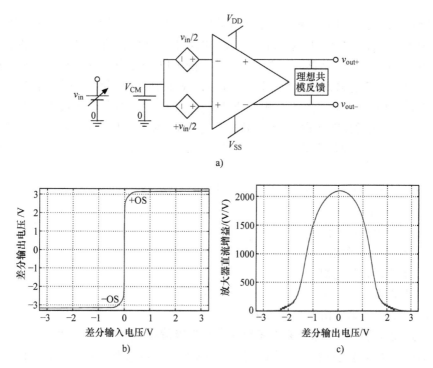

图 8.16　放大器直流分析仿真结果

a）测试电路　b）开环电压传输特性　c）放大器直流增益与差分输出电压的关系

$\ominus$　可以结合 g_m、增益带宽积 GB 和负载电容 C_L 的测量值，来估计放大器输出寄生电容 C_o 的值。假设在单级放大器中 GB = $g_m/(C_L + C_o)$，那么对于折叠共源共栅放大器，$C_o = 0.3\text{pF}$。

图 8.16b 所示为图 8.13 中折叠共源共栅放大器的仿真差分输出电压（$v_{out} = v_{out+} + v_{out-}$）与差分输入电压 v_{in} 的关系。

从图 8.16b 中的数据可以很容易地获得放大器增益与输出电压电平的关系，只需要从曲线中计算出 dv_{out}/dv_{in}，并对照 v_{out}（而不是 v_{in}）描述结果即可。图 8.16c 为本例中的折叠共源共栅放大器的最终增益曲线，从该曲线也可以得出静态工作点处的直流增益 A_v（根据图 8.14b 中的低频交流结果，$A_v = 2100$）。

最后，可以通过相对粗略的直流输入电压扫描获得图 8.16b 中的放大器电压特性，但图 8.16c 中的放大器增益曲线需要一个非常精细的扫描才能准确获得。为了说明情况，直流输入电压以 10mV 的间隔从 –3.3 ～ +3.3V，以获得图 8.16b 的图形表示。然后以仅 50μV 的间隔进行直流仿真（但仅从 –0.3 ～ +0.3V），以便在 v_{out} 轴上提供足够的精度，如图 8.16c 所示。

8.3　跨导器设计考虑

跨导器是连续时间 Sigma-Delta 调制器的重要组成部分，用于构建 Gm-C 积分器，还用于实现 Sigma-Delta 调制器环路滤波器的系数。例如，图 8.17 为常见的实现连续时间 Sigma-Delta 调制器的两种不同方法。图 8.17a 中，第一种方法使用前端有源 RC 积分器，而其他环路滤波积分器则使用 Gm-C 拓扑结构实现。通常选择这种方法是因为有源 RC 积分器比 Gm-C 积分器具有更好的线性性能。如果线性度指标不是很严格，那么通常如图 8.17b 所示，首选只用 Gm-C 实现。因为 Gm-C 积分器具有更快的运行速度。需要注意的是，在图 8.17 两种方法中，均使用跨导器来实现环路滤波器的系数。

影响 Sigma-Delta 调制器中的跨导器性能的主要电学特性有：

1）输入／输出摆幅。

2）跨导值和调谐范围。

3）有限直流增益。

4）有限增益带宽积。

5）失配误差。

6）非线性（通常由 IIP3 参数表征）。

上述设计参数的极限值来自系统级的行为级仿真，如 7.1 节所述，可以使用宏模型的电学仿真对其进行进一步微调。一旦确定了这些参数，就可以选择合适的电路拓扑结构，并进行晶体管级设计来满足上述要求。

显然，有许多不同的跨导电路可用于实现连续时间 Sigma-Delta 调制器的环路滤波器。下面各节将重点介绍一些电路实例。其中第一种电路适合用于实现前端 Gm-C 积分器，而其他电路则更适合用于构建嵌入在环路滤波器中的 Gm-C 积分器。

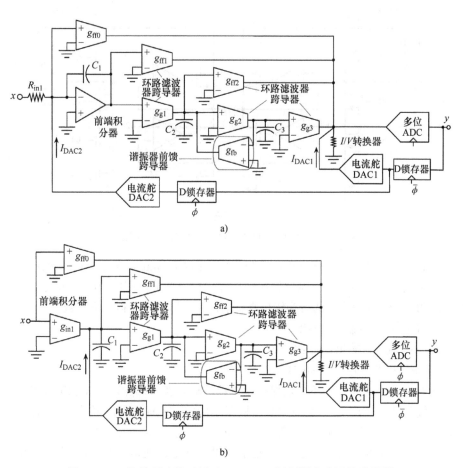

图 8.17　三阶单环连续时间 Sigma-Delta 调制器中采用的跨导器
a）有源 RC 前端积分器　b）Gm-C 前端积分器

8.3.1　高线性度前端跨导器 ★★★

　　开环 Gm-C 积分器的主要限制因素之一是其线性度较差。确实，因为前端 V/I 跨导器引起的谐波失真会直接转换到数字域，而不会产生任何衰减，线性度较差的问题在 Sigma-Delta 调制器的输入节点至关重要，因此，应当特别重视具有足够高线性度的前端跨导器的设计，因为如果没有这种设计，调制器的性能可能会严重下降。

　　前端跨导器如图 8.18 所示。该电路将增益增强技术与电阻源极退化相结合，以提高跨导的线性度。本例中，输入差分对使用了 nMOS 晶体管，因为在集成跨导技术中，可以选择使用三阱工艺，从而可以通过简单地将源极与封底连接来避免 MOS 的体效应。否则，如果不使用三阱工艺，差分输入对将使用 pMOS 晶体管。

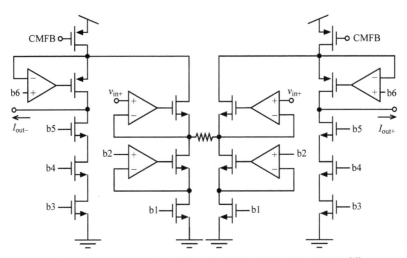

图 8.18　Sigma-Delta 调制器中具有线性增强的前端跨导器[13]

例如，可以考虑将电路放置在级联 3-2 连续时间 Sigma-Delta 调制器的前端，其第一级见图 8.17b，并且该调制器旨在将具有 12 位有效分辨率的 20MHz 信号数字化。根据在 SIMSIDES 中进行的行为级仿真，前端跨导器可以获得以下参数：

1）有限直流增益：> 70dB。

2）差分输入／输出摆幅：0.3V。

3）第三极非线性：> -80dB。

除上述设计规范外，还必须保持足够低的输入参考热噪声，才能确保调制器所需的有效分辨率（12 位）不会降低。根据本例中 Sigma-Delta 调制器的环路滤波器系数的综合，标称跨导输入 V/I 选择为 850μA，积分电容为 3.65pF。

为了设计图 8.18 中的电路来满足上述设计规范，通常需要手动[14]计算出跨导放大器的归一化跨导、有限直流增益、压摆率和增益带宽积，并将其作为电学设计的起点。通过使用这些"手动"公式，以及考虑输入／输出摆幅指定的电压极限，可以在饱和区域对晶体管进行偏置和尺寸调整。为了以最小的功耗满足所需的设计规格，通过电学仿真对最初的设计进行了微调。此外，与 Sigma-Delta 调制器其他重要模块一样，必须在考虑工艺角和失配偏差影响的情况下对电路进行仿真。为了满足上述设计规格，图 8.18 电路以 130nm CMOS 工艺进行设计，在电源电压 1.2V 情况下，直流增益为 73.8dB，最大差分输入／输出摆幅为 0.3V，HD_3 = -89dB[13]。

8.3.2　环路滤波器跨导器 ★★★

图 8.19 为具有二次项抵消技术的 Sigma-Delta 环路滤波器跨导器（包括相应的共模反馈电路）。该跨导器可用于构建连续时间 Sigma-Delta 调制器的环路滤波器系数[13]，并且只需要采用一些前馈通路就可以实现跨导器的高速工作。这些前馈通路引入了一个高频的零点，该零点拓宽了频率范围。为了改善跨导器的线性度，该电

路使用了二次项抵消技术，其基本思想是加入一个额外的尾电流源，其电流的二次方依赖输入信号，图 8.19 在概念上对环路滤波器跨导器进行了阐释。若满足 $k_2 = k / k_g^2$，可以看到差分对管漏极电流的二次项可以移去。其中 k_g 为增益因子，可用于输入信号的任何范围；k 和 k_2 分别为差分对管 (M1) 和外加 MOS (M2) 的大信号跨导。

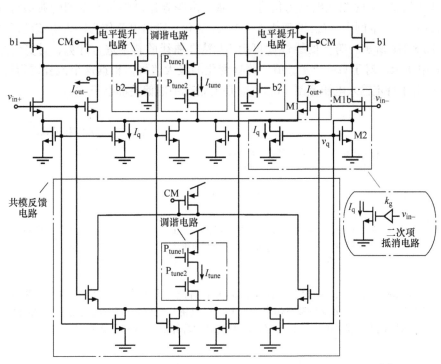

图 8.19　具有二次项抵消技术的 Sigma-Delta 环路滤波器跨导器 [13]

连续时间 Sigma-Delta 调制器环路滤波器电路的设计需要仔细考虑其可调性。因此，为了保持环路滤波器常数 (C / g_m) 不随工艺参数而变化，跨导器务必设计为可调。为了使连续时间 Sigma-Delta 调制器的设计可用、鲁棒性强，并且免受电路器件参数扰动的影响，环路滤波器跨导器中一定要加入电路调节策略。在图 8.19 案例中，可以通过尾偏置电流 I_{tune} 调节跨导。需要注意的是，由于电压裕度的原因，该电流源连接到电源正端和共源节点之间。因此，偏置电压 $V_{tune(1,2)}$ 导致 I_{tune} 变化，从而会改变跨导的归一化值。而这种变化并不会明显影响跨导器的线性度。

为了使调节变得高效，Sigma-Delta 调制器的每个跨导通常采用单元跨导器并联来实现。同时为了保证跨导器的性能，特别是线性度不能受到失配的影响，需要进行大量的蒙特卡罗仿真。本例中使用了一个 25μA/V 的单位跨导，I_{tune} 的值由 5 ~ 25μA 变化。

如前所述，在前端积分器中并没有苛求线性度和增益的设计规范。例如，考虑到之前章节描述的调制器设计规范，环路滤波器跨导器的电学设计规范将随它们在调制器链中的位置而变化。最严苛的设计规范如下：

1）有限的直流增益：> 50dB。

2）差分输入／输出摆幅：0.3V。

3）三阶非线性：> –56dB。

以图 8.20 中的测试电路为例进行仿真，由跨导器电学仿真得到的典型特性如图 8.21 所示。本例中，I_{tune} 的值由 5 ~ 23μA 变化，输出电流作为输入电流的函数关系如图 8.21a 所示。跨导的线性度可由 I-V 特性曲线的斜率进行计算，计算结果如 8.21b 中所示。对于每一个 I_{tune} 值，跨导变化的最大值可以根据这个流程进行计算。本例中对于特定输入电压范围（0.3V），所有情况中的偏差都小于 2%。

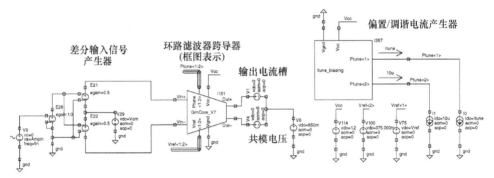

图 8.20　Cadence Virtuoso 中用于仿真 Sigma-Delta 环路滤波器跨导器的测试电路（注意：该测试电路可用于直流、交流和瞬态仿真。同时，可以将一个负载电路连接到跨导器的输出端，以模拟嵌入连续时间 Sigma-Delta 调制器中环路滤波器跨导器的实际情况）

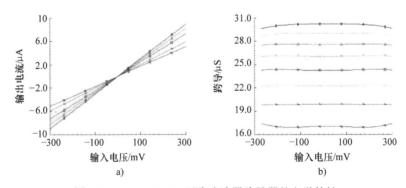

图 8.21　Sigma-Delta 环路滤波器跨导器的电学特性

a）不同调谐电流 I_{tune} 值时，输出电流与输入电压的关系　b）I_{tune} 由 5 ~ 23μA 时，跨导器和输入电压的关系

图 8.22 为 Gm-C 积分器的频率响应。该积分器由一个单位跨导器（归一化跨导为 25μA/V）和一个单位积分电容（本例中电容值为 3.65pF）组成。需要注意的是，积分器单位增益的相位误差小于 1°，而高频极点被置于较积分器增益带宽积更高频率的位置。这是因为图 8.19 中的跨导由前馈通路形成，这有利于获得更高的速度。

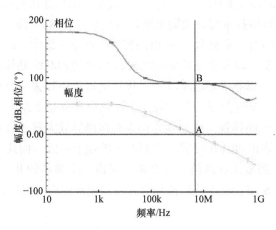

图 8.22　图 8.19 中环路滤波器（单位增益）跨导器的频率响应

8.3.3　宽范围可编程跨导器 ★★★

为了使 Sigma-Delta 调制器环路滤波器的性能适应不同的模/数转换器要求，许多应用场合需要可重构的、可编程的跨导器。为了满足设计要求的全局跨导，实现可重构跨导器最普遍的一种方式通常基于开关单位器件的连接。其中一种紧凑、易于调节的方式是使用基于反相器的单位跨导器。

图 8.23 为一个开关型的基于反相器的跨导器案例[15]，其中一些单位跨导器总是保持连接，而其他跨导器是由开关控制。基于反相器的单位跨导器非常简单，且模块化。其目的是为了增加调制器的可控性和可编程性，同时降低功耗。为了更精确地调整 Sigma-Delta 调制器环路滤波器系数的值，需要使用不同的单位跨导器的值。例如，文献 [15] 展示了一个设计，考虑了两个单位跨导器：g_{mu} 和 $1/2g_{mu}$，其中 $g_{mu}=100\mu A/V$。通过适当地调节单位跨导器尾电流 I_{bias} 的值以及选择合适的晶体管尺寸，可以很容易地改变单位跨导器的值。这部分内容将在第 9 章中进行讨论。

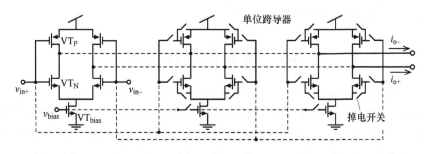

图 8.23　可重构连续时间 Sigma-Delta 调制器中采用的开关型基于反相器的跨导器

在 Sigma-Delta 调制器中，另一种实现方式是运用具有高编程性的跨导器。该方法是将所谓的电流饥饿技术与开关输出级相结合[16]。图 8.24 为一个实现电流饥饿技术与开关输出级相结合技术概念[17]的电路实例。在第一级中，跨导器使用了一个简单的对称跨导放大器。输入差分对采用电流 I_D 偏置的 pMOS 晶体管来实现静态工作点的跨导 g_m。电流饥饿技术通过从输入晶体管的电流中减去一个直流电流 I_{D2} 实现，且 $I_{D2}=AI_D$，其中 A 为饥饿因子。处在静态工作点的剩余电流 $I_{D3} = (1-A)I_D$，流过一个二极管连接的 nMOS 晶体管，该晶体管作为对称跨导放大器的有源负载来工作。第二级跨导器由 k 个输出级并联组成，它们电学特性上一致。因此，全局电流复制因子 N 等于本例中有源输出级的值。每个输出级由一个简单的共源反向放大器组成，该放大器采用 nMOS 和 pMOS 级联晶体管来获得很高的输出阻抗。

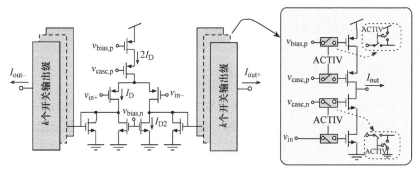

图 8.24　基于电流饥饿型和开关输出级的宽范围可编程跨导器[17]

输出级的并联是可编程的，同时它们的通断都是由数字信号独立控制（图 8.24 中表示为 ACTIV）。因此，可以根据跨导器中的可重构性要求任意选择 N 的值。可以看出，对于给定的 N，跨导器中有效跨导与电流的比值 $g_{m,eff} / I_{D,eff}$ 可以表示为

$$\alpha \equiv \frac{N}{1+N(1-A)} \qquad (8.3)$$

式中，α 为与其输入晶体管之一相比时的整个跨导器能效因子。在这种方式下，输出电流范围和跨导器的精度能够任意编程，同时能效因子会随着第一级电流饥饿因子 A 和全局电流复制因子 N 的增加而增加。

8.4　比较器设计考虑

比较器是 Sigma-Delta 模／数转换器的重要模块。比较器电路用于构建嵌入在调制器中的量化器。由于它们在调制器回路中所处的位置，大多数实际情况下，对比较器的设计规范要求不是很苛刻，因为电路误差被噪声传输函数以与量化噪声相同的方式衰减。然而，为了优化 Sigma-Delta 调制器的性能，必须仔细考虑其主要的性能限制，如失调、迟滞和比较时间。典型的静态参数设计规范需要将失调和

迟滞控制在几十毫伏之内，最大比较时间为 1/4 时钟周期；也就是说，大约一半的时间区间对应选通相位⊖。这些设计规范可以通过使用下面描述的再生锁存比较器来实现。

8.4.1　再生锁存型比较器 ★★★

Sigma-Delta 调制器中的大多数比较器电路是基于离散时间正反馈再生锁存器。这类比较器由交叉耦合的一对反相器组成，图 8.25a 从概念上对再生锁存比较器进行了解释[18]。由图 8.25b 可知，反相器放大了差分输入电压 $v_{i+} - v_{i-}$ 来获得饱和差分输出电压 $v_{o+} - v_{o-}$。在所谓的复位相位（ϕ_r 为高），差分输入存储在输入采样电容 C 中，并且驱动电路到中间态 Q_0（见图 8.25b）。在比较或选通相位（ϕ_a 为高）重新输入差分信号，强制 Q_0 右侧（$v_{i+} > v_{i-}$）或左侧（$v_{i+} < v_{i-}$）回到初始态。在这个初始态，正反馈的作用迫使输出要么向 Q_H 变化（对于 $v_{i+} > v_{i-}$），要么向 Q_L 变化（对于 $v_{i+} > v_{i-}$）。两种情况下，因为正反馈的作用，电路以高速实现了中心点的动态变化。

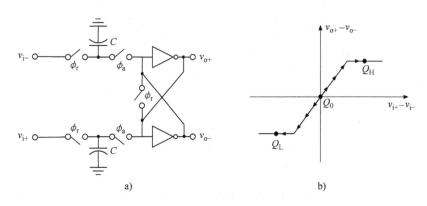

图 8.25　正反馈再生锁存器

a）概念原理图　b）输入 - 输出特性中的动态轨迹

一些再生锁存器 CMOS 电路如图 8.26 所示[19-22]，通常被用于实现最先进的 Sigma-Delta 调制器中的比较器。图 8.26 电路全部基于图 8.25a 的概念模型。实际上，所有这些电路的静态分辨率都受到全差分电路正、负分支之间不对称的限制，以及其他二阶电路现象（如连接到比较器的积分器上的回踢噪声）的影响。因此，为了提高这些比较器的静态分辨率[23]，通常使用前置放大器放置在再生锁存器的输入端。

⊖　选通相位是比较器处于活动状态的时钟相位，即当比较器比较输入信号时的时钟相位。这一阶段有时被称为放大阶段或简单地称为比较阶段。

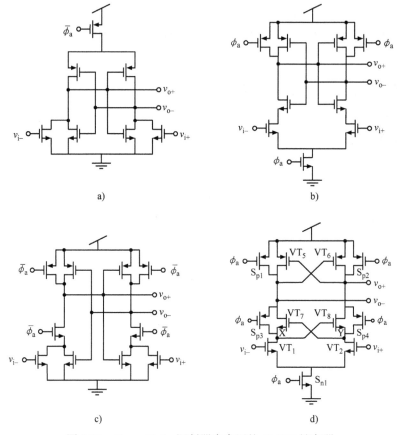

图 8.26　Sigma-Delta 调制器中常用的 CMOS 锁存器

a）Nikoli 等提出的 CMOS 锁存器[19]　b）Kobayashi 等提出的 CMOS 锁存器[20]

c）Yukawa 等提出的 CMOS 锁存器[21]　d）Wang and Razavi 提出的 CMOS 锁存器[22]

图 8.27 所示为典型的具有前置放大器的 CMOS 再生锁存比较器[⊖]。它由 pMOS 差分输入对（$VT_{1,2}$）、一个 CMOS 再生锁存电路和置位 - 复位（SR）触发器组成。SR 触发器用来存储锁存器提供的电压。锁存电路由 nMOS 触发器 $VT_{3,4}$（触发器中的 nMOS 开关对 $VT_{9,10}$ 用于选通、nMOS 开关 VT_{12} 用于复位），以及 pMOS 触发器 $VT_{5,6}$（pMOS $VT_{7,8}$ 为触发器中的预充电开关）组成。

图 8.27 中电路的工作原理如下：在时钟相位 $\bar{\phi}_a$ 期间（复位相位），锁存器处于复位模式，输入差分对注入的电流与差分输入电压（$v_{i+} - v_{i-}$）成正比，导致在开关 VT_{12} 的导通电阻上产生一个初始电压的失衡。在比较（放大）相位 ϕ_a 期间，锁存器启用时，VT_{12} 之间的电压差被放大，又由于正反馈的作用，实现了非常快的比较时间。

⊖　在具有前馈路径的开关电容 Sigma-Delta 调制器中使用的一些比较器，包括在前置放大器输入端的开关电容网络，以便与开关电容加法器合并。这些开关电容网络也可用于提高前置放大器性能以及实现嵌入式量化器[24]位数的重新设定。

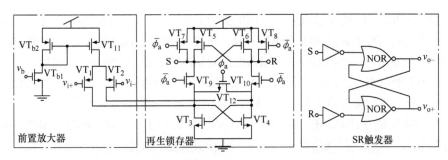

图 8.27　典型的具有前置放大器的 CMOS 再生锁存比较器

8.4.2　比较器设计指南 ★★★

如第 5 章所述，Sigma-Delta 调制器中的比较器设计是根据从行为级仿真中提取的高阶参数而进行的。行为级建模中包含的降低 Sigma-Delta 调制器性能的主要设计参数本质上是两个静态参数，即失调和迟滞。此外，比较器的瞬态响应必须足够快，以便在比较时钟相位内完成其操作。因此，比较器的模拟部分[⊖]，即前置放大器和锁存器必须根据这些设计规范进行仔细选型。

使用前置放大器的目的主要是为了得到较高的直流增益，从而减小比较器输入参考失调，获得低的回踢噪声以及高速运行，同时保持低寄生输入电容。因此，对于给定的偏置电流，增加前置放大器直流增益不应仅仅通过增加输入差分对晶体管的尺寸来实现，其目的是增加 g_m。但也会增加输入寄生电容。这种设计的折中可以通过使用具有高输出阻抗的前置放大器来解决，如图 8.28 所示。在该电路中，晶体管 VT_4 和 VT_5 偏置在欧姆区，因此可以作为电阻来增加前置放大器的输出电阻。

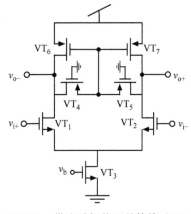

图 8.28　带有欧姆偏置晶体管（VT_4 和 VT_5）的单级前置放大器

锁存器中另一个重要的设计折中包括所需的失配参数（对静态分辨率有直接影响）和比较器速度，可以使用最小尺寸的反相器晶体管（图 8.27 中 $VT_{3\sim6}$）最小化 MOS 寄生电容，从而有利于瞬态响应。但最小尺寸的晶体管增加了对工艺变量的敏感性。

为了减少开关导通电阻以及电荷注入的影响，所涉及的开关（图 8.27 中 $VT_{7\sim10}$）应使用最小尺寸。输入电压差通过开关 VT_{12} 检测，因此其导通电阻对于比较器的正确工作变得至关重要。事实上，锁存器的性能对 VT_{12} 的尺寸非常敏感，这促使一些设计者使用鲁棒性更强的拓扑结构。

⊖　SR 触发器是一个数字电路，在大多数示例中可以使用最小晶体管尺寸进行设计。

以图 8.26d 中的锁存器为例[22]。该电路的工作由一个时钟相位控制，即图中 ϕ_a。因此，当选通信号（ϕ_a）触发逻辑信号时，开关 S_{n1} 断开，晶体管 $VT_{1,2}$ 将处理前置放大器的差分输出。一小段时间后，输入差分对晶体管中有一个将断开，这取决于输入电压的不平衡状态，从而在节点 X 和 Y 之间产生差分电压。同时，VT_7 和 VT_8 将断开，之后交叉耦合机制将开始工作，这导致了初始电压不平衡的快速再生[24]。

即使再生锁存比较器速度非常快，也必须在晶体管级上对比较时间和动态分辨率进行恰当的表征。下面给出一些实际方法来实现这一目标。

8.4.3　基于输入斜坡法的失调和迟滞特性表征 ★★★

比较器失调和迟滞可以用图 8.29a 所示的测试电路在电学仿真中进行表征。将慢斜坡波形输入信号应用于比较器，以便从输出电压波形中提取失调和迟滞参数，如图 8.29b 所示。为了获得更精确的性能指标值（失调和迟滞），需要注意输入斜坡的电压幅度限制应与指定的失调和迟滞在同一数量级。

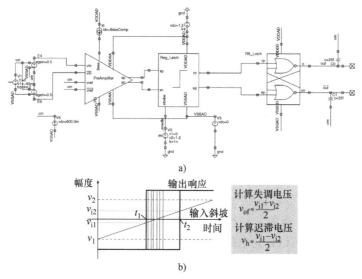

图 8.29　基于输入斜坡法的失调电压和迟滞电压特性
a）Cadence Virtuoso 测试电路　b）输出响应和失调电压、迟滞电压计算

以失调和迟滞的目标设计规格分别以 ±10mV 和 ±20mV 为例，为了考虑失配和工艺参数变化的影响，应进行大量所有工艺角仿真以及蒙特卡罗分析。为了描述失调和迟滞，在 HSPICE 中获得的一些典型的输出波形如图 8.30 所示。

基于输入斜坡法不允许在比较器工作中出现记忆或迟滞问题，这是因为输入信号的电压值在幅度上总是增加（或减小），这在实际中并不常见。更真实的测试激励应该使用正弦或三角输入信号。为了表征记忆效应，要求输入信号能够交替进行变化[24]。

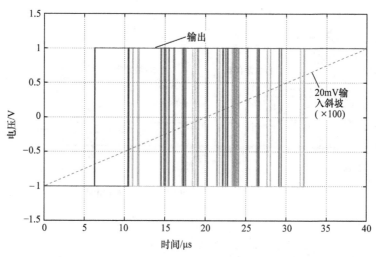

图 8.30　再生锁存比较器中的迟滞电学特性（HSPICE 中的蒙特卡罗仿真结果）

　　斜坡波形测试方法的另一个缺点是需要一个较慢的斜坡来获得所需的失调和迟滞精度。输入斜坡越慢，瞬态仿真的时间越长。因为这通常需要 100 ~ 200 次仿真来进行精确的蒙特卡罗仿真，因此可能会导致较长的 CPU 运行时间。

8.4.4　基于二分法的失调和迟滞特性表征 ★★★

　　一种描述比较器输入失调更有效的方法是基于二分法。如图 8.31 所示，在这种方法中，一种求根算法的工作原理是反复将一个区间减半，然后选择根存在的子区域[25]。假设给定两个点 a 和 b，使得 $f(a)$ 和 $f(b)$ 有相反的符号。根据中间值定理，只要 $f(x)$ 连续，则在区间 $[a, b]$ 中 $f(x)$ 至少有一个根。因此，二分法被应用于发生符号变化的子区间，直到获得定义公差下的解。可以证明，用公差误差 ε 达到收敛所需的迭代次数为 $n = \mathrm{lb}_2[(b-a)/\varepsilon]$[25]。

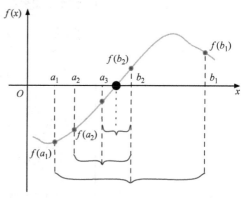

图 8.31　二分法算法的图解说明

　　图 8.32 为在 Cadence Virtuoso Schematic 编辑器中，用于比较器失调电压计算的测试电路。前置放大器和再生锁存器放置在反馈环路内。前置放大器输入信号由实现上述二分法的模块控制。实现 Verilog-A 的代码如图 8.32b 所示[26]。模块的输入为再生锁存器的差分输出，因此，该算法实质上是根据比较器输出选择下一个输入电压，与图 8.31 所示过程一致。注意：选通时钟信号的延迟会触发对应于二分法的 Verilog-A 模块，此延迟时间必须大于再生锁存器的响应时间，但低于比较器选通周期的一半。

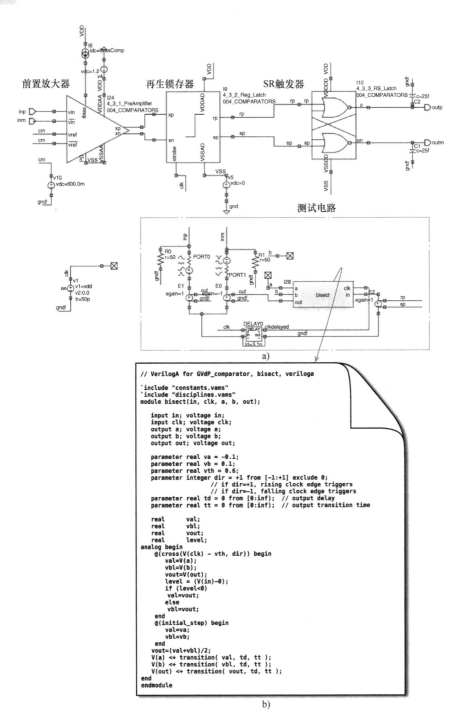

图 8.32　Cadence Virtuoso 中基于二分法的比较器失调电压特性测试电路

a) Cadence Virtuoso 中的电路　b) 二分法的 Verilog-A 代码

8.4.5 比较时间描述 ★★★

图 8.33 说明了描述比较器分辨率速度和比较时间的电学仿真方法。在输入端施加 ΔV 的阶跃信号，其中 ΔV 为比较器的指定静态分辨率（本例中为 10 mV）。比较时间也称为分辨率时间，在本测试电路中定义为比较阶段结束时选通相位变低的时间瞬间与输出达到相应逻辑电平时的时间瞬间之间的间隔，即 V_{DD} 为正输入阶跃信号，V_{SS} 为负输入阶跃信号。需要检查蒙特卡罗分析和工艺角的变化，通常将最坏情况的值作为设计参数。

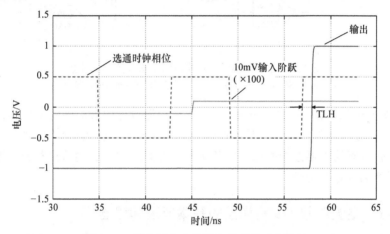

图 8.33　再生锁存比较器中的比较时间特性

8.5　电流舵数/模转换器的设计考虑

Sigma-Delta 调制器反馈路径中使用的数/模转换器，通常使用开关电容和开关电流或电流舵电路技术来实现⊖。开关电容反馈数/模转换器的设计根据 8.1 节中讨论的设计标准，考虑了开关和电容的设计。实际上，用于构建开关电容数/模转换器的开关和电容器嵌入在开关电容积分器和量化器中（例如图 7.9），因此除了与开关相关的设计问题之外，开关电容数/模转换器不需要特别的设计考虑。

相比之下，主要用于连续时间 Sigma-Delta 调制器的电流舵数/模转换器是影响调制器性能的重要组成部分。由于第 3~5 章已经讨论了几种非理想的电路现象，即时钟抖动误差、瞬态响应（及其对多余的环路延迟误差的影响）和线性度（源自单元电流源的器件不匹配）。电流舵数/模转换器由于具有高速运行、与 Gm-C 和有源 RC 连续时间 Sigma-Delta 调制器界面均可实现连接的潜在优势，因此特别适合于宽带连续时间 Sigma-Delta 调制器 [27]。图 8.34 为连续时间 Sigma-Delta 调制器的输入求

⊖　后面将会讨论开关电流和电流舵技术之间的区别。

和节点的概念示意图。在图 8.34a 中，反馈电流舵数／模转换器的输出电流与环路滤波器 Gm-C 跨导器的输出电流自然相加⊖。在有源 RC 实现的情况下，电流相加的操作发生在放大器的虚拟接地输入节点，如图 8.34b 所示。

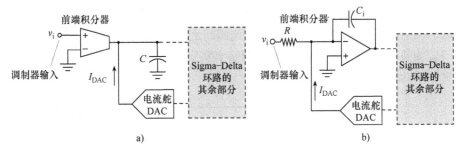

图 8.34　电流舵数／模转换器输出求和节点的连接
a）Gm-C Sigma-Delta 调制器　b）有源 RC Sigma-Delta 调制器

　　本节从电路级角度探讨了电流舵数／模转换器设计中考虑的主要标准，重点讨论了 Sigma-Delta 调制器电学（晶体管级）设计中必须考虑的问题，特别强调了电流舵数／模转换器的主要性能指标，以及如何在与类似 SPICE 的仿真器中，使用实际测试电路来表征这些指标。

8.5.1　电流舵数／模转换器的基本原理和概念 ★★★

　　图 8.35a、b 为电流舵数／模转换器的两个概念方案[28]，通过将多个开关单位电流单元相加在一起，以获得输出电流。开关由数／模转换器输入位控制，而数／模转换器输入位又是嵌入 Sigma-Delta 调制器环路滤波器的量化器的输出。因此，如果使用二进制代码，则需要 N 个二进制权重缩放电流单元，如图 8.35a 所示。虽然这种解决方案需要最少的器件数量，但它们对器件失配更敏感，这主要是由于单元电流的值差别较大。因此，通常选择如图 8.35b 所示的温度计码的电流舵数／模转换器来实现连续时间 Sigma-Delta 调制器的反馈数／模转换器。这种方法以指数倍增加单位元件数量（即电流单元和开关的数量）为代价，放宽了匹配要求。

　　由于电流单元断开时会出现电流毛刺，因此在实际中无法实现图 8.35a、b 中的电路方案。因此，首选如图 8.35c 所示的电流舵方案。这种方案通过互补开关将单元提供的电流转向或重定向至数／模转换器输出求和节点或虚拟低阻抗节点。

　　图 8.35c 中的方案在全差分实现中特别有用，这是实际中最常见的情况之一。在这种情况下，如图 8.35d 所示，单位电流单元根据相应的输入数字代码转向正输出电流或负输出电流。

⊖　正如后面将要讨论的，Gm-C 跨导器的高阻抗输出节点可能不适合注入电流舵数／模转换器提供的反馈电流。主要有两方面的原因：一方面，大的信号摆幅降低了将电流单元晶体管保持在饱和区域所需的电压裕度；另一方面，高阻抗节点产生较小的电流误差，将导致在电容上产生较大的电压误差。

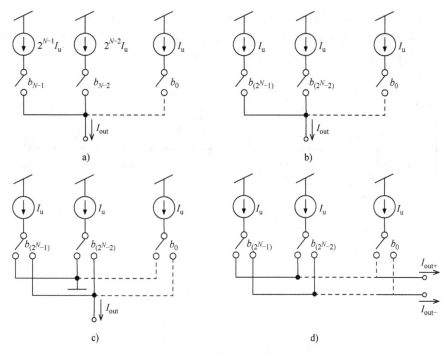

图 8.35　开关电流阵列数 / 模转换器框图
a）基于二进制权重的电流单元　b）基于温度计码的电流单元
c）单端电流舵数 / 模转换器　d）全差分电流舵数 / 模转换器

8.5.2　电流舵数 / 模转换器的设计实现 ★★★

图 8.36a 为图 8.35d 的另一种实现，它提供了具有最大功耗效率的全平衡（互补）差分输出电流。如图中概念上所强调的，使用 P 型和 N 型两种不同类型的电流单元提供所需的电流源和电流槽。这种数 / 模转换器拓扑结构的主要困难是要实现两种电流单元所需的电压裕度。

为了缓解这种局限性，提出了许多不同的数 / 模转换器拓扑结构来放宽电压裕度的设计规范。最常见的方法为保持一种电流单元类型固定而另一种可以切换。图 8.36b、c 对电流舵数 / 模转换器体系结构进行了框图说明。前者使用固定 N 型电流单元和开关 P 型电流单元，从而为开关 P 型电流单元提供了更大的裕度。相反的情况如图 8.36c 所示。在这两种情况下，功耗效率都降低到 50%。两种拓扑的选择将取决于给定设计中对每种类型单元的电压裕度要求。

图 8.36d 为电流舵数 / 模转换器的架构，该架构在两种电流单元电压裕度保持宽松的情况下，保持了 100% 的功耗效率。在这种方案中，P 型和 N 型电流单元连接到不同的节点，策略性地选择这些节点可为每种类型的电流单元提供最高的电压裕度。该方案由 Crombez 等人提出并成功实现[16]。在这种情况下，如图 8.37 所示，P 型电流单元连接到 Gm-C 积分器输出级的 N 型共源共栅晶体管的源极节点，而 P 型电流

单元连接到 nMOS 共源共栅晶体管的相应源极，从而使两种类型单元的电压裕度最大化。还要注意，共源共栅晶体管的源极为电流舵数／模转换器输出提供了一个低阻抗节点，从而减小了其输出摆幅并使其设计更加稳定[16]。

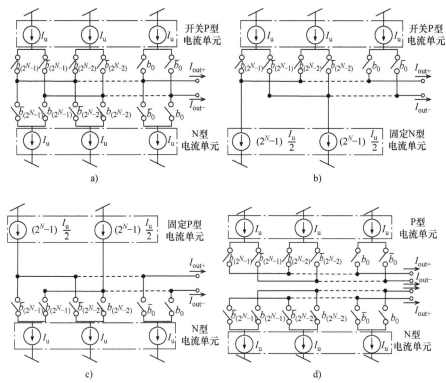

图 8.36　全平衡（互补）电流舵数／模转换器电路框图

a）开关 P 型和 N 型电流单元　b）固定 N 型电流单元　c）固定 P 型单元　d）P 型和 N 型
电流单元的不同输出节点（P 型和 N 型电流单元有时分别称为电流源和电流槽）

8.5.3　电流单元电路、误差限制和设计标准 ★★★◀

由于开关和电流单元电路实现的影响，上述电流舵数／模转换器的性能在实际中会有所下降。影响 Sigma-Delta 调制器中的电流舵数／模转换器性能的主要限制因素⊖包括两大类：器件失配引起的随机误差，以及电流单元输出阻抗、热梯度、版图边缘效应和不完全稳定引起的系统误差。

因此，设计的电流单元要满足行为级仿真的许多设计规范，即输出电阻的值、瞬态响应、失配、输出摆幅等。在所需的单元失配和建立时间之间通常有很强的折中。因此，为了在不影响调制器线性度的情况下放宽失配要求，可以使用动态器件匹配或数字校准（见 2.4 节）等线性化技术。

⊖　还须考虑 8.1 节中所述的开关设计注意事项。在大多数实际情况下，简单的 nMOS／pMOS 开关满足电流舵数／模转换器的设计规范。

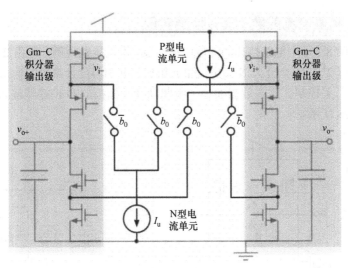

图 8.37 具有 P 型和 N 型电流单元的电流舵数 / 模转换器
（P 型和 N 型电流单元连接至 Gm-C 积分器的不同节点 [16]）

实质上，在连续时间 Sigma-Delta 调制器中设计电流舵数 / 模转换器电流单元时，应考虑以下要求：

1）减少单位电流单元之间的失配。

2）利用级联增加电流单元的输出阻抗。

3）确保晶体管在指定的积分器输出摆幅的饱和区域内工作。当 Sigma-Delta 调制器环路滤波器积分器为有源 RC 时，因为信号摆幅在跨导放大器的虚拟接地节点处是有限的，因此，这一点很容易实现。

4）减少时钟馈通误差。这一点可以通过使寄生电容尽可能小来实现。减少这种误差的另一种策略是最小化开关导通状态和开关截止状态之间的电压差。这种技术（通常称为软驱动⊖）还可以减小由于时钟信号跳变而引起的过冲电流，并允许开关也工作在饱和区域，从而使开关充当共源共栅晶体管，进一步提高了电流单元的输出阻抗。

5）降低电流舵数 / 模转换器噪声对调制器带内噪声功率设计规范的占比。注意：与电流单元相关的热噪声源和闪烁噪声源都在 Sigma-Delta 调制器输入节点处求和，从而构成了最终的限制因素。

为了应用这些设计标准来优化功耗，对于连续时间 Sigma-Delta 调制器中的电流舵数 / 模转换器，文献中提出了大量不同的电流单元拓扑结构。这些电路拓扑结构涵盖了基本单元（如单晶体管结构）、简单的共源共栅结构以及可调节共源共栅结构等。

⊖　使用软驱动技术的主要缺点之一是需要额外的电平转换电路来产生开关控制电压。

8.5.4　4 位电流舵数／模转换器实例 ★★★

以基于图 8.36c 中电路拓扑的 4 位电流舵数／模转换器为例，它由 2 个固定 P 型电流源和 15（$2^4 - 1$）个开关 N 型电流单元组成，并由温度计编码的输入数据通过简单的 nMOS 开关控制。这些数据通过一组驱动开关栅极的 D 锁存器输入数／模转换器，如图 8.38 所示。

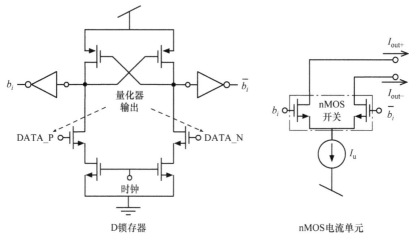

图 8.38　使用 D 锁存器连接 Sigma-Delta 调制器量化器输出和
电流舵数／模转换器的 nMOS 开关

4 位电流舵数／模转换器用于实现五阶级联 3-2 Gm-C 连续时间 Sigma-Delta 调制器的非归零反馈数／模转换器，其目的是以 12 位有效分辨率数字化 20MHz 信号，采样频率为 240MHz[13]。如 5.6.2. 节所述，使用 SIMSIDES 将这些调制器设计规范映射到模块设计规范。因此，为电流舵数／模转换器定义了以下设计规范：

1）输出电阻：> 12MΩ。

2）建立时间：< 0.5ns。

3）失配误差：< 0.15%LSB。

在所需的失配误差和建立时间误差之间要有很强的设计折中。在本例中，采用动态器件匹配线性化技术放宽了这种折中。该技术将失配要求降低到 < 0.6%LSB。单位电流单元为 $I_u = 48\mu A$，这将产生 $360\mu A$（即 $7.5I_u$）的 pMOS 电流源。

在本设计示例中，电流舵数／模转换器的另一个重要限制是由 pMOS 电流单元所需的电压裕度引起的。由于调制器的共模电压设置为 0.75V（受环路滤波器跨导器设计要求的约束），满摆幅电压范围为 0.3V，因此，用于 pMOS 和 nMOS 电流源的电压裕度为分别为 0.3V 和 0.6V。为了满足所有这些设计规范，考虑如图 8.39a 所示的增益自举 pMOS 电流源，而如图 8.39b 所示的共源共栅拓扑结构可用于 nMOS 电流单元。这些单元可以设计为满足上述设计规范，同时功耗合理，即 pMOS 和 nMOS 单元功耗分别为 0.49mW 和 0.1mW[13]。

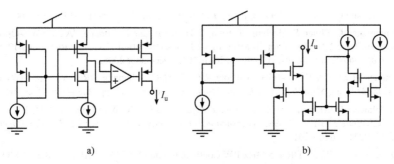

a)   b)

图 8.39 电流舵数 / 模转换器电流单元示例
a) pMOS 增益自举电流单元 b) nMOS 调节共源共栅电流单元

8.6 小结

本章介绍了一个 Sigma-Delta 调制器的设计指南，其中包含了 Sigma-Delta 调制器的电学设计和相关特性。本章还描述了 Sigma-Delta 调制器中子模块电路的重要设计考虑，这些子模块包括放大器、跨导器、开关、比较器和反馈数 / 模转换器。同时还介绍了几个设计实例和仿真测试电路，并重点介绍了它们在 Cadence IC design 设计环境的实现。

本章节涵盖的多种考虑与本书讨论的 Sigma-Delta 设计流图近似，从第 1 章和第 2 章中给出的理想基本原理和体系结构开始考虑，到第 3 章和第 4 章中讨论的系统级非理想误差的影响，以及如第 5 章和第 6 章中所述的它们在行为级模型、仿真和优化的高级综合和验证中的应用。本书第 9 章将介绍这种系统的自顶向下 / 自底向上的设计方法，包括从电路设计、芯片原型设计、测试建立到设计示例的全流程。

参考文献

[1] R. del Río, F. Medeiro, B. Pérez-Verdú, J. M. de la Rosa, and A. Rodríguez-Vázquez, *CMOS Cascade ΣΔ Modulators for Sensors and Telecom: Error Analysis and Practical Design.* Springer, 2006.

[2] *The HSPICE Documentation Set.* Synopsys Inc., 2005.

[3] Y. Geerts, M. Steyaert, and W. Sansen, *Design of Multi-bit Delta-Sigma A/D Converters.* Kluwer Academic Publishers, 2002.

[4] S. Narayanan, "Application of Volterra series to intermodulation distortion of transistor feedback amplifier," *IEEE Trans. Circuit Theory*, pp. 518–527, November 1970.

[5] P. Wambacq, G. Gielen, P. Kinget, and W. Sansen, "High-Frequency Distortion Analysis of Analog Integrated Circuits," *IEEE Trans. on Circuits and Systems – II: Analog and Digital Signal Processing*, vol. 46, pp. 335–345, March 1999.

[6] W. Yu, S. Sen, and B. Leung, "Distortion Analysis of MOS Track-and-hold Sampling Mixers using Time-varying Volterra Series," *IEEE Trans. on Circuits and Systems – II: Analog and Digital Signal Processing*, vol. 46, pp. 101–113, February 1999.

[7] R. Schreier and G. C. Temes, *Understanding Delta-Sigma Data Converters*. IEEE Press, 2005.

[8] G. Mitteregger, C. Ebner, S. Mechnig, T. Blon, C. Holuigue, and E. Romani, "A 20-mW 640-MHz CMOS Continuous-Time $\Sigma\Delta$ ADC With 20-MHz Signal Bandwidth, 80-dB Dynamic Range and 12-bit ENOB," *IEEE J. of Solid-State Circuits*, vol. 41, pp. 2641–2649, December 2006.

[9] H. Shibata *et al.*, "A DC-to-1GHz Tunable RF $\Delta\Sigma$ ADC Achieving DR=74dB and BW=150MHz at f_0 =450MHz Using 550mW," *IEEE J. of Solid-State Circuits*, vol. 47, pp. 2888–2897, December 2012.

[10] T. C. Caldwell, D. Alldred, and Z. Li, "A Reconfigurable $\Delta\Sigma$ ADC With Up to 100MHz Bandwidth Using Flash Reference Shuffling," *IEEE Transactions on Circuits and Systems – I: Regular Papers*, vol. 61, pp. 2263–2271, August 2014.

[11] Y. Dong *et al.*, "A 72 dB-DR 465 MHz-BW Continuous-Time 1-2 MASH ADC in 28 nm CMOS," *IEEE J. of Solid-State Circuits*, vol. 51, pp. 2917–2927, August 2016.

[12] B. Thandri and J. Silva-Martinez, "A Robust Feedforward Compensation Scheme for Multistage Operational Transconductance Amplifiers With No Miller Capacitors," *IEEE J. of Solid-State Circuits*, vol. 38, pp. 237–243, February 2003.

[13] R. Tortosa, A. Aceituno, J. M. de la Rosa, A. Rodríguez-Vázquez, and F. V. Fernández, "A 12-bit, 40MS/s Gm-C Cascade 3-2 Continuous-Time Sigma-Delta Modulator," *Proc. of the IEEE Intl. Symp. on Circuits and Systems*, pp. 1–4, 2007.

[14] P. Allen and D. Holberg, *CMOS Analog Circuit Design*. Oxford University Press, 2nd ed., 2002.

[15] A. Morgado, R. del Río, and J. M. de la Rosa, "Design of a Power-efficient Widely-programmable Gm-LC Band-pass Sigma-Delta Modulator for SDR," *Proc. of the IEEE Intl. Symp. on Circuits and Systems (ISCAS)*, May 2016.

[16] P. Crombez *et al.*, "A Single-Bit 500 kHz-10 MHz Multimode Power-Performance Scalable 83-to-67 dB DR CT $\Delta\Sigma$ Modulator for SDR in 90 nm Digital CMOS," *IEEE J. of Solid-State Circuits*, vol. 45, pp. 1159–1171, June 2010.

[17] A. Morgado, R. del Río, and J. M. de la Rosa, "Energy Efficient Transconductor for Widely Programmable Analog Circuits and Systems," *Proc. of the IEEE Intl. Symp. on Circuits and Systems (ISCAS)*, May 2015.

[18] A. Rodríguez-Vázquez *et al.*, "Comparator Circuits," in *Wiley Encyclopedia of Electrical and Electronics Engineering*, pp. 577–600, John Wiley & Sons, 1999.

[19] B. Nikoli *et al.*, "Improved Sense-Amplifier-Based Flip-Flop: Design and Measurements," *IEEE J. of Solid-State Circuits*, vol. 35, pp. 876–884, June 2000.

[20] T. Kobayashi *et al.*, "A Current-controlled Latch Sense Amplifier and a Static Power-saving Input Buffer for Low-power Architecture," *IEEE J. of Solid-State Circuits*, vol. 28, pp. 523–527, April 1993.

[21] A. Yukawa, "A CMOS 8-bit High-Speed Converter IC," *IEEE J. of Solid-State Circuits*, vol. 20, pp. 775–779, June 1985.

[22] Y. Wang and B. Razavi, "An 8-Bit 150-MHz CMOS A/D Converter," *IEEE J. of Solid-State Circuits*, vol. 35, pp. 308–317, March 2000.

[23] G. Yin *et al.*, "A High-Speed CMOS Comparator with 8-b Resolution," *IEEE J. of Solid-State Circuits*, vol. 27, pp. 208–211, February 1992.

[24] A. Morgado, R. del Río, and J. M. de la Rosa, *Nanometer CMOS Sigma-Delta Modulators for Software Defined Radio*. Springer, 2012.

[25] W. Press *et al.*, *Numerical Recipes in C. The Art of Scientific Computing*. Cambridge University Press, 2nd ed., 1992.

[26] K. Kundert and O. Zinke, *The Designer's Guide to Verilog-AMS*. Kluwer Academic Publishers, 2004.

[27] S. Yan and E. Sánchez-Sinencio, "A Continuous-Time $\Sigma\Delta$ Modulator With 88-dB Dynamic Range and 1.1-MHz Signal Bandwidth," *IEEE J. of Solid-State Circuits*, vol. 39, pp. 75–86, January 2004.

[28] J. González and E. Alarcón, "Current-Steering High-Speed D/A Converters for Communications," in *CMOS Telecom Data Converters* (A. Rodríguez-Vázquez, F Medeiro and E Janssens, editors), Kluwer Academic Publishers, 2003.

[29] L. Breems, R. Rutten, and G. Wetzker, "A Cascaded Continuous-Time ΣΔ Modulator with 67-dB Dynamic Range in 10-MHz Bandwidth," *IEEE J. of Solid-State Circuits*, vol. 39, pp. 2152–2160, December 2004.

[30] M. Bolatkale *et al.*, "A 4GHz Continuous-Time ΔΣ ADC With 70dB DR and –74 dBFS THD in 125 MHz BW," *IEEE J. of Solid-State Circuits*, vol. 46, pp. 2857–2868, December 2011.

[31] K. Lee and R. Meyer, "A Current-controlled Latch Sense Amplifier and a Static Power-saving Input Buffer for Low-power Architecture," *IEEE J. of Solid-State Circuits*, vol. 20, pp. 1103–1113, December 1985.

[32] B. Razavi, *Design of Analog CMOS Integrated Circuits*. McGraw-Hill, 2000.

[33] A. Morgado, R. del Río, J. M. de la Rosa, L. Bos, J. Ryckaert, and G. van der Plas, "A 100kHz-10MHz BW, 78-to-52dB DR, 4.6-to-11mW Flexible SC ΣΔ Modulator in 1.2-V 90-nm CMOS," *Proc. of the IEEE European Solid-State Circuits Conf.*, pp. 418–421, September 2010.

[34] M. Felder and J. Ganger, "Analysis of Ground-Bounce Induced Substrate Noise Coupling in a Low Resistive Bulk Epitaxial Process: Design Strategies to Minimize Noise Effects on a Mixed-Signal Chip," *IEEE Trans. on Circuits and Systems – II: Analog and Digital Signal Processing*, vol. 46, pp. 1427–1436, October 1999.

[35] F. Maloberti, "Layout of Analog and Mixed Analog-Digital Circuits," in *Design of Analog-Digital VLSI Circuits for Telecommunications and Signal Processing* (J. Franca and Y. Tsividis, editors), Prentice-Hall, 1994.

[36] Y. Tsividis, *Mixed Analog-Digital VLSI Devices and Technology: An Introduction*. McGraw-Hill, 1996.

[37] S. Cao *et al.*, "ESD Design Strategies for High-Speed Digital and RF Circuits in Deeply Scaled Silicon Technologies," *IEEE Trans. on Circuits and Systems – I: Regular Papers*, vol. 57, pp. 2301–2311, September 2010.

[38] J. M. de la Rosa *et al.*, "A CMOS 110-dB@40-kS/s Programmable-Gain Chopper-Stabilized Third-Order 2-1 Cascade Sigma-Delta Modulator for Low-Power High-Linearity Automotive Sensor ASICs," *IEEE J. of Solid-State Circuits*, vol. 40, pp. 2246–2264, November 2005.

第9章 »

Sigma-Delta 调制器的设计实现：从电路到芯片

除了第8章所述的电路外，完成 Sigma-Delta 调制器芯片的实现还需要其他电路。9.1 节将介绍这些附加或辅助电路，其中包括时钟相位产生电路、共模电压电路和偏置电流电路。本章第二部分将讨论与版图有关的一些最重要的设计问题（9.2 节）、芯片原型设计（9.3 节）和高性能 Sigma-Delta 调制器集成电路的实验验证（9.4 节）。

本章以 9.5 节结尾，其中包括 Sigma-Delta 调制器的一些示例，同时考虑了开关电容和连续时间电路的实现，这两类电路涵盖了分辨率 - 速度关系图中的不同转换区域。在前面章节介绍的基本原理和方法的基础上，本章中的电路主要以案例方式展示给读者，同时重点讨论了对特定应用至关重要的设计问题。用于仪器仪表、生物医学设备、通信系统等的 Sigma-Delta 模 / 数转换器的设计标准、调制器拓扑结构、电路限制等可能会大不相同。因此，本章主要指出电路设计相关方面的内容，而不是给出详细描述。

9.1 Sigma-Delta 调制器辅助模块

如本书前面所述，除了用于实现环路滤波器和 Sigma-Delta 调制器中量化器的基本模块外，还需要其他子电路来使集成电路正常工作。本节对其中最重要的模块进行概述，并展示了其基本原理图以及在设计时应考虑的一些实际问题。

9.1.1 时钟相位产生器 ★★★

像在任何采样数据系统中一样，Sigma-Delta 调制器的操作由时钟信号控制。通常，连续时间 Sigma-Delta 调制器需要一个时钟信号。相反，开关电容 Sigma-Delta 调制器需要将时钟周期划分为几个时间间隔或时钟相位，这些时间间隔或时钟相位由通常称为时钟相位产生器的数字电路生成。

9.1.1.1 相位产生

图 9.1a、b 为两个众所周知的数字电路，它们通常用于生成开关电容 Sigma-

Delta 调制器所需的时钟相位。本质上，两个电路的操作都基于双稳态触发器的使用，该双稳态触发器从主时钟的输入信号中生成多个周期性信号。图 9.1a 中的方案包括一个由两个与非门组成的反馈环路，每个与非门串联一个级联的反相器。反相器的数量和大小可提供所需的时钟相位延迟和非交叠时间间隔。

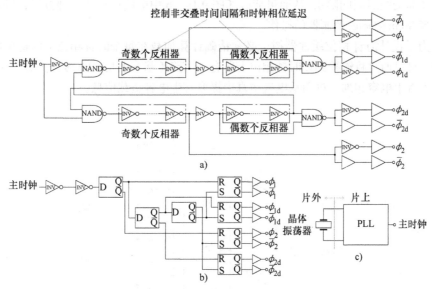

图 9.1　开关电容 Sigma-Delta 调制器中常用的时钟相位产生器的概念方案
a）由两个与非门和级联的反相器组成的反馈环路　b）基于 D 锁存器的产生器　c）由（片上）锁相环频率合成器和（片外）晶体振荡器产生的主时钟（使用片上锁相环可以产生高频、高精度（低抖动）时钟信号，通常以增加功耗为代价）

图 9.1b 为时钟相位产生器的另一种实现，它再次基于触发器的使用[1]。在这种情况下，没有全局反馈环路，不同的时钟相位通过级联 D 型锁存器产生，以提供所需的延迟和反相。

在一些精度要求非常高、高速、低抖动时钟相位方案的高频应用中，图 9.1a、b 中使用的主时钟信号由片内锁相环（phase-locked loop，PLL）和片外控制良好的晶体振荡器[2, 3]合成，如图 9.1c 所示⊖。注意：图 9.1a、b 中的两个时钟产生器产生了两个非交叠的时钟相位 ϕ_1、ϕ_2，它们控制开关电容积分器的采样和积分操作。同时产生了时钟相位的延迟版本——ϕ_{1d}、ϕ_{2d}，以便衰减在开关电容积分器中输入开关闭合过程产生的信号相关电荷注入所引起的误差[5]。如图 9.1a、b 所示，通过适当组合反相器和数字缓冲器可以产生控制 CMOS 开关和其他 Sigma-Delta 调制器子电路（如基于锁存器的比较器）所需四个时钟相位的互补版本——$\overline{\phi}_1$、$\overline{\phi}_2$、$\overline{\phi}_{1d}$、$\overline{\phi}_{2d}$。

⊖　一些时钟信号为 kHz 的连续时间 Sigma-Delta 调制器使用片外超低抖动信号源和 180° 混合电路来产生主时钟及其互补信号[4]。

9.1.1.2　相位缓冲

　　所有产生的时钟相位信号都需要使用如图 9.2 所示的缓冲器树来适当地驱动，从而使各相位容性负载之间的差异趋于均衡。这在实践中非常重要，因为如果时钟相位未正确均衡，则每个时钟相位上连接的不同负载电容将直接影响各相位之间的延迟（和非交叠时间间隔），从而可能破坏图 9.1a、b 中电路产成的时钟方案，以及开关电容 Sigma-Delta 调制器的操作。

　　为了设计时钟相位缓冲器树，必须精确计算加载在每个时钟相位上的寄生电容负载。可以通过将连接到该时钟相位上所有子电路（基本上是 CMOS 开关和数字门）的输入寄生电容相加，进而从电气仿真中提取寄生电容负载信息。

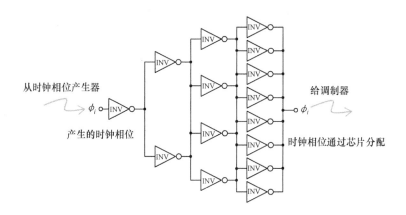

图 9.2　用于驱动时钟相位的缓冲器树的示例
（反相器的数量和大小取决于每个时钟相位的扇出要求）

9.1.1.3　相位分布

　　由于在开关电容 Sigma-Delta 调制器的许多不同部分中都使用了时钟相位，因此这些信号需要按规定路线穿过整个芯片。为此，需要使用一个如图 9.3a 所示的 U 形总线。通过在布线信号的两侧布置地墙，形成所谓的法拉第笼，从而实现时钟相位之间的分离，如图 9.3b 所示。每个时钟相位（ϕ_i）与其互补相位（$\overline{\phi_i}$）的布线紧密靠近。两个时钟相位都被与时钟相位布线所用金属相同的接地线（图 9.3b 中的 GND）所包围。整个总线的上侧和下侧也被同一个接地线所覆盖，并利用上、下金属层形成隔离极板。

　　图 9.3c 所示为一个集总的 LCR 等效电路，此电路考虑了图 9.3b 中实际传输线的电路寄生效应。结合不同金属层和介质的工艺数据，利用电磁仿真方法，可以提取 L_T、C_T 和 R_T 的值 [6]。需要注意的是，为了在硅面积和功耗方面优化时钟相位产生器的设计，必须对图 9.3c 中的电路以及上面描述的缓冲器树进行后仿真。

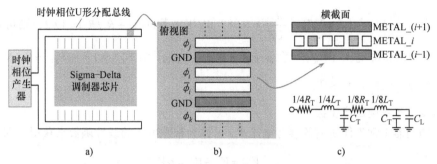

图 9.3　沿 Sigma-Delta 调制器芯片的时钟相位分配和路径

a）U 形总线分配　b）使用法拉第笼进行时钟相位信号分离　c）从电路仿真中提取的
等效电路模型（在某些实际情况下，时钟信号的反相版本不是全局布线，而是由反相器本身生成。
类似地，时钟相位可以根据每种情况下的扇出要求进行全局或局部缓冲[6]）

9.1.2　共模电压、参考电压和偏置电流的产生 ★★★

Sigma-Delta 调制器芯片正确工作需要以下参考电压和偏置电压：

1）参考电压。参考电压用于嵌入式量化器，包括 Flash 模 / 数转换器和反馈数 /
模转换器的分压参考电压。

2）共模电压。共模电压广泛应用于所有 Sigma-Delta 调制器电路。

3）偏置电压。偏置电压需要偏置所有 Sigma-Delta 调制器模块。

为了保证 Sigma-Delta 调制器的鲁棒性，这些参考电压、偏置电压和电流必须与
温度、电源电压和工艺参数具有较小的关联性。为
此，必须将专用电路集成到 Sigma-Delta 调制器电
路中，才能产生这些直流分量。

9.1.2.1　带隙基准源电路

与其他模拟集成电路一样，大多数 Sigma-Delta
调制器均从一个与温度无关的直流电压中产生内部
参考电压和偏置电流。该直流电压通常使用众所周
知的带隙基准源电路（通常称为带隙电路）来产生。

图 9.4 为 Sigma-Delta 调制器[6] 中使用带隙电
路[7] 的一个示例。该电路利用标准 CMOS 技术中可
用的横向双极晶体管来产生直流电压[7]，即

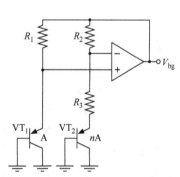

图 9.4　一些 Sigma-Delta 调制器[6]
中使用的带隙电路[7] 示例

$$V_{bg} = V_{EB1} + U_T \ln n \left(1 + \frac{R_2}{R_3} \right) \tag{9.1}$$

式中，V_{EB1} 为晶体管 VT_1 的正向偏置发射极 - 基极电压；$U_T \equiv kT/q$ 和 $U_T \ln n$ 分别为
VT_1、VT_2 发射极 - 基极电压之间的差。

鉴于 $\frac{\partial V_{EB}}{\partial T} \simeq -1.5\ \text{mV/K}$，$\frac{\partial U_{T}}{\partial T} \simeq 0.087\ \text{mV/K}$，若 $\ln n(1+R_2/R_3) \simeq 17.2$，则可得零温度系数的带隙电压（$V_{bg}$）。考虑到这种情况，并假设在式（9.1）中 $V_{EB1} \simeq 0.8\ \text{V}$，则可得带隙电压 $V_{bg} \simeq 1.25$ [7]。

9.1.2.2 参考电压产生器

调制器正常工作所需的参考电压 V_{ref} 可作为带隙电压的线性函数来获得，即

$$V_{ref} = V_{r+} - V_{r-} = \alpha V_{bg} \qquad (9.2)$$

式中，α 为比例因子。例如，如果 $\alpha=4/5$，则可以得到参考电压 $V_{ref}=1V$。使用反相全差分放大器可以轻松实现这一点⊖，如图 9.5 所示。这样，通过简单地选择 $R_2=4/5R_1$，可获得参考电压 $V_{ref}=1V$。需要注意的是，可以使用一个简单的（非对称）OTA 电路来实现一个缓冲器，以驱动带隙电压 V_{bg}。

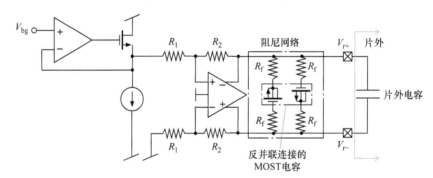

图 9.5　参考电压产生器电路示例 [6]

在 Sigma-Delta 调制器中生成参考电压时，必须考虑的主要设计因素是快速的动态响应（建立）以及 V_{r+} 和 V_{r-} 布线之间的低输出阻抗，这样环路滤波器积分器就不会引入动态失真。为此，图 9.5 中的示例使用了一个在 V_{r+} 和 V_{r-} 之间连接的片外电容。该电容的值必须根据连接在这些节点上的寄生电容（源自键合焊盘、键合线、引线框架和封装引脚）来选择，以便将采样频率一半左右的杂散分量从差分参考电压中移除。另外，可以采用基于 MOS 电容反并联连接的 RC 电路构成阻尼网络，从而消除加入参考电压中的振铃电压 [6]。

9.1.2.3 主偏置电流产生器

偏置 Sigma-Delta 调制器子电路（如运算放大器、比较器等）所需的所有电流源和电流槽都需要通过一个单独电路中的主偏置电流在内部（芯片上）生成，该电路通常称为主偏置电流产生器。图 9.6 为一个主偏置电流产生器示例，其中从带隙电

⊖ 在设计原型中，Sigma-Delta 调制器的参考电压可由测试 PCB 上的片外电路提供，如下文所述。然而，如果 Sigma-Delta 调制器与其他电路模块一起嵌入芯片中以构成一个完整的电路系统，则该解决方案既不实用，鲁棒性也较差。

压和一个外部（片外）电阻产生单独的主电流。该电阻也可以使用未硅化的多晶硅电阻在芯片上实现。产生的主偏置电流通过镜像或缩放，进而用于偏置所有放大器（这些放大器在积分器中使用），比较器的前置放大级以及其他辅助（模拟）Sigma-Delta 调制器模块，如参考电压产生器和共模电压产生器（见 9.1.2.4 节中介绍）。

在某些应用中，基于开关晶体管和单位电阻的组合，可以通过可编程电流镜实现可调节的偏置电流。通过这种方式，核心放大器的性能以及 Sigma-Delta 调制器可以通过优化功耗，以满足不同的性能指标[8]。

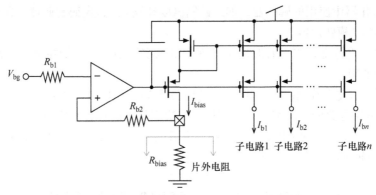

图 9.6　主偏置电流产生器示例

（在芯片上，用于产生主偏置电流的电阻 R_{bias} 可以选择使用未硅化的多晶硅电阻实现）

9.1.2.4　共模电压产生器

共模电压 V_{CM} 通常定义为电源电压的一半，即 $V_{CM} = (V_{DD}-V_{SS})/2$。使用电阻分压器和缓冲器可以很容易地完成此操作，如图 9.7 中的示例所示。该电路使用两个相同的电阻器和一个配置为缓冲器的简单 OTA，以一种简单而鲁棒性强的方式实现了所需的 1/2 电流比。与参考电压产生器类似，可以将大型（片外）电容器与片上阻尼网络结合使用，以得到"干净"的电压值，这时即使有开关噪声在衬底上传播也可以保持电压值的恒定和稳定。

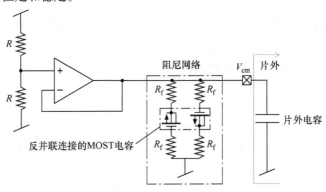

图 9.7　共模电压产生器电路示例[6]

9.1.3 附加数字逻辑 ★★★

除了上述辅助的模拟电路之外，一些 Sigma-Delta 调制器集成电路还需要加入其他数字电路来完成特定的任务。其中，部分应用还可能需要进行以下数字信号处理：

1）输出数字缓冲器驱动调制器输出，以便驱动由于键合焊盘（在独立 IC 实现中）或连接在调制器输出上的抽取滤波器产生的负载电容。

2）多位 DAC 线性化技术，如基于动态器件匹配（DEM）原理的数据权重平均（DWA）算法。

3）量化器中使用的解码器，如二进制温度计码 - 二进制码解码器，通常用于嵌入式 flash 数／模转换器。

4）串 - 并行寄存器，有时用于管理大量数字控制信号，如在可配置的 Sigma-Delta 调制器中。

5）数字欠电压检测信号，用于在需要时关断或打开电路的某些部分，以优化功耗。

这些数字电路的实现将在很大程度上取决于特定的目的和应用。对这些技术的详细说明超出了本书的范围，有兴趣的读者可以从第 10 章末尾中的最新参考文献中找到这些逻辑电路的许多示例。

9.2 版图设计、布局规划和实际问题

与任何其他混合信号集成电路一样，版图实现也是 Sigma-Delta 调制器设计的重要步骤之一。事实上，如本节所述，如果版图设计不当，Sigma-Delta 调制器的性能可能会被完全破坏。为此，在版图设计时必须遵循一些设计策略和实用技巧。其中一些版图技术基于模拟集成电路设计中使用的一般规则，而其他版图技术则是专门用于 Sigma-Delta 调制器设计。为了实现高质量的 Sigma-Delta 调制器版图，本节将对一些重要而且关键的版图设计技术进行讨论。

9.2.1 版图规划 ★★★

在版图设计的初始阶段，必须对构成 Sigma-Delta 调制器版图的不同部分进行适当的划分、布局或规划。版图规划必须考虑如下策略。

9.2.1.1 将版图划分为不同的部分或区域

最常见的版图具有三个不同的区域，分别对应于调制器的模拟、混合信号和数字部分。

1）模拟部分应包括 Sigma-Delta 调制器内核中所有的模拟子电路，如跨导放大器、锁存比较器中使用的前置放大器、电容、电阻、电感以及任何其他辅助模拟电路，即主偏置电流产生器、参考电压产生器等。版图的模拟部分还必须包括可能影响调制器性能的任何关键部分，如用于实现重构技术的控制电路 - 欠电压控制开关和任何其他控制（模拟）电路。

2）混合信号部分通常包括 CMOS 开关（在离散 Sigma-Delta 调制器中）、比较器中使用的锁存器以及处理模拟和数字信号的任何其他 Sigma-Delta 调制器子电路。

3）数字部分包括时钟相位产生器、数字缓冲器以及调制器操作所需的任何其他数字逻辑电路，如动态器件匹配逻辑、量化器中使用的解码器、数字寄存器等。

需要注意的是，原理图模块与它们在版图中对应的部分之间并没有直接的关系。如离散积分器由三个基本电路部分组成，即运算放大器、电容和 CMOS 开关。但是，前两个部分（运算放大器和电容）放置在版图的模拟区域中，而 CMOS 开关包含在混合信号区域中。因此，这三个部分之间的布线非常重要，因为它们的相关寄生参数可能会严重降低调制器的性能。其他示例如嵌入式多位 flash 模/数转换器，其电路由一组分压电阻和一组比较器组成。前者包含在模拟部分中，而后者又细分为三个不同的电路块：前置放大器、锁存器和 SR 触发器（见图 8.27）分别包含在版图的模拟、混合信号和数字部分中。

9.2.1.2　屏蔽敏感 Sigma-Delta 调制器模拟子电路免受开关噪声的影响

在模拟和数字部分的布局中，应将敏感的模拟模块远离噪声较大的数字模块。尽管如此，鉴于大多数标准 CMOS 技术都具有低电阻率的衬底，因此数字电路的开关操作可能会严重降低芯片的性能。因此，经常使用附加的版图技术来衰减衬底上传播的噪声信号的影响。其中一些技术包括：

1）在电路的每个部分周围使用带有专用键合焊盘和引脚的保护环。尽管这些众所周知的技术在低电阻体外延工艺中并不那么有效，但它们至少可以衰减在外延层中传播的噪声表面电流[9]。

2）为调制器的不同部分使用单独的电压源。这种策略意味着要使用专用电源（V_{DD} 和 V_{SS}）。对于模拟、混合信号和数字电路以及保护环，每个电源都有自己的焊盘和芯片封装引脚。

3）对于每个电源电压（V_{DD}）及其对应的地（V_{SS}），在整个芯片中大量使用去耦电容。这种常用的技术可以保持电源电压免受噪声的影响。

9.2.1.3　分配不同 Sigma-Delta 调制器模块共享信号的总线

许多 Sigma-Delta 调制器模块都会共享一些信号，因此必须将信号分布在整个芯片上。这些信号包括数字时钟相位、DAC 控制信号、欠电压信号、电源电压、偏置电流、参考电压和共模电压。所有这些信号都必须基于类似于图 9.3 的 U 形总线配置进行布线。

9.2.1.4　专注于版图对称性和模拟模块的细节

在设计调制器的关键部分，尤其是构成环路滤波器的子电路时，必须注意所有细节，并应遵循适用于高性能模拟电路的版图设计规则，包括：

1）为了使匹配性能最大化，需对单元电路元件（电容、电阻、晶体管）使用共质心布局结构。

2）使用全差分拓扑结构来减少共模干扰。

3）使用多个触点和过孔，以减少与每个节点相关的寄生电阻，并避免由于金属连接中的微小裂纹而导致的灾难性故障。

4）使用单叉指晶体管构建 CMOS 开关。此策略有助于避免数字信号（连接在晶体管栅极的时钟相位）和模拟信号（连接在漏／源极端）之间的耦合⊖。

5）考虑到流经每条金属路径的最大电流密度及其寄生电阻和电容，优化金属连线的宽度。

6）使用堆叠的金属层来减少寄生电阻。

作为上述建议的图解，图 9.8 所示为级联 2-1 开关电容 Sigma-Delta 调制器的版图规划图。图中展示了许多前面强调的设计规则。需要注意的是，除了上述建议之外，设计时还应该遵守许多其他基本版图规则，以使模拟电路的性能最大化。有兴趣的读者可以参阅文献 [7，10，11] 中的相关内容。

9.2.2 I/O 环 ★★★

为了保证调制器的正常工作，围绕 Sigma-Delta 调制器内核布局的 I/O 环设计也非常重要。为了避免由于与焊盘设计、布局和／或布线相关的非理想行为而导致的性能下降，必须遵循许多实用规则。其中，应考虑以下设计规则：

1）将焊盘环划分为不同的部分（模拟、混合信号、数字等），以进一步改善不同 Sigma-Delta 调制器区域之间的隔离度，并避免开关噪声耦合。为此，使用电源隔离单元（通过以反平行结构二极管实现虚拟隔离通路）划分电源环，如图 9.9 所示 [12]。

2）开关（噪声）焊盘应尽可能远离最敏感的模拟焊盘。

3）在需要的地方使用具有 ESD 保护的焊盘，如用于驱动晶体管栅极的信号。

作为说明，图 9.10 所示为 I/O 焊盘环的平面布局，并对上述一些重要策略进行了重点表示。

9.2.3 版图验证和灾难性错误的重要性 ★★★

众所周知，版图 CAD 工具，如设计规则检查（DRC）和版图电路图一致性检查（LVS）工具，对于设计人员非常有用，可确保其设计的版图不会发生错误。此外，在将芯片数据发送至晶圆厂之前，包括工艺寄生参数的版图提取仿真还可以方便地确保其正确的性能。

⊖ 如果使用单叉指晶体管，则模拟信号可以直接连接至晶体管，而数字信号可以使用多晶硅或金属层连接到晶体管栅极。

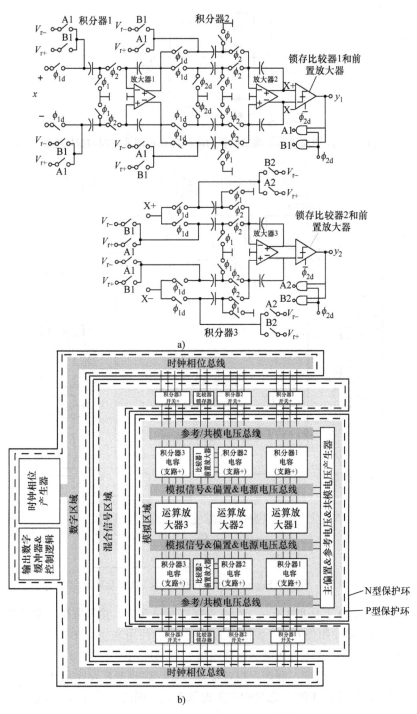

图 9.8 Sigma-Delta 调制器的版图示例

a）调制器原理图（级联 2-1 开关电容 Sigma-Delta 调制器）

b）版图平面图（每个版图区域及其对应的保护环都有专用的电源电压）

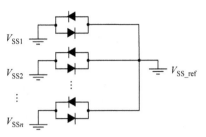

图 9.9　使用反平行结构二极管的电源环在不同地之间的虚拟连接

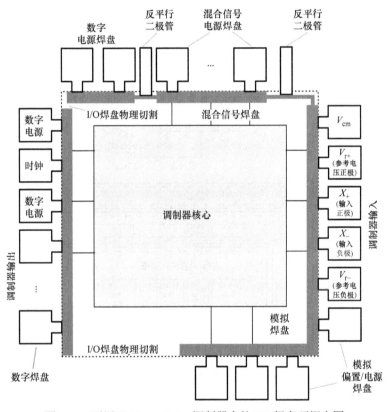

图 9.10　可用于 Sigma-Delta 调制器中的 I/O 焊盘环概念图

　　尽管版图 CAD 工具非常有用，但在许多实际情况下，尤其是在工业级的第一批硅原型产品中，常使用仍处于开发阶段的新技术[注]。使用这些新技术的后果之一是工艺设计套件（即工艺文件包括电学器件模型、版图规则等）也在开发中，这为设计人员增加了额外的工作量。例如，相对常见的是，这些工艺设计套件中并没有诸如版图寄生参数提取器（LPE）之类的寄生提取工具，因此，设计人员在设计过程中，

尤其是在版图设计阶段，必须非常谨慎和保守。

在这种情况下，尤其重要的是，不仅要注意版图 CAD 工具（如 DRC / LVS）提供的错误消息，而且还要注意警告消息。警告消息看起来微不足道，特别是对于新手设计者，但这些看似很小的问题可能会导致灾难性的后果。这个问题在许多实际情况中可能遇到，下面以图 9.8a 所示的开关电容 Sigma-Delta 调制器为例进行说明。该调制器的电路实现涉及上千个晶体管，因此需要烦琐且仔细的设计和版图验证。

假设由于设计错误，图 9.11a 中高亮显示的 CMOS 开关中，pMOS 晶体管的 NWELL 处于悬浮状态，即没有良好的接触。此错误会导致 DRC / LVS 工具生成警告消息。假设没有可用的版图寄生参数提取器，则版图提取的网表与原理图基本相同。因此，晶体管级仿真将提供良好的结果，掩盖了明显影响从积分器 1 传输到积分器 2 的信号的误差。如图 9.11b 所示，与晶体管级仿真相比，实验测试结果表明性

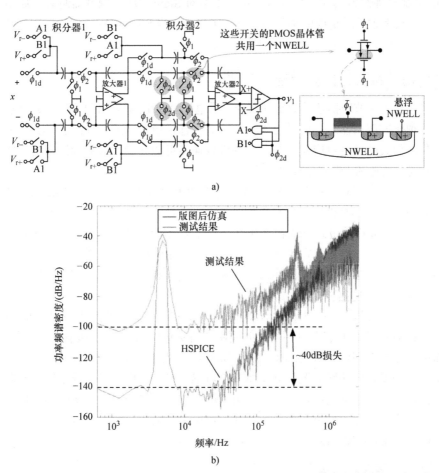

图 9.11　举例说明由悬浮 NWELL 引起的图 9.8a 所示的开关电容 Sigma-Delta 调制器的性能下降
a）图 9.8 a 前级开关电容电路示意图（突出显示共用悬浮 NWELL 的 CMOS 开关）
b）调制器输出频谱测试和仿真结果（显示了噪声整形性能是如何由于悬浮 NWELL 而严重下降）

能将会严重下降。换句话说，仅封装六个 pMOS 晶体管的 NWELL 中的单个连接缺失，就可能会完全破坏由 1000 多个晶体管组成的 Sigma-Delta 调制器的性能。

总之，Sigma-Delta 调制器版图是设计过程的关键阶段，必须使用验证 CAD 工具仔细进行验证和检查，并且不要低估任何可能导致灾难性错误的警告消息或明显的小问题。

9.3 芯片封装、测试 PCB 和实验建立

在 Sigma-Delta 调制器设计的最后阶段，需要进行大量芯片性能测试的准备工作。最重要的考虑因素是键合框图和芯片封装、测试 PCB 以及实验环境建立。这些问题中的其中一部分，必须在将芯片数据送至晶圆厂制造之前解决。假设 Sigma-Delta 调制器将作为独立芯片进行测试，本节对 Sigma-Delta 调制器封装、原型设计和测试中要考虑的最重要的实际问题进行了讨论。当 Sigma-Delta 调制器作为片上系统（SoC）实现时，也可以遵循类似的建议。

9.3.1　键合框图和封装 ★★★

考虑到上一节中描述的焊盘环布局、供电焊盘和引脚数、保护环、参考电压等，必须仔细研究调制器芯片的键合策略。因此，选择最合适的芯片封装至关重要，因为与封装相关的寄生效应及其与芯片的键合连接可能会严重影响调制器的性能，特别是在需要高速和／或高分辨率的情况下。

可以使用专用 CAD 工具来详细分析封装和焊线寄生效应，如 Cadence Allegro。专用 CAD 工具可以在考虑上述寄生效应的同时对电路进行仿真。如 Cadence PKG 之类的工具，允许通过封装的物理和电气特性合成等效 LCR 电路，从而对封装进行建模。最重要的限制来自寄生键合电感，建议使用诸如球栅阵列（BGA）或方形扁平封装（QFP）之类的贴片器件，方形扁平封装通常用于测试 ASIC 原型，尤其是 Sigma-Delta 集成电路。

此外，还必须考虑一些关键因素。一方面，必须将相同类型（模拟、混合信号、数字或数字 I/O）的焊盘放在一起，并使用如图 9.9 所示的隔离二极管单元进行隔离，从而可以实现各模块的供电独立，避免形成串扰。此外，由于互感器所提供的补偿[7]，电源焊盘和引脚应并联放置以减少总寄生电感。另一方面，为了减小连接至芯片的通路的电感，减少供电反弹，经常采用双键合技术和多个引脚对不同的模块进行供电。需要注意的是，如果在外部（片外）提供参考电压，则还应将双键合技术用于参考电压焊盘／引脚，以便将其寄生电感降低一半。

9.3.2　测试 PCB ★★★

为了更好地验证 Sigma-Delta 集成电路，需要设计专门的 PCB 测试板将芯片连

接至不同的测试仪器，以提供必要的信号、偏置电压和电源电压，同时获取调制器输出数据，并在计算机上进行进一步处理。由于上述与芯片封装相关的实际限制，有时会考虑采用其他的测试方法，特别是在超高速应用中。例如，调制器芯片可以不使用任何封装而直接键合到测试 PCB 上，以减小键合的尺寸，从而减小寄生电感[6]。另外，应用于 RF 中的低温烧结陶瓷衬底可以减少片外电路器件的寄生效应，因为这些器件可以与调制器芯片一起嵌入到同一陶瓷封装中。

最常见的方法是在多层 PCB 上，将芯片封装与一些必需的电路连接，以进行后续测试。图 9.12 为用于测试图 9.8 中 Sigma-Delta 调制器[13]的 PCB 示意图。本例中，使用了 32 个引脚的 QFP 封装。除了电路寄生效应本身外，外部电磁干扰还通过电感耦合和电容耦合注入 Sigma-Delta 调制器芯片中。为了减小片外电路寄生影响并获得鲁棒性较强的测试电路，通常在测试 PCB 中采用以下电路策略（其中一些策略在图 9.12 中进行了重点显示）：

1）根据模拟信号、混合信号和数字信号将 PCB 分成不同的区域或平面。接地层应分开，通常间隙大于 1/8"，并且进行单点连接。通过这种方式，可以将有噪回流电流降至最低。

2）使用电压稳压器保持电源电压值稳定。

3）在电源线、偏置电压线和参考电压线中使用去耦电容。通常的做法是将一个大的钽电容与一个小的陶瓷电容并联。同时，陶瓷电容要尽可能靠近封装引脚放置。如图 9.12 所示，这两个电容通常再与一个电感连接，构成一个 Π 形滤波器。

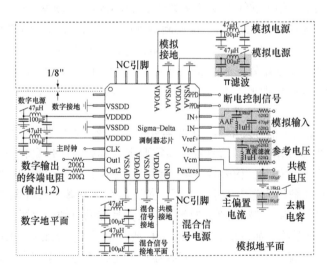

图 9.12　用于测量图 9.8 调制器性能的测试 PCB 概念示意图（注意：本图为 Rosa 等人提出的调制器的简化版本[13]。其中包括可编程增益前端积分器和连接到调制器的前置放大器。为了简单起见，省略了包含这些电路所需的附加引脚。此外，该测试芯片中电路元件的值与文献 [13] 中的信号参数相对应：$B_w = 20$ kHz，DR = 110 dB）

4）保持数字信号路径尽可能远离敏感的模拟引脚。

5）在数字输出线中使用终端电阻进行阻抗耦合。

6）对敏感的输入引脚使用 ESD 保护二极管，尤其是在相应的焊盘中未使用 ESD 保护的情况下。

除上述技术外，用于测试 Sigma-Delta 调制器的 PCB 还应包括抗混叠滤波器。在大多数实际情况下，使用低阶（通常为一阶或二阶）RC 滤波器足以满足设计要求。

9.4　实验测试建立

在实验室中用于测试 Sigma-Delta 调制器性能的测试环境建立和仪器也非常重要，需要进行仔细规划。测试仪器的数量和类型取决于不同的因素，包括要测试的信号特性（低通、带通、正弦波、调制信号等）、目标调制器参数（带内噪声、线性度等）、需要测试的性能指标类型（输出频谱，SNR/SNDR，HD3，IM3，INL 等）等。

9.4.1　规划所需测试仪器的类型和数量 ★★★

应当注意，在测试建立中每个额外的电路器件或实验室仪器都可能是降低调制器性能的潜在误差源和干扰源。因此，提前（最好在设计阶段）就考虑测试所需的仪器的类型和数量非常重要。在许多实际情况下，由于实验室设备和仪器的限制，无法通过实验有效地测试芯片的性能。这些限制包括时钟发生器的抖动误差、由信号发生器提供的最大频率和线性度以及逻辑分析仪的最大捕获率。

一般而言，无论要对 Sigma-Delta 调制器进行哪种测试，至少需要以下仪器：

1）电源产生器。电源产生器用于产生电源电压、参考电压、共模电压以及任何其他所需的直流电压或偏置电流。强烈建议尽可能使用嵌入在测试 PCB 中的稳压电路，来产生来自同一电源的所有直流电流和偏置信号，以最大程度地减少测试仪器和连线的数量。

2）模拟（输入）信号发生器。至少需要一个正弦波发生器。如果可能的话，考虑到噪声和线性度要求，模拟信号发生器需要提供具有所需带宽和精度的平衡的全差分信号。需要注意的是，信号发生器和调制器芯片必须使用相同的共模电压产生器。否则将在调制器输入端引入系统失调，这可能会严重降低调制器的性能。

3）满足所需频率、逻辑电平和时钟抖动误差性能的时钟产生器。

4）数据采集系统。如逻辑分析仪或 SoC 测试单元（如 Agilent 93000），对于捕获调制器输出比特流是必不可少的。调制器输出比特流将传输到个人计算机或工作站以进行进一步的数据处理[⊖]。

⊖　如今，许多逻辑分析仪都具有嵌入式 PC，因此可以使用同一台仪器来捕获 Sigma-Delta 调制器的输出数据并对该数据进行处理，如使用 MATLAB。或者，各种逻辑分析仪和 SoC 测试单元可以用来产生输入信号波形、电源电压、数字控制信号等。

除了这些基本仪器之外，可能还需要其他实验室设备，如频谱分析仪，用于实时检查给定信号的频谱，用万用表测量直流工作点等。

9.4.2　连接实验室仪器 ★★★

不同仪器与测试 PCB 的连接至关重要，必须以使寄生效应最小的方式实现。因此，连接时必须遵循以下建议：

1）如图 9.13 所示，为 PCB 中的每台仪器使用合适的连接器。

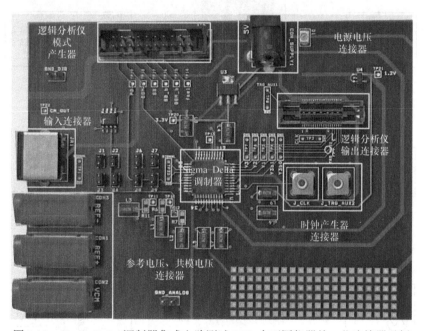

图 9.13　Sigma-Delta 调制器集成电路测试 PCB 中不同仪器的一些连接器示例

2）减少用于连接仪器的电缆的长度和数量。

3）确保每个仪器的地都连接到 PCB 中相应的地平面；也就是说，提供模拟信号的仪器的地应连接到 PCB 中的模拟地平面。

4）确保所有接地都以星形联结配置，如图 9.14a 所示。请勿使用图 9.14b 所示的方案，该方案中一个仪器的地电位与另一个仪器的地电位相连，其他仪器也进行了同样的连接。

最后，设置中要考虑的另一个重要问题是打开 / 关闭顺序，即打开 / 关闭测试中不同仪器的顺序。打开顺序应从电源电压开始，然后是时钟信号产生器，最后是模拟信号发生器。关闭则应以相反的顺序进行。

9.4.3　测试建立实例 ★★★

使用逻辑分析仪作为数据采集系统进行测试建立的示意框图如图 9.15 所示[6]。

Sigma-Delta 模／数转换器：实用设计指南（原书第 2 版）

良好的仪器接地连接

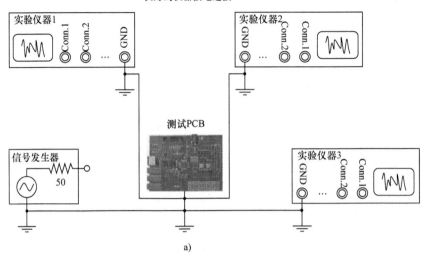

a)

不良好的仪器接地连接

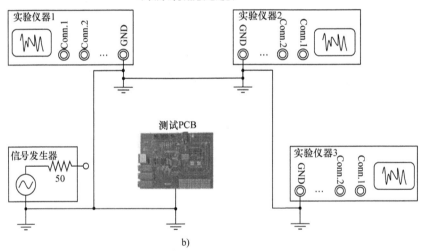

b)

图 9.14　不同实验室仪器与测试 PCB 的接地连接示例

在这种情况下，由 Agilent A3631A 仪器产生电源，而由 Tektronix SG5010 音频振荡器产生全差分输入信号。选用 SRS CG635 时钟产生器生成时钟信号，而用 Agilent A16823B 逻辑分析仪[○]获取调制器输出比特流，并用于生成测试调制器所需的数字控制信号。采集比特流后，数据将在 MATLAB 中进行后处理。注意：在级联调制器中，当数字抵消逻辑没有在片内实现时，可以按照 7.4 节中描述的类似的流程来处理输出结果。

___

○　根据时钟信号所需的电特性，特别是抖动误差规范，它可以由逻辑分析仪生成。如果需要非常低抖动的时钟信号，则应改用适当的时钟信号发生器。

— 352 —

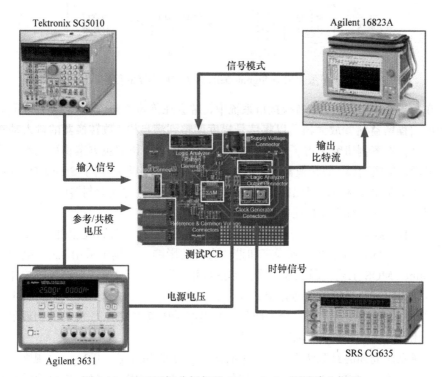

图 9.15 基于逻辑分析仪的 Sigma-Delta 测试建立框图

9.5 Sigma-Delta 调制器设计实例和案例分析

本节将给出一些 Sigma-Delta 调制器的设计实例和案例分析，以说明一些实际设计时的考虑因素，这些因素具体取决于 Sigma-Delta 数／模转换器的目标应用场景。

9.5.1 面向高动态范围传感器界面应用的可编程增益 ★★★ ◀ Sigma-Delta 调制器

第一个研究案例是一个 Sigma-Delta 调制器，该调制器主要用于将如图 9.16 所示的传感器接口系统中的微机电传感器提供的信号数字化。有关设计、芯片实现和实验测试的详细说明可以参考文献 [13]。本节重点介绍利用 Sigma-Delta 模／数转换器进行高分辨率（＞16 位）、低带宽（＜20kHz）信号数字化时，需要考虑的一些特定的设计注意事项。在这种情况下，最大的限制因素之一是电子噪声——包括热噪声和闪烁噪声。同时还要考虑需要设计较大的动态范围，以满足从微伏到数百毫伏的信号幅度要求。此外，还必须考虑由于较大温度范围 [−40℃，175℃] 对设计的影响。

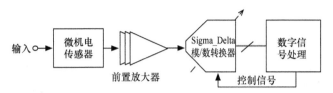

图 9.16　基于可编程增益 Sigma-Delta 模／数转换器的传感器接口框图

在大多数传感器模／数转换接口系统中，常会在传感器和模／数转换器之间放置一个可编程增益前置放大器，以将信号幅度调整到满足模／数转换器的输入动态范围。但是，本案例研究考虑了一种更紧凑的解决方案，该解决方案将可编程的输入到输出增益集成到模／数转换器中（称为模／数转换器增益）。由于 Sigma-Delta 调制器的多功能性和鲁棒性，因此在设计中可以将增益功能合并入调制器设计中。

9.5.1.1　主要设计标准和性能限制

鉴于模／数转换器的分辨率必须大于 16 位，但目标信号带宽很低（< 20kHz），所以预计带内噪声将主要受到噪声和谐波失真的影响。本例中采用 3.3 V 电源电压的 0.35μm CMOS 工艺，因此放大器有足够的电压裕度，以实现高度线性的操作。但是，电路噪声成为最终的物理限制因素，所以必须在设计中适当降低电路噪声的影响。因此，设计中出现的第一个问题是：与电路带内噪声 IBN_{noise} 施加的物理限制相比，量化带内噪声 IBN_Q 应该低多少合适？

一条众所周知的经验法则表明，最有效的设计是 $IBN_{noise} \simeq IBN_Q$。该规则背后的原因如下：由于 OSR，L 和／或 B 的增加，使 $IBN_Q \ll IBN_{noise}$ 将会导致功耗和硅面积不必要的增加，进而导致对模块动态性能、电路复杂性和可靠性等方面的要求提高。同样的道理可用于 $IBN_{noise} \ll IBN_Q$ 的分析。为了减少开关电路实现中的热噪声，应增加采样电容，负面的影响是为了降低一些电路的非理想性（如不完全建立误差等），必须增加一定的功耗。

基于上述第一个设计标准，下一步是选择合适的 Sigma-Delta 调制器结构与噪声整形参数：调制器阶数（L），量化位数（B）和过采样率（OSR）。本例对一个开关电容调制器的实现进行研究$^{\ominus}$。正如第 3 章所述，电路噪声主要来源于前端放大器、开关、前端 DAC 和参考电压产生器产生的热噪声和闪烁噪声。忽略除开关以外的所有热噪声影响，可以将式（3.41）中给出的 IBN_{noise} 表达式简化为

$$IBN_{noise} = \frac{4kT}{C_{S1}OSR}\left(1 + \frac{C_{S2}}{C_{S1}}\right) \qquad (9.3)$$

为了实现调制器增益 $\xi = C_{S1}/C_{S2}$，假设输入开关电容支路和数／模转换器开关电容反馈支路（见图 3.15a）具有不同的采样电容值。

$\ominus$　如果考虑连续时间 Sigma-Delta 调制器，则可以使用类似此处的过程去选择 L、B 和 OSR 的值。该过程使用 IBN 的一般表达式，受量化误差（见式（1.12））和热噪声（见式（4.29））的限制。

作为初始估计，下面考虑 $\xi = 1$ 和 1 位量化器（$B = 1$）的简单情况。将 IBN_Q 和 $\text{IBN}_{\text{noise}}$ 视为唯一的噪声源，在 $C_{S1} = 2\text{pF}$ 以及不同的 L 值情况下，有效位数（ENOB）与过采样率（OSR）的关系如图 9.17 所示。注意：对于每条曲线，都有一个断点（在曲线中突出显示），其中 $\text{IBN}_{\text{noise}} = \text{IBN}_Q$。在此断点以上，分辨率主要受热噪声影响，因此过采样率翻倍使有效位数仅增加 3dB。而在该断点以下，根据式（1.12）中 L 的值，有效位数随着过采样率的增加而增加，但增速也随之变化。实际上，大多数 Sigma-Delta 调制器都设计为工作在该断点右侧的附近[13]。

根据图 9.17 所示的有效位数估算值，考虑主电路误差，以类似于 3.8 节中所述的方式对不同的调制器架构进行研究。基于这个设计流程（通过行为级仿真进行微调），本案例研究中选择过采样率等于 128, 256 的 1 位级联 2-1 Sigma-Delta 调制器进行设计。

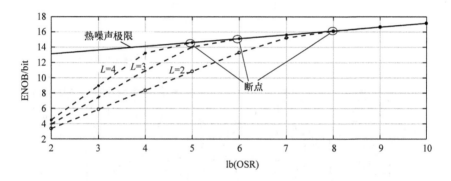

图 9.17　考虑量化噪声和热噪声影响，当 L 值不同时 ENOB 与 OSR 的关系

9.5.1.2　具有可编程增益和双采样的开关电容结构实现

图 9.18 为所设计的级联 2-1 开关电容 Sigma-Delta 调制器的框图和原理图。图中在输入开关电容支路中使用了双采样，以实现 2 倍增益，并且不会影响电路噪声[14]。输入信号和反馈数 / 模转换器应用于不同的开关电容支路，因此调制器增益可以通过比率 $\xi = C_{S1}/C_{S2}$ 来实现。外部数字控制的直流信号 V_{off} 用于将传感器信号共模电平置于调制器满量程范围的中间值[13]。在该设计中，通过使用开关电容阵列来实现可编程增益（$\xi = 0.5$、1、2、4），每个阵列均由可变数量的单位电容构成，其中单位电容 $C_u = 1.5\text{pF}$。为了同时保持调制器增益和积分器权重，可以通过改变单位电容的数量来相应地调整电容总值。

图 9.19 为前端积分器的详细原理图。该工艺通过使用金属 - 绝缘体 - 金属（MiM）结构来实现电容。前端积分器中的所有电容均由开关电容阵列组成。在该阵列中，单位电容根据调制器增益所需的值或连接或断开。当 $\xi = 4$ 时，开关电容阵列的共质心布局如图 9.20a 所示，而 Sigma-Delta 调制器中对应的开关电容阵列物理实现如图 9.20b 所示。

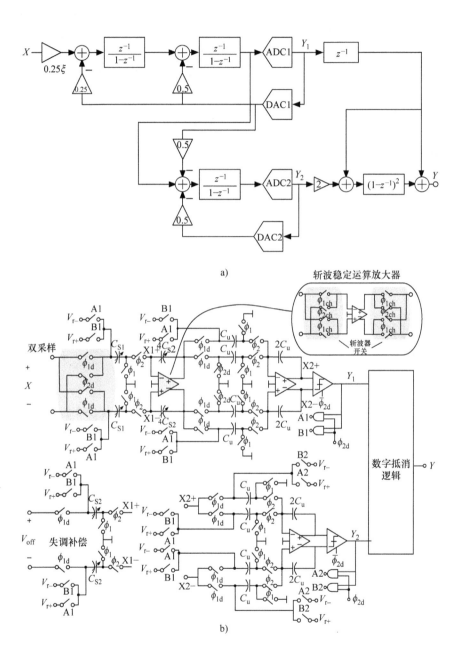

图 9.18 具有可编程增益的斩波稳定级联 2-1 开关电容 Sigma-Delta 调制器
a）框图 b）原理图

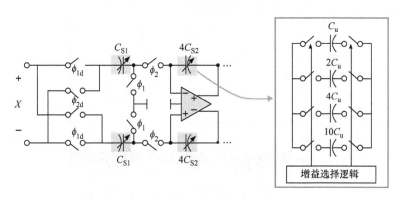

图 9.19 具有可编程电容阵列的开关电容积分器

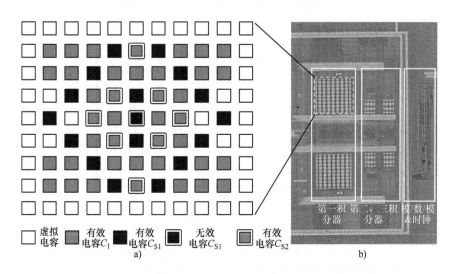

图 9.20 可编程电容阵列

a）$\zeta = 4$ 时的版图 b）芯片显微照片[13]

根据前面各章中描述的设计方法，通过结合不同结构层次的仿真和优化来进行调制器的设计。图 9.20b 为芯片的显微照片，重点显示了用于可编程增益的前端积分电容阵列的细节。当施加 5kHz 的 −20dBV 输入信号时，四种不同调制器增益情况下的带内（20kHz）输出频谱如图 9.21 所示。对于不同的增益情况，调制器带内噪声功率约为 −96dB，相对于满摆幅参考电压 $V_{ref} = 2V$，有效位数为 16.2bit。该分辨率可以通过 ζ 的影响得到显著改善。图 9.21b 所示为信噪失真比测试结果和输入幅度的关系。需要注意的是，由于可编程增益的作用，输入参考动态范围约为 −104dBV。换句话说，比 V_{ref} 低 110 dB。

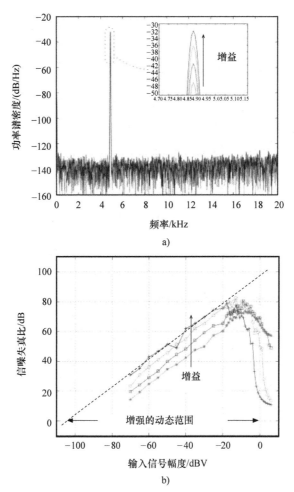

图 9.21　可编程增益 Sigma-Delta 调制器的测试性能

a）测试带内（20kHz）的输出频谱　b）信噪失真比与输入信号的关系[13]

9.5.1.3　斩波频率对闪烁噪声的影响

如上所述，在考虑高分辨率低频应用（如传感器 A/D 接口）时，闪烁噪声是其中的物理限制之一。为了减轻这种噪声源的影响，前端积分器通常包括斩波稳定技术（见图 9.18）。

通过相对于时钟（采样）频率 f_s 改变斩波器频率 f_{ch}，可以确定 f_{ch}/f_s 的值，并且更有效地抑制噪声。图 9.22 所示为对于不同的 f_{ch}/f_s 值的输出频谱。注意：f_{ch}/f_s 越低，信号频带中出现的闪烁噪声越多。

Sigma-Delta 调制器的灵活性可以使其性能指标适应不同的数／模转换器的要求，也可以扩展到具有较高信号频段的其他应用，如通信领域中。下面将给出一些电路实例。

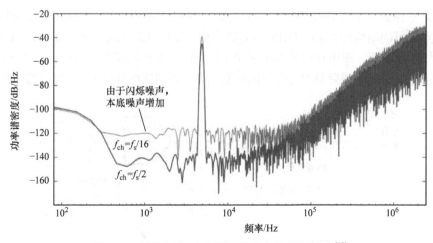

图 9.22　斩波频率 f_{ch} 对测得的带内噪声的影响 [13]

9.5.2　面向多标准直接转换接收机的可配置开关电容 ★★★◀ Sigma-Delta 调制器

第二个研究案例为 Sigma-Delta 调制器在面向软件定义的无线电（SDR）系统中多标准无线直接转换接收机中的应用，Sigma-Delta 调制器用于其中的可配置模 / 数转换器设计。软件无线电直接转换接收机（DCR）的框图如图 9.23 所示，其中输入的射频信号在经过滤波和预放大之后被下变频至基带，并在基带中通过可配置开关电容低通 Sigma-Delta 模 / 数转换器进行数字化。这种接收机结构通常用于多标准应用中，因为它不需要对中频和镜像抑制滤波，并且仅需要一个振荡器和混频器。这种接收器旨在满足许多无线标准的要求，包括 GSM、蓝牙、GPS、UMTS、DVB-H 和 WiMAX。这些标准涉及的 B_w 范围为 100kHz ~ 20MHz，有效位数范围大约为 12 ~ 8bit。考虑接收机前端传输的不同标准测试信号，这些设计指标是从反复迭代的系统级仿真中提取的。由实验结果可知，可以通过将 Sigma-Delta 调制器配置为 $L = 2,4,6$，$B = 1 ~ 3bit$，以及 OSR $\in$（10，200）来满足上述设计要求。

本例中设计的 Sigma-Delta 调制器如图 9.23 所示，它由 N 级级联拓扑组成，其中所有级都可以根据所需的量化噪声独立地进行开 / 关，而且数字抵消逻辑也可以根据 L 的值进行编程。如果关闭某个级，则其模块电源关闭以节省功率。内部量化器的位数 B_i 和 / 或过采样率也可以重新配置，从而提高了模 / 数转换器的灵活性。除了重新配置其性能参数（即 OSR、L 和 B）之外，多模 Sigma-Delta 模 / 数转化器还必须以并联或并行方式对不同标准相对应的信号（如 GSM 和蓝牙信号和 / 或 UMTS 和 WLAN 信号）进行数字化处理。并行模式也可以在级联 Sigma-Delta 调制器中实现，如图 9.23 所示，其中使用并行开关网络将 Sigma-Delta 调制器配置为几个并行工作的子调制器，每个子调制器处理不同的输入信号。

为了保证每个子调制器[8, 15]的稳定性，可以通过不同的二阶和一阶调制器组合来实现不同结构的 Sigma-Delta 调制器结构，如图 9.23 所示。图 9.23 为一个基于二阶结构的示例，图中在所有级中采用了统一的信号传输函数（unity signal transfer function，USTF），以降低对电路缺陷的敏感度，特别是在低过采样率的宽带标准中。

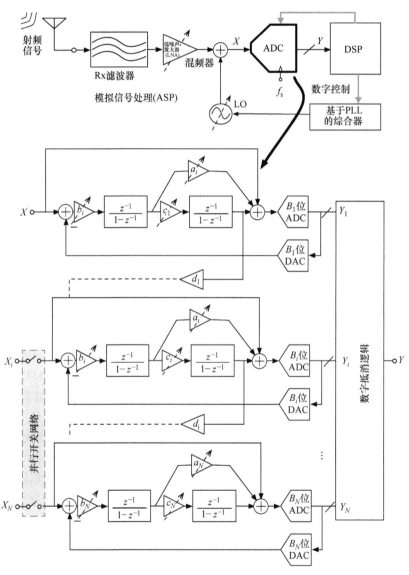

图 9.23　用于无线应用的可扩展 N 级级联开关电容 Sigma-Delta 调制器

为了提高级联拓扑结构的性能，设计时遵循的另一种架构策略是在环路滤波器中加入谐振器。该技术将噪声传输函数的零点从直流点移至最佳频率，从而在不增加环路滤波器阶数的情况下最大化调制器的有效分辨率，节省功耗。一个中间级具有谐振器的开关电容 Sigma-Delta 调制器如图 9.24 所示，其中开关电容阵列用于实现可编程的环路滤波器系数。除了该图所示的电路器件之外，还需要其他数字逻辑模块（为简单起见未显示）。这些数字逻辑模块通过一组控制信号来实现主要的配置功能。根据调制器不同的配置，这些信号也用于不同子电路的上电和掉电控制。

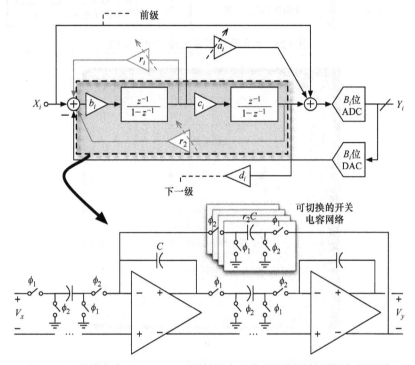

图 9.24　开关电容 Sigma-Delta 调制器中可编程局部谐振器概念原理图

9.5.2.1　功耗缩减电路技术

通过结合统计优化和行为级仿真的方法，第 5 章和第 6 章中描述了高阶选型设计过程[16]。在此过程中，为了达到已知 Sigma-Delta 调制器子电路的要求，并且可以完成晶体管级设计，考虑了速度和热噪声的最坏情况。可配置模/数转化器的关键设计问题是通过优化功耗，使其性能满足不同的设计指标。为此，如图 9.25 所示，可通过使用可编程主偏置电流产生器来调节 Sigma-Delta 调制器主要模块的偏置电流。本例中，使用二进制权重的 pMOS 电流镜实现配置，并通过施加在 nMOS 控制开关栅极的控制信号选择所有的镜像电流。镜像电流直接流入所有的模拟模块，因此每一路镜像电流都有专用的控制信号独立地调整其偏置电流。

9.5.2.2　实验结果

Sigma-Delta 调制器芯片示例的显微照片如图 9.26 所示。图中突出显示了 Sigma-Delta 调制器芯片的主要部分。这两款芯片均为软件无线电应用中的直接转换接收机而设计，并采用 90nm CMOS 工艺制造。一个四阶两级（2-2）级联结构且具有 3 位

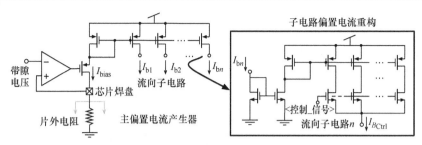

图 9.25　可编程主偏置电流产生器示例

a)

b)

图 9.26　芯片示例

a）四阶 2-2 级联、3 位量化结构[8]　b）六阶并行 2-2-2 级联、可编程量化结构[17]

量化和单位信号传输函数的 Sigma-Delta 调制器如图 9.26a 所示。六阶三级（2-2-2）级联结构、具有并行、可编程局部谐振器和可编程的 3~5 位量化的 Sigma-Delta 调制器如图 9.26b 所示。在这两种情况下，都可以通过改变 f_s（从 40MHz 改变为 240MHz）来调整过采样率。

通过改变过采样率 OSR，阶数 L 或量化位数 B 也可以实现调制器的重新配置。后一种方式如图 9.27a 所示，图中展示了末级量化器（B）中不同量化位数时图 9.26b 芯片所产生的输出频谱。该芯片的另一个特点是能够同时处理不同的输入信号，如图 9.27b 所示。图中所示分别为处理 20kHz 和 200kHz 不同输入正弦波时，第一级和第二级的输出频谱。

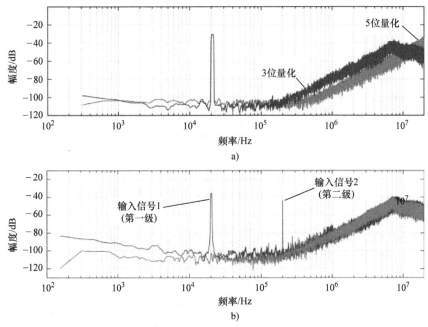

图 9.27　可配置和并行结构
a）改变量化器分辨率　b）并行处理两个输入信号

当输入正弦波幅度小于满量程输入范围（dBFS）-12.2dB 时，在不同的工作模式下，图 9.26a 芯片的输出频谱如图 9.28 所示。为了可以更好地理解芯片的有效位数，图 9.28b 描述了信噪失真比与不同输入信号幅度之间的关系。该芯片在 100kHz/500kHz/1MHz/2MHz/4MHz/10MHz 时的峰值信噪失真比分别为 72.3dB/68.0dB/65.4dB/63.3dB/59.1dB/48.7dB，能耗分别为 4.6mW/5.35mW/6.2mW/8/8mW/11mW。这是文献 [8] 中可配置模 / 数转换器的最优成果。

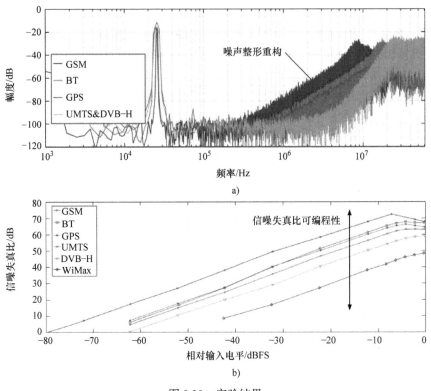

图 9.28　实验结果

a）输出频谱　b）信噪失真比与输入幅度的关系 [8]

9.5.3　面向射频数字化仪应用的宽编程范围 Gm-LC 带通 Sigma-Delta 调制器　★★★ ◀

本章展示的第三个研究案例是四阶带通连续时间 Sigma-Delta 调制器，其主要应用于软件无线电中射频信号的数字化。调制器结构（见图 6.10）包括两个具有可调陷波频率的 Gm-LC 谐振器、正向支路中的 4 位快闪型模／数转换器以及反馈支路中的基于有限冲击响应的非归零数／模转换器。为了使调制器在不同的载波频率（450~950MHz）上能够以可编程的 1.2GHz/2GHz 时钟速率将信号进行数字化，需要同时考虑系统级和电路级的可配置技术。通过在系统级采用有效的环路滤波器综合方法，并利用基于反向器的开关跨导器结构，可以实现电路误差鲁棒性、稳定性和功耗缩减的优化。下面以一个 1V 电源电压、65nm CMOS 工艺的 Sigma-Delta 调制器为例进行分析，其设计目标为 40MHz 带宽，信噪失真比大于 55dB。

9.5.3.1　应用场景

如本书之前所述，连续时间 Sigma-Delta 调制器已证明是在千兆赫兹范围内功耗效率最高的模／数转换器实现方案。因此连续时间 Sigma-Delta 调制器在软件无线电和物联网的数字密集型射频收发机中得到了广泛应用[4,18-23]。实现此类收发机的直接方法之一是将带通连续时间 Sigma-Delta 调制器放置在尽可能靠近天线的位置，从而产生如图 9.29 所示[18, 20, 22, 24-26]的射频 - 数字转换器。这些基于 Sigma-Delta 调制器的射频数字化仪采用多种策略来降低其对采样频率（f_s）和动态范围（DR）的要求，包括嵌入式带外滤波[18]、频率转换和欠采样或二次采样[22]。后一种方法可使信号频率 $f_{RF} > f_s/2$ 的射频信号实现数字化，同时保持较大的过采样率。这是因为信号带宽 $B_w \ll (f_{RF}, f_s)$。一些研究建议采用可调中心频率或陷波频率 $f_n = f_{RF}$，以简化接收机中所需的频率合成器的设计[20、22、27]。

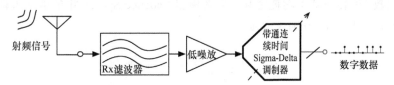

图 9.29　基于可编程带通连续时间 Sigma-Delta 调制器的射频 - 数字转换

尽管连续时间 Sigma-Delta 射频 - 数字转换器具有潜在的优势，但其性能仍然远远低于商业化需求。主要的挑战在于环路滤波器的设计。因此，如果能合理设计环路滤波器，那么就可以在保持必要的调谐范围、鲁棒性和稳定性的同时，实现高质量和精确的谐振。因此，从功率和线性度的角度来看，LC 电路的结构非常有优势，但只能应用在较小的约十倍频程的范围内。而有源 RC 谐振器可以在较大的范围内进行调谐，缺点是需要在模 / 数转换器中心频率上（射频载波）布置一个高增益放大器。

如第 6 章所述，解决这些问题的关键之一是通过在可调谐性、谐振器输入 - 输出摆幅和电路实现的简单性方面合理选择调制器环路滤波器系数，从而优化带通连续时间 Sigma-Delta 调制器的设计。在许多情况下，设计瓶颈主要体现在系统级层面，而不是电路级层面。在这种情况下，对 Sigma-Delta 调制器结构进行适当的综合和选型，可以提高设计效率和可靠性，同时放宽晶体管级性能参数的设计约束。为此，使用一种系统级方法来优化环路滤波器的实现，目的是将其功耗降低到与传统基带数字化处理相当的水平，同时保持射频 - 数字转换的优势。

9.5.3.2　Gm-LC 带通 Sigma-Delta 调制器高阶选型设计

带通 Sigma-Delta 调制器通常采用 Gm-LC 谐振器实现，以增加环路滤波器系数的可编程性。可编程环路滤波器系数主要通过单位跨导 g_{mu} 的开关阵列实现，这部分内容将在后续进行详细介绍。为了提高 Gm-LC 谐振器的品质因数 Q，可以增加两个额外跨导 g_{kq1}、g_{kq2} 并可以对其进行校准以最优化调制器性能。4 位量化器由正向路径中的 flash 模 / 数转换器和反馈环路中的非归零电流控制的有限冲击响应数 / 模转换器组成。

应用连续时间 - 离散时间变换，对带通离散时间 Sigma-Delta 调制器的噪声传输函数进行综合，并将带宽 B_{w} = 40MHz 的输入信号置于可编程陷波频率 f_{n} = 450~950MHz 范围内。为此，如第 6 章所述，在给定 f_{n} 和带外增益（OBG）值的情况下，可以使用 Schreier 工具箱综合噪声传输函数（NTF），并且调制器环路滤波器可以通过脉冲不变变换得出。一旦综合出理想的噪声传输函数和信号传输函数，再选择环路滤波器系数的值，以便在鲁棒性和稳定性方面优化带通连续时间 Sigma-Delta 调制器的性能，同时以最小功耗 P 为代价获得最大的动态范围和信噪失真比。

调制器的动态范围和信噪失真比在仿真中使用 SIMSIDES[16] 进行计算，并且将功耗 P 可估算为谐振器功耗 P_{RES}、有源加法器功耗 P_{ADD} 和嵌入式量化器（即模／数转换器和数／模转换器）功耗之和。后者根据 Cadence Spectre 中的电学仿真估算得出，其中 P_{RES} 和 P_{ADD} 分别表示为

$$\begin{cases} P_{RES} = V_{DD}\left[\sum_{i=1}^{2}\left(I_{c_{i}} + I_{c_{id}}\right) + \dfrac{g_{m1} + g_{m2}}{g_{mID}}\right] \\ P_{ADD} = V_{DD}\left(\dfrac{g_{m3}}{g_{mID}} + \dfrac{c_{0} + c_{0d}}{R}V_{FS}\right) \end{cases} \quad (9.4)$$

式中，V_{DD} 为电源电压；g_{mID} 为跨导电流比。在本设计中，两个谐振器均假设电容 $C_{1} = C_{2} = C$，电感 $L_{1} = L_{2} = L$，Q 增强增益 $g_{kq1} = g_{kq2} = g_{kq}$（见图 6.10）。

给定一组根据信噪失真比、B_{w} 和 P 定义的设计指标，可以将优化过程表述为具有五个设计变量的设计问题，即带外增益、R_{gain}、s_{r1}、s_{r2} 和 g_{kq}。需要注意的是，使功耗最小的关键设计策略之一是通过增加谐振器权重 s_{r1}、s_{r2} 来降低 k_{i} 系数的值。合理选择这些权重可以使功耗减少数个数量级。但是，必须通过适当增加有源加法器的增益来补偿这种缩放过程，以便获得所需的环路滤波器增益。

为了优化所有涉及的高阶设计参数，设计步骤可以按照以下流程进行：

1）基于参数仿真分析，对参数 R_{gain} 和带外增益进行优化，即在其他参数固定为理想值的情况下，扫描这些参数值。

2）优化参数 s_{r1} 和 s_{r2}。在此步骤中，g_{kq1}、g_{kq2} 采用理想值，并将 R_{gain} 和带外增益设置为步骤 1）中获得的值。

3）优化参数 g_{kq}，其他参数固定为先前步骤中确定的值。

图 9.30 说明了以上优化流程的各个步骤。图中展示了当输入测试信号为 900MHz 时每个步骤所得到的性能指标参数。注意：在每个优化步骤中，对图 6.10 中调制器的 SIMSIDES 模型进行了仿真，同时尝试设置了这些设计变量的初始值范围。根据信噪失真比、最小功耗（P）和稳定性之间的选择折中来选择设计参数。在设计的初始阶段，就要考虑其他一些诸如热噪声之类基本的限制因素。在此调制器示例中，前端跨导和反馈数／模转换器是主要的热噪声源。为了获得所需的性能，必须充分降低这两部分热噪声源对整个噪声底板的贡献。时钟抖动是另一个重要的限制因素，它会极大地影响千兆赫兹带通连续时间 Sigma-Delta 调制器的性能。针对不

同的标准，如 CDMA、LTE700 和 GSM900，Cadence Specter 中时钟抖动对调制器输出频谱的影响如图 9.31 所示。注意：无论 f_n 的值如何，在所有标准中，由抖动效应引起的频谱衰减都是相似的，这意味着时钟频率 f_s 的值比 f_n 更重要[27]。

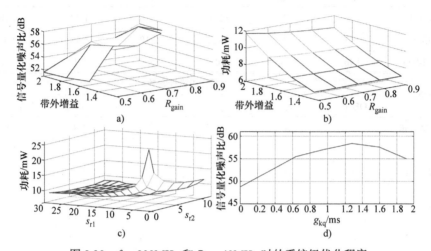

图 9.30　f_n = 900MHz 和 B_w = 40MHz 时的系统级优化程序

a）信号量化噪声比与带外增益和 R_{gain}（步骤 1）)　b）功耗与带外增益和 R_{gain}（步骤 1)）

c）功耗与 s_{r1}、s_{r2}（步骤 2)）　d）信号量化噪声比与 g_{kq}（步骤 3)）

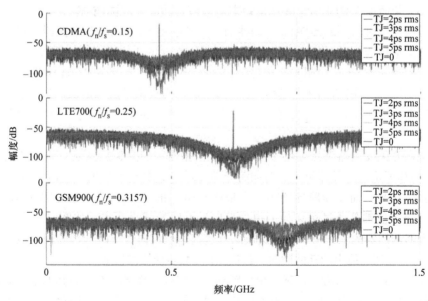

图 9.31　不同标准和 f_n/f_s 时，Gm-LC 带通 Sigma-Delta 调制器时钟抖动误差对性能的影响

对于不同的标准和调制器工作模式，系统级优化后的设计参数值见表 9.1。根据表 9.1 中的系数值，可以计算出主要的电路参数值（跨导、电容和电感），并将其作为 9.5.3.3 小节中描述的调制器子电路的设计起点。

表 9.1　图 6.10 中的带通连续时间 Sigma-Delta 调制器的高阶综合示例

标准	环路滤波器系数					
	c_0	c_{0d}	c_1	c_{1d}	c_2	c_{2d}
CDMA-450	−0.62	1.22	−2.92	2.76	1.72	−1.28
LTE-700	−0.73	1.33	−3.32	2.10	1.48	−2.07
GSM-900	−0.46	0.80	0	−3.32	−3.12	−1.28
标准	系统级设计参数					
	OBG	s_{r1}	s_{r2}	R_{gain}	g_{kq1}/mS	g_{kq2}/mS
CDMA-450	2.5	16	4	1	5.8	5.8
LTE-700	2.5	16	4	1	2.0	2.0
GSM-900	2.5	16	4	0.8	1.6	1.6
标准	信号与电路参数					
	f_n/GHz	f_s/GHz	L/nH	C/pF	R/kΩ	Q
CDMA-450	0.45	1.25	6.7	18.6	1000	8.8
LTE-700	0.75	2	6.9	6.5	50	12.4
GSM-900	0.95	2	7.1	4.0	50	14.1

9.5.3.3　带通连续时间 Sigma-Delta 调制器环路滤波器可重构技术

带通连续时间 Sigma-Delta 调制器的主要子电路包括 Gm-LC 谐振器、有源加法器和 4 位量化器（见图 6.10）。4 位量化器采用常规的 4 位 flash 模／数转换器实现，该模／数转换器由分压电阻和基于再生锁存器的比较器，以及反馈电流舵数／模转换器组成。其中反馈电流舵数／模转换器采用共源共栅电流单元以增加输出电阻。由于可重构性、功耗和电路变量的鲁棒性方面是性能优化的关键因素，因此必须着重考虑谐振器和有源加法器的可重构和设计策略。

采用开关反向器型跨导器实现 Gm-LC 谐振器，如图 8.23 所示。该电路由一个 LC 结构和可重构跨导器组成。前向跨导器（对应于图 6.10 中的 $g_{m1,2}$）用于处理谐振器输入信号，而反馈跨导器用于实现图 6.10 中的 $g_{kq1,2}$ 系数。在这两种情况下，所需的跨导值都是通过可切换的单位反向器型跨导器来获得，如图 8.23 所示。因此，根据调制器的工作模式，连接或断开这些单位反向器型跨导器（相应地上电或掉电），可在消耗最小功耗的同时，最优化模／数转换器的性能。

从图 9.32 中可以看出，某些单位跨导器始终处于连接状态，而其他单元则是由开关进行控制。基于反向器型的单位跨导器结构简单，且容易模块化，因此可以在最大程度降低功耗的同时，提高调制器的灵活性和可编程性。表 9.2 列出了所有单位跨导器的尺寸。为了更精确地调整所要求的环路滤波器系数值，采用不同的单位跨导器值 $g_{mu} = 100\mu A/V$，即采用了 g_{mu}、$1/2g_{mu}$。同时，g_{qu} 也遵循相同的策略，即采用 $1/2g_{qu}$，$1/4g_{mu}$。由表 9.2 可以很容易地通过适当缩放单位跨导器的尾电流值

（I_{bias} = 12.5μA）及其尺寸来调整跨导值。共模电压 V_{cm} = 0.6V 由电感设置，因此不需要共模反馈电路。

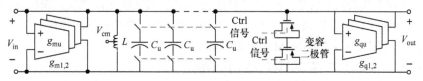

图 9.32　用于带通连续时间 Sigma-Delta 调制器的 Gm-LC 谐振器的概念原理图

表 9.2　单位跨导器的尺寸示例（见图 8.23）

W/L（μm/μm）	g_{mu}	$1/2g_{mu}$	g_{qu}	$1/2g_{qu}$	$1/4g_{qu}$
M_n	2.2/0.24	1.1/0.24	8.8/0.12	4.4/0.12	4.4/0.12
M_p	1.7/0.24	0.85/0.24	7.44/0.12	3.72/0.12	3.72/0.12
M_{bias}	1.2/0.24	1.2/0.24	4.8/0.24	2.4/0.24	1.2/0.24

谐振器中另一种重构和调谐策略可以采用由 CMOS 开关连接的可切换的单元 MIM 电容对谐振频率进行编程。CMOS 开关依次进行数字化控制，以便对每种工作模式中带通连续时间 Sigma-Delta 调制器的 f_n 值进行编程。为了增加整体电容值的单位精确度，使用了不同的单位电容值，即 125fF、150fF、300fF、400fF、800fF 和 1pF。此外，还利用了基于 pMOS 的变容二极管来微调每种情况下所需的谐振频率。

对于调制器的正确操作，尤其是考虑到电路中包含大量可编程技术时，谐振器品质因数 Q 的控制至关重要。为此，实现 $g_{kq1,2}$ 的反馈跨导器也采用数字码进行编程，这将在后续的内容中进行讨论。此外，在实践中也使用这种数字可编程技术来校准谐振器性能。为了实现这些校准技术，可以使用如图 9.33 所示的源跟随器模拟缓冲器来连接和测试两个谐振器的输出。

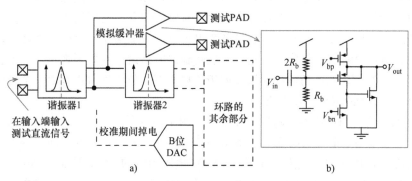

图 9.33　校准模式下的谐振器概念原理图

a）框图　b）用于测试目的的模拟缓冲器

表 9.3 总结了两个谐振器中的不同配置模式。对于不同的情况，表中列出了主要的仿真性能指标，同时列出了以下数字控制信号的值和范围：

1）Ctrl-F 代表数字信号，该数字信号用于实现设置实现 $g_{m1,2}$ 所需的单位 g_{mu} 数量。

2）Ctrl-Q 表示连接到 $g_{kq1,2}$ 的 g_{qu}、$1/2g_{qu}$ 和 $1/4g_{qu}$ 单位跨导的数量。

3）Ctrl-SW 设置单位 MIM 电容的数量。

4）Ctrl-VAR 为变容二极管控制电压的值。

表 9.3 谐振器的重构

标准	谐振器 1				
	Ctrl-F	Ctrl-Q	Ctrl-SW	Ctrl-VAR/V	f_n/MHz
CDMA	11	53	10	0.4	449
LTE	9	20	2	0.3	759.6
GSM	14	6	1	0.4	955

标准	谐振器 2				
	Ctrl-F	Ctrl-Q	Ctrl-SW	Ctrl-VAR/V	f_n/MHz
CDMA	48	36	13	0.6	455
LTE	32	17	3	0.6	754
GSM	12	6	1	0.6	957

为了说明谐振器的重构特性，图 9.34 为谐振器 1 的输出频率响应，其中输入信号幅度为 100mV，频率分别为 450MHz（CDMA）、750MHz（LTE）和 950MHz（GSM）。从中可以看出如何通过改变数字控制信号从归一化值修改品质因数 Q 和 f_n，这对于使调制器的性能满足每个标准的设计要求是至关重要的。

在这类 Sigma-Delta 调制器拓扑结构中，另一个关键的子电路是模拟有源加法器，因为它需要进行求和操作，并放大千兆赫兹范围内的信号。在本设计示例中，加法器电路归一化增益设计为 64，以减少其余的调制器环路滤波器系数，从而在上述的输入 - 输出摆幅、功耗和输出跨导设计的简单性方面发挥优势。但是，为了获得这些设计优势，实现加法器的电路将变得更复杂。加法器所消耗的功耗也成为整个调制器功耗中的主要部分。因此，这是调制器电路设计的瓶颈之一。为了获得所需的增益，考虑图 9.35 所示的多级（四级）放大器。放大器每级都由一个可编程增益跨导器和一个跨阻放大器组成。

图 9.36 为有源加法器中跨导器原理图，图中显示了跨导器尺寸和偏置值。该电路具有类似于用于谐振器的反向器型拓扑结构，除了输入信号的正向路径外，该电路还包括一个由 MIM 电容和一个基于 nMOS 电阻组成的 RC 滤波器。nMOS 电阻可以通过调节控制信号 Ctrl-Add（0.6~0.9V）进行调节，从而可以针对调制器的每种工作模式来控制和校准加法器的增益、失调和延迟。

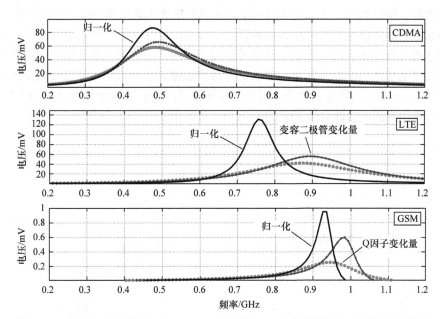

图 9.34　改变数字控制信号对 Gm-LC（类似图 9.32）谐振器输出频率响应的影响

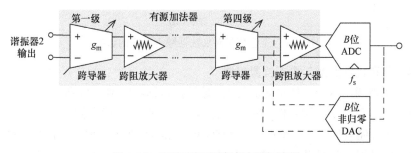

图 9.35　四阶有源环路滤波器加法器

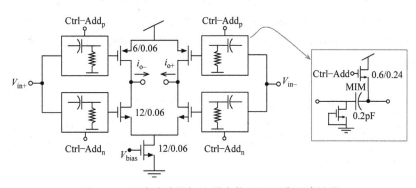

图 9.36　环路滤波器加法器中使用的可编程跨导器

在最坏情况下，即增益为 45 时，对加法器的频率响应进行了 100 次采样的蒙特卡罗仿真，如图 9.37 所示。为了针对不同无线标准优化其频率响应，同谐振器一样，环路滤波器加法器也具有高度的可编程性。为此，也可以使用类似于图 9.33 的方案对加法器进行实验校准。然而，在这种情况下，用于测试谐振器 2 输出的焊盘也同时用作校准加法器的输入焊盘。该方案通过在谐振器 2 的输出缓冲器和测试焊盘之间连接一个 CMOS 开关来实现。因此该焊盘既可以用作测试谐振器 2 的输出焊盘，也可以用作测试加法器的输入焊盘。

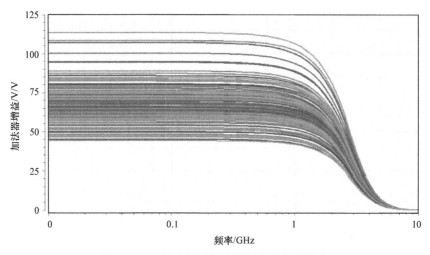

图 9.37　工艺变量对加法器频率响应的影响

9.5.3.4　具有校正的嵌入式 4 位量化器

用于实现调制器中 4 位量化器的模／数转换器框图如图 9.38 所示。快闪（flash）型 ADC 的温度计码数字输出经过二进制编码，存储在只读存储器中。根据操作模式，该只读存储器提供了一个以 f_s = 1.25GHz 或 2GHz 为时钟源的 4 位数字输出。为了简化测试过程，利用串 - 并行寄存器（serial-to-parallel register，SPR）作为解复用器，以便将速率为 f_s 的 4 位输出比特流转换为 $f_s/4$ 时钟频率的 16 位信号。一个数字模块的操作如图 9.39 所示，该模块将时钟频率为 2GHz 的单个 4 位串行数据输入转换为时钟频率为 500MHz 的四个 1 位并行数据输出。选通信号用于触发和捕获并行输出数据。

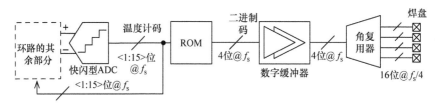

图 9.38　带通连续时间 Sigma-Delta 调制器中嵌入式 4 位模／数转换器框图

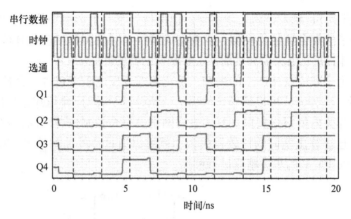

图 9.39　输出比特流的串 - 并转换

环路滤波器加法器提供的模拟输出信号通过 flash 模 / 数转换器（由 15 个比较器和一组分压电阻组成）进行量化，该分压电阻从满量程参考电压 V_{ref} = 1.2V 生成内部参考电压。比较器原理图如图 9.40 所示，该原理图包括：

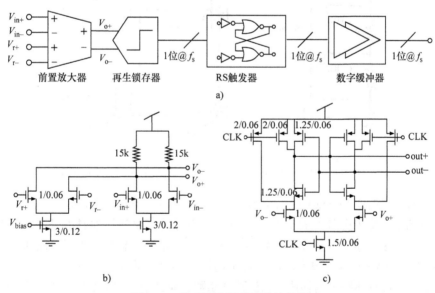

图 9.40　基于再生锁存器的比较器
a）框图　b）前置放大器　c）再生锁存器

1）一个简单的跨导运算放大器前置放大器，以提高静态分辨率：失调和迟滞。

2）由一对 CMOS 反相器交叉耦合构成的一个传统的正反馈再生锁存器。

3）SR 触发器，用于存储锁存器提供的电压。

在比较或选通相位时（时钟信号 CLK 为高电平时），正反馈的作用迫使输出根据输入信号快速地推断出相应的数字逻辑。当 CLK 为逻辑零时，锁存器的输出复位为逻辑 1，并且 SR 触发器将比较器输出值保持到下一个选通相位。正如 8.4.2 节所讨论的，为了选择合适的比较器，需要完成蒙特卡罗仿真和工艺角分析，使时间响应足够快，并且量化器失调和迟滞不会影响调制器的性能。

此外，为了减少设计产生的失调，量化器的分压电阻中包含一个校准电路，如图 9.41 所示。这种方式可以调整比较器的失调并减少其对调制器性能的影响。该校准电路基于开关电阻网络实现。开关电阻网络的每个控制位可以调整 40mV 的比较器失调。一旦计算出不同的比较器失调，就可以通过片外控制信号 CTRLi（i = 1，2，$\cdots$，n）以 40mV 的步进精度进行校准。

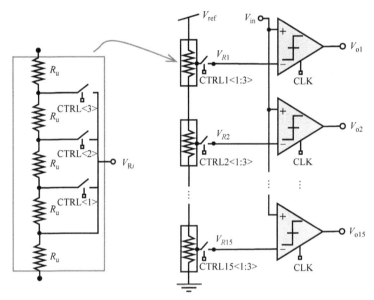

图 9.41　嵌入式 4 位量化器中使用的校准电路概念（单端）原理图

带通连续时间 Sigma-Delta 调制器的反馈环路主要由实现所需延迟的 D 锁存器和相应的数／模转换器组成（见图 6.10）。电流舵数／模转换器具有速度快、易于与 Gm-C 谐振器连接等优点，因此得到了广泛的应用。本例中使用了图 9.42 所示的 nMOS 和 pMOS 电流单元，以实现调制器的环路滤波器反馈系数。简单电流单元用于实现过量环路延迟补偿环路滤波器系数，而其余反馈电流则由共源共栅单元提供。

9.5.3.5　偏置、数字控制可编程和可测性

如图 9.43 所示，为了使带通连续时间 Sigma-Delta 调制器的性能适应不同的工作模式，且具有最优化的功耗，使用主偏置电流产生器对所有模块进行偏置。主偏置电流 I_{bias} 可以通过一个外部电阻（如 R_{bias} = 100kΩ）产生，并且偏置所有调制器子电路的镜像电流则通过 pMOS 或 nMOS 电流镜提供。所有的镜像电流都直接流向所有模拟模块，因此主偏置电流产生器都有专用信号来独立控制偏置电流。

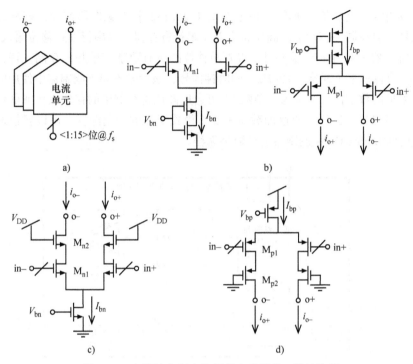

图 9.42 本设计实例中使用的电流舵数 / 模转换器

a）示意图 b）实现反馈电流 $I_{c_0, c_{0d}}$ 的 CMOS 单元

c）$I_{c_{1,2}}$ 的 nMOS 单元 d）$I_{c_{1d}, c_{2d}}$ 的 pMOS 单元（见图 6.10）

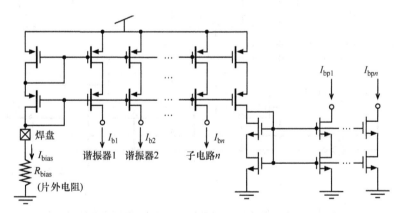

图 9.43 本例中带通连续时间 Sigma-Delta 调制器使用的主偏置电流电路

　　需要注意的是，研究案例使用的调制器中包含的各种重构策略需要超过 180 个数字控制信号。为了向芯片提供必要的控制信号，同时保留较少数量的焊盘以使测试保持一定的灵活性，如此大量的信号通常需要采用串 - 并转换的解决方案。为此，该芯片使用串 - 并行寄存器收集串行输入数据并将其转换为 180 个并行控制位。

图 9.44 为串 - 并行寄存器框图，该框图基于 2×182 个 D 触发器实现，该触发器可与调制器集成在同一芯片上。高位寄存器（串行寄存器）以串行模式移位输入数据，而低位寄存器（并行寄存器）用于将先前移位的所有数字信号并行存储。寄存器操作需要一个低速率（通常 <10kHz）的时钟信号，该信号不同于调制器中使用的时钟信号。附加的数字信号（称为"负载"）可启用高位寄存器中的移位操作或低位寄存器中的加载操作。这样，通过加载每种操作模式所需的控制配置，可以轻松地对带通连续时间 Sigma-Delta 调制器进行数字编程。

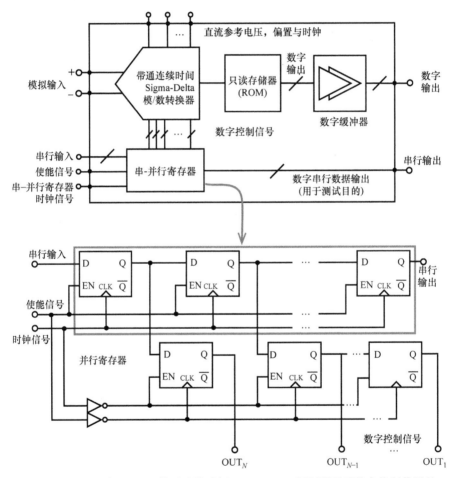

图 9.44　用于生成 Gm-LC 带通连续时间 Sigma-Delta 调制器所需数字控制信号的串 - 并行寄存器框图

结合带通连续时间 Sigma-Delta 调制器芯片，为串 - 并行寄存器生成所需的串行数据的基于 Arduino 的电路方案如图 9.45 所示。本例中采用 Arduino Mega 2560 开发板实现。这种方法也可以扩展到任何其他 Arduino 模型 [28]。在此配置中，Arduino 开发板的 48、52 和 53 引脚分别用于生成串 - 并行寄存器的串行数据输入（串行输入）、使能信号和时钟信号。由于 Arduino 提供的比特流是摆幅为 5V 的方波，因此使用电位计将信号范围缩小至 1.2V，并将产生的脉冲通过一组数字缓冲器传输到芯片。为了将整个系统安装到焊接好的单个模块中，本例中使用了 Arduino 原型屏蔽板。而焊接好的单个模块也可以很容易地连接测试 PCB。

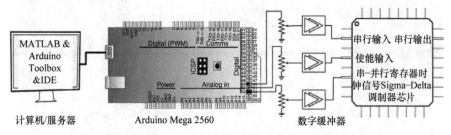

图 9.45　基于 Arduino 的信号模式产生器电路方案

本例使用了 Arduino 的 MATLAB 硬件支持包，以通过 USB 电缆[29] 对图 9.45 中的电路进行通信和编程。图 9.46 所示为一个非常简单的 MATLAB 脚本。该脚本实质上是加载信号模式，可以在 MATLAB 中以 CSV 文件格式生成该脚本。读取信号模式后，再使用命令 a.pinMode 和 a.digital.Write 将生成的数据传输到 Arduino 开发板，Arduino 开发板再生成 Sigma-Delta 调制器芯片中串 - 并行寄存器的串行输入数据。

```
clear all;
clc;
B=csvread('ControlSignalsCalRes1_1.csv');
a=arduino('COM5');
a.pinMode(53,'outPut');
a.pinMode(52,'outPut');
a.pinMode(48,'outPut');
for r=1:375
clk_in=B(r,1)
enable_in=B(r,2)
data_in=B(r,3)
a.digitalWrite(48,data_in);a.digitalWrite(52,enable_in);
a.digitalWrite(53,clk_in);
pause(0.1);
end
```

图 9.46　用于控制基于 Arduino 的信号产生器的 MATLAB 脚本

图 9.47 为用于测试带通连续时间 Sigma-Delta 调制器芯片的 PCB 照片（见图中高亮显示部分）。通用 MICTOR 连接器用于将基于 Arduino 的硬件连接到 PCB 上。图 9.48 为 Arduino 提供的串行输入数据以及加载到芯片上的相应数据。图中显示了两个串行数据是如何相互匹配，从而正确地加载到调制器中。这种方法的主要好处是可以使用如图 9.46 所示的简单脚本在 MATLAB 中轻松修改生成的信号模式，并且可以修改新的数据序列并将其加载到芯片上，以重构所描述的调制器芯片的工作模式。这种测试策略可用于以较高的可编程性来表征 Sigma-Delta 模 / 数转换器的性能，而无须在实验室中使用昂贵的测试设备。

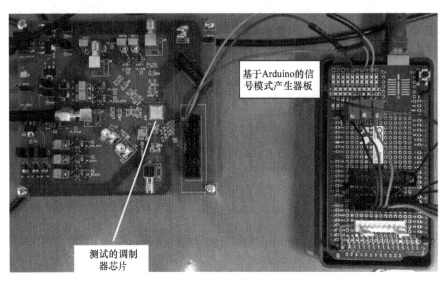

图 9.47　测试建立（包括芯片、测试 PCB 和基于 Arduino 的信号模式产生器）

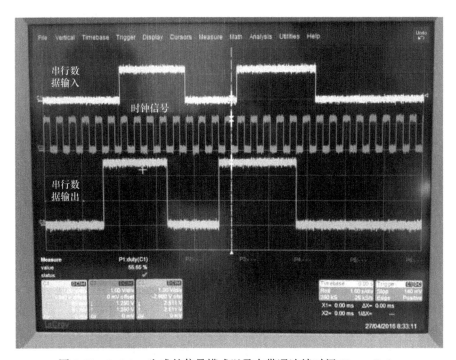

图 9.48　Arduino 生成的信号模式以及在带通连续时间 Sigma-Delta
调制器芯片中加载和生成的相应输出数据

9.6　小结

　　本章讨论了从 Sigma-Delta 调制器电路到芯片实现和实验室测试时应考虑的一些实际设计注意事项。除了所需的外围电路（如时钟电路发生器、偏置电路和数字控制信号处理）外，还讨论了一些有关版图、芯片原型和测试建立的关键问题。其中以三个 Sigma-Delta 调制器案例研究对一些实际设计考虑因素进行了说明。这些案例研究涵盖了不同的设计指标，涵盖了从高精度传感器接口到宽带以及用于无线通信系统的可重构模 / 数转换器结构。

　　本书的下一个章节将对 Sigma-Delta 调制器进行详尽的分析，以帮助设计者选择最优的调制器架构和电路技术，从而满足不同的应用需求。同时对各个设计实例中提出的 Sigma-Delta 调制器的发展趋势、面临的挑战以及实际解决方案进行讨论，并最终面向新兴的数字应用，展示新一代 Sigma-Delta 调制器的发展路径。

参考文献

[1] R. del Río, F. Medeiro, B. Pérez-Verdú, J. M. de la Rosa, and A. Rodríguez-Vázquez, *CMOS Cascade ΣΔ Modulators for Sensors and Telecom: Error Analysis and Practical Design.* Springer, 2006.

[2] L. Breems, R. Rutten, and G. Wetzker, "A Cascaded Continuous-Time ΣΔ Modulator with 67-dB Dynamic Range in 10-MHz Bandwidth," *IEEE J. of Solid-State Circuits*, vol. 39, pp. 2152–2160, December 2004.

[3] G. Mitteregger, C. Ebner, S. Mechnig, T. Blon, C. Holuigue, and E. Romani, "A 20-mW 640-MHz CMOS Continuous-Time ΣΔ ADC With 20-MHz Signal Bandwidth, 80-dB Dynamic Range and 12-bit ENOB," *IEEE J. of Solid-State Circuits*, vol. 41, pp. 2641–2649, December 2006.

[4] M. Bolatkale *et al.*, "A 4GHz Continuous-Time ΔΣ ADC With 70dB DR and –74 dBFS THD in 125 MHz BW," *IEEE J. of Solid-State Circuits*, vol. 46, pp. 2857–2868, December 2011.

[5] K. Lee and R. Meyer, "A Current-controlled Latch Sense Amplifier and a Static Power-saving Input Buffer for Low-power Architecture.," *IEEE J. of Solid-State Circuits*, vol. 20, pp. 1103–1113, December 1985.

[6] A. Morgado, R. del Río, and J. M. de la Rosa, *Nanometer CMOS Sigma-Delta Modulators for Software Defined Radio.* Springer, 2012.

[7] B. Razavi, *Design of Analog CMOS Integrated Circuits.* McGraw-Hill, 2000.

[8] A. Morgado, R. del Río, J. M. de la Rosa, L. Bos, J. Ryckaert, and G. van der Plas, "A 100kHz-10MHz BW, 78-to-52dB DR,4.6-to-11mW Flexible SC ΣΔ Modulator in 1.2-V 90-nm CMOS," *Proc. of the IEEE European Solid-State Circuits Conf.*, pp. 418–421, September 2010.

[9] M. Felder and J. Ganger, "Analysis of Ground-Bounce Induced Substrate Noise Coupling in a Low Resistive Bulk Epitaxial Process: Design Strategies to Minimize Noise Effects on a Mixed-Signal Chip," *IEEE Trans. on Circuits and Systems – II: Analog and Digital Signal Processing*, vol. 46, pp. 1427–1436, October 1999.

[10] F. Maloberti, "Layout of Analog and Mixed Analog-Digital Circuits," in *Design of Analog-Digital VLSI Circuits for Telecommunications and Signal Processing* (J. Franca and Y. Tsividis, editors), Prentice-Hall, 1994.

[11] Y. Tsividis, *Mixed Analog-Digital VLSI Devices and Technology: An Introduction.* McGraw-Hill, 1996.

[12] S. Cao *et al.*, "ESD Design Strategies for High-Speed Digital and RF Circuits in Deeply Scaled Silicon Technologies," *IEEE Trans. on Circuits and Systems – I: Regular Papers*, vol. 57, pp. 2301–2311, September 2010.

[13] J. M. de la Rosa *et al.*, "A CMOS 110-dB@40-kS/s Programmable-Gain Chopper-Stabilized Third-Order 2-1 Cascade Sigma-Delta Modulator for Low-Power High-Linearity Automotive Sensor ASICs," *IEEE J. of Solid-State Circuits*, vol. 40, pp. 2246–2264, November 2005.

[14] C. C. Enz and G. C. Temes, "Circuit Techniques for Reducing the Effects of Op-Amp Imperfections: Autozeroing, Correlated Double Sampling, and Chopper Stabilization," *Proc. of the IEEE*, vol. 84, pp. 1584–1614, November 1996.

[15] A. Morgado, R. del Río, and J. M. de la Rosa, "An Adaptive ΣΔ Modulator for Multi-Standard Hand-Held Wireless Devices," *Proc. of the IEEE Asian Solid-State Circuits Conf.*, pp. 232–235, 2007.

[16] J. Ruiz-Amaya *et al.*, "High-Level Synthesis of Switched-Capacitor, Switched-Current and Continuous-Time ΣΔ Modulators Using SIMULINK-based Time-Domain Behavioral Models," *IEEE Trans. on Circuits and Systems – I: Regular Papers*, vol. 52, pp. 1795–1810, Sep. 2005.

[17] A. Morgado *et al.*, "High-Efficiency Cascade ΣΔ Modulators for the Next Generation Software-Defined-Radio Mobile Systems," *IEEE Transactions on Instrumentation and Measurement*, vol. 61, pp. 2860–2869, Nov. 2012.

[18] K. Koli *et al.*, "A 900-MHz Direct Delta-Sigma Receiver in 65-nm CMOS," *IEEE J. of Solid-State Circuits*, vol. 45, pp. 2807–2818, Dec. 2010.

[19] P. Shettigar and S. Pavan, "Design Techniques for Wideband Single-Bit Continuous-Time ΔΣ Modulators With FIR Feedback DACs," *IEEE J. of Solid-State Circuits*, vol. 47, pp. 2865–2879, December 2012.

[20] H. Shibata *et al.*, "A DC-to-1GHz Tunable RF ΔΣ ADC Achieving DR=74dB and BW=150MHz at f_0 =450MHz Using 550mW," *IEEE ISSCC Digest of Technical Papers*, pp. 150–151, February 2012.

[21] E. Martens *et al.*, "RF-to-Baseband Digitization in 40nm CMOS With RF Bandpass ΔΣ Modulator and Polyphase Decimation Filter," *IEEE J. of Solid-State Circuits*, vol. 47, pp. 990–1002, April 2012.

[22] S. Gupta *et al.*, "A 0.8-2GHz Fully-Integrated QPLL-Timed Direct-RF-Sampling Bandpass ΣΔ ADC in 0.13μm CMOS," *IEEE J. of Solid-State Circuits*, vol. 47, pp. 1141–1153, May 2012.

[23] M. Englund *et al.*, "A Programmable 0.7–2.7 GHz Direct ΔΣ Receiver in 40nm CMOS," *IEEE J. of Solid-State Circuits*, vol. 50, pp. 644–655, March 2015.

[24] A. Ashry and H. Aboushady, "A 4th Order 3.6 GS/s RF ΣΔ ADC With a FoM of 1pJ/bit," *IEEE Trans. on Circuits and Systems – I: Regular Papers*, vol. 60, pp. 2606–2617, October 2013.

[25] H. Chae *et al.*, "A 12 mW Low Power Continuous-Time Bandpass ΔΣ Modulator With 58 dB SNDR and 24 MHz Bandwidth at 200 MHz IF," *IEEE J. of Solid-State Circuits*, vol. 49, pp. 405–415, February 2014.

[26] C. Wu *et al.*, "A Wideband 400 MHz-to-4 GHz Direct RF-to-Digital Multimode ΔΣ Receiver," *IEEE J. of Solid-State Circuits*, vol. 49, pp. 1639–1652, July 2014.

[27] G. Molina *et al.*, "LC-Based Bandpass Continuous-Time Sigma-Delta Modulators with Widely Tunable Notch Frequency," *IEEE Trans. on Circuits and Systems – I: Regular Papers*, vol. 61, pp. 1442–1455, May 2014.

[28] Arduino, *Arduino MEGA 2560*. [Online]. Available: http://www.arduino.cc/en/Main/arduinoBoardMega2560, 2016.

[29] Mathworks, *MATLAB Support Package for Arduino Hardware*. [Online]. Available: http://www.mathworks.com/help/supportpkg/arduinoio/, 2016.

前沿、趋势和挑战：迈向下一代 Sigma-Delta 调制器

自 Sigma-Delta 调制技术发明以来，研究人员基于许多技术流程、架构和电路技术已经开发出许多集成电路，可应用于从高分辨率数 / 模传感器和仪器接口到超低功耗的生物医学和宽带通信等各个领域 [1-4]。同时，Sigma-Delta 调制器的原始概念和基本信号处理技术在最近几年也得到了飞速发展。此外，新的应用场景需要创新的解决方案来满足日益增长的高能效要求，因此产生了新一代的 Sigma-Delta 转换器。例如，在基于软件无线电接收机的射频数字仪中，一部分射频信号处理会被嵌入到 Sigma-Delta 环路中 [5]。其他例子包括在环路滤波器中使用数字辅助模拟电路 [6, 7]，或者在嵌入式量化器 [8] 中使用时间 / 数字转换器（TDC），都是利用了集成电路在纳米级数字信号处理的优势。

深入了解最新 Sigma-Delta 调制器的性能、发展趋势、挑战以及电路和系统解决方案，能够使设计人员选择最佳的 Sigma-Delta 调制器架构、电路实现、技术流程，来满足特定的设计规范和特定的应用程序。基于这一目标，并考虑到本书所采用的设计方法，本章概述了采用 CMOS 工艺制造的最先进的 Sigma-Delta 调制器集成电路，主要目的是对不断发展的趋势、设计挑战和解决方案进行详尽的分析，以提取实用的结论和指南，这对于设计人员的设计方案十分有益。此外，本章还对一些很有前景的新兴 Sigma-Delta 技术进行了综述，并重点介绍了下一代 Sigma-Delta 转换器的未来发展方向和前景，以及它们在不利于模拟电路的深纳米 CMOS 工艺中的集成意义。

本章的灵感来自以前对模 / 数转换器最新性能的调研 [3, 9-16]。这些调研涵盖了多种模 / 数转换器，而不仅仅是 Sigma-Delta 调制器。Walden[9]、Murmann[10] 以及后来的 Jonsson[13, 14] 和 Manganaro[15] 发表了全面而详细的调研报告。这里重点介绍 Sigma-Delta 调制器集成电路。除了分析并比较从文献中收集的数据，以及从标准性能指标中提取的数据之外，本章还概述了代表最新性能的 Sigma-Delta 调制器电路和系统技术，并重点介绍了当前的趋势、挑战和解决方案。

本次调研使用的数据主要来自《IEEE Journal of Solid-State Circuits》以及

由 IEEE 固态电路协会（SSCS）赞助的主要会议论文集，包括国际固态电路会议（ISSCC）、欧洲固态电路会议（ESSCIRC）、定制集成电路会议（CICC）、超大规模集成电路研讨会（VLSI）、亚洲固态电路会议（ASSCC）和射频集成电路研讨会（RFIC）。除了这些会议外，其他一些出色的 Sigma-Delta 调制器集成电路的详细信息还发布在《IEEE Transactions on Circuits and Systems》（Patr Ⅰ and Ⅱ）和《IEEE International Symposium on Circuits and Systems（ISCAS）》中。总体而言，本次评测已经分析并考虑了 500 多种 Sigma-Delta 调制器集成电路。尽管本次研究包括了 1990 年至 2017 年发表的论文，但更主要还是集中于过去的 15 年中发表的相关论文⊖。

　　本章的内容安排如下。10.1 节概述了 Sigma-Delta 调制器的最新技术，并将其性能与奈奎斯特模 / 数转换器进行比较。在 10.2 节中比较了各种 Sigma-Delta 调制器架构和电路技术，并在 10.3 节中进行了详尽分析，以提供实用的设计指南。10.4~10.9 节回顾了一些最先进的 Sigma-Delta 调制器技术，分析了 Sigma-Delta 调制器领域的设计趋势和挑战。最后，10.10 节中对最新参考文献进行分类描述，10.11 节中给出一些结论。

10.1　先进模 / 数转换器：奈奎斯特模 / 数转换器与 Sigma-Delta 模 / 数转换器

　　为了将 Sigma-Delta 调制器置于数据转换器的最新技术背景下，首先将 Sigma-Delta 模 / 数转换器的性能与快闪型、两步型、折叠型、流水线型和逐次逼近（SAR）型等奈奎斯特速率模 / 数转换器进行比较。图 10.1 所示为先进模 / 数转换器的主要设计指标，包括分辨率（此处用有效位数描述）和带宽 B_w。该图（通常指孔径图）说明了不同模 / 数转换器架构所覆盖的转换区域。与逐次逼近型模 / 数转换器相比，Sigma-Delta 模 / 数转换器覆盖的转换范围更广。图 10.1 中，读者还可以看到两种不同的最新前沿技术（带宽 B_w 与有效位数）。其中一种前沿技术主要由 Sigma-Delta 模 / 数转换器主导，从低频（数十 / 百千赫兹）和高分辨率（约 22bit）到中高频（数十 / 百兆赫兹）和中 - 高分辨率（约 12bit）。另一种前沿技术中逐次逼近型模 / 数转换器和流水线型模 / 数转换器占主导地位⊖，从数百兆赫兹和中等分辨率（10~11bit 数量级）到数十千兆赫兹和低分辨率（高达 5~6bit）。两种前沿技术的最终限制

⊖　所有这些数据都已汇编在 Excel 电子表格中，该电子表格可在线获取，网址为 http://www.imse-cnm.csic.es/~jrosa/CMOS-SDMs-Survey-imse-JMdelaRosa.xlsx。该电子表格文件中的数据库每 6 个月更新一次，旨在补充广受欢迎和高度引用的 Murmann 数据库[17]，其中包括 IEEE ISSCC 和 VLSI 会议上提出的模 / 数转换器的最新性能。

⊖　过采样技术也可以嵌入逐次逼近型或流水线型模 / 数转换器中。Shibata 等人发表了一种先进的模 / 数转换器示例，提出了一种 28nm CMOS 过采样连续时间流水线型模 / 数转换器。当时钟频率为 9GS/s 时，该模 / 数转换器可将 1.125GHz 带宽的信号数字化，有效精度约为 12bit[18]。

因素是低频下的热噪声、高分辨率应用下的性能以及要求最高速度应用下的时钟抖动。

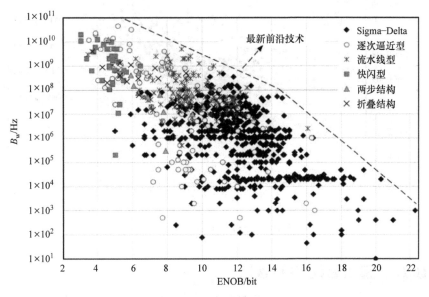

图 10.1　不同模 / 数转换器的孔径图

10.1.1　转换能量 ★★★◀

从图 10.1 可以清楚地看到，现有技术主要以 Sigma-Delta、流水线型和逐次逼近型模 / 数转换器为主导。除了它们的主要参数——有效位数（ENOB）和带宽（B_w）以外，比较这些模 / 数转换器的效率也很有帮助。这可以通过测量每个转换样本的能量来量化，也称为转换能量 E，定义为 [10, 14]

$$E \equiv \frac{P(\mathrm{W})}{f_{\mathrm{snyq}}(\mathrm{Hz})} \tag{10.1}$$

式中，P 为功率；$f_{\mathrm{snyq}} = 2B_w$ 为有效奈奎斯特速率（也称为数字输出速率），单位为每秒采样数（S/s）。

因此，通常用转换能量与有效位数的关系图来分析和以图表方式表示模 / 数转换器的效率，也称为能量图 [10, 15]。图 10.2 将 E 表示为由最先进的流水线型、逐次逼近型和 Sigma-Delta 模 / 数转换器实现的有效位数的函数。该图以图形方式表示了分辨率和转换能量之间的折中。正如预期的那样，ENOB 与 E 之间存在直接关系，即分辨率越高，需要的转换能量就越大。因此，可以方便地用一个度量标准来表达这种折中，该度量标准通常被称为品质因数（FOM），该参数考虑了模 / 数转换器的主要性能度量标准，即有效位数、带宽（B_w）和功耗（P）。

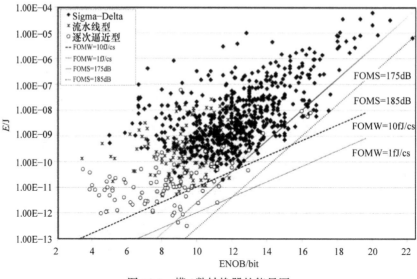

图 10.2　模 / 数转换器的能量图

10.1.2　品质因数（FOM）★★★

选择合适的 FOM 始终是模 / 数转换器讨论的重点问题。这里将考虑以下两个 FOM，即

$$\begin{cases} \text{FOMW} \equiv \dfrac{E(\text{J})}{2^{\text{ENOB(bit)}}} \\ \text{FOMS} \equiv \text{SNDR}(\text{dB}) + 10\lg\left[B_{\text{w}}(\text{Hz})/P(\text{W})\right] \end{cases} \quad (10.2)$$

其中，信噪失真比（SNDR）与有效位数相关，根据式（1.18），其计算式为 $10\lg\left[\dfrac{3}{2}\times 4^{\text{ENOB(bit)}}\right] = 6.02\text{ENOB(bit)} + 1.76$。FOMW 由 Walden[9] 提出，以每转换步骤的焦耳（J/cs）为单位，而 FOMS 基于 Rabii 和 Wooley[19] 提出的 FOM，按 Schreier 和 Temes[2] 提出的对数尺度计算公式为：

$$\text{FOMR} \equiv 2kT \frac{3\times 2^{2\times\text{ENOB(bit)}}}{E(\text{J})} = 2kT \frac{3\times 2^{2\times\text{ENOB(bit)}} f_{\text{snyq}}(S/s)}{P(\text{W})} \quad (10.3)$$

式中，k 为玻耳兹曼常数；T 为芯片温度（K）。FOMS 也可以表示为

$$\text{FOMS} \equiv P_{\text{sig}|\text{dBFS}} - \text{NSD}\big|_{\text{dBFS/Hz}} - 10\lg\left[P(\text{W})\right] \quad (10.4)$$

式中，$P_{\text{sig}|\text{dBFS}}$ 为模 / 数转换器满摆幅范围内的输入信号功率（dB）；$\text{NSD}\big|_{\text{dBFS/Hz}} \equiv (P_{\text{nd}}/B_{\text{w}})\big|_{\text{dBFS/Hz}}$ 为噪声频谱密度，其中 P_{nd} 为满摆幅范围内噪声与失真功

率之和。因此，当考虑满摆幅输入（$P_{\text{sig|dBFS}} = 0$）时，FOMS 本质上描述了根据转换器 NSD 外推至 1W 功耗时的转换器效率。例如，当模 / 数转换器 FOMS = 160dB 时，则在 P = 1W 时 NSD = −160dBFS/Hz，或者表示为模 / 数转换器在 P = 0.1W 时 NSD = −150dBFS/Hz[16]。FOMW 强调功耗，而 FOMS 强调有效分辨率。因此，FOMW 值越小且 FOMS 值越大，则模 / 数转换器性能越好。

在本章中，选择 FOMW 和 FOMS 是因为它们是大多数 Sigma-Delta 调制器中最常用的 FOM。需要注意的是，根据第 1 章中给出的有效位数定义，动态范围（DR）用于计算有效位数，因此可用于计算本章末尾表中所示的 FOMW 值。但是，在那些表现出高度非线性特性的 Sigma-Delta 调制器集成电路中，有效分辨率（ENOB）实际上受到峰值信噪失真比的限制，如第 1 章所述。因此其对应的 FOMW 会比表中所示的 FOWM 值差。然而，本章的目的是分析 Sigma-Delta 模 / 数转换器的整体性能和趋势，而不是分析特定设计所达到的参数规格。从这个角度出发，考虑到并非所有文献都提供了计算 FOMW 所需的所有数据，因此该分析基于源自动态范围而不是信噪失真比的 FOMW 表达式。

作为参考，图 10.2 中也描述了 FOMW 和 FOMS，其中 FOMW = 1 和 10fJ/cs；FOMS = 175dB 和 185dB。由式（10.2）可分别确定图 10.2 中 FOMW 和 FOMS 常数的结果曲线为：

$$E(\text{J})|_{\text{FOMW}} = 2^{\text{ENOB(bit)}}\,\text{FOMW}$$

$$E(\text{J})|_{\text{FOMS}} = \frac{3}{2}\,\frac{4^{\text{ENOB(bit)}}}{10^{\frac{\text{FOMS}}{10}}} \tag{10.5}$$

基于这些指标，由图 10.2 可以看出，逐次逼近型和 Sigma-Delta 模 / 数转换器是最有效的模 / 数转换器技术，每种技术都主导着不同的能量（E）与有效位数（ENOB）区域。就 FOM 而言，有许多逐次逼近型模 / 数转换器的 FOMW < 10fJ/cs，并且有些 FOMS 略高于 175dB，而许多有效位数（ENOB）大于 14 位的 Sigma-Delta 模 / 数转换器都超过了该值。一般而言，FOMS 范围比 FOMW 更能代表设计区域的边界。因此，在大多数情况下，FOMS 比 FOMW 更可取。

10.2　不同类型 Sigma-Delta 模 / 数转换器的比较

除了将 Sigma-Delta 调制器与其他类型的模 / 数转换器性能进行比较之外，还可以比较以下各种结构的 Sigma-Delta 模 / 数转换器：

1）单环（1 位量化器）或级联拓扑结构。

2）低通或带通结构。

3）1 位、多位或时间编码量化（TEQ）型。

4）连续时间、Gm-C、有源 RC 或主要采用开关电容电路技术的离散时间结构。

除了上述结构外，混合 Sigma-Delta 调制器（H-Sigma-Delta 调制器）包括了那些结合多种拓扑结构的模 / 数转换器，即连续时间（CT）和离散时间（DT），有源和无源电路；Sigma-Delta/ 奈奎斯特模 / 数转换器等。

表 10.1~ 表 10.13[⊖] 总结了本次调研中最先进的 Sigma-Delta 调制器集成电路的性能。为了清楚起见，将研究中包括的集成电路根据其架构、电路特性进行了以下分类：

表 10.1 开关电容单环 1 位低通 Sigma-Delta 调制器（由 FOMW 表征）

参考文献	动态范围（DR）/bit	带宽 B_w /Hz	过采样率（OSR）	架构（阶数）	工艺 / 电源电压 /V	功耗 /W	品质因数 /（pJ/conv）
[6]	15.0	1×10^5	60	4 阶	0.35μm/1.5	1.4×10^{-4}	0.01
[408]	12.4	1×10^5	64	4 阶	0.13μm/0.25	3.56×10^{-5}	0.03
[105]	13.8	2×10^4	100	3 阶	0.18μm/0.7	3.6×10^{-5}	0.06
[105]	12.3	8×10^3	125	2 阶	0.35μm/1.2	5.6×10^{-6}	0.07
[36]	16.4	2×10^4	152.5	3 阶	0.18μm/1.8	3×10^{-4}	0.09
[174]	13.5	2×10^4	50	4 阶	0.13μm/0.9	6×10^{-5}	0.13
[176]	14.4	2×10^4	100	3 阶	0.18μm/1	1.3×10^{-4}	0.15
[177]	10.5	5×10^4	65	3 阶	90nm/0.65	2.7×10^{-5}	0.19
[178]	16.3	2.5×10^4	100	2 阶	0.18μm/0.7	8.7×10^{-4}	0.21
[179]	12.5	1.6×10^4	48	3 阶	0.5μm/0.9	4×10^{-5}	0.22
[409]	12.3	2×10^4	80	3 阶	0.13μm/0.4	6.3×10^{-5}	0.31
[105]	12.2	1.2×10^2	42	3 阶	0.35μm/1.5	3.8×10^{-7}	0.35
[180]	13.0	8×10^3	64	2 阶	0.18μm/0.65	4.55×10^{-5}	0.35
[181]	16.0	2×10^4	64	4 阶	0.5μm/1.5	1×10^{-3}	0.38
[410]	9.2	5×10^5	500	1 阶	14nm/1.2	2.32×10^{-4}	0.39
[182]	15.3	2.5×10^5	96	5 阶	0.8μm/3.3	4.3×10^{-2}	2.13
[183]	14.6	1×10^3	64	5 阶	0.35μm/1.5	2×10^{-5}	0.40
[106]	9.8	1×10^4	70	3 阶	0.13μm/0.25	7.5×10^{-6}	0.41
[184]	13.7	1.25×10^6	50	3 阶	0.25μm/2.4	1.4×10^{-2}	0.42
[185]	14.4	1.35×10^5	48	4 阶	0.25μm/2.7	2.84×10^{-3}	0.50
[186]	12.2	1×10^6	31	2 阶	0.25μm/2.4	5×10^{-3}	0.55
[187]	11.8	3×10^5	166	2 阶	0.13μm/1.2	2.98×10^{-4}	0.14
[180]	11.0	1.6×10^4	32	2 阶	0.18μm/0.65	4.55×10^{-5}	0.69
[188]	13.1	1×10^5	520	2 阶	0.13μm/1.5	1.28×10^{-3}	0.73

⊖ 这些表格的更详细版本会在本书的配套网站上定期更新和更正。

（续）

参考文献	动态范围（DR）/bit	带宽 B_w /Hz	过采样率（OSR）	架构（阶数）	工艺/电源电压/V	功耗/W	品质因数/（pJ/conv）
[411]	12.0	2×10^4	160	3 阶	0.13μm/0.4	1.4×10^{-4}	0.85
[189]	14.4	2.5×10^4	100	3 阶	0.35μm/1	9.5×10^{-4}	0.88
[190]	10.0	2×10^4	100	3 阶	0.18μm/0.7	3.6×10^{-5}	0.88
[191]	8.7	8.35×10^5	30	2 阶	45nm/1.1	6.3×10^{-4}	0.89
[192]	12.2	8×10^3	64	2 阶	0.18μm/0.7	8×10^{-5}	1.06
[193]	16.7	1.1×10^4	64	4 阶	0.5μm/2.5	2.5×10^{-3}	1.07
[21]	22.3	1×10^3	320	4 阶	0.35μm/5.4	1.27×10^{-2}	1.23
[188]	9.9	5×10^5	104	2 阶	0.13μm/1.5	1.28×10^{-3}	1.33
[194]	11.5	7.8×10^4	64	4 阶	0.18μm/0.5	8.6×10^{-4}	1.90
[195]	16.4	4.8×10^3	256	2 阶	0.7μm/5	1.71×10^{-3}	2.06
[188]	8.1	1×10^6	52	2 阶	0.13μm/1.5	1.28×10^{-3}	2.32
[103]	11.5	2×10^4	64	2 阶	0.18μm/1.8	4.2×10^{-4}	3.63
[196]	12.0	3.4×10^3	74	2 阶	0.7μm/1.5	1.01×10^{-4}	3.63
[197]	16.0	2.5×10^4	256	2 阶	1μm/5	1.38×10^{-2}	4.21
[198]	8.7	3.84×10^6	24	3 阶	0.25μm/2.5	1.35×10^{-2}	4.23
[199]	14.3	3×10^3	128	2 阶	0.5μm/1.5	5.5×10^{-4}	4.54
[200]	12.0	8×10^3	64	3 阶	1.2μm/2	3.4×10^{-4}	5.19
[412]	9.9	1×10^6	64	3（I/Q）阶	65nm/1.2	1.27×10^{-2}	6.65
[201]	15.3	3.5×10^3	286	2 阶	0.6μm/1.8	2×10^{-3}	7.08
[202]	13.0	8×10^3	64	2 阶	0.25μm/1.8	1×10^{-3}	7.63
[203]	15.3	2.5×10^5	64	5 阶	0.6μm/5	2.1×10^{-1}	10.41
[204]	8.5	2.5×10^2	16	3 阶	0.35μm/1.8	2.2×10^{-6}	12.15
[205]	13.4	9.77×10^4	128	2 阶	1.2μm/5	2.59×10^{-2}	12.27
[175]	18.5	2.4×10^4	—	6 阶	0.35μm/5~3.3	2.3×10^{-1}	12.93
[206]	12.0	5×10^4	102	2 阶	0.35μm/1	5.6×10^{-3}	13.67
[20]	21.0	4×10^2	320	4 阶	3μm/10	2.5×10^{-2}	14.90
[206]	13.0	2×10^4	256	2 阶	0.35μm/1	5.6×10^{-3}	17.09
[198]	14.0	2×10^4	192	3 阶	0.25μm/2.5	1.15×10^{-2}	17.55
[207]	20.0	4×10^2	320	4 阶	0.6μm/5	1.6×10^{-2}	19.07
[208]	13.5	2.5×10^5	64	4 阶	1.5μm/5	1.6×10^{-1}	27.62
[209]	10.3	1×10^4	25~125	4 阶	0.18μm/1.8	7.5×10^{-4}	29.13

（续）

参考文献	动态范围（DR）/bit	带宽 B_w /Hz	过采样率（OSR）	架构（阶数）	工艺/电源电压/V	功耗/W	品质因数/（pJ/conv）
[210]	14.5	8×10^3	256	2 阶	3μm/5	1.2×10^{-2}	32.37
[211]	13.8	1×10^3	250	3 阶	2μm/5	9.4×10^{-4}	32.95
[212]	14.2	9.77×10^3	256	2 阶	2μm/5	1.3×10^{-2}	35.37

表 10.2 开关电容单环多位低通 Sigma-Delta 调制器

参考文献	动态范围（DR）/bit	带宽 B_w /Hz	过采样率（OSR）	架构[1]	工艺/电源电压/V	功耗/W	品质因数/（pJ/conv）
[213]	13.7	1×10^5	16	2（9L）阶	0.18μm/1.5	1.4×10^{-4}	0.05
[214]	13.8	2×10^4	63	4（3L）阶	0.13μm/0.5	3.5×10^{-5}	0.06
[215]	15.0	2.4×10^4	64	3（5b）阶	65nm/0.6	1.33×10^{-4}	0.09
[156]	12.7	1×10^6	24	2（−）阶	0.18μm/1.5	1.35×10^{-3}	0.10
[216]	13.9	1.1×10^6	60	2（5L）阶	0.18μm/1.8	5.4×10^{-3}	0.16
[217]	15.0	1.6×10^4	128	3（3b）阶	0.18μm/1	1.7×10^{-4}	0.16
[218]	16.3	2.5×10^4	100	2（18L）阶	0.18μm/0.7	6.8×10^{-4}	0.17
[219]	13.2	4.2×10^6	12	3（4b）阶	0.18μm/1.5	1.3×10^{-2}	0.17
[413]	12.7	5×10^6	12	2（9L）阶	0.13μm/1.2	1.21×10^{-2}	0.18
[220]	10.7	1.94×10^6	20	2（5L）阶	90nm/1.2	1.2×10^{-3}	0.19
[221]	14.0	2.2×10^6	33	2（4b）阶	0.18μm/1.8	1.38×10^{-2}	0.19
[222]	13.3	1.9×10^6	16	2（4b）阶	0.18μm/1.5	8.1×10^{-3}	0.21
[223]	15.0	2.4×10^4	128	3（4b）阶	0.18μm/1	3.5×10^{-4}	0.2
[414]	16.2	2.56×10^2	128	2（4b）阶	0.18μm/1	8.6×10^{-6}	0.22
[224]	12.3	1.25×10^6	16	3（9L）阶	0.18μm/1.2	3.3×10^{-3}	0.25
[225]	11.0	1.6×10^4	32	2（−）阶	0.18μm/1	1.7×10^{-5}	0.26
[415]	13.1	4×10^6	15	3（4b）阶	0.18μm/1.6	1.92×10^{-2}	0.27
[226]	13.4	1.1×10^6	47	2（3b）阶	0.13μm/1.5	7×10^{-3}	0.30
[227]	10.2	2×10^7	8	3（4b）阶	0.18μm/1.8	1.6×10^{-2}	0.35
[183]	14.6	1×10^3	16	5（1.5b）阶	0.35μm/1.8	2×10^{-5}	0.40
[228]	13.0	2.5×10^6	12	4（4b）阶	0.18μm/1.6	1.92×10^{-2}	0.47
[416]	14.6	1×10^4	128	2（5L）阶	0.13μm/1.2	2.41×10^{-4}	0.49
[229]	9.8	6×10^6	8	3（5b）阶	0.18μm/1.8	6.18×10^{-3}	0.58
[230]	14.0	1.25×10^6	32	5（1.5b）阶	0.25μm/2.5	2.4×10^{-2}	0.59

（续）

参考文献	动态范围（DR）/bit	带宽 B_w/Hz	过采样率（OSR）	架构[①]	工艺/电源电压/V	功耗/W	品质因数/（pJ/conv）
[231]	11.3	4×10^6	13	4（4b）阶	90nm/1.2~3	1.18×10^{-2}	0.60
[232]	13.7	1.25×10^7	8	5（4b）阶	0.18μm/1.8	2×10^{-1}	0.60
[226]	14.4	3×10^5	175	2（3b）阶	0.13μm/1.5	8×10^{-3}	0.63
[233]	10.7	1×10^6	20	2（4b）阶	90nm/1.3	2.1×10^{-3}	0.63
[234]	12.8	2×10^5	65	2（5b）阶	0.13μm/1.5	2.4×10^{-3}	0.82
[234]	12.0	2×10^5	65	2（5b）阶	0.13μm/1.2	1.4×10^{-3}	0.85
[233]	12.5	2×10^5	50	2（4b）阶	90nm/1.3	2.1×10^{-3}	0.91
[235]	15.0	2.4×10^4	128	3（3L）阶	0.13μm/0.9	1.5×10^{-3}	0.95
[236]	17.2	2×10^4	154	2（4b）阶	0.13μm/3.3	9.9×10^{-3}	1.61
[237]	13.8	3×10^5	96	2（3b）阶	0.18μm/1.8	1.5×10^{-2}	1.75
[238]	17.0	3.13×10^4	128	2（5b）阶	0.18μm/3.3	1.47×10^{-2}	1.79
[239]	15.8	1.25×10^6	24	3（4b）阶	0.65μm/5	2.95×10^{-1}	2.07
[240]	12.7	2.2×10^6	8	2（4b）阶	0.35μm/3.3	6.2×10^{-2}	2.18
[241]	12.7	2.2×10^6	8	5（4b）阶	0.35μm/3.3	6.2×10^{-2}	2.18
[234]	8.0	2×10^6	12	2（5b）阶	0.13μm/1.5	2.9×10^{-3}	2.81
[242]	12.8	6.25×10^5	18	2（6b）阶	0.18μm/2.7	3×10^{-2}	3.30
[243]	18.7	2×10^4	128	5（4b）阶	0.35μm/5~3.3	6.8×10^{-2}	3.99
[242]	11.7	1.92×10^6	12	2（6b）阶	0.18μm/2.7	5×10^{-2}	4.00
[244]	19.0	4×10^2	512	2（3b）阶	2μm/5	2.18×10^{-3}	5.19
[245]	13.7	6.25×10^5	12	4（4b）阶	0.25μm/2.5	1×10^{-1}	6.01
[28]	20.3	2×10^4	128	5（33L）阶	0.35μm/5	3.3×10^{-1}	6.39
[245]	13.0	1×10^6	12	4（4b）阶	0.25μm/2.5	1.05×10^{-1}	6.41
[242]	13.5	2×10^5	58	2（6b）阶	0.18μm/2.7	3×10^{-2}	6.47
[417]	13.2	1.25×10^5	128	2通道3（4b）阶	0.18μm/1.8	5.96×10^{-2}	0.26
[239]	12.0	6.25×10^6	8	3（4b）阶	0.65μm/5	3.8×10^{-1}	7.42
[246]	13.7	2.5×10^5	16	4（4b）阶	1.2μm/5	5.8×10^{-2}	8.96
[247]	16.0	4.5×10^1	512	1（3b）阶	0.35μm/2.6	6×10^{-5}	10.17
[248]	19.3	4.8×10^4	64	7（3L）阶	0.8μm/5	7.6×10^{-1}	12.26
[249]	16.7	2×10^4	64	2（5b）阶	0.5μm/3.3	7.04×10^{-2}	16.53
[250]	16.2	2.4×10^4	64	2（5b）阶	0.5μm/3.3	6.86×10^{-2}	18.72
[242]	15.3	1.8×10^4	639	2（6b）阶	0.18μm/2.7	3×10^{-2}	20.37

（续）

参考 文献	动态范围 （DR）/bit	带宽 B_w /Hz	过采样率 （OSR）	架构[①]	工艺／电源 电压 /V	功耗 /W	品质因数 / （pJ/conv）
[251]	18.0	2×10^4	154	5（17L）阶	0.35μm/5	3×10^{-1}	27.83
[252]	15.7	2×10^4	64	2（3b）阶	1.2μm/5	6.75×10^{-2}	32.82
[253]	16.0	1.95×10^4	128	3（1b~5b）阶	2μm/5	8.5×10^{-2}	33.26
[254]	14.3	1×10^3	16	5（17L）阶	0.35μm/1.8	9×10^{-3}	223.09

① 表中结构用滤波器的阶数和量化器的位数（B）/电平数（L）来表示。

表 10.3 开关电容级联 1 位低通 Sigma-Delta 调制器

参考 文献	动态范围 （DR）/bit	带宽 B_w /Hz	过采样率 （OSR）	架构[①]	工艺／电源 电压 /V	功耗 /W	品质因数 / （pJ/conv）
[255]	12.8	2×10^4	64	2-2	0.13μm/1	1.8×10^{-5}	0.06
[255]	11.5	4×10^4	64	2-2	0.13μm/1.2	1.8×10^{-2}	0.15
[144]	16.3	2.44×10^4	128	2-1	90nm/1	8.6×10^{-4}	0.22
[418]	16.1	2×10^4	90	2-2	0.18μm/1.8	9.8×10^{-4}	0.35
[180]	12.2	1.6×10^4	32	2-1	0.18μm/0.65	6.18×10^{-5}	0.42
[180]	13.0	8×10^3	64	2-1	0.18μm/0.65	6.18×10^{-5}	0.47
[256]	12.2	1×10^6	31	2-2	0.25μm/2.4	5×10^{-3}	0.53
[257]	13.6	1×10^6	56	3-1	65nm/1	1.7×10^{-2}	0.67
[19]	16.1	2.5×10^4	80	2-1	0.8μm/1.8	2.5×10^{-3}	0.71
[258]	14.3	2×10^4	100	2-2	0.18μm/1	6.6×10^{-4}	0.82
[259]	13.5	1.8×10^5	36	2-2	0.4μm/1.8	5×10^{-3}	1.20
[260]	18.1	2×10^4	128	2-1	0.35μm/3.3	1.47×10^{-2}	1.31
[261]	14.1	2×10^5	100	2-1	0.13μm/1.2	1.1×10^{-2}	1.57
[262]	15.0	1.1×10^6	24	2-1-1	0.5μm/3.3	2×10^{-1}	2.77
[263]	15.7	1.6×10^5	64	2-1	1.2μm/5	6.5×10^{-2}	3.82
[264]	14.8	1×10^6	24	2-1-1	1μm/5	2.3×10^{-1}	4.03
[265]	14.0	1.1×10^6	24	2-2-2	0.35μm/3.3	1.5×10^{-1}	4.16
[266]	16.7	2.2×10^4	128	2-1	0.6μm/3	2.2×10^{-2}	4.86
[267]	17.0	2.5×10^4	128	2-1	1μm/5	4.7×10^{-2}	7.17
[268]	18.1	1.25×10^4	64	2-2	0.6μm/5	7.5×10^{-2}	10.68
[269]	15.0	9×10^4	64	1-1-1	1.5μm/5	7.6×10^{-2}	12.89
[270]	18.1	2.4×10^4	128	2-2	0.7μm/5	5×10^{-1}	35.91
[271]	14.8	2.5×10^4	64	2-2	3μm/5	7.4×10^{-2}	51.03

① 级联结构用阶数表示。例如，2-2 表示具有两个二阶结构的四阶级联 Sigma-Delta 调制器。

表 10.4   开关电容级联多位低通 Sigma-Delta 调制器

参考文献	动态范围（DR）/bit	带宽 B_w/Hz	过采样率（OSR）	架构①	工艺/电源电压/V	功耗/W	品质因数/（pJ/conv）
[272]	12.2	5×10^6	13	2（4b）-2（4b）	0.13μm/1.2	8.9×10^{-3}	0.19
[273]	11.4	2×10^7	11	2-2（4b）	90nm/1.2	2.79×10^{-2}	0.26
[274]	11.3	2.5×10^6	8	1（4L）-1（4L）-1（4L）-1（4L）	65nm/1.2	3.73×10^{-3}	0.29
[275]	12.5	6.25×10^5	16	2（3b）-2（2b）	0.18μm/1.2	2.1×10^{-3}	0.29
[419]	13.2	1.67×10^7	33	2-2（4L）	65nm/1	9.4×10^{-2}	0.31
[48]	12.2	5×10^6	13	2（4b）-2（4b）	0.13μm/1.2	1.6×10^{-2}	0.34
[91]	12.0	3.13×10^6	8	0-3（17L）	0.18μm/1.8	1.9×10^{-2}	0.74
[233]	9.4	2×10^6	10	2（4b-dual）	90nm/1.3	2.1×10^{-3}	0.79
[276]	10.4	1.92×10^6	100	2-1（5L）	0.13μm/1.2	4.3×10^{-3}	0.83
[277]	14.0	2.2×10^6	16	2（3L）-1（3L）-1（3L）	0.25μm/2.5	6.25×10^{-2}	0.87
[278]	10.8	2×10^7	8	2-2（4b）	90nm/1.4	7.8×10^{-2}	1.09
[276]	13.4	1×10^5	195	2-1（5L）	0.13μm/1.2	2.4×10^{-3}	1.11
[279]	15.0	2×10^6	16	2（5b）-2（3b）-1（3b）	0.5μm/2.5	1.5×10^{-1}	1.14
[280]	15.0	1.25×10^6	8	2（4b）-1（4b）-1（4b）	0.5μm/5	1.05×10^{-1}	1.28
[281]	13.0	2.2×10^6	16	2-1-1（3b）	0.25μm/2.5	7.17×10^{-2}	1.99
[281]	13.8	1.1×10^6	32	2-1-1（3b）	0.25μm/2.5	6.58×10^{-2}	2.10
[281]	12.7	2.2×10^6	16	2-1-1（3b）	0.25μm/2.5	6.58×10^{-2}	2.25
[282]	13.4	2×10^4	64	2-2（1.5b）	0.35μm/0.6	1×10^{-3}	2.31
[281]	13.7	1.1×10^6	32	2-1-1（3b）	0.25μm/2.5	7.17×10^{-2}	2.45
[27]	16.4	1×10^6	8	2（5b）-2（3b）	0.25μm/—	4.75×10^{-1}	2.75
[283]	13.0	1.1×10^6	16	2-1-1（3b）	0.7μm/5	5.5×10^{-2}	3.05
[284]	14.6	1.1×10^6	29	2-1-1（2b）	0.35μm/3.3	1.8×10^{-1}	3.29
[285]	13.0	7.81×10^5	32	2-2（3b）	0.35μm/2.5	5×10^{-2}	3.91
[281]	13.0	1.1×10^6	16	2-1-1（4b）	0.35μm/3.3	7.37×10^{-2}	4.09
[286]	12.0	1.05×10^6	24	2-1（3b）	1μm/5	4.10×10^{-2}	4.77
[281]	12.0	2×10^6	16	2-1-1（4b）	0.35μm/3.3	7.83×10^{-2}	4.78
[287]	10.2	8.33×10^6	3	1-1-1-1-1-1-1-1（3L）	0.18.μm/1.8	9.5×10^{-2}	5.02
[265]	13.0	1.1×10^6	24	2-2（5b）	0.35μm/3.3	9.9×10^{-2}	5.49
[288]	8.5	4×10^7	4	2（1.5b）-2（4b）	0.13μm/1.2	1.75×10^{-1}	6.04
[289]	13.0	7×10^5	—	2-2-2（3L）	0.7μm/3.3	8.1×10^{-2}	7.06
[290]	14.3	1×10^5	16	2(1.5b)-2(1.5b)-2(1.5b)	1.2μm/5	4×10^{-2}	10.26

① 量化器的位数/电平在括号中给出。例如，2-1（5L）表示在第二级中具有 5 电平量化器的级联 2-1Sigma-Delta 调制器拓扑结构。如果没有显示括号，则在给定的调制器级中假设为 1 位量化。

表 10.5　开关电容带通 Sigma-Delta 调制器

参考文献	动态范围（DR）/bit	f_n /Hz	带宽 B_w /Hz	过采样率（OSR）	架构	工艺/电源电压/V	功耗/W	品质因数/（pJ/conv）
[291]	14.4	4×10^7	2.5×10^6	12	4 阶	0.18μm/1.8	1.5×10^{-1}	1.39
[292]	13.3	2×10^7	1.25×10^6	32	4-4	0.35μm/3	3.7×10^{-2}	1.47
[293]	11.7	4×10^7	1×10^6	6	4 阶	0.18μm/1.8	1.6×10^{-2}	2.46
[294]	13.2	1×10^7	2×10^5	33	2-0	0.25μm/2.1	1×10^{-2}	2.66
[292]	11.7	2×10^7	1.76×10^6	23	4-4	0.35μm/3	3.7×10^{-2}	3.16
[295]	15.7	1.26×10^7	3.1×10^5	65	4 阶	0.18μm/1.8	1.15×10^{-1}	3.61
[296]	13.4	1.07×10^7	6×10^4	0	4 阶	0.25μm/1	8.45×10^{-3}	6.65
[297]	12.0	1.6×10^7	2×10^6	16	6 阶	0.25μm/2.5	1.1×10^{-1}	6.71
[296]	12.0	1.07×10^7	1×10^6	0	4 阶	0.25μm/1	8.45×10^{-3}	10.03
[296]	12.7	1.07×10^7	6×10^4	0	4 阶	0.25μm/1	8.45×10^{-3}	10.58
[298]	11.7	3.25×10^6	2×10^5	33	4-2	0.8μm/3	1.44×10^{-2}	10.82
[299]	14.5	1.07×10^7	4×10^5	46	4（4b）	0.15μm/3.3	2.08×10^{-1}	11.22
[299]	15.3	1.07×10^7	2×10^5	93	4（4b）	0.15μm/3.3	2.08×10^{-1}	12.89
[296]	10.0	1.07×10^7	2×10^5	—	4 阶	0.25μm/1	8.45×10^{-3}	20.63
[300]	12.6	5.66×10^5	2.5×10^5	20	2-2（3b）	0.25μm/2.5	7.7×10^{-2}	24.81
[301]	9.0	2×10^6	3×10^4	133	4 阶	2μm/3.3	8×10^{-4}	26.04
[302]	11.7	2×10^7	2.7×10^5	148	4 阶	0.35μm/3	5.6×10^{-2}	31.17
[87]	12.2	2×10^7	2×10^5	200	4 阶	0.6μm/3.3	7.2×10^{-2}	38.26
[303]	9.7	3.25×10^6	2×10^5	32	3 阶	0.35μm/3.3	1.87×10^{-2}	56.21
[302]	6.7	2×10^7	3.84×10^6	10	4 阶	0.35μm/3	5.6×10^{-2}	70.13
[304]	12.0	1.07×10^7	2×10^5	93	6 阶	0.35μm/3.3	1.16×10^{-1}	70.80
[299]	18.3	1.07×10^7	3×10^3	6167	4（4b）	0.15μm/3.3	2.08×10^{-1}	107.41
[305]	10.8	3.75×10^6	2×10^5	25	4 阶	0.8μm/5	1.3×10^{-1}	182.29
[306]	6.8	1.07×10^7	2×10^5	107	2 阶	0.35μm/1	1.2×10^{-2}	269.23

表 10.6　连续时间单环 1 位低通 Sigma-Delta 调制器

参考文献	动态范围（DR）/bit	带宽 B_w /Hz	过采样率（OSR）	架构（阶数）	工艺/电源电压/V	功耗/W	品质因数/（pJ/conv）
[420]	12.4	2×10^6	80	3 阶	65nm/0.7	2.56×10^{-4}	0.018
[44]	13.5	3.6×10^7	50	4 阶	90nm/1.2	1.5×10^{-2}	0.018
[421]	12.4	6×10^7	50	4（1bit+FIR）阶	65nm/1.4	1.33×10^{-2}	0.021

（续）

参考文献	动态范围（DR）/bit	带宽 B_w /Hz	过采样率（OSR）	架构（阶数）	工艺 / 电源电压 /V	功耗 /W	品质因数 /（pJ/conv）
[68]	15.0	2×10^6	64	4 阶	0.13μm/1.4	5×10^{-3}	0.038
[61]	14.5	1×10^6	32	4 阶	0.18μm/1.8	2×10^{-3}	0.04
[29]	15.6	2.4×10^4	128	3 阶	0.18μm/1.8	1.1×10^{-4}	0.05
[307]	15.0	2.4×10^4	127	3 阶	0.18μm/1.8	1.1×10^{-4}	0.07
[29]	14.8	2.4×10^4	128	3 阶	0.18μm/1.8	1.22×10^{-4}	0.09
[33]	16.8	2.4×10^4	128	3 阶	0.18μm/1.8	2.8×10^{-4}	0.05
[422]	16.8	2.4×10^4	128	3 阶	0.18μm/1.8	2.8×10^{-4}	0.05
[57]	12.0	1.5×10^7	80	3 阶	65nm/1.0	6.96×10^{-3}	0.06
[308]	14.6	1×10^6	32	4 阶	0.18μm/1.8	4.7×10^{-3}	0.09
[309]	12.8	2×10^4	64	4 阶	0.13μm/0.6	2.86×10^{-5}	0.10
[423]	14.8	2×10^6	128	4 阶	0.18μm/1.8	1.48×10^{-2}	0.13
[71]	12.5	2.5×10^7	44.0	4 阶	65nm/1.0	4.14×10^{-2}	0.14
[310]	9.6	1.56×10^7	32	4 阶	0.13μm/1.2	4×10^{-3}	0.16
[45]	9.9	6×10^7	50	3 阶	45nm/1.4~1.8	2×10^{-2}	0.17
[311]	11.3	4×10^6	18	3 阶	65nm/0.95~1.25	3.6×10^{-3}	0.18
[312]	10.8	1×10^7	32	3 阶	90nm/1.2	6.8×10^{-3}	0.19
[313]	11.7	4×10^6	64	3 阶	90nm/1.2	5.5×10^{-3}	0.21
[424]	14.2	2×10^6	64	4 阶	0.18μm/1.8	1.65×10^{-2}	0.22
[425]	14.2	2×10^6	64	4 阶	0.18μm/1.8	1.65×10^{-2}	0.22
[314]	11.8	4×10^7	12	4 阶	90nm/1.2	6.96×10^{-2}	0.24
[315]	10.1	1×10^7	15	5 阶	0.11μm/1.1	5.32×10^{-3}	0.25
[313]	12.7	1.92×10^6	64	3 阶	90nm/1.2	6.44×10^{-3}	0.26
[316]	14.0	6×10^5	213	4 阶	90nm/1.3	5.4×10^{-3}	0.27
[317]	12.8	1.95×10^6	32	5 阶	65nm/2.5	8.55×10^{-3}	0.30
[318]	9.7	1.5×10^7	50	5 阶	45nm/1.1	9×10^{-3}	0.37
[313]	11.5	1.92×10^6	64	3 阶	90nm/1.2	4.34×10^{-3}	0.39
[313]	13.5	5×10^5	90	3 阶	90nm/1.2	5×10^{-3}	0.43
[170]	12.5	1×10^6	140	2 阶	0.18μm/1.8	6×10^{-3}	0.52
[319]	11.8	6.4×10^6	32	3 阶	0.13μm/1.2	2.52×10^{-2}	0.54
[319]	10.2	1.7×10^7	12	3 阶	0.13μm/1.2	2.52×10^{-2}	0.61
[320]	10.7	1.25×10^6	64	4 阶	0.13μm/1.2	2.7×10^{-3}	0.65

（续）

参考文献	动态范围（DR）/bit	带宽 B_w /Hz	过采样率（OSR）	架构（阶数）	工艺／电源电压 /V	功耗 /W	品质因数 /（pJ/conv）
[321]	11.3	2×10^6	38	4 阶	0.18μm/1.8	6.6×10^{-3}	0.65
[322]	11.8	2.5×10^4	48	3 阶	0.5μm/1.5	1.35×10^{-4}	0.76
[323]	12.3	5×10^5	64	5 阶	0.18μm/1.8	4.4×10^{-3}	0.87
[60]	13.3	1×10^5	65	4 阶	0.35μm/2.5	1.8×10^{-3}	0.89
[324]	11.2	4×10^6	50	3 阶	0.18μm/1.8	1.69×10^{-2}	0.92
[325]	10.4	1.3×10^6	50	4 阶	0.11μm/1.2	3.42×10^{-3}	0.99
[326]	9.4	5×10^4	32	3 阶	0.5μm/1.5	7.5×10^{-5}	1.11
[327]	11.3	3.15×10^6	81	2 阶	90nm/1.2	1.25×10^{-2}	1.26
[51]	12.4	1.23×10^6	813	2 阶	0.18μm/1.8	1.8×10^{-2}	1.35
[325]	11.4	4.28×10^5	150	4 阶	0.11μm/1.2	3.42×10^{-3}	1.51
[328]	10.5	2.5×10^6	16	2 阶	1.2μm/3	1.2×10^{-2}	1.66
[329]	12.0	2.5×10^4	64	3 阶	0.18μm/0.5	3.7×10^{-4}	1.81
[330]	11.3	2.5×10^4	48	3 阶	0.5μm/1.5	2.5×10^{-4}	1.98
[331]	10.0	3.1×10^6	64	5 阶	0.6μm/3.3	1.6×10^{-2}	2.52
[332]	13.0	4×10^3	64	4 阶	0.5μm/2.2	2×10^{-4}	3.05
[159]	10.0	1.2×10^6	16	1 阶	0.35μm/3.3	1.22×10^{-2}	4.96
[333]	11.7	2.56×10^2	111	2 阶	0.18μm/1.4	1.33×10^{-5}	7.97
[334]	9.6	1×10^6	25	2 阶	2μm/5	1.66×10^{-2}	10.70
[335]	10.0	2.5×10^4	48	3 阶	0.5μm/1.5	7.5×10^{-4}	14.65
[426]	11.0	2×10^3	80	3 阶	0.15μm/1.6	9.6×10^{-5}	14.70
[336]	12.8	1×10^4	10000	3 阶	0.18μm/1.8	4.3×10^{-3}	31.21
[337]	12.8	1×10^2	1500	2 阶	0.7μm/5	2×10^{-3}	1373.36

表 10.7　连续时间单环多位低通 Sigma-Delta 调制器

参考文献	动态范围（DR）/bit	带宽 B_w /Hz	过采样率（OSR）	架构（阶数）	工艺／电源电压 /V	功耗 /W	品质因数 /（pJ/conv）
[427]	12.5	1×10^7	32.5	3（1.5b）阶	65nm/1.1	1.82×10^{-3}	0.016
[428]	12.1	2×10^7	16	3（9L）阶	0.13μm/1.2	5.1×10^{-3}	0.029
[429]	12.8	1.5×10^7	40	3（2b）阶	65nm/1	6.96×10^{-3}	0.032
[430]	12.3	2×10^7	50	3（3b）阶	65nm/1	6.8×10^{-3}	0.033
[431]	12.5	3×10^7	14.0	3（4b）阶	55nm/1.1~2.3	1.3×10^{-2}	0.037

（续）

参考文献	动态范围（DR）/bit	带宽 B_w/Hz	过采样率（OSR）	架构（阶数）	工艺/电源电压/V	功耗/W	品质因数/（pJ/conv）
[432]	11.7	1.6×10^8	9.0	4（5b）阶	16nm	4×10^{-2}	0.037
[56]	11.8	8×10^7	13.7	4（3b）阶	20nm/1	2.3×10^{-2}	0.043
[338]	15.2	2.4×10^4	64	3（4b）阶	0.18μm/1.8	9×10^{-5}	0.050
[339]	11.7	2.5×10^7	16	3（4b）阶	90nm/1.2	8.5×10^{-3}	0.050
[31]	12.7	1.8×10^7	17.8	4（9L）阶	28nm/1.2~1.5	3.9×10^{-3}	0.050
[433]	11.3	1×10^7	15.0	4 阶	40nm	2.57×10^{-3}	0.051
[339]	11.7	2.5×10^7	16.0	3（4b）阶	90nm/1.2	8.5×10^{-3}	0.051
[169]	11.7	2.5×10^7	10.0	3（4b）阶	90nm/1.2	8.5×10^{-3}	0.051
[34]	17.5	2×10^4	75.0	3（15L）阶	160nm/1.6	3.9×10^{-4}	0.053
[434]	11.6	1.9×10^7	26.0	TI（2ch）3 阶	16nm	6.2×10^{-3}	0.061
[62]	13.0	2×10^7	16	3（4b）阶	0.13μm/1.2	2×10^{-2}	0.06
[435]	11.8	8.5×10^6	17.6	3（3b）阶	90nm/1.2	4.3×10^{-3}	0.071
[436]	12.2	1×10^7	32.0	3（4b）阶	0.13μm/1.2	7.2×10^{-3}	0.077
[437]	12.2	1×10^7	32.0	4（4b）阶	0.13μm/1.2	7.2×10^{-3}	0.077
[438]	13.0	9×10^6	16.0	3+2（3b）阶	65nm/1.2	1.13×10^{-2}	0.077
[34]	16.8	2×10^4	75.0	3（3b）阶	160nm/1.6	3.9×10^{-4}	0.085
[433]	11.2	3×10^6	31.0	3 阶	65nm	1.36×10^{-3}	0.096
[439]	10.6	7.5×10^7	21.0	3（4b）阶	40nm/1.1	2.28×10^{-2}	0.097
[440]	13.0	7.2×10^6	12.8	4（4b）阶	0.13μm/1.2~1.4	1.37×10^{-2}	0.10
[441]	12.3	1×10^7	25.0	5（VCO）阶	0.18μm/1.8V	5.8×10^{-2}	0.10
[340]	11.4	1×10^7	15	5（3b）阶	110nm/1.1	5.32×10^{-3}	0.10
[442]	10.5	7.5×10^7	21.3	3（4b）阶	40nm/1.1	2.29×10^{-2}	0.11
[443]	11.2	8.5×10^6	17.6	3（3b）阶	90nm/1.2	4.3×10^{-3}	0.11
[66]	10.2	2.5×10^7	10	3（4b）阶	90nm/1.2	8×10^{-3}	0.14
[341]	13.0	2×10^6	32	3（3b）阶	65nm/1.2	4.52×10^{-3}	0.14
[444]	11.5	5×10^6	24.0	3（9L）阶	90nm/1	4.6×10^{-3}	0.15
[136]	12.0	2×10^6	26	3（4b）阶	0.13μm/1.5	3×10^{-3}	0.18
[342]	12.2	1×10^6	32	3（4b）阶	0.13μm/1.2	2.2×10^{-3}	0.23
[343]	11.3	5×10^6	10	3（4b）阶	0.13μm/1.2	6×10^{-3}	0.25
[70]	9.7	1.85×10^7	16.0	4（3b）阶	65nm/1.2	8.2×10^{-3}	0.27
[344]	11.3	1.5×10^7	10	3（4b）阶	0.18μm/1.8	2.07×10^{-2}	0.27

（续）

参考文献	动态范围（DR）/bit	带宽 B_w /Hz	过采样率（OSR）	架构（阶数）	工艺/电源电压/V	功耗/W	品质因数/（pJ/conv）
[69]	11.2	1×10^7	24.0	3（4b）阶	90nm/1.2	1.31×10^{-2}	0.28
[64]	11.5	1×10^7	13	3（3.5b）阶	0.13μm/1.2	1.8×10^{-2}	0.31
[445]	12.2	1.6×10^7	25.0	4（4b）阶	0.18μm/1.8	4.76×10^{-2}	0.32
[55]	11.2	5×10^7	122.9	5（17L）阶	65nm/1.3	8.8×10^{-2}	0.32
[345]	13.2	8×10^6	16	4（4b）阶	65nm/1.3	5×10^{-2}	0.33
[346]	12.7	2×10^7	23	4（4b）阶	0.13μm/1.5	8.7×10^{-2}	0.34
[347]	13.0	1.2×10^7	10	3（6b）阶	0.5μm/2.5	7.5×10^{-2}	0.38
[67]	9.1	1.8×10^7	15.0	5（3b）阶	65nm/1.2	7.9×10^{-3}	0.39
[23]	11.3	1.25×10^8	16	3（4b）阶	45nm/1.1,1.8	2.6×10^{-1}	0.41
[348]	9.7	2.5×10^7	405	5（4b）阶	0.18μm/1.8	1.8×10^{-2}	0.44
[446]	10.6	8.9×10^6	58.2	3（4b）阶	28nm/1.1	1.25×10^{-2}	0.45
[152]	11.0	2×10^7	24	3（3b）阶	0.13μm/1.3	3.8×10^{-2}	0.46
[349]	13.3	1×10^7	32	5（3b）阶	0.18μm/1.8	1×10^{-1}	0.50
[445]	10.3	3.2×10^7	12.5	4（4b）阶	0.18μm/1.8	4.76×10^{-2}	0.59
[447]	12.5	1×10^7	32.0	3（4b）阶	0.18μm/1.8	6×10^{-2}	0.59
[350]	14.0	1×10^5	130	2（3b）阶	65nm/1	2.1×10^{-3}	0.64
[351]	13.9	2.5×10^6	12	5（4b）阶	0.25μm/2.5	5×10^{-2}	0.65
[23]	10.5	1.25×10^8	16	3（4b）阶	45nm/1.1	2.6×10^{-1}	0.72
[350]	10.2	1.92×10^6	16	2（3b）阶	65nm/1	3.2×10^{-3}	0.72
[352]	10.0	2×10^6	26	3（3b）阶	0.13μm/1.2	3×10^{-3}	0.73
[448]	15.1	6×10^5	48.0	3（5b）阶	0.18μm/1.8	3.1×10^{-2}	0.73
[449]	12.2	1×10^7	32.0	3（4b）阶	0.18μm/1.8	7×10^{-2}	0.74
[353]	14.0	1.2×10^5	54	4（3b）阶	0.13μm/1.25	3×10^{-3}	0.76
[354]	10.0	1.92×10^6	48	1（5b）阶	0.13μm/1.2	3.1×10^{-3}	0.79
[116]	10.0	1.92×10^6	48	1（5b）阶	0.13μm/1.2	3.1×10^{-3}	0.80
[355]	10.8	2×10^7	16	3（4b）阶	0.13μm/1.2	5.8×10^{-2}	0.82
[356]	12.5	6×10^5	42	3（2b）阶	90nm/1.5	6×10^{-3}	0.86
[357]	11.5	2×10^6	32	5（3L）阶	0.18μm/1.8	1.1×10^{-2}	0.95
[358]	14.9	2×10^4	300	2（4b）阶	45nm/1.1	1.2×10^{-3}	0.98
[359]	11.0	1.5×10^7	10	4（4b）阶	0.13μm/1.5	7×10^{-2}	1.14
[360]	11.0	1.5×10^7	10	4（4b）阶	0.13μm/1.5	7.5×10^{-2}	1.22

（续）

参考文献	动态范围（DR）/bit	带宽 B_w /Hz	过采样率（OSR）	架构（阶数）	工艺 / 电源电压 /V	功耗 /W	品质因数 /（pJ/conv）
[361]	10.0	2×10^7	16	3（4b）阶	0.13μm/1.2	5.8×10^{-2}	1.40
[362]	14.4	1×10^6	16	3（5b）阶	0.5μm/	6.2×10^{-2}	1.43
[450]	10.8	2×10^6	30.0	2（TI）阶	0.18μm/1.5	1.27×10^{-2}	1.78
[363]	8.7	2×10^7	16	2（3b）阶	0.25μm/2.5	3.2×10^{-2}	1.92
[364]	8.9	2×10^7	5	3（4b）阶	0.18μm/1.8	1.03×10^{-1}	5.39

表 10.8　连续时间级联低通 Sigma-Delta 调制器

参考文献	动态范围（DR）/bit	带宽 B_w /Hz	过采样率（OSR）	架构	工艺 / 电源电压 /V	功耗 /W	品质因数 /（pJ/conv）
[111]	12.5	1×10^7	50	2-1（1b）	65nm/1	1.57×10^{-3}	0.01
[25]	13.8	5×10^7	18	3-1（1b）	28nm/1.2~1.8	7.8×10^{-2}	0.05
[43]	12.5	5.03×10^7	9.9	2-2（4b）	40nm/1.1	4.3×10^{-2}	0.07
[35]	12.8	1.5×10^8	16.7	4-0（7b）	0.13μm/1.2	2×10^{-2}	0.09
[24]	14.6	4.57×10^7	35	0-3（6b）	28nm/0.9~1	2.35×10^{-1}	0.10
[366]	12.5	2×10^7	8.5	2-2I/Q	90nm/1.2	5.6×10^{-2}	0.24
[22]	11.8	3.5×10^8	8.6	1-2（17-L）	28nm/1.0~1.8	7.65×10^{-1}	0.31
[115]	11.7	1×10^7	5	1（3L）-1（1b）	0.18μm/2	4.8×10^{-2}	0.72
[367]	11.0	1.8×10^7	16	2-1-1（4b）	0.18μm/1.8	1.83×10^{-1}	2.48
[368]	11.0	1.8×10^7	10	2-1-1（4b）	0.18μm/1.8	1.83×10^{-1}	2.48
[369]	10.9	2×10^7	8	2-2（4b）I/Q	0.18μm/1.8	2.16×10^{-1}	2.89
[369]	10.9	1×10^7	8	2-2（4b）	0.18μm/1.8	1.22×10^{-1}	3.27

注：I/Q 表示正交拓扑结构。

表 10.9　连续时间带通 Sigma-Delta 调制器

参考文献	动态范围（DR）/bit	f_n /Hz	带宽 B_w /Hz	过采样率（OSR）	架构（阶数）	工艺 / 电源电压 /V	功耗 /W	品质因数 /（pJ/conv）
[52]	11.3	$2.4 \sim 2.5 \times 10^9$	2×10^7	80	6 阶	40nm/	2×10^{-2}	0.19
[63]	14.7	1.3×10^5	2×10^5	65	3 阶	0.25μm/1.8	2.7×10^{-3}	0.25
[127]	11.3	2×10^8	2.5×10^7	133.0	6（4b）阶	65nm/1	3.5×10^{-2}	0.28
[452]	11.3	1.8×10^2	2.5×10^7	16.0	6（4b）阶	65nm/1.2	3.5×10^{-2}	0.28
[80]	9.7	2×10^8	2.4×10^7	16.6	4（9L）阶	65nm/1.25	1.2×10^{-2}	0.30

（续）

参考文献	动态范围（DR）/bit	f_n/Hz	带宽 B_w/Hz	过采样率（OSR）	架构（阶数）	工艺/电源电压 /V	功耗 /W	品质因数 /（pJ/conv）
[73]	10.0	2.4×10^9	6×10^7	25	6 阶	90nm/1	4×10^{-2}	0.33
[370]	9.9	8.5×10^1	5×10^6	95	2 阶	0.18μm/1.8	6×10^{-3}	0.36
[371]	9.7	2×10^8	2.4×10^7	16	4 阶	65nm/1.25	1.2×10^{-2}	0.39
[372]	12.0	—	3.84×10^6	20	5 阶	0.18μm/2.9	1.41×10^{-2}	0.45
[372]	13.5	—	1.23×10^6	32	5 阶	0.18μm/2.9	1.31×10^{-2}	0.46
[373]	11.0	2×10^6	1×10^6	24	2（4b）阶	0.18μm/1.8	2.2×10^{-3}	0.54
[453]	10.3	1.7×10^7	3.3×10^7	7.0	4（3b）阶	0.18μm/1.8	5.44×10^{-2}	0.65
[26]	12.0	$0 \sim 1 \times 10^9$	1.5×10^8	12	6 阶	65nm/1	5.5×10^{-1}	0.80
[374]	13.3	1×10^5	2.7×10^5	24	4 阶	0.25μm/2	4.6×10^{-3}	0.83
[375]	14.7	4.4×10^7	8.5×10^6	16	4 阶	0.18μm/2.9	3.75×10^{-1}	0.83
[376]	8.3	2.44×10^9	2.8×10^7	64	4 阶	0.13μm/1.2	1.5×10^{-2}	1.00
[454]	10.2	2.6×10^8	2×10^7	26.0	8 × 4（5L）阶	65nm/1.4	1.24×10^{-1}	2.63
[377]	9.3	2.25×10^8	4×10^6	13	4 阶	65nm/1	1.3×10^{-2}	2.67
[378]	13.3	1.07×10^7	2×10^5	53	5 阶	0.25μm/2.5	1.1×10^{-2}	2.73
[379]	12.7	1×10^7	2×10^4	250	2 阶	1.2μm/3.3	2.5×10^{-4}	3.42
[76]	6.9	2.44×10^9	8×10^7	38	4 阶	40nm/1.1	5.28×10^{-2}	3.60
[380]	11.3	2×10^8	1×10^7	40	4 阶	0.18μm/1.8	1.6×10^{-1}	3.72
[73]	10.0	2.44×10^9	6×10^7	60	6 阶	90nm/1.2	4×10^{-2}	4.08
[376]	8.2	2.44×10^9	2.5×10^7	64	4 阶	0.13μm/1.2	1.9×10^{-2}	4.65
[372]	15.0	1×10^5	2×10^4	650	5 阶	0.18μm/2.9	9.1×10^{-3}	6.94
[381]	16.0	1.07×10^7	2×10^5	104	5 阶	0.18μm/1.8	2.1×10^{-1}	8.01
[382]	9.3	4.09×10^6	2×10^6	31	2 阶	0.25μm/1.8	2.05×10^{-2}	8.36
[59]	9.0	9×10^8	9×10^6	55	4 阶	65nm/1.2	8×10^{-2}	8.62
[382]	8.1	4.09×10^6	4×10^6	16	2 阶	0.25μm/1.8	2.05×10^{-2}	9.67
[53]	7.7	2.22×10^9	8×10^7	160	4 阶	40nm/1.1	1.64×10^{-1}	9.86
[381]	14.0	1.07×10^7	5×10^5	42	5 阶	0.18μm/1.8	2.1×10^{-1}	12.82
[383]	8.4	4.73×10^7	3.84×10^6	25	4 阶	0.35μm/3.3	4.5×10^{-2}	16.99
[5]	6.8	2.7×10^9	1.5×10^7	41.6	4（1.5b）阶	40nm/1.1	9×10^{-2}	26.92
[455]	6.3	2.5×10^9	1.5×10^7	41.6	3（3L）阶	40nm/1.1	9×10^{-2}	37.03
[381]	19.3	1.07×10^7	3×10^3	6950	5 阶	0.18μm/1.8	2.1×10^{-1}	54.22

（续）

参考文献	动态范围（DR）/bit	f_n/Hz	带宽 B_w/Hz	过采样率（OSR）	架构（阶数）	工艺 / 电源电压 /V	功耗 /W	品质因数 /（pJ/conv）
[85]	8.3	7.97×10^8	1×10^6	1600	4 阶	0.13μm/1.2	3×10^{-2}	58.06
[384]	10.8	1.07×10^7	2×10^5	100	6 阶	0.5μm/5	6×10^{-2}	84.13
[74]	6.7	2.44×10^9	1×10^6	1628	2 阶	0.13μm/1.3	2.6×10^{-2}	126.40
[383]	9.2	4.73×10^7	2×10^5	473	2 阶	0.35μm/3.3	4.5×10^{-2}	195.30
[385]	6.7	7×10^7	2×10^5	700	2 阶	0.5μm/2.5	3.9×10^{-2}	937.79
[386]	7.2	1×10^8	2×10^5	1000	4 阶	0.35μm/3.3	1.65×10^{-1}	2805.49
[387]	6.0	1×10^9	5×10^5	4000	4 阶	0.18μm/1.8	2.9×10^{-1}	4531.25
[386]	8.7	1×10^8	2×10^5	1000	4 阶	0.35μm/2.7~3.3	3.3×10^{-1}	5678.56

表 10.10　时序编码量化的 Sigma-Delta 调制器

参考文献	动态范围（DR）/bit	带宽 B_w/Hz	过采样率（OSR）	架构	工艺 / 电源电压 /V	功耗 /W	品质因数 /（pJ/conv）
[125]	12.0	2×10^6	9	基于 VCO 的 0-1 级联结构	40nm/1.1	3.5×10^{-4}	0.02
[168]	13.5	1.5×10^7	21	三阶开关环形振荡器结构	0.13μm/1.2	1.14×10^{-2}	0.03
[148]	12.1	1.25×10^8	8.6	三阶 VCO 结构	16nm/1~1.5	5.4×10^{-2}	0.05
[456]	9.0	1×10^4	60	基于 VCO 的积分器结构	65nm/0.3	5.1×10^{-7}	0.05
[139]	13.2	2×10^7	45	一阶 VCO 结构	0.13μm/1.5	2×10^{-2}	0.05
[45]	9.4	2×10^3	62.5	一阶 VCO 结构	0.18μm/1	1.5×10^{-7}	0.06
[14]	10.3	5×10^7	10	基于 VCO 的 0-1 级联结构	65nm/1	8.2×10^{-3}	0.07
[16]	12.1	5×10^7	12.8	三阶 VCO 结构	65nm/1.2~1.5	3.8×10^{-2}	0.09
[45]	11.4	1.67×10^6	75	基于 VCO 的积分器结构	0.13μm/1.2	9.1×10^{-4}	0.10
[14]	12.0	5×10^6	64	三阶 VCO 结构	90nm/1.2	4.1×10^{-3}	0.10
[143]	12.8	1×10^7	30	二阶 VCO 结构	90nm/1.2	1.6×10^{-2}	0.11
[143]	12.8	1×10^7	30	二阶 VCO 结构	90nm/1.2	1.6×10^{-2}	0.11
[142]	12.5	4×10^6	12.5~150	一阶（4 位量化）VCO 结构	0.13μm/1.2	6.1×10^{-3}	0.13

（续）

参考文献	动态范围（DR）/bit	带宽 B_w /Hz	过采样率（OSR）	架构	工艺／电源电压 /V	功耗 /W	品质因数 /（pJ/conv）
[140]	12.7	2.5×10^7	8	五阶 VCO 结构	0.18μm/1.8	4.8×10^{-2}	0.14
[157]	11.5	2.81×10^6	16	三阶时间数字转换器结构	0.13μm/1.2	2.58×10^{-3}	0.16
[150]	10.5	3.5×10^6	64	基于 VCO 结构	0.13μm/1.2	1.65×10^{-3}	0.16
[459]	11.6	5×10^7	120	基于 VCO 结构	65nm/1	5.4×10^{-2}	0.17
[160]	9.8	2×10^7	16	三阶时间编码量化结构	65nm/1	7×10^{-3}	0.19
[460]	11.3	1.25×10^6	20	两步快闪 -（1-1-1 级联）结构	40nm/1.1	1.23×10^{-3}	0.19
[161]	11.2	1.8×10^7	32	环振结构	65nm/1	1.7×10^{-2}	0.20
	11.8	9×10^6	64			1.7×10^{-2}	0.26
[16]	12.2	5×10^6	32~128	环振结构	65nm/0.9~1.2	1.15×10^{-2}	0.24
[461]	11.9	2.5×10^6	10	基于 VCO 的 0-1 级联结构	0.18μm/1.8	4.8×10^{-3}	0.25
[49]	11.9	2.5×10^6	10.24	0-1VCO 结构	0.18μm/1.8	4.8×10^{-3}	0.25
[165]	10.6	2×10^6	75	基于 VCO 的积分器结构	0.13μm/1.2	1.8×10^{-3}	0.29
[149]	12.5	4×10^6	150	二阶级联 VCO 结构	0.13μm/1.4	1.38×10^{-2}	0.30
[138]	11.7	2×10^7	25	二阶（5 位量化）VCO 结构	0.13μm/1.2	4×10^{-2}	0.30
	12.6	4.5×10^6	128			1.7×10^{-2}	0.30
	11.5	4.5×10^6	64			8×10^{-3}	0.31
[388]	9.7	2×10^7	6	二阶时间数字转换器结构	65nm/1.3	1.05×10^{-2}	0.32
[389]	13.0	1×10^5	25~250	1-1-1 时间数字转换器结构	0.13μm/1.2	7×10^{-4}	0.43
[390]	9.7	1×10^6	78	二阶时间数字转换器结构	90nm/1.2	1.3×10^{-3}	0.80
[158]	7.2	2×10^6	36	基于脉宽调制编码的第一级 3 位量化结构	0.18μm/1.8	2.7×10^{-3}	4.59
[153]	8.2	1×10^6	72	基于脉宽调制编码结构	0.18μm/1.8	9.5×10^{-3}	16.2

表 10.11　混合 Sigma-Delta 调制器

参考文献	动态范围（DR）/bit	带宽 B_w/Hz	过采样率（OSR）	架构	工艺 / 电源电压 /V	功耗 /W	品质因数 /（pJ/conv）
[462]	11.5	1.6×10^8	6	Sigma-Delta 逐次逼近混合结构	28nm/1.15	6.39×10^{-3}	6.89×10^{-3}
[124]	13.4	4.5×10^7	10	Sigma-Delta 逐次逼近混合结构	65nm/1.8	2.47×10^{-2}	2.54×10^{-2}
[38]	15.0	2.2×10^6	32	Sigma-Delta 逐次逼近混合结构	55nm/1.2~1.8	4.5×10^{-3}	3.12×10^{-2}
[463]	13.0	5×10^6	43.2	Sigma-Delta 逐次逼近混合结构	28nm/	3.16×10^{-3}	3.86×10^{-2}
[50]	13.6	1.92×10^6	16.92	Sigma-Delta 逐次逼近混合结构	40nm/1.2	1.91×10^{-3}	4.15×10^{-2}
[464]	12.2	1×10^5	16	Sigma-Delta 逐次逼近混合结构	65nm/0.7	4.58×10^{-5}	5×10^{-2}
[465]	15.2	2.4×10^4	64	Sigma-Delta 逐次逼近混合结构	65nm/1	9.4×10^{-5}	5.2×10^{-2}
[466]	8.8	1.1×10^7	4	噪声整形逐次逼近结构	65nm/1.2	8.06×10^{-4}	8.51×10^{-2}
[37]	16.7	2.42×10^4	135	连续时间离散时间混合结构	40nm/1	5×10^{-4}	0.10
[467]	14.4	2.4×10^4	64	Sigma-Delta 逐次逼近混合结构	65nm/1.1	1.21×10^{-4}	0.12
[40]	16.8	2.5×10^4	128	Sigma-Delta 逐次逼近混合结构	65nm/1	8×10^{-4}	0.14
[391]	13.8	5×10^6	8	Sigma-Delta 流水线混合结构	0.18μm/1.8	2.2×10^{-2}	0.15
[392]	13.0	5×10^6	9	有源 - 无源混合结构	55nm/1.3	1.3×10^{-2}	0.16
[117]	12.2	5×10^6	16	Sigma-Delta 循环混合结构	0.18μm/1.8	7.9×10^{-3}	0.16
[118]	12.2	1.56×10^6	8	Sigma-Delta 两步混合结构	0.18μm/1.2	2.6×10^{-3}	0.18
[393]	11.2	1.2×10^6	15000	有源 - 无源混合结构	65nm/1.4	1.16×10^{-3}	0.21
[39]	17.6	2×10^4	—	Sigma-Delta 逐次逼近混合结构	0.16μm/1.8	1.65×10^{-3}	0.21
[468]	13.8	5×10^6	24	Sigma-Delta 流水线混合结构	65nm/1.25	3.7×10^{-2}	0.26
[123]	16.4	2.4×10^4	500	Sigma-Delta 逐次逼近混合结构	28nm/1~3.3	1.13×10^{-3}	0.27

（续）

参考文献	动态范围（DR）/bit	带宽 B_w/Hz	过采样率（OSR）	架构	工艺／电源电压/V	功耗/W	品质因数/（pJ/conv）
[469]	11.4	2.5×10^6	8	基于比较器的结构	65nm/1.2	3.73×10^{-3}	0.28
[122]	11.3	3.5×10^6	5	基于 VCO 的 Sigma-Delta 逐次逼近混合结构	0.18μm/1.8	5×10^{-3}	0.28
[470]	11.4	5×10^6	8	Sigma-Delta 两步混合结构	0.13μm/1.2	8.1×10^{-3}	0.30
[107]	10.9	2×10^6	38	有源-无源混合结构	0.28μm/1.5	2.7×10^{-3}	0.35
[104]	12.5	2×10^5	375	数字结构	65nm/1.3	9.5×10^{-4}	0.41
[115]	11.7	1×10^7	5	Sigma-Delta 循环混合结构	0.18μm/2	4.8×10^{-2}	0.72
[354]	10.0	1.92×10^6	48	Sigma-Delta 逐次逼近混合结构	0.13μm/1.2	3.1×10^{-3}	0.79
[394]	8.9	5×10^6	8	数字结构	0.18μm/1.8	4×10^{-3}	0.85
[395]	11.0	3.13×10^6	16	连续时间-离散时间混合结构	65nm/1.1	1.1×10^{-2}	0.86
[121]	10.8	1.5×10^7	8	Sigma-Delta 流水线混合结构	65nm/1.25	4.6×10^{-2}	0.86
[396]	12.5	7.5×10^6	16	连续时间-离散时间混合结构	0.18μm/1.2	8.9×10^{-2}	1.02
[471]	10.3	2×10^6	32	基于 VCO 和数字的混合结构	0.18μm/1.8	6×10^{-3}	1.19
[394]	12.4	2×10^5	16	数字结构	0.18μm/1.8	4×10^{-3}	1.89
[114]	12.2	1×10^7	4	Sigma-Delta 流水线混合结构	0.18μm/3.3	2.4×10^{-1}	2.55
[97]	15.9	4.8×10^4	128	连续时间-离散时间混合结构	0.35μm/3.3	1.8×10^{-2}	3.07
[99]	16.5	2×10^4	256	连续时间-离散时间混合结构	65nm/3.3	1.5×10^{-2}	4.10
[96]	16.7	2×10^4	128	连续时间-离散时间混合结构	0.18μm/3.3	3.73×10^{-2}	8.76
[65]	9.5	4×10^6	500	有源-无源混合结构	90nm/1.2	5.4×10^{-2}	9.32
[397]	13.0	1.1×10^4	64	连续时间-离散时间混合结构	0.5μm/1.8	1.7×10^{-3}	9.43
[113]	14.5	1.25×10^6	8	Sigma-Delta 流水线混合结构	0.6μm/5	5.5×10^{-1}	9.49

表 10.12 开关电容自适应 / 可重构 Sigma-Delta 调制器

参考文献	标准	动态范围（DR）/bit	带宽 B_w /Hz	过采样率（OSR）	工艺 / 电源电压 /V	功耗 /W	品质因数 /（pJ/conv）
[242]	AMPS	15.0	1.8×10^4	639	0.18μm/2.7	3×10^{-2}	22.1
	GSM	13.2	2×10^5	58		3×10^{-2}	5.4
	CDMA	12.5	6.75×10^5	17		3×10^{-2}	2.9
	UMTS	11.4	1.92×10^6	12		5×10^{-2}	2.8
[398]	GSM/EDGE	14.3	1×10^5	130	0.13μm/1.2,3.3	2.39×10^{-2}	0.7
	UMTS	12.8	1.92×10^6	12		2.45×10^{-2}	0.3
	WLAN	10.8	1×10^7	6		4.45×10^{-2}	0.6
[89]	GSM	14.1	2×10^5	100	0.13μm/1.2,3.3	2.52×10^{-2}	8.5
	Bluetooth	13.2	1×10^6	20		2.5×10^{-2}	4.1
	WCDMA	10.2	4×10^6	10		4.45×10^{-2}	14.1
[399]	GSM	14.1	1×10^5	130	0.18μm/1.2	2×10^{-3}	0.6
	UMTS	12.5	1.92×10^6	16		5.2×10^{-3}	0.2
		12.2	5×10^6	16		1.36×10^{-2}	0.3
	LTE	11.6	1×10^7	12		2.02×10^{-2}	0.3
		11.4	2×10^7	5		3.47×10^{-2}	0.3
[400]	GSM	13.8	1×10^5	250	90nm/1.2	3.4×10^{-3}	1.2
	Bluetooth	12.5	5×10^5	90		3.7×10^{-3}	0.6
	UMTS	10.7	2×10^6	20		6.8×10^{-3}	1
[401]	GSM	12.7	1×10^5	200	90nm/1.2	4.6×10^{-3}	3.5
	Bluetooth	11.3	5×10^5	80		5.3×10^{-3}	2.1
	GPS	11.6	1×10^6	60		6.2×10^{-3}	1
	UMTS	10.7	2×10^6	30		8×10^{-3}	1.2
	DVB-H	10.1	4×10^6	15		8×10^{-3}	0.9
	WiMAX	8.5	5×10^6	12		1.1×10^{-2}	1.6
	GSM	13.2	1×10^5	256		4.9×10^{-3}	0.99

注：由于可重构 Sigma-Delta 调制器根据其工作模式具有不同的性能指标，这些 IC 已按发布日期进行了分类。

表 10.13　连续时间可重构 Sigma-Delta 调制器（按发布日期进行分类）

参考文献	标准	动态范围（DR）/bit	带宽 B_w/Hz	过采样率（OSR）	工艺／电源电压 /V	功耗 /W	品质因数 /（pJ/conv）
[403]	GSM	15	2×10^5	64	0.18μm/1.6,2.9	9×10^{-3}	0.69
	Bluetooth	13.5	1.23×10^6	32		8.2×10^{-3}	0.29
	UMTS	12	3.84×10^6	40		7.6×10^{-3}	0.24
[404]	GSM	13.3	2×10^5	65	90nm/1.1,1.3	1.4×10^{-3}	0.35
	Bluetooth	12.2	1×10^6	100		3.4×10^{-3}	0.37
	UMTS	8.3	1×10^7	20		7×10^{-3}	1.07
[98]	EDGE	14.3	1.35×10^5	96	65nm/2.5	2.6×10^{-3}	0.47
	CDMA	13.3	6.15×10^5	62		3.1×10^{-3}	0.25
	UMTS	11.8	1.92×10^6	40		3.7×10^{-3}	0.26
[405]	WLAN	10	5×10^6	32	90nm/1.2	6.8×10^{-3}	0.24
	DVB	11.3	4×10^6	64		5.5×10^{-3}	0.27
	UMTS	11.2	1.92×10^6	64		4.34×10^{-3}	0.5
	Bluetooth	12.5	1×10^6	90		5×10^{-3}	0.85
		11.2	1×10^6	32		1.7×10^{-2}	3.7
		10.83	2.3×10^6	32		1.7×10^{-2}	1.94
[162]	Bluetooth	10.88	5×10^6	32	65nm/1.2,2.5	1.7×10^{-2}	0.91
		11.83	1×10^6	64		1.7×10^{-2}	2.32
		11.66	2.3×10^6	64		1.7×10^{-2}	1.13
		12.63	1×10^6	128		1.7×10^{-2}	1.34
		11.5	1×10^6	64		8×10^{-3}	0.75
		8.84	1.5×10^7	7		1.05×10^{-2}	0.76
		9.84	1×10^7	10.4		1.05×10^{-2}	0.57
[365]	Bluetooth	10.9	2.5×10^6	20.8	65nm/1.3	8.5×10^{-3}	0.74
		10.2	5×10^6	41.6		8.5×10^{-3}	1.04
	GSM	13.32	2×10^5	128	90nm/1	2.8×10^{-3}	0.68
	Bluetooth	12.33	5×10^5	96		2.6×10^{-3}	0.5
	UMTS	11.66	2×10^6	32		3.6×10^{-3}	0.28
[406]	DVB-H	11.16	4×10^6	24		4.9×10^{-3}	0.27
	WLAN	9.01	2×10^7	16		8.5×10^{-3}	0.41
[407]	WLAN	10.5	8×10^6	25	0.18μm/1.8	4.76×10^{-2}	0.81
		9.11	1.6×10^7	12.5		4.76×10^{-2}	1.29

（续）

参考文献	标准	动态范围（DR）/bit	带宽 B_w /Hz	过采样率（OSR）	工艺 / 电源电压 /V	功耗 / W	品质因数 / （pJ/conv）
[402]	UMTS	9.7	1.92×10^6	31	0.18μm/1.8	8.9×10^{-3}	0.95
	DVB	9.8	4×10^6	25		1.21×10^{-2}	0.84
[55]	DVB	11.1	1×10^7	30.7	65nm/1.3	5.5×10^{-2}	1.10
		10.7	2×10^7	30.7		7.5×10^{-2}	1.10
		10.7	5×10^7	12.3		8.8×10^{-2}	0.70
		10.1	1×10^8	7.7		9.5×10^{-2}	0.80
[472]	DVB	11.2	1×10^7	60	40nm/	1.94×10^{-3}	0.04
		11.4	2×10^7			3.24×10^{-3}	0.03
		11.1	3×10^7			4.3×10^{-3}	0.03
		11.1	4×10^7			5.25×10^{-3}	0.03

1）开关电容 Sigma-Delta 调制器。包括单环 1 位低通 Sigma-Delta 调制器（见表 10.1）、单环多位低通 Sigma-Delta 调制器（见表 10.2）、级联 1 位低通 Sigma-Delta 调制器（见表 10.3）、级联多位低通 Sigma-Delta 调制器（见表 10.4）和带通 Sigma-Delta 调制器（见表 10.5）。

2）连续时间 Sigma-Delta 调制器。包括单环 1 位低通 Sigma-Delta 调制器（见表 10.6）、单环多位低通 Sigma-Delta 调制器（见表 10.7）、级联低通 Sigma-Delta 调制器（见表 10.8）和带通 Sigma-Delta 调制器（见表 10.9）。

3）具有时序编码量化的 Sigma-Delta 调制器（见表 10.10）。

4）混合 Sigma-Delta 调制器。包括连续时间 / 离散时间 Sigma-Delta 调制器、有源 / 无源 Sigma-Delta 调制器、基于数字的 Sigma-Delta 调制器和 Sigma-Delta 调制器 / 奈奎斯特速率模 / 数转换器（见表 10.11）。

5）采用开关电容（见表 10.12）和连续时间电路（见表 10.13）的可重构 Sigma-Delta 调制器。

上述表格总结了所有情况下已发布的 IC 主要特性，主要包括以下性能指标：动态范围（DR）（以 bit 为单位）、带宽 B_w、过采样率（OSR）、工艺、电源电压和功耗⊖。对于带通 Sigma-Delta 调制器，表 10.5 和表 10.9 还给出了陷波频率 f_n。上述表格概述了每种 Sigma-Delta 调制器拓扑的示意图，突出显示了环路滤波器的阶数、级联 Sigma-Delta 调制器阶数、嵌入式量化器的位数、基于时间量化器的量化技术类型、所涵盖的操作模式和标准（在可重构 Sigma-Delta 调制器情况下）等。在本书网站上提供的电子表格中，可以找到有关调制器的更完整说明（为了简便起见，本章

⊖　功耗对应的数据仅包括 Sigma-Delta 调制器部分，而不包括抽取滤波器的功耗。

的表格中未显示）。

10.2.1 Sigma-Delta 调制器的孔径图 ★★★

图 10.3 所示为目前最新 Sigma-Delta 模／数转换器的孔径图。可以看到该图覆盖了较宽的带宽（B_w）-有效位数转换区域，覆盖频率超过七个数量级，有效位数的范围为 16bit。根据 Kerth 等人在 1994 年的报道，他们在 3μm CMOS 工艺下设计的四阶单环 1 位开关电容 Sigma-Delta 调制器，能够实现最高 21bit 的有效位数。该电路主要用于采样地震监测的 400Hz 数字流[20]。最近，在 2016 年 2 月的 ISSCC 上，Steiner 等人采用 0.35μm CMOS 工艺，提出了采用分流式转向放大器实现的四阶单环 1 位开关电容 Sigma-Delta 调制器，其在 1kHz 带宽内具有 22.3 位分辨率，并且 $FOMS > 185$dB[21]。在最前沿另一个极限上，Dong 等人同样在 2016 年的 ISSCC 上实现了本次调研中的另一个前沿技术极限——最高 B_w 值，该芯片由级联的 1-2 连续时间 Sigma-Delta 调制器组成，时钟频率为 8GHz，采用 28nm CMOS 工艺实现，在 465MHz 的信号带宽内实现了 72dB 的动态范围[22]。

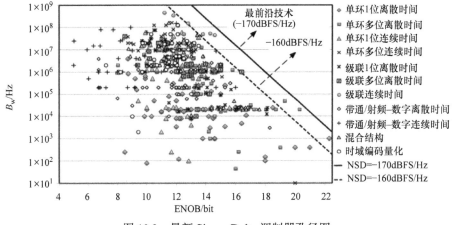

图 10.3 最新 Sigma-Delta 调制器孔径图

作为参考，图 10.3 展示了两个最新的发展前沿，分别对应于 NSD = -160dBFS/Hz 和 NSD = -170dBFS/Hz。其技术路线可大致分为两种。第一种覆盖了带宽为 500kHz~500MHz 和有效位数为 10~15bit 的转换区域，并且以连续时间 Sigma-Delta 调制器为主导，考虑了千兆赫兹采样速率下的不同架构，包括单环结构[23]、级联结构[22, 24, 25]和带通／射频数字化结构[26]。这类结构中的时钟抖动是其中一个主要的物理设计限制。另一个发展前沿主要受热噪声限制，涵盖了具有低带宽（$B_w < 100$kHz）和高分辨率（$ENOB > 16$bit）的应用，其中开关电容 Sigma-Delta 调制器结构具有最佳的性能指标[20, 27, 28]。

通过分析 Sigma-Delta 调制器处理信号带宽随时间的变化，可以观察其应用范围扩展的趋势，即通过增加数字化信号频带来扩大应用范围，尽管这些设计有时功耗效率较低。1990~2017 年发表的 Sigma-Delta 调制器的数字化信号带宽（B_w）如图 10.4 所示。由图 10.4 可以看出，Sigma-Delta 调制器是如何一步步从低频（高分辨率）发展为高频（中低分辨率）的。还可注意到，带宽的范围随着时间的变化逐渐从两个数量级扩展到几乎七个数量级。这种趋势是技术发展的结果，并且预计将来还会继续得到发展。

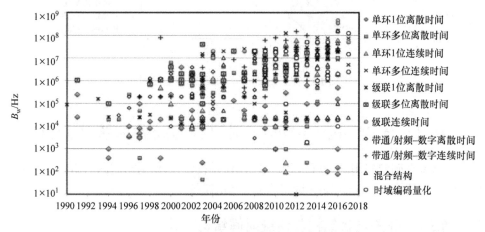

图 10.4　1990~2017 年 Sigma-Delta 调制器带宽随时间的变化趋势

10.2.2　Sigma-Delta 调制器的能量图 ★★★

图 10.5 所示为最新 Sigma-Delta 模 / 数转换器的能量图。由图可知，最高效的设计主要基于连续时间电路，其中一些电路的 FOMS 在 175~185dB 之间 [24, 29-35]。但是，正如稍后将要讨论的，基于反相器的电路技术已在某些开关电容 Sigma-Delta 调制器中得到了成功证明，包括单环 [6, 36] 和级联 [7] 拓扑结构。此外，连续时间和开关电容技术在混合 Sigma-Delta 模 / 数转换器得到了应用 [37]，同时该技术与逐次逼近型模 / 数转换器 [38-40] 技术相结合，可以得到高能效的解决方案。在图 10.5 中，FOMS 值大于 175dB。

Sigma-Delta 调制器集成电路的性能与图 10.3 和 10.5 中的最佳数据点相对应，定义了 Sigma-Delta 模 / 数转换器的前沿领域，同时也展示了各种应用面临的趋势和挑战。这些趋势和挑战包括以下电路和系统技术：数字辅助模拟电路 [6, 7, 32]；高效的模拟滤波器和反馈数 / 模转换器路径 [30, 33, 39]；全数字 / 易于缩减的量化技术 [31, 41]；新的级联拓扑结构 [22, 24, 25]；射频 /GHz 范围技术 [5, 23, 26] 等。其中一些技术将在本章后面讨论。在此之前，先仔细观察表 10.1~10.13 中的数据。通过详细分析这些数据，可以得出许多有趣的结论。

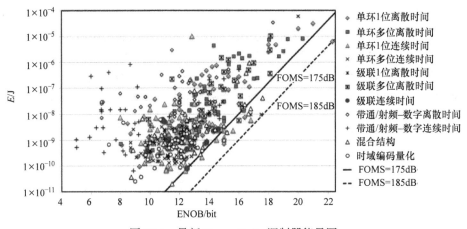

图 10.5　最新 Sigma-Delta 调制器能量图

10.3　先进 Sigma-Delta 调制器的经验和统计分析

本节旨在确定实用的、可作为设计指南的信息，以便为给定的一组设计参数规格，设计出最佳的 Sigma-Delta 调制器结构和电路技术。

10.3.1　开关电容结构与连续时间结构 ★★★

尽管开关电容电路技术已在大多数 Sigma-Delta 调制器中使用，但越来越多的 Sigma-Delta 调制器开始采用连续时间电路实现，特别是在那些以宽带信号为目标和 / 或要求低功耗的应用中。图 10.6a 所示为开关电容和连续时间 Sigma-Delta 调制器的 FOMS 随时间的变化。需要注意的是，尽管两种电路均实现了较高的 FOMS 值（超过 170dB），但使用连续时间技术的 Sigma-Delta 调制器数量却有所增加，尤其是在过去的 10 年中。预计这种趋势将继续延续，因为连续时间 Sigma-Delta 调制器将受益于技术更新和转换频率的增加。实际上，电源电压的降低（因此电压裕量减少）以及数字信号处理和校准技术使用的日益增多，有利于连续时间 Sigma-Delta 调制器在纳米级 CMOS 工艺中的实现，从而进一步提高了它们的工作频率[15]。

图 10.6b 所示为最新开关电容和连续时间 Sigma-Delta 调制器的孔径图。同图 10.3 一样，由图 10.6b 可以清楚地识别出两个技术前沿的发展趋势（图中突出显示）。一个由连续时间 Sigma-Delta 调制器主导的技术前沿实现大约 11~15bit 的动态范围，覆盖 10~500MHz 的带宽（B_w）范围。开关电容 Sigma-Delta 调制器覆盖的范围为有效位数 15~22bit，带宽（B_w）1kHz~1MHz。由这些实验数据可以凭经验推断出连续时间 Sigma-Delta 调制器更适合于中分辨率（10~15bit）和中高带宽（10~100MHz）的应用，而开关电容 Sigma-Delta 调制器更适合于在中低带宽（100Hz~1MHz）内需要高分辨率（16~21bit）的应用。

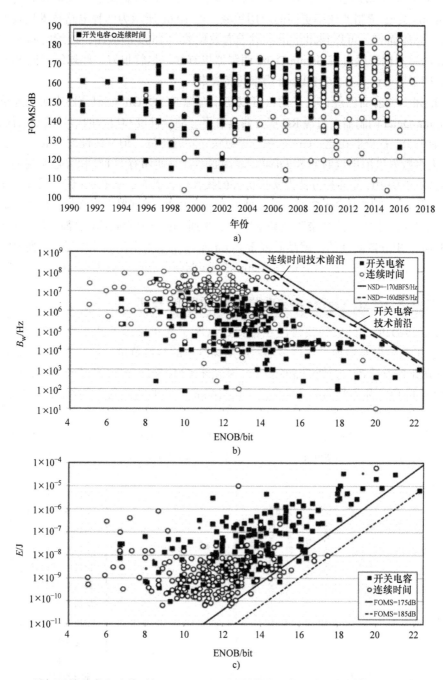

图 10.6 最新开关电容和连续时间 Sigma-Delta 调制器的比较（由于同时使用了开关电容和连续时间技术，混合及时间编码量化的 Sigma-Delta 调制器不在考虑范围之内）

a）FOMS 随时间的变化　b）孔径图　c）能量图

图 10.6b 中最新技术前沿所涵盖的分辨率与带宽区域定义了开关电容和连续时间 Sigma-Delta 调制器效率更高的应用领域。图 10.6c 所示为两种电路技术比较的能量图。总体而言，可以得出结论：对于有效位数 < 15bit 的应用，连续时间 Sigma-Delta 调制器比开关电容 Sigma-Delta 调制器更有效，尽管也有一些连续时间 Sigma-Delta 调制器设计具有 16~17bit 分辨率的高效率。

正如本书前面已经讨论过的，可以使用有源 RC 或 Gm-C 积分器来实现连续时间 Sigma-Delta 调制器。有源 RC 积分器具有更好的线性度和更大的信号摆幅的优势，而与有源 RC 积分器相比，Gm-C 积分器更快，功耗更低，但其线性度更低[42]。实际上，大多数先进的连续时间 Sigma-Delta 调制器都是使用有源 RC 积分器实现的。有时会选择有源 RC 前端积分器以实现更好的线性度，而 Sigma-Delta 调制器环路滤波器的其他积分器则为 Gm-C 型。这在低通 Sigma-Delta 调制器中很常见，而大多数以数百兆赫兹或千兆赫兹频带陷波频率工作的带通 Sigma-Delta 调制器都是使用 Gm-C 或 Gm-LC 积分器实现的。就品质因素 FOM 而言，在从几百千赫兹到几百兆赫兹的更广泛应用中，有源 RC 连续时间 Sigma-Delta 调制器已被证明比 Gm-C 更为有效。

10.3.2 先进 Sigma-Delta 调制器采用的技术 ★★★

Sigma-Delta 模／数转换器已在各种 CMOS 工艺中展示了其先进的性能，并随着制造工艺的提升增加了在许多不同应用场景中的转换范围。近几十年来，Sigma-Delta 调制器设计者一直使用这些技术，从微米 CMOS（3μm 工艺节点）一直到采用三栅和 Fin-FET 晶体管的深纳米工艺（14~16nm）。电源电压也相应降低，从大于 5V 发展到 0.5V，甚至更低。

图 10.7 所示为 FOMS 及本次调研中考虑的最新 Sigma-Delta 调制器所采用的工艺节点的对比。尽管 100nm 以下的工艺节点（如 90nm、65nm 甚至 40nm）越来越

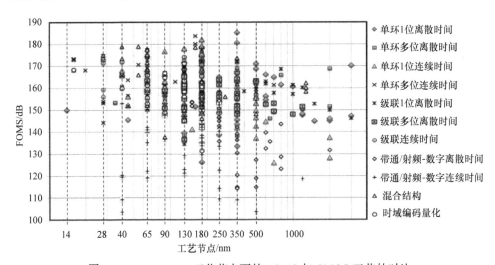

图 10.7　3μm~14nm 工艺节点下的 FOMS 与 CMOS 工艺的对比

流行，但最常用的工艺节点是 180nm 和 130nm。其中一些纳米技术（包括 14nm、28nm、40nm、65nm 和 90nm）的 Sigma-Delta 调制器，其 FOMS 超过 170dB，接近 180dB。这表明 Sigma-Delta 转换器正受益于新兴的制造工艺、器件和电路技术，可在各种应用中实现更有效的数字化。

10.3.3　单环结构与级联结构 ★★★

单环 Sigma-Delta 调制器结构比级联拓扑结构应用更广泛。总体而言，本次调研中考虑的最新 Sigma-Delta 调制器集成电路中约有 85% 是单环拓扑，而级联只有 15%。后者主要使用开关电容电路实现，尽管最近的综合方法以及环路滤波器设计技术使连续时间级联集成电路的实现成为可能，并已在许多集成电路中得到成功证明[22, 24, 25, 35, 43]。

就单环结构的环路滤波器阶数而言，二阶拓扑结构是开关电容 Sigma-Delta 调制器最常用的方式（见表 10.1 和表 10.2）。在连续时间 1 位量化结构实现中，首选三阶和四阶拓扑（见表 10.6）。在多位情况下，绝大多数集成电路中都使用了高于三阶的环路滤波器，以利用多位量化下的高阶（＞ 3）结构来实现更好的稳定性。就级联拓扑结构而言（见表 10.3、表 10.4 和表 10.8），大多数实现采用了四阶环路滤波器，在 2-2 配置中具有两级结构，在 2-1-1 配置中具有三级结构。由表 10.3 和表 10.4 可知，开关电容级联结构也使用三阶 2-1 结构实现。

图 10.8 为单环和级联 Sigma-Delta 调制器性能对比的能量图和孔径图。在能效方面，如图 10.8a 所示，在要求 12~22bit 有效位数的广泛应用中，单环结构占据主导。但是，级联拓扑结构达到了数字化信号带宽的最大值，如图 10.8b 所示。此外，诸如 SMASH 拓扑结构之类的增强架构正在改善级联 Sigma-Delta 调制器的性能。这种方法可能适用于可重构 / 自适应模 / 数转换器的实现，因此可以利用其多级拓扑的模块化特性。

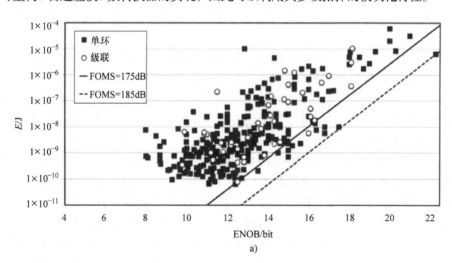

图 10.8　最新的单环与级联 Sigma-Delta 调制器

a）能量图

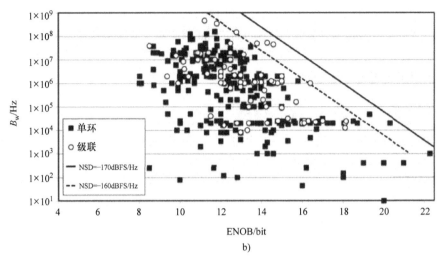

b)

图 10.8　最新的单环与级联 Sigma-Delta 调制器（续）

b）孔径图（图中不包括带通、混合和时序编码量化的 Sigma-Delta 调制器）

10.3.4　1 位结构与多位结构 ★★★

图 10.9 为 1 位和多位 Sigma-Delta 调制器对比的能量图（见图 10.9a）和孔径图（见图 10.9b）。在一般性前提下，图 10.9 中仅包含单环和级联拓扑结构。大多数级联拓扑的最后一级包括具有多位量化器的双量化结构，以减轻反馈数／模转换器非线性的影响。然而，越来越多的级联 Sigma-Delta 调制器集成电路在所有级中都包括内部量化器，其量化位数高达 5bit，并结合了适当的线性化技术。此外，如本书前面所述，许多 Sigma-Delta 调制器集成电路都包括三电平量化器，其受益于嵌入式快闪型模／数转换器全差分电路实现所提供的额外电平，同时还保持了反馈数／模转换器固有的线性特性。

就转换能量而言，图 10.9a 能量图中，FOMS 接近 185dB 的 1 位 Sigma-Delta 调制器比多位 Sigma-Delta 调制器要多。尽管多位实现也可以实现较高的分辨率（约 12~16bit），其余解决方案在此范围内也达到了最新性能。但是，为了获得超过 16bit 的有效分辨率，还有一些采用多位量化的更高效的 Sigma-Delta 调制器集成电路，其中许多接近 FOMS = 175dB。

图 10.9b 为 1 位和多位 Sigma-Delta 调制器性能对比的孔径图。可以看出，除了那些在信号带宽低于 1kHz 内具有 20bit 以上分辨率的应用外，多位调制器主导着技术前沿。许多用于宽带通信的连续时间 Sigma-Delta 调制器使用多位量化。除了具有明显的增加位数方面的优点外，多位量化在实践中还有因其对时钟抖动误差的较低敏感性的优点。但是，使用多位量化所要付出的代价是多位反馈数／模转换器固有的非线性操作，这需要使用线性化技术，从而导致功耗增加、速度限制和电路复杂性的损失。为了解决这个问题，一些研究人员提出使用调制器反馈波形的替代实现方

案，如采用具有有限脉冲响应（FIR）的数/模转换器[44, 45]，以降低对时钟抖动的敏感性，并放宽对 Sigma-Delta 调制器环路、滤波器线性度设计指标的要求，从而产生更具竞争力的性能。

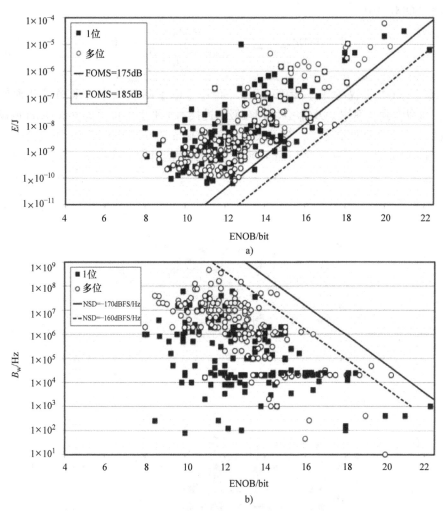

图 10.9　1 位与多位 Sigma-Delta 调制器的对比
a）能量图　b）孔径图

10.3.5　低通结构与带通结构 ★★★

图 10.10 比较了低通 Sigma-Delta 调制器和带通 Sigma-Delta 调制器的性能。从图 10.10a 所示的能量图中可以清楚地看出，就转换能量而言，低通 Sigma-Delta 调制器比带通 Sigma-Delta 调制器具有更好的性能。但是，需要注意的是，基于带宽（B_w）计算转换能量的方法可能不足以量化带通 Sigma-Delta 调制器的效率，因为 B_w

并不总是代表调制器的工作频率。例如，从表 10.9 可以看出，尽管信号位于千兆赫兹范围的中心（陷波）频率上，但有几个 Sigma-Delta 调制器集成电路用于数字化的带宽（B_w）仅有几十兆赫兹甚至几百兆赫兹。因此，一些研究人员提出了替代的品质因素 FOM，例如[46]：

$$\text{FOM}_{\text{BP}|<\text{pJ/conv}>} \equiv \frac{P_w(\text{W})}{2^{\text{ENOB(bit)}}\left(f_n + \dfrac{B_w}{2}\right)} \times 10^{12} \tag{10.6}$$

式（10.6）不仅考虑了带宽（B_w），而且考虑了陷波频率 f_n 来测量转换能量（E）。可以看到，使用 FOM_{BP} 会增加在最先进技术水平上的带通 Sigma-Delta 调制器的数量，尽管在这种情况下，对于低通 Sigma-Delta 调制器的比较可能不太公平。

图 10.10b 为低通和带通 Sigma-Delta 调制器性能对比的孔径图。需要注意的是，

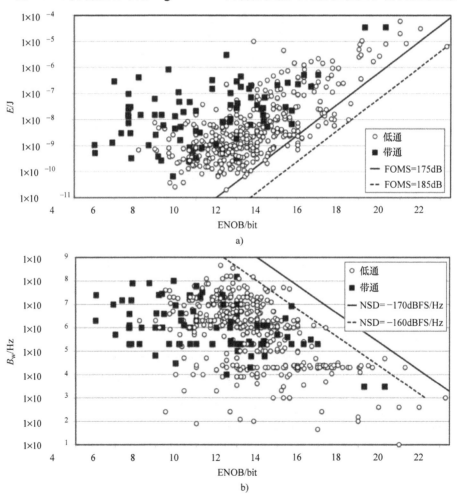

图 10.10　低通和带通 Sigma-Delta 调制器的性能对比
a）能量图　b）孔径图

尽管有些带通 Sigma-Delta 调制器接近 NSD = -160dBFS/Hz，同时数字化带宽超过 100MHz，但使用此度量标准，低通 Sigma-Delta 调制器也占据了最前沿的发展趋势。正如将在 10.4 节中讨论的那样，新一代的带通 Sigma-Delta 调制器将利用工艺尺寸缩减来推动 Sigma-Delta 调制器向前发展，并使射频数字化仪更加可行。

10.3.6　新兴的 Sigma-Delta 调制器技术 ★★★

如前几节所述，近年来，Sigma-Delta 调制器已朝着数字化方向发展。新的电路和系统技术不断涌现，催生了新一代的 Sigma-Delta 架构。这些技术可以根据应用于它们的 Sigma-Delta 调制器模块、前馈环路滤波器或量化器以及反馈（数 / 模转换器）路径进行分组。

除其他技术外，以下技术可被视为 Sigma-Delta 环路滤波器设计中的新兴趋势：

1）射频数字和数字辅助 Sigma-Delta 接收器[5]。

2）受数字驱动（基于反相器）的环路滤波器[6]。

3）混合无源 / 有源环路滤波器[47]。

4）放大器 / 级间共享环路滤波器技术[48]。

同时，常规的 Sigma-Delta 量化也可通过以下电路和系统技术得到增强：

1）基于时间 / 基于频率的信号处理[49]。

2）混合 SAR Sigma-Delta 模 / 数转换器[50]。

3）基于 FIR 的反馈数 / 模转换器技术[44]。

本章接下来的部分将讨论其中一些技术，重点介绍它们的主要特征和潜在应用。

10.4　用于射频 - 数字转换的 GHz 频率 Sigma-Delta 调制器

正如本章前面所提到的，越来越多的连续时间 Sigma-Delta 调制器被证明是在千兆赫兹范围内实现高能效模 / 数转换器的有竞争力的解决方案[23, 26, 30, 45, 51-57]。此功能为一类新的数字密集型射频收发机[58]和软件无线电（Sigma-Delta 接收机[59]）打开了大门。商用移动手机中最常见的方法之一是基于直接转换接收机，如图 10.11a 所示。该接收机架构由模拟信号处理电路（主要是低噪声放大器、混频器和基带滤波器）以及低通连续时间 Sigma-Delta 调制器组成。除了对输入信号进行数字化处理外，连续时间 Sigma-Delta 调制器还利用其连续时间电路特性来整合一些射频功能，如带外阻塞 / 干扰抑制滤波、混频过程、信道选择和抗混叠滤波[60-72]。所有这些功能都可以嵌入到 Sigma-Delta 调制器的反馈环路中，如图 10.11a 所示，从而实现了更紧凑的射频接收机结构，降低了模拟硬件的复杂性。此外，整合这些功能对于降低对电路缺陷和功耗 / 面积随工艺缩减的敏感性方面也具有一定的益处。

实现软件无线电接收机的另一技术趋势是将千兆赫兹范围的带通连续时间 Sigma-Delta 调制器尽可能地靠近天线放置，如图 10.11b 所示，从而产生所谓的射频 - 基带转换器或射频 - 数字转换器 [26, 54, 59, 73-80]。尽管上述方法接近软件无线电的理想实现 [81]，但这样的系统距离作为实际消费产品的部署还很遥远。主要受限于模／数转换器功耗特性，尤其是在信号带宽、线性度和动态范围方面，支持从最小灵敏度到全摆幅的信号电平。为了满足上述基于 Sigma-Delta 调制器的射频数字化仪的苛刻要求，一些设计者提出了相应的策略，如嵌入式带外滤波 [59, 79]、频率转换 [75, 79]、欠采样或二次采样 [54, 73, 74]。后一种方法允许在 $f_{RF} > f_s/2$ 时进行射频信号的数字化，同时保持较高的过采样值，这是因为信号带宽（B_w）通常远小于（f_{RF}, f_s）[82, 83]。

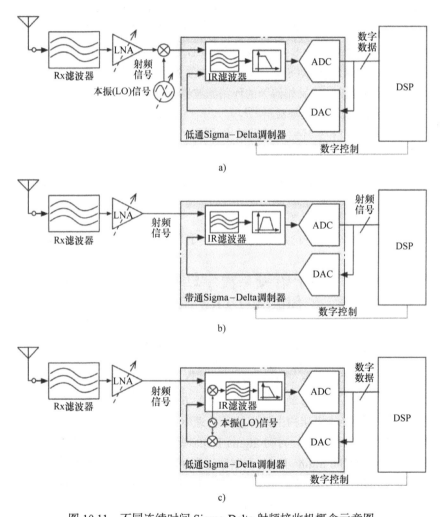

图 10.11　不同连续时间 Sigma-Delta 射频接收机概念示意图

a）嵌入干扰抑制滤波器的基于低通连续时间 Sigma-Delta 调制器的直接变频接收机

b）基于带通连续时间 Sigma-Delta 调制器的射频 - 数字转换器

c）具有滤波和下变频混频器的直接变频 Sigma-Delta 接收机

Ryckaert 等人提出了第一个使用子抽样技术的成功方法[73]，即如图 10.12a 所示的基于 LC 的六阶带通 Sigma-Delta 调制器，用于将以 f_s = 3GHz 为中心的 2.4GHz 信号数字化，其带宽 / 中心频率比为 4/5。据报道，Martens 等人使用 CMOS 带通连续时间 Sigma-Delta 调制器实现了迄今为止最高的采样率（8.8 GHz），可在 80MHz 带宽内以 48dB 动态范围对 2.2 GHz 信号进行数字化，功耗为 164mW。他们通过将六个时间交织的量化器与一个多相抽取滤波器结合在一起，实现了如此高的采样率[53]。

　　已发表的大多数射频 - 数字带通连续时间 Sigma-Delta 调制器使用了固定的中心频率或陷波频率。这迫使射频接收机使用可编程频率合成器，目的是将信号频带放置在带通 Sigma-Delta 调制器的通频带内。这个问题引起了人们对具有宽可调陷波频率的可重构 / 可编程带通 Sigma-Delta 调制器的兴趣[84]。Shibata 等提出了一个六阶可重构低通 / 带通 Sigma-Delta 调制器，它具有从直流至 1GHz 的可调陷波频率，功耗为 550mW[26]。Gupta 等人则提出了另一种基于可重构的 0.8~2GHz 陷波频率的方法[85]，即将二阶连续时间带通 Sigma-Delta 调制器与正交锁相环集成在一起，以实现余弦反馈数 / 模转换器与嵌入式量化器之间的正交相位同步。该芯片对 797MHz 频率处的带宽为 1~3MHz 的信号进行数字化，其动态范围值为 8.3 位，功耗为 41mW[54]。

　　带通 Sigma-Delta 模 / 数转换器中环路滤波器设计的主要挑战是实现高质量和精确的谐振。对于用于射频转换的带通 Sigma-Delta 模 / 数转换器，调谐范围也是一个问题。从功耗和线性度的角度来看，LC 谐振电路是不错的选择，但通常仅支持较小的范围，而有源 RC 谐振器可以进行宽范围的调谐，但要求放大器在模 / 数转换器的中心频率具有高增益[16]。上述局限性促使人们探索可替代的信号处理技术，如转换电路和多相或 N 路径滤波器[86]。如第 2 章所述，尽管在带通 Sigma-Delta 调制器中使用 N 路径滤波器的想法并不新鲜[87]，但在射频 Sigma-Delta 接收机中，这些技术又得到了再次发展。N 路径滤波器可以与有源或无源下转换结构相结合，嵌入到调制器环路滤波器中，如图 10.11c 所示，以实现所需的接收机线性度和灵敏度[5, 59, 88]。基于这种思路，Wu 等提出了在 65nm CMOS 工艺下实现的 400MHz~4GHz 直接射频 - 数字 Sigma-Delta 接收机，在整个载波频带的 4MHz 带宽内，信噪失真比大于 68dB，功耗为 40mW[88]。最近，Englund 等人在图 10.12b 中概念性地介绍了采用 40nm CMOS 工艺的无电感器可编程 0.2~2.7GHz Sigma-Delta 接收机。该电路能够数字化 20MHz 信号带宽内的信号，其信噪失真比 = 40dB，功耗为 90mW[5]。尽管这些转换器的性能仍远远低于商业化所要求的性能，但这种趋势将继续延续下去，并且预计 Sigma-Delta 接收机将成为软件无线电和下一代移动系统实现的关键模块之一。

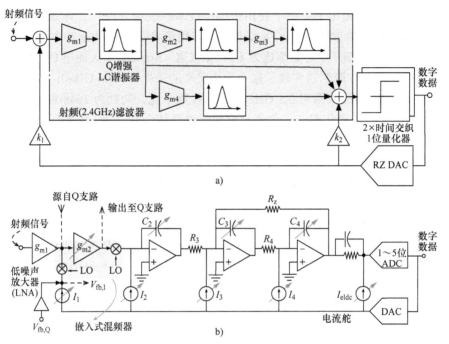

图 10.12　射频 - 数字 / 连续时间 Sigma-Delta 调制器实例概念示意图
a）Gm-LC 带通 Sigma-Delta 调制器[73]　b）无电感 Sigma-Delta 调制器接收机（I-支路）[5]

10.5　增强型级联 Sigma-Delta 调制器

尽管上面讨论的某些连续时间 Sigma-Delta 调制器表现出更高的采样率，但对 100MHz 以上信号带宽进行数字化的需求不断增加，因此仍需要低过采样率值来保持所需的低噪声密度和功耗。这又需要增加嵌入式量化器 B 的位数和 / 或环路滤波器 L 的阶数。前一种策略受到嵌入在 Sigma-Delta 调制器中的（快闪型）模 / 数转换器功耗的限制，而后一种策略在过采样率较低的情况下性能会降低。一种替代方法是使用级联 Sigma-Delta 拓扑结构，尽管这些拓扑会对不匹配表现出很高的敏感性。

10.5.1　SMASH 连续时间 Sigma-Delta 调制器 ★★★◀

如第 2 章所述，SMASH 型 Sigma-Delta 调制器降低了级联 Sigma-Delta 调制器对噪声泄漏的灵敏度，从而受益于其更高的噪声整形能力。另外，如果在级联的所有级中都使用单位信号传输函数，则可以显著提高 SMASH 开关电容 Sigma-Delta 调制器的性能[89]，但是计算前端量化误差 e_1 的级间路径之间的增益误差可能会降低调制器性能。尽管使用开关电容电路已成功实现了 SMASH Sigma-Delta 调制器[90]，但是在宽带应用中使用这些结构需要采用连续时间电路。在实际实现时需要正确提取 e_1，这意味着前端量化器的输入和输出必须延迟相同的量，这在连续时间（CT）电路中很难控制。

Yoon 等 [25] 发表了 SMASH 3-1 连续时间 Sigma-Delta 调制器的成功实现，概念如图 10.13 所示。该方法通过在级间路径中使用低通滤波器以及围绕第二级积分器的前馈路径来克服这些限制，以获得单位信号传输函数。该芯片采用 28nm CMOS 工艺制造，工作频率为 1.8GHz，在 50MHz 信号带宽内达到信噪失真比 = 74.6dB，功耗为 78mW。这些指标表明 SMASH 连续时间 Sigma-Delta 调制器处于目前最先进的地位。

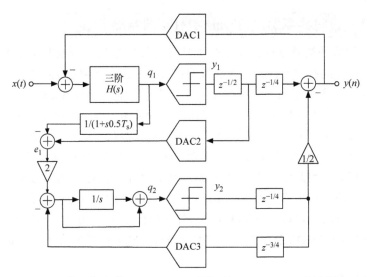

图 10.13   Yoon 等人提出的 SMASH 3-1 连续时间 Sigma-Delta 调制器概念框图

10.5.2   两级 0-L MASH 结构 ★★★

级联 Sigma-Delta 调制器设计的另一个趋势是基于一种两步模/数转换器进行实现。该模/数转换器由前端快闪型模/数转换器和常规的 Sigma-Delta 调制器后端级组成，如图 10.14 所示。最终架构称为 0-L MASH，因为前端级可以看作是一个 0 阶调制器，它由一个快闪型模/数转换器组成，并与后端第 L 级环路级联，该环路将前级残留数据数字化 [91]。模/数转换器的输出为两个子转换器的输出之和，为：$v = v_0 + v_1 = v + \text{NTF}(e_0 + e_1)$，其中 e_0 和 e_1 分别为前级和后级快闪型模/数转换器的量化误差。与 SMASH Sigma-Delta 调制器相似，此拓扑结构除了数字加法器外不需要任何数字抵消逻辑。基于这种策略，Dong 等人 [24] 提出了一个 0-3 连续时间 Sigma-Delta 调制器，它由一个 16 级量化的快闪型模/数转换器和一个具有嵌入式 6 级量化快闪型模/数转换器的三阶有源 RC Sigma-Delta 调制器级联而成。该芯片采用 28nm CMOS 工艺实现，不需要任何额外的数字抵消逻辑，在 53.3MHz 信号频带内的信噪失真比 = 71.4dB，功耗为 235mW。

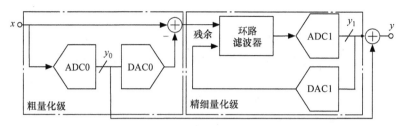

图 10.14　0-L MASH Sigma-Delta 模 / 数转换器概念框图[91]

10.5.3　级间共享级联 Sigma-Delta 调制器 ★★★

不管使用哪种拓扑结构，无论是单环还是级联结构，调制器阶数的增加都意味着要添加更多的有源元件，从而导致功耗升高。为了缓解这个问题，一些设计者建议在级联的各个级之间共享有源模块。该策略以前在单环 Sigma-Delta 调制器中使用，Zanbaghi 等人采用了这种称为级间共享的策略，并将其应用到级联拓扑结构中[48]，如图 10.15 所示。本例中，两级的前端积分器共享运算放大器。本质上，该方法是在两个不交叠的时钟相位期间在两个积分器中交替使用放大器。由于时钟时序变得更加复杂，因此该方法受到级数的限制。级间共享比其他类似技术（如双采样）更稳定，因为双采样会因折叠噪声而严重恶化性能，并且时序要求也更高。显然，该方法仅对离散时间 Sigma-Delta 调制器有效，并且可更有效地实现级联拓扑结构[48]。在 130nm CMOS 芯片上，在 5MHz 信号带宽上信噪失真比为 75dB，功耗为 9mW。

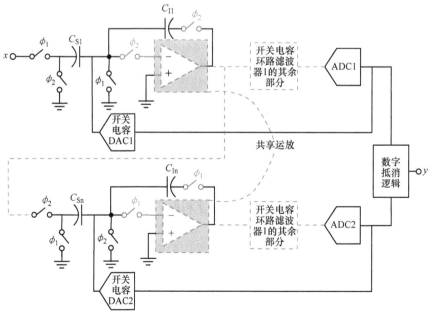

图 10.15　基于 Zanbaghi 等人想法的基于级间共享级联开关电容 Sigma-Delta 调制器[48]

10.5.4　多速率和混合连续 / 离散时间 Sigma-Delta 调制器 ★★★

多速率（multi-rate, MR）Sigma-Delta 调制器是一种特殊的 Sigma-Delta 调制器，其在调制器的不同部分使用不同的采样频率。最常见的方法是在调制器前端的模块中使用较低的采样频率（这些模块消耗大部分功耗），而在随后的子电路中使用较高的采样频率，从而可以放宽对动态性能的要求[93]。上述概念可以应用于单环或级联结构中，并使用开关电容[93]和连续时间电路[94]来实现。

10.5.4.1　升采样级联多速率 Sigma-Delta 调制器

图 10.16a 所示为传统级联（两级）多速率 Sigma-Delta 调制器的概念框图⊖。为了通用起见，假设在级联的所有级中使用多位量化，其中 B_i 为第 i 级内部量化器的量化位数。图中展示了不同调制器模块的采样频率 f_{si}。在传统多速率 Sigma-Delta 调制器中，最常见的情况是前端级在采样频率 f_{s1} 下工作，其余 i 级在 $f_{si} > f_{s1}$ 时采样。这种方法（也称为升采样多速率 Sigma-Delta 调制器[95]）得益于后端级过采样率值的增加，后端级的动态性能要求不如前端级严格[90, 93, 94]。

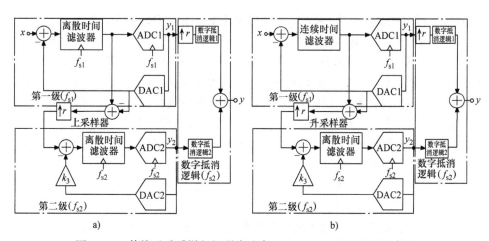

图 10.16　传统（升采样）级联多速率 Sigma-Delta 调制器概念框图

a）离散时间方案　b）混合连续时间 - 离散时间型

图 10.16a 中调制器的工作原理在概念上与传统单速率级联 Sigma-Delta 调制器相同。所有级的输出都通过数字抵消逻辑传输函数（时钟频率为 f_{s2}）进行综合，因此，理想情况下仅输出最后一级的量化误差，并且由噪声传输函数整形。该噪声传输函数的阶数（L）为级联结构中所有级的阶数（L_i）之和。因此，假设 $STF_i(z) = z^{-L_i}$ 且 $NTF_i(z) = (1-z^{-1})^{L_i}$，并定义 $DCL_i(z)$，以使 $DCL_1(z) = STD_2(z)$

⊖　在不失一般性的情况下，本节将讨论两级级联结构。同时，分析也将拓展至 N 级级联多速率 Sigma-Delta 调制器中[95]。

和 $\text{DCL}_2(z) = \text{NTF}_1(z^r)$，可以证明调制器输出的带内噪声功率近似为[⊖]

$$\text{IBN}_{\text{USMR}} \simeq \frac{\Delta^2}{12} \frac{\pi^{2L}}{(2L+1)\text{OSR}_1^{2L+1} r^{2(L-L_1)+1}} \qquad (10.7)$$

式中，r 为最后一个量化器的量化步长；$\text{OSR}_1 \equiv f_{s1}/(2B_w)$[95]。

多速率 Sigma-Delta 调制器的概念可以拓展至混合连续时间 / 离散时间结构的实现中[⊖]，其概念图如图 10.16b 所示。该图展示了级联的两级多速率混合结构 Sigma-Delta 调制器，并突出显示了不同调制器模块的电路性质（连续时间或离散时间）及其相应的采样频率。采用完整的连续时间级（例如，不只是前端积分器采用连续时间结构），可以最大化嵌入式抗混叠滤波器的性能。同时，与离散时间同类产品相比，该结构可以利用前端连续时间电路宽松的动态性能要求[101]。

通过对图 10.16b 的前级应用离散时间 - 连续时间转换，可以对图 10.16b 进行分析。根据本书前面所述的连续时间 - 离散时间等价关系，得到的多速率混合 Sigma-Delta 调制器等效于原始的多速率离散时间 Sigma-Delta 调制器，图 10.16b 中 Sigma-Delta 调制器的带内噪声功率由式（10.7）给出。

10.5.4.2 降采样混合连续 / 离散时间级联多速率 Sigma-Delta 调制器

当后端的开关电容级可以在足够高的过采样率下工作时，在图 10.16b 的前端连续时间级中使用较低的过采样率是有益的。但是，在数字化宽带信号（如 10~100MHz 数量级）时，在后级使用高过采样率是不切实际的。为了以中低有效分辨率（8~10bit）数字化此类信号，可能需要千兆赫兹量级的采样率。因此，由于运行放大器的增益带宽值无法实现，采用后端开关电容级或许不可行。

如果以与设想相反的方式重新定义多速率的概念，则可以缓解上述问题。换句话说，从升采样多速率系统（在这些系统中，连续几级的工作速率增加）转变为降采样多速率系统。其中，前端连续时间级以最高速率工作，从而使得整体电路从前端连续时间级的高速操作中受益[95]。

图 10.17 为降采样（两级）级联多速率混合 Sigma-Delta 调制器概念框图[95]。与传统（升采样）多速率混合 Sigma-Delta 调制器相比，后级（离散时间结构）的运行速率低于前级（连续时间结构）的速率，即 $f_{s2} < f_{s1}$。这种方法的主要缺点是由降采样处理引起的混叠，需要使用级间抗混叠滤波器。但是，正如 García-Sánchez 和 de la Rosa[95] 所提出的，可以通过使用两个附加的数字模块将抗混叠滤波器的操作完全

⊖ 下标 USMR 为升采样多速率（upsampling multi-rate）的缩写，与本节后面讨论的降采样多速率（downsampling multi-rate，DSMR）概念相反。

⊖ 一些设计者结合开关电容和连续时间电路技术的优点，提出了所谓的混合连续时间 / 离散时间 Sigma-Delta 调制器。在混合结构 Sigma-Delta 调制器中，环路滤波器的一部分（通常为前级模块）都采用连续时间电路实现，从而可以提供更快的操作速度和降低了功耗[96-102]的嵌入式抗混叠滤波器。已证明混合 Sigma-Delta 调制器可采用单环结构[96, 97]和级联集成电路实现[101]。实际中，最常见是使用连续时间前端积分器；调制器环路中的剩余积分器使用开关电容电路技术实现。

转换到数字域，这两个数字模块的传输函数分别为 $H_1(z)$ 和 $H_2(z)$。这样，图 10.17 结构就具有了与传统级联 Sigma-Delta 调制器相同数量的模拟模块。

因此，图 10.17 中调制器的操作与传统级联 Sigma-Delta 调制器基本相同，主要区别在于数字抵消逻辑传输函数的设计使其不仅必须消除前端级 $E_1(z)$ 的量化误差，而且还必须消除其混叠分量。为此，$H_1(z)$ 和 $H_2(z)$ 必须根据降采样率的值（$p \equiv f_{s1}/f_{s2} > 1$）重新配置和编程。这些功能完全在数字域中实现，不需要任何额外的模拟硬件，并且可以针对不同的 p 值进行综合 [95]。与传统升采样多速率结构相比，所讨论的多速率 Sigma-Delta 调制器工作速率更快，对电路误差机制更不敏感，并且具有更高的能效。

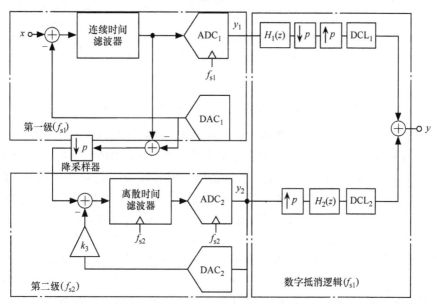

图 10.17　降采样级联混合连续时间 / 离散时间多速率 Sigma-Delta 调制器框图 [95]

10.6　高能效的 Sigma-Delta 调制器环路滤波器技术

由于采用了许多新兴的电路和系统技术，Sigma-Delta 调制器的环路滤波器变得越来越高效，从而催生了新的 Sigma-Delta 调制器体系结构和电路实现。

10.6.1　基于反相器的 Sigma-Delta 调制器 ★★★

实现 Sigma-Delta 调制器环路滤波器的一种简单而高效的方法是用比较器 [103] 或反相器 [104, 105] 替换其中最耗能的模块——跨导放大器（OTA）。因为比较器或反相器也可以作为跨导放大器使用，而且功耗更低、面积更小。Chae 和 Han[105] 首先应用此电路技术，提出了一种基于反相器的二阶 1 位开关电容 Sigma-Delta 调制器，其概念如图 10.18 所示。该芯片在 8kHz 带宽内实现了 63dB 的峰值信噪失真比，而在 1.2V 电源电压（FOMS = 156dB）时消耗的功率仅为 5.6μW。尽管电源抑制比（PSRR）较差，但这些结果首次证明，采用数字启发式模拟电路技术可以在保持出色性能的同时，提高功耗效率。

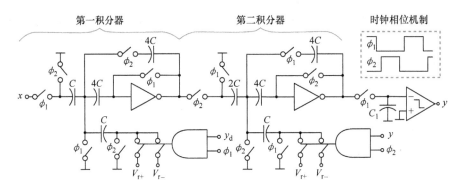

图 10.18　基于反相器的二阶单环 Sigma-Delta 调制器[105]

　　尽管具有上述优点，但用简单的 CMOS 反相器代替传统的跨导放大器不能被视为解决 Sigma-Delta 调制器模拟设计问题的方法。基于反相器的积分器比传统积分器具有更高的功耗效率，但代价是牺牲了其他的性能指标，如工艺 - 电压 - 温度（PVT）变化的鲁棒性、电路寄生现象的影响、有限直流增益等。这些局限性促使一些设计者提出了改进的基于反相器积分器的电路版本，以实现 Sigma-Delta 调制器的环路滤波器[6, 7, 32, 36, 106]。因此，Christen 提出了一种基于反相器的跨导放大器，其工作点通过使用低压差（LDO）稳压器在内部电源电压上进行控制，如图 10.19a 所示[6]。将这项技术应用于四阶前馈单环 1 位开关电容 Sigma-Delta 调制器的设计中，对 20kHz 信号进行数字化，获得信噪失真比（SNDR）= 87.9dB，功耗为 140μW。另一种先进的基于反相器的开关电容 Sigma-Delta 调制器由 Luo 等[7] 提出，这种调制器采用了一种增益增强的 C 类反相器，如图 10.19b 所示。该技术可使基于反相器的跨导放大器的直流增益增加，超过 80dB，可用于实现级联 2-1 开关电容 Sigma-Delta 调制器。该电路在 20kHz 信号带宽内具有 91dB 的信噪失真比，功耗为 230μW。

　　基于反相器的跨导放大器也已在连续时间 Sigma-Delta 调制器中得到了应用，如 Zeller 等人的论文所述[32]。他们使用了基于反相器的单运放三阶滤波器结构，概念电路如图 10.19c 所示，在信号带宽为 10MHz 的信号带宽内，伪差分单环 1.5 位连续时间 Sigma-Delta 调制器具有 68.6dB 的信噪失真比，功耗为 1.82mW。因此，这些出色的设计表明，基于反相器的环路滤波器的使用是实现高性能 Sigma-Delta 调制器非常有前景的策略。在未来的数年中，该电路技术同样有望在工艺缩减中受益。

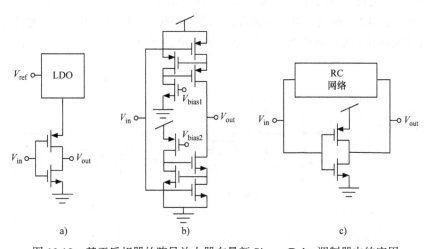

图 10.19 基于反相器的跨导放大器在最新 Sigma-Delta 调制器中的应用

a）具有基于 LDO 偏置的反相器 [6]　　b）增益增强的 C 类反相器 [7]

c）Zeller 等人在连续时间 Sigma-Delta 调制器中使用的基于三阶反相器的积分器 [32]

10.6.2　混合有源 / 无源和无放大器的 Sigma-Delta 调制器 ★★★

减少 Sigma-Delta 调制器中跨导放大器数量的另一种替代方法包括采用无源 RC 网络 Sigma-Delta 调制器代替一些有源模块 [107]。除了降低功耗外，集成无源网络还显示出比有源网络更好的线性度，但其代价是降低了所需的增益，以使环路滤波器具有足够的鲁棒性来抵抗热噪声和其他电路非理想性。这些限制可以通过使用混合有源 / 无源环路滤波器来得到部分缓解。在该滤波器中前级子电路（积分器或谐振器）为有源模块，因此，通过这些有源模块可以降低无源电路器件热噪声的影响。由于这些潜在的优点，无源 RC 网络已成为实现连续时间和开关电容 Sigma-Delta 调制器流行的电路解决方案 [45, 47, 80, 107-110]。

如图 10.20 所示，作为第一个成功示例，Song 等人提出将这种方法应用于连续时间 Sigma-Delta 调制器 [107]。该调制器由五阶单环结构组成，电路使用五个积分器，其中两个由无源 RC 网络实现。这些无源积分器位于调制器链的第二和第四位置，因此可以通过有源积分器的增益减弱其非理想效应。Srinivasan 等人发表了另一个有趣的例子 [45]，提出了由前级无源 RC 积分器和两个 Gm-C 积分器组成的三阶连续时间 Sigma-Delta 调制器。该芯片采用 45nm CMOS 工艺制造，以 6GHz 的时钟频率对 60MHz 的信号进行数字化处理，具有 61dB 的信噪失真比和 20mW 的功耗。

混合有源 / 无源环路滤波器主要用于低通 Sigma-Delta 调制器，也可以应用于带通 Sigma-Delta 调制器。由于其具有较高的工作频率，这些调制器对电路器件的公差、技术工艺变化以及寄生效应造成的性能下降具有更大的灵敏度。例如，Chae 等 [80] 提出了一个四阶带通连续时间 Sigma-Delta 调制器，该电路对位于 200MHz 处的

24MHz 信号进行数字化，信噪失真比为 58dB，功耗为 12mW。该芯片使用单运放谐振器实现，如 4.2 节所述，谐振器包含正反馈以实现更高的品质因数，并通过结合有源低通滤波器和无源高通滤波器来实现，如图 10.21 所示。

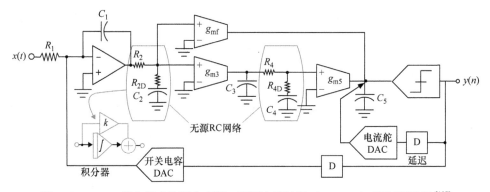

图 10.20　Song 等人发表的混合有源 - 无源连续时间 Sigma-Delta 调制器示例 [107]

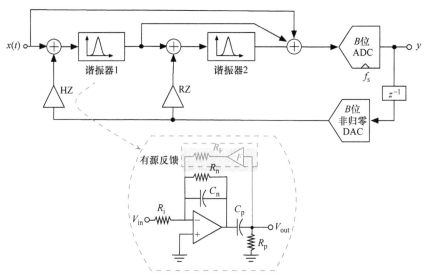

图 10.21　Chae 等人提出的基于具有 Q 系数增强的单运放谐振器
的带通连续时间 Sigma-Delta 调制器 [80]

　　除了用于宽带连续时间 Sigma-Delta 调制器中，无源网络也已应用于超低功耗的开关电容 Sigma-Delta 调制器。其中，典型的应用案例为 Yeknami 等人 [47] 提出的应用于医疗植入设备的二阶 1 位开关电容 Sigma-Delta 调制器的几种替代（混合有源／无源和全无源）实现。无源开关电容 Sigma-Delta 调制器的概念示意图如图 10.22 所示，该无源开关电容 Sigma-Delta 调制器将 500Hz 信号数字化，信噪失真比为 65dB，而功耗仅为 0.43μW。

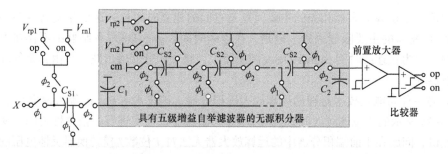

图 10.22　Yeknami 等人提出的无源二阶开关电容 Sigma-Delta 调制器 [47]（单端版本）

无源网络在必须提高能效的应用场景中是非常有希望的替代技术，这种应用趋势预计将继续下去。实际上，混合有源 / 无源电路可以与其他类型的混合电路技术组合使用，如在连续时间开关电容 Sigma-Delta 调制器中利用了多种电路，包括连续时间电路的快速运行和开关电容电路对误差的低灵敏度 [37, 96-101]。这些技术组合使用的一个很好的例子是 Nowacki 等人提出的连续时间 Sigma-Delta 调制器 [111]。如图 10.23 所示，该调制器由一个 1 位 2-1 MASH 拓扑结构实现，该结构由具有级间（20dB）增益级的无源 RC 积分器和开关电容反馈数 / 模转换器组成。电路功耗为 1.57mW，能够在时钟频率为 1 GHz 时以 72.2dB 信噪失真比数字化 10MHz 信号，且 FOMS = 170.2dB。

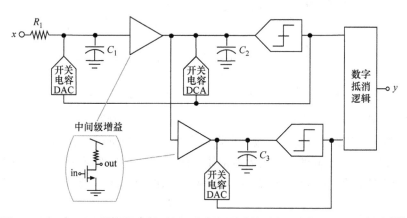

图 10.23　Nowacki 等人提出的无源 / 有源级联连续时间 Sigma-Delta 调制器 [111]

10.6.3　高能效放大器技术 ★★★

众所周知，连续时间 Sigma-Delta 调制器中环路滤波器运算放大器的带宽要求远远低于开关电容 Sigma-Delta 调制器中的同类产品，这使得连续时间环路滤波器电路技术总体上效率更高（见图 10.5 能量图）。如 8.2.1 节所述，多级前馈补偿运算放大器已在某些最新的连续时间 Sigma-Delta 调制器中使用 [112]，因为它们不会在（明确）补偿电容充电和放电时浪费电流 [30]，所以它们比其他拓扑结构具有更高的功耗效率。

与前馈补偿运算放大器相关的主要问题是它们的建立时间长，这是开关电容 Sigma-Delta 调制器的主要限制因素。但是，在连续时间 Sigma-Delta 调制器中不存在上述问题，因为在连续时间 Sigma-Delta 调制器中，整个积分器输出波形都由其余的环路滤波器处理。

另一种高能效技术是辅助运算放大器积分器，该技术由 Pavan 等人提出[29]。如图 10.24 所示的 1 位连续时间 Sigma-Delta 调制器对该技术进行了概念性说明。从本质上讲，问题在于前端积分器中的运算放大器无法对 1 位数 / 模转换器反馈电压的急剧变化做出足够快的响应。每当数 / 模转换器切换时，这种效应都会导致前端运算放大器的虚拟地电位发生较大的跳变，而与所使用的数 / 模转换器波形无关。这些电压跳变产生的主要结果是非线性，除非使用大的偏置电流来改善运算放大器的动态性能，否则非线性将严重降低调制器的性能。取而代之的是，辅助运算放大器积分器包括一个额外的（辅助）跨导器和一个反馈数 / 模转换器的副本（可以将电流拉出跨导放大器），从而减小了虚拟地电压的偏移。

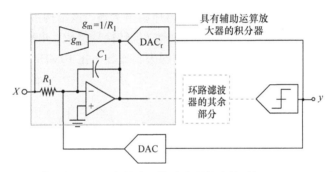

图 10.24　Pavan 等人提出的具有辅助运算放大器的连续时间 Sigma-Delta 调制器[29]

辅助运算放大器已成功用于连续时间 Sigma-Delta 调制器的前端积分器。当使用 1 位量化器（即比较器）时，前端积分器通常是 Sigma-Delta 调制器中最耗电的模块。该技术可以应用于不同的跨导放大器拓扑结构[29, 30]，包括两级前馈补偿和密勒补偿的跨导放大器，在 24kHz 信号带宽内，信噪失真比 = 88dB，功耗仅为 110μW。

10.7　混合 Sigma-Delta 调制器 / 奈奎斯特速率模 / 数转换器

另一种混合 Sigma-Delta 调制器将奈奎斯特速率模 / 数转换器（通常是流水线型、逐次逼近型或循环模 / 数转换器）和 Sigma-Delta 调制器结合起来[113-118]⊖。在大多数情况下，这种混合 Sigma-Delta 调制器遵循的基本策略是用另一种奈奎斯特速率模 /

⊖　或者，奈奎斯特速率模 / 数转换器（如逐次逼近型或者流水线型结构）也可以采用噪声整形技术来提高自身的性能。

数转换器架构代替嵌入式多位快闪型模 / 数转换器。本质上，该策略的主要优点是提供一种增加内部量化器量化电平的方法，而不会导致快闪型模 / 数转换器功耗和硅面积出现指数级增长。

混合 Sigma-Delta 调制器 - 奈奎斯特模 / 数转换器已在单环路和级联架构中实现，在不同的应用场景下均具有出色的性能。因此，基于 Leslie-Singh 结构[119]，Brooks 等人[113]尝试在单个模 / 数转换器中结合奈奎斯特速率和 Sigma-Delta 调制器的优势，提出了级联一个 5 位二阶 Sigma-Delta 调制器和一个 12 位四级流水线型模 / 数转换器的结构，如图 10.25 所示。此后出现了许多混合 Sigma-Delta 调制器 - 奈奎斯特速率模 / 数转换器，包括单环和级联拓扑结构，并在不同的应用场景中展现了出色的性能[38, 50, 114-118, 120-123]。

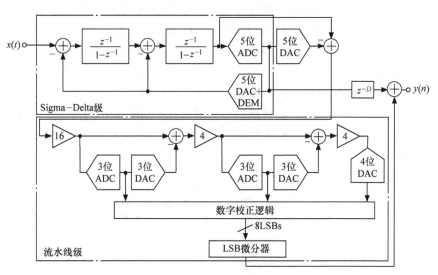

图 10.25　Brooks 等人提出的混合 Sigma-Delta 调制器 - 流水线型模 / 数转换器示例[113]

10.7.1　基于奈奎斯特速率模 / 数转换器的多位 ★★★◀ Sigma-Delta 调制器量化器

在大多数情况下，混合 Sigma-Delta 调制器 / 奈奎斯特速率模 / 数转换器遵循的策略是用另一种奈奎斯特速率模 / 数转换器架构代替嵌入在 Sigma-Delta 调制器中的多位快闪型模 / 数转换器，这些奈奎斯特速率模数转换器包括流水线型[113, 114, 118, 121]、两步快闪型[38, 50, 116, 122, 123]、循环结构[115, 117]和积分型 / 数转换器[120]。此策略的主要优点是提供一种增加内部量化器量化电平数量的方法，而不会导致传统快闪型模 / 数转换器功耗和硅面积出现指数级增长。

Sigma-Delta 调制器和奈奎斯特速率模 / 数转换器结合的主要缺点之一是随着奈奎斯特速率子模 / 数转换器位数的增加，电路复杂度、对电路误差的灵敏度以及延迟时间也随之增加。就系统简单性和针对电路非理想性的鲁棒性而言，这类结构可能会失去 Sigma-Delta 调制器提供的优势。因此，即使用奈奎斯特速率模／数转换器代替多位快闪型模／数转换器可以实现非常有竞争力的性能，但上述设计折中方案仍促使 Sigma-Delta 调制器的设计人员探索传统多位量化的替代方案，这些内容将在后续进行讨论。

在其他方法中，异步逐次逼近型模／数转换器（asynchronous SAR，ASAR）结构由于具有潜在的更高效率，因此作为嵌入式量化模／数转换器受到了设计者的青睐[38, 50, 123, 124]。图 10.26 为 Tsai 等人提出的基于异步逐次逼近型模／数转换器的混合连续时间 Sigma-Delta 调制器概念图[50]。该芯片集成在 40nm CMOS 工艺中，由一个具有 6 位异步逐次逼近型模／数转换器量化器的三阶环路滤波器和一个 Sigma-Delta 数字截断器组成。该数字截断器将异步逐次逼近型模／数转换器输出电平从 $L_1 = 64$ 降低到 $L_2 = 9$，以获得最佳性能。在 1.91MHz 信号带宽内，该电路功耗为 1.91mW，信噪失真比 = 79.6dB。Wang 等人[123]采用了类似的方法，采用 28nm 工艺，将 6 位异步逐次逼近型模／数转换器、数字截断器和数字积分器一起嵌入在二阶连续时间 Sigma-Delta 调制器中，实现了 FOMS = 173.8dB。后来，Ho 等人[38]提出了具有 4 位异步逐次逼近型模／数转换器和数据加权平均的四阶连续时间 Sigma-Delta 调制器，以补偿多位反馈数／模转换器的非线性，其信噪失真比（SNDR）= 90.4dB，$B_w = 2.2$MHz，功耗为 4.5mW。

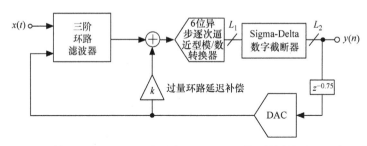

图 10.26　Tsai 等人提出的基于混合异步逐次逼近型模／数转换器的三阶连续时间
Sigma-Delta 调制器[50]

奈奎斯特速率模／数转换器（尤其是逐次逼近型模／数转换器）和 Sigma-Delta 调制器的结合产生了新型模／数转换器结构，该结构通常比传统模／数转换器更适合采用数字电路实现。Sanyal 等人提出的基于逐次逼近型模／数转换器的 Sigma-Delta 模／数转换器[122, 125]概念如图 10.27 所示。正如前面所讨论的，模／数转换器可以看作是两级 0-1 MASH 结构，其使用的概念与所谓的 zoom 模／数转换器[39, 126, 127]类似。在图 10.27 的模／数转换器中，第一级是 5 位逐次逼近型模／数转换器，它执行输入信号的粗略量化，而残余数据由一阶 Sigma-Delta 调制器进行数字化。该 Sigma-Delta 调制器主要基于压控振荡器（VCO）实现，而无须跨导放大器。事实上，基于时间／频率的量化是 Sigma-Delta 调制器设计人员尝试的另一种方法，如 10.8 节所述。

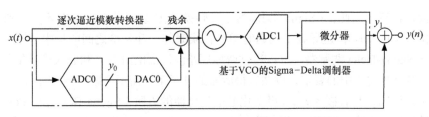

图 10.27 文献 [122] 提出的 SAR-VCO Sigma-Delta 模 / 数转换器

10.7.2 增量 Sigma-Delta 模 / 数转换器 ★★★

增量 Sigma-Delta 模 / 数转换器（I Sigma-Delta 模 / 数转换器）也可以视为混合 Sigma-Delta 调制器 / 奈奎斯特模 / 数转换器。该类型模 / 数转换器使用过采样和噪声整形，但每次转换后都会重置环路滤波器积分器和数字滤波器[128]，如图 10.28 所示。这些功能使得该类型转换器在低频高分辨率应用中尤其高效，如使用开关电容电路的传感器接口[129] 和其他需要以高分辨率处理复用低频信号的场合[130]。

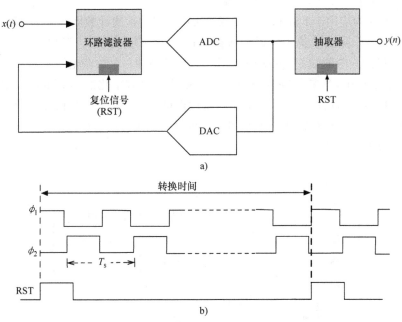

图 10.28 I Sigma-Delta 模 / 数转换器
a）概念框图 b）时钟时序[131]

I Sigma-Delta 模 / 数转换器的操作由复位脉冲控制，该复位脉冲根据如图 10.28 所示的时序，在多个时钟周期后清除模拟环路滤波器和数字抽取器的存储器。过采样时钟周期的数量由过采样率给出，通常称为转换时间周期。I Sigma-Delta 模 / 数转换器在每个转换周期结束时转换一个模拟输入数据样本，从而作为奈奎斯特速率模 /

数转换器运行。因此，I Sigma-Delta 模／数转换器需要 2^N 个时钟周期才能达到 N 位有效位数（ENOB），这导致了延迟时间（转换时间）和精度之间的折中[131]。但是，类似于 Sigma-Delta 调制器，可以通过增加环路滤波器的阶数 L 和嵌入式量化器的位数来放宽这种对折中的要求，以便获得所需的分辨率，而不会影响转换时间。

可以证明，具有嵌入式 L_Q 级量化电平量化器的 L 阶 I Sigma-Delta 模／数转换器的信号量化噪声比（SQNR）近似为[132]

$$\mathrm{SQNR}_{\mathrm{I-\Sigma\Delta}} \simeq L20\lg(\mathrm{OSR}) + 20\lg(L_Q - 1) - 20\lg(L!) \qquad (10.8)$$

注意：以类似于传统 Sigma-Delta 调制器的方式，I Sigma-Delta 模／数转换器通过三个主要设计要素——过采样率、阶数 L 和量化电平数 L_Q（与 B 直接相关）组合不同的策略来提高分辨率。但是，由于 I Sigma-Delta 模／数转换器实际上是奈奎斯特速率模／数转换器，因此一些设计人员已经利用此属性，基于 Sigma-Delta 和奈奎斯特速率模／数转换器技术的组合来设计更高效的模／数转换器。一些先进的 I Sigma-Delta 模／数转换器采用多步或扩展计数结构[133]，这类结构又可以从 10.5.3 节中讨论的硬件／级间共享技术中受益。

图 10.29 为应用于 I Sigma-Delta 模／数转换器的扩展计数概念[134]。该模／数转换器核心是一个降采样多速率级联 I Sigma-Delta 模／数转换器。该 I Sigma-Delta 模／数转换器包括一个前端 I Sigma-Delta 模／数转换器和一个由奈奎斯特速率（可以是逐次逼近型或循环模数转换器）组成的后端级，以数字化前端 I Sigma-Delta 级的残留电压信号。通过这种方式，前端级执行粗量化，产生数字化信号的最高有效位（MSB），而后端级进行精细量化（LSB）。两级的输出都经过数字组合，从而提供了更准确的数字化输出[135]。

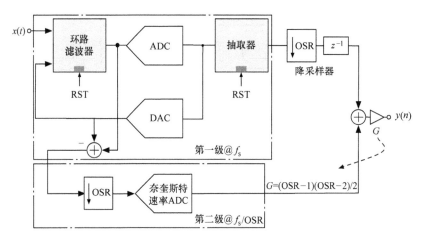

图 10.29 应用于 I Sigma-Delta 模／数转换器的扩展计数技术的概念说明
（采用后端奈奎斯特速率子模／数转换器级的级联 I Sigma-Delta 模／数转换器）

10.8　基于时间的 Sigma-Delta 模 / 数转换器

无论通过传统的快闪型模 / 数转换器、跟踪结构[31, 136]，还是之前讨论的任何其他奈奎斯特速率模 / 数转换器来实现 Sigma-Delta 调制器量化器，由于工艺尺寸的缩减以及电源电压的降低，采用基于幅度的线性化成为设计中面临的巨大挑战。这个问题促使人们探索基于时间 / 频率编码而不是幅度编码的替代量化器实现。这种方法的好处是，尽管必须特别注意与时序直接相关的那些误差，如在连续时间 Sigma-Delta 调制器中的时钟抖动误差[137]，但所得的量化方法也更适合在低电源电压（<1V）的纳米级 CMOS 工艺中实现。

10.8.1　基于 VCO/PWM 量化的 Sigma-Delta 调制器 ★★★

采用基于 VCO 的量化器取代传统的（基于幅度的）多位量化器已成为 Sigma-Delta 调制器设计中最常用的方法[41, 58, 138-148]。该设计思想通过电压 - 频率转换将幅度域中的量化信息转换到时域。这种转换可以通过 VCO 电路来执行，如图 10.30a 所示。图中电路为该设计思想在 Sigma-Delta 模 / 数转换器中的首次实现之一[138]。这种方法的工作原理取决于使用环形振荡器来计算给定时间段内的边沿数量。结果与输入信号直接相关，从而给出幅度的数字表示。此外，基于 VCO 的量化器由于其固有的微分器操作而提供了隐式的一阶噪声整形滤波器，这对于在数字域中实现频率 - 电压转换是必需的。Sigma-Delta 调制器利用此功能将噪声整形滤波器的阶数增加了一阶，而没有增加模拟环路滤波器的阶数[138]。

基于 VCO 量化的主要局限是电压 - 频率转换的固有非线性，需要使用校准或线性化技术[144-146, 150, 151]。一些设计者建议通过使用相位检测器代替频率检测器来缓解这种限制[139]，后者也可以提供一阶噪声整形。Huang 等人也成功地证明了可以使用相位检测器进行过量环路延迟补偿[148]。该电路采用 16nm CMOS 工艺实现，在 125MHz 带宽内，信噪失真比为 71.9dB。

另一种策略是将基于 VCO 的量化器嵌入到级联 Sigma-Delta 调制器的后端，这样，其非线性可以通过级联中前级的噪声整形来衰减。Zaliasl 等人首次实现了这个设计想法[149]，该电路由两级级联多速率 Sigma-Delta 调制器组成，如图 10.30b 所示。其中后端级（以更高速率工作）由 VCO 量化器实现，因此可以受益于其潜在的更高操作速度而不受其固有非线性的影响。Sanyal 等人提出的两步混合奈奎斯特速率 / Sigma-Delta 模 / 数转换器也是基于该策略实现[122]。基于类似的方法，Ragab 等人提出了一个 0-1 MASH Sigma-Delta 模 / 数转换器[49]，如图 10.30c 所示。该模 / 数转换器由一个前端（粗量化）14 级快闪型模 / 数转换器和一个（精细量化）后端 15 级环形 VCO 组成，该电路还包括了数字背景校准。该芯片在 2.5MHz 带宽内实现了 12bit 有效位数，功耗为 4.8mW，FOMS = 161dB。

基于 VCO 的量化器的另一种选择是使用脉宽调制（PWM）[152, 153]，如图 10.31

所示。PWM 模块将环路滤波器输出处的电压转换为脉冲 $p(t)$，时间 - 数字转换器（time-to-digital converter，TDC）生成数字代码。这些数字代码用 $p(t)$ 信号的边沿进行离散表示，即采用时间量化表示。嵌入式时间 - 数字转换器已被许多最新的 Sigma-Delta 调制器成功实现[154-158]。时间 - 数字转换器和基于 PWM 的量化器的主要问题之一是其有限的动态范围[137]，可以通过使用 Hernandez 等人提出的时间编码量化器（time-encoding quantizer，TEQ）解决此问题[159]。本质上，该设计思想通常采用一个调制器实现。该调制器的环路滤波器分为两个环路，其中一个环路进行振荡，与基于 PWM 的量化方案相比，该环路可独立控制振荡。基于这种思想，Prefasi 等人提出了一个采用 65nm CMOS 工艺实现的三阶连续时间 Sigma-Delta 调制器[160]，其时钟频率为 2.56GHz，在 20MHz 带宽内，信噪失真比（SNDR）= 61dB。

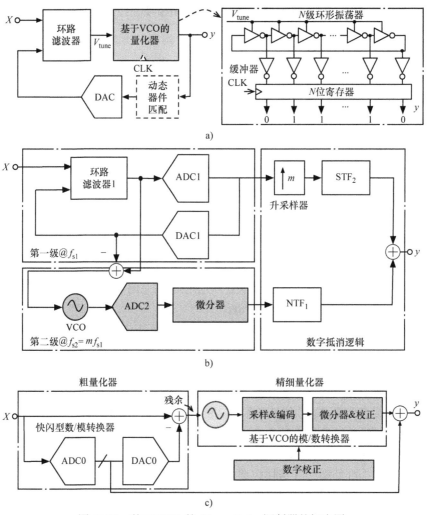

图 10.30　基于 VCO 的 Sigma-Delta 调制器的概念图

a）单环拓扑结构[138]　b）多速率级联结构[149]　c）具有数字校准的级联 0-1 结构[49]

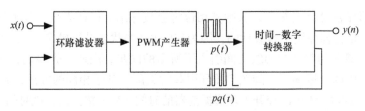

图 10.31　Dhanasekaran 等人提出的基于 PWM 的 Sigma-Delta 调制器概念图 [152]

10.8.2　易于缩减的全数字 Sigma-Delta 调制器 ★★★

基于时间/频率的电路技术不仅用于代替量化器，而且还可以用于 Sigma-Delta 调制器的其他主要模块。Taylor 和 Galton 首次尝试将压控环形振荡器（voltage-controlled ring oscillator，VCRO）用作 Sigma-Delta 模/数转换器的基本模块 [161]。他们提出的调制器主要由数字电路技术实现，由数字背景校准的压控环形振荡器组成。在该压控环形振荡器中，其反相器以所需的输出采样率采样，它不包含任何模拟积分器、比较器或反馈数/模转换器。这种方法的主要优点在于，由于 Sigma-Delta 调制器本质上是由数字电路实现的，因此它在工作速率方面可能会受益于 CMOS 工艺的缩减，从而为低压、低功耗宽带应用带来好处。此外，基于压控环形振荡器的 Sigma-Delta 调制器的操作基本上取决于其数字模块的速度，因此可通过数字信号处理实现高精度。但是，这种方法的主要局限是它对诸如时钟抖动误差之类的时序误差以及上述压控振荡器的非线性行为具有更高的灵敏度。通过使用数字背景校准和自消除抖动技术已经克服了这些问题 [162]。根据最高水平的性能结果，在 5~37.5MHz 的带宽内，设计者实现了 70~75dB 的信噪失真比、1.3~2.4GHz 的可调采样率和 160dB 的 FOMS[163]。

遵循将压控振荡器用作基本模块的相同方法，Lee 等人提出了一种无跨导放大器的连续时间 Sigma-Delta 调制器。该调制器包括基于压控振荡器的环路滤波器和量化器 [165]，最终实现了易于数字比例缩放的模/数转换器，其 FOMS 为 156dB。Young 等人提出了另一种创新的架构，该架构由具有基于压控振荡器积分器的环路滤波器的三阶连续时间 Sigma-Delta 调制器组成 [166]。该芯片以 1.28GS/s 的速度运行，在 50MHz 的带宽内实现了 64dB 的信噪失真比，功耗为 38mW。因此，尽管基于压控振荡器的 Sigma-Delta 调制器的性能主要受非线性限制，但这些设计表明，在更深的纳米工艺中可以改善其指标。

10.8.3　基于门控开关环形振荡器的 Sigma-Delta 调制器 ★★★

近期，Yu 等人基于门控开关环形振荡器（gated switched-ring oscillator，GRO）提出了一种 1-1 MASH Sigma-Delta 时间-数字转换器 [8]，如图 10.32a 所示。门控开关环形振荡器如图 10.32b 所示，由使能信号控制，因此当使能信号为高电平时，门控开关环形振荡器就会振荡，否则其相位将会被冻结。以此方式，基于门控开关环形振荡器的量化器原则上是线性的，因为它以开／关状态进行操作⊖。此外，门控开关环形振荡器在调制器的两级之间引入了所需的同步，因此，先验地，无须校准即可补偿级联中两个振荡器之间频率差异引起的失配。基于相同的方法，Yu 等人提出了一种基于 1-3 MASH 门控开关环形振荡器的时间 - 数字转换器，该时间 - 数字转换器在 15MHz 的信号带宽内提供 0.22psrms 的集成噪声，其 FOMW 为 0.19pJ/conv[167]。

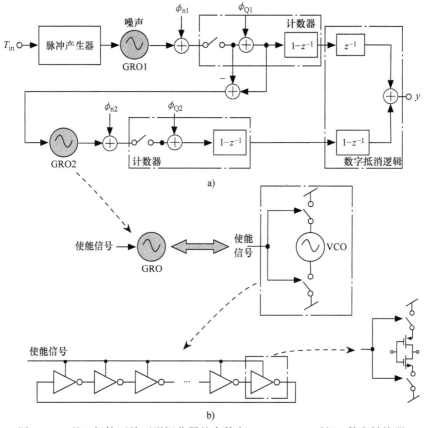

图 10.32　基于门控开关环形振荡器的全数字 Sigma-Delta 时间 - 数字转换器
a）由 Yu 等人提出的基于门控开关环形振荡器的 1-1 MASH Sigma-Delta 时间 - 数字转换器模型 [8]
b）由环形压控振荡器实现的门控开关环形振荡器 [164]

　　除了使用基于门控开关环形振荡器的 Sigma-Delta 调制器来实现时间 - 数字转换器之外，这种类型的量化器还可以用于构建 Sigma-Delta 模／数转换器。这类 Sigma-Delta 模／数转换器将受益于全数字信号处理方式。Kim 等人提出了一种基于该思想

⊖　多位量化可以采用多路径门控开关环形振荡器实现，而不是采用单路径门控开关环形振荡器实现，如图 10.32b 所示。采用这种方式，在不同门控开关环形振荡器级（路径）提供的不同相位中，多路径门控开关环形振荡器中的信息被量化。例如，7 路径门控开关环形振荡器等价于一个 3 位量化器 [164]。

的有趣构思[168]。图 10.33 描绘了他们提出的 Sigma-Delta 调制器结构。这种结构包括由两级组成的基于时间的多位量化器的四阶单环结构。量化器的前端是一个 1.5 位的噪声整形集成量化器（noise-shaped integrated quantizer，NSIQ）[156]，后端为基于门控开关环形振荡器的量化器。噪声整形集成量化器产生了时域的量化误差，该误差会反馈到后端的 3 位门控开关环形振荡器，后者会提供额外的量化电平以及额外的噪声整形顺序。量化器中包含一个数字后端积分器，因此可以进行具有二阶噪声整形的 6 位量化。总体而言，调制器通过 6 位嵌入式量化执行四阶噪声整形，但仅使用通过有源 RC 积分器实现的二阶模拟环路滤波器。这款芯片将 15MHz 的信号数字化，其信噪失真比为 80dB，功耗为 11.4mW，FMOS 为 174.1dB。

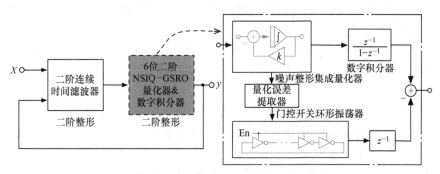

图 10.33 具有 6 位两级噪声整形集成量化器 - 门控开关环形振荡器（NSIQ-GRO）量化器的四阶连续时间 Sigma-Delta 调制器概念图[168]

10.9 高性能连续时间 Sigma-Delta 调制器中的数 / 模转换器技术

如前所述，多位量化在电路复杂性、面积/功耗以及由反馈数/模转换器（DAC）元件不匹配引起的固有非线性方面具有一定的不足。实际上，由于 Sigma-Delta 模 / 数转换器是一种反馈系统，因此模 / 数转换器性能不会优于其内部的反馈数 / 模转换器。在过去的数年间，设计者已经提出了许多线性化策略来补偿该误差，如动态器件匹配、校准或使用辅助数 / 模转换器（基于积分非线性的查表进行计算[169]）。在大多数情况下，这些线性化策略会带来额外的电路复杂性，从而通常将嵌入式量化器的最大分辨率限制为小于 4~5bit。

为了解决这个问题，一些设计者建议使用调制器反馈波形的替代实现方式，如 4.8.5 节所述的 FIR 数 / 模转换器[30, 33, 45, 170]。FIR 数 / 模转换器在调制器环路滤波器中引入了额外的延迟，该延迟必须被控制，以使系统稳定并保证其正确的性能。这个问题可以通过使用矩量法来解决，它可以完美补偿 FIR 数 / 模转换器的延迟[171]。另一个问题与 FIR 滤波器中使用的抽头数量有关，解决方法如 Sukumaran 和 Pavan 所提出的[33]，可以对其进行优化以最大化调制器的性能和效率。这是迄今为止最高效的设计之一，能量图如图 10.5 所示 FOMS = 178dB（带宽为 24kHz，动态范围为 99dB，功耗为 0.3mW）。

　　顺应向高速连续时间 Sigma-Delta 调制器发展的趋势，反馈数 / 模转换器中的非理想性，尤其是动态误差正占领主导地位。尽管失配整形可以用来减小与静态器件误差和静态时序误差相关的误差，但是失配整形会增加开关活动性，从而加剧了由动态误差引起的性能下降。Risbo 等人的研究表明，可以通过精心设计的器件选择逻辑解决该问题。该逻辑可以同时对失配引起的噪声和与码间干扰（ISI）动态误差相关的噪声进行整形[172]。该方案对于 3MHz 的时钟速率非常实用，但是很难以当前高速连续时间 Sigma-Delta 模 / 数转换器的千兆赫兹时钟速率实现。因此，其他方法，如通过模拟调整或数字校正的码间干扰校准，可能会用于未来的高速连续时间 Sigma-Delta 模 / 数转换器中。

　　电流模 / 数模转换器通常用于高速连续时间 Sigma-Delta 模数转换器内。但当噪声为最关键指标时，电阻数 / 模转换器将是设计的首选[173]。Sukumaran 和 Pavan 描述了一种使用电阻数 / 模转换器实现的具有出色性能的 Sigma-Delta 模 / 数转换器[33]。1 位量化用于最小化功耗，而 FIR 数 / 模转换器用于抵消通常与 1 位量化相关的抖动灵敏度。通过使用三电平数 / 模转换器或通过电源轨外部的电压，可以进一步将数 / 模转换器的噪声最小化。

　　除了使用 MOS 电流源或开关电阻构建数 / 模转换器外，连续时间 Sigma-Delta 模 / 数转换器还可以使用开关电容数 / 模转换器实现。这些数 / 模转换器最初用于降低低通模 / 数转换器的抖动灵敏度，但最近由 Harrison 等人提出使用该数 / 模转换器作为带通模 / 数转换器中 Q 增强 LC 谐振回路的电压反馈[52]，如图 10.34 所示。在这种情况下，反相器作为电压模 / 数模转换器，由归零锁存器驱动。在原始使用场景中，由开关电容提供的电荷对时钟周期不敏感，所以它不会受到时钟抖动的影响。但是，相比于数 / 模转换器电流稳定时，与开关电容相关的高峰电流往往需要更大功耗的放大器，因此该技术已不再流行。最近的设计方法是将电压反馈应用于 LC 谐振回路。因为电流反馈单独对二阶系统提供一个控制自由度，因此这种设计方法非常有效。

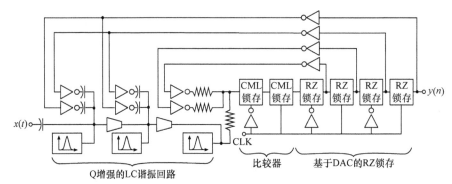

图 10.34　基于 Q 增强 LC 谐振回路和电压模归零锁存数 / 模转换器的带通连续时间 Sigma-Delta 调制器

10.10　最新参考文献分类

为了清楚起见，本章遵循表 10.1~ 表 10.13 中的分类标准，将最新发布的 Sigma-Delta 调制器集成电路的参考文献进行分组总结：

1）开关电容单环 1 位低通 Sigma-Delta 调制器：文献 [20，103，105，106，175-212]。

2）开关电容单环多位低通 Sigma-Delta 调制器：文献 [28，156，183，213，214-254]。

3）开关电容级联 1 位低通 Sigma-Delta 调制器：文献 [19，180，255-271]。

4）开关电容级联多位低通 Sigma-Delta 调制器：文献 [27，91，233，265，272-290]。

5）开关电容带通 Sigma-Delta 调制器：文献 [87，291-306]。

6）连续时间单环 1 位低通 Sigma-Delta 调制器：文献 [29，44，45，51，60，61，159，170，307-337]。

7）连续时间单环多位低通 Sigma-Delta 调制器：文献 [23，62，64，66，116，136，152，338-364]。

8）连续时间级联低通 Sigma-Delta 调制器：文献 [115，365-369]。

9）连续时间带通 Sigma-Delta 调制器：文献 [26，52，53，59，63，73，74，76，85，370-387]。

10）带有时间编码量化的 Sigma-Delta 调制器：文献 [138-140，142，143，160，161，388-390]。

11）混合结构 Sigma-Delta 调制器：文献 [37，65，96，97，99，104，107，113-115，117，118，354，391-397]。

12）开关电容可调 Sigma-Delta 调制器：文献 [89，242，398-402]。

13）连续时间可调 Sigma-Delta 调制器：文献 [98，162，365，403-407]。

10.11　小结与结论

本章介绍了 CMOS Sigma-Delta 调制器的最新技术，对它们的结构、电路技术和目标应用进行了系统分类。基于本书的实用方法，从该统计调研中提取的经验数据已被用于识别当前的设计趋势和挑战，以帮助设计人员在不同的结构种类中，从给定的应用和 / 或设计规格范围中选择最合适的 Sigma-Delta 调制器。考虑到这一目标，本章已经在不同的抽象级别上讨论了许多设计折中方案，即结构级（单环路与级联、1 位与多位、低通与带通）、电路级（开关电容与连续时间，Gm-C 与有源 RC）和工艺技术。从提供的统计和经验分析中得出的结论可以用作设计人员的实用设计指南，并纳入本书描述的自顶向下 / 自底向上的系统设计过程。

其中，数据转换器前沿的设计趋势、电路和系统方法，包括射频 - 数字和 GHz 范围的 Sigma-Delta 调制器；高性能的、增强的级联结构；基于数字的混合有源／无源和高能效环路滤波器电路实现；基于时间量化和高性能反馈数／模转换器的奈奎斯特速率/Sigma-Delta 模／数转换器；这些设计方法在本章都有所概述，而且对每种情况下的优秀设计实例进行了描述。随着本章中讨论的一些架构和电路策略的发展和改进，尤其是基于连续时间电路的使用，以及大量使用数字辅助模拟技术的增加，这些趋势有望继续得到发展，并将继续推动 Sigma-Delta 模／数转换器的发展。

对更高带宽和更低功耗的需求不断增长，以及纳米级工艺和新兴 MOS 器件的压力，将推动某些架构和电路技术的改进，尤其是使用连续电路、多位和时间编码量化、失配 - 整形和前馈放大器以及大量使用数字辅助模拟电路技术。尽管单级多位连续时间 Sigma-Delta 调制器是主要的实现方式，但多级（级联）结构可以进一步增加信号带宽，并且有望被广泛商业化。

除了将 Sigma-Delta 技术应用于基带信号的数字化之外，对提高效率的要求以及射频信号的直接数字化将推动采用带通架构的系统商业化。实际上，越来越多的模拟信号调节功能将被嵌入到调制器的反馈回路中，从而受益于噪声整形，进而使整个系统更加稳定、紧凑并且易于适应不同的标准和操作模式。本章概述的数字密集型 Sigma-Delta 接收机便是这种发展趋势的一个典型案例，但类似的策略也可以用于其他应用场景，如无线传感器网络和生物医学设备。

为了推动 Sigma-Delta 模／数转换器的后续发展，研究人员将寻求更多新的实现方案，包括时间／频率交织和多相模／数转换器，其中一些方案在本书中进行了讨论。这些新的发明和设计策略将继续将 Sigma-Delta 调制器的能效和带宽提高到前所未有的水平，增强其相比于其他类型模／数转换器的优势，尤其是在那些要求分辨率大于 12bit 的应用中。同时将 Sigma-Delta 调制器品质因数推向物理极限，如室温热噪声限制（在低频范围内）和时钟抖动（在高频下）。用纳米级工艺解决这些问题将反过来产生更多的设计创新和新型的数据转换器，其中 Sigma-Delta 技术将在未来许多年发挥其关键作用 [16]。

参考文献

[1] P. M. Aziz *et al.*, "An Overview of Sigma-Delta Converters," *IEEE Signal Processing Magazine*, vol. 13, pp. 61–84, January 1996.

[2] R. Schreier and G. C. Temes, *Understanding Delta-Sigma Data Converters*. IEEE Press, 2005.

[3] J. M. de la Rosa, "Sigma-Delta Modulators: Tutorial Overview, Design Guide, and State-of-the-Art Survey," *IEEE Trans. on Circuits and Systems I: Regular Papers*, vol. 58, pp. 1–21, January 2011.

[4] S. Pavan, R. Schreier, and G. C. Temes, *Understanding Delta-Sigma Data Converters*. Wiley-IEEE Press, 2nd ed., 2017.

[5] M. Englund *et al.*, "A Programmable 0.7-2.7 GHz Direct $\Delta\Sigma$ receiver in 40nm CMOS," *IEEE J. of Solid-State Circuits*, vol. 50, pp. 644–655, March 2015.

[6] T. Christen, "A15-bit140µW Scalable-Bandwidth Inverter-Based Modulator for a MEMS Microphone With Digital Output," . *IEEE J. of Solid-State Circuits*, vol. 48, pp. 1605–1614, July 2013.

[7] H. Luo *et al.*, "A 0.8-V 230-µW 98-dB DR Inverter-Based $\Sigma\Delta$ Modulator for Audio Applications," *IEEE J. of Solid-State Circuits*, vol. 48, pp. 2430–2441, October 2013.

[8] W. Yu, K. Kim, and S. Cho, "A 148fs-rms Integrated Noise 4 MHz Bandwidth Second-Order $\Delta\Sigma$ Time-to-Digital Converter With Gated Switched-Ring Oscillator," *IEEE Trans. on Circuits and Systems – I: Regular Papers*, vol. 61, pp. 2281–2289, August 2014.

[9] R. H. Walden, "Analog-to-Digital Converter Survey and Analysis," *IEEE J. on Selected Areas in Communications*, vol. 17, pp. 539–550, April 1999.

[10] B. Murmann, "A/D Converter Trends: Power Dissipation, Scaling and Digitally Assisted Architectures," *Proc. of the IEEE Custom Integrated Circuits Conf.*, pp. 105–112, 2008.

[11] H. S. Lee and C. G. Sodini, "Analog-to-Digital Converters: Digitizing the Analog World," *Proceedings of the IEEE*, vol. 96, pp. 323–334, February 2008.

[12] B. E. Jonsson, "On CMOS Scaling and A/D-Converter Performance," *Proc. of the NORCHIP Conf.*, pp. 1–4, November 2010.

[13] B. E. Jonsson, "A Survey of A/D-Converter Performance Evolution," *Proc. of the IEEE Intl. Conf. on Electronics, Circuits, and Systems*, pp. 766–769, December 2010.

[14] B. E. Jonsson, "An Empirical Approach to Finding Energy Efficient ADC Architectures," *Proc. of the Intl. Workshop on ADC Modeling, Testing and Data Converter Analysis and Design and IEEE ADC Forum*, June 2011.

[15] G. Manganaro, *Advanced Data Converters*. Cambridge University Press, 2012.

[16] J. M. de la Rosa, R. Schreier, K.-P. Pun, and S. Pavan, "Next-Generation Delta-Sigma Converters: Trends and Perspectives," *IEEE J. on Emerging and Selected Topics in Circuits and Systems*, vol. 5, pp. 484–499, December 2015.

[17] B. Murmann, *ADC Performance Survey 1997–2018*. [Online]. Available: http://www.stanford.edu/~murmann/adcsurvey.html, 2018.

[18] H. Shibata *et al.*, "A 9-GS/s 1.125-GHz BW Oversampling Continuous-Time Pipeline ADC Achieving −164-dBFS/Hz NSD," *IEEE J. of Solid-State Circuits*, vol. 52, pp. 3219–3234, December 2017.

[19] S. Rabii and B. A. Wooley, "A 1.8V Digital-Audio Sigma-Delta Modulator in 0.8 µm CMOS," *IEEE J. of Solid-State Circuits*, vol. 32, pp. 783–796, June 1997.

[20] D. A. Kerth *et al.*, "A 120-dB Linear Switched-Capacitor Delta-Signal Modulator," *IEEE ISSCC Digest of Technical Papers*, pp. 196–197, February 1994.

[21] M. Steiner and N. Greer, "A 22.3b 1kHz 12.7mW Switched-Capacitor $\Delta\Sigma$ Modulator with Stacked Split-Steering Amplifiers," *IEEE ISSCC Digest of Technical Papers*, pp. 284–285, February 2016.

[22] Y. Dong *et al.*, "A 72 dB-DR 465 MHz-BW Continuous-Time 1-2 MASH ADC in 28 nm CMOS," *IEEE J. of Solid-State Circuits*, vol. 51, pp. 2917–2927, August 2016.

[23] M. Bolatkale *et al.*, "A 4GHz Continuous-Time $\Delta\Sigma$ ADC With 70dB DR and −74 dBFS THD in 125 MHz BW," *IEEE J. of Solid-State Circuits*, vol. 46, pp. 2857–2868, December 2011.

[24] Y. Dong *et al.*, "A Continuous-Time 0–3 MASH ADC Achieving 88 dB DR With 53 MHz BW in 28 nm CMOS," *IEEE J. of Solid-State Circuits*, vol. 49, pp. 2868–2877, December 2014.

[25] D.-Y. Yoon, S. Ho, and H.-S. Lee, "An 85dB-DR 74.6dB-SNDR 50MHz-BW CT MASH $\Delta\Sigma$ Modulator in 28nm CMOS," *IEEE ISSCC Digest of Technical Papers*, pp. 272–273, February 2015.

[26] H. Shibata *et al.*, "A DC-to-1GHz Tunable RF $\Delta\Sigma$ ADC Achieving DR=74dB and BW=150MHz at f_0 =450MHz Using 550mW," *IEEE ISSCC Digest of Technical Papers*, pp. 150–151, February 2012.

[27] R. Brewer *et al.*, "A 100dB SNR 2.5MS/s Output Data Rate $\Delta\Sigma$ ADC," *IEEE ISSCC Digest of Technical Papers*, pp. 172–173, February 2005.

[28] Y. Yang *et al.*, "A Single Die 124dB Stereo Audio Delta Sigma ADC With 111dB THD," *Proc. of the IEEE European Solid-State Circuits Conf.*, pp. 252–255, September 2007.

[29] S. Pavan and P. Sankar, "Power Reduction in Continuous-Time Delta-Sigma Modulators Using the Assisted Opamp Technique," *IEEE J. of Solid-State Circuits*, vol. 45, pp. 1365–1379, July 2010.

[30] P. Shettigar and S. Pavan, "Design Techniques for Wideband Single-Bit Continuous-Time $\Delta\Sigma$ Modulators With FIR Feedback DACs," *IEEE J. of Solid-State Circuits*, vol. 47, pp. 2865–2879, December 2012.

[31] Y.-S. Shu *et al.*, "A 28fJ/conv-step CT $\Delta\Sigma$ Modulator with 78dB DR and 18MHz BW in 28nm CMOS Using a Highly Digital Multibit Quantizer," *IEEE ISSCC Digest of Technical Papers*, pp. 268–269, February 2013.

[32] S. Zeller *et al.*, "A 0.039mm^2 Inverter-Based 1.82mW 68.6dB-SNDR 10MHz-BW CT-$\Sigma\Delta$-ADC in 65nm CMOS Using Power- And Area-Efficient Design Techniques," *IEEE J. of Solid-State Circuits*, vol. 49, pp. 1548–1560, July 2014.

[33] A. Sukumaran and S. Pavan, "Low Power Design Techniques for Single-Bit Audio Continuous-Time Delta Sigma ADCs Using FIR Feedback," *IEEE J. of Solid-State Circuits*, vol. 49, pp. 2515–2525, November 2014.

[34] C. Berti *et al.*, "A 106 dB A-Weighted DR Low-Power Continuous-Time $\Sigma\Delta$ Modulator for MEMS Microphones," *IEEE J. of Solid-State Circuits*, vol. 51, pp. 1607–1618, July 2016.

[35] C. Briseno-Vidrios *et al.*, "A 4 Bit Continuous-Time $\Sigma\Delta$ Modulator With Fully Digital Quantization Noise Reduction Algorithm Employing a 7 Bit Quantizer," *IEEE J. of Solid-State Circuits*, vol. 51, pp. 1398–1409, June 2016.

[36] S. Lee *et al.*, "A 300-μW Audio $\Delta\Sigma$ Modulator With 100.5-dB DR Using Dynamic Bias Inverter," *IEEE Trans. on Circuits and Systems – I: Regular Papers*, vol. 63, pp. 1866–1875, November 2016.

[37] T.-Y. Lo, "A 102dB Dynamic Range Audio Sigma-Delta Modulator in 40nm CMOS," *Proc. of the IEEE Asian Solid-State Circuits Conf.*, pp. 257–260, 2011.

[38] C.-Y. Ho *et al.*, "A 4.5mW CT Self-Coupled $\Delta\Sigma$ Modulator with 2.2MHz BW and 90.4dB SNDR Using Residual ELD Compensation," *IEEE ISSCC Digest of Technical Papers*, pp. 274–275, February 2015.

[39] B. Gonen *et al.*, "A 1.65mW 0.16mm^2 Dynamic Zoom-ADC with 107.5dB DR in 20kHz BW," *IEEE ISSCC Digest of Technical Papers*, pp. 282–283, February 2016.

[40] Y. H. Leow *et al.*, "A 1 V 103 dB 3rd-Order Audio Continuous-Time $\Delta\Sigma$ ADC With Enhanced Noise Shaping in 65 nm CMOS," *IEEE J. of Solid-State Circuits*, vol. 51, pp. 2625–2638, November 2016.

[41] A. Ghosh and S. Pamarti, "Linearization Through Dithering: A 50 MHz Bandwidth, 10-b ENOB, 8.2 mW VCO-Based ADC," *IEEE J. of Solid-State Circuits*, vol. 50, pp. 2012–2024, September 2015.

[42] M. Ortmanns and F. Gerfers, *Continuous-Time Sigma-Delta A/D Conversion: Fundamentals, Performance Limits and Robust Implementations.* Springer, 2006.

[43] A. Edward *et al.*, "A 43-mW MASH 2-2 CT $\Sigma\Delta$ Modulator Attaining 74.4/75.8/76.8 dB of SNDR/SNR/DR and 50 MHz of BW in 40-nm CMOS," *IEEE J. of Solid-State Circuits*, vol. 52, pp. 448–459, February 2017.

[44] P. Shettigar and S. Pavan, "A 15mW 3.6GS/s CT-$\Delta\Sigma$ ADC with 36MHz Bandwidth and 83dB DR in 90nm CMOS," *IEEE ISSCC Digest of Technical Papers*, pp. 268–269, February 2012.

[45] V. Srinivasan *et al.*, "A 20mW 61dB SNDR (60MHz BW) 1b 3rd-Order Continuous-Time Delta-Sigma Modulator Clocked at 6GHz in 45nm CMOS," *IEEE ISSCC Dig. of Tech. Papers*, pp. 158–159, February 2012.

[46] A. Rodríguez-Vázquez, F. Medeiro, and E. Janssens, *CMOS Telecom Data Converters.* Kluwer Academic Publishers, 2003.

[47] A. Yeknami, F. Qazi, and A. Alvandpour, "Low-Power DT $\Delta\Sigma$ Modulators Using SC Passive Filters in 65nm CMOS," *IEEE Trans. on Circuits and Systems I – Regular Papers*, vol. 61, pp. 358–370, Feb. 2014.

[48] R. Zanbaghi *et al.*, "A 75-dB SNDR, 5-MHz Bandwidth Stage-Shared 2-2 MASH $\Delta\Sigma$ Modulator Dissipating 16 mW Power," *IEEE Trans. on Circuits and Systems – I: Regular Papers*, vol. 59, pp. 1614–1625, August 2012.

[49] K. Ragab and N. Sun, "A 12-b ENOB 2.5-MHz BW VCO-Based 0-1 MASH ADC With Direct Digital Background Calibration," *IEEE J. of Solid-State Circuits*, vol. 52, pp. 433–447, February 2017.

[50] H.-C. Tsai *et al.*, "A 64-fJ/Conv.-Step Continuous-Time Modulator in 40-nm CMOS Using Asynchronous SAR Quantizer and Digital ΔΣ Truncator," *IEEE J. of Solid-State Circuits*, vol. 48, pp. 2637–2648, November 2013.

[51] E. H. Dagher *et al.*, "A 2-GHz Analog-to-Digital Delta-Sigma Modulator for CDMA Receivers With 79-dB Signal-to-Noise Ratio in 1.23-MHz Bandwidth," *IEEE J. of Solid-State Circuits*, vol. 38, pp. 1819–1828, November 2004.

[52] J. Harrison *et al.*, "An LC Bandpass ΔΣ ADC with 70dB SNDR Over 20MHz Bandwidth Using CMOS DACs," *IEEE ISSCC Digest of Technical Papers*, pp. 146–147, February 2012.

[53] E. Martens *et al.*, "RF-to-Baseband Digitization in 40nm CMOS With RF Bandpass ΔΣ Modulator and Polyphase Decimation Filter," *IEEE J. of Solid-State Circuits*, vol. 47, pp. 990–1002, April 2012.

[54] S. Gupta *et al.*, "A 0.8-2GHz Fully-Integrated QPLL-Timed Direct-RF-Sampling Bandpass ΣΔ ADC in 0.13 μm CMOS," *IEEE J. of Solid-State Circuits*, vol. 47, pp. 1141–1153, May 2012.

[55] T. C. Caldwell, D. Alldred, and Z. Li, "A Reconfigurable ΔΣ ADC with up to 100MHz Bandwidth using Flash Reference Shuffling," *IEEE Trans. on Circuits and Systems – I: Regular Papers*, vol. 61, pp. 2263–2271, August 2014.

[56] S. Ho *et al.*, "A 23mW, 73dB Dynamic Range, 80MHz BW Continuous-Time Delta-Sigma Modulator in 20nm CMOS," *Proc. of the IEEE Symp. on VLSI Circuits*, 2014.

[57] Y. Zhang *et al.*, "A 1V 59fJ/Step 15MHz BW 74dB SNDR Continuous-Time ΔΣ Modulator with Digital ELD Compensation and Multi-Bit FIR Feedback," *Proc. of the IEEE Asian Solid-State Circuits Conf.*, pp. 321–324, 2014.

[58] F. Opteynde, "A Maximally-digital Radio Receiver Front-end," *IEEE ISSCC Digest of Technical Papers*, vol. 450-451, February 2010.

[59] K. Koli *et al.*, "A 900-MHz Direct Delta-Sigma Receiver in 65-nm CMOS," *IEEE J. of Solid-State Circuits*, pp. 2807–2818, Dec. 2010.

[60] L. Breems *et al.*, "A 1.8-mW CMOS ΣΔ Modulator with Integrated Mixer for A/D Conversion of IF Signals," *IEEE J. of Solid-State Circuits*, vol. 35, pp. 468–475, April 2000.

[61] K. Philips *et al.*, "A Continuous-Time ΣΔ ADC With Increased Immunity to Interferers," *IEEE J. of Solid-State Circuits*, vol. 39, pp. 2170–2177, December 2005.

[62] G. Mitteregger, C. Ebner, S. Mechnig, T. Blon, C. Holuigue, and E. Romani, "A 20-mW 640-MHz CMOS Continuous-Time ΣΔ ADC With 20-MHz Signal Bandwidth, 80-dB Dynamic Range and 12-bit ENOB," *IEEE J. of Solid-State Circuits*, vol. 41, pp. 2641–2649, December 2006.

[63] S. B. Kim *et al.*, "A 2.7 mW, 90.3 dB DR Continuous-Time Quadrature Bandpass Sigma-Delta Modulator for GSM/EDGE Low-IF Receiver in 0.25 μm CMOS," *IEEE J. of Solid-State Circuits*, vol. 44, pp. 891–900, March 2009.

[64] H. Kim *et al.*, "Adaptive Blocker Rejection Continuous-Time ΣΔ ADC for Mobile WiMAX Applications," *IEEE J. of Solid-State Circuits*, vol. 44, pp. 2766–2779, October 2009.

[65] R. Winoto and B. Nikolic, "A Highly Reconfigurable 400–1700MHz Receiver Using a Down-Converting Sigma-Delta A/D with 59-dB SNR and 57-dB SFDR over 4-MHz Bandwidth," *Proc. of the IEEE Symp. on VLSI Circuits*, pp. 142–143, 2009.

[66] J. G. Kauffman *et al.*, "An 8.5mW Continuous-Time ΔΣ Modulator With 25MHz Bandwidth Using Digital Background DAC Linearization to Achieve 63.5dB SNDR and 81dB SFDR," *IEEE J. of Solid-State Circuits*, vol. 46, pp. 2869–2881, December 2011.

[67] M. Anderson *et al.*, "A Filtering ΔΣ ADC for LTE and Beyond," *IEEE J. of Solid-State Circuits*, vol. 49, pp. 1535–1547, July 2014.

[68] R. S. Rajan *et al.*, "Design Techniques for Continuous-Time ΔΣ Modulators With Embedded Active Filtering," *IEEE J. of Solid-State Circuits*, vol. 49, pp. 2187–2198, October 2014.

[69] R. Ritter *et al.*, "A 10 MHz Bandwidth, 70 dB SNDR Continuous-Time Delta-Sigma Modulator With Digitally Improved Reconfigurable Blocker Rejection," *IEEE J. of Solid-State Circuits*, vol. 51, pp. 660–670, March 2016.

[70] X. Liu *et al.*, "A 65 nm CMOS Wideband Radio Receiver With ΔΣ-Based A/D-Converting Channel-Select Filters," *IEEE J. of Solid-State Circuits*, vol. 51, pp. 1566–1578, July 2016.

[71] L. Breems, R. Rutten, R. van Veldhoven, and G. van der Weide, "A 2.2GHz Continuous-Time ΔΣ ADC With −102dBc THD and 25 MHz Bandwidth," *IEEE J. of Solid-State Circuits*, vol. 42, pp. 2906–2916, December 2016.

[72] S. Loeda, F. Pourchet, and A. Adams, "A 10/20/30/40 MHz Feedforward FIR DAC Continuous-Time ΔΣ ADC With Robust Blocker Performance for Radio Receivers," *IEEE J. of Solid-State Circuits*, vol. 51, pp. 860–870, April 2016.

[73] J. Ryckaert, J. Borremans, B. Verbruggen, L. Bos, C. Armiento, J. Craninckx, and G. van der Plas, "A 2.4 GHz Low-Power Sixth-Order RF Bandpass ΔΣ Converter in CMOS," *IEEE J. of Solid-State Circuits*, vol. 44, pp. 2873–2880, November 2009.

[74] N. Beilleau, H. Aboushady, F. Montaudon, and A. Cathelin, "A 1.3V 26mW 3.2GS/s Undersampled LC Bandpass ΣΔ ADC for a SDR ISM-band Receiver in 130nm CMOS," *Proc. of the IEEE Radio Frequency Integrated Circuits Symp.*, 2009.

[75] C. Y. Lu *et al.*, "A Sixth-Order 200 MHz IF Bandpass Sigma-Delta Modulator With Over 68 dB SNDR in 10 MHz Bandwidth," *IEEE J. of Solid-State Circuits*, vol. 45, pp. 1122–1136, June 2010.

[76] J. Ryckaert *et al.*, "A 6.1GS/s 52.8mW 43dB DR 80MHz Bandwidth 2.4GHz RF Bandpass ΔΣ ADC in 40nm CMOS," *Proc. of the IEEE Radio Frequency Integrated Circuits Symp.*, pp. 443–446, June 2010.

[77] R. Schreier *et al.*, "An IF Digitizer IC Employing A Continuous-Time Bandpass Delta-Sigma ADC," *Proc. of the IEEE Radio Frequency Integrated Circuits Symp.*, pp. 323–326, 2012.

[78] A. Ashry and H. Aboushady, "A 4th Order 3.6 GS/s RF ΣΔ ADC With a FoM of 1 pJ/bit," *IEEE Trans. on Circuits and Systems – I: Regular Papers*, vol. 60, pp. 2606–2617, October 2013.

[79] P. M. Chopp and A. Hamoui, "A 1-V 13-mW Single-Path Frequency-Translating ΔΣ Modulator With 55-dB SNDR and 4-MHz Bandwidth at 225 MHz," *IEEE J. of Solid-State Circuits*, vol. 48, pp. 473–486, February 2013.

[80] H. Chae *et al.*, "A 12 mW Low Power Continuous-Time Bandpass ΔΣ Modulator With 58 dB SNDR and 24 MHz Bandwidth at 200 MHz IF," *IEEE J. of Solid-State Circuits*, vol. 49, pp. 405–415, February 2014.

[81] J. Mitola, "The Software Radio Architecture," *IEEE Communications Magazine*, pp. 26–38, May 1995.

[82] A. I. Hussein and W. Kuhn, "Bandpass ΣΔ Modulator Employing Undersampling of RF Signals for Wireless Communications," *IEEE Trans. on Circuits and Systems II: Analog and Digital Signal Processing*, vol. 47, pp. 614–620, July 2000.

[83] N. Beilleau, H. Aboushady, and M. Loureat, "Using Finite Impulse Response Feedback DACs to design ΣΔ Modulators based on LC Filters," *Proc. of the IEEE Intl. Midwest Symp. on Circuits and Systems (MWSCAS)*, pp. 696–699, August 2005.

[84] G. Molina *et al.*, "LC-Based Bandpass Continuous-Time Sigma-Delta Modulators with Widely Tunable Notch Frequency," *IEEE Trans. on Circuits and Systems – I: Regular Papers*, vol. 61, pp. 1442–1455, May 2014.

[85] S. Gupta *et al.*, "A QLL-Timed Direct-RF Sampling Band-Pass ΣΔ ADC with a 1.2 GHz Tuning Range in 0.13 μm CMOS," *Proc. of the IEEE Radio Frequency Integrated Circuits Symp.*, June 2011.

[86] B. Razavi, "The Role of Translational Circuits in RF Receiver Design," *Proc. of the IEEE Custom Integrated Circuits Conf.*, 2014.

[87] A. K. Ong and B. A. Wooley, "A Two-Path Bandpass ΣΔ Modulator for Digital IF Extraction at 20MHz," *IEEE J. of Solid-State Circuits*, vol. 32, pp. 1920–1934, December 1997.

[88] C. Wu *et al.*, "A Wideband 400 MHz-to-4 GHz Direct RF-to-Digital Multimode ΔΣ Receiver," *IEEE J. of Solid-State Circuits*, vol. 49, pp. 1639–1652, July 2014.

[89] A. Morgado, R. del Río, and J. M. de la Rosa, "A New Cascade ΣΔ Modulator for Low-Voltage Wideband Applications," *IET Electronics Letters*, vol. 43, pp. 910–911, August 2007.

[90] N. Maghari, S. Kwon, and U.-K. Moon, "74 dB SNDR Multi-Loop Sturdy-MASH Delta-Sigma Modulator Using 35 dB Open-Loop Opamp Gain," *IEEE J. of Solid-State Circuits*, vol. 44, pp. 2212–2221, August 2009.

[91] A. Gharbiya and D. A. Johns, "A 12-bit 3.125MHz Bandwidth 0-3 MASH Delta-Sigma Modulator," *IEEE J. of Solid-State Circuits*, vol. 44, pp. 2010–2018, July 2009.

[92] N. Waki *et al.*, "A Low-Distortion Two-Path Fourth-Order Bandpass Delta-Sigma Modulator Using Horizontal opamp Sharing," *IEEE Proc. of IEEE Midwest Symposium on Circuits and Systems*, pp. 1372–1375, August 2007.

[93] F. Colodro and A. Torralba., "Multirate ΣΔ Modulators," *IEEE Trans. on Circuits and Systems II: Analog and Digital Signal Processing*, vol. 49, pp. 170–176, March 2002.

[94] M. Ortmanns *et al.*, "Multirate Cascaded Continuous-Time ΣΔ Modulators," *Proc. of the IEEE Intl. Symp. on Circuits and Systems*, pp. 4225–4228, May 2002.

[95] J. G. García-Sánchez and J. M. de la Rosa, "Multirate Downsampling Hybrid CT/DT Cascade Sigma-Delta Modulators," *IEEE Trans. on Circuits and Systems I: Regular Papers*, vol. 59, pp. 285–294, February 2012.

[96] P. Morrow *et al.*, "A 0.18 μm 102dB-SNR Mixed CT SC Audio-band ΔΣ ADC," *IEEE ISSCC Digest of Technical Papers*, pp. 177–178, February 2005.

[97] K. Nguyen *et al.*, "A 106dB SNR Hybrid Oversampling ADC for Digital Audio," *IEEE ISSCC Digest of Technical Papers*, pp. 176–177, February 2005.

[98] B. Putter, "A 5th-Order CT/DT Multi-Mode ΣΔ Modulator," *IEEE ISSCC Digest of Technical Papers*, pp. 244–245, February 2007.

[99] M. Choi *et al.*, "A 101-dB SNR Hybrid Delta-Sigma Audio ADC Using Post Integration Time Control," *Proc. of the IEEE Custom Integrated Circuits Conf.*, pp. 89–92, 2008.

[100] H. Kwan *et al.*, "Design of Hybrid Continuous-Time Discrete-Time Delta-Sigma Modulators," *Proc. of the IEEE Intl. Symp. on Circuits and Systems*, pp. 1224–1227, May 2008.

[101] S. Kulchycki *et al.*, "A 77-dB Dynamic Range, 7.5-MHz Hybrid Continuous-Time/Discrete-Time Cascade ΣΔ Modulator," *IEEE J. of Solid-State Circuits*, vol. 43, pp. 796–804, April 2008.

[102] J. M. de la Rosa, A. Morgado, and R. del Río, "Hybrid Continuous-Time/Discrete-Time Cascade ΣΔ Modulators with Programmable Resonation.," *Proc. of the IEEE Intl. Symp. on Circuits and Systems*, pp. 2249–2252, May 2009.

[103] M. C. Huang and S. I. Lu, "A Fully Differential Comparator-Based Switched-Capacitor ΔΣ Modulator," *IEEE J. of Solid-State Circuits*, vol. 44, pp. 369–373, May 2009.

[104] R. H. M. Veldhoven *et al.*, "An Inverted-Based Hybrid ΣΔ Modulator," *IEEE ISSCC Digest of Technical Papers*, vol. 492-493, February 2008.

[105] Y. Chae and G. Han, "Low Voltage, Low Power, Inverter-Based Switched-Capacitor Delta-Sigma Modulator," *IEEE J. of Solid-State Circuits*, vol. 44, pp. 369–373, May 2009.

[106] F. Michel and M. Steyaert, "A 250mW 7.5μW 61dB SNDR CMOS SC ΔΣ Modulator Using a Near-Threshold-Voltage-Biased CMOS Inverter Technique," *IEEE ISSCC Digest of Technical Papers*, pp. 476–477, February 2011.

[107] T. Song *et al.*, "A 2.7-mW 2-MHz Continuous-Time ΣΔM With a Hybrid Active-Passive Loop Filter," *IEEE J. of Solid-State Circuits*, vol. 43, pp. 330–341, February 2008.

[108] G. K. Balachandran *et al.*, "A 1.16mW 69dB SNR (1.2MHz BW) Continuous Time ΣΔ ADC with Immunity to Clock Jitter," *Proc. of the IEEE Custom Integrated Circuits Conf.*, pp. 1–4, 2010.

[109] J. L. A. de Melo *et al.*, "A 0.4-V 410-nW Opamp-Less Continuous-Time ΣΔ Modulator for Biomedical Applications," *Proc. of the IEEE Intl. Symp. on Circuits and Systems (ISCAS)*, pp. 1340–1343, May 2014.

[110] A. Roy and R. J. Baker, "A Passive 2nd-Order Sigma-Delta Modulator for Low-Power Analog-to-Digital Conversion," *Proc. of the IEEE Intl. Midwest Symp. on Circuits and Systems (MWSCAS)*, pp. 595–598, August 2014.

[111] B. Nowacki *et al.*, "A 1V 77dB-DR 72dB-SNDR 10MHz-BW 2-1 MASH CT-ΣΔM," *IEEE ISSCC Digest of Technical Papers*, vol. 274-275, February 2016.

[112] C.-Y. Ho *et al.*, "A 75.1dB SNDR, 80.2dB DR, 4th-order Feed-forward Continuous-Time Sigma-Delta Modulator with Hybrid Integrator for Silicon TV-tuner Application," *Proc. of the IEEE Asian Solid-State Circuits Conf.*, pp. 261–264, 2011.

[113] T. L. Brooks *et al.*, "A Cascaded Sigma-Delta Pipeline A/D Converter with 1.25MHz Signal Bandwidth and 89dB SNR," *IEEE J. of Solid-State Circuits*, vol. 32, pp. 1896–1906, December 1997.

[114] A. Bosi *et al.*, "An 80MHz 4× Oversampled Cascaded ΔΣ-Pipelined ADC with 75dB DR and 87dB SFDR," *IEEE ISSCC Digest of Technical Papers*, vol. 54-55, February 2005.

[115] C. C. Lee and M. P. Flynn, "A 14b 23MS/s 48mW Resetting ΣΔ ADC with 87dB SFDR 11.7b ENOB & 0.5mm² area," *IEEE Symp. VLSI Circuits. Digest of Technical Papers*, pp. 182–183, 2008.

[116] M. Ranjbar *et al.*, "A 3.1 mW Continuous-Time ΔΣ Modulator With 5-Bit Successive Approximation Quantizer for WCDMA," *IEEE J. of Solid-State Circuits*, vol. 45, pp. 1479–1491, August 2010.

[117] C. C. Lee and M. P. Flynn, "A 14b 23MS/s 48mW Resetting ΣΔ ADC," *IEEE Trans. on Circuits and Systems I – Regular Papers*, vol. 58, pp. 1167–1177, June 2011.

[118] O. Rajaee *et al.*, "Low-OSR Over-Ranging Hybrid ADC Incorporating Noise-Shaped Two-Step Quantizer," *IEEE J. of Solid-State Circuits*, vol. 46, pp. 2458–2468, November 2011.

[119] T. C. Leslie and B. Singh, "An Improved Sigma-Delta Modular Architecture," *Proc. of the IEEE Intl. Symp. on Circuits and Systems*, pp. 372–375, May 1990.

[120] T. Oh *et al.*, "A Second-Order ΔΣ ADC Using Noise-Shaped Two-Step Integrating Quantizer," *IEEE J. of Solid-State Circuits*, vol. 48, pp. 1465–1474, June 2013.

[121] S.-C. Lee and Y. Chiu, "A 15-MHz Bandwidth 1-0 MASH ΣΔ ADC With Nonlinear Memory Error Calibration Achieving 85-dBc SFDR," *IEEE J. of Solid-State Circuits*, vol. 49, pp. 695–707, March 2014.

[122] A. Sanyal *et al.*, "A Hybrid SAR-VCO ΔΣ ADC with First-Order Noise Shaping," *Proc. of the IEEE Custom Integrated Circuits Conf.*, pp. 1–4, 2014.

[123] T.-C. Wang, Y.-H. Lin, and C.-C. Liu, "A 0.022mm² 98.5dB SNDR Hybrid Audio Delta-Sigma Modulator with Digital ELD Compensation in 28nm CMOS," *Proc. of the IEEE Asian Solid-State Circuits Conf.*, pp. 317–320, 2014.

[124] B. Wu *et al.*, "A 24.7 mW 65 nm CMOS SAR-Assisted CT ΔΣ Modulator With Second-Order Noise Coupling Achieving 45 MHz Bandwidth and 75.3 dB SNDR," *IEEE J. of Solid-State Circuits*, vol. 51, pp. 2893–2905, December 2016.

[125] A. Sanyal and N. Sun, "A 18.5-fJ/step VCO-Based 0-1 MASH ΔΣ ADC with Digital Background Calibration," *IEEE Symposium VLSI Circuits. Digest of Technical Papers*, December 2016.

[126] K. Souri and K. A. Makinwa, "A 0.12mm² 7.4µW Micropower Temperature Sensor With an Inaccuracy of ±0.2°C (3σ) from −30°C to 125°C," *IEEE J. of Solid-State Circuits*, vol. 46, pp. 1693–1700, July 2011.

[127] Y. Chae *et al.*, "A 6.3µW 20 bit Incremental Zoom-ADC with 6 ppm INL and 1µV Offset," *IEEE J. of Solid-State Circuits*, vol. 48, pp. 3019–3027, December 2013.

[128] R. van de Plassche, "A Sigma-Delta Modulator as an A/D Converter," *IEEE Trans. on Circuits and Systems I*, vol. 25, pp. 510–514, July 1978.

[129] C.-H. Chen *et al.*, "A Micro-Power Two-Step Incremental Analog-to-Digital Converter," *IEEE J. of Solid-State Circuits*, vol. 50, pp. 1796–1808, August 2015.

[130] S. Tao and A. Rusu, "A Power-Efficient Continuous-Time Incremental Sigma-Delta ADC for Neural Recording Systems," *IEEE Trans. on Circuits and Systems I: Regular Papers*, vol. 62, pp. 1489–1498, June 2015.

[131] S. Pavan, R. Schreier, and G. Temes, "Incremental Analog-to-Digital Converters," in *Understanding Delta-Sigma Data Converters*, Wiley-IEEE Press, 2nd ed., 2017.

[132] C.-H. Chen *et al.*, "Incremental Analog-to-Digital Converter for High-Resolution Energy-Efficient Sensor Interfaces," *IEEE J. of Emerging and Selected Topics in Circuits and Systems*, vol. 5, pp. 612–623, December 2015.

[133] Y. Zhang *et al.*, "A 16 b Multi-Step Incremental Analog-to-Digital Converter With Single-Opamp Multi-Slope Extended Counting," *IEEE J. of Solid-State Circuits*, vol. 52, pp. 1066–1076, April 2017.

[134] A. Agah *et al.*, "A High-Resolution Low-Power Oversampling ADC with Extended-Range for Bio-Sensor Arrays," *IEEE Symposium VLSI Circuits. Digest of Technical Papers*, pp. 244–245, December 2007.

[135] G. Temes, "Incremental and Extended-Range Data Converters," *in Design, Modeling and Testing of Data Converters*, pp. 143–159, Springer, 2014.

[136] L. Dorrer *et al.*, "A 3-mW 74-dB SNR 2-MHz Continuous-Time Delta-Sigma ADC With a Tracking ADC Quantizer in 0.13-μm CMOS," *IEEE J. of Solid-State Circuits*, vol. 40, pp. 2416–2427, December 2005.

[137] L. Hernández and E. Prefasi, "Analog-to-Digital Conversion Using Noise Shaping and Time Encoding," *IEEE Trans. on Circuits and Systems – I: Regular Papers*, vol. 55, pp. 2026–2037, August 2008.

[138] M. Z. Straayer *et al.*, "A 12-Bit, 10-MHz Bandwidth, Continuous-Time ΣΔ ADC With a 5-Bit, 950-MS/s VCO-Based Quantizer," *IEEE J. of Solid-State Circuits*, vol. 43, pp. 805–814, April 2008.

[139] M. Park and M. H. Perrott, "A 78 dB SNDR 87 mW 20 MHz Bandwidth Continuous-Time ΣΔADC With VCO-Based Integrator and Quantizer Implemented in 0.13μm CMOS," *IEEE J. of Solid-State Circuits*, vol. 44, pp. 3344–3358, December 2009.

[140] C.-Y. Lu *et al.*, "A 25MHz Bandwidth 5th-Order Continuous-Time Low-Pass Sigma-Delta Modulator With 67.7dB SNDR Using Time-Domain Quantization and Feedback," *IEEE J. of Solid-State Circuits*, vol. 45, pp. 1795–1808, September 2010.

[141] T. Watanabe and T. Terasawa, "An All-Digital A/D Converter TAD with 4-Shift-Clock Construction for Sensor Interface in 0.65-μm CMOS," *Proc. of the IEEE European Solid-State Circuits Conf.*, pp. 178–181, September 2010.

[142] S. Z. Asl *et al.*, "A 77dB SNDR, 4MHz MASH ΔΣ Modulator with a Second-Stage Multi-rate VCO-Based Quantizer," *Proc. of the IEEE Custom Integrated Circuits Conf.*, September 2011.

[143] K. Reddy and B. Haroun, "A 16mW 78dB-SNDR 10MHz-BW CT-ΔΣ ADC Using Residue-Cancelling VCO-Based Quantizer," *IEEE ISSCC Digest of Technical Papers*, pp. 152–153, February 2012.

[144] Y.-D. Chang *et al.*, "A 379nW 58.5dB SNDR VCO-Based ΔΣ Modulator for Bio-Potential Monitoring," *Proc. of the IEEE Symp. on VLSI Circuits*, pp. 66–67, 2013.

[145] S. Rao *et al.*, "A 4.1mW, 12-bit ENOB, 5MHz BW, VCO-based ADC with On-Chip Deterministic Digital Background Calibration in 90nm CMOS," *Proc. of the IEEE Symp. on VLSI Circuits*, pp. 68–69, 2013.

[146] A. Ghosh and S. Pamarti, "A 50MHz bandwidth, 10-b ENOB, 8.2mW VCO-based ADC enabled by filtered-dithering based linearization," *Proc. of the IEEE Custom Integrated Circuits Conf.*, pp. 1–4, 2013.

[147] P. Zhu, X. Xing, and G. Gielen, "A 40MHz-BW 35fJ/step-FoM nonlinearity-cancelling two-step ADC with dual-input VCO-based quantizer," *Proc. of the IEEE European Solid-State Circuits Conf.*, pp. 63–66, September 2014.

[148] S.-J. Huang *et al.*, "A 125MHz-BW 71.9dB-SNDR VCO-Based CT ΔΣ ADC with Segmented Phase-Domain ELD Compensation in 16nm CMOS," *IEEE ISSCC Digest of Technical Papers*, pp. 470–471, February 2017.

[149] S. Zaliasl *et al.*, "A 12.5-bit 4 MHz 13.8 mW MASH ΔΣ Modulator With Multirated VCO-Based ADC," *IEEE Trans. on Circuits and Systems I: Regular Papers*, vol. 59, pp. 1604–1613, August 2012.

[150] M. Gande *et al.*, "Blind Calibration Algorithm for Nonlinearity Correction Based on Selective Sampling," *IEEE J. of Solid-State Circuits*, vol. 49, pp. 1715–1724, August 2014.

[151] M. Amin and B. Leung, "Design Techniques for Linearity in Time-Based ΣΔ Analog-to-Digital Converter," *IEEE Trans. on Circuits and Systems – II: Express Briefs*, vol. 63, pp. 433–437, May 2016.

[152] V. Dhanasekaran *et al.*, "A 20MHz BW 68dB DR CT ΔΣ ADC Based on a Multi- Bit Time-Domain Quantizer and Feedback Element," *IEEE ISSCC Digest of Technical Papers*, pp. 174–175, February 2009.

[153] W. Jung et al., "An All-Digital PWM-Based ΔΣ ADC with an Inherently Matched Multi-bit Quantizer," *Proc. of the IEEE Custom Integrated Circuits Conf.*, 2014.

[154] Y. Cao et al., "A 1.7mW 11b 1-1-1 MASH ΔΣ Time-to-Digital Converter," *IEEE ISSCC Digest of Technical Papers*, vol. 480–481, February 2011.

[155] B. Young et al., "A 2.4ps resolution 2.1mW Second-Order Noise-Shaped Time-to-Digital Converter with 3.2ns Range in 1-MHz Bandwidth," *Proc. of the IEEE Custom Integrated Circuits Conf.*, pp. 1–4, 2010.

[156] N. Maghari and U.-K. Moon, "A Third-Order DT ΔΣ Modulator Using Noise-Shaped Bi-Directional Single-Slope Quantizer," *IEEE J. of Solid-State Circuits*, vol. 46, pp. 2882–2891, December 2011.

[157] M. Gande et al., "A 71dB Dynamic Range Third-Order ΔΣ TDC Using Charge-Pump," *Proc. of the IEEE Symp. on VLSI Circuits*, pp. 168–169, 2012.

[158] Y. Mortazavi et al., "A Mostly Digital PWM-Based ΔΣ ADC With an Inherently Matched Multibit Quantizer/DAC," *IEEE Trans. on Circuits and Systems – II: Express Briefs*, vol. 63, pp. 1049–1053, November 2016.

[159] L. Hernández-Corporales et al., "A 1.2-MHz 10-bit Continuous-Time Sigma-Delta ADC Using a Time Ecoding Quantizer," *IEEE Trans. on Circuits and Systems II: Express Briefs*, vol. 56, pp. 16–20, January 2009.

[160] E. Prefasi et al., "A 7mW 20MHz BW Time-Encoding Oversampling Converter Implemented in a 0.08mm^2 65nm CMOS Circuit," *IEEE J. of Solid-State Circuits*, vol. 46, pp. 1562–1574, July 2011.

[161] G. Taylor and I. Galton, "A Mostly Digital Variable-Rate Continuous-Time ADC ΔΣ Modulator," *IEEE ISSCC Digest of Technical Papers*, pp. 298–299, February 2010.

[162] G. Taylor and I. Galton, "A Mostly-Digital Variable-Rate Continuous-Time Delta-Sigma Modulator ADC," *IEEE J. of Solid-State Circuits*, vol. 45, pp. 2634–2646, December 2010.

[163] G. Taylor and I. Galton, "A Reconfigurable Mostly-Digital ΔΣ ADC with a Worst-Case FOM of 160dB," *Proc. of the IEEE Symp. on VLSI Circuits*, pp. 166–167, 2012.

[164] M. Z. Straayer and M. H. Perrot, "A Multi-Path Gated Ring Oscillator TDC With First-Order Noise Shaping," *IEEE J. of Solid-State Circuits*, vol. 44, pp. 1089–1098, April 2009.

[165] K. Lee, Y. Yoon, and N. Sun, "A 1.8mW 2MHz-BW 66.5dB-SNDR ΔΣ ADC Using VCO-Based Integrators with Intrinsic CLA," *Proc. of the IEEE Custom Integrated Circuits Conf.*, 2013.

[166] B. Young et al., "A 75dB DR 50MHz BW 3rd Order CT-ΔΣ Modulator Using VCO-Based Integrators," *Proc. of the IEEE Symp. on VLSI Circuits*, 2014.

[167] W. Yu, K. Kim, and S. Cho, "A 0.22ps$_{rms}$ Integrated Noise 15-MHz Bandwidth Fourth-Order ΔΣ Time-to-Digital Converter Using Time-Domain Error-Feedback Filter," *IEEE J. of Solid-State Circuits*, vol. 50, pp. 1251–1262, May 2015.

[168] T. Kim, C. Han, and N. Maghari, "An 11.4mW 80.4dB-SNDR 15 MHz-BW CT Delta-Sigma Modulator Using 6b Double-Noise-Shaped Quantizer," *IEEE ISSCC Digest of Technical Papers*, pp. 468–469, February 2017.

[169] J. G. Kauffman et al., "A 72 dB DR, CT ΔΣ Modulator Using Digitally Estimated, Auxiliary DAC Linearization Achieving 88 fJ/conv-step in a 25 MHz BW," *IEEE J. of Solid-State Circuits*, vol. 49, pp. 392–404, February 2014.

[170] B. Putter, "ΣΔ ADC with Finite Impulse Response Feedback DAC," *IEEE ISSCC Digest of Technical Papers*, February 2004.

[171] S. Pavan, "Continuous-Time Delta-Sigma Modulator Design Using the Method of Moments," *IEEE Trans. on Circuits and Systems I – Regular Papers*, vol. 61, pp. 1629–1637, June 2014.

[172] L. Risbo, R. Hezar, B. Kelleci, H. Kiper, and M. Fares, "A 108dB-DR 120dB-THD and 0.5Vrms Output Audio DAC with Inter-symbol-interference-shaping Algorithm in 45nm CMOS," *IEEE ISSCC Digest of Technical Papers*, pp. 484–485, February 2011.

[173] C. B. Brahm, "Feedback Integrating System," *US Patent 3192371*, 1965.

[174] J. Roh et al., "A 0.9-V 60-μW 1-Bit Fourth-Order Delta-Sigma Modulator With 83-dB Dynamic Range," *IEEE J. of Solid-State Circuits*, vol. 43, pp. 361–370, February 2008.

[175] C. B. Wang *et al.*, "A 113-dB DSD Audio ADC Using a Density-Modulated Dithering Scheme," *IEEE J. of Solid-State Circuits*, vol. 28, pp. 114–119, January 2003.

[176] L. Yao, M. Steyaert, and W. Sansen, "A 1-V 140-μW 88-dB Audio Sigma-Delta modulator in 90-nm CMOS," *IEEE J. of Solid-State Circuits*, vol. 39, pp. 1809–1818, November 2004.

[177] S. Gambini and J. Rabaey, "A 100kS/S 65dB DR ΣΔ ADC with 0.65V Supply Voltage," *Proc. of the IEEE European Solid-State Circuits Conf.*, pp. 202–205, September 2007.

[178] H. Park *et al.*, "A 0.7-V 100-dB 870-μW Digital Audio ΣΔ Modulator," *IEEE Symp. VLSI Circuits. Digest of Technical Papers*, pp. 178–179, 2008.

[179] V. Peluso *et al.*, "A 900-mV Low-Power ΔΣ A/D Converter with 77-dB Dynamic Range," *IEEE J. of Solid-State Circuits*, vol. 12, pp. 1887–1897, December 1998.

[180] J. Sauerbrey *et al.*, "A 0.65V Sigma-Delta Modulators," *Proc. of the IEEE Intl. Symp. on Circuits and Systems*, pp. 1021–1024, May 2003.

[181] A. L. Coban and P. E. Allen, "A 1.5V 1.0mW Audio ΔΣ Modulator with 98dB Dynamic Range," *IEEE ISSCC Digest of Technical Papers*, pp. 50–51, February 1999.

[182] P. Rombouts *et al.*, "A 250-kHz 94-dB Double-Sampling ΣΔ Modulation A/D Converter With a Modified Noise Transfer Function," *IEEE J. of Solid-State Circuits*, vol. 10, pp. 1657–1662, October 2003.

[183] J. Xu *et al.*, "Power Optimization of High Performance ΔΣ Modulators for Portable Measurement Applications," *Proc. of the IEEE Asian Solid-State Circuits Conf.*, 2010.

[184] Z. Cao *et al.*, "A 14mW 2.5 MS/s 14 bit ΣΔ Modulator Using Split-Path Pseudo-Differential Amplifiers," *IEEE J. of Solid-State Circuits*, vol. 42, pp. 2169–2179, October 2007.

[185] N. Klemmer and E. Hegazi, "A DLL-Biased, 14-Bit DS Analog-to-Digital Converter for GSM/GPRS/EDGE Handsets," *IEEE J. of Solid-State Circuits*, vol. 41, pp. 330–338, February 2006.

[186] K. A. Donoghue *et al.*, "A Digitally Calibrated 5-mW 2-MS/s 4th-Order ΔΣ ADC in 0.25-μm CMOS with 94dB SFDR," *Proc. of the IEEE European Solid-State Circuits Conf.*, pp. 422–425, September 2010.

[187] B. Nowacki *et al.*, "A 1.2V 300μW Second-Order Switched-Capacitor ΔΣ Modulator Using Ultra Incomplete Settling with 73dB SNDR and 300kHz BW in 130nm CMOS," *Proc. of the IEEE European Solid-State Circuits Conf.*, pp. 271–274, September 2011.

[188] F. Chen, S. Ramaswamy, and B. Bakkaloglu, "A 1.5V 1mA 80dB Passive ΣΔ ADC in 0.13μm Digital CMOS Process," *IEEE ISSCC Digest of Technical Papers*, vol. 54-55, pp. 244–245, February 2003.

[189] M. Dessouky and A. Kaiser, "Very Low-Voltage Digital-Audio ΔΣ Modulator with 88-dB Dynamic Range Using Local Switch Bootstrapping," *IEEE J. of Solid-State Circuits*, vol. 36, pp. 349–355, March 2001.

[190] Y. Chae *et al.*, "A 0.7V 36μW 85dB-DR Audio ΔΣ Modulator Using Class-C Inverter," *IEEE ISSCC Digest of Technical Papers*, pp. 490–491, February 2008.

[191] T. Musah *et al.*, "A 630μW Zero-Crossing-Based ΔΣ ADC Using Switched-Resistor Current Sources in 45nm CMOS," *Proc. of the IEEE Custom Integrated Circuits Conf.*, September 2009.

[192] J. Sauerbrey *et al.*, "A 0.7-V MOSFET-Only Switched-Opamp ΣΔ Modulator in Standard Digital CMOS Technology," *IEEE J. of Solid-State Circuits*, vol. 37, pp. 1662–1669, December 2002.

[193] M. Snoeij *et al.*, "A 4th-Order Switched-Capacitor Sigma-Delta A/D Converter Using a High-Ripple Chebyshev Loop Filter," *Proc. of the IEEE Intl. Symp. on Circuits and Systems*, pp. 615–618, May 2001.

[194] J. Wang *et al.*, "A 0.5V Feedforward Delta-Sigma Modulator with Inverter-Based Integrator," *Proc. of the IEEE European Solid-State Circuits Conf.*, September 2009.

[195] F. Medeiro *et al.*, "Quick Design of High-Performance ΣΔ Modulators using CAD Tools: A 16.4b 1.71mW CMOS ΣΔM for 9.6ksample/s A/D Conversion," *Proc. of 2nd IEEE-CAS Region 8 Workshop on Analog and Mixed IC Design)*, pp. 22–27, 1997.

[196] V. Peluso *et al.*, "A 1.5-V 100-μW ΔΣ Modulator with 12-b Dynamic Range Using the Swtiched-Opamp Technique," *IEEE J. of Solid-State Circuits*, vol. 32, pp. 943–952, July 1997.

[197] B. P. Brandt and B. A. Wooley, "A 50-MHz Multibit Sigma-Delta Modulator for 12-b 2-MHz A/D Conversion," *IEEE J. of Solid-State Circuits*, vol. 26, pp. 1746–1756, December 1991.

[198] T. Burger and Q. Huang, "A 13.5-mW 185-MSample/s ΔΣ Modulator for UMTS/GSM Dual-Standard IF Reception," *IEEE J. of Solid-State Circuits*, vol. 36, pp. 1868–1878, December 2001.

[199] D. Senderowicz *et al.*, "Low-Voltage Double-Sampled ΣΔ Converters," *IEEE J. of Solid-State Circuits*, vol. 32, pp. 1907–1919, December 1997.

[200] S. Au and B. H. Leung, "A 1.95-V, 0.34-mW, 12-b Sigma-Delta Modulator Stabilized by Local Feedback Loops," *IEEE J. of Solid-State Circuits*, vol. 32, pp. 321–328, March 1997.

[201] J. Gilo *et al.*, "A 1.8V 94dB Dynamic Range ΔΣ Modulator for Voice Applications," *IEEE ISSCC Digest of Technical Papers*, pp. 230–231, February 1996.

[202] T. Tille and R. Meyer, "A 1.8-V MOSFET-Only ΣΔ Modulator Using Substrate Biased Depletion-Mode MOS Capacitors in Series Compensation," *IEEE J. of Solid-State Circuits*, vol. 36, pp. 1041–1047, July 2001.

[203] P. Maulik *et al.*, "A 16-Bit 250-kHz Delta-Sigma Modulator and Decimation Filter," *IEEE J. of Solid-State Circuits*, vol. 35, pp. 458–467, April 2000.

[204] A. Gerosa *et al.*, "A Fully-Integrated Two-Channel A/D Interface for hate Acquisition of Cardiac Signals in Implantable Pacemakers," *Proc. of the IEEE European Solid-State Circuits Conf.*, pp. 157–160, September 2003.

[205] C. Thanh *et al.*, "A Second-Order Double-Sampled Delta-Sigma Modulator Using Individual-Level Averaging," *IEEE J. of Solid-State Circuits*, vol. 32, pp. 1269–1273, August 1997.

[206] M. Keskin *et al.*, "A 1-V 10-MHz Clock-Rate 13-Bit CMOS ΔΣ Modulator Using Unity-Gain-Reset Opamps," *IEEE J. of Solid-State Circuits*, vol. 37, pp. 817–824, July 2002.

[207] D. B. Kasha *et al.*, "A 16-mW, 120-dB Linear Switched-Capacitor Delta-Sigma Modulator With Dynamic Biasing," *IEEE J. of Solid-State Circuits*, vol. 34, pp. 921–926, July 1999.

[208] F. Op'T-Eynde *et al.*, "A CMOS Fourth-Order 14b 500k-Sample/s Sigma-Delta ADC Converter," *IEEE ISSCC Digest of Technical Papers*, pp. 62–63, February 1991.

[209] H.-B. Le *et al.*, "A Regulator-Free 84dB DR Audio-Band ADC for Compact Digital Microphones," *Proc. of the IEEE Asian Solid-State Circuits Conf.*, 2010.

[210] B. E. Boser and B. A. Wooley, "The Design of Sigma-Delta Modulation Analog-to-Digital Converters," *IEEE J. of Solid-State Circuits*, vol. 23, pp. 1298–1308, December 1988.

[211] S. Nadeem *et al.*, "16-Channel Oversampled Analog-to-Digital Converter," *IEEE J. of Solid-State Circuits*, vol. 29, pp. 1077–1085, September 1994.

[212] T. V. Burmas *et al.*, "A Second-Order Double-Sampled Delta-Sigma Modulator Using Additive-Error Switching," *IEEE J. of Solid-State Circuits*, vol. 31, pp. 284–293, March 1996.

[213] A. Pena-Perez *et al.*, "A 84dB SNDR 100kHz Bandwidth Low-Power Single Op-Amp Third-Order ΔΣ Modulator Consuming 140μW," *IEEE ISSCC Digest of Technical Papers*, pp. 478–479, February 2011.

[214] Z. Yang *et al.*, "A 0.5-V 35-μW 85-dB DR Double-Sampled ΔΣ Modulator for Audio Applications," *IEEE J. of Solid-State Circuits*, vol. 47, pp. 722–735, March 2012.

[215] L. Liu *et al.*, "A 95dB SNDR Audio ΔΣ Modulator in 65nm CMOS," *Proc. of the IEEE Custom Integrated Circuits Conf.*, September 2011.

[216] K. Lee *et al.*, "A Power-Efficient Two-Channel Time-Interleaved ΣΔ Modulator for Broadband Applications," *IEEE J. of Solid-State Circuits*, vol. 42, pp. 1206–1215, June 2007.

[217] L. Liu *et al.*, "A 1-V 15-Bit Audio ΔΣ-ADC in 0.18μm CMOS," *IEEE Trans. on Circuits and Systems I – Regular Papers*, vol. 59, pp. 915–925, May 2012.

[218] H. Park *et al.*, "A 0.7-V 870-μW Digital-Audio CMOS Sigma-Delta Modulator," *IEEE J. of Solid-State Circuits*, vol. 44, pp. 1078–1088, April 2009.

[219] K. Lee *et al.*, "A Noise-Coupled Time-Interleaved ΔΣ ADC with 4.2MHZ BW, -98dB THD, and 79dB SNDR," *IEEE ISSCC Digest of Technical Papers*, pp. 494–495, February 2008.

[220] J. Koh, Y. Choi, and G. Gómez, "A 66dB DR 1.2V 1.2mW Single-Amplifier Double-Sampling 2nd-order ΔΣ ADC for WCDMA in 90nm CMOS," *IEEE ISSCC Digest of Technical Papers*, pp. 170–171, February 2005.

[221] S. Kwon and F. Maloberti, "A 14mW Multi-bit ΔΣ Modulator with 82dB SNR and 86dB DR for ADSL2+," *IEEE ISSCC Digest of Technical Papers*, pp. 161–162, February 2006.

[222] K. Lee *et al.*, "An 8.1-mW, 82dB Delta-Sigma ADC with 1.9-MHz BW and –98dB THD," *IEEE J. of Solid-State Circuits*, vol. 44, pp. 2202–2211, August 2009.

[223] L. Liu *et al.*, "A 1V 350μW 92dB SNDR 24kHz ΔΣ Modulator in 0.18μm CMOS," *Proc. of the IEEE Asian Solid-State Circuits Conf.*, 2010.

[224] N. Maghari *et al.*, "A +5dBFS Third-Order Extended Dynamic Range Single-Loop ΔΣ Modulator," *Proc. of the IEEE Custom Integrated Circuits Conf.*, September 2010.

[225] K. Tiew *et al.*, "A 0.06-mm^2 Double-Sampling Single-OTA 2nd-Order ΔΣ Modulator in 0.18-μm CMOS Technology," *Proc. of the IEEE Asian Solid-State Circuits Conf.*, 2011.

[226] R. Gaggl, M. Inversi, and A. Wiesbauer, "A Power Optimized 14-Bit SC ΔΣ Modulator for ADSL CO Applications," *IEEE ISSCC Digest of Technical Papers*, pp. 82–83, February 2004.

[227] J. Chae *et al.*, "A 63dB 16mW 20MHz BW Double-Sampled ΔΣ Analog-to-Digital Converter with an Embedded-Adder Quantizer," *Proc. of the IEEE Custom Integrated Circuits Conf.*, September 2010.

[228] Y. Wang *et al.*, "A 2.5MHz BW and 78dB SNDR Delta-Sigma Modulator Using Dynamically Biased Amplifiers," *Proc. of the IEEE Custom Integrated Circuits Conf.*, September 2008.

[229] E. Bonizzoni *et al.*, "Third-Order ΣΔ Modulator with 61-dB SNR and 6-MHz Bandwidth Consuming 6 mW," *Proc. of the IEEE European Solid-State Circuits Conf.*, pp. 218–221, September 2008.

[230] R. Reutemann, P. Balmelli, and Q. Huang, "A 33mW 14b 2.5MSample/s ΣΔ A/D Converter in 0.25μm Digital CMOS," *IEEE ISSCC Digest of Technical Papers*, vol. 1, p. 316, 2002.

[231] Y. Fujimoto, Y. Kanazawa, P. Re, and K. Iizuka, "A 100 MS/s 4 MHz Bandwidth 70 dB SNR ΔΣ ADC in 90 nm CMOS," *IEEE J. of Solid-State Circuits*, vol. 44, pp. 1697–1708, June 2009.

[232] P. Balmelli and Q. Huang, "A 25-MS/s 14-b 200-mW ΣΔ Modulator in 0.18-μm CMOS," *IEEE J. of Solid-State Circuits*, vol. 39, pp. 2161–2169, December 2004.

[233] J. Yu and F. Maloberti, "A Low-Power Multi-Bit ΣΔ Modulator in 90-nm Digital CMOS Without DEM," *IEEE J. of Solid-State Circuits*, vol. 40, pp. 2428–2436, December 2005.

[234] G. Gomez and B. Haroun, "A 1.5V 2.4/2.9mW 79/50dB DR ΣΔ Modulator for GSM/WCDMA in a 0.14μm Digital Process," *IEEE ISSCC Digest of Technical Papers*, February 2002.

[235] M. G. Kim *et al.*, "A 0.9 V 92 dB Double-Sampled Switched-RC Delta-Sigma Audio ADC," *IEEE J. of Solid-State Circuits*, vol. 43, pp. 1195–1206, May 2008.

[236] Y. Kim *et al.*, "A 105.5dB, 0.49mm^2 Audio ΣΔ Modulator Using Chopper Stabilization and Fully Randomized DWA," *Proc. of the IEEE Custom Integrated Circuits Conf.*, September 2008.

[237] R. Gaggl *et al.*, "A 85-dB Dynamic Range Multibit Delta-Sigma ADC for ADSL-CO Applications in 0.18-μm CMOS," *IEEE J. of Solid-State Circuits*, vol. 38, pp. 1105–1114, July 2003.

[238] J. Wu *et al.*, "Multi-bit Sigma Delta ADC with Reduced Feedback Levels, Extended Dynamic Range and Increased Tolerance for Analog Imperfections," *Proc. of the IEEE Custom Integrated Circuits Conf.*, September 2007.

[239] Y. Geerts *et al.*, "A High-Performance Multibit ΔΣ CMOS ADC," *IEEE J. of Solid-State Circuits*, vol. 35, pp. 1829–1840, December 1999.

[240] J. Chen *et al.*, "A 94dB SFDR 78dB DR 2.2MHz BW Multi-bit Delta-Sigma Modulator with Noise Shaping DAC," *Proc. of the IEEE Custom Integrated Circuits Conf.*, September 2007.

[241] A. J. Chen and Y. P. Xu, "Multibit Delta-Sigma Modulator With Noise-Shaping Dynamic Element Matching," *IEEE J. of Solid-State Circuits*, vol. 44, pp. 1125–1133, June 2009.

[242] M. R. Miller and C. S. Petrie, "A Multibit Sigma-Delta ADC for Multimode Receivers," *IEEE J. of Solid-State Circuits*, vol. 38, pp. 475–482, March 2003.

[243] Y. Yang *et al.*, "A 114-dB 68-mW Chopper-Stabilized Stereo Multibit Audio ADC in 5.62mm^2," *IEEE J. of Solid-State Circuits*, vol. 38, pp. 2061–2068, December 2003.

[244] O. Nys and R. K. Henderson, "A 19-bit Low-Power Multibit Sigma-Delta ADC Based on Data Weighted Averaging," *IEEE J. of Solid-State Circuits*, vol. 32, pp. 933–942, July 1997.

[245] T. Kuo *et al.*, "A Wideband CMOS Sigma-Delta Modulator With Incremental Data Weighted Averaging," *IEEE J. of Solid-State Circuits*, vol. 37, pp. 11–17, January 2002.

[246] R. T. Baird *et al.*, "A Low Oversampling Ratio 14-b 500-kHz ΔΣ ADC With a Self-Calibrated Multibit DAC," *IEEE J. of Solid-State Circuits*, vol. 31, pp. 312–320, March 1996.

[247] J. Johansson *et al.*, "A 16-bit 60μW Multi-Bit ΣΔ Modulator for Portable ECG Applications," *Proc. of the IEEE European Solid-State Circuits Conf.*, September 2003.

[248] J. Gilo *et al.*, "A 5V, 118dB ΔΣ Analog-to-Digital Converter for Wideband Digital Audio," *IEEE ISSCC Digest of Technical Papers*, pp. 218–219, February 1997.

[249] E. Fogleman and I. Galton, "A Dynamic Element Matching Technique for Reduced-distortion Multibit Quantization in Delta-Sigma ADCs," *IEEE Trans. on Circuits and Systems – II: Analog and Digital Signal Processing*, vol. 48, pp. 158–170, February 2001.

[250] E. Fogleman *et al.*, "A 3.3-V Single-Poly CMOS Audio ADC Delta-Sigma Modulator with 98-dB Peak SINAD and 105-dB Peak SFDR," *IEEE J. of Solid-State Circuits*, vol. 35, pp. 297–307, March 2000.

[251] A. Prasad *et al.*, "A 120dB 300mW Stereio Audio A/D Converter with 110dB THD+N," *Proc. of the IEEE European Solid-State Circuits Conf.*, pp. 191–194, September 2004.

[252] F. Chen and B. H. Leung, "A High Resolution Multibit Sigma-Delta Modulator with Individual Level Averaging," *IEEE J. of Solid-State Circuits*, vol. 30, pp. 453–460, April 1995.

[253] J. Sauerbrey *et al.*, "A Dual-Quantization Multi-Bit Sigma Delta Analog/Digital Converter," *Proc. of the IEEE Intl. Symp. on Circuits and Systems*, pp. 437–440, May 1994.

[254] J. Xu *et al.*, "A 9μW 88dB DR Fully-Clocked Switched-Opamp ΔΣ Modulator with Novel Power and Area Efficient Resonator," *Proc. of the IEEE Custom Integrated Circuits Conf.*, September 2011.

[255] L. Wang and L. Theogarajan, "An 18μW 79dB-DR 20kHz-BW MASH ΔΣ Modulator Utilizing Self-Biased Amplifiers for Biomedical Applications," *Proc. of the IEEE Custom Integrated Circuits Conf.*, September 2011.

[256] K. A. Donoghue *et al.*, "A Digitally Corrected 5-mW 2-MS/s SC ΔΣ ADC in 0.25-μm CMOS With 94-dB SFDR," *IEEE J. of Solid-State Circuits*, vol. 46, pp. 2673–2684, November 2011.

[257] K. Cornelissens and M. Steyaert, "A 1-V 84-dB DR 1-MHz Bandwidth Cascade 3-1 Delta-Sigma ADC in 65-nm CMOS," *Proc. of the IEEE European Solid-State Circuits Conf.*, pp. 332–335, 2009.

[258] C. Kuo *et al.*, "A Low-Voltage Fourth-Order Cascade Delta-Sigma Modulator in 0.18-μm CMOS," *IEEE J. of Solid-State Circuits*, vol. 57, pp. 2450–2461, September 2010.

[259] O. Oliaei *et al.*, "A 5-mW Sigma-Delta Modulator With 84-dB Dynamic Range for GSM/EDGE," *IEEE J. of Solid-State Circuits*, vol. 37, pp. 2–10, January 2002.

[260] J. M. de la Rosa *et al.*, "A CMOS 110-dB@40-kS/s Programmable-Gain Chopper-Stabilized Third-Order 2-1 Cascade Sigma-Delta Modulator for Low-Power High-Linearity Automotive Sensor ASICs," *IEEE J. of Solid-State Circuits*, vol. 40, pp. 2246–2264, November 2005.

[261] A. Morgado, R. del Río, and J. M. de la Rosa, "An Adaptive ΣΔ Modulator for Multi-Standard Hand-Held Wireless Devices," *Proc. of the IEEE Asian Solid-State Circuits Conf.*, pp. 232–235, 2007.

[262] Y. Geerts *et al.*, "A 3.3-V, 15-bit, Delta-Sigma ADC with a Signal Bandwidth of 1.1 MHz for ADSL Applications," *IEEE J. of Solid-State Circuits*, vol. 34, pp. 1829–1840, July 1999.

[263] G. Yin *et al.*, "A 16-b 320-kHz CMOS A/D Converter Using Two-Stage Third-Order ΣΔ Noise Shaping," *IEEE J. of Solid-State Circuits*, vol. 28, pp. 640–647, June 1993.

[264] A. M. Marques, V. Peluso, M. S. J. Steyaert, and W. M. Sansen, "A 15-b Resolution 2-MHz Nyquist Rate ΔΣ ADC in a 1-μm CMOS Technology," *IEEE J. of Solid-State Circuits*, vol. 33, pp. 1065–1075, July 1998.

[265] J. C. Morizio *et al.*, "14-bit 2.2-MS/s Sigma-Delta ADC's," *IEEE J. of Solid-State Circuits*, vol. 35, pp. 968–976, July 2000.

[266] G. J. Gomez, "A 102-dB Spurious-Free DR ΣΔ ADC Using a Dynamic Dither Scheme," *IEEE J. of Solid-State Circuits*, vol. 47, pp. 531–535, June 2000.

[267] L. A. Williams and B. A. Wooley, "A Third-Order Sigma-Delta Modulator with Extended Dynamic Range," *IEEE J. of Solid-State Circuits*, vol. 35, pp. 193–202, March 1994.

[268] C. B. Wang, "A 20-bit 25-kHz Delta-Sigma A/D Converter Utilizing a Frequency-Shaped Chopper Stabilization Scheme," *IEEE J. of Solid-State Circuits*, vol. 36, pp. 566–569, March 2001.

[269] M. Rebeschini, N. R. van Bavel, P. Rakers, R. Greene, J. Caldwell, and J. R. Haug, "A 16-b 160 kHz CMOS A/D Converter Using Sigma-Delta Modulation," *IEEE J. of Solid-State Circuits*, vol. 25, pp. 431–440, April 1990.

[270] I. Fujimori *et al.*, "A 5-V Single-Chip Delta-Sigma Audio A/D Converter with 111dB Dynamic Range," *IEEE J. of Solid-State Circuits*, vol. 32, pp. 329–336, March 1997.

[271] G. Miao *et al.*, "An Oversampled A/D Converter Using Cascaded Fourth Order Sigma-Delta Modulation and Current Steering Logic," *Proc. of the IEEE Intl. Symp. on Circuits and Systems*, pp. 412–415, May 1998.

[272] R. Zanbaghi *et al.*, "A 75dB SNDR, 10MHz Conversion Bandwidth Stage-Shared 2-2 MASH ΔΣ Modulator Dissipating 9mW," *Proc. of the IEEE Custom Integrated Circuits Conf.*, September 2011.

[273] P. Malla *et al.*, "A 28mW Spectrum-Sensing Reconfigurable 20MHz 72dB-SNR 70dB-SNDR DT ΔΣ ADC for 802.11n/WiMAX Receivers," *IEEE ISSCC Digest of Technical Papers*, February 2008.

[274] K. Yamamoto and A. C. Carusone, "A 1-1-1-1 MASH Delta-Sigma Modulator Using Dynamic Comparator-Based OTAs," *Proc. of the IEEE Custom Integrated Circuits Conf.*, September 2011.

[275] N. Maghari *et al.*, "74dB SNDR Multi-Loop Sturdy-MASH Delta-Sigma Modulator Using 35dB Open-Loop Opamp Gain," *IEEE J. of Solid-State Circuits*, vol. 44, pp. 2212–2221, August 2009.

[276] A. Dezzani and E. Andre, "A 1.2-V Dual-Mode WCDMA/GPRS ΣΔ Modulator," *IEEE ISSCC Digest of Technical Papers*, February 2003.

[277] T.-H. Chang *et al.*, "A 2.5-V 14-bit, 180-mW Cascaded ΣΔ ADC for ADSL2+ Application," *IEEE J. of Solid-State Circuits*, vol. 42, pp. 2357–2368, November 2007.

[278] J. Paramesh *et al.*, "An 11-Bit 330MHz 8× OSR Σ – Δ Modulator for Next-Generation WLAN," *IEEE Symposium VLSI Circuits. Digest of Technical Papers*, December 2006.

[279] K. Vleugels, S. Rabii, and B. Wooley, "A 2.5-V Sigma-Delta Modulator for Broadband Communications Applications," *IEEE J. of Solid-State Circuits*, vol. 36, pp. 1887–1899, December 2001.

[280] I. Fujimori, L. Longo, A. Hairapetian, K. Seiyama, S. Kosic, J. Cao, and S.-L. Chan, "A 90-dB SNR 2.5-MHz Output-Rate ADC Using Cascaded Multibit Delta-Sigma Modulation at 8× Oversampling Ratio," *IEEE J. Solid-State Circuits*, vol. 35, pp. 1820–1828, December 2000.

[281] R. del Río, F. Medeiro, B. Pérez-Verdú, J. M. de la Rosa, and A. Rodríguez-Vázquez, *CMOS Cascade ΣΔ Modulators for Sensors and Telecom: Error Analysis and Practical Design*. Springer, 2006.

[282] G.-C. Ahn *et al.*, "A 0.6-V 82-dB Delta-Sigma Audio ADC Using Switched-RC Integrators," *IEEE J. of Solid-State Circuits*, vol. 40, pp. 1868–1878, December 2005.

[283] F. Medeiro *et al.*, "A 13-bit, 2.2-MS/s, 55-mW Multibit Cascade ΣΔ Modulator in CMOS 0.7-μm Single-Poly Technology," *IEEE J. of Solid-State Circuits*, vol. 34, pp. 748–760, June 1999.

[284] S. K. Gupta and V. Fong, "A 64-MHz Clock-Rate ΣΔ ADC With 88-dB SNDR and –105-dB IM3 Distortion at a 1.5-MHz Signal Frequency," *IEEE J. of Solid-State Circuits*, vol. 37, pp. 1653–1661, December 2002.

[285] H. Lampinen and O. Vinio, "An Optimization Approach to Designing OTAs for Low-Voltage Sigma-Delta Modulators," *IEEE J. of Solid-State Circuits*, vol. 50, pp. 1665–1671, December 2001.

[286] B. P. Brandt and B. A. Wooley, "A 50-MHz Multibit Sigma-Delta Modulator for 12-b 2-MHz A/D Conversion," *IEEE J. of Solid-State Circuits*, vol. 26, pp. 1746–1756, December 1991.

[287] T. C. Caldwell and D. A. Johns, "An 8th-Order MASH Delta-Sigma With an OSR of 3," *Proc. of the IEEE European Solid-State Circuits Conf.*, September 2009.

[288] A. Tabatabaei *et al.*, "A Dual Channel ΣΔ ADC with 40MHz Aggregate Signal Bandwidth," *IEEE ISSCC Digest of Technical Papers*, February 2003.

[289] A. R. Feldman *et al.*, "A 13-Bit, 1.4-MS/s Sigma-Delta Modulator for RF Baseband Channel Applications," *IEEE J. of Solid-State Circuits*, vol. 33, pp. 1462–1469, October 1998.

[290] I. Dedic, "A Sixth-Order Triple-Loop ΣΔ CMOS ADC with 90dB SNR and 100kHz Bandwidth," *IEEE ISSCC Digest of Technical Papers*, pp. 188–189, 1994.

[291] F. Ying and F. Maloberti, "A Mirror Image Free Two-path Bandpass ΣΔ Modulator with 72 dB SNR and 86 dB SFDR," *IEEE ISSCC Digest of Technical Papers*, pp. 84–85, February 2004.

[292] T. O. Salo *et al.*, "80-MHz Bandpass ΔΣ Modulators for Multimode Digital IF Receivers," *IEEE J. of Solid-State Circuits*, vol. 38, pp. 464–474, March 2003.

[293] J. Galdi *et al.*, "Two-Path Band-Pass ΣΔ Modulator with 40-MHz IF 72-dB DR at 1-MHz Bandwidth Consuming 16mW," *Proc. of the IEEE European Solid-State Circuits Conf.*, pp. 248–251, September 2007.

[294] R. Maurino and C. Papavassiliou, "A 10mW 81dB Cascaded Multibit Quadrature ΣΔ ADC with a Dynamic Element Matching Scheme," *Proc. of the IEEE European Solid-State Circuits Conf.*, pp. 451–454, September 2005.

[295] K. Yamamoto *et al.*, "A Delta-Sigma Modulator with a Widely Programmable Center Frequency and 82-dB Peak SNDR," *Proc. of the IEEE Custom Integrated Circuits Conf.*, pp. 65–69, September 2007.

[296] C.-H. Kuo and S.-I. Liu, "A 1-V 10.7-MHz Fourth-Order Bandpass ΔΣ Modulators Using Two Switched Opamps," *IEEE J. of Solid-State Circuits*, vol. 39, pp. 2041–2045, November 2004.

[297] A. Tabatabaei and A. Wooley, "A Two-Path Bandpass Sigma-Delta Modulator with Extended Noise Shaping," *IEEE J. of Solid-State Circuits*, vol. 35, pp. 1799–1809, December 2000.

[298] A. Hairapetian, "An 81 MHz IF receiver in CMOS," *IEEE J. of Solid-State Circuits*, vol. 31, pp. 1981–1986, December 1996.

[299] T. Yamamoto, M. Kasahara, and T. Matsuura, "A 63 mA 112/94 dB DR IF Bandpass ΔΣ Modulator With Direct Feed-Forward Compensation and Double Sampling," *IEEE J. of Solid-State Circuits*, vol. 43, pp. 1783–1794, August 2008.

[300] T. Ueno *et al.*, "A Fourth-Order Bandpass Δ − Σ Modulator Using Second-Order Bandpass Noise-Shaping Dynamic Element Matching," *IEEE J. of Solid-State Circuits*, vol. 37, pp. 809–816, July 2002.

[301] B.-S. Song, "A Fourth-Order Bandpass Delta-Sigma Modulator with Reduced Number of Op Amps," *IEEE J. of Solid-State Circuits*, vol. 30, pp. 1309–1315, December 1995.

[302] T. O. Salo *et al.*, "A 80-MHz Bandpass ΣΔ Modulator for a 100-MHz IF Receiver," *IEEE J. of Solid-State Circuits*, vol. 37, pp. 798–808, July 2002.

[303] W.-T. Cheng *et al.*, "A 75dB Image Rejection IF-Input Quadrature Sampling SC ΣΔ Modulator," *Proc. of the IEEE European Solid-State Circuits Conf.*, pp. 455–458, September 2005.

[304] P. Cusinato *et al.*, "A 3.3-V CMOS 10.7-MHz Sixth-Order Bandpass ΣΔ Modulator with 74-dB Dynamic Range," *IEEE J. of Solid-State Circuits*, vol. 36, pp. 629–638, April 2001.

[305] S. A. Jantzi *et al.*, "Quadrature Bandpass ΔΣ Modulation for Digital Radio," *IEEE J. of Solid-State Circuits*, vol. 32, pp. 1935–1950, December 1997.

[306] V. S. Cheung *et al.*, "A 1-V 10.7-MHz Switched-Opamp Bandpass ΣΔ Modulator Using Double-Sampling Finite-Gain-Compensation Technique," *IEEE J. of Solid-State Circuits*, vol. 37, pp. 1215–1225, October 2002.

[307] S. Pavan and P. Sankar, "A 110μW Single Bit Audio Continuous-Time Oversampled Converter with 92.5-dB Dynamic Range," *Proc. of the IEEE European Solid-State Circuits Conf.*, September 2009.

[308] F. Munoz, K. Philips, and A. Torralba, "A 4.7mW 89.5dB DR CT Complex ΔΣ ADC with Built-In LPF," *IEEE ISSCC Digest of Technical Papers*, February 2005.

[309] J. Zhan *et al.*, "A 0.6-V 82-dB 28.6-μW Continuous-Time Audio Delta-Sigma Modulator," *IEEE J. of Solid-State Circuits*, vol. 46, pp. 2326–2335, October 2011.

[310] A. Jain and S. Pavan, "A 4mW 1GS/s Continuous-Time ΔΣ Modulator with 15.6MHz Bandwidth and 67dB Dynamic Range," *Proc. of the IEEE European Solid-State Circuits Conf.*, pp. 259–262, September 2011.

[311] K. Matsukawa *et al.*, "A 69.8dB SNDR 3rd-order Continuous-Time Delta-Sigma Modulator with an Ultimate Low-Power Tuning System for a Worldwide Digital TV-Receiver," *Proc. of the IEEE Custom Integrated Circuits Conf.*, September 2010.

[312] P. Crombez *et al.*, "A Single-Bit 6.8mW 10MHz Power-Optimized Continuous-Time ΔΣ with 67dB DR in 90nm CMOS," *Proc. of the IEEE European Solid-State Circuits Conf.*, September 2009.

[313] P. Crombez *et al.*, "A 500kHz-10MHz Multimode Power-Performance Scalable 83-to-67dB DR CTΣΔ in 90nm Digital CMOS with Flexible Analog Core Circuitry," *IEEE Symp. VLSI Circuits. Digest of Technical Papers*, pp. 70–71, 2009.

[314] X. Xing *et al.*, "A 40MHz 12bit 84.2dB-SFDR Continuous-Time Delta-Sigma Modulator in 90nm CMOS," *Proc. of the IEEE Asian Solid-State Circuits Conf.*, 2011.

[315] K. Matsukawa *et al.*, "A Fifth-Order Continuous-Time Delta-Sigma Modulator With Single-Opamp Resonator," *IEEE J. of Solid-State Circuits*, vol. 45, pp. 697–706, April 2010.

[316] A. Das *et al.*, "A 4th-order 86dB CT ΔΣ ADC with Two Amplifiers in 90nm CMOS," *IEEE ISSCC Digest of Technical Papers*, February 2005.

[317] D. Kim *et al.*, "A Continuous-Time, Jitter Insensitive ΣΔ Modulator Using a Digitally Linearized Gm-C Integrator with Embedded SC Feedback DAC," *IEEE Symp. VLSI Circuits. Digest of Technical Papers*, pp. 38–39, 2011.

[318] R. H. Veldhoven *et al.*, "Technology portable, 0.04mm², GHz-rate ΣΔ Modulators in 65nm and 45nm CMOS," *IEEE Symp. VLSI Circuits. Digest of Technical Papers*, pp. 72–73, 2009.

[319] E. Prefasi *et al.*, "A 0.1mm², Wide Bandwidth Continuous-Time ΣΔ ADC Based on a Time Encoding Quantizer in 0.13μm CMOS," *IEEE J. of Solid-State Circuits*, vol. 44, pp. 2745–2754, October 2009.

[320] J. Zhang *et al.*, "A 1.2-V 2.7-mW 160MHz Continuous-Time Delta-Sigma Modulator with Input-Feedforward Structure," *Proc. of the IEEE Custom Integrated Circuits Conf.*, pp. 475–478, September 2009.

[321] R. van Veldhoven, "A 3.3mW ΣΔ Modulator for UMTS in 0.18μm CMOS with 70dB Dynamic Range in 2MHz Bandwidth," *IEEE ISSCC Digest of Technical Papers*, February 2002.

[322] F. Gerfers, M. Ortmanns, and Y. Manoli, "A 1.5-V 12-bit Power-Efficient Continuous-Time Third-Order ΣΔ Modulator," *IEEE J. of Solid-State Circuits*, vol. 38, pp. 1343–1352, August 2003.

[323] K. Philips, "A 4.4mW 76dB Complex ΣΔ ADC for Bluetooth Receivers," *IEEE ISSCC Digest of Technical Papers*, February 2003.

[324] Y.-C. Chang *et al.*, "A 4MHz BW 69dB SNDR Continuous-Time Delta-Sigma Modulator with Reduced Sensitivity to Clock Jitter," *Proc. of the IEEE Asian Solid-State Circuits Conf.*, pp. 265–268, 2011.

[325] T. Nagai *et al.*, "A 1.2V 3.5mW ΔΣ Modulator with a Passive Current Summing Network and a Variable Gain Function," *IEEE ISSCC Digest of Technical Papers*, February 2005.

[326] L. Samid and Y. Manoli, "A Micro Power Continuous-Time ΣΔ Modulator," *Proc. of the IEEE European Solid-State Circuits Conf.*, September 2003.

[327] L. S. M Anderson, "Design and Measurement of a CT ΔΣ ADC With Switched-Capacitor Switched-Resistor Feedback," *IEEE J. of Solid-State Circuits*, vol. 44, pp. 473–483, February 2009.

[328] C.-H. Lin *et al.*, "A 5MHz Nyquist Rate Continuous-Time Sigma-Delta Modulator for Wideband Wireless Communication," *Proc. of the IEEE Intl. Symp. on Circuits and Systems*, pp. 368–371, May 1999.

[329] K.-P. Pun, S. Chatterjee, and P. Kinget, "A 0.5-V 74-dB SNDR 25-kHz Continuous-Time Delta-Sigma Modulator With a Return-to-Open DAC," *IEEE J. of Solid-State Circuits*, vol. 42, pp. 496–507, March 2007.

[330] F. Gerfers *et al.*, "Implementation of a 1.5V Low-Power Clock-Jitter Insensitive Continuous-Time ΣΔ Modulator," *Proc. of the IEEE Intl. Symp. on Circuits and Systems*, pp. 652–655, May 2002.

[331] L. Luh *et al.*, "A 400MHz 5th-Order CMOS Continuous-Time Switched-Current ΣΔ Modulator," *Proc. of the IEEE European Solid-State Circuits Conf.*, September 2000.

[332] E. van der Zwan and E. Dijkmans, "A 0.2mW CMOS ΣΔ Modulator for Speech Coding with 80dB Dynamic Range," *IEEE J. of Solid-State Circuits*, vol. 31, pp. 1873–1880, December 1996.

[333] F. Cannillo *et al.*, "1.4V 13μW 83dB DR CT-ΣΔ Modulator with Dual-Slope Quantizer and PWM DAC for Biopotential Signal Acquisition," *Proc. of the IEEE European Solid-State Circuits Conf.*, pp. 267–270, September 2011.

[334] L. Luh *et al.*, "A 50-MHz Continuous-Time Switched-Current ΣΔ Modulator," *Proc. of the IEEE Intl. Symp. on Circuits and Systems*, pp. 579–582, May 1998.

[335] M. Ortmanns *et al.*, "A Continuous-Time Sigma-Delta Modulator with Switched Capacitor Controlled Current Mode Feedback," *Proc. of the IEEE European Solid-State Circuits Conf.*, September 2003.

[336] H. Zare-Hoseini *et al.*, "A Low-Power Continuous-Time ΔΣ Modulator for Electret Microphone Applications," *Proc. of the IEEE Asian Solid-State Circuits Conf.*, 2010.

[337] N. Sarhangnejad *et al.*, "A Continuous-Time ΣΔ Modulator with a Gm-C Input Stage, 120-dB CMRR and -87dB THD," *Proc. of the IEEE Asian Solid-State Circuits Conf.*, 2011.

[338] S. Pavan, "Excess Loop Delay Compensation in Continuous-Time Delta-Sigma Modulators," *IEEE Trans. on Circuits and Systems II: Express Briefs*, vol. 55, pp. 1119–1123, November 2008.

[339] P. Witte *et al.*, "A 72dB-DR ΔΣ CT Modulator Using Digitally Estimated Auxiliary DAC Linearization Achieving 88fJ/conv in a 25MHz BW," *IEEE ISSCC Digest of Technical Papers*, pp. 154–155, February 2012.

[340] K. Matsukawa *et al.*, "A 5th-Order Delta-Sigma Modulator with Single-Opamp Resonator," *IEEE Symp. VLSI Circuits. Digest of Technical Papers*, pp. 68–69, 2009.

[341] S.-J. Huang and Y.-Y. Li, "A 1.2V 2MHz BW 0.084mm^2 CT ΔΣ ADC with -97.7dBc THD and 80dB DR Using Low-Latency DEM," *IEEE ISSCC Digest of Technical Papers*, pp. 172–173, February 2009.

[342] J.-C. Tsai *et al.*, "A Continuous-Time ΔΣ ADC with Clock Timing Calibration," *Proc. of the IEEE Asian Solid-State Circuits Conf.*, pp. 369–370, 2008.

[343] M. Ranjbar *et al.*, "A Robust STF 6mW CT ΔΣ Modulator with 76dB Dynamic Range and 5MHz Bandwidth," *Proc. of the IEEE Custom Integrated Circuits Conf.*, September 2010.

[344] K. Reddy and S. Pavan, "A 20.7mW Continuous-Time ΔΣ Modulator with 15MHz Bandwidth and 70dB Dynamic Range," *Proc. of the IEEE European Solid-State Circuits Conf.*, pp. 210–213, September 2008.

[345] Y.S. Shu, B. S. Song, and K. Bacrania, "A 65nm CMOS CT ΔΣ Modulator with 81dB DR and 8MHz BW Auto-Tuned by Pulse Injection," *IEEE ISSCC Digest of Technical Papers*, February 2008.

[346] J. G. Kauffman *et al.*, "A 78dB SNDR 87mW 20MHz Bandwidth Continuous-Time ΔΣ ADC With VCO-Based Integrator and Quantizer Implemented in 0.13μm CMOS," *IEEE J. of Solid-State Circuits*, vol. 44, pp. 3344–3358, December 2009.

[347] M. Moyal *et al.*, "A 700/900mW/Channel CMOS Dual Analog Front-End IC for VDSL with Integrated 11.5/14.5dBm Line Drivers," *IEEE ISSCC Digest of Technical Papers*, February 2003.

[348] X. Chenand *et al.*, "A 18mW CT ΔΣ Modulator with 25MHz Bandwidth for Next Generation Wireless Applications," *Proc. of the IEEE Custom Integrated Circuits Conf.*, pp. 73–76, September 2007.

[349] W. Yang *et al.*, "A 100mW 10MHz-BW CT ΔΣ Modulator with 87dB DR and 91dBc IMD," *IEEE ISSCC Digest of Technical Papers*, February 2008.

[350] M. Vadipour *et al.*, "A 2.1mW/3.2mW Delay-Compensated GSM/WCDMA ΣΔ Analog-Digital Converter," *IEEE Symp. VLSI Circuits. Digest of Technical Papers*, pp. 180–181, 2008.

[351] Z. Li and T. S. Fiez, "A 14 Bit Continuous-Time Delta-Sigma A/D Modulator With 25MHz Signal Bandwidth," *IEEE J. of Solid-State Circuits*, vol. 42, pp. 1873–1883, September 2007.

[352] L. Dorrer *et al.*, "10-Bit, 3 mW Continuous-Time Sigma-Delta ADC for UMTS in a 0.12 μm CMOS process," *Proc. of the European Solid-State Circuits Conf.*, September 2003.

[353] M. Schimper *et al.*, "A 3mW continuous-time ΣΔ modulator for EDGE/GSM with high adjacent channel tolerance," *Proc. of the European Solid-State Circuits Conf.*, pp. 183–186, September 2004.

[354] M. Ranjbar *et al.*, "A Low-Power 1.92MHz CT ΔΣ Modulator With 5-bit Successive Approximation Quantizer," *Proc. of the IEEE Custom Integrated Circuits Conf.*, pp. 5–8, September 2009.

[355] J.-G. Jo *et al.*, "A 20MHz Bandwidth Continuous-Time ΣΔ Modulator with Jitter Immunity Improved Full-Clock Period SCR (FSCR) DAC and High Speed DWA," *Proc. of the IEEE Asian Solid-State Circuits Conf.*, 2010.

[356] P. Fontaine, A. N. Mohieldin, and A. Bellaouar, "A Low-Noise Low-Voltage CT ΔΣ Modulator with Digital Compensation of Excess Loop Delay," *IEEE ISSCC Digest of Technical Papers*, pp. 498–499, 2005.

[357] Y. Aiba *et al.*, "A Fifth-Order Gm-C Continuous-Time ΔΣ Modulator With Process-Insensitive Input Linear Range," *IEEE J. of Solid-State Circuits*, vol. 44, pp. 2381–2391, September 2009.

[358] L. Dorrer *et al.*, "A Continuous-Time ΔΣ ADC for Voice Coding with 92dB DR in 45nm CMOS," *IEEE ISSCC Digest of Technical Papers*, pp. 502–503, February 2008.

[359] S. Patón, A. di Giandomenico, L. Hernández, A. Wiesbauer, T. Poetscher, and M. Clara, "A 70-mW 300-MHz CMOS Continuous-Time ΣΔ ADC With 15-MHz Bandwidth and 11 Bits of Resolution," *IEEE J. of Solid-State Circuits*, vol. 39, pp. 1056–1063, July 2004.

[360] A. D. Giandomenico *et al.*, "A 15MHz Bandwidth Sigma-Delta ADC with 11 Bits of Resolution in 0.13μm CMOS," *Proc. of the IEEE European Solid-State Circuits Conf.*, September 2003.

[361] J.-G. Jo *et al.*, "A 20-MHz Bandwidth Continuous-Time Sigma-Delta Modulator With Jitter Immunity Improved Full Clock Period SCR (FSCR) DAC and High-Speed DWA," *IEEE J. of Solid-State Circuits*, vol. 46, pp. 2469–2477, November 2011.

[362] S. Yan and E. Sánchez-Sinencio, "A Continuous-Time ΣΔ Modulator With 88-dB Dynamic Range and 1.1-MHz Signal Bandwidth," *IEEE J. of Solid-State Circuits*, vol. 39, pp. 75–86, January 2004.

[363] J. Arias *et al.*, "A 32-mW 320-MHz Continuous-Time Complex Delta-Sigma ADC for Multi-Mode Wireless-LAN Receivers," *IEEE J. of Solid-State Circuits*, vol. 41, pp. 339–351, February 2006.

[364] T. C. Caldwell and D. A. Johns, "A Time-Interleaved Continuous-Time ΔΣ Modulator with 20MHz Signal Bandwidth," *Proc. of the IEEE European Solid-State Circuits Conf.*, pp. 447–450, September 2005.

[365] J. Sauerbrey *et al.*, "A Configurable Cascaded Continuous-Time ΔΣ Modulator with up to 15MHz Bandwidth," *Proc. of the IEEE European Solid-State Circuits Conf.*, pp. 426–429, September 2010.

[366] L. Breems, R. Rutten, R. van Veldhoven, and G. van der Weide, "A 56 mW Continuous-Time Quadrature Cascaded ΣΔ Modulator With 77 dB DR in a Near Zero-IF 20 MHz Band," *IEEE J. of Solid-State Circuits*, vol. 42, pp. 2696–2705, December 2007.

[367] J. Kamiishi *et al.*, "A Self-Calibrated 2-1-1 Cascaded Continuous-Time ΔΣ Modulator," *Proc. of the IEEE Custom Integrated Circuits Conf*, pp. 9–12, September 2009.

[368] Y.-S. Shu, J. Kamiishi, K. Tomioka, K. Hamashita, and B.-S. Song, "LMS-Based Noise Leakage Calibration of Cascaded Continuous-Time ΣΔ Modulators," *IEEE J. of Solid-State Circuits*, vol. 45, pp. 368–379, February 2010.

[369] L. Breems, R. Rutten, and G. Wetzker, "A Cascaded Continuous-Time ΣΔ Modulator with 67-dB Dynamic Range in 10-MHz Bandwidth," *IEEE J. of Solid-State Circuits*, vol. 39, pp. 2152–2160, December 2004.

[370] B. D. Vuyst and P. Rombouts, "A 5-MHz 11-bit Delay-Based Self-Oscillating ΣΔ Modulator in 0.025mm^2," *Proc. of the IEEE Custom Integrated Circuits Conf.*, September 2010.

[371] H. Chae *et al.*, "A 12mW Low-Power Continuous-Time Bandpass ΔΣ Modulator with 58dB SNDR and 24MHz Bandwidth at 200MHz IF," *IEEE ISSCC Digest of Technical Papers*, pp. 148–149, February 2012.

[372] R. H. M. Veldhoven, "A Triple-Mode Continuous-Time ΣΔ Modulator With Switched-Capacitor Feedback DAC for a GSM-EDGE/CDMA2000/UMTS Receiver," *IEEE J. of Solid-State Circuits*, vol. 38, pp. 2069–2076, December 2003.

[373] M. S. Kappes, "A 2.2-mW CMOS Bandpass Continuous-Time Multibit Δ-Σ ADC With 68 dB of Dynamic Range and 1-MHz Bandwidth for Wireless Applications," *IEEE J. of Solid-State Circuits*, vol. 38, pp. 1098–1104, July 2003.

[374] F. Esfahani *et al.*, "An 82dB CMOS Continuous-Time Complex Bandpass Sigma-Delta ADC for GSM/EDGE," *Proc. of the IEEE Intl. Symp. on Circuits and Systems*, pp. 1049–1052, May 2003.

[375] R. Schreier *et al.*, "A 375-mW Quadrature Bandpass ΔΣ ADC With 8.5-MHz BW and 90-dB DR at 44 MHz," *IEEE J. of Solid-State Circuits*, vol. 41, pp. 2632–2640, December 2006.

[376] A. Ashry *et al.*, "A 3.6GS/s, 15mW, 50dB SNDR, 28MHz Bandwidth RF ΣΔ ADC with FoM of 1pJ/bit in 130nm CMOS," *Proc. of the IEEE Custom Integrated Circuits Conf.*, September 2011.

[377] P. M. Chopp and A. A. Hamoui, "A 1V 13mW Frequency-Translating ΔΣ ADC with 55dB SNDR for a 4MHz Band at 225MHz," *Proc. of the IEEE Custom Integrated Circuits Conf.*, September 2011.

[378] E. J. van der Zwan *et al.*, "A 10.7-MHz IF-to-Baseband ΣΔ A/D Conversion System for AM/FM Radio Receivers," *IEEE J. of Solid-State Circuits*, vol. 35, pp. 1810–1819, December 2000.

[379] F. Chen and B. Leung, "A 0.25-mW Low-Pass Passive Sigma-Delta Modulator with Built-In Mixer for a 10-MHz IF Input," *IEEE J. of Solid-State Circuits*, vol. 32, pp. 774–782, June 1997.

[380] C.-Y. Lu *et al.*, "A Sixth-Order 200MHz IF Bandpass Sigma-Delta Modulator With Over 68dB SNDR in 10MHz Bandwidth," *IEEE J. of Solid-State Circuits*, vol. 45, pp. 1122–1136, June 2010.

[381] P. G. R. Silva *et al.*, "An IF-to-Baseband ΣΔ Modulator for AM/FM/IBOC Radio Receivers With a 118 dB Dynamic Range," *IEEE J. of Solid-State Circuits*, vol. 42, pp. 1076–1089, May 2007.

[382] S.-B. Kim *et al.*, "Continuous-Time Quadrature Bandpass Sigma-Delta Modulator for GPS/Galileo Low-IF Receiver," *Proc. of the IEEE Radio Frequency Integrated Circuits Symp.*, pp. 127–130, June 2007.

[383] R. Yu and Y. P. Xu, "Bandpass Sigma-Delta Modulator Employing SAW Resonator as Loop Filter," *IEEE Trans. on Circuits and Systems I – Regular Papers*, vol. 54, pp. 723–735, April 2007.

[384] J. V. Engelen and R. van de Plassche, *BandPass Sigma-Delta Modulators: Stability Analysis, Performance and Design Aspects*. Kluwer Academic Publishers, 1999.

[385] I. Hsu and H. C. Luong, "A 70-MHz Continuous-Time CMOS Band-pass ΣΔ Modulator for GPS Receivers," *Proc. of the IEEE Intl. Symp. on Circuits and Systems*, pp. 750–753, May 2000.

[386] H. Tao and J. M. Khoury, "A 400-MS/s Frequency Translating Bandpass Sigma-Delta Modulator," *IEEE J. of Solid-State Circuits*, vol. 34, pp. 1741–1752, December 1999.

[387] K. Thomas *et al.*, "A 1GHz CMOS Fourth-Order Continuous-Time Bandpass Sigma-Delta Modulator for RF Receiver Front-End A/D Conversion," *Proc. of the IEEE Asia and South Pacific Design Automation Conf.*, pp. 665–670, 2005.

[388] V. Dhanasekaran *et al.*, "A Continuous-Time Multi-bit ΔΣ ADC Using Time Domain Quantizer and Feedback Element," *IEEE J. of Solid-State Circuits*, vol. 46, pp. 639–650, March 2011.

[389] Y. Cao *et al.*, "A 0.7mW 13b Temperature-Stable MASH ΔΣ TDC with Delay-Line Assisted Calibration," *Proc. of the IEEE Asian Solid-State Circuits Conf.*, pp. 361–364, 2011.

[390] B. Young *et al.*, "A 2.4ps Resolution 2.1mW Second-Order Noise-Shaped Time-to-Digital Converter with 3.2ns Range in 1MHz Bandwidth," *Proc. of the IEEE Custom Integrated Circuits Conf.*, September 2009.

[391] O. Rajaee *et al.*, "A 79dB 80MHz 8×-OSR Hybrid Delta-Sigma/Pipeline ADC," *IEEE Symp. VLSI Circuits. Digest of Technical Papers*, pp. 74–77, 2009.

[392] C.-Y. Ho *et al.*, "A 75.1dB SNDR, 80.2dB DR, 4th-Order Feed-Forward Continuous-Time Sigma-Delta Modulator with Hybrid Integrator for Silicon TV-tuner Applications," *Proc. of the IEEE Asian Solid-State Circuits Conf.*, pp. 261–264, 2011.

[393] G. K. Balachandran *et al.*, "A 1.16mW 69dB SNR (1.2MHz BW) Continuous-Time ΣΔ ADC with Immunity to Clock Jitter," *Proc. of the IEEE Custom Integrated Circuits Conf.*, September 2009.

[394] J. H. Shim, I.-C. Park, and B. Kim, "A Third-Order ΣΔ Modulator in 0.18μm CMOS with Calibrated Mixed-Mode Integrators.," *IEEE J. of Solid-State Circuits*, vol. 40, pp. 918–925, April 2005.

[395] Y. Kim *et al.*, "An 11mW 100MHz 16X-OSR 64dB-SNDR Hybrid CT/DT ΔΣ ADC with Relaxed DEM Timing," *Proc. of the IEEE Custom Integrated Circuits Conf.*, September 2009.

[396] S. Kulchycki *et al.*, "A 77-dB Dynamic Range, 7.5-MHz Hybrid Continuous-Time/Discrete-Time Cascade ΣΔ Modulator," *IEEE J. of Solid-State Circuits*, vol. 43, pp. 796–804, April 2008.

[397] O. Bajdechi *et al.*, "A 1.8-V ΔΣ Modulator Interface for an Electret Microphone With On-Chip Reference," *IEEE J. of Solid-State Circuits*, vol. 37, pp. 279–285, March 2002.

[398] T. Christen, T. Burger, and Q. Huang, "A 0.13μm CMOS EDGE/UMTS/WLAN Tri-Mode ΣΔ ADC with -92dB THD," *IEEE ISSCC Digest of Technical Papers*, pp. 240–241, February 2007.

[399] T. Christen and Q. Huang, "A 0.13 μm CMOS 0.1-20 MHz Bandwidth 86-70 dB DR Multi-Mode DT ΔΣ ADC for IMT-Advanced," *Proc. of the IEEE European Solid-State Circuits Conf.*, pp. 414–417, September 2010.

[400] L. Bos *et al.*, "Multirate Cascaded Discrete-Time Low-Pass ΔΣ Modulator for GSM/Bluetooth/UMTS," *IEEE J. of Solid-State Circuits*, vol. 45, pp. 1198–1208, June 2010.

[401] A. Morgado, R. del Río, J. M. de la Rosa, L. Bos, J. Ryckaert, and G. van der Plas, "A 100kHz-10MHz BW, 78-to-52dB DR,4.6-to-11mW Flexible SC ΣΔ Modulator in 1.2-V 90-nm CMOS," *Proc. of the IEEE European Solid-State Circuits Conf.*, pp. 418–421, September 2010.

[402] C.-Y. Ho *et al.*, "A Quadrature Bandpass Continuous-Time Delta-Sigma Modulator for a Tri-Mode GSM-EDGE/UMTS/DVB-T Receiver," *IEEE J. of Solid-State Circuits*, vol. 46, pp. 2571–2582, November 2011.

[403] R. van Veldhoven, "A Triple-mode Continuous-time ΣΔ Modulator with Switched-capacitor Feedback DAC for a GSM-EDGE/CDMA2000/UMTS Receiver," *IEEE J. of Solid-State Circuits*, vol. 38, pp. 2069–2076, December 2003.

[404] S. Ouzounov *et al.*, "A 1.2V 121-Mode CT Delta-Sigma Modulator for Wireless Receivers in 90nm CMOS," *IEEE ISSCC Digest of Technical Papers*, pp. 242–243, February 2007.

[405] P. Crombez *et al.*, "A Single-Bit 500 kHz-10 MHz Multimode Power-Performance Scalable 83-to-67 dB DR CT ΔΣ Modulator for SDR in 90 nm Digital CMOS," *IEEE J. of Solid-State Circuits*, vol. 45, pp. 1159–1171, June 2010.

[406] Y. Ke *et al.*, "A 2.8-to-8.5mW GSM/Bluetooth/UMTS/DVB-H/WLAN Fully Reconfigurable CT ΔΣ with 200kHz to 20MHz BW for 4G Radios in 90nm Digital CMOS," *IEEE Symp. VLSI Circuits. Digest of Technical Papers*, pp. 153–154, 2010.

[407] V. Singh *et al.*, "A 16MHz BW 75dB DR CT ΔΣ ADC Compensated for More than One Cycle Excess Loop Delay," *Proc. of the IEEE Custom Integrated Circuits Conf.*, September 2011.

[408] Z. Qiao, Z. Zhou, and Q. Li, "A 250mV 77dB DR 10kHz BW SC ΔΣ Modulator Exploiting Subthreshold OTAs," *Proc. of the IEEE European Solid-State Circuits Conf.*, pp. 419–422, September 2014.

[409] Y. Yoon, D. Choi, and J. Roh, "A 0.4 V 63 W 76.1 dB SNDR 20 kHz Bandwidth Delta-Sigma Modulator Using a Hybrid Switching Integrator," *IEEE J. of Solid-State Circuits*, vol. 50, pp. 2342–2352, October 2015.

[410] T. Oshita *et al.*, "A Compact First-Order ΣΔ Modulator for Analog High-Volume Testing of Complex System-on-Chips in a 14 nm Tri-Gate Digital CMOS Process," *IEEE J. of Solid-State Circuits*, vol. 51, pp. 378–390, February 2016.

[411] Y. Yoon, H. Roh, and J. Roh, "A True 0.4-V Delta-Sigma Modulator Using a Mixed DDA Integrator Without Clock Boosted Switches," *IEEE Trans. on Circuits and Systems II: Express Briefs*, vol. 61, pp. 229–233, April 2014.

[412] M. Yonekura and H. Ishikuro, "I/Q Mismatch Compensation ΔΣ Modulator Using Ternary Capacitor Rotation Technique," *Proc. of the IEEE European Solid-State Circuits Conf.*, pp. 229–232, September 2015.

[413] M. D. Bock and P. Rombouts, "A Double-Sampling Cross Noise-coupled Sigma Delta Modulator with a Reduced Amount of Opamps," *Proc. of the IEEE Custom Integrated Circuits Conf.*, 2013.

[414] S. Porrazzo *et al.*, "A 1-V 99-to-75dB SNDR, 256Hz–16kHz bandwidth, 8.6-to-39µW Reconfigurable SC ΔΣ Modulator for Autonomous Biomedical Applications," *Proc. of the IEEE European Solid-State Circuits Conf.*, pp. 367–370, September 2013.

[415] X. Meng *et al.*, "A 19.2-mW, 81.6-dB SNDR, 4-MHz Bandwidth Delta-Sigma Modulator With Shifted Loop Delays," *Proc. of the IEEE European Solid-State Circuits Conf.*, pp. 221–224, September 2015.

[416] A. Nilchi *et al.*, "A Low-Power Delta-Sigma Modulator Using a Charge-Pump Integrator," *IEEE Trans. on Circuits and Systems – I: Regular Papers*, vol. 60, pp. 1310–1321, May 2013.

[417] D. Behera and N. Krishnapura, "A 2-Channel 1 MHz BW, 80.5 dB DR ADC using a ΔΣ Modulator and Zero-ISI Filter," *Proc. of the IEEE European Solid-State Circuits Conf.*, pp. 415–418, September 2014.

[418] M. Grassi *et al.*, "A Multi-Mode SC Audio ΣΔ Modulator for MEMS Microphones with Reconfigurable Power Consumption, Noise-Shaping Order, and DR," *Proc. of the IEEE European Solid-State Circuits Conf.*, pp. 245–248, September 2016.

[419] S. Wu and J. Wu, "A 81-dB Dynamic Range 16-MHz Bandwidth ΔΣ Modulator Using Background Calibration," *IEEE J. of Solid-State Circuits*, vol. 48, pp. 2170–2179, September 2013.

[420] J. Melo, J. Goes, and N. Paulino, "A 0.7 V 256 µW ΔΣ Modulator With Passive RC Integrators Achieving 76 dB DR in 2 MHz BW," *IEEE Symposium VLSI Circuits. Digest of Technical Papers*, pp. C290–C291, December 2015.

[421] A. Jain and S. Pavan, "A 13.3mW 60MHz Bandwidth, 76dB DR 6GS/s CTΔΣM with Time Interleaved FIR Feedback," *IEEE Symposium VLSI Circuits. Digest of Technical Papers*, December 2016.

[422] S. Billa, A. Sukumaran, and S. Pavan, "A 280µW 24kHz-BW 98.5dB-SNDR Chopped Single-Bit CT ΔΣM Achieving <10Hz 1/f Noise Corner Without Chopping Artifacts," *IEEE ISSCC Digest of Technical Papers*, pp. 276–277, February 2016.

[423] A. Sukumaran and S. Pavan, "Design of Continuous-Time ΔΣ Modulators With Dual Switched-Capacitor Return-to-Zero DACs," *IEEE J. of Solid-State Circuits*, vol. 51, pp. 1619–1629, July 2016.

[424] T. Nandi, K. Boominathan, and S. Pavan, "A Continuous-time ΔΣ Modulator with 87 dB Dynamic Range in a 2 MHz Signal Bandwidth Using a Switched-Capacitor Return-to-Zero DAC," *Proc. of the IEEE Custom Integrated Circuits Conf.*, 2012.

[425] T. Nandi, K. Boominathan, and S. Pavan, "Continuous-Time Modulators With Improved Linearity and Reduced Clock Jitter Sensitivity Using the Switched-Capacitor Return-to-Zero DAC," *IEEE J. of Solid-State Circuits*, vol. 48, pp. 1795–1805, August 2013.

[426] J. Garcia, S. Rodriguez, and A. Rusu, "A Low-Power CT Incremental 3rd Order ΣΔ ADC for Biosensor Applications," *IEEE Trans. on Circuits and Systems – I: Regular Papers*, vol. 60, pp. 25–36, January 2013.

[427] S. Zeller, C. Muenker, and R. Weigel, "A 0.039mm² Inverter-Based 1.82mW 68.6dB-SNDR 10MHz-BW CT-ΣΔ-ADC in 65nm CMOS," *Proc. of the IEEE European Solid-State Circuits Conf.*, pp. 319–322, September 2013.

[428] C. Ding, Y. Manoli, and M. Keller, "A 5.1mW 74dB DR CT ΔΣ Modulator with Quantizer Intrinsic ELD Compensation Achieving 75fJ/conv.-step in a 20MHz BW," *Proc. of the IEEE European Solid-State Circuits Conf.*, pp. 213–216, September 2015.

[429] Y. Zhang *et al.*, "A Continuous-Time Delta-Sigma Modulator for Biomedical Ultrasound Beamformer Using Digital ELD Compensation and FIR Feedback," *IEEE Trans. on Circuits and Systems I: Regular Papers*, vol. 62, pp. 1689–1698, July 2015.

[430] T. Kaneko *et al.*, "A 76-dB-DR 6.8-mW 20-MHz Bandwidth CT ΔΣ ADC with a High-linearity Gm-C Filter," *Proc. of the IEEE European Solid-State Circuits Conf.*, pp. 253–256, September 2016.

[431] C. Lo *et al.*, "A 75.1dB SNDR 840MS/s CT ΔΣ Modulator with 30MHz Bandwidth and 46.4fJ/conv FOM in 55nm CMOS," *IEEE Symp. VLSI Circuits. Digest of Technical Papers*, pp. C60–C61, December 2013.

[432] S. Wu *et al.*, "A 160MHz-BW 72dB-DR 40mW Continuous-Time ΔΣ Modulator in 16nm CMOS with Analog ISI-Reduction Technique," *IEEE ISSCC Digest of Technical Papers*, vol. 280-281, February 2016.

[433] K. Matsukawa *et al.*, "A 10 MHz BW 50 fJ/conv. Continuous Time ΔΣ Modulator with High-order Single Opamp Integrator using Optimization-based Design Method," *IEEE Symposium VLSI Circuits. Digest of Technical Papers*, pp. 160–161, December 2012.

[434] T. Kao *et al.*, "A 16nm FinFet 19/39MHz 78/72dB DR Noise-Injected Aggregated CTSDM ADC for Configurable LTE Advanced CCA/NCCA Application," *IEEE Symposium VLSI Circuits. Digest of Technical Papers*, pp. C260–C261, December 2015.

[435] C. Weng *et al.*, "A Continuous-Time Delta-Sigma Modulator Using ELD-Compensation-Embedded SAB and DWA-Inherent Time-Domain Quantizer," *IEEE J. of Solid-State Circuits*, vol. 51, pp. 1235–1245, May 2016.

[436] K. Kim, "Silicon Technologies and Solutions for the Data-Driven World," *IEEE ISSCC Digest of Technical Papers*, pp. 8–14, February 2015.

[437] T. Kim, C. Han, and N. Maghari, "A 7.2 mW 75.3 dB SNDR 10 MHz BW CT Delta-Sigma Modulator Using Gm-C-Based Noise-Shaped Quantizer and Digital Integrator," *IEEE J. of Solid-State Circuits*, vol. 51, pp. 1840–1850, August 2016.

[438] M. Anderson *et al.*, "A 9 MHz Filtering ADC with Additional 2nd-order ΔΣ Modulator Noise Suppression," *Proc. of the IEEE European Solid-State Circuits Conf.*, pp. 323–326, September 2013.

[439] C. Briseno-Vidrios *et al.*, "A 75-MHz Continuous-Time Sigma-Delta Modulator Employing a Broadband Low-Power Highly Efficient Common-Gate Summing Stage," *IEEE J. of Solid-State Circuits*, vol. 52, pp. 657–668, March 2017.

[440] R. Zanbaghi *et al.*, "An 80-dB DR, 7.2-MHz Bandwidth Single Opamp Biquad Based CT ΔΣ Modulator Dissipating 13.7-mW," . *IEEE J. of Solid-State Circuits*, vol. 48, pp. 487–501, February 2013.

[441] R. Kaald *et al.*, "A 500 MS/s 76dB SNDR Continuous Time Delta Sigma Modulator with 10MHz Signal Bandwidth in 0.18μm CMOS," *Proc. of the IEEE Custom Integrated Circuits Conf.*, 2013.

[442] C. Briseno-Vidrios *et al.*, "A 75 MHz BW 68dB DR CT-ΣΔ Modulator with Single Amplifier Biquad Filter and A Broadband Low-power Common-gate Summing Technique," *IEEE Symposium VLSI Circuits. Digest of Technical Papers*, pp. C254–C255, December 2015.

[443] C. Weng *et al.*, "An 8.5MHz 67.2dB SNDR CTDSM with ELD Compensation Embedded Twin-T SAB and Circular TDC-based Quantizer in 90nm CMOS," *IEEE Symposium VLSI Circuits. Digest of Technical Papers*, December 2014.

[444] C.-H. Weng, Y.-Y. Lin, and T.-H. Lin, "A 1-V 5-MHz Bandwidth 68.3-dB SNDR Continuous-Time Delta-Sigma Modulator With a Feedback-Assisted Quantizer," *IEEE Trans. on Circuits and Systems I: Regular Papers*, vol. 64, pp. 1085–1093, May 2017.

[445] V. Singh *et al.*, "A 16 MHz BW 75 dB DR CT ΔΣ ADC Compensated for More Than One Cycle Excess Loop Delay," *IEEE J. of Solid-State Circuits*, vol. 47, pp. 1884–1895, August 2012.

[446] R. Ritter *et al.*, "A Multimode CT ΔΣ-Modulator with a Reconfigurable Digital Feedback Filter for Semi-Digital Blocker/Interferer Rejection," *Proc. of the IEEE European Solid-State Circuits Conf.*, pp. 225–228, September 2015.

[447] J. Huang *et al.*, "A 10-MHz Bandwidth 70-dB SNDR 640MS/s Continuous-Time ΣΔ ADC Using Gm-C Filter with Nonlinear Feedback DAC Calibration," *Proc. of the IEEE Custom Integrated Circuits Conf.*, 2013.

[448] A. Bandyopadhyay *et al.*, "A 97.3 dB SNR, 600 kHz BW, 31mW Multibit Continuous Time ΔΣ ADC," *IEEE Symposium VLSI Circuits. Digest of Technical Papers*, December 2014.

[449] J. Huang, S. Yang, and J. Yuan, "A 75 dB SNDR 10-MHz Signal Bandwidth Gm-C-Based Sigma-Delta Modulator With a Nonlinear Feedback Compensation Technique," *IEEE Trans. on Circuits and Systems I: Regular Papers*, vol. 62, pp. 2216–2226, September 2015.

[450] Y. Hu *et al.*, "A Continuous-Time ΔΣ ADC Utilizing TimeInformation for Two Cycles of Excess Loop Delay Compensation," *IEEE Trans. on Circuits and Systems – II: Express Briefs*, vol. 62, pp. 1063–1067, November 2015.

[451] Y. Xu *et al.*, "Dual-mode 10MHz BW 4.8/6.3mW Reconfigurable Lowpass/ Complex Bandpass CT ΣΔ Modulator with 65.8/74.2dB DR for a Zero/Low-IF SDR Receiver," *Proc. of the IEEE Radio Frequency Integrated Circuits Symp.*, pp. 313–316, 2014.

[452] H. Chae and M. Flynn, "A 69 dB SNDR, 25 MHz BW, 800 MS/s Continuous-Time Bandpass ΔΣ Modulator Using a Duty-Cycle-Controlled DAC for Low Power and Reconfigurability," *IEEE J. of Solid-State Circuits*, vol. 51, pp. 649–659, March 2016.

[453] Y. Zhang *et al.*, "A 54.4-mW 4th-order Quadrature Bandpass CT ΣΔ Modulator with 33-MHz BW and 10-bit ENOB for a GNSS receiver," *Proc. of the IEEE Radio Frequency Integrated Circuits Symp.*, pp. 343–346, 2015.

[454] J. Jeong, N. Collins, and M. Flynn, "A 260 MHz IF Sampling Bit-Stream Processing Digital Beamformer With an Integrated Array of Continuous-Time Band-Pass ΔΣ Modulators," *IEEE J. of Solid-State Circuits*, vol. 51, pp. 1168–1176, May 2016.

[455] M. Englund *et al.*, "A 2.5-GHz 4.2-dB NF Direct ΔΣ Receiver with a Frequency-Translating Integrator," *Proc. of the IEEE European Solid-State Circuits Conf.*, pp. 371–374, September 2014.

[456] N. Narasimman and T. Kim, "A 0.3 V, 49 fJ/Conv.-step VCO-based Delta Sigma Modulator with Self-compensated Current Reference for Variation Tolerance," *Proc. of the IEEE European Solid-State Circuits Conf.*, pp. 237–240, September 2016.

[457] Y. Chang *et al.*, "A 379nW 58.5dB SNDR VCO-Based ΔΣ Modulator for Bio-Potential Monitoring," *IEEE Symposium VLSI Circuits. Digest of Technical Papers*, pp. C66–C67, December 2013.

[458] Y. Yoon *et al.*, "A 0.04-mm^2 0.9-mW 71-dB SNDR Distributed Modular ΔΣ ADC with VCO-based Integrator and Digital DAC Calibration," *Proc. of the IEEE Custom Integrated Circuits Conf.*, 2015.

[459] K. Reddy *et al.*, "A 54mW 1.2GS/s 71.5dB SNDR 50MHz BW VCO-Based CT ΔΣ ADC Using Dual Phase/Frequency Feedback in 65nm CMOS," *IEEE Symposium VLSI Circuits. Digest of Technical Papers*, pp. C256–C257, December 2015.

[460] Y. Wu *et al.*, "A 103fs-rms 1.32mW 50MS/s 1.25MHz Bandwidth Two-Step Flash-ΔΣ Time-to-Digital Converter for ADPLL," *Proc. of the IEEE Radio Frequency Integrated Circuits Symp.*, pp. 95–98, 2015.

[461] K. Ragab and N. Sun, "A 12b ENOB, 2.5MHz-BW, 4.8mW VCO-Based 0-1 MASH ADC with Direct Digital Background Nonlinearity Calibration," *Proc. of the IEEE Custom Integrated Circuits Conf.*, 2015.

[462] C. Wang *et al.*, "A Mode-Configurable Analog Baseband for Wi-Fi 11ac Direct- Conversion Receiver Utilizing a Single Filtering ΔΣ ADC," *Proc. of the IEEE Radio Frequency Integrated Circuits Symp.*, pp. 170–173, 2016.

[463] G. Wei *et al.*, "A 13-ENOB, 5 MHz BW, 3.16 mW Multi-Bit Continuous-Time ΔΣ ADC in 28 nm CMOS with Excess-Loop-Delay Compensation Embedded in SAR Quantizer," *IEEE Symposium VLSI Circuits. Digest of Technical Papers*, pp. C292–C293, December 2015.

[464] Z. Chen, M. Miyahara, and A. Matsuzawa, "A Stability-Improved Single-Opamp Third-Order ΣΔ Modulator by Using a Fully-Passive Noise-Shaping SAR ADC and Passive Adder," *Proc. of the IEEE European Solid-State Circuits Conf.*, pp. 249–252, September 2016.

[465] B. Zhan *et al.*, "A 91.2dB SNDR 66.2fJ/Conv. dynamic amplifier based 24kHz ΔΣ Modulator," *Proc. of the IEEE Asian Solid-State Circuits Conf.*, pp. 317–320, 2016.

[466] J. Fredenburg and M. Flynn, "A 90-MS/s 11-MHz-Bandwidth 62-dB SNDR Noise-Shaping SAR ADC," *IEEE J. of Solid-State Circuits*, vol. 47, pp. 2898–2904, December 2012.

[467] I. Ahmed *et al.*, "A Low-Power Gm-C-Based CT-ΔΣ Audio-Band ADC in 1.1V 65nm CMOS," *IEEE Symposium VLSI Circuits. Digest of Technical Papers*, pp. C294–C295, December 2015.

[468] S. Lee, B. Elies, and Y. Chiu, "An 85dB SFDR 67dB SNDR 8OSR 240MS/s ΣΔ ADC," *IEEE Symposium VLSI Circuits. Digest of Technical Papers*, pp. 164–165, December 2012.

[469] K. Yamamoto and A. Carusone, "A 1-1-1-1 MASH Delta-Sigma Modulator With Dynamic Comparator-Based OTAs," *IEEE J. of Solid-State Circuits*, vol. 47, pp. 1866–1883, August 2012.

[470] T. Oh, N. Maghari, and U.-K. Moon, "A 5MHz BW 70.7dB SNDR Noise-Shaped Two-Step Quantizer Based $\Delta\Sigma$ ADC," *IEEE Symposium VLSI Circuits. Digest of Technical Papers*, pp. 162–163, December 2012.

[471] J. Hamilton, S. Yan, and T. Viswanathan, "An Uncalibrated 2MHz, 6mW, 63.5dB SNDR Discrete-Time Input VCO-Based $\Delta\Sigma$ ADC," *Proc. of the IEEE Custom Integrated Circuits Conf.*, 2012.

[472] S. Loeda *et al.*, "A 10/20/30/40 MHz Feed-Forward FIR DAC Continuous-Time $\Delta\Sigma$ ADC with Robust Blocker Performance for Radio Receivers," *IEEE Symposium VLSI Circuits. Digest of Technical Papers*, pp. C262–C263, December 2015.

附录 A

连续时间 Sigma-Delta 调制器中的时钟抖动的状态空间分析

本附录概述了 Oliaei 提出的状态空间公式[1]，以分析时钟抖动误差对连续时间 Sigma-Delta 调制器的影响。从该分析得出的一些表达式在第 4 章中用于解释时钟抖动的持续影响⊖。

A.1　NTF（z）的状态空间表示

考虑如图 A.1 所示的连续时间 Sigma-Delta 调制器的概念框图。利用脉冲不变变换[3]，可以将环路滤波器传输函数 $H(z)$ 的离散时间形式等效表示为

$$H(z) = \frac{n_{L-1}z^{L-1} + \cdots + n_2 z^2 + n_1 z + n_0}{d_L z^L + d_{L-1}z^{L-1} + \cdots + d_2 z^2 + d_1 z + d_0} \tag{A.1}$$

式中，n_i 和 d_i 为原始连续时间调制器环路滤波器系数的函数。因此，由式（A.1）可以得到噪声传输函数 NTF（z）为

$$\mathrm{NTF}(z) = \frac{1}{1+H(z)} = \frac{d_L + d_{L-1}z^{-1} + \cdots + d_1 z^{-(L-1)} + d_0 z^{-L}}{d_L + (d_{L-1}+n_{L-1})z^{-1} + \cdots + (d_1+n_1)z^{-(L-1)} + (d_0+n_0)z^{-L}} \tag{A.2}$$

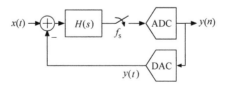

图 A.1　连续时间 Sigma-Delta 调制器概念框图

图 A.2 为式（A.2）直接 Ⅱ 型实现的转置[4]。该框图与调制器的物理实现没有任何直接对应关系，仅用于表示输入 $e(n)$、输出 $q(n)$ 和 NTF（z）状态变量之间的关

⊖ 有兴趣的读者可以在文献 [2] 中查阅详细的分析过程。

系。NTF（z）的状态空间表示可以通过图 A.3 中的框图来实现，该框图由以下有限差分方程[4]描述：

$$\begin{cases} \boldsymbol{v}(n+1)_0 = \boldsymbol{F}_0 \boldsymbol{v}(n)_0 + \boldsymbol{p}_0 e(n) \\ q(n) = \boldsymbol{g}_0^{\mathrm{T}} \boldsymbol{v}(n)_0 + e(n) \end{cases}$$ （A.3）

式中，$\boldsymbol{F}_0$ 为状态矩阵；$\boldsymbol{v}(n)_0$ 为一个 $L \times 1$ 的状态向量；$\boldsymbol{p}_0$ 和 $\boldsymbol{g}_0$ 为 $L \times 1$ 的向量，分别由下式给出：

$$\boldsymbol{F}_0 = \begin{bmatrix} 0 & 0 & 0 & \cdots & 0 & -\dfrac{n_0 + d_0}{d_L} \\ 1 & 0 & 0 & \cdots & 0 & -\dfrac{n_1 + d_1}{d_L} \\ 0 & 1 & 0 & \cdots & 0 & -\dfrac{n_2 + d_2}{d_L} \\ 0 & 0 & 1 & \cdots & 0 & -\dfrac{n_3 + d_3}{d_L} \\ \vdots & \vdots & \vdots & & \vdots & \vdots \\ 0 & 0 & 0 & \cdots & 1 & -\dfrac{n_{L-1} + d_{L-1}}{d_L} \end{bmatrix}$$ （A.4）

$$\boldsymbol{p}_0 = \begin{bmatrix} \dfrac{n_0}{d_L} \\ \dfrac{n_1}{d_L} \\ \vdots \\ \dfrac{n_{L-1}}{d_L} \end{bmatrix}, \quad \boldsymbol{g}_0 = \begin{bmatrix} 0 \\ 0 \\ \vdots \\ 1 \end{bmatrix}$$ （A.5）

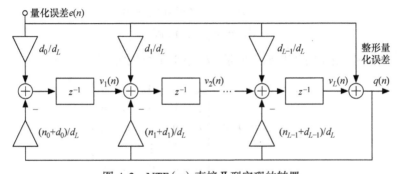

图 A.2　NTF（z）直接 II 型实现的转置

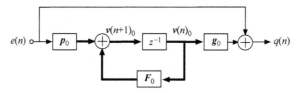

图 A.3　NTF（z）的状态空间表示

式（A.3）可以通过递归进行求解，以找到系统的初始状态 $v(n)_0$、先前输入 $e(k)$、当前输入 $e(n)$ 和输出 $q(n)$ 之间的关系[4]。由此可以得出

$$q(n) = e(n) + g_0^T F_0^n v(n)_0 + \sum_{k=0}^{n-1} \left[g_0^T F_0^{(n-1-k)} p_0 e(k) \right] \quad （A.6）$$

A.2　Δq_n^2 的期望值

为了计算在第 4 章中分析的抖动误差的功耗，有必要推导 $(\Delta q_n)^2$ 的数学期望，其公式为

$$\varepsilon\{\Delta q_n^2\} = \varepsilon\{[q(n) - q(n-1)]^2\} = 2[\varepsilon\{q(n)^2\} - \varepsilon\{q(n)q(n-1)\}] \quad （A.7）$$

其中已经考虑了 $\varepsilon\{q(n)^2\} = \varepsilon\{q(n-1)^2\}$。

式（A.6）中，假设 $v(n)_0 = 0$，并且考虑当 $k \neq j$ 时 $\varepsilon\{e(k)e(j)\} = 0$，可以证明[2]：

$$\varepsilon\{q^2(n)\} = \varepsilon\{e^2(n)\} \left[1 + \sum_{k=0}^{n-1} (g_0^T F_0^{(n-1-k)} p_0)^2 \right] \quad （A.8）$$

$$\varepsilon\{q(n)q(n-1)\} = \varepsilon\{e^2(n)\} \left[g_0^T p_0 + \sum_{k=0}^{n-1} \left(g_0^T F_0^{(n-1-k)} p_0 g_0^T F_0^{(n-2-k)} p_0 \right) \right] \quad （A.9）$$

将对角化应用于噪声传输函数的状态空间表示，式（A.3）中的系统方程式可转换为

$$\begin{cases} v(n+1) = Fv(n) + pe(n) \\ q(n) = g^T v(n) + e(n) \end{cases} \quad （A.10）$$

式中，$v(n)$ 为对角化系统的状态向量；F、p 和 g 分别为

$$F = T^{-1} F_0 T = \begin{bmatrix} \lambda_1 & 0 & 0 & \cdots & 0 \\ 0 & \lambda_2 & 0 & \cdots & 0 \\ 0 & 0 & \lambda_3 & \cdots & 0 \\ \vdots & \vdots & \vdots & & \vdots \\ 0 & 0 & 0 & \cdots & \lambda_L \end{bmatrix} \quad （A.11）$$

$$p = T^{-1}p_0 = \begin{bmatrix} p_1 \\ p_2 \\ \vdots \\ p_L \end{bmatrix}, \quad g^{\mathrm{T}} = g_0^{\mathrm{T}}T = [g_1 \quad g_2 \quad \cdots \quad g_L] \qquad (\text{A.12})$$

式中，T 为由 F 的特征向量组成的矩阵；λ_j 为特征值；L 为调制器环路滤波器的阶数。

考虑到 F_0、p 和 g 的对角线形式，式（A.8）和式（A.9）中的表达式可以写为

$$\varepsilon\{q^2(n)\} = \varepsilon\{e^2(n)\}\left(1 - \sum_{k=1}^{L}\sum_{j=1}^{L} g_k p_k g_j p_j \frac{\lambda_k^{-1}\lambda_j^{-1}}{1 - \lambda_k^{-1}\lambda_j^{-1}}\right) \qquad (\text{A.13})$$

$$\varepsilon\{q(n)q(n-1)\} = \varepsilon\{e^2(n)\}\left(g^{\mathrm{T}}p - \sum_{k=1}^{L}\sum_{j=1}^{L} g_k p_k g_j p_j \frac{\lambda_k^{-1}}{1 - \lambda_k^{-1}\lambda_j^{-1}}\right) \qquad (\text{A.14})$$

A.3　由于时钟抖动产生的带内噪声功率

替换式（A.7）中的表达式，并且考虑到：

$$\varepsilon\{e^2(n)\} = \frac{X_{\mathrm{FS}}^2}{12(2^B-1)^2} \qquad (\text{A.15})$$

Δq_n^2 的期望可以写为

$$\varepsilon\{\Delta q_n^2\} = \frac{X_{\mathrm{FS}}^2}{6(2^B-1)^2}\boldsymbol{\Psi}(\boldsymbol{g},\boldsymbol{p},\boldsymbol{\lambda},L) \qquad (\text{A.16})$$

其中

$$\boldsymbol{\Psi}(\boldsymbol{g},\boldsymbol{p},\boldsymbol{\lambda},L) = 1 - g^{\mathrm{T}}p + \sum_{k=1}^{L}\sum_{j=1}^{L} g_k p_k g_j p_j \frac{\lambda_k^{-1}(1-\lambda_j^{-1})}{1-\lambda_k^{-1}\lambda_j^{-1}} \qquad (\text{A.17})$$

上述表达式提供了一种计算 $\varepsilon\{\Delta q_n^2\}$ 的方法，因此可以根据 $L\times L$ 矩阵的特征值来计算量化带内噪声功率，这涉及 L^2 项的求和，通常 $L < 5$，以保持 Sigma-Delta 调制器环路滤波器稳定。

通过将上述公式应用于式（4.52）和式（4.53），可以计算出因时钟抖动而产生的带内噪声功率，于是有

$$\mathrm{IBN}_{\varepsilon_{\mathrm{Q}}} = \sigma_j^2 B_{\mathrm{w}}\left[\frac{(2\pi A_{\mathrm{in}}f_{\mathrm{in}})^2}{f_{\mathrm{s}}} + \frac{f_{\mathrm{s}}X_{\mathrm{FS}}^2}{3(2^B-1)^2}\boldsymbol{\Psi}(\boldsymbol{g},\boldsymbol{p},\boldsymbol{\lambda},L)\right] \qquad (\text{A.18})$$

如第 4 章所述，式（A.18）包括两项：一项与信号相关；另一项与调制器相关。

参考文献

[1] O. Oliaei, "State-Space Analysis of Clock Jitter in Continuous-Time Oversampling Data Converters," *IEEE Trans. on Circuits and Systems II: Analog and Digital Signal Processing*, vol. 50, pp. 31–37, January 2003.

[2] R. Tortosa, J. M. de la Rosa, F. V. Fernández, and A. Rodríguez-Vázquez, "Clock Jitter in Multi-bit Continuous-time ΣΔ Modulators with Non-Return-to-Zero Feedback Waveform," *Elsevier Microelectronics Journal*, vol. 39, pp. 137–151, January 2008.

[3] O. Shoaei, *Continuous-Time Delta-Sigma A/D Converters for High Speed Applications*. PhD dissertation, Carleton University, 1995.

[4] J. G. Proakis and D. G. Manolakis, *Digital Signal Processing. Principles, Algorithmics and Applications*. Prentice-Hall, 1998.

附录 B »

SIMSIDES 用户指南

SIMSIDES（基于 Simulink 的 Sigma-Delta 仿真器）是针对 Sigma-Delta 调制器开发的时域行为级仿真器，已作为一个工具箱，嵌入 MATLAB/Simulink 环境中。SIMSIDES 可用于仿真采用离散时间和连续时间电路技术实现的任意结构的 Sigma-Delta 调制器。为此，工具箱中包含了完整的 Sigma-Delta 调制器模块（积分器、谐振器、量化器、嵌入式 DAC 等）。这些模块的行为级模型考虑了各种不同电路技术（包括开关电容、开关电流和连续时间电路）中最重要的误差机制。这些模型通过晶体管级的电气仿真和许多硅原型取得的实验测量结果进行了验证，已作为 C-MEX S 功能集成到 Simulink 环境中。如第 5 章所述，这种方法在 CPU 时间和仿真结果的准确性方面大大提高了计算效率。

SIMSIDES 中包含的行为级模型已经在包括 Mac OS X、UNIX（Solaris）、Linux 和 Microsoft Windows 在内的许多操作系统中进行了编译和测试。大多数 32 位和 64 位系统平台均已成功测试。近年来，该工具箱已更新并成功用于许多 MATLAB/Simulink 版本。本附录为 SIMSIDES 的用户指南，概述了该仿真器的最重要功能。

B.1 使用入门：安装和运行 SIMSIDES

读者可以从 http：//www.imse-cnm.csic.es/simsides 下载 SIMSIDES 的免费文件。在完成在线注册表格并接受条款和条件后，需要下载一个名为 simsides.zip 的 zip 文件，并必须按照以下步骤安装工具箱：

1）将 simsides.zip 文件解压缩到计算机硬盘的目录中。假设该目录称为 SIMSIDES。

2）打开 MATLAB。

3）设置 MATLAB 搜索路径以添加 SIMSIDES 目录。为此，转到 MATLAB 中的"File"菜单，然后选择"Set Path"打开 Set Path 对话框，其中列出了搜索路径上的所有文件夹。在此对话框中，单击"Add with Subfolders"，然后选择 SIMSIDES

目录添加到搜索路径。为了重新使用包括 SIMSIDES 目录和子目录新修改后的搜索路径，单击 "Save"，最后单击 "Close"。仅在硬盘上首次安装 SIMSIDES 时，才必须执行此过程，如图 B.1a 所示。

为了启动 SIMSIDES，在 MATLAB 提示符下键入 "simsides"，之后显示 SIM-SIDES 主窗口，如图 B.1b 所示。

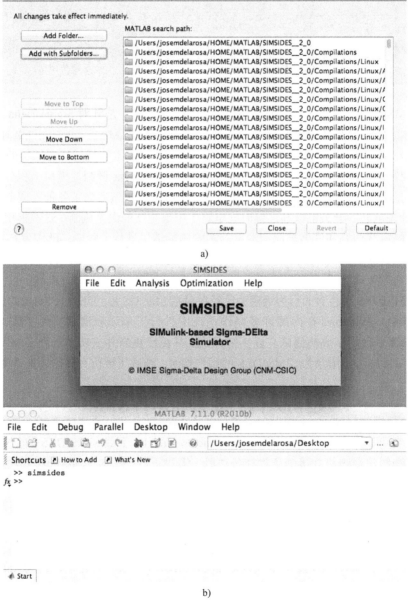

a)

b)

图 B.1　安装并启动 SIMSIDES
a）设置 MATLAB 路径　b）在 MATLAB 提示下输入 "simsides"

B.2　在 SIMSIDES 中建立和编辑 Sigma-Delta 调制器

在 SIMSIDES 中创建新的 Sigma-Delta 调制器结构，首先选择"File"，然后在主菜单中选择"New Architecture"，将显示一个新的 Simulink 模型窗口。或者，可以通过选择"File"→"Open Architecture"打开现有的 Sigma-Delta 调制结构，如图 B.2 所示。

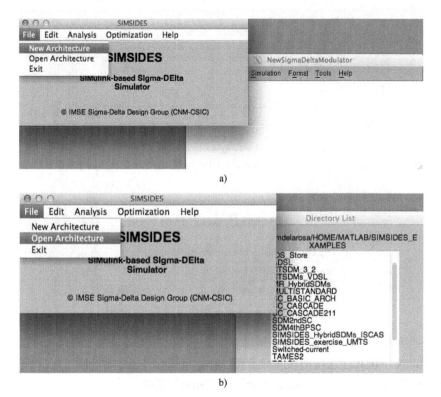

图 B.2　在 SIMSIDES 中构建和编辑 Sigma-Delta 调制器
a）创建一个新的 Sigma-Delta 调制器结构　b）打开一个现有的模型

为了在 SIMSIDES 中定义 Sigma-Delta 调制器框图，可以从"Edit"菜单中合并所需的模块，如图 B.3 所示。通过分别选择"Edit"→"Simulink 库"或"Edit"→"Add Block"，可以同时包含 Simulink 和 SIMSIDES 库模型。后一个选项允许用户浏览所有 SIMSIDES 库模型。单击"Edit"→"Add Block"将显示一个新窗口，用户可以通过分别选择"Add Ideal Block"或"Add Real Block"菜单来选择理想或实际的模块。在这两种情况下，构建模块模型都组织在一组子库中，这些子库涵盖了积分器、量化器和比较器、D/A 转换器、谐振器和辅助模块。后者仅在实际库中可用。

某些模型库分为几个子库，这些子库包含与不同类型电路实现相对应的模型。

例如，如果选择了 Real Integrators 库，则将显示一个新窗口，用户可以在其中选择电路技术（连续时间、离散时间或开关电流）以及积分器的类型（对于开关电容和开关电流结构，则选择前向欧拉或无损直接积分器，对于连续时间积分器结构，则选择 Gm-C，Gm-MC，有源 RC，MOSFET-C）。图 B.3 显示了 Real Integrators 库中包含的不同子库。附录 C 中提供了模型库和子库的完整列表，以及它们的模型描述。

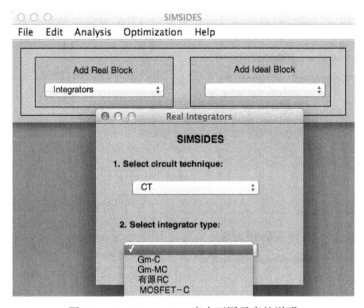

图 B.3　Real Integrators 库中不同子库的说明

一旦完成 Sigma-Delta 调制器框图并定义了不同模块的模型参数，就可以按照与在 Simulink 中仿真任意模型相同的步骤，在 Simulink 中仿真调制器。也就是说，在 Simulink 模型窗口中选择"Simulation"→"Start"菜单。

B.3　在 SIMSIDES 中分析 Sigma-Delta 调制器

可以使用"Analysis"菜单在 Simulink 中对模拟输出数据进行后处理。如图 B.4 所示，"Analysis"菜单包含以下子菜单：

1）Node Spectrum Analysis：计算并绘制给定信号的 FFT 幅度谱。

2）Integrated Power Noise：计算并以图形方式表示给定信号带宽内的带内噪声功率。

3）SNR/SNDR：同时考虑低通和带通 Sigma-Delta 调制器，计算感兴趣频段内的信噪比和／或信噪失真比。

4）Harmonic Distorsion：计算动态谐波失真系数，如 THD 和互调失真系数。

5）Histogram：表示直方图并分析 Sigma-Delta 调制器模块中的输入 / 输出摆幅。

6）INL/DNL：用于计算静态谐波失真。

7）MTPR：计算多音功率比（MTPR）。

8）Parametric Analysis：用于仿真给定模型参数对 Sigma-Delta 调制器性能的影响。

9）MonteCarlo Analysis：进行蒙特卡罗仿真。

"Analysis"菜单的必需参数和详细信息如下所述。

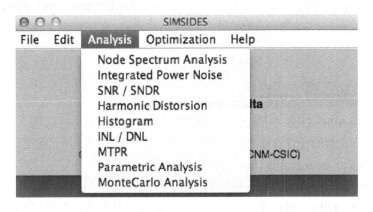

图 B.4　SIMSIDES 中的"Analysis"菜单

B.3.1　节点频谱分析 ★★★

图 B.5a 为 SIMSIDES 中的 NODE SPECTRUM ANALYSIS 对话框。计算 FFT 幅度谱需要以下参数：

1）Name of the signal（s）to process：可以引入不同的变量名，用逗号分隔。这些变量可以是在仿真中生成的输出数据（如调制器输出数据流），通过使用 To Work-space Simulink 块，这些数据已经被保存在 MATLAB 工作区中。

2）Sampling frequency：采样频率，单位为 Hz。

3）Window：定义用于计算 FFT 的窗函数。可以选择 MATLAB 中可用的主窗函数 Kaiser、Barlett、Blackman、Hamming、Hanning、Chebyshev、Boxcar 和 Triangle。

4）Number of points：所选窗口函数和 FFT 计算的点数（图 B.5 中的 N）。

5）Window parameters：定义了窗功能所需的其他参数，如 Kaiser 窗中使用的 Beta 参数。

一旦定义了这些参数，就可以通过单击"Compute"按钮，然后从显示的新窗口，即图 B.5b 所示的 SIGNAL SPECTRUM 窗口中选择要处理的信号来计算输出频谱。

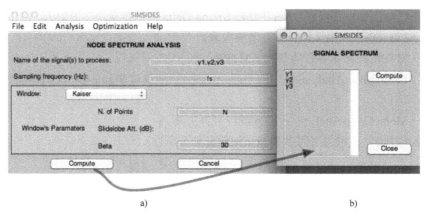

图 B.5 节点频谱分析对话框

B.3.2 集成功率噪声 ★★★

图 B.6 为 SIMSIDES 中的 INTEGRATED POWER NOISE 对话框，该对话框用于计算从仿真获得的任意数据序列的带内噪声。要计算带内噪声，需要以下参数：

1）Name of the signal（s）to process：即将处理的信号。

2）Sampling frequency：采样频率，单位为 Hz。

3）Oversampling ratio：过采样率的值。该值定义计算带内噪声功率的信号带宽。

4）Input frequency：假设施加了单音输入信号。

5）Window's parameters：定义用于计算带内噪声功率窗函数所需的参数。

6）Kind of spectrum：指定信号的特点，即低通（LP）或带通（BP）。

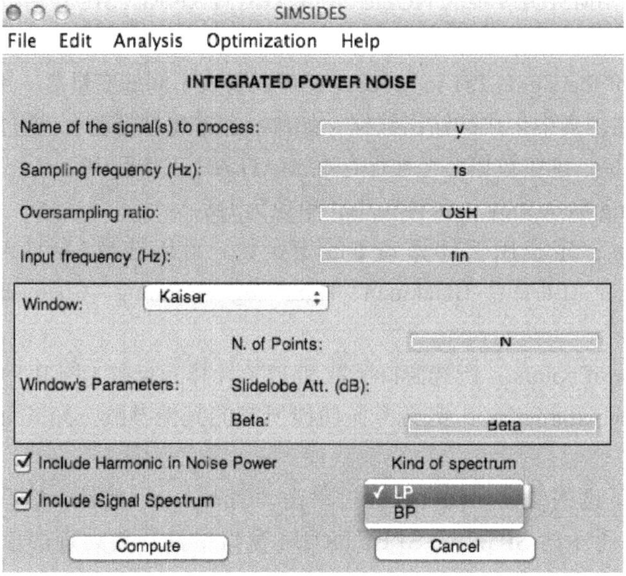

图 B.6 集成功率噪声对话框

定义完上述所有参数后，通过单击"Compute"按钮来计算带内噪声。在带内噪声的计算中，也可以通过单击"Include Harmonic in Noise Power"按钮来考虑谐波失真。通过选择"Include Signal Spectrum"选项，也可以将信号频谱与带内噪声一起绘制。

B.3.3　信噪比 / 信噪失真比 ★★★

图 B.7 为 SIMSIDES SNR/SNDR 对话框。如上一节所述，计算给定信号的 SNR/SNDR 所需的参数与用于计算带内噪声的参数基本相同。在这种情况下，SNR 或 SNDR 取决于选择的"Figure of merit"。注意：这种分析针对输入信号幅度的给定值计算 SNR/SNDR。如果需要 SNR 与幅度的曲线，则应选择参数分析，如 B.3.8 节所述。

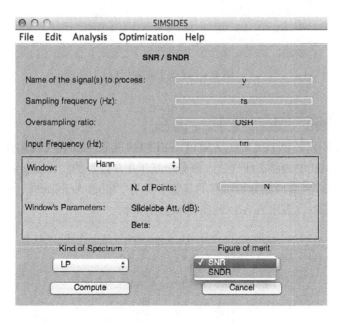

图 B.7　SNR/SNDR 对话框

B.3.4　谐波失真 ★★★

图 B.8 为 SIMSIDES HARMONIC DISTORSION 对话框。该对话框用于计算谐波失真功率。可以计算出两个不同的品质因数：THD 和三阶互调失真（图 B.8 中的 IM3）。后者需要双音输入信号。因此，还有一个名为"Input2 Frequency"的附加参数，它定义了第二个输入信号的频率。

图 B.8　谐波失真对话框

B.3.5　积分和微分非线性 ★★★ ◀

如图 B.9 所示，INTEGRAL AND DIFFERENTIAL NON-LINEARITY 对话框用来表征 SIMSIDES 中的静态线性度。该分析基于用户选择的"Histograms"或"Input Ramp Waveform"。进行此分析所需的其他参数是"Input Amplitude"和"Number of bits"，它指定了以位表示的 A/D 转换的理想分辨率。

图 B.9　积分和微分非线性对话框

B.3.6　多音功率比 ★★★

SIMSIDES 还可以分析那些使用离散多音（DMT）信号的电信应用（如 ADSL）中的谐波失真。在这种情况下，系统的线性度通过多音功率比（multi-tone power ratio，MTPR）来表征。相应的 SIMSIDES 菜单如图 B.10 所示，允许用户计算以下不同类型离散多音输入信号的多音功率比：

1）Suppressing 1 carrier of each 16：16 个载波通道中的 1 个被抑制。

2）Suppressing 8 carrier of each 128：128 个载波通道中的 8 个被抑制。

3）Suppressing 16 carrier of each 256：256 个载波通道中的 16 个被抑制。

此外，还需要以下参数来计算多音功率比：

1）Number of carriers：DMT 信号被分成的载波信道数。

2）Bins by carrier：FFT 中分配给每个载波通道的 bin 值。

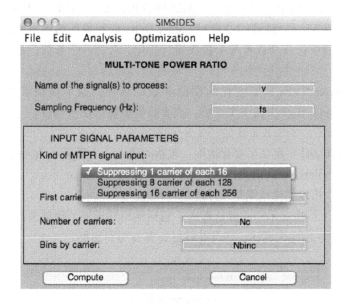

图 B.10　多音功率比对话框

B.3.7　直方图 ★★★

如图 B.11 所示，可以使用 HISTOGRAM 对话框来计算先前保存在 MATLAB 工作区中的信号的直方图。为了计算直方图，将信号范围划分为几个部分，其中参数"Number of bins"指定了整个信号范围内的间隔数。

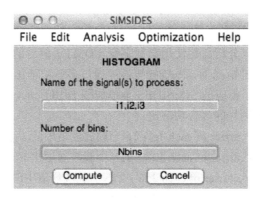

图 B.11　直方图对话框

B.3.8　参数分析 ★★★

图 B.12 为 SIMSIDES 软件中的 PARAMETRIC ANALYSIS 对话框。这个对话框是用来分析改变一个模型的参数对 Sigma-Delta 调制器的影响。可以在 "Second Parameter" 选项中让一个或者两个参数同时变化。对每一个参数，都必须指定以下数据：

1）Parameter Name：要变化的模型参数的名称。这个模型参数可以是构成 Sigma-Delta 调制器模块中的一个变量，或者是类似输入信号幅度、采样频率的仿真参数。

2）Range[vi,vf]：定义了变化范围，包括间隔，一个低值 vi 和一个高值 vf。

3）No. of points：被划分好的每个变化间隔的点数。

4）Scale：指定变化范围是线性还是对数性。

5）Analysis：指定采用的分析种类，包括输出频谱图、谐波失真、直方图、带内噪声、信噪比／信噪失真比、积分非线性、多音功率比等。

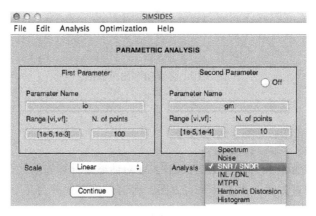

图 B.12　参数分析窗口

B.3.9 蒙特卡罗分析 ★★★

图 B.13 为在 SIMSIDES 软件中运行蒙特卡罗分析时的对话框。蒙特卡罗分析是参数分析的一种特殊情况，它和参数分析具有几乎相同的功能和模型参数。唯一的不同在于在蒙特卡罗分析中，参数变量根据指定了均值和标准差的概率分布随机变化。也可以选择不同类型的概率分布，包括 Normal、Log Normal、Exponential 和 Uniform 等分布。

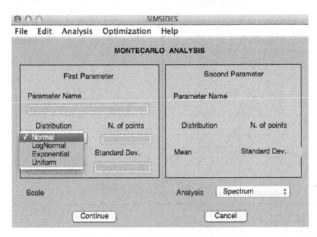

图 B.13　蒙特卡罗分析对话框

B.4　优化界面

SIMSIDES 软件拥有一个优化界面，可以帮助设计者将信号时域行为的仿真与优化相结合，以使 Sigma-Delta 调制器的高级设计自动化和系统化。图 B.14a 为软件中的优化菜单，菜单中包括许多功能，拥有许多求解器，包括 "Fmincon" "Fminsearch" 和 "Patternsearch" 等，还拥有许多搜索方法，包括 "Gradient Descent" "Simplex Search" "Pattern" 等，以及多种优化算法——"Neider-Mead" 和 "Genetic"。此外，它还包括优化引擎，包括多目标进化算法（MOEA），如 NSGA-Ⅱ。

Simulink Design Optimizatio 工具箱可以使用任意的 Simulink 模型，所以 SIMSIDES 模型也可以使用这个工具箱。然而，尽管它有一个功能强大且易于操作的 GUI，但是当设计模/数转换器，尤其是 Sigma-Delta 调制器时，制定优化方案并不是一个简单的任务。这是因为进行优化设计时，设计者着重基于调整信号的伯德图来优化滤波器的频率响应，但无法直接从优化工具箱里直接设置如信噪比之类的合适的性能指标。

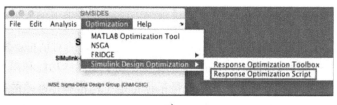

a)

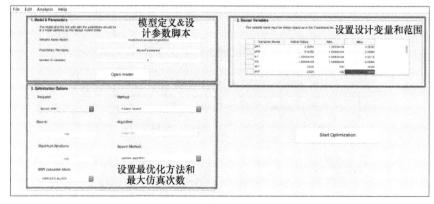

b)

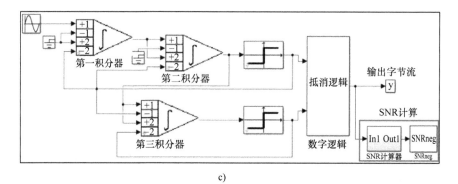

c)

图 B.14 SIMSIDES 优化菜单

a）主窗口 b）设置优化的 GUI c）在运行优化时包括计算信噪比附加模块的模型

为了解决这些问题，工程师开发出专用接口并将其嵌入 SIMSIDES 中，以帮助设计者将 Sigma-Delta 调制器时域行为级模型的优势与 MATLAB 中可用的不同优化方法和算法结合起来。图 B.14b 为 SIMSIDES 优化接口的一个摘录，这个优化菜单可以让设计者自己定制需要进行的优化问题，设定所有需要的信息值，包括 SIMSIDES 的模型名称、使用的 MATLAB 脚本，其中包括主要的仿真参数、设计变量的数量、初始值、变量的范围、优化方法等。为了实现上述功能，设计者需要遵循以下三个步骤：

1）在 SIMSIDES 中建立一个 Sigma-Delta 调制器模型。

2）建立一个 MATLAB 脚本，将所有设计变量和仿真需要的参数设置为最佳值。

3）在 SIMSIDES 优化界面中输入与 SIMSIDES 模型和 MATLAB 脚本相对应的信息。

不同的性能指标用来衡量不同的优化目标，一般情况下采用信噪比来衡量优化目标。因此，设计目标是在优化 Sigma-Delta 调制器模块设计参数的同时将信噪比最大化，以此来将功耗降低到最低。然而，在 MATLAB 中可用的优化求解器和算法被设计为将给定的函数设定为最小而不是最大。因此，为了克服这个局限性，在 SIM-SIDES 模型中加入了一个额外的模块，如图 B.14c 所示，用它来计算 Sigma-Delta 调制器输出比特流的信噪比，并获得计算出的信噪比的负值，因此优化问题可以表示为

$$\max[f(x)] = \min[-f(x)] \tag{B.1}$$

式中，$f(x)$ 为需要优化的性能指标信噪比；x 为该优化中设计变量的向量。

由式（B.1）可以看出，最小化 / 最大化 Sigma-Delta 调制器模块参数的目的是为了以最小的功耗获得最大的信噪比。对于变量设计，如图 B.14b 所示，需要输入设计变量、初始值和变量范围等。除此之外，还需要设置优化中使用的算法求解器和搜索方法，以及在综合过程不收敛到任何解的情况下为了限制 CPU 时间而要考虑的最大迭代次数。在优化过程中，工具箱会提供有关迭代次数和仿真次数的信息。其中，迭代次数是指运行优化算法的次数；而仿真次数是指对 Sigma-Delta 调制器进行仿真的次数。

B.5　教程示例：使用 SIMSIDES 对 Sigma-Delta 调制器进行建模和分析

本节通过一个简单的例子来说明 SIMSIDES 的使用方法，其中采用了多种分析方法来展示工具箱的主要特点。图 B.15 为案例研究的调制器框图，其中包括三级级联的 2-1 离散时间 Sigma-Delta 调制器，并且在每级中都进行了 1 位量化。

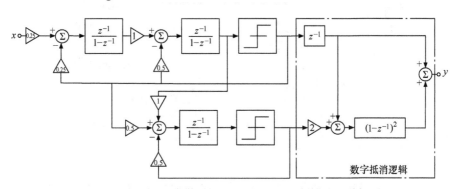

图 B.15　级联 2-1 离散时间 Sigma-Delta 调制器的 Z 域框图

B.5.1　在 SIMSIDES 中建立一个级联 2-1 Sigma-Delta 调制器框图　★★★◀

图 B.15 所示的调制器框图可以使用 SIMSIDES 中的模型库来搭建。搭建步骤如下：

1）在 SIMSIDES 主菜单中，选择 "File"→"New Architecture"，建立一个新的离散时间 Sigma-Delta 调制器模型。

2）从 SIMSIDES 模型库中调入积分器和比较器。选择 "Edit"→"Add Block"。本例中，前向欧拉积分器通过 "Real Integrators" 库中的 "SC_FE_Integrator_All_Effects" 模块来添加。而 1 位量化器则由 "Quantizers&Comparators" 库中的 "Real_Comparator_Offset&Hysteresis" 模块进行建模。通过将它们的模型从相应的 SIMSIDES 库中拖放，可以将这些模块加入新的结构中，如图 B.16a 所示。

3）合并来自 Simulink 模型库的其余模块。选择 "Edit"→"Simulink Library"，并且将需要的模型拖进来。本例中，需要以下模块："Source" 库中的 "Sine Wave" 和 "Ground" 模块；"Discrete" 库中的 "Unit Delay" 和 "Discrete Filter" 模块，"sinks" 库中的 "To Workspace" 模块等。

4）最后，只要所有必需的模块都包含在新模块结构中，就可以连接它们以实现所需的离散时间 Sigma-Delta 调制器，如图 B.16b 所示。

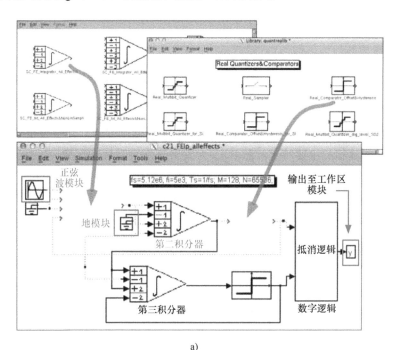

a)

图 B.16　图 B.15 Sigma-Delta 调制器的 SIMSIDES 框图
a）建立和编辑框图

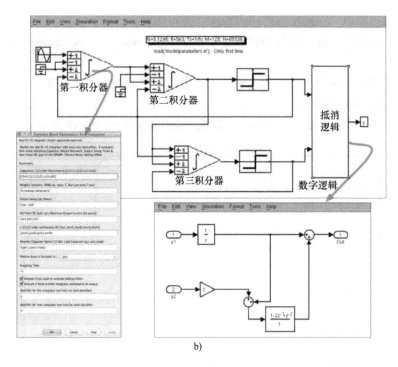

图 B.16 图 B.15 Sigma-Delta 调制器的 SIMSIDES 框图（续）

b）SIMSIDES 中完整的调制器框图

B.5.2 设置模型参数 ★★★

图 B.16 框图所需的调制器参数和模型参数可以在 MATLAB 命令窗口中设置，也可以将它们保存在需要加载的 M 文件中。图 B.17 所示为设置图 B.16 中所有模型参数的 M 文件以及对参数和变量的简短描述。为了完整起见，表 B.1 包含了使用 SIMSIDES 用户掩码描述的所有模块参数的值，以及在仿真期间所需的其他辅助模块参数。如在"Sine Wave"和"To workplace"模块中使用的参数。除了这些模型参数，为了运行仿真，还必须设置仿真参数。选择"Simulation"→"Simulation Parameters"菜单来定义以下参数：

1）仿真时间：Start Time：0.0；Stop Time：（N-1）*Ts。

2）求解器选项：Type：Variable Step；Max Step Size：Auto。

注意：为了正确计算不完全建立误差模型所需的等效负载电容，需要确定所使用的积分器模块。

B.5.3 计算输出频谱 ★★★

SIMSIDES 中 Sigma-Delta 调制器计算输出频谱的步骤如下：

1）使用如图 B.17 所示的 M 文件设定模型参数。

2）通过菜单"Simulation"→"Start"进行调制器仿真。

3）一旦仿真完成，单击 SIMSIDES 中的"Analysis"→"Node Spectrum Analysis"菜单。

4）定义该菜单需要的参数。本例中，采样频率设定为 fs，定义一个点数为 N、beta = 20 的 Kaiser 窗功能。

5）单击"Compute"→"Plot"，得到的输出频谱图如图 B.18 所示。

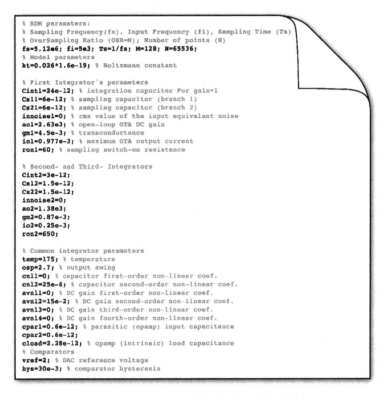

```
% SDM parameters:
% Sampling Frequency(fs), Input Frequency (fi), Sampling Time (Ts)
% OverSampling Ratio (OSR=M); Number of points (N)
fs=5.12e6; fi=5e3; Ts=1/fs; M=128; N=65536;
% Model parameters
kt=0.026*1.6e-19; % Boltzmann constant

% First Integrator's parameters
Cint1=24e-12; % integration capacitor For gain=1
Cs11=6e-12; % sampling capacitor (branch 1)
Cs21=6e-12; % sampling capacitor (branch 2)
innoise1=0; % rms value of the input equivalent noise
ao1=2.63e3; % open-loop OTA DC gain
gm1=4.5e-3; % transconductance
io1=0.977e-3; % maximum OTA output current
ron1=60; % sampling switch-on resistance

% Second- and Third- Integrators
Cint2=3e-12;
Cs12=1.5e-12;
Cs22=1.5e-12;
innoise2=0;
ao2=1.38e3;
gm2=0.87e-3;
io2=0.25e-3;
ron2=650;

% Common integrator parameters
temp=175; % temperature
osp=2.7; % output swing
cnl1=0; % capacitor first-order non-linear coef.
cnl2=25e-6; % capacitor second-order non-linear coef.
avnl1=0; % DC gain first-order non-linear coef.
avnl2=15e-2; % DC gain second-order non-linear coef.
avnl3=0; % DC gain third-order non-linear coef.
avnl4=0; % DC gain fourth-order non-linear coef.
cpar1=0.6e-12; % parasitic (opamp) input capacitance
cpar2=0.6e-12;
cload=2.28e-12; % opamp (intrinsic) load capacitance
% Comparators
vref=2; % DAC reference voltage
hys=30e-3; % comparator hysteresis
```

图 B.17　包括图 B.16b 中 Sigma-Delta 调制器仿真所需的所有模型参数的 M 文件

表 B.1　用于仿真图 B.16b 中 Sigma-Delta 调制器的模块模型参数

构件模块	参数描述	值 / 变量
输入正弦波形	正弦类型	Time based
	幅度	0.5
	偏置	0
	频率 /（rad/s）	2*pi*fi
	相位 /rad	0
	采样时间	0
	解释向量参数	Selected

（续）

构件模块	参数描述	值 / 变量
第一积分器	积分电容和采样电容（支路 1 和 2） 电容的非线性系数 权重差异，输入噪声，温度 跨导放大器直流增益，跨导，最大输出电流 正 / 负输出摆幅 导通电阻 跨导放大器直流增益的非线性系数 跨导放大器之前的寄生电容 负载电容 正输入 1 在该时刻采样 采样时间 积分器的标识符 下一个积分器的标识符	[Cint1,Cs11,Cs21] [cnl1,cnl2] [0,innoise1,temp] [ao1,gm1,io1] [osp,-osp] ron1 [avnl1,2,3,4] [cpar1,cpar2] cload phi1 Ts a b
第二、 第三积分器	积分电容和采样电容（支路 1 和 2） 电容的非线性系数 权重差异，输入噪声，温度 跨导放大器直流增益，跨导，最大输出电流 正 / 负输出摆幅 导通电阻 跨导放大器直流增益的非线性系数 跨导放大器之前的寄生电容 负载电容 正输入 1 在该时刻采样 采样时间 第二积分器的标识符 第三积分器的标识符 下一个积分器的标识符	[Cint2,Cs12,Cs22] [cnl1,cnl2] [0,innoise2,temp] [ao2,gm2,io2] [osp,-osp] ron2 [avnl1,2,3,4] [cpar1,cpar2] cload phi1 Ts b c c
比较器	高电平，低电平 失调，迟滞 相位开启 采样时间 该量化器的标识符	[vref，-vref] [0,hys] phi1 Ts quant1
工作区	变量名称 将数据点限制到最后 抽取 采样时间 存储形式	Y N 1 Ts Array

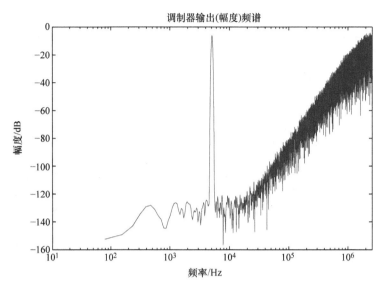

图 B.18　图 B.16b 中 Sigma-Delta 调制器的输出（幅度）频谱

B.5.4　信噪比与输入幅度值 ★★★

图 B.19 为图 B.16b 中 Sigma-Delta 调制器的信噪失真比和输入幅度的关系。该波形通过 "Analysis" → "SNR/SNDR" 分析得到。本例中用到了以下参数：

Parameter Name ："Ain" 为图 B.16b 中 "Input sine wave" 块中定义的 "Amplitude" 参数。

Range[vi,vf] ：[1e-6,2]。

N. of points ：50。

Scale ：Logarithmic。

Analysis ：SNR/SNDR。

Second Parameter ：Off。

设置完上述参数后，单击 "Continue"，将显示如图 B.7 所示的 SNR/SNDR 对话窗口。根据图 B.17 中给出的值设置需要的参数（采样频率、过采样率等）如下：

Name of the signal（s）to process ：y。

Sampling frequency（Hz）：fs。

Oversampling ratio ：M。

Input Frequency（Hz）：fi。

Window ：Kaiser。

N. of Points ：N。

Beta ：20。

Kind of Spectrum ：LP。

Figure of merit ：SNDR。

设置完上述指标后，单击"Compute"→"Plot"得到如图 B.19 所示的波形。

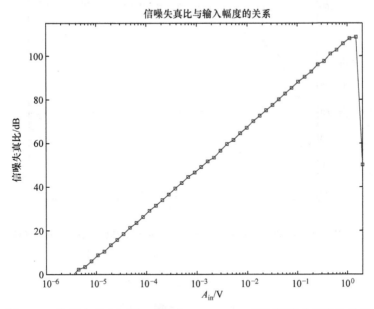

图 B.19　信噪失真比与图 B.16b 中 Sigma-Delta 调制器输入幅度的关系

B.5.5　单一参数的参数分析 ★★★

"Parametric Analysis"菜单可以用来研究一个给定的模型参数对调制器性能的影响。如图 B.16b 中前端积分器的跨导放大器跨导 g_m 对调制器性能的影响。为了分析该参数对调制器有效分辨率的影响，在"Parametric Analysis"菜单设置以下参数：

Parameter name：gm1，代表图 B.16b 前端积分器模块的跨导 g_m。

Range[vi,vf]：[1e-5,1e-3]。

N. of points：50。

Scale：Linear。

Analysis：SNR/SNDR。

Second Parameter：Off。

一旦设置好这些参数，采用和前例相似的方式，单击"Continue"计算信噪失真比。图 B.20 所示为分析结果。

B.5.6　考虑两个参数的参数分析 ★★★

考虑到两个不同参数的变化，"Parametric Analysis"菜单还可用于实施参数分析。例如，图 B.21 为跨导放大器跨导 g_{m1} 和前端放大器最大输出电流 I_{o1} 对图 B.16b 中 Sigma-Delta 调制器的信噪失真比的影响。

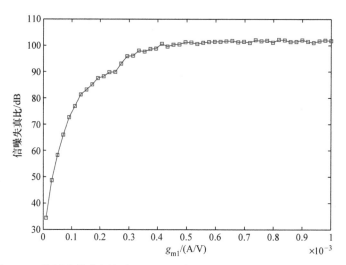

图 B.20　使用参数分析研究图 B.16b 中 Sigma-Delta 调制器的单个模型
参数信噪失真比与前端放大器跨导的关系

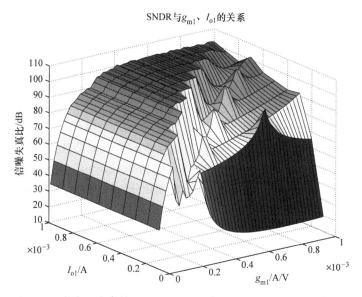

图 B.21　考虑两个参数（g_{m1} 和 I_{o1}）对信噪失真比影响的参数分析

为了得到图 B.21 的波形，需要在"Parametric Analysis"菜单中设置如下参数：

Parameter name：Io1，表示前端积分器的最大电流 I_{o1}。

Range[vi,vf]：[1e-4,1e-3]。

N. of points：10。

B.5.7　计算直方图 ★★★

最后，作为总结，图 B.22 说明了图 B.16b 调制器前端级积分器输出的直方图。

这些直方图是通过使用 SIMSIDES 的 "Analysis" → "Histograms" 菜单并设置以下模型参数获得：

Name of the signal（s）to process：y1，y2，表示积分器输出的名称。这些积分器利用 Simulink 模型库中的 "to workplace" 模块保存到 MATLAB 工作区中。

Number of bins：100。

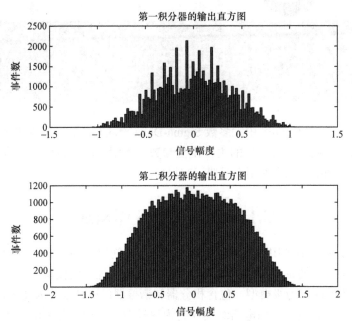

图 B.22 对图 B.16b 中调制器的直方图的使用说明

B.6 帮助手册

SIMSIDES 包含一个帮助菜单，如图 B.23 所示。可以通过在 SIMSIDES 主窗口中选择 "Help" → "User Manual" 来打开此帮助手册。此外，还可以通过选择 "Help" → "Libraries and Models"，从该菜单中获取 SIMSIDES 中包含的所有行为级模型（及其相应参数）的完整列表（如附录 C 中所述）。

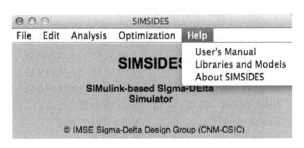

图 B.23 帮助菜单

附录 C »

SIMSIDES 模块库和模型

本附录包含 SIMSIDES 中大多数 Sigma-Delta 模块和库，并且提供了它们的用途和功能的简要说明，以及它们的主要模型参数。本附录的修订版本会定期更新，并与 SIMSIDES 网站中包含的用户手册一起提供。

C.1 SIMSIDES 库概述

表 C.1 编译了 SIMSIDES 中包含的所有库，并简要说明了它们的内容。这些库总共分为两个主要类别：理想库和真实库。前者包含理想的模块，而后者包含结合电路级非理想性的行为级模型。包含积分器和谐振器的库被细分为几个特定的子库，这些子库又包括对应于不同电路级实现的模块模型。例如，开关电容积分器可细分为前向欧拉（forward-Euler，FE）和无损直接（lossless-direct，LD）积分器；连续时间积分器分为 Gm-C、有源 RC 等。

表 C.1　SIMSIDES 库概述

理想库	子库	模块
积分器		理想离散时间 / 连续时间积分器
谐振器		理想谐振器
量化器和比较器		理想量化器
D/A 转换器		理想数 / 模转换器

实际库	子库	构件模块
积分器	SC FE 积分器	前向欧拉开关电容积分器
	SC LD 积分器	无损直接开关电容积分器
	SI FE 积分器	前向欧拉开关电流积分器
	SI LD 积分器	无损直接开关电流积分器
	Gm-C 积分器	Gm-C 积分器
	Gm-MC 积分器	Miller OTA 积分器
	RC 积分器	有源 RC 积分器
	MOSFET-C 积分器	MOSFET-C 积分器

（续）

实际库	子库	构件模块
谐振器	SC FE 谐振器 SC LD 谐振器 SI FE 谐振器 SI LD 谐振器 Gm-C 谐振器 Gm-LC 谐振器	基于开关电容 - 前向欧拉积分器的谐振器 基于无损直接积分器的谐振器 基于开关电流 - 前向欧拉积分器的谐振器 基于开关电流无损直接积分器的谐振器 基于 Gm-C 积分器的谐振器 基于 Gm-LC 积分器的谐振器
量化器和比较器 D/A 转换器		非线性 1 位和多位比较器 非线性 1 位和多位数 / 模转换器
辅助模块		加法器、锁存器、动态器件匹配模块等

C.2 理想库

表 C.1 中，SIMSIDES 包括四个理想库：积分器、谐振器、量化器和数 / 模转换器。以下各节分别介绍这些库中包含的模块。

C.2.1 理想积分器 ★★★

理想积分器库中包括了三种理想积分器：Ideal_CT_Integrator、Ideal_FE_Integrator 和 Ideal_LD_Integrator。

C.2.1.1 构建模块模型的目的和描述

Ideal_CT_Integrator 模块可模拟连续时间积分器的理想 S 域传输函数，即

$$\text{ITF}(s) = g\frac{1}{s} \tag{C.1}$$

式中，g 为积分器的增益。

Ideal_FE_Integrator 和 Ideal_LD_Integrator 模块分别模拟离散时间前向欧拉和无损直接积分器的理想 Z 域传输函数，分别为

$$\begin{cases} \text{ITF}_{\text{FE}}(z) = g\dfrac{z^{-1}}{1-z^{-1}} \\ \text{ITF}_{\text{LD}}(z) = g\dfrac{z^{-1/2}}{1-z^{-1}} \end{cases} \tag{C.2}$$

C.2.1.2 模型参数

上面的模型框中包含以下模型参数：

Gain：积分器增益用 g 表示。

Sampling Time：表示 Ideal_FE_Integrator and Ideal_LD_Integrator 模块的采样周期。

C.2.2 理想谐振器 ★★★

理想谐振器库包括下面描述的多种理想谐振器。

C.2.2.1 Ideal_LD_Resonator

如图 C.1a 所示，该模块由一个离散时间谐振器组成，该离散时间谐振器由两个以反馈回路连接的无损直接积分器组成，其模型参数如下：

Af：表示前馈环路增益。

Afb：表示全局反馈环路增益。

Sampling Time。

C.2.2.2 Ideal_FE_Resonator

如图 C.1b 所示，该模块由一个离散时间谐振器组成，该离散时间谐振器由两个以反馈回路连接的前向欧拉积分器组成，其模型参数如下：

Affe：表示前馈环路增益。

Afb1：表示全局反馈环路增益。

Afb2：本地反馈环路增益。

Sampling Time。

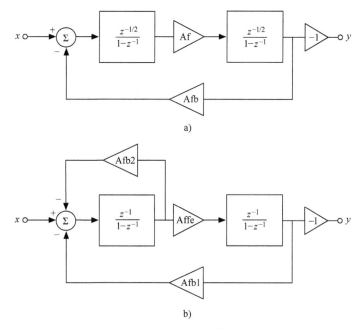

图 C.1 Z 域的框图

a）Ideal_LD_Resonator b）Ideal_FE_Resonator

C.2.2.3 Ideal_CT_Resonator

该模型对应于具有 S 域传输函数的连续时间（双二阶）谐振器，其给定公式为

$$RTF(s) = \frac{(\pi/2)s}{s^2 + (\pi/2)^2} \tag{C.3}$$

上述传输函数可以通过 "Continuous" Simulink 库中的 "Transfer Fcn" 模块实现。

C.2.3　理想量化器 ★★★

该库包含几个模块，这些模块旨在对用于电压模式（开关电容 / 连续时间）和开关电流（SI）Sigma-Delta 调制器的 1 位和多位 / 多级量化器进行建模。

C.2.3.1　Ideal_Comparator

理想比较器的输出 / 输出直流特性公式为

$$v_o = \begin{cases} V_{high} & v_i \geq 0 \\ V_{low} & v_i < 0 \end{cases} \tag{C.4}$$

式中 v_i 和 v_o 分别为输入和输出电压；V_{high} 和 V_{low} 分别为逻辑 1 和逻辑 0 的模拟值。"Ideal_Comparator" 的模型参数如下：

Vhigh 和 Vlow：分别表示 V_{high} 和 V_{low}。

Phase：用于模拟对输入信号进行采样的时钟相位。假定有两个不交叠的时钟相位，分别表示为 phi1,2。

Sampling Time：时钟信号周期。

Identifier for this Quantizer：定义模块的标识名称。由一些动态误差量（如开关电容电路中的不完全建立误差）使用。

C.2.3.2　Ideal_Comparator_for_SI

该模块对 Sigma-Delta 调制器中使用的电流模式比较器进行建模。它的行为级模型与 "Ideal_Comparator" 模块中使用的模型完全相同，只有在一种情况下有所区别，即输入信号是电流模式信号，其模型由两个向量元素组成：电流信号本身和连接在比较器输入端的电流模块（即积分器、谐振器等）的输出电导。采用这种方式，每个采样时间点提供给模型的信息是一个两分量的向量，如图 C.2 所示。其中 i_i 为输入电流，v_o 为输出电压，g_{oi} 为连接到比较器输入的模块的电导。

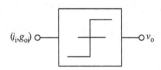

图 C.2　Ideal_Comparator_for_SI 模型中的输入和输出信号

C.2.3.3　Ideal_Multibit_Quantizer

此模块包括具有直流输入 / 输出中升特性的多位量化器的理想行为级模型，如图 C.3a 所示。

该模块的模型参数如下：

Vhigh 和 Vlow ：分别表示量化器输出的最大值和最小值。

Number of bits ：量化器的位数。

Xmax-Xmin ：表示量化器的满摆幅输入范围。

Phase ON ：表示考虑两相时钟信号发生器时输入信号采样时的时钟相位。

Sampling Time ：时钟信号的周期。

C.2.3.4 Ideal_Multibit_Quantizer_for_SI

该模块对一个与 "Ideal_Multibit_Quantizer" 具有相同输入 / 输出特性的电流模式多位量化器进行建模，但考虑输入信号包括两个部分：i_i 和 $g_{oi,}$ 与图 C.2 一致。

C.2.3.5 Ideal_Multibit_Quantizer_levels

该模块对多级量化器进行建模，将输入 / 输出特性定义为电平数而不是位数的函数。该模块和 "Ideal_Multibit_Quantizer" 模块使用相同的参数，但 "Number of bits" 被 "Number of levels" 代替。如果该参数是偶数，则实现如图 C.3a 所示的中升量化特征，否则，将使用如图 C.3b 所示的中平处理特征。

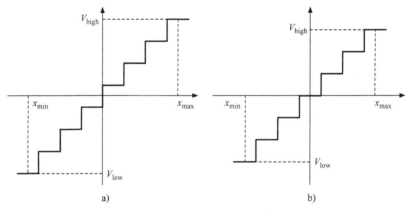

图 C.3　以下各项的输入 / 输出直流特性

a）多位（3 位）中升量化器　b）多级（七级）中平量化器

C.2.3.6 Ideal_Multibit_Quantizer_levels_SD2

该模块实现与上一个模块相同的行为级模型，但是输出是一组温度计码的比特流。如 C.8 节所述，它与采用动态器件匹配技术的多级数 / 模转换器结合使用。

C.2.3.7 Ideal_Sampler

该模块对可在连续时间 Sigma-Delta 调制器中使用的理想采样保持电路进行建模，其中在内部量化器的输入端对信号进行采样。Ideal_Sampler 模型的参数如下：

Sampling Time ：表示时钟周期。

Input clock phase ：表示采样时钟相位。

C.2.4 理想数 / 模转换器 ★★★

该库中包含的模块可对各种理想的数 / 模转换器进行建模：

Ideal_DAC：对理想 1 位数 / 模转换器或者开关电容 / 连续时间 Sigma-Delta 调制器进行建模，建模为一个简单的电压增益，在模型中命名为 Gain。

Ideal_DAC_for_SI：对一个开关电流 Sigma-Delta 调制器 1 位数 / 模转换器进行建模。

Ideal_DAC_dig_level_SD2：由一个理想多位数 / 模转换器组成。

后面两个模块的参数描述如下。

C.2.4.1 Ideal_DAC_for_SI

图 C.4 为理想开关电流数 / 模转换器的等效电路，它由一个电压控制的电流源和一个有限的输出电导并联。电流源的电流 i_{DAC} 由输入电压 v_i 的函数给出：

$$i_{DAC}(v_i) = \begin{cases} +I_{ref} & v_i = +v_{ref} \\ -I_{ref} & v_i = -v_{ref} \end{cases} \tag{C.5}$$

式中，I_{ref} 和 v_{ref} 分别为满摆幅调制器的参考电流和参考电压。此模型中包括的参数如下：

Gain：表示数 / 模转换器的增益。

Gout：表示 g_0。

Sampling Time：表示时钟周期。

Input Clock Phase：表示数 / 模转换器输入采样的时钟相位。

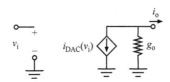

图 C.4 Ideal_DAC_for_SI 模型的等效电路

C.2.4.2 Ideal_DAC_dig_level_SD2

该模块将一个温度计码的数字输入转换成与它相对应的模拟电平，在其行为级模型中应用的参数如下：

Vhigh：定义量化满摆幅范围的上限。

Vlow：定义量化满摆幅范围的下限。

Number of levels：表示嵌入量化器的电平数。

C.3　实际开关电容模块库

SIMSIDES 包括两个开关电容积分器库和两个开关电容谐振器库。

C.3.1　实际开关电容积分器 ★★★

SIMSIDES 中有两个开关电容积分器模型库：一个用于前向欧拉开关电容积分器模型；另一个用于无损直接开关电容积分器模型。在这两种情况下，积分器模型都是根据模型中包含的非理想效应以及在积分器输入端连接的开关电容支路的数量进行分类。对于每个模型，除了输入开关电容支路的数量外，有四个使用相同行为级模型的模块。

图 C.5 为 SIMSIDES 中用于单支路开关电容前向欧拉积分器和双支路开关电容前向欧拉积分器的模型符号，以及它们的等效开关电容电路。注意：尽管图 C.5 中显示了单端概念图，但在行为级模型中假定为全差分电路。

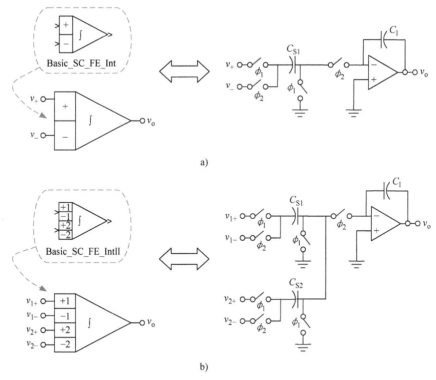

图 C.5　SIMSIDES 中的开关电容积分器符号

a）单支路积分器　b）双支路积分器

图 C.5 中积分器使用的是相同的行为级模型，即包括一个有输出摆幅限制的理想开关电容前向欧拉积分器的模型。单支路的开关电容前向欧拉积分器对应的行为级模型称为"Basic_SC_FE_Int",双支路的开关电容前向欧拉积分器称为"Basic_SC_FE_IntII",根据这个命名法,三支路和四支路的开关电容前向欧拉积分器分别称为"Basic_SC_FE_IntIII"和"Basic_SC_FE_IntIV"。

表 C.2 列出了 SIMSIDES 中可用的所有开关电容积分器模型,包括每个模型中包含的非理想效应的简要说明。注意:表 C.2 中包含的型号名称均指单支路积分器,同时也可以使用最多四个输入支路的积分器模型。

表 C.2　SIMSIDES 中包含的开关电容前向欧拉 / 无损直接(FE/LD)积分器库

模型名称	包含的电路效应
Basic_SC_FE_Int Basic_SC_LD_Int	输出摆幅限制
SC_FE_Int_Non_linear_C SC_LD_Int_Non_linear_C	输出摆幅限制,电容非线性
SC_FE_Int_Weight_Mismatch SC_LD_Int_Weight_Mismatch	输出摆幅限制,电容不匹配
SC_FE_Int_Non_Linear_Sampling SC_LD_Int_Non_Linear_Sampling	输出摆幅限制,非线性开关导通电阻
SC_FE_Int_FiniteDCgain SC_LD_Int_FiniteDCgain	有限跨导放大器直流增益,输出摆幅限制,寄生跨导放大器电容
SC_FE_Int_Finite&Non_LinearDCGain SC_LD_Int_Finite&Non_LinearDCGain	有限非线性跨导放大器直流增益,输出摆幅限制,寄生跨导放大器电容
SC_FE_Int_Noise SC_LD_Int_Noise	跨导放大器热噪声,输出摆幅限制,寄生 / 负载跨导放大器电容
SC_FE_Int_Settling SC_LD_Int_Settling	不完全建立误差,输出摆幅限制,寄生 / 负载跨导放大器电容
SC_FE_Integrator_All_Effects SC_LD_Integrator_All_Effects	开关导通电阻,电容器非线性和不匹配,建立误差,有限(非线性)直流增益,热噪声,寄生 / 负载电容,输出摆幅限制
SC_FE_Integrator_All_Effects&NonLinSamp SC_LD_Integrator_All_Effects&NonLinSamp	非线性开关导通电阻,电容非线性和不匹配,建立误差,有限(非线性)直流增益,热噪声,寄生 / 负载电容,输出摆幅限制
SC_FE_Int_1b_SD2	开关导通电阻及其对单位增益带宽和压摆率的影响,电容非线性和不匹配,建立误差,有限(非线性)直流增益,热噪声,寄生 / 负载电容,输出摆幅限制
SC_FE_Int_1b_DEM_SD2	开关导通电阻及其对单位增益带宽和压摆率的影响,单位采样电容阵列,电容非线性和不匹配,建立误差,有限(非线性)直流增益,热噪声,寄生 / 负载电容,输出摆幅限制

"SC_FE_Int_1b_SD2"模型表示具有所有电路非理想效应的单支路开关电容前向欧拉积分器,包括开关导通电阻导致的积分器单位增益带宽和压摆率性能降低。在此模型中,符号"1b"表示只有一个输入开关电容支路。类似地,名称包括"nb"

的其他模型表示 n 个输入开关电容支路。

　　"SC_FE_Int_1b_DEM_SD2" 模型包含与 "SC_FE_Int_1b_SD2" 模型相同的非理想效应，但它也允许将采样电容建模为单位电容阵列。如 C.8 节所述，此阵列与结合了数据加权平均／动态器件匹配算法的多级量化器和数／模转换器结合使用。阵列中单元电容的数量必须与数／模转换器电平的数量完全相同。该阵列应包括数／模转换器失配误差，可以将其建模为高斯分布。这两个模型都提供了有关积分器等效输入参考热噪声、等效负载电容和瞬态响应模型参数的详细信息。仿真后，所有这些信息都显示在 MATLAB 命令窗口中。

　　表 C.3 列出了 SIMSIDES 中开关电容积分器行为级模型使用的最重要参数，以及每个参数的简要说明。

表 C.3　SIMSIDES 中包含的开关电容前向欧拉／无损直接（FE/LD）积分器库

参数名称	简要描述
Array of sampling capacitors for DEM branch	带动态器件匹配的多电平数／模转换器所使用的单位电容阵列
B（switch parameters）	MOS 大信号跨导（解析模型）
Bandwidth（BW）	输入信号带宽
Capacitor（first/second）-order nonlinearity order nonlinearity	电容（一阶／二阶）非线性
Finite and Linear Ron	开关导通电阻，线性模型
Finite DC Gain of the AO	有限跨导放大器直流增益
g（switch parameters）	有限开关电导（解析模型）
Identifier for this integrator	用于建立误差模型的标识符
Input Equivalent Thermal Noise	跨导放大器输入等效热噪声
Input parameters[A,fi,ph]（switch）	正弦波输入的幅度、频率和相位（查表模型）
Integration/Sampling capacitor	积分／采样电容
Integration additional load	积分阶段的额外负载电容
Load Capacitor（cload）	积分负载电容
Maximum output current（Io）	跨导放大器最大输出电流
Nonlinearity of the DC Gain	跨导放大器直流增益的非线性系数
Output Swing Up/Down	最大／最小输出摆幅限制
Parasitic Capacitor before the AO（Cp）	跨导放大器输入的寄生电容
pcoef（switch parameters）	开关导通电阻的非线性系数（查找模型）
Positive Input is Sampled in ⋯	输入开关时钟相位
Ron	开关导通电阻
Sampling additional load	在采样阶段的额外负载电容
Sampling Time	时钟信号周期
Switch on-resistance（Ron）	开关导通电阻
Temp	温度（K）
Transconductance of the AO（gm）	跨导放大器跨导
Variance	电容失配误差的方差

C.3.2　实际开关电容谐振器 ★★★

SIMSIDES 具有两个开关电容谐振器模型库，分别对应于基于前向欧拉积分器（FEI）的谐振器和基于无损直接积分器（LDI）的谐振器。所有模块模型都对应于图 C.1 中所示的 Z 域框图，但它们是使用上一节中所述的开关电容积分器模型实现的。图 C.6 为基于无损直接积分器的开关电容谐振器和基于前向欧拉积分器的开关电容谐振器的 SIMSIDES 框图，分别对应于图 C.1a 和图 C.1b。

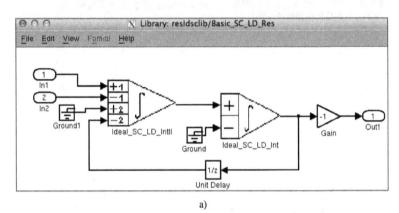

a)

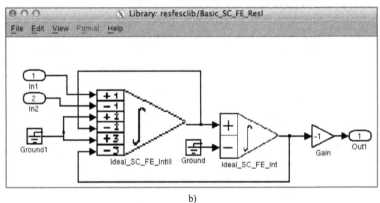

b)

图 C.6　SIMSIDES 中的开关电容谐振器框图

a）基于无损直接积分器的谐振器　b）基于前向欧拉积分器的谐振器

遵循与开关电容积分器相同的原理，根据输入开关支路的数量和模型中包含的电路非理想效应，对 SIMSIDES 中的开关电容谐振器的行为级模型进行分类。图 C.7 为两个开关电容谐振器库的一部分摘录。注意：每一行中的模块都包含相同的电路非理想效应，唯一的区别是输入支路的数量。

表 C.4 列出了 SIMSIDES 中所有可用的开关电容谐振器模型，包括对每种模型中考虑的非理想效应的简要描述。这些模型中使用的参数与开关电容积分器模型中包含的参数相同（见表 C.3）。除这些参数外，用户还可以通过设置一个名为"Gain"的参数（见图 C.6）来定义谐振器增益，该参数可以在模型对话框中定义。

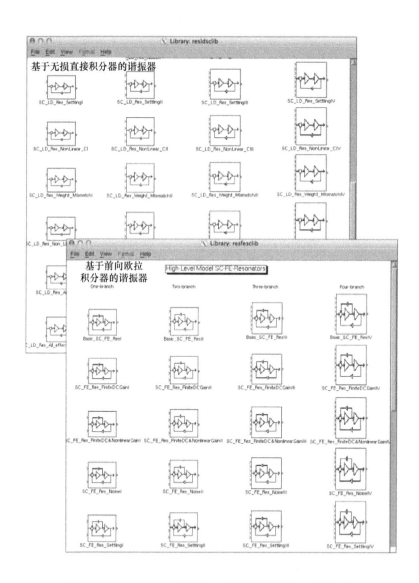

图 C.7　SIMSIDES 中的开关电容谐振器库的一部分摘录

表 C.4 SIMSIDES 中包含的开关电容前向欧拉 / 无损直接（FE/LD）谐振器库

模型名称	包含的电路效应
Basic_SC_FE_Res Basic_SC_LD_Res	输出摆幅限制
SC_FE_Res_NonLinear_C SC_LD_Res_NonLinear_C	输出摆幅限制，电容的非线性
SC_FE_Res_Weight_Mismatch SC_LD_Res_Weight_Mismatch	输出摆幅限制，电容失配
SC_FE_Res_Non_Linear_Sampling SC_LD_Res_Non_Linear_Sampling	输出摆幅限制，非线性开关导通电阻
SC_FE_Res_FiniteDCgain SC_LD_Res_FiniteDCgain	有限跨导放大器直流增益，输出摆幅限制，寄生跨导放大器电容
SC_FE_Res_FiniteDC&NonLinearGain SC_LD_Res_FiniteDC&NonLinearGain	有限跨导放大器直流增益，输出摆幅限制，寄生跨导放大器电容
SC_FE_Res_Noise SC_LD_Res_Noise	跨导放大器热噪声，输出摆幅限制，寄生 / 负载跨导放大器电容
SC_FE_Res_Settling SC_LD_Res_Settling	不完全建立误差，输出摆幅限制，寄生 / 负载跨导放大器电容
SC_FE_Res_All_effects SC_LD_Res_All_effects	开关导通电阻，电容非线性和失配，建立误差，有限（非线性）直流增益，热噪声，寄生 / 负载电容，输出摆幅限制
SC_FE_Res_All_effects&NonLinSamp SC_LD_Res_All_effects&NonLinSamp	开关导通电阻，单位采样电容阵列，电容非线性和失配，建立误差，有限（非线性）直流增益，热噪声，寄生 / 负载电容，输出摆幅限制

C.4 实际开关电流模块库

SIMSIDES 中包含所有用于仿真开关电流 Sigma-Delta 调制器的模块。本节介绍开关电流积分器和谐振器，以及它们的主要模型参数。

C.4.1 实际开关电流积分器 ★★★

遵循与开关电容模块模型相同的分类标准，SIMSIDES 中有两个开关电流积分器库：一个用于开关电流前向欧拉积分器，另一个用于开关电流无损直接积分器。图 C.8 显示了 SIMSIDES 中用于开关电流积分器的符号，以及开关电流前向欧拉积分器和开关电流无损直接积分器的概念图。在这两种情况下，SIMSIDES 均包含不同的模型，并根据考虑到的非理想效应的数量进行分类，如表 C.5 所示。

除了表 C.5 中的模块外，所有 SIMSIDES 开关电流库中都包含一个电流模缓冲器模块 "buffer"。该模块将输入电流向量转换为由两个向量元素组成的输出矩阵：输入电流信号本身与输出电导并联，在模型中称为 "Gout of the source"。图 C.9 说明了该模块的工作过程，显示了 SIMSIDES 中的符号及其等效电路。

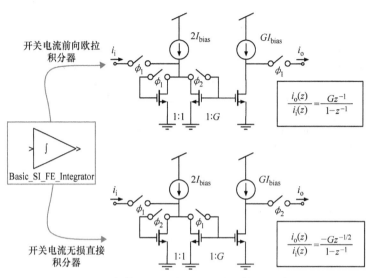

图 C.8　SIMSIDES 中使用的开关电流积分器符号及其相应的原理图

表 C.5　SIMSIDES 中包含的开关电流前向欧拉 / 无损直接（FE/LD）积分器

模型名称	包含的电路效应
Ideal_SI_FE_Integrator	理想的开关电流前向欧拉 / 无损直接积分器
Ideal_SI_LD_Integrator	
Basic_SI_FE_Integrator	输出电流限制，非线性增益
Basic_SI_LD_Integrator	
SI_FE_Int_Finite_Conductance	输出电流限制，有限非线性输出电导，输入电压限制，热噪声
SI_LDI_Finite_Conductance	
SI_FE_Int_Finite_Conductance&Settling	输出电流限制，有限非线性输入 / 输出电导，输入电压限制，建立误差，热噪声
SI_LDI_Finite_Conductance&Settling	
SI_FE_Int_Finite_ ⋯ &Settling& Charge_Injection	输出电流限制，有限非线性输入 / 输出电导，输入电压限制，建立误差，热噪声，电荷注入误差
SI_LDI_Finite_ ⋯ &Settling& Charge_Injection	

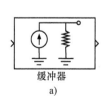

缓冲器
a)

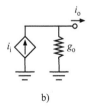

b)

图 C.9　SIMSIDES 中使用的开关电流缓冲器
a）符号　b）等效电路

C.4.2　实际开关电流谐振器 ★★★

与开关电容电路一样，在 SIMSIDES 中对两种不同类型的开关电流谐振器进行
了建模：基于开关电流前向欧拉积分器的谐振器和基于开关电流无损直接积分器的
谐振器。两种框图均在图 C.10 中进行了描述。在这两种情况下，用户都可以在模块
对话框窗口中定义积分器增益参数（分别表示为 Affe、Afb1 和 Afb2）及其相关的增
益误差（在模型中分别表示为 MU1、MU2 和 MU3）。

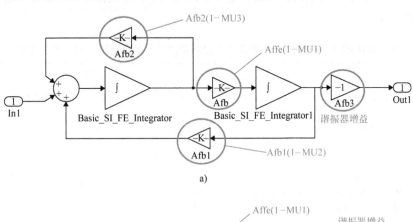

a)

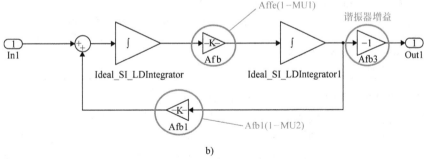

b)

图 C.10　SIMSIDES 中的开关电流谐振器框图

a）基于开关电流前向欧拉积分器的环路谐振器　b）基于开关电流无损直接积分器的环路谐振器

表 C.6 列出了 SIMSIDES 中包括的所有开关电流谐振器模块，并对每个模型中
考虑的误差机制进行了简要说明。这些误差及其相关的模型参数与开关电流积分器
一样，所述如下。

C.4.3　开关电流误差和模型参数 ★★★

本节简要介绍了 SIMSIDES 中开关电流模型库中包含的主要误差和模型参数。
为了清楚起见，这些误差与其中包含的某些模块相关联。

C.4.3.1　Basic_SI_FE（LD）_Integrator 和 Basic_SI_FE（LD）_Resonator

这些模块中的模型参数包括：

Integrator Gain：积分器权重（见图 C.8）。

Iomax（ = -Iomin）：最大 / 最小积分器输出电流。

MU1、MU3：一阶和三阶非线性增益系数。

该积分器模块 Z 域的传输函数为

$$i_o(z) = (1-\text{MU1})i_{oi}(z) + \text{MU3}i_{oi}^3(z) \tag{C.6}$$

式中，$i_{oi}(z)$ 为 Z 变换的理想输出电流。上述表达式也适用于基于无损直接积分器和前向欧拉积分器的开关电流谐振器，在对应的情况下，非线性参数 MU1、MU3 称为 SHI1 和 SHI3。

表 C.6　SIMSIDES 中包含的基于开关电流前向欧拉 / 无损直接（FE/LD）谐振器库

模型名称	包含的电路效应
Ideal_SI_FE_Resonator	理想的开关电流前向欧拉 / 无损直接谐振器
Ideal_SI_LD_Resonator	
Basic_SI_FE_Resonator	输出电流限制，非线性增益
Basic_SI_LD_Resonator	
SI_FE_Res_Finite_Conductance	输出电流限制，有限非线性输出电导，输入电压限制，热噪声
SI_LDI_Resonator_Finite_Conductance	
SI_FE_Res_Finite_Conductance&Settling	输出电流限制，有限非线性输入 / 输出电导，输入电压限制，建立误差，热噪声
SI_LDI_Res_Finite_Conductance&Settling	
SI_FE_Res_Finite_ … &Settling& Charge_Injection	输出电流限制，有限非线性输入 / 输出电导，输入电压限制，建立误差，热噪声，电荷注入误差
SI_LDI_Res_Finite_ … &Settling& Charge_Injection	

C.4.3.2　SI_FE（LD）_Int_Finite_Conductance

这些模块包括了有限的输入 - 输出电导比误差的影响。为此，可以得出采样阶段的等效电路如图 C.11 所示。该电路在时钟相位 ϕ_1 上对应于图 C.8 的开关电容无损直接积分器[⊖]。在该电路中，将输入信号建模为与有限电导率并联的理想电流，表示为 g_{oi}。存储单元晶体管 1（VT_1）处于保持状态，并通过其漏极电流 i_{d1} 与输出电导 g_o 并联建模。相反，存储单元晶体管 2（VT_2）工作在采样阶段，它通过输出电导与输入电阻的并联连接建模。该电阻是 VT_2 漏极电流 i_{d2} 的非线性函数，可表示为

$$v_i(i_{d2}) \approx \text{A1}i_{d2} + \text{A3}i_{d2}^3 \tag{C.7}$$

式中，A1、A3 为输入电阻的一阶和三阶非线性系数，这些参数和以下参数一起定义：

Gout：存储单元的输出电导 g_o。

Vmax/Vmin：式（C.7）中 v_i 的最大 / 最小值。

Ibias：积分器偏置电流（见图 C.8）。

⊖ 可以将相同的电路用于开关电流前向欧拉积分器。

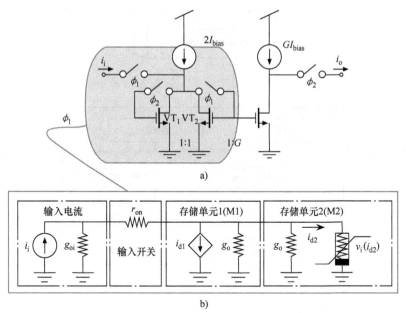

图 C.11　在 SIMSIDES 中对有限输入 - 输出电导比误差建模
a）开关电流无损直接积分器　b）采样阶段（ ϕ_1 ）的等效电路

C.4.3.3　SI_FE（LD）_Int_Finite_Conductance & Settling & ChargeInjection

包括非线性不完全建立和电荷注入在内的那些开关电流模块需要以下附加模型参数：

Gmo：存储晶体管工作点的小信号跨导值。

Cgs：存储晶体管栅极和源级间电容。

Eq：电荷注入误差。

电荷注入误差 Eq 定义为栅极到源极电容中存储的电压的相对误差，可表示为

$$v_{gs,nonideal} = (1 - Eq)v_{gs,ideal} \tag{C.8}$$

C.5　实际连续时间模块库

图 C.12 为 SIMSIDES 中包含的连续时间模块模型库。有四个连续时间积分器库和两个连续时间谐振器库，它们根据模块的电路性质分类为：Gm-C，Gm-MC，Gm-LC，有源 RC 和 MOSFET-C。

C.5.1　实际连续时间积分器 ★★★

表 C.7~ 表 C.10 列出了图 C.12 中连续时间积分器库中包括的所有模型，并简要介绍了所包含的非理想效应。以下小节将对最重要的模块及其相关的模型参数进行解释。

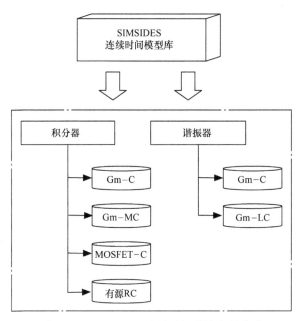

图 C.12　SIMSIDES 连续时间模块库的分类

表 C.7　SIMSIDES 中的 Gm-C 积分器库模型

模型名称	包含的电路效应
Ideal_OTA_C_CTint	理想的 Gm-C 积分器
Transconductor	输入饱和电压，非线性跨导
gm_no_noise_new	输出饱和电压，三阶截止点
1pole_gm	Gm-C 输出阻抗
OTA_C_CT_1pole	输入／输出饱和电压，有限跨导放大器直流增益，非线性跨导，单极动态特性，时间常数误差，非线性跨导，热噪声
OTA_C_CT_2poles OTA_C_CT_2polesb	输入／输出饱和电压，有限跨导放大器直流增益，非线性跨导，单极动态特性，时间常数误差，非线性跨导，热噪声

表 C.8　SIMSIDES 中的 Gm-MC 积分器库模型

模型名称	包含的电路效应
Gm_MC_CTInt_1pole	输入／输出饱和电压，有限跨导放大器直流增益，寄生电容，单极动态特性，热噪声
Gm_MC_CTInt_2poles	输入／输出饱和电压，有限跨导放大器直流增益，寄生电容，单极动态特性，热噪声
Gm···1pole&Large_signal_distortion	输入／输出饱和电压，输出电流限制，有限跨导放大器直流增益，寄生电容，单极点动态特性
Gm···2poles&Large_signal_distortion	输入／输出饱和电压，输出电流限制，有限跨导放大器直流增益，寄生电容，两极点动态特性
Gm···1pole&Small_Signal_Distortion	输入／输出饱和电压，输出电流限制，有限跨导放大器直流增益，非线性跨导，寄生电容，单极点动态特性
Gm···2poles&Small_Signal_Distortion	输入／输出饱和电压，输出电流限制，有限跨导放大器直流增益，非线性跨导，寄生电容，两极点动态特性

表 C.9　SIMSIDES 中的有源 RC 积分器库模型

模型名称	包含的电路效应
RC_CTInt_1pole	跨导放大器输出摆幅限制，有限跨导放大器直流增益，寄生电容，电容电压系数，单极点动态特性，热噪声
RC_CTInt_2poles	跨导放大器输出摆幅限制，有限跨导放大器直流增益，寄生电容，电容电压系数，两极点动态特性，热噪声
RC … 1pole&Large_signal_distortion	跨导放大器输出摆幅限制，输出电流限制，有限跨导放大器直流增益，寄生电容，电容电压系数，单极点动态特性，热噪声
RC … 2poles&Large_signal_distortion	跨导放大器输出摆幅限制，输出电流限制，有限跨导放大器直流增益，寄生电容，电容电压系数，两极点动态特性，热噪声
RC_Int_1in RC_Int_2in RC_Int_3in	跨导放大器输出摆幅限制，有限跨导放大器直流增益，非线性瞬态特性、压摆率，寄生电容，电容电压系数，单极点动态特性，热噪声

表 C.10　SIMSIDES 中的 MOSFET-C 积分器库模型

模型名称	包含的电路效应
MOSFET_C_CTInt_1pole	跨导放大器输出摆幅限制，有限跨导放大器直流增益，寄生电容，电容电压系数，单极点动态特性，热噪声
MOSFET_C_CTInt_2poles	跨导放大器输出摆幅限制，有限跨导放大器直流增益，寄生电容，电容电压系数，两极点动态特性，热噪声
MOS … 1pole&Large_signal_distortion	跨导放大器输出摆幅限制，输出电流限制，有限跨导放大器直流增益，寄生电容，单极点动态特性，热噪声
MOS … 2poles&Large_signal_distortion	跨导放大器输出摆幅限制，输出电流限制，有限跨导放大器直流增益，寄生电容，两极点动态特性，热噪声

C.5.1.1　跨导器和 Gm-C 积分器模块中的模型参数

考虑到不同电路级非理想效应的影响，在 SIMSIDES 中使用了表 C.7 中列出的模块来对跨导和 Gm-C 积分器进行建模。本节描述了这些模块中包含的最重要的模型参数。

Transconductance of the OTA 和 Integration Capacitor：分别表示跨导 g_m 和 Gm-C 积分器的积分电容 C，其中积分器的积分器传输函数通过在式（C.1）中替换 $g = g_m/C$ 获得。

[Upper,Lower] bound saturation voltage：定义输出电压 v_o 的最大和最小值，如图 C.13 所示。

Input Voltage[Upper，Lower]：定义了输入电压的最大和最小值，分别用 v_{imax} 和 v_{imin} 表示。

[Second，Third] order distortion coefficient：表示二阶和三阶的非线性跨导系数，其中假定跨导的大小取决于 Gm-C 积分器的输入电压，即

$$g_{\mathrm{m}} \approx g_{\mathrm{mo}}(1 + g_{\mathrm{m1}}v_{\mathrm{i}} + g_{\mathrm{m2}}v_{\mathrm{i}}^2) \tag{C.9}$$

式中，g_{m} 为跨导的标称值。跨导提供的最大电流定义为 I_{o}。

DC voltage gain：表示有限跨导放大器的直流增益，由 $g_{\mathrm{m}}/g_{\mathrm{o}}$ 定义，其中 g_{o} 为 Gm-C 的输出跨导。

Integration constant time error：定义为 C_{P}/C，其中 C_{P} 为 Gm-C 积分器输出端的寄生电容。

High frequency pole：当考虑两极点动态模型时，它定义了高频极点的值。

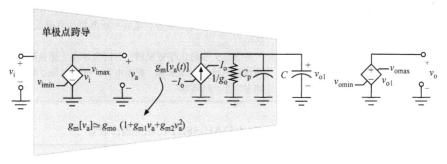

图 C.13　SIMSIDES 中使用的单极点 Gm-C 积分器模型

C.5.1.2　Gm-MC 积分器

SIMSIDES 包含一个基于跨导元件和密勒电容连接的 Gm-C 积分器库，也称为 Gm-MC 积分器。图 C.14a 为用 SIMSIDES 建模的 Gm-MC 积分器概念示意图。该库中包含几种用来解释不同电路非理想效应影响的模型。最精确的一个模型称为"Gm_MC_CTInt_1pole&Small_Signal_Distortion"模型，由图 C.14b 所示的等效电路建模，该电路包括一个两极点动态模型。除了 Gm-C 积分器中包含的模型参数外，Gm-MC 积分器模型还使用以下其他参数：

Output transconductor parasitic，Integration capacitor ratio（CP/C）：输出跨导寄生、积分电容比 C_{p}/C，（见图 C.14b）。

Output operational parasitic，Integration capacitor ratio（CI/C）：输出工作寄生、积分电容比 C_{L}/C。

Operational parasitic Output，OTA output capacitor ratio（Ct/C）：工作寄生输出、跨导放大器输出电容比 C_{t}/C。

Transconductor and Op. Amplifier Unity gain frequency（Hz）[Gb1，Gb2]：分别表示图 C.14b 中的跨导增益带宽和运算放大器。

High Frequency pole：当考虑由图 C.14b 中 $1/(R_1 C_1)$ 给定的两级点动态模型时，它定义了高频极点（非主导）的值。

Origin transconductance：表示式（C.9）中给出的非线性特性的工作点跨导 g_{mo}。

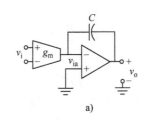

a)

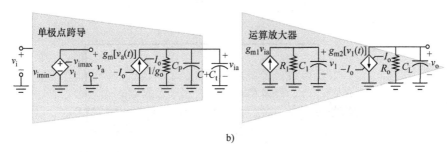

b)

图 C.14 SIMSIDES 中使用的两极 Gm-MC 积分器模型

a）概念示意图

b）跨导和运算放大器的等效电路

C.5.1.3 有源 RC 积分器

在表 C.9 中列出的所有有源 RC 积分器模型中，最准确和完整的模型称为 "RC_CTInt_2poles & Large_signal_distortio" 模型。图 C.15 为概念示意图及其相应的等效模型。该模型有两个版本：一种基于线性输入电阻 R；另一种基于 R 为输入电压的非线性函数，由下式给出：

$$R(v_i) \approx R(1 + R_1 v_i + R_2 v_i^2) \qquad (\text{C.10})$$

式中，R_1 和 R_2 分别为一阶和二阶的非线性系数。

除了前面各节中描述的连续时间模块使用的模型参数外，有源 RC 积分器模型还使用以下参数：

Output resistance-integration resistance ratio：表示图 C.15b 中的 R_o/R。

Integrator Ideal Unity gain frequency（RC）：定义为 $1/(RC)$。

Opamp ideal Unity gain frequency：图 C.15b 中运算放大器的增益带宽。

High frequency pole（Hz）：定义为 $1/(R_1 C_1)$（见图 C.15b）。

C.5.1.4 MOSFET-C 积分器

除了有源 RC 积分器模型外，SIMSIDES 还包括一个 MOSFET-C 积分器库，其原理图如图 C.16 所示。本质上，这些积分器模块与用于有源 RC 积分器建模的模块相同，只是积分器电阻 R 被 MOSFET 晶体管代替。

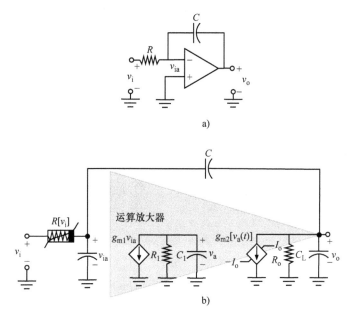

图 C.15　SIMSIDES 中使用的两极点有源 RC 积分器模型
a）概念示意图　b）等效电路

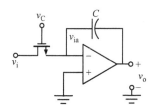

图 C.16　类似于在 SIMSIDES 中通过表 C.10 中列出的模块进行建模的
MOSFET-C 积分器的概念示意图

C.5.2　实际连续时间谐振器 ★★★

表 C.11 和表 C.12 列出了图 C.12 连续时间谐振器库中包括的所有模型，并简要描述了它们的非理想效应。这些库包括根据其模型准确性以及所考虑电路非理想效应进行分类的各种模块。图 C.17 描绘了 SIMSIDES 中包括的两个连续时间谐振器库：Gm-C 谐振器和 Gm-LC 谐振器。图 C.18 为两种连续时间谐振器的原理图。下面详细介绍图 C.17 中模块所涉及的模型参数。

表 C.11 SIMSIDES 中的 Gm-C 谐振器库模型

模型名称	包含的电路效应
Ideal_gmC_CT_Resonator	理想 Gm-C 谐振器
gmC_CT_Res_1pole	有限跨导放大器直流增益，时间常数误差，单极点动态特性，热噪声
gmC_CT_Res_2poles	有限跨导放大器直流增益，时间常数误差，两极点动态特性，热噪声
gmC_CT_Res_2polesfull	
gmC_CT_Res_1pole_larged	输入 / 输出饱和电压，输出电流限制，有限跨导放大器直流增益，时间常数误差，单极点动态特性
gmC_CT_Res_2poles_larged	输入 / 输出饱和电压，输出电流限制，有限跨导放大器直流增益，时间常数误差，两极点动态特性
gmC_CT_Res_1pole_small&larged	输入 / 输出饱和电压，输出电流限制，有限跨导放大器直流增益，时间常数误差，单极点动态特性
gmC_CT_Res_2poles_small&larged	输入 / 输出饱和电压，输出电流限制，有限跨导放大器直流增益，时间常数误差，两极点动态特性

表 C.12 SIMSIDES 中的 Gm-LC 谐振器库模型

模型名称	包含的电路效应
Ideal_gmLC_CT_Resonator	理想 Gm-LC 谐振器
gmLC_CT_Res_1pole	输入 / 输出饱和电压，电感品质因数和串联寄生电阻，有限跨导放大器直流增益，时间常数误差，单极点动态特性，热噪声
gmLC_CT_Res_2poles	输入 / 输出饱和电压，电感品质因数和串联寄生电阻，有限跨导放大器直流增益，时间常数误差，两极点动态特性，热噪声
gmLC … 1pole_large_dist	输入 / 输出饱和电压，电感品质因数和串联寄生电阻，输出电流限制，有限跨导放大器直流增益，时间常数误差，单极点动态，热噪声
gmLC … 2poles_large_dist	输入 / 输出饱和电压，电感品质因数和串联寄生电阻，输出电流限制，有限跨导放大器直流增益，时间常数误差，两极点动态特性，热噪声
gm … 1pole_small&large_dist	输入 / 输出饱和电压，电感品质因数和串联寄生电阻，输出电流限制，非线性跨导，有限跨导放大器直流增益，时间常数误差，单极点动态特性，热噪声
gmLC … 2poles_small&larged	输入 / 输出饱和电压，电感品质因数和串联寄生电阻，输出电流限制，非线性跨导，有限跨导放大器直流增益，时间常数误差，两极点动态特性，热噪声

C.5.2.1 Gm-C 谐振器

除了 Gm-C 积分器中使用的参数外，Gm-C 谐振器模型库中还使用了以下模型参数：

Transconductance of the first，second，and third OTA（gm1,gm2,gm3）:见图 C.18a 中 g_{m1}、g_{m2} 和 g_{m3}。

Capacitors：见图 C.18a 中 C_1、C_2。

Nonlinear transconductance coefficients[gmnl1，gmnl2]：表示式（C.9）中的非线性跨导系数 g_{m1}、g_{m2}。

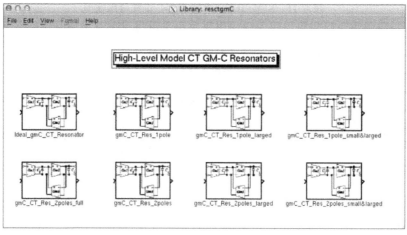

a)

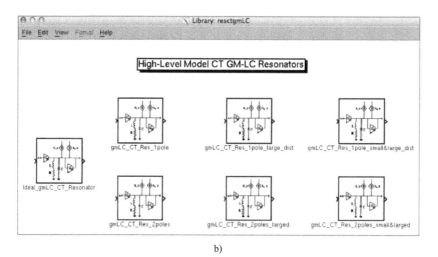

b)

图 C.17　SIMSIDES 中包含的连续时间谐振器库

a）Gm-C 谐振器　b）Gm-LC 谐振器

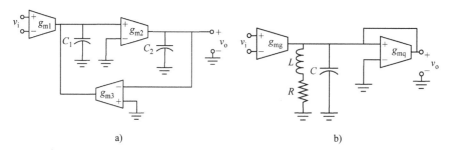

a)　　　　　　　　　　　　　　　　　　　b)

图 C.18　以 SIMSIDES 建模的连续时间谐振器概念示意图

a）Gm-C 谐振器　b）Gm-LC 谐振器

DC gain of OTAs[Av1，Av2，Av3]：定义了图 C.18a 中跨导器的有限直流增益。

Percentual integration constant time error[et1，et2]：与图 C.18a 中的两个前馈跨导相关的时间常数误差，由下式给定：

$$\varepsilon_{t1} = \frac{C_{P1}+C_{P3}}{C_1} \quad \varepsilon_{t2} = \frac{C_{P2}}{C_2} \quad\quad (C.11)$$

式中，C_{Pi} 为图 C.18a 中第 i 级跨导的寄生电容。

C.5.2.2　Gm-LC 谐振器

本节介绍了 Gm-LC 谐振器模块使用的主要模型参数。本质上，这些参数涉及图 C.18b 中的电感元件及其相关的谐振频率。

Frequency resonance：Gm-LC 谐振器的谐振频率。

Inductor Q：图 C.18b 中的电感的 Q 值。

Series resistance：电感的寄生电容 R。

Gm-C 谐振器中使用的其余模型参数与 Gm-C 积分器和谐振器中使用的模型参数含义相同。

C.6　实际量化器和比较器

表 C.13 列出了 SIMSIDES 中实际的 Quantizers&Comparators 库中包含的模块，并简要说明了它们的操作和主要电路的非理想效应。除了 C.2.3 节中所述的理想参数外，还需要其他模型参数来对不同的电路非理想效应进行建模。这些误差参数见表 C.14。

表 C.13　SIMSIDES 中包含实际的量化器和比较器模型

模型名称	包含的电路效应
Real_Comparator_Offset&Hysteresis	具有失调的电压模比较器，（随机和确定性）迟滞
Real_Comparator_Offset&Hysteresis_for_SI	具有失调和非线性（积分非线性）的电流模式比较器
Real_Multibit_Quantizer	具有增益误差和失调的多位电压模量化器，（随机和确定性）迟滞
Real_Multibit_Quantizer_for_SI	具有增益误差、失调和积分非线性的多位电流模量化器，（随机和确定性）迟滞
Real_Multibit_Quantizer_dig_level_SD2	具有增益误差，失调和积分非线性的多位电压模量化器，（随机和确定性）迟滞
Real_Sampler	具有时钟抖动误差的采样和保持电路

注意：除了与比较器和量化器相对应的模块外，还有一个名为"Real_Sampler"的模型模块，用于对连接在连续时间 Sigma-Delta 调制器中嵌入式量化器输入端的 S & H 电路进行建模。与该模型模块相关的最重要的误差之一是时钟抖动，它被建模为采样时间 δ_t 中的不确定性，该不确定性对应于由用户定义的均值为零且标准偏差为零的平稳过程（见表 C.14）。

表 C.14　SIMSIDES 中实际量化器中使用的误差模型参数

模型名称	包含的电路效应
Gain error in LSB	用 LSB 衡量的增益误差
Jitter typical deviation	时钟抖动误差的标准差
Kind of hysteresis	比较器迟滞，它可以是确定性的或随机的迟滞
INL in LSB	用 LSB 衡量的积分非线性误差
Number of levels	量化器的级数
Offset	偏移误差
Offset error in LSB	用 LSB 衡量的偏移误差
Seed for random jitter generation	用于产生随机抖动误差的种子数量

C.7　实际数 / 模转换器

表 C.15 列出了 SIMSIDES 中实际 D/A Converters 库中包含的不同模型模块，并对它们的操作和主电路误差进行了简要说明。

表 C.15　SIMSIDES 中实际的数 / 模转换器模型

模型名称	包含的电路效应
Real_DAC_Multibit	具有失调、增益误差和积分非线性误差的电压模多位数 / 模转换器
Real_DAC_Multibit_SI	具有失调、增益误差和积分非线性误差的电流模多位数 / 模转换器
Real_DAC_Multibit_delay_Jitter	具有失调误差、增益误差、积分非线性误差、延迟误差和时钟抖动误差的电压模多位数 / 模转换器
Real_DAC_Multibit_delay_Jitter_SI	具有失调误差、增益误差、积分非线性误差、延迟误差和时钟抖动误差的电流模多位数 / 模转换器
Real_DAC_pulse_types	具有可选非归零 / 归零 / 半归零输出波形的电压模多位数 / 模转换器
Real_DAC_Multibit_pulse_types	具有可选非归零 / 归零 / 半归零输出波形、增益误差、失调误差和积分非线性误差的电压模多位数 / 模转换器
Real_DAC ⋯ _delay_jitter	具有可选非归零 / 归零 / 半归零输出波形、增益误差、失调误差、积分非线性误差、延迟误差和时钟抖动误差的电压模多位数 / 模转换器

与表 C.15 中列出的模型相关的误差参数与多位量化器中使用的误差参数具有相同的含义，不同之处在于可选择的非归零 / 归零 / 半归零数 / 模转换器波形和延迟误差。后者可以选择为恒定延迟或取决于信号的延迟，由下式给出：

$$\text{delay}(v_i) = d0 + \frac{d1}{x1|v_i|} < \text{dmax} \tag{C.12}$$

式中，d0、d1、x1 和 dmax 为用户设置的模型参数。

C.8 辅助模块

除了前面各节中描述的模块外，SIMSIDES 还包含一个名为 Auxiliary blocks 的库，该库包含一些其他模块，如加法器、动态器件匹配算法和数字锁存器，用来仿真 Sigma-Delta 调制器。表 C.16 列出了库中包含的模型，以及对其操作的简要说明。表 C.17 列出了这些模型使用的最重要参数。

表 C.16 SIMSIDES 中使用的辅助模块模型

模拟加法器	
模型名称	简要描述
Analog_Adder_Ideal_SD2	具有寄生输入电容和负载电容的理想开关电容无源加法器
Analog_Adder_real_SD2	具有寄生输入电容、负载电容、开关导通电阻、建立误差、电容非线性和热噪声的实际开关电容无源加法器

数字加法器	
模型名称	简要描述
Dig_add_generic_2outs	
Dig_add_3L_5L_13L	
Dig_add_3L_3L_5L_	M_1 级温度计码信号和 M_2 级温度计码信号的数字减法，其比例
Dig_add_3L_3L_7L_2outs	为 d。结果是（$M_1 + M_2/d$）级的温度计码数字输出
Dig_add_3L_5L_9L_2outs	
Dig_add_3L_5L_13L_2outs	

数字锁存器	
模型名称	简要描述
D_latch_simplest	
D_latch	数字 "D" 锁存器

具有 DEM 算法的数 / 模转换器	
模型名称	简要描述
DEM_id_SD2.	理想的动态器件匹配算法
DAC-DEM-V04	带有可选动态器件匹配算法的数 / 模转换器模块。共有三个选项：无动态器件匹配；数据加权平均；伪数据加权平均
Mux_SD2	用于通过对应于数 / 模转换器单元电容数量的多个不同支路，对输入（模拟）信号进行采样的模块

表 C.17 SIMSIDES 辅助块中使用的误差模型参数

参数名称	简要描述
Comparator input capacitor（C）	比较器 / 量化器输入端的寄生电容
DEM type	动态器件匹配算法：无动态器件匹配；数据加权平均；伪数据加权平均（默认 = 1）
Input capacitor（C）	模拟加法器的输入电容
Nonlinearities of the capacitors	模拟加法器电容的非线性系数
Number of elements	数 / 模转换器单元数量
Output type	数字输出代码：二进制输出；包括共模的三电平输出（默认 = 1）
Time interval between sampling and comparison（delta）	执行加法运算的时间点与进行比较的时间点之间的延迟

为了对某些辅助模块的使用进行说明，图 C.19a 为二阶前馈开关电容 Sigma-Delta 调制器的 SIMSIDES 框图，该模块包括嵌入式 16 级量化器和具有可选动态器件匹配算法的数／模转换器。

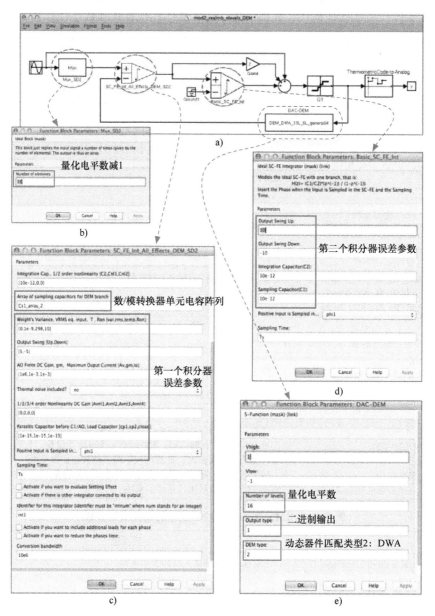

图 C.19　具有 16 级量化和动态器件匹配的二阶前馈开关电容 Sigma-Delta 调制器示例
a）SIMSIDES 框图　b）Mux_SD2 对话框　c）第一个积分模块对话框
d）第二个积分器模块对话框　e）数／模转换器 - 动态器件匹配模块对话框

图 C.19a 中的框图包括以下模块：

Mux_SD2：用于在多个单元电容中对调制器输入信号进行采样，单元电容的数量对应于多电平数 / 模转换器中使用的单元器件数量减 1。如图 C.19b 所示，该模块的唯一模型参数为 Number of elements，在此示例中等于 15。

SC_FE_Int_All_Effects_DEM_SD2：用于对前端积分器建模，并包括所有误差机制，其值在图 C.19c 的模块对话框中定义。该模型还包括一个参数：Array of sampling capacitors for DEM branch。阵列中的电容数量必须与数 / 模转换器位数完全相同，即量化电平数。图 C.20 为用于生成不同的备用电容阵列的 MATLAB 代码，以及用于仿真图 C.19a 中框图的其他参数。需要注意的是，该电容阵列还必须包括数 / 模转换器器件失配，其定义为高斯概率分布。

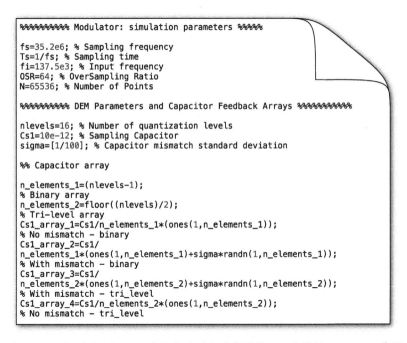

```
%%%%%%%%% Modulator: simulation parameters %%%%%

fs=35.2e6; % Sampling frequency
Ts=1/fs; % Sampling time
fi=137.5e3; % Input frequency
OSR=64; % OverSampling Ratio
N=65536; % Number of Points

%%%%%%%%% DEM Parameters and Capacitor Feedback Arrays %%%%%%%%%%

nlevels=16; % Number of quantization levels
Cs1=10e-12; % Sampling Capacitor
sigma=[1/100]; % Capacitor mismatch standard deviation

%% Capacitor array

n_elements_1=(nlevels-1);
% Binary array
n_elements_2=floor((nlevels)/2);
% Tri-level array
Cs1_array_1=Cs1/n_elements_1*(ones(1,n_elements_1));
% No mismatch - binary
Cs1_array_2=Cs1/
n_elements_1*(ones(1,n_elements_1)+sigma*randn(1,n_elements_1));
% With mismatch - binary
Cs1_array_3=Cs1/
n_elements_2*(ones(1,n_elements_2)+sigma*randn(1,n_elements_2));
% With mismatch - tri_level
Cs1_array_4=Cs1/n_elements_2*(ones(1,n_elements_2));
% No mismatch - tri_level
```

图 C.20　用于定义图 C.19e 中电容阵列和动态器件匹配参数的 MATLAB 代码

Basic_SC_FE_Int：用于建模第二个积分器，仅考虑输出摆幅和电容的理想值，如图 C.19d 所示。

Real_Multibit_Quantizer_dig_level_SD2：在考虑表 C.13 中列出的非理想效应的同时，此模块在示例中称为 Q1，用于对量化器建模。在此示例中，未考虑这些非理想效应的影响。该模块的输出是一个温度计码的比特流阵列，可使用 Thermometric-Code-to-Analog 模块，将该阵列转换为模拟信号以进行进一步处理。

DAC-DEM：使用 DAC-DEM-V04 模型（见表 C.16）。该模块最重要的模型参数在图 C.19e 中突出显示。